Die Theorie
elastischer Gewebe und ihre
Anwendung auf die Berechnung
biegsamer Platten

unter besonderer Berücksichtigung der trägerlosen Pilzdecken

von

Dr.-Ing. H. Marcus

Direktor der HUTA, Hoch- und Tiefbau-Aktiengesellschaft
Breslau

Mit 123 Textabbildungen

Berlin
Verlag von Julius Springer
1924

ISBN-13:978-3-642-90075-4   e-ISBN-13:978-3-642-91932-9
DOI: 10.1007/978-3-642-91932-9

Vorwort.

Die Theorie der elastischen Gewebe und ihre Anwendung auf die Berechnung biegsamer Platten bilden den Inhalt des vorliegenden Buches. Die erste Abhandlung über diese Theorie ist vom Verfasser im Jahrgange 1919 der Zeitschrift „Armierter Beton" veröffentlicht und in den Fachkreisen so günstig beurteilt worden, daß ich mich entschlossen habe, eine von vielen Ingenieuren gewünschte umfassendere Darstellung dieses besonderen Gebietes der Festigkeitslehre in Angriff zu nehmen. Eine einheitliche und eingehende Bearbeitung der Theorie biegsamer Platten ist mir auch aus dem Grunde notwendig erschienen, weil in den gebräuchlichsten Lehrbüchern der technischen Mechanik vorwiegend angenäherte und nicht immer einwandfreie Lösungen einiger Aufgaben der Plattentheorie zu finden sind, während die wertvollen Schriften, die sich mit der schärferen Untersuchung einzelner Fragen befassen, in ihrem mathematischen Aufbau nicht einfach genug sind und daher den meisten Ingenieuren unzugänglich bleiben.

In der vorliegenden Arbeit werden die wichtigsten Belastungsfälle und Lagerungsarten, welche für die Querschnittsbemessung von Platten in Betracht kommen, behandelt. Um eine genaue und doch leicht verständliche und anschauliche Darstellung der Spannungen und Formänderungen zu erzielen, habe ich bei den Platten das elastische Gewebe in ähnlicher Weise wie das Seileck beim biegsamen Balken benutzt. Die Untersuchungen, welche zur Aufstellung der Theorie dieses Gewebes geführt haben und ihrem weiteren Ausbau dienen, sind in dem ersten Teil dieses Buches zusammengefaßt, im zweiten Teil werden die vielseitigen Anwendungsmöglichkeiten gezeigt.

Bei der Auswahl der technischen Aufgaben habe ich in erster Linie die für den Eisenbetonbau wichtigen Fragen berücksichtigt. Für die Berechnung der kreuzweise bewehrten Platten werden meistens nur die in den amtlichen Vorschriften empfohlenen Näherungsformeln benützt, die keinen zuverlässigen Anhalt über die wirkliche Beanspruchung bieten und zu Abmessungen führen, die entweder keine ausreichende Bruchsicherheit gewährleisten oder eine wirtschaftliche Ausnutzung der Festigkeit des Baustoffes ausschließen. Um diesen Fehler zu vermeiden, habe ich sowohl die einfachen ringsum aufliegenden oder fest eingeklemmten Platten wie auch die mehrfach gestützten Decken untersucht und aus den Ergebnissen der genauen Berechnung neue zuverlässigere Näherungsformeln abgeleitet.

Die trägerlosen Pilzdecken, welche sich für den Eisenbetonbau besonders eignen und bereits in großem Umfange von der HUTA, Hoch- und Tiefbau-Aktiengesellschaft, in den letzten Jahren unter der Leitung des Verfassers in Deutschland ausgeführt worden sind, werden in diesem Buche eingehend behandelt. Ich habe die genaue Berechnung für die verschiedensten Belastungsfälle und Längenverhältnisse, auch unter Berücksichtigung des Biegungswiderstandes der Stützen, durchgeführt und hoffe hiermit die Bedenken, welche mitunter infolge mangelhafter statischer Untersuchungen gegen die Sicherheit dieser Bauart ausgesprochen worden sind, zu beseitigen, die sorgfältige Ausbildung der trägerlosen Decken zu erleichtern und ihre Anwendung zu fördern.

Die vorliegenden Untersuchungen sind allerdings nicht für diejenigen Fachgenossen bestimmt, die in ihrem Bestreben nach Mechanisierung der Arbeit jede gedankliche Tätigkeit aus ihrer Werkstatt ausschließen und nur fertige Faustformeln, die keine Überlegung erfordern, gebrauchen möchten. Die Theorie des elastischen Gewebes, so einfach sie auch im Grunde ist, kann mit Verständnis und Erfolg nur von Ingenieuren angewandt werden, welche noch die zum Lehrstoff des normalen Hochschulunterrichtes gehörigen Vorkenntnisse der höheren Mathematik und Mechanik besitzen und durch eingehendes Studium zur selbständigen Beherrschung dieser Theorie gelangen wollen. Um ihre Arbeit zu erleichtern, habe ich die verschiedenen Anwendungsmöglichkeiten in vielen, völlig durchgerechneten Zahlenbeispielen erläutert, die Werte, welche für die Querschnittsbemessung benutzt werden können, in mehreren Tafeln zusammengestellt und in einem besonderen Abschnitt am Schlusse des Buches ein allgemeines Verfahren zur Lösung der partiellen Differenzengleichungen des Gewebes angegeben. Ich hoffe, daß diese ausführliche Behandlung manchen Leser anregen wird, an dem weiteren Ausbau der Theorie biegsamer Platten durch eigene Forschungen beizutragen und neue Anwendungsgebiete zu erschließen.

Die vorliegende Schrift, während des Krieges bereits begonnen, würde auch in diesem Jahre nicht zu Ende geführt worden sein, wenn ich nicht durch einen eifrigen Mitarbeiter, Herrn Dipl.-Ing. Heinrich Perl, bei der Durchrechnung zahlreicher Beispiele unterstützt worden wäre. Ich möchte ihm auch an dieser Stelle für seine wertvolle Hilfe meinen besten Dank aussprechen.

Carlowitz bei Breslau, Dezember 1923.

H. Marcus.

Inhaltsverzeichnis.

Tafelverzeichnis.

Berichtigungen.

S.   2, Abb. 2 a, lies: $\dfrac{\partial \zeta}{\partial y}$ statt $\dfrac{\partial \zeta}{\partial \eta}$.

S. 40, Zeile 1 von oben, lies: $t_1 = t_1'$.

S. 94, Zeile 17 von oben, lies: $N = N_c \left(1 + \alpha \dfrac{x}{a} + \beta \dfrac{y}{b} \right)$.

S. 127, Zeile 10 von oben, lies: Belastung statt Behauptung.

S. 135, Zeile 9 von unten, V, lies: dreieckige statt rechteckige.

S. 166, Zeile 9 von unten, lies: $\zeta_o = \tfrac{1}{2}(\zeta_\alpha \ldots$

S. 173, 2. Zeile der Gl. (c), lies: $\dfrac{\partial^3 \zeta}{\partial y^2 \, \partial x}$ statt $\dfrac{\partial^3 \zeta}{\partial y \, \partial x^2}$.

S. 181, Zeile 7 von oben, lies: Mittellinie $y = 0$.

S. 193, Zeile 5 von oben, lies: $+ \Sigma$.

S. 194, Zeile 18 von oben, lies: $\mp\, p a$.

S. 200, Zeile 5 von unten, lies: $\pm \dfrac{p a}{2}$.

S. 247, 5. Gleichung, lies: $- 2\, w_h'$ statt $- 2\, w_k'$.

S. 248, 5. Gleichung, lies: $- 2\, z_h'$ statt $- 2\, z_k'$.

S. 291, Abb. 91, am rechten Zweige der x-Achse, lies: s_x statt s_x.

S. 298, Abb. 93, an der unteren Hälfte des rechten Randes, lies: s_y statt s_y.

S. 323, Zeile 13 u. 15 von unten, lies: $p a^3$ statt $p a^2$.

S. 332, Zeile 9 von unten, lies: (149) statt (d).

S. 337, Zeile 13 von oben, lies: (148) statt (c).

I. Die Grundlagen der Berechnung biegsamer Platten.

§ 1. Die Grundgleichungen der Theorie elastischer Platten.

Unter einer ebenen Platte ist eine Scheibe zu verstehen, die von zwei parallelen Ebenen im Abstande h und einer senkrecht zu diesen Ebenen stehenden, im übrigen beliebig gestalteten Randfläche begrenzt ist (Abb. 1).

Ich setze voraus, daß die Scheibe aus einem homogenen Baustoff besteht und daß ihre Stärke h klein im Vergleich zu den Abmessungen

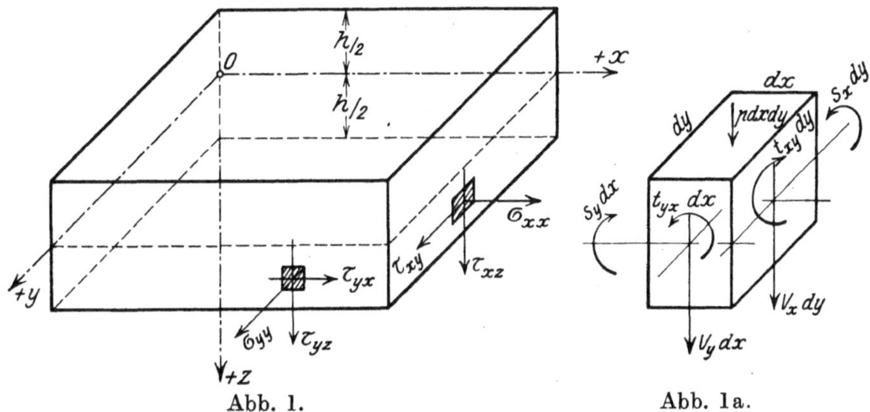

Abb. 1. Abb. 1a.

der Abgrenzungsflächen ist. Ich wähle als Koordinatensystem ein rechtwinkliges Achsenkreuz, dessen x- und y-Achsen in der Mittelfläche der Platte liegen, während die z-Achse senkrecht zur Plattenfläche steht.

Wird die Scheibe durch Kräftepaare oder nur durch Kräfte p, die in Richtung der z-Achse wirken, beansprucht, so darf angenommen werden, daß die Punkte der Mittelfläche lediglich Verschiebungen ζ senkrecht zu dieser Fläche erfahren und daß, insofern diese Verschiebungen klein im Vergleich zur Plattenstärke sind, jede Normale von der Länge h, die zur Mittelfläche gezogen wird, auch bei der deformierten Platte geradlinig verbleibt und senkrecht zur verbogenen Mittelfläche steht. Zwischen den Verrückungen ξ und η in Richtung der x- und

y-Achse eines im Abstande z von der Mittelfläche liegenden Punktes und der zugehörigen Verschiebung ζ bestehen, wie die Abb. 2 und 2a erkennen lassen, die folgenden Beziehungen:

$$\left.\begin{aligned} \xi &= -z\,\frac{\partial \zeta}{\partial x}\,, \\[2mm] \eta &= -z\,\frac{\partial \zeta}{\partial y}\,. \end{aligned}\right\} \tag{1}$$

Die zugehörigen Dehnungen sind:

$$\left.\begin{aligned} \varepsilon_x &= \frac{\partial \xi}{\partial x} = -z\,\frac{\partial^2 \zeta}{\partial x^2}\,, \\[2mm] \varepsilon_y &= \frac{\partial \eta}{\partial y} = -z\,\frac{\partial^2 \zeta}{\partial y^2}\,. \end{aligned}\right\} \tag{2}$$

Beachtet man, daß die Normalspannungen σ_z, welche durch die auf der Platte ruhenden Lasten unmittelbar hervorgerufen werden, im Ver-

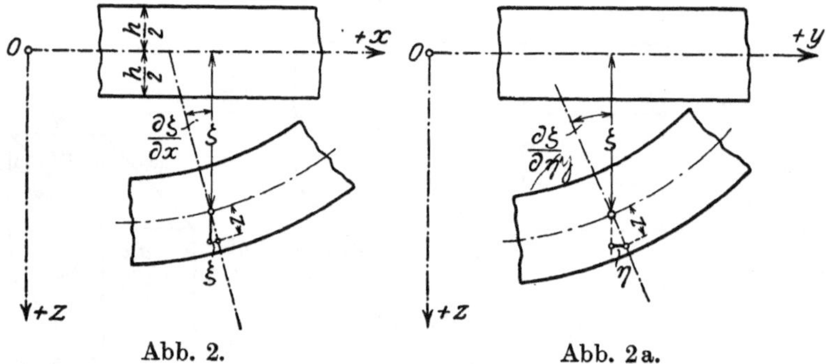

Abb. 2.   Abb. 2a.

gleich zu den Biegungsspannungen σ_x und σ_y in den etwas weiter von der Mittelfläche abstehenden Schichten durchaus geringfügig sind und daher neben diesen Spannungen vernachlässigt werden dürfen, so lautet das Elastizitätsgesetz:

$$\varepsilon_x = \frac{1}{E}\left(\sigma_x - \frac{1}{m}\,\sigma_y\right), \qquad \varepsilon_y = \frac{1}{E}\left(\sigma_y - \frac{1}{m}\,\sigma_x\right).$$

Hierin bedeuten

E die Elastizitätsziffer des Baustoffes,

m die Poissonsche Querdehnungszahl.

Es ist mithin auch:

$$\left.\begin{aligned} \sigma_x &= \frac{E\,m^2}{m^2-1}\left(\varepsilon_x + \frac{1}{m}\,\varepsilon_y\right) = -\frac{E\,m^2}{m^2-1}\cdot z\left(\frac{\partial^2 \zeta}{\partial x^2} + \frac{1}{m}\,\frac{\partial^2 \zeta}{\partial y^2}\right), \\[2mm] \sigma_y &= \frac{E\,m^2}{m^2-1}\left(\varepsilon_y + \frac{1}{m}\,\varepsilon_x\right) = -\frac{E\,m^2}{m^2-1}\cdot z\left(\frac{\partial^2 \zeta}{\partial y^2} + \frac{1}{m}\,\frac{\partial^2 \zeta}{\partial x^2}\right). \end{aligned}\right\} \tag{3}$$

Den Normalspannungen σ_x, σ_y sind in den Flächenelementen senkrecht zur x- bzw. zur y-Achse wagerechte Schubspannungen τ_{xy}, τ_{yx} in Richtung der y- bzw. der x-Achse zugeordnet, welche dem Elastizitätsgesetz

$$\tau_{xy} = \tau_{yx} = G\left(\frac{\partial \xi}{\partial y} + \frac{\partial \eta}{\partial x}\right)$$

folgen. Unter G ist hierbei die Schubelastizitätsziffer zu verstehen.

Da bei einem homogenen Baustoff zwischen G, E und m die Beziehung

$$G = \frac{mE}{2(m+1)} \tag{4}$$

besteht, so erhält man:

$$\tau_{xy} = \tau_{yx} = -\frac{Em}{m+1} z \frac{\partial^2 \zeta}{\partial x \partial y}. \tag{5}$$

In den Flächenelementen senkrecht zur x- bzw. zur y-Achse wirken in Richtung der z-Achse die Schubspannungen τ_{xz}, τ_{yz} und ebenso in den Flächenelementen senkrecht zur z-Achse die der x- bzw. y-Achse parallel gerichteten Spannungen τ_{zx}, τ_{zy}. Sie sind paarweise gleich, nämlich

$$\tau_{zx} = \tau_{xz}, \qquad \tau_{zy} = \tau_{yz}.$$

Betrachtet man die Spannungen, welche in den Abgrenzungsflächen eines unendlich kleinen Würfels mit den Seitenlängen dx, dy, dz auftreten, so erfordert das Gleichgewicht in Richtung der x- bzw. der y-Achse die Erfüllung der beiden folgenden Bedingungen[1]):

$$\left.\begin{aligned}
\frac{\partial \sigma_x}{\partial x} + \frac{\partial \tau_{xy}}{\partial y} + \frac{\partial \tau_{xz}}{\partial z} &= 0, \\[2mm]
\frac{\partial \tau_{yx}}{\partial x} + \frac{\partial \sigma_y}{\partial y} + \frac{\partial \tau_{yz}}{\partial z} &= 0.
\end{aligned}\right\} \tag{6}$$

Es ist mithin:

$$\frac{\partial \tau_{xz}}{\partial z} = -\frac{\partial \sigma_x}{\partial x} - \frac{\partial \tau_{xy}}{\partial y} = +\frac{Em^2}{m^2-1} z \frac{\partial}{\partial x}\left(\frac{\partial^2 \zeta}{\partial x^2} + \frac{\partial^2 \zeta}{\partial y^2}\right),$$

$$\frac{\partial \tau_{yz}}{\partial z} = -\frac{\partial \sigma_y}{\partial y} - \frac{\partial \tau_{yx}}{\partial x} = +\frac{Em^2}{m^2-1} z \frac{\partial}{\partial y}\left(\frac{\partial^2 \zeta}{\partial x^2} + \frac{\partial^2 \zeta}{\partial y^2}\right).$$

Die Integration dieser Gleichungen liefert, wenn man beachtet, daß an den Rändern $z = \pm\dfrac{h}{2}$ die Schubspannungen τ_{xz}, τ_{yz} verschwinden müssen:

---

[1]) Der Leser findet die Ableitung dieser Gleichungen, welche die Grundlage der mathematischen Elastizitätstheorie bilden, in den bekannten Lehrbüchern von Föppl: Vorlesungen über technische Mechanik Bd. III, 5. Auflage, Abschn. 11; Lorenz: Technische Elastizitätslehre, Kap. VI; Bach: Elastizität und Festigkeit, 7. Auflage, Abschn. 9.

$$\left.\begin{aligned}
\tau_{xz} = \tau_{zx} &= -\frac{E\,m^2}{m^2-1}\left(\frac{h^2}{8}-\frac{z^2}{2}\right)\frac{\partial}{\partial x}\left(\frac{\partial^2\zeta}{\partial x^2}+\frac{\partial^2\zeta}{\partial y^2}\right), \\
\tau_{yz} = \tau_{zy} &= -\frac{E\,m^2}{m^2-1}\left(\frac{h^2}{8}-\frac{z^2}{2}\right)\frac{\partial}{\partial y}\left(\frac{\partial^2\zeta}{\partial x^2}+\frac{\partial^2\zeta}{\partial y^2}\right).
\end{aligned}\right\} \tag{7}$$

Die Normalspannungen σ_x, die auf einem Flächenelement von der Höhe h und der Breite dy verteilt sind (Abb. 1a), bilden ein um die y-Achse drehendes Kräftepaar

$$s_x\,dy = \int_{-\frac{h}{2}}^{+\frac{h}{2}} \sigma_x z\,dy\,dz = -\frac{E\,m^2}{m^2-1}\cdot\frac{h^3}{12}\left(\frac{\partial^2\zeta}{\partial x^2}+\frac{1}{m}\,\frac{\partial^2\zeta}{\partial y^2}\right)dy\,.$$

Aus den Spannungen σ_y eines Elementes von der Höhe h und der Breite dx entsteht ebenso das Biegungsmoment:

$$s_y\,dx = \int_{-\frac{h}{2}}^{+\frac{h}{2}} \sigma_y z\,dx\,dz = -\frac{E\,m^2}{m^2-1}\cdot\frac{h^3}{12}\left(\frac{\partial^2\zeta}{\partial y^2}+\frac{1}{m}\,\frac{\partial^2\zeta}{\partial x^2}\right)dx\,.$$

Die wagerechten Schubspannungen τ_{xy}, τ_{yx} in diesen beiden Flächenelementen bilden die um die x- bzw. y-Achse drehenden Drillungsmomente

$$t_{xy}\,dy = \int_{-\frac{h}{2}}^{+\frac{h}{2}} \tau_{xy} z\,dy\,dz = -\frac{E\,m}{m+1}\cdot\frac{h^3}{12}\,\frac{\partial^2\zeta}{\partial x\,\partial y}\cdot dy\,,$$

$$t_{yx}\,dx = \int_{-\frac{h}{2}}^{+\frac{h}{2}} \tau_{yx} z\,dx\,dz = -\frac{E\,m}{m+1}\cdot\frac{h^3}{12}\,\frac{\partial^2\zeta}{\partial x\,\partial y}\cdot dx\,.$$

Die lotrechten Schubspannungen τ_{xz}, τ_{yz} vereinigen sich schließlich zu Mittelkräften

$$v_x\,dy = \int_{-\frac{h}{2}}^{+\frac{h}{2}} \tau_{xz}\,dy\,dz = -\frac{E\,m^2}{m^2-1}\cdot\frac{h^3}{12}\,\frac{\partial}{\partial x}\left(\frac{\partial^2\zeta}{\partial x^2}+\frac{\partial^2\zeta}{\partial y^2}\right)\cdot dy\,,$$

$$v_y\,dx = \int_{-\frac{h}{2}}^{+\frac{h}{2}} \tau_{yz}\,dx\,dz = -\frac{E\,m^2}{m^2-1}\cdot\frac{h^3}{12}\,\frac{\partial}{\partial y}\left(\frac{\partial^2\zeta}{\partial x^2}+\frac{\partial^2\zeta}{\partial y^2}\right)\cdot dx\,.$$

Die auf die Längeneinheit der Mittelfläche bezogenen resultierenden Biegungs-, Drillungsmomente und Scherkräfte sind somit:

$$\left.\begin{aligned}
s_x &= -N\left(\frac{\partial^2 \zeta}{\partial x^2} + \frac{1}{m}\frac{\partial^2 \zeta}{\partial y^2}\right), \\[2mm]
s_y &= -N\left(\frac{\partial^2 \zeta}{\partial y^2} + \frac{1}{m}\frac{\partial^2 \zeta}{\partial x^2}\right), \\[2mm]
t_{xy} &= -N\cdot\frac{m-1}{m}\frac{\partial^2 \zeta}{\partial x\,\partial y}, \\[2mm]
v_x &= -N\cdot\frac{\partial}{\partial x}\left(\frac{\partial^2 \zeta}{\partial x^2} + \frac{\partial^2 \zeta}{\partial y^2}\right), \\[2mm]
v_y &= -N\cdot\frac{\partial}{\partial y}\left(\frac{\partial^2 \zeta}{\partial x^2} + \frac{\partial^2 \zeta}{\partial y^2}\right).
\end{aligned}\right\} \tag{8}$$

Unter

$$N = \frac{m^2}{m^2-1}\frac{E\,h^3}{12} \tag{9}$$

ist hierbei die **Plattensteifigkeit** zu verstehen. Werden die vorhin aufgestellten Gleichgewichtsgleichungen (6) zunächst mit z vervielfacht und dann innerhalb der Grenzen $z = \pm\frac{h}{2}$ integriert, so liefern sie auch:

$$\left.\begin{aligned}
\frac{\partial s_x}{\partial x} + \frac{\partial t_{yx}}{\partial y} - v_x &= 0, \\[2mm]
\frac{\partial s_y}{\partial y} + \frac{\partial t_{xy}}{\partial x} - v_y &= 0.
\end{aligned}\right\} \tag{6a}$$

Die auf einem Plattenelement von der Höhe h und der Grundfläche $dx\,dy$ ruhende Belastung $p\,dx\,dy$ muß andererseits mit den lotrechten Schubkräften v_x, v_y der Seitenflächen im Gleichgewicht stehen. Es ist also

$$dy\cdot\frac{\partial v_x}{\partial x}\,dx + dx\,\frac{\partial v_y}{\partial y}\,dy + p\,dx\,dy = 0,$$

oder

$$\frac{\partial v_x}{\partial x} + \frac{\partial v_y}{\partial y} + p = 0.$$

Im Einklang mit den Gleichungen (6a) ergibt sich auch:

$$\frac{\partial^2 s_x}{\partial x^2} + 2\frac{\partial^2 t_{xy}}{\partial x\,\partial y} + \frac{\partial^2 s_y}{\partial y^2} = -p. \tag{10}$$

In dieser ersten Hauptgleichung der Plattentheorie sind unmittelbar die Beziehungen zwischen der Belastung und den Spannungsmomenten dargestellt [1]).

Werden jetzt mit Hilfe der Gleichungen (8) die Größen s_x, s_y, t_{xy} durch die zugehörigen Differentialquotienten von ζ ersetzt, so gewinnt man die Differentialgleichung der elastischen Fläche:

$$\frac{\partial^4 \zeta}{\partial x^4} + 2 \frac{\partial^4 \zeta}{\partial x^2 \partial y^2} + \frac{\partial^4 \zeta}{\partial y^4} = \frac{p}{N} \, . \tag{11}$$

Diese zweite Hauptgleichung bildet die Grundlage der Untersuchung biegsamer Platten [2]).

Für die Bewertung der inneren Formänderungsarbeit A_i kommt noch die Formel

$$\left.\begin{aligned} A_i = {}&\frac{1}{2E} \int \left[(\sigma_x^2 + \sigma_y^2 + \sigma_z^2) - \frac{2}{m} (\sigma_y \sigma_z + \sigma_z \sigma_x + \sigma_x \sigma_y) \right] dV \\ &+ \frac{1}{2G} \int [\tau_{xy}^2 + \tau_{xz}^2 + \tau_{yz}^2] \, dV \end{aligned}\right\} \tag{12}$$

in Betracht; hierin bedeutet dV das unendlich kleine Raumelement $dx \, dy \, dz$. Da

$$\sigma_x = \frac{12 z}{h^3} s_x \, , \qquad \tau_{xy} = \frac{12 z}{h^3} t_{xy} \, ,$$

$$\sigma_y = \frac{12 z}{h^3} s_y \, , \qquad \tau_{xy} = \frac{12}{h^3} \left(\frac{h^2}{8} - \frac{z^2}{2} \right) v_x \, ,$$

$$\tau_{yz} = \frac{12}{h^3} \left(\frac{h^2}{8} - \frac{z^2}{2} \right) v_y \, ,$$

---

[1]) Diese Gleichung ist nur für steife Platten mit sehr kleinen Verschiebungen ζ streng gültig. Bei Platten mit geringer oder verschwindender Steifigkeit treten bei einer starken Ausbiegung auch in der Mittelfläche Normalspannungen auf, die in den Gleichgewichtsbedingungen für die Belastung p nicht außer acht gelassen werden dürfen. Der beträchtliche Einfluß dieser Spannungen auf die Tragfähigkeit der Platten ist von A. Föppl in seiner Technischen Mechanik Bd. V, S. 132 f., von A. und L. Föppl in Drang und Zwang Bd. I, S. 216 f. und von H. Hencky in seiner Arbeit über die Berechnung dünner Platten mit verschwindender Biegungssteifigkeit in Bd. I, S. 81—99 der Zeitschr. f. angew. Mathematik u. Mechanik ,1921, nachgewiesen worden.

[2]) Die Differentialgleichung der elastischen Fläche ist zuerst von Lagrange im Jahre 1813 abgeleitet worden. Die vollständige Theorie der Platten mit kreisförmiger Symmetrie wurde 1829 von Poisson entwickelt. Die allgemeinen Randbedingungen der Aufgabe wurden insbesondere von Kirchhoff untersucht und 1876 endgültig von Kelvin und Tait klargelegt. Die Lösung der Differentialgleichung für unsymmetrische und unstetige Belastungen ist im letzten Jahrhundert nicht gelungen und wurde daher 1907 von der Pariser académie des Sciences als Preisaufgabe für den Prix Vaillant ausgeschrieben. Ein ausführlicher Bericht über „Neuere Fortschritte der technischen Elastizitätstheorie" ist von Herrn Professor L. Föppl in Bd. 1, H. 6 der Z. f. ang. Math. u. Mech. veröffentlicht worden.

so liefert die Gleichung (12), wenn die Spannungen σ_z neben σ_x und σ_y vernachlässigt werden:

$$\left. \begin{aligned} A_i &= \frac{1}{2\,E\,\dfrac{h^3}{12}} \iint \left[\left(s_x^2 + s_y^2 - \frac{2}{m}\, s_x\, s_y \right) + 2\,\frac{(m+1)}{m}\, t_{xy}^2 \right] dx\,dy \\ &\quad + \frac{1}{2\,G\left(\dfrac{5}{6}\,h\right)} \iint (v_x^2 + v_y^2)\,dx\,dy \ . \end{aligned} \right\} \quad (13)$$

Wird der im allgemeinen sehr geringfügige Beitrag der Scherkräfte v außer acht gelassen, so erhält man die einfachere Formel:

$$A_i = \frac{m^2}{m^2 - 1} \cdot \frac{1}{2\,N} \iint \left[(s_x + s_y)^2 - 2\,\frac{(m+1)}{m}\,(s_x\, s_y - t_{xy}^2) \right] dx\,dy \ . \quad (14)$$

Führt man nunmehr an Stelle der Spannungsmomente s_x, s_y, t_{xy} die zugehörigen Differentialquotienten von ζ ein, so ergibt sich schließlich:

$$\left. \begin{aligned} A_i &= \frac{N}{2} \iint \left\{ \left(\frac{\partial^2 \zeta}{\partial x^2} + \frac{\partial^2 \zeta}{\partial y^2} \right)^2 - 2\,\frac{(m-1)}{m} \left[\frac{\partial^2 \zeta}{\partial x^2} \cdot \frac{\partial^2 \zeta}{\partial y^2} \right. \right. \\ &\quad \left. \left. - \left(\frac{\partial^2 \zeta}{\partial x\, \partial y} \right)^2 \right] \right\} dx\,dy \ . \end{aligned} \right\} \quad (15)$$

Die Ermittlung der Verschiebungen ζ ist die wichtigste Aufgabe und das Hauptziel der Plattenberechnung.

Die unmittelbare Integration der Differentialgleichung der elastischen Fläche bietet, von wenigen Ausnahmefällen abgesehen, fast unüberwindliche Schwierigkeiten. Für eine möglichst angenäherte Lösung stehen zwei Verfahren zur Verfügung.

Gelingt es zunächst, eine partikuläre Lösung der nicht homogenen Gleichung

$$\frac{\partial^4 \zeta}{\partial x^4} + 2\,\frac{\partial^4 \zeta}{\partial x^2\, \partial y^2} + \frac{\partial^4 \zeta}{\partial y^4} = \frac{p}{N}$$

zu finden, welche die für die Ober- und die Unterfläche der Platte vorgeschriebenen Bedingungen befriedigt, so kann man durch Hinzufügung einer Reihe geeigneter Lösungen der homogenen Differentialgleichung

$$\frac{\partial^4 \zeta}{\partial x^4} + 2\,\frac{\partial^4 \zeta}{\partial x^2\, \partial y^2} + \frac{\partial^4 \zeta}{\partial y^4} = 0$$

auch die Randbedingungen der Aufgabe mit größerer oder geringerer Genauigkeit erfüllen. Nach diesem Verfahren sind von Nadai[1]) und Hencky[2]) unter Verwendung zweifach unendlicher Reihen mit trigo-

---

[1]) Nadai: Die Formänderungen und Spannungen von rechteckigen elastischen Platten, Forsch.-Arb. auf dem Gebiete des Ingenieurwesens H. 170, 171. Berlin 1915.

[2]) Hencky: Über den Spannungszustand in rechteckigen ebenen Platten bei gleichmäßig verteilter und bei konzentrischer Belastung. Dissertation, München: R. Oldenbourg 1913.

nometrischen und hyperbolischen Funktionen die wichtigsten Grundfälle, vor allem die rechteckigen, allseitig frei aufliegenden oder fest eingeklemmten Platten mit gleichmäßiger Belastung oder mit einer Einzellast in der Plattenmitte behandelt worden.

Ein anderer von Navier[1] zuerst eingeschlagener Weg führt hingegen zur Auswahl verschiedener Ansätze $\zeta_i = C_i\, f_i\,(x,\,y)$ für die Gleichung der elastischen Fläche, welche zwar die vorliegenden Symmetrie- und Randbedingungen von vornherein befriedigen, jedoch einer anderen Belastung

$$p_i = N \left(\frac{\partial^4 \zeta_i}{\partial x^4} + 2\,\frac{\partial^4 \zeta_i}{\partial x^2\,\partial y^2} + \frac{\partial^4 \zeta_i}{\partial y^4} \right)$$

als der vorgeschriebenen Belastung p entsprechen. Werden aber die Festwerte C_i dieser Ansätze so bestimmt, daß entweder die Summe der Quadrate der Abweichungen zwischen den Belastungen p_i und p oder die gesamte Formänderungsarbeit ein Minimum wird, so läßt sich, wie die Arbeiten von Michel Lévy[2]), Estanave[3]), Simic[4]), Ritz[5]), Hager[6]), Lorenz[7]) gezeigt haben, eine verhältnismäßig einfache Näherungslösung der Differentialgleichung der elastischen Fläche erzielen. Dieses Verfahren ist allerdings lediglich für symmetrische, stetige Belastungen und nur für die Darstellung der Durchbiegungen, allenfalls für die Ermittlungen der Spannungsmomente im Bereich der Plattenmitte brauchbar. Bei Einzellasten und ebenso, wenn es sich um die Randscherkräfte und die Auflagerwiderstände handelt, versagt die Näherungslösung vollkommen.

Die Methode, die ich als Grundlage meiner Untersuchungen gewählt habe, weicht von den bisherigen insofern ab, als sie an Stelle der partiellen Differentialgleichung vierter Ordnung zwei partielle Differentialgleichungen zweiter Ordnung, die einer unmittelbaren Lösung weit eher zugänglich sind, verwendet.

Im nachfolgenden werde ich zunächst die neuen Sätze ableiten, welche die Umbildung der Hauptdifferentialgleichung zur Folge haben, und sodann die Bedingungen für die Lösung der neuen Gleichungen einer Prüfung unterziehen.

---

[1]) Die Abhandlung von Navier, im Jahre 1820 verfaßt, wurde erst von Saint-Venant in der französischen Ausgabe der Festigkeitslehre von Clebsch 1883 veröffentlicht.

[2]) Cpt. rend. hebdom. des séances de l'acad. des sciences Bd. 129. 1899.

[3]) Estanave: Contribution à l'étude de l'équilibre élastique d'une plaque rectangulaire mince. Paris: Thèses 1900.

[4]) Simic: Ein Beitrag zur Berechnung rechteckiger Platten. Z. öst. Ing.-V. 1908.

[5]) Ritz: Über eine neue Methode zur Lösung gewisser Randwertaufgaben. Nachr. d. Ges. d. Wiss. zu Göttingen 1908.

[6]) Hager: Berechnung ebener rechteckiger Platten mittels trigonometrischer Reihen. 1911.

[7]) Lorenz: Angenäherte Berechnung rechteckiger Platten. Z. V. d. I. 1913.

§ 2. Die elastische Platte und die elastische Haut.

Die Biegungsgleichung der Platte

$$\frac{\partial^4 \zeta}{\partial x^4} + 2 \frac{\partial^4 \zeta}{\partial x^2 \partial y^2} + \frac{\partial^4 \zeta}{\partial y^4} = \left(\frac{\partial}{\partial x^2} + \frac{\partial}{\partial y^2}\right)\left(\frac{\partial^2 \zeta}{\partial x^2} + \frac{\partial^2 \zeta}{\partial y^2}\right) = \frac{p}{N}$$

läßt sich, wenn man für die Operation $\dfrac{\partial}{\partial x^2} + \dfrac{\partial}{\partial y^2}$ das Zeichen V^2 benutzt, auf die Form

$$V^2 \left(\frac{\partial^2 \zeta}{\partial x^2} + \frac{\partial^2 \zeta}{\partial y^2}\right) = V^2 V^2 \zeta = \frac{p}{N}$$

bringen. Setzt man

$$-N \left(\frac{\partial^2 \zeta}{\partial x^2} + \frac{\partial^2 \zeta}{\partial y^2}\right) = M , \tag{16}$$

so lautet die Gleichung der elastischen Fläche auch:

$$V^2 M = -p . \tag{17}$$

Die Funktion M ist ein Maß für die Biegung der Platte. Beachtet man nämlich, daß die Krümmung der elastischen Fläche durch die Größen

$$\frac{1}{\varrho_x} = -\frac{\partial^2 \zeta}{\partial x^2}, \qquad \frac{1}{\varrho_y} = -\frac{\partial^2 \zeta}{\partial y^2}$$

bestimmt ist, so tritt der Zusammenhang zwischen der Momentensumme

$$s_x + s_y = -N \cdot \frac{m+1}{m}\left(\frac{\partial^2 \zeta}{\partial x^2} + \frac{\partial^2 \zeta}{\partial y^2}\right) = \frac{m+1}{m} M$$

und der Krümmung

$$\frac{1}{\varrho_x} + \frac{1}{\varrho_y} = + \frac{M}{N} = + \frac{m}{m+1} \cdot \frac{s_x + s_y}{N}$$

deutlich in Erscheinung. Die Funktion M verdient auch aus dem Grunde Beachtung, weil sie eine Invariante, von der Wahl des Koordinatensystems unabhängige Größe ist.

Stellt man die bekannte Gleichung des elastischen Stabes

$$\frac{d^2 M}{d x^2} = -p$$

der Plattengleichung

$$V^2 M = -p$$

gegenüber, so ist ohne weiteres die gegenseitige Zuordnung der Diffe-
rentialoperation V^2 und der Differentialquotienten $\dfrac{d^2}{d x^2}$ einerseits, der Biegungsmomente des Stabes und der Momentensumme der Platte andererseits zu erkennen. Diese Übereinstimmung läßt vermuten, daß auch zwischen den Lösungen der Differentialgleichung des Stabes

und der Differentialgleichung der Platte eine Verwandtschaft bestehen muß. Sie wird uns offenbar, wenn wir die Differentialgleichung einer ursprünglich ebenen elastischen Haut heranziehen, welche äußerlich durch den senkrecht zur Haut gerichteten Überdruck p und innerlich nur durch Normalspannungen beansprucht wird. Bei kleinen Ausbiegungen w der Haut in Richtung der z-Achse entsteht in allen Teilen und in jeder Richtung die gleiche Oberflächenspannung S, welche mit den Ausbiegungen w und dem Druck p durch die bekannte Differentialgleichung[1]

$$V^2 w = \frac{\partial^2 w}{\partial x^2} + \frac{\partial^2 w}{\partial y^2} = -\frac{p}{S} \tag{18}$$

verknüpft ist. Die Gegenüberstellung der beiden Gleichungen (17) und (18) führt uns unmittelbar zu folgendem Satze: Die Mittelfläche einer mit dem Überdruck p belasteten und durch die Oberflächenspannung $S = 1$ beanspruchten elastischen Haut stellt ein Abbild der Momentenfläche der elastischen Platte dar.

Beim elastischen Stab wird eine gleichwertige Verknüpfung zwischen der Momentenlinie und der Gestalt eines mit den Kräften P belasteten Seils, dessen Grundspannung $S = 1$ ist, nachgewiesen. Der neue Satz bringt also die sinngemäße und folgerichtige Erweiterung der für den Stab geltenden Beziehungen auf die Momentensumme der elastischen Platte.

Die Verwandtschaft zwischen Stab und Platte läßt sich aber noch weiter verfolgen. Belaste ich jetzt die Haut mit den elastischen Gewichten $p_i = \dfrac{M}{N}$, so erfährt sie bei gleicher Oberflächenspannung $S = 1$ eine Ausbiegung w_i, welche der Differentialgleichung

$$V^2 w_i = \frac{\partial^2 w_i}{\partial x^2} + \frac{\partial^2 w_i}{\partial y^2} = -p_i = -\frac{M}{N} = \frac{\partial^2 \zeta}{\partial x^2} + \frac{\partial^2 \zeta}{\partial y^2} \tag{19}$$

genügen muß. Aus dieser Gleichung entspringt der zweite Satz: Die Mittelfläche einer mit den elastischen Gewichten $p_i = \dfrac{M}{N}$ belasteten und durch die Oberflächenspannung $S = 1$ beanspruchten elastischen Haut stellt ein Abbild der elastischen Fläche der Platte dar.

Ebenso läßt sich auf Grund des Mohrschen Satzes die elastische Linie eines Stabes vom Trägheitsmoment J durch eine mit den elastischen Gewichten $p_i = \dfrac{M}{EJ}$ belastete Seillinie darstellen.

Diese Übereinstimmung beweist, daß die bekannten Sätze über die Biegungsmomente und die Formänderungen des elastischen Stabes

---

[1] Vgl. Föppl, A.: Vorlesungen über technische Mechanik Bd. V, § 30.

als Sonderfälle der neuen allgemeinen Sätze über die elastische Platte zu betrachten sind.

Neben der Momentensumme und der Ausbiegung können auch die Spannungsmomente der Platte unmittelbar aus der Formänderung der Haut abgeleitet werden.

Aus der Hauptgleichung (16) erhält man nämlich einerseits

$$\frac{\partial^2 M}{\partial x^2} + \frac{1}{m}\frac{\partial^2 M}{\partial y^2} = -N\left(\frac{\partial^4 \zeta}{\partial x^4} + \frac{m+1}{m}\frac{\partial^4 \zeta}{\partial x^2 \partial y^2} + \frac{1}{m}\frac{\partial^4 \zeta}{\partial y^4}\right),$$

$$\frac{\partial^2 M}{\partial y^2} + \frac{1}{m}\frac{\partial^2 M}{\partial x^2} = -N\left(\frac{\partial^4 \zeta}{\partial y^4} + \frac{m+1}{m}\frac{\partial^4 \zeta}{\partial x^2 \partial y^2} + \frac{1}{m}\frac{\partial^4 \zeta}{\partial x^4}\right),$$

aus den Gleichungen (8) andererseits

$$\nabla^2 s_x = \frac{\partial^2 s_x}{\partial x^2} + \frac{\partial^2 s_x}{\partial y^2} = -N\left(\frac{\partial^4 \zeta}{\partial x^4} + \frac{m+1}{m}\frac{\partial^4 \zeta}{\partial x^2 \partial y^2} + \frac{1}{m}\frac{\partial^4 \zeta}{\partial y^4}\right),$$

$$\nabla^2 s_y = \frac{\partial^2 s_y}{\partial x^2} + \frac{\partial^2 s_y}{\partial y^2} = -N\left(\frac{\partial^4 \zeta}{\partial y^4} + \frac{m+1}{m}\frac{\partial^4 \zeta}{\partial x^2 \partial y^2} + \frac{1}{m}\frac{\partial^4 \zeta}{\partial x^4}\right);$$

setzt man also

$$\left.\begin{aligned}
\frac{\partial^2 M}{\partial x^2} + \frac{1}{m}\frac{\partial^2 M}{\partial y^2} &= -\pi_x, \\
\frac{\partial^2 M}{\partial y^2} + \frac{1}{m}\frac{\partial^2 M}{\partial x^2} &= -\pi_y,
\end{aligned}\right\} \tag{20}$$

so ergibt sich:

$$\left.\begin{aligned}
\nabla^2 s_x &= -\pi_x, \\
\nabla^2 s_y &= -\pi_y.
\end{aligned}\right\} \tag{21}$$

Ebenso kann man der Belastung

$$\frac{m-1}{m}\frac{\partial^2 M}{\partial x \partial y} = -\pi_{xy} \tag{20a}$$

im Einklang mit der Gleichungsgruppe (8) die Bedingung

$$\nabla^2 t_{xy} = -\pi_{xy} \tag{21a}$$

zuweisen.

Hieraus gewinnt man den folgenden dritten Satz: **Die Mittelfläche einer der Reihe nach mit den Kräften**

$$\pi_x = -\left(\frac{\partial^2 M}{\partial x^2} + \frac{1}{m}\frac{\partial^2 M}{\partial y^2}\right), \qquad \pi_y = -\left(\frac{\partial^2 M}{\partial y^2} + \frac{1}{m}\frac{\partial^2 M}{\partial x^2}\right),$$

$$\pi_{xy} = -\frac{m-1}{m}\frac{\partial^2 M}{\partial x \partial y}$$

belasteten und durch die Oberflächenspannung $S = 1$ beanspruchten elastischen Haut stellt ein Abbild der s_x-, s_y- und t_{xy}-Momentenflächen der elastischen Platte dar.

Es sei schließlich noch bemerkt, daß man aus der Mittelfläche der elastischen Haut auch die lotrechten Scherkräfte der Platte ableiten kann. Aus den Gleichungen

$$\left.\begin{aligned} v_x &= -N\,\frac{\partial}{\partial x}\,V^2\zeta = \frac{\partial M}{\partial x}\,, \\ v_y &= -N\,\frac{\partial}{\partial y}\,V^2\zeta = \frac{\partial M}{\partial y} \end{aligned}\right\} \tag{22}$$

ist ohne weiteres der Zusammenhang zwischen den Scherkräften und den Winkeldrehungen der Tangente an der elastischen Haut zu erkennen.

Durch die vorstehenden Betrachtungen ist die Berechnung der elastischen Platte auf die Lösung der beiden Differentialgleichungen

$$V^2 M = -p\,, \qquad V^2\zeta = -\frac{M}{N}$$

zurückgeführt.

Die Behandlung der Aufgabe ist besonders einfach, wenn längs des Plattenrandes sowohl ζ als M verschwinden. Diese Bedingung wird von der ringsum frei aufliegenden Platte erfüllt. Man kann hierbei im gleichen Sinne wie beim freiaufliegenden Balken die Lagerung als eine statisch bestimmte bezeichnen, weil die Momentsumme M und die Scherkraft v unmittelbar aus der Lösung der einzigen Differentialgleichung $V^2 M = -p$ gewonnen werden können.

Bei allen anderen Lagerungsarten muß auch die zweite Differentialgleichung

$$V^2\zeta = -\frac{M}{N}$$

herangezogen werden, um aus der Gestalt der elastischen Fläche die Randwerte der Momentensumme M zu ermitteln: diese Verknüpfung zwischen den Randbedingungen von M und ζ ist das Kennzeichen der statischen Unbestimmtheit.

Die Unterscheidung zwischen statisch bestimmten und unbestimmten Lagerungsarten ist auch durch die Erkenntnis gerechtfertigt, daß nur bei den ersteren die aus den M-Werten gebildete Momentenfläche mit der Mittelfläche der elastischen Haut unmittelbar zur Deckung gebracht werden kann. Bei den statisch unbestimmten Fällen weichen hingegen die zugehörigen Werte M und w um den jeweiligen Betrag einer oder mehrerer Lösungen der homogenen Differentialgleichung $V^2\zeta = 0$ von einander ab[1]). Aus diesem Grunde besagen die neuen Sätze nur, daß die Mittelfläche der elastischen Haut das Abbild der Momentenfläche und nicht die Momentenfläche selbst darstellt.

---

[1]) In gleicher Weise, wie die Ordinaten der Seillinie erst durch die Wahl einer Schlußlinie bestimmt sind, muß auch bei der elastischen Haut durch die Lösung der homogenen Differentialgleichung Lage und Gestalt der Schlußfläche, von welcher aus die Ordinaten der Haut abgemessen werden sollen, festgelegt werden.

Durch die Wahl geeigneter Zusatzlösungen, welche die homogene Differentialgleichung $\nabla^2\nabla^2\zeta = 0$ befriedigen, gewinnt man gerade die Möglichkeit, bei statisch unbestimmten Lagerungsarten die Randbedingungen zu erfüllen und somit die Berechnung statisch unbestimmter Platten auf diejenige statisch bestimmter zurückzuführen.

Die vorstehenden Betrachtungen über die Beziehungen zwischen Haut und Platte können noch durch eine eigentümliche Feststellung ergänzt werden.

Auf Grund des Bettischen Satzes ist die Verschiebung w_{ik}, die ein Punkt i der elastischen Haut unter dem Einfluß einer im Punkte k angreifenden Last $P_k = 1$ erfährt, gleich der Verschiebung w_{ki}, die im Punkte k durch eine im Punkte i angreifende Last $P_i = 1$ hervorgerufen wird. Aus der Gleichung

$$w_{ik} = w_{ki}$$

folgt aber, insofern die Randbedingungen für Haut und Platte übereinstimmen,

$$M_{ik} = M_{ki}. \tag{23}$$

Bei statisch bestimmter Lagerung entsteht also im Punkte i unter dem Einfluß der Last $P_k = 1$ die gleiche Momentensumme wie im Punkte k unter dem Einfluß der Last $P_i = 1$: die Momentenfläche der freiaufliegenden Platte für den Belastungszustand $P_k = 1$ stellt somit die Einflußfläche der Momentensumme für den Punkt k der Mittelfläche der Platte dar. Da die gleiche Gegenseitigkeit auch zwischen den Spannungsmomenten $(s_x)_{ik}$, $(s_y)_{ik}$ und $(s_x)_{ki}$, $(s_y)_{ki}$ besteht, so läßt sich der vorliegende Satz sinngemäß auf die Einflußflächen der Momente s_x und s_y ohne weiteres übertragen.

§ 3. Die elastische Haut und das elastische Gewebe.

Die elastische Haut, deren Formänderung durch die Gleichung

$$\nabla^2 w = -\frac{p}{S}$$

gekennzeichnet ist, wird durch keine Schubspannungen beansprucht: die Oberflächenspannungen sind reine Normalspannungen σ, die in jeder Schnittfläche die gleiche Größe aufweisen. Ist die auf die Längeneinheit der Haut bezogene Grundspannung S bekannt, so lassen sich ohne weiteres Größe, Lage und Richtung der Mittelkraft $R = S\,l$ aller in einem Randabschnitt l eines irgendwie umgrenzten Bereiches der Haut auftretenden Spannungen bestimmen (Abb. 3).

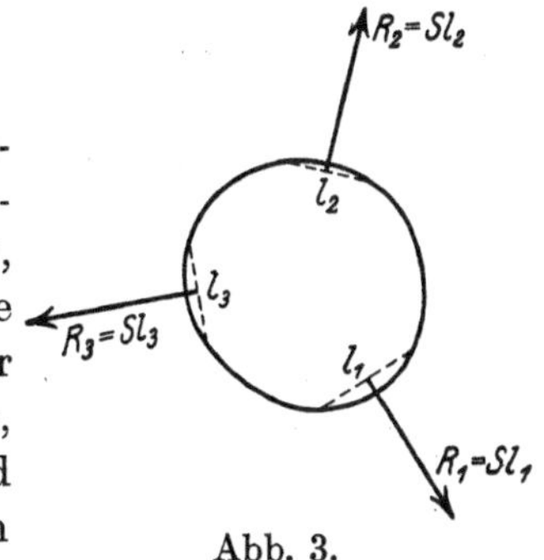

Abb. 3.

Wird die Haut in einzelne Streifen zerlegt, so bilden, bei geeigneter Wahl der Gestalt und Anordnung der Streifen, die Angriffslinien der Mittelkräfte R der inneren Widerstände, die in den gemeinsamen Rändern benachbarter Streifen wirken, ein Liniennetz, welches die Haut

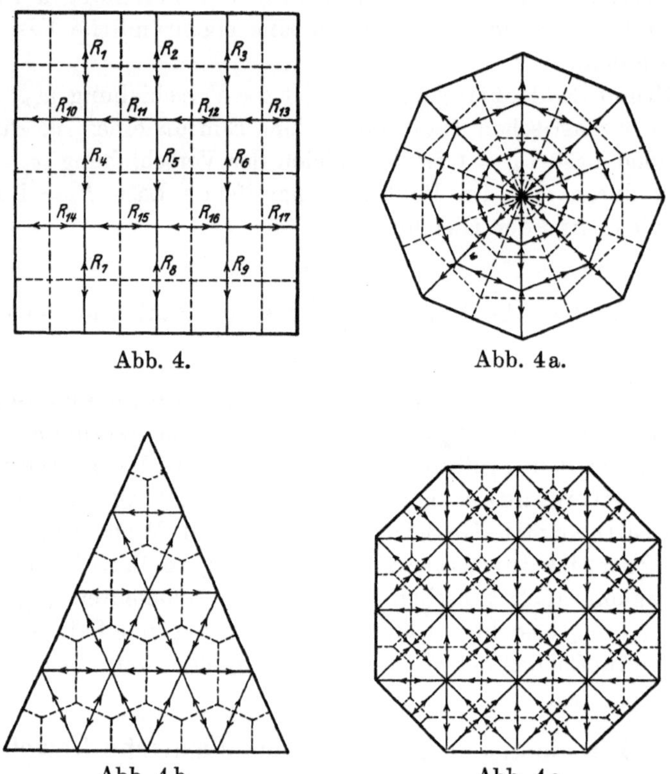

Abb. 4.   Abb. 4a.

Abb. 4b.   Abb. 4c.

umspannt (Abb. 4). Die Kräfte R können auch als die Spannkräfte dünner Drähte, die in den Angriffslinien liegen, aufgefaßt werden: diese Drähte bilden ein Gewebe, welches an Stelle der elastischen Haut tritt und daher elastisches Gewebe genannt werden möge. Die Gestalt der Maschen dieses Gewebes wie auch die Zahl der sich in einem Knotenpunkt kreuzenden Drähte können, wie die Abb. 4, 4a, 4b, 4c zeigen, verschieden sein. Die wichtigsten Gewebearten sind:

1. das Gewebe mit rechteckigen Maschen,
2. das Radialgewebe,
3. das Gewebe mit dreieckigen Maschen.

Ihre Eigenschaften werden jetzt der Reihe nach untersucht.

A. Das Gewebe mit rechteckigen Maschen.

1. Die Gleichgewichtsgleichungen des Gewebes.

Dieses Gewebe besteht aus zwei Scharen sich rechtwinklig kreuzender Drähte: die eine Schar ist der x-Achse, die andere der y-Achse parallel gerichtet (Abb. 5).

Um die Behandlung der Aufgabe zu vereinfachen, setze ich voraus, daß die Maschenweiten λ_x in Richtung der x-Achse und die Maschenweiten λ_y in Richtung der y-Achse überall gleich groß sind.

Die Gestalt des elastischen Gewebes im Aufriß ist durch die Ordinaten w der einzelnen Knotenpunkte in bezug auf die x-, y-Ebene bestimmt.

An einen Knotenpunkt k greifen außer der zur x-, y-Ebene senkrecht gerichteten Belastung P_k, die Spannkräfte der vier benachbarten

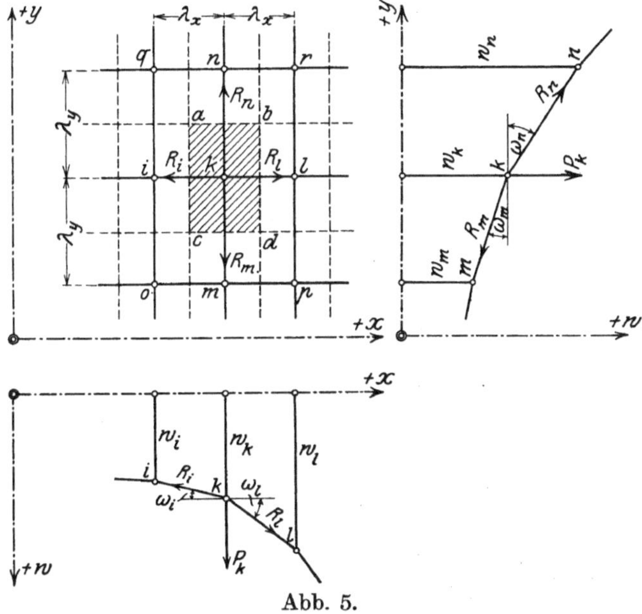

Abb. 5.

Drähte: R_i, R_l, R_m und R_n. Bezeichnet man mit ω_i und ω_l den Neigungswinkel der Drähte R_i und R_l gegen die x-Achse und ebenso mit ω_m und ω_n den Neigungswinkel der Drähte R_m und R_n gegen die y-Achse, so müssen die Spannkräfte R den drei Gleichgewichtsbedingungen

$$R_i \cos\omega_i - R_l \cos\omega_l = 0,$$
$$R_m \cos\omega_m - R_n \cos\omega_n = 0,$$
$$P_k + (R_l \sin\omega_l - R_i \sin\omega_i) + (R_n \sin\omega_n - R_m \sin\omega_m) = 0$$

genügen. Mit den Hilfsgrößen

$$R_i \cos \omega_i = R_l \cos \omega_l = H_x,$$
$$R_m \cos \omega_m = R_n \cos \omega_n = H_y$$

läßt sich die letzte Gleichung auch in der Form

$$H_x (\operatorname{tang} \omega_i - \operatorname{tang} \omega_l) + H_y (\operatorname{tang} \omega_m - \operatorname{tang} \omega_n) = P_k$$

schreiben. Bezeichnet man mit $(\varDelta w_k)_x$, $(\varDelta^2 w_k)_x$ bzw. mit $(\varDelta w_k)_y$, $(\varDelta^2 w_k)_y$ die ersten und die zweiten Differenzen zwischen den w-Ordinaten der Knotenpunkte, die um λ_x bzw. um λ_y vom Knotenpunkt k entfernt sind, so ist offenbar

$$\lambda_x \operatorname{tang} \omega_l = w_l - w_k = (\varDelta w_k)_x,$$
$$\lambda_y \operatorname{tang} \omega_n = w_n - w_k = (\varDelta w_k)_y,$$
$$\lambda_x (\operatorname{tang} \omega_l - \operatorname{tang} \omega_i) = (w_l - w_k) - (w_k - w_i) = \varDelta_x (\varDelta w_k)_x = (\varDelta^2 w_k)_x,$$
$$\lambda_y (\operatorname{tang} \omega_n - \operatorname{tang} \omega_m) = (w_n - w_k) - (w_k - w_m) = \varDelta_y (\varDelta w_k)_y = (\varDelta^2 w_k)_y,$$

und mithin

$$\frac{H_x}{\lambda_x} (\varDelta^2 w_k)_x + \frac{H_y}{\lambda_y} (\varDelta^2 w_k)_y = -P_k . \tag{24}$$

Hierin setze ich noch

$$H_x = \lambda_y S_x, \qquad H_y = \lambda_x S_y, \qquad P_k = p_k \lambda_x \lambda_y$$

und erhalte:

$$\frac{S_x}{\lambda_x^2} (\varDelta^2 w_k)_x + \frac{S_y}{\lambda_y^2} (\varDelta^2 w_k)_y = -p_k . \tag{25}$$

Wenn $H_x = H_y = H$ oder $S_x = S_y = S$ ist, so ergibt sich insbesondere

$$\frac{1}{\lambda_x} (\varDelta^2 w_k)_x + \frac{1}{\lambda_y} (\varDelta^2 w_k)_y = -\frac{P_k}{H} \tag{26}$$

oder

$$\frac{(\varDelta^2 w_k)_x}{\lambda_x^2} + \frac{(\varDelta^2 w_k)_y}{\lambda_y^2} = -\frac{p_k}{S} . \tag{27}$$

Ist $\lambda_x = \lambda_y = \lambda$, so gilt die einfache Beziehung

$$(\varDelta^2 w_k)_x + (\varDelta^2 w_k)_y = -P_k \cdot \frac{\lambda}{H} = -p_k \cdot \frac{\lambda^2}{S},$$

welche auch durch die Gleichung

$$4 w_k - (w_i + w_l + w_m + w_n) = \frac{\lambda}{H} P_k = \frac{\lambda^2 p_k}{S} \tag{28}$$

ausgedrückt werden kann.

Es sei schließlich bemerkt, daß die Gleichung (27) bei unendlich kleinen Maschenweiten $\lambda_x = \partial x$, $\lambda_y = \partial y$ unmittelbar in die Gleichung der elastischen Haut

$$\frac{\partial^2 w}{\partial x^2} + \frac{\partial^2 w}{\partial y^2} = -\frac{p}{S}$$

übergeht[1]). Hiermit ist die Übereinstimmung zwischen elastischem Gewebe und elastischer Haut bewiesen.

Es ist im übrigen leicht zu erkennen, daß das Seileck nur eine Abart des elastischen Gewebes ist: läßt man in der Gleichung (24) H_x oder H_y gleich Null werden, so erhält man in der Tat die Gleichung eines in der (y)- oder in der (x)-Richtung gespannten Seilecks.

2. Die Beziehungen zwischen der elastischen Platte und dem elastischen Gewebe.

Um nunmehr die durch die neuen Sätze festgestellte Verwandtschaft zwischen elastischer Platte und elastischer Haut auf das Gewebe übertragen zu können, stelle ich zunächst der Grundgleichung

$$\frac{\partial^2 M}{\partial x^2} + \frac{\partial^2 M}{\partial y^2} = -p$$

die Differenzengleichung

$$\frac{1}{\lambda_x^2}(\varDelta^2 w_k)_x + \frac{1}{\lambda_y^2}(\varDelta^2 w_k)_y = -\frac{p}{S_1}$$

gegenüber. Man erkennt, daß

$$M_k = S_1 w_k \tag{29}$$

sein muß, wenn M und w im übrigen den gleichen Randbedingungen genügen.

Bringe ich jetzt die elastischen Gewichte $p_k = w_k$ an den Knotenpunkten eines Gewebes mit der Grundspannung $S = S_2$ an, so entstehen Knotenpunktsverschiebungen z, welche die Gleichungen

$$\frac{z_i - 2z_k + z_l}{\lambda_x^2} + \frac{z_m - 2z_k + z_n}{\lambda_y^2} = \frac{1}{\lambda_x^2}(\varDelta^2 z_k)_x + \frac{1}{\lambda_y^2}(\varDelta^2 z_k)_y = -\frac{w_k}{S_2} = -\frac{M_k}{S_1 S_2}$$

befriedigen müssen. Für die Ordinaten ζ der elastischen Fläche der Platte gilt andererseits:

$$\frac{\partial^2 \zeta}{\partial x^2} + \frac{\partial^2 \zeta}{\partial y^2} = -\frac{M}{N} \,.$$

Aus den beiden letzten Gleichungen folgt also, daß

$$\zeta_k = z_k \frac{S_1 S_2}{N} \tag{30}$$

sein muß, wenn ζ und z die gleichen Randbedingungen erfüllen. Durch die in den Gleichungen (29) und (30) ausgedrückten Beziehungen ist

---

[1]) Die Möglichkeit, partielle Differentialgleichungen durch Umwandlung in Differenzengleichungen zu lösen, ist in der Elastizitätstheorie zuerst von Runge bei der Behandlung des Torsionproblems und in der Hydrodynamik von englischen Forschern benutzt worden. Ein ausführlicher Bericht von H. Hencky über die numerische Bearbeitung von partiellen Differentialgleichungen in der Technik ist in Bd. 2, H. 1 der Z. ang. Math. Mech. zu finden.

somit die Bestimmung der Momentensumme M und der Ordinaten ζ der elastischen Fläche der Platte auf die Berechnung der Knotenpunktsverschiebungen w und z des elastischen Gewebes zurückgeführt.

Ich habe nur noch zu zeigen, wie auch die inneren Widerstände der Platte aus den Ordinaten w und z bestimmt werden können.

Um den Teil der elastischen Fläche, auf welchen der Punkt k (Abb. 5 a) und die acht benachbarten Punkte i, l, m, n, o, p, q, r liegen, näher zu beschreiben, ersetze ich das elastische Gewebe in der unmittelbaren Umgebung des Punktes k durch die Fläche

$$z=\frac{1}{4\lambda_x^2\lambda_y^2}\left\{\begin{array}{l}(x-x_k)(x-x_l)[z_o(y-y_k)(y-y_n)-2z_i(y-y_n)(y-y_m)+z_q(y-y_m)(y-y_k)]\\-2(x-x_l)(x-x_i)[z_m(y-y_k)(y-y_n)-2z_k(y-y_n)(y-y_m)+z_n(y-y_m)(y-y_k)]\\+(x-x_i)(x-x_k)[z_p(y-y_k)(y-y_n)-2z_l(y-y_n)(y-y_m)+z_r(y-y_m)(y-y_k)]\end{array}\right\}$$

Man kann sich leicht überzeugen, daß diese Fläche durch die neun Punkte $i, k, l, m, n, o, p, q, r$ des Gewebes hindurchgeht. Sie möchte daher unter der Voraussetzung hinreichend kleiner Maschenweiten λ_x und λ_y als Umhüllungs- oder Schmiegungsfläche des Gewebes im Punkte k bezeichnet werden. Die zugehörigen Differentialquotienten für den Mittelpunkt k mit den Ordinaten $x = x_k$, $y = y_k$ sind:

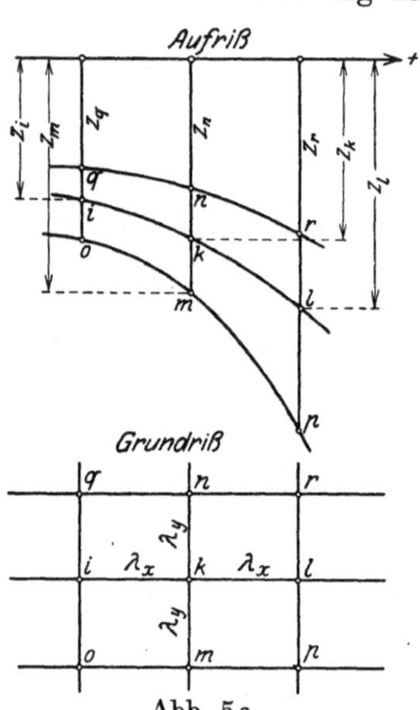

$$\left.\begin{aligned}\left(\frac{\partial z}{\partial x}\right)_k&=\frac{z_l-z_i}{2\lambda_x}=\frac{(\varDelta z_k)_x}{\lambda_x}\,,\\[4pt]\left(\frac{\partial z}{\partial y}\right)_k&=\frac{z_n-z_m}{2\lambda_y}=\frac{(\varDelta z_k)_y}{\lambda_y}\,,\\[4pt]\left(\frac{\partial^2 z}{\partial x^2}\right)_k&=\frac{z_i-2z_k+z_l}{\lambda_x^2}=\frac{1}{\lambda_x^2}(\varDelta^2 z_k)_x\,,\\[4pt]\left(\frac{\partial^2 x}{\partial y^2}\right)_k&=\frac{z_m-2z_k+z_n}{\lambda_y^2}=\frac{(\varDelta^2 z_k)_y}{\lambda_y^2}\,,\\[4pt]\left(\frac{\partial^2 z}{\partial x\,\partial y}\right)_k&=\frac{(z_o+z_r)-(z_p+z_q)}{4\lambda_x\lambda_y}\\[4pt]&=\frac{(\varDelta^2 z_k)_{xy}}{\lambda_x\lambda_y}\,.\end{aligned}\right\}\ \text{(b)}$$

Führt man diese Größen in die Gleichungsgruppe (8), so erhält man im Einklang mit den Gleichungen (29) und (30) für die Spannungsmomente die Formeln

$$\left.\begin{aligned}s_x&=-S_1 S_2\left(\frac{\partial^2 z}{\partial x^2}+\frac{1}{m}\frac{\partial^2 z}{\partial y^2}\right)=S_1 S_2\left[\frac{2z_k-z_i-z_l}{\lambda_x^2}+\frac{1}{m}\frac{2z_k-z_m-z_n}{\lambda_y^2}\right],\\[4pt]s_y&=-S_1 S_2\left(\frac{\partial^2 z}{\partial y^2}+\frac{1}{m}\frac{\partial^2 z}{\partial x^2}\right)=S_1 S_2\left[\frac{2z_k-z_m-z_n}{\lambda_y^2}+\frac{1}{m}\frac{2z_k-z_i-z_l}{\lambda_x^2}\right],\\[4pt]t_{xy}&=-\frac{m-1}{m}S_1 S_2\frac{\partial^2 z}{\partial x\,\partial y}=\frac{m-1}{m}S_1 S_2\left[\frac{(z_p+z_q)-(z_o+z_r)}{4\lambda_x\lambda_y}\right].\end{aligned}\right\}\ (31)$$

Für die lotrechten Scherkräfte gilt ebenso:

$$\left.\begin{aligned}
v_x &= S_1 \frac{\partial w}{\partial x} = \frac{S_1}{2\lambda_x}(w_l - w_i),\\
v_y &= S_1 \frac{\partial w}{\partial y} = \frac{S_1}{2\lambda_y}(w_n - w_m).
\end{aligned}\right\} \tag{32}$$

Will man die inneren Widerstände unmittelbar aus den Größen $\zeta = S_1 S_2 \dfrac{z}{N}$ und $M = S_1 w$ ableiten und benutzt man ein Gewebe mit der Maschenweite $\lambda_x = \lambda_y = \lambda$, so kann man auch die außerordentlich einfachen Formeln

$$\left.\begin{aligned}
\frac{\lambda^2}{N} s_x &= (2\zeta_k - \zeta_i - \zeta_l) + \frac{1}{m}(2\zeta_k - \zeta_m - \zeta_n),\\
\frac{\lambda^2}{N} s_y &= (2\zeta_k - \zeta_m - \zeta_n) + \frac{1}{m}(2\zeta_k - \zeta_i - \zeta_l),\\
\frac{\lambda^2}{N} t_{xy} &= \frac{m-1}{4m}[(\zeta_p + \zeta_q) - (\zeta_o + \zeta_r)],\\
2\lambda v_x &= M_l - M_i,\\
2\lambda v_y &= M_n - M_m
\end{aligned}\right\} \tag{33}$$

verwenden. Die Maschenweite λ muß hierbei derart gewählt werden, daß die elastische Linie im Bereiche i, k, l und m, k, n keinen Wendepunkt aufweist, denn nur unter dieser Voraussetzung wird sich die als Umhüllungsfläche des Gewebes benutzte Fläche zweiten Grades mit der wirklichen elastischen Fläche decken können.

3. Die allgemeine Differenzengleichung der elastischen Platte.

Aus den beiden Differenzgleichungen des Gewebes

$$\frac{1}{\lambda_x^2}(\varDelta^2 w_k)_x + \frac{1}{\lambda_y^2}(\varDelta^2 w_k)_y = -\frac{p_k}{S_1},$$

$$\frac{1}{\lambda_x^2}(\varDelta^2 z_k)_x + \frac{1}{\lambda_y^2}(\varDelta^2 z_k)_y = -\frac{w_k}{S_2}.$$

läßt sich auch die allgemeine Differenzengleichung der Platte ableiten.

Für das Gewebe im Bereiche des Punktes k und die aus Abb. 6 ersichtlichen Knotenpunktbezeichnungen gelten nämlich die Bedingungen:

$$\frac{1}{S_2} w_i = \frac{2z_i - z_s - z_k}{\lambda_x^2} + \frac{2z_i - z_o - z_q}{\lambda_y^2},$$

$$\frac{1}{S_2} w_k = \frac{2z_k - z_i - z_l}{\lambda_x^2} + \frac{2z_k - z_m - z_n}{\lambda_y^2},$$

$$\frac{1}{S_2}\, w_l = \frac{2\,z_l - z_k - z_t}{\lambda_x^2} + \frac{2\,z_l - z_p - z_r}{\lambda_y^2}\,,$$

$$\frac{1}{S_2}\, w_m = \frac{2\,z_m - z_o - z_p}{\lambda_x^2} + \frac{2\,z_m - z_u - z_k}{\lambda_y^2}\,;$$

$$\frac{1}{S_2}\, w_n = \frac{2\,z_n - z_q - z_r}{\lambda_x^2} + \frac{2\,z_n - z_k - z_v}{\lambda_y^2}\,.$$

Es ist andererseits

$$\frac{2\,w_k - w_i - w_l}{\lambda_x^2} + \frac{2\,w_k - w_m - w_n}{\lambda_y^2} = \frac{p}{S_1}\,.$$

Hieraus folgt:

$$\left.\begin{aligned}
& z_k\left[6\left(\frac{1}{\lambda_x^4} + \frac{1}{\lambda_y^4}\right) + \frac{8}{\lambda_x^2\,\lambda_y^2}\right]\\
& \quad - 4\left(\frac{1}{\lambda_x^2} + \frac{1}{\lambda_y^2}\right)\left(\frac{z_i + z_l}{\lambda_x^2} + \frac{z_m + z_n}{\lambda_y^2}\right)\\
& \quad + \frac{2}{\lambda_x^2\,\lambda_y^2}\,(z_o + z_p + z_q + z_r)\\
& \quad + \frac{1}{\lambda_x^4}\,(z_s + z_t) + \frac{1}{\lambda_y^4}\,(z_u + z_v)
\end{aligned}\right\} = \frac{p_k}{S_1 S_2}\,. \qquad (34)$$

Für $\lambda_x = \lambda_y = \lambda$ erhält man schließlich

$$\left.\begin{aligned}
& 20\,z_k - 8\,(z_i + z_l + z_m + z_n) + 2\,(z_o + z_p + z_q + z_r)\\
& \quad + (z_s + z_t + z_u + z_v) = \frac{\lambda^4\,p_k}{S_1 S_2}\,.
\end{aligned}\right\} \qquad (35)$$

Diese dreizehngliedrige Formel ist die unmittelbare Übersetzung der Hauptdifferentialgleichung

$$\frac{\partial^4\zeta}{\partial x^4} + \frac{2\,\partial^4\zeta}{\partial x^2\,\partial y^2} + \frac{\partial^4\zeta}{\partial y^4} = \frac{p}{N}\,.$$

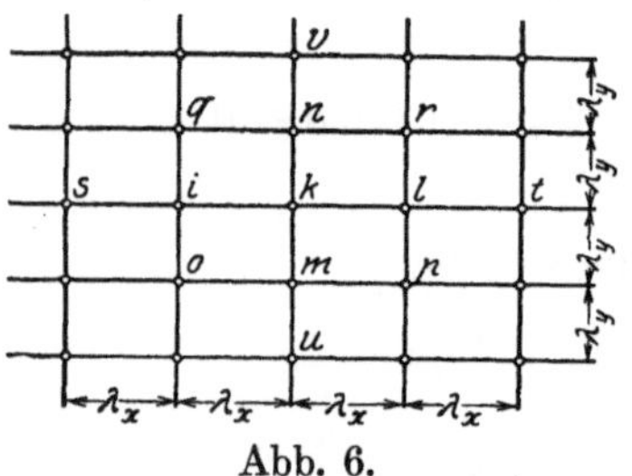

Abb. 6.

Sie ist weniger einfach als die fünfgliedrigen w- und z-Gleichungen des Gewebes: ihre Anwendung ist aber von Vorteil, wenn die Randwerte M von vornherein nicht bekannt, die Randwerte ζ hingegen entweder gegeben sind oder aus den Randbedingungen der elastischen Fläche abgeleitet werden können[1]). Die Untersuchung der ringsum eingeklemmten Platten im Abschnitt VII wird Gelegenheit geben, die Gleichung (35) zu benutzen, um die Gestalt der elastischen Fläche ohne den Umweg über die Momentensumme unmittelbar zu bestimmen.

[1]) Herr N. S. Nielsen hat in seiner verdienstvollen Arbeit „Bestemmelse af Spoendinger i Plader ved anvendelse af Differensligninger" (Kopenhagen: G. E. C. Gad 1920) für eine Reihe wichtiger Aufgaben der Plattentheorie die zur Lösung der dreizehngliedrigen Differenzengleichung erforderlichen Rechnungen mit großer Sorgfalt durchgeführt.

4. Die Verteilung der Belastung auf die Knotenpunkte des Gewebes.

Die Grundgleichung

$$\frac{1}{\lambda_x}\,(\varDelta^2 w_k)_x + \frac{1}{\lambda_y}\,(\varDelta^2 w_k)_y = -\frac{P_k}{H}$$

ist unter der Voraussetzung abgeleitet, daß die Lasten P_k unmittelbar an den Knotenpunkten angreifen. Diese Bedingung wird erfüllt, wenn der Schwerpunkt der Belastungsfläche $a\,b\,c\,d$ (Abb. 5) mit dem Knotenpunkt zusammenfällt. Die Größe

$$p_k = \frac{P_k}{\lambda_x\,\lambda_y}$$

stellt dann den Mittelwert der spezifischen Belastung für den Bereich $a\,b\,c\,d$ dar.

Greift nun eine Einzellast P außerhalb der Knotenpunkte an, so lassen sich die auf die benachbarten Punkte $1, 2, 3, 4$ entfallenden Lastanteile P_1, P_2, P_3, P_4 wie folgt bestimmen.

Ich verbinde den Angriffspunkt der Kraft P durch vier Drähte mit dem Hauptgewebe (Abb. 7): wenn die aus den Randdrähten $1, 2, 3, 4$ gebildete Unterlage vorerst als fest angesehen wird, so ist die Verschiebung w_o des Punktes o gegen das Hauptgewebe durch die Gleichgewichtsgleichung

$$w_o\left(\frac{1}{\lambda_1} + \frac{1}{\lambda_2} + \frac{1}{\lambda_3} + \frac{1}{\lambda_4}\right) = \frac{P}{H}$$

bestimmt.

Im Punkte I wird nun die lotrechte Teilkraft

$$P_I = \frac{H\,w_o}{\lambda_1}$$

auf den Rand $1, 4$ übertragen. Ebenso erhalten die übrigen Ränder Teilkräfte

$$P_{II} = \frac{H\,w_o}{\lambda_2}, \qquad P_{III} = \frac{H\,w_o}{\lambda_3}, \qquad P_{IV} = \frac{H\,w_o}{\lambda_4}.$$

Der Knotenpunkt 1 übernimmt von P_I den Anteil $P_I\,\dfrac{\lambda_3}{\lambda_3 + \lambda_4}$, von P_{IV} den Anteil $P_{IV}\,\dfrac{\lambda_2}{\lambda_1 + \lambda_2}$, oder insgesamt

$$P_1 = P_I\,\frac{\lambda_3}{\lambda_3 + \lambda_4} + P_{IV}\,\frac{\lambda_2}{\lambda_1 + \lambda_2} = P\,\frac{\dfrac{1}{\lambda_1}\dfrac{\lambda_3}{\lambda_3 + \lambda_4} + \dfrac{1}{\lambda_4}\dfrac{\lambda_2}{\lambda_1 + \lambda_2}}{\dfrac{1}{\lambda_1} + \dfrac{1}{\lambda_2} + \dfrac{1}{\lambda_3} + \dfrac{1}{\lambda_4}}$$

$$= P\,\frac{\lambda_2\,\lambda_3}{(\lambda_1 + \lambda_2)\,(\lambda_3 + \lambda_4)}.$$

Setzt man
$$\lambda_1 + \lambda_2 = \lambda_x, \qquad \lambda_3 + \lambda_4 = \lambda_y,$$
so erhält man
$$P_1 = P \frac{\lambda_2 \lambda_3}{\lambda_x \lambda_y} \tag{36}$$

und ebenso für die übrigen Knotenpunkte

$$P_2 = P \frac{\lambda_3 \lambda_1}{\lambda_x \lambda_y}, \qquad P_3 = P \frac{\lambda_4 \lambda_1}{\lambda_x \lambda_y}, \qquad P_4 = P \frac{\lambda_4 \lambda_2}{\lambda_x \lambda_y}.$$

Die außerordentlich einfache Gesetzmäßigkeit, mit welcher sich die Lastverteilung vollzieht, tritt deutlich in Erscheinung. Ihre Übereinstimmung mit dem Hebelgesetz, sobald eine der Größen λ_1, λ_2, λ_3, λ_4 gleich Null wird und die Last unmittelbar in einem Punkte der Netzlinien angreift, ist ohne weiteres zu erkennen.

B. Das Radialgewebe.

Das Gewebe mit rechteckigen Maschen ist für die Untersuchung kreisförmiger Platten wenig geeignet, weil die Knotenpunkte nicht symmetrisch zur Umdrehungsachse verteilt und die Drähte nicht durchweg senkrecht zum Plattenrand gerichtet sind.

Der Gestalt der Platte paßt sich am besten das Radial- oder Spinnengewebe an. Es besteht aus einem Büschel strahlenförmig verteilter Drähte, die miteinander durch konzentrische Ringe verbunden werden (Abb. 4a). Die Drähte des Büschels mögen Radialdrähte, diejenigen der Ringschar Ringdrähte genannt werden.

Ich setze voraus, daß die Radialdrähte im ganzen Gewebe den gleichen Zentriwinkel $\varDelta \varphi$ miteinander schließen und daß die Ringe in gleichen Abständen $\varDelta r$ angeordnet sind. Hiermit ist die Grundrißgestalt des Gewebes festgelegt; um die Wölbung im Aufriß zu bestimmen, ist noch für jeden Punkt mit den Polarkoordinaten r und φ die Ordinate w in der Richtung der $+z$-Achse zu ermitteln (Abb. 8).

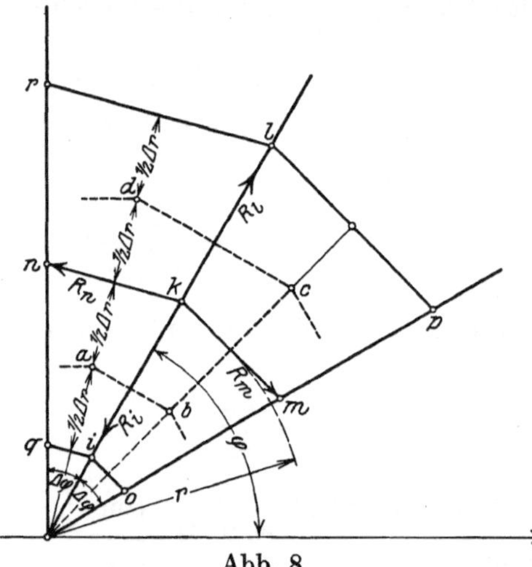

Abb. 8.

Im Knotenpunkt k kreuzen sich die Drähte R_i, R_l, R_m, R_n: der jeweilige Neigungswinkel gegen die Grundrißebene sei der Reihe nach mit ω_i, ω_l, ω_m, ω_n bezeichnet. Die zugehörigen Spannkräfte mögen den Gleichungen

$$R_i = S_1 (2\,r - \varDelta\,r) \sin \frac{\varDelta\,\varphi}{2} \cdot \sec \omega_i,$$
$$R_l = S_1 (2\,r + \varDelta\,r) \sin \frac{\varDelta\,\varphi}{2} \cdot \sec \omega_l,$$
$$R_m = S_1 \varDelta\,r \cdot \sec \omega_m,$$
$$R_n = S_1 \varDelta\,r \cdot \sec \omega_n,$$

$$(37)$$

folgen: unter S_1 ist eine als Vergleichsmaß dienende Einheitsspannung zu verstehen.

Ich zerlege jede Größe R in eine in die Grundrißebene fallende Teilkraft $R' = R \cdot \cos \omega$ und in eine, der $+w$-Achse parallel gerichtete Teilkraft $R'' = R \cdot \sin \omega$.

Für die erste Gruppe von Teilkräften gelten die Gleichgewichtsbedingungen:

$$(R_l' - R_i') - (R_m' + R_n') \sin \frac{\varDelta\,\varphi}{2} = 0,$$

$$(R_n' - R_m') \cos \frac{\varDelta\,\varphi}{2} = 0.$$

Man kann sich leicht überzeugen, daß diese beiden Gleichungen durch die Größen R der Gleichungsgruppe (37) von vornherein befriedigt sind.

Die Teilkräfte R'' müssen im Verein mit der im Punkte k angreifenden und in Richtung der $+w$-Achse wirkenden Last P_k die dritte Gleichgewichtsbedingung

erfüllen. $$(R_l'' - R_i'') + (R_n'' - R_m'') + P_k = 0 \qquad (38)$$

Bedenkt man, daß der Last P_k die Belastungsfläche $a\,b\,c\,d$ mit dem Flächeninhalt $2\,r\,\varDelta\,r \sin \frac{\varDelta\,\varphi}{2} \cos \frac{\varDelta\,\varphi}{2}$ entspricht und setzt man daher

$$P_k = 2\,p\,r\,\varDelta\,r \sin \frac{\varDelta\,\varphi}{2} \cos \frac{\varDelta\,\varphi}{2},$$

so geht die Gleichung (38) im Einklang mit den Werten R der Gleichungsgruppe (37) über in:

$$2\,r\,S_1 (\operatorname{tang} \omega_l - \operatorname{tang} \omega_i) \sin \frac{\varDelta\,\varphi}{2} + S_1 \varDelta\,r\,(\operatorname{tang} \omega_l + \operatorname{tang} \omega_i) \sin \frac{\varDelta\,\varphi}{2}$$

$$+ S_1 \varDelta\,r\,(\operatorname{tang} \omega_n - \operatorname{tang} \omega_m) + 2\,p\,r\,\varDelta\,r \sin \frac{\varDelta\,\varphi}{2} \cos \frac{\varDelta\,\varphi}{2} = 0.$$

Hieraus folgt auch:

$$\frac{1}{\varDelta\,r} (\operatorname{tang} \omega_l - \operatorname{tang} \omega_i) \sec \frac{\varDelta\,\varphi}{2} + \frac{1}{2\,r} (\operatorname{tang} \omega_l + \operatorname{tang} \omega_i) \sec \frac{\varDelta\,\varphi}{2}$$

$$+ \frac{\operatorname{tang} \omega_n - \operatorname{tang} \omega_m}{2\,r \sin \dfrac{\varDelta\,\varphi}{2} \cos \dfrac{\varDelta\,\varphi}{2}} + \frac{p}{S_1} = 0.$$

Es ist nun

$$\operatorname{tang}\omega_l = \frac{w_l - w_k}{\varDelta r \sec \dfrac{\varDelta\varphi}{2}}, \qquad \operatorname{tang}\omega_i = \frac{w_k - w_i}{\varDelta r \sec \dfrac{\varDelta\varphi}{2}},$$

$$\operatorname{tang}\omega_n = \frac{w_n - w_k}{2\,r \operatorname{tang}\dfrac{\varDelta\varphi}{2}}, \qquad \operatorname{tang}\omega_m = \frac{w_k - w_m}{2\,r \operatorname{tang}\dfrac{\varDelta\varphi}{2}}$$

und daher:

$$\frac{(w_l - w_k) - (w_k - w_i)}{(\varDelta r)^2} + \frac{1}{r}\frac{(w_l - w_i)}{2\,\varDelta r} + \frac{(w_n - w_k) - (w_k - w_m)}{\left(2\,r\sin\dfrac{\varDelta\varphi}{2}\right)^2} + \frac{p}{S_1} = 0.$$

Führt man im ähnlichen Sinne wie im vorigen Abschnitt die partiellen Differenzen

$$\frac{w_l - w_i}{2\,\varDelta r} = \frac{(\varDelta w_k)_r}{\varDelta r},$$

$$\frac{(w_l - w_k) - (w_k - w_i)}{(\varDelta r)^2} = \frac{(\varDelta^2 w_k)_r}{(\varDelta r)^2},$$

$$\frac{(w_n - w_k) - (w_k - w_m)}{\left(2\,r\sin\dfrac{\varDelta\varphi}{2}\right)^2} = \frac{(\varDelta^2 w_k)_\varphi}{\left(2\,r\sin\dfrac{\varDelta\varphi}{2}\right)^2}$$

ein, so lautet die allgemeine Gleichgewichtsgleichung des Spinngewebes

$$\frac{(\varDelta^2 w_k)_r}{\varDelta r^2} + \frac{1}{r}\frac{(\varDelta w_k)_r}{\varDelta r} + \frac{1}{r^2}\frac{(\varDelta^2 w_k)_\varphi}{\left(2\sin\dfrac{\varDelta\varphi}{2}\right)^2} = -\frac{p}{S_1}. \tag{39}$$

Im Mittelpunkt der Platte (Abb. 9) kreuzen sich n Drähte R_i mit der Spannkraft

$$R_i = -S_1\,\varDelta r \sin\frac{\varDelta\varphi}{2}\sec\omega_i.$$

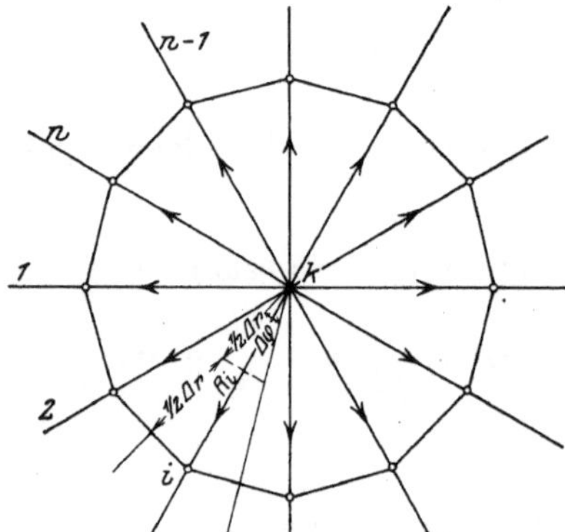

Abb. 9.

Sie liefern eine nach aufwärts gerichtete Mittelkraft

$$\sum R_i'' = \sum R_i \sin\omega_i$$

$$= -S_1\,\varDelta r \sin\frac{\varDelta\varphi}{2}\sum\operatorname{tang}\omega_i$$

$$= -S_1 \sin\frac{\varDelta\varphi}{2}\cos\frac{\varDelta\varphi}{2}\sum(w_k - w_i),$$

welche mit der Mittelpunktsbelastung

$$P_k = n\,p\left(\frac{\varDelta r}{2}\right)^2\sin\frac{\varDelta\varphi}{2}\cos\frac{\varDelta\varphi}{2}$$

im Gleichgewicht sein muß. Es ist also:

$$- S_1 \sum_{i=1}^{i=n} (w_k - w_i) + n\,p \left(\frac{\varDelta r}{2}\right)^2 = 0,$$

$$\frac{1}{n\left(\dfrac{\varDelta r}{2}\right)^2} \sum_{i=1}^{i=n} (w_i - w_k) = - \frac{p}{S_1}. \qquad (39\,\text{a})$$

Durch die Gleichungen (39) und (39a) ist nunmehr die Wölbung des Spinngewebes vollständig bestimmt.

Läßt man in der Grundgleichung $\varDelta r$ und $\varDelta \varphi$ unendlich klein werden, so verwandelt sie sich in die bekannte Differentialgleichung der elastischen Haut

$$\frac{\partial^2 w}{\partial r^2} + \frac{1}{r}\frac{\partial w}{\partial r} + \frac{1}{r^2}\frac{\partial^2 w}{\partial \varphi^2} = - \frac{p}{S_1}. \qquad (40)$$

Hiermit ist die unmittelbare Verwandtschaft zwischen Spinnengewebe und elastischer Haut erwiesen.

Die Gleichung der elastischen Fläche der Platten lautet in Polarkoordinaten

$$\left(\frac{\partial^2}{\partial r^2} + \frac{1}{r}\frac{\partial}{\partial r} + \frac{1}{r^2}\frac{\partial^2}{\partial \varphi^2}\right)\left(\frac{\partial^2 \zeta}{\partial r^2} + \frac{1}{r}\frac{\partial \zeta}{\partial r} + \frac{1}{r^2}\frac{\partial^2 \zeta}{\partial \varphi^2}\right) = \frac{p}{N}. \qquad (41)$$

Setzt man

$$-N\left(\frac{\partial^2 \zeta}{\partial r^2} + \frac{1}{r}\frac{\partial \zeta}{\partial r} + \frac{1}{r^2}\frac{\partial^2 \zeta}{\partial \varphi^2}\right) = M, \qquad (42)$$

so ergibt sich auch

$$\frac{\partial^2 M}{\partial r^2} + \frac{1}{r}\frac{\partial M}{\partial r} + \frac{1}{r^2}\frac{\partial^2 M}{\partial \varphi^2} = -p. \qquad (43)$$

Diese Gleichung deckt sich mit der Gewebegleichung vollkommen, und es ist wieder

$$M_k = S_1\,w_k.$$

Ebenso erhält man aus der Gegenüberstellung der Gleichung (42) mit der zweiten Differenzengleichung

$$\frac{(\varDelta^2 z_k)_r)}{\varDelta r^2} + \frac{1}{r}\frac{(\varDelta z_k)_r}{\varDelta r} + \frac{1}{r^2}\frac{(\varDelta^2 z_k)_\varphi}{\left(2\sin\dfrac{\varDelta \varphi}{2}\right)^2} = - \frac{w_k}{S_2} = - \frac{M_k}{S_1\,S_2} \qquad (44)$$

die zweite Verknüpfung

$$\zeta_k = \frac{S_1\,S_2\,z_k}{N}.$$

Wie beim Gewebe mit rechtwinkligen Maschen ist somit die Berechnung der Formänderung der elastischen Platte auf die aufeinanderfolgenden Lösungen der Differenzengleichungen der w- und z-Werte zurückgeführt.

Zur Bestimmung der Momente der Biegungsspannungen in radialer und tangentialer Richtung sowie der Drillungsmomente dienen die Formeln

$$s_r = -N\left[\frac{\partial^2 \zeta}{\partial r^2} + \frac{1}{m}\left(\frac{1}{r}\frac{\partial \zeta}{\partial r} + \frac{1}{r^2}\frac{\partial^2 \zeta}{\partial \varphi^2}\right)\right],$$
$$s_t = -N\left[\frac{1}{r}\frac{\partial \zeta}{\partial r} + \frac{1}{r^2}\frac{\partial^2 \zeta}{\partial \varphi^2} + \frac{1}{m}\frac{\partial^2 \zeta}{\partial r^2}\right], \qquad (45)$$
$$t_r = -N\frac{m-1}{m}\frac{\partial}{\partial r}\left(\frac{1}{r}\frac{\partial \zeta}{\partial \varphi}\right).$$

Um die partiellen Differentialquotienten durch Differenzen ausdrücken zu können, sei wie früher die elastische Fläche im Bereiche des Punkthaufens i, k, l, m, n, o, p, q, r (Abb. 8) durch die Schmiegungsfläche

$$\zeta = \frac{S_1 S_2}{4 N z_k (\varDelta r \cdot \varDelta \varphi)^2}[z_i(r-r_k)(r-r_l) - 2z_k(r-r_l)(r-r_i) + z_l(r-r_i)(r-r_k]$$
$$[z_m(\varphi-\varphi_k)(\varphi-\varphi_n) - 2z_k(\varphi-\varphi_n)(\varphi-\varphi_m) + z_n(\varphi-\varphi_m)(\varphi-\varphi_k)]$$

ersetzt. Aus dieser Gleichung leite ich für den Punkt r_k, φ_k die Werte

$$-N\frac{\partial^2 \zeta}{\partial r^2} = \frac{S_1 S_2}{(\varDelta r)^2}(2z_k - z_i - z_l),$$
$$-N\frac{1}{r}\frac{\partial \zeta}{\partial r} = \frac{S_1 S_2}{2 r_k \varDelta r}(z_i - z_l),$$
$$-N\frac{1}{r^2}\frac{\partial^2 \zeta}{\partial \varphi^2} = \frac{S_1 S_2}{r_k^2(\varDelta \varphi)^2}(2z_k - z_m - z_n),$$
$$-N\frac{\partial}{\partial r}\left(\frac{1}{r}\frac{\partial \zeta}{\partial \varphi}\right) = \frac{S_1 S_2}{4 r_k \varDelta r \varDelta \varphi}(z_n - z_m)\left(\frac{2\varDelta r}{r_k} - \frac{z_l - z_i}{z_k}\right)$$
$$= \frac{S_1 S_2}{4 r_k \varDelta r \varDelta \varphi}\left[(z_p + z_q) - (z_o + z_r) + \frac{2\varDelta r}{r_k}(z_n - z_m)\right]$$

ab und erhalte sodann:

$$s_r = \frac{S_1 S_2}{(\varDelta r)^2}\left\{(2z_k - z_i - z_l) + \frac{1}{m}\left[\frac{\varDelta r}{r_k}\frac{(z_i - z_l)}{2} + \left(\frac{\varDelta r}{r_k \varDelta \varphi}\right)^2(2z_k - z_m - z_n)\right]\right\},$$
$$s_t = \frac{S_1 S_2}{(\varDelta r)^2}\left\{\frac{\varDelta r}{r_k}\frac{(z_i - z_l)}{2} + \left(\frac{\varDelta r}{r_k \varDelta \varphi}\right)^2(2z_k - z_m - z_n) + \frac{1}{m}(2z_k - z_i - z_l)\right\}, \qquad (46)$$
$$t_r = \frac{m-1}{m}\frac{S_1 S_2}{4 r_k \varDelta \varphi \varDelta r}\left[(z_p + z_q) - (z_o + z_r) + \frac{2\varDelta r}{r_k}(z_n - z_m)\right].$$

Für die Scherkräfte in radialen und tangentialen Flächenelementen ergibt sich ebenso aus den Formeln

$$v_r = \frac{\partial M}{\partial r}, \qquad v_t = \frac{1}{r}\frac{\partial M}{\partial \varphi}$$

in Übereinstimmung mit der Gleichung $M = S_1 w$:

$$\left.\begin{aligned}
v_r &= \frac{S_1}{2\,\varDelta r}\,(w_l - w_i)\,, \\[2mm]
v_t &= \frac{S_1}{2\,r_k\,\varDelta\varphi}\,(w_n - w_m)\,.
\end{aligned}\right\} \tag{47}$$

Ist die Belastung symmetrisch um die Drehachse der Platte verteilt, so lauten die Grundgleichungen

$$\left.\begin{aligned}
M &= -N\left(\frac{d^2\zeta}{dr^2} + \frac{1}{r}\,\frac{d\zeta}{dr}\right), \\[2mm]
p &= -\ \left(\frac{d^2 M}{dr^2} + \frac{1}{r}\,\frac{d M}{dr}\right), \\[2mm]
s_r &= -N\left(\frac{d^2\zeta}{dr^2} + \frac{1}{m}\,\frac{1}{r}\,\frac{d\zeta}{dr}\right), \\[2mm]
s_t &= -N\left(\frac{1}{r}\,\frac{d\zeta}{dr} + \frac{1}{m}\,\frac{d^2\zeta}{dr^2}\right), \\[2mm]
t_r &= 0\,, \\[2mm]
v_r &= \frac{d M}{dr}\,, \\[2mm]
v_t &= 0\,.
\end{aligned}\right\} \tag{48}$$

An Stelle des Gewebes treten nunmehr Seilecke, deren Ordinaten w und z die Bedingungen

$$\left.\begin{aligned}
\frac{w_l - 2\,w_k + w_i}{\varDelta r^2} + \frac{1}{r_k}\,\frac{w_l - w_i}{2\,\varDelta r} &= -\frac{p}{S_1}\,, \\[2mm]
\frac{z_l - 2\,z_k + z_i}{\varDelta r^2} + \frac{1}{r_k}\,\frac{z_l - z_i}{2\,\varDelta r} &= -\frac{w_k}{S_2}
\end{aligned}\right\} \tag{49}$$

erfüllen. Der Spannungszustand ist schließlich durch die Formeln

$$\left.\begin{aligned}
s_r &= \frac{S_1 S_2}{(\varDelta r)^2}\left\{(2\,z_k - z_i - z_l) + \frac{1}{m}\,\frac{\varDelta r}{r_k}\,\frac{z_i - z_l}{2}\right\}, \\[2mm]
s_t &= \frac{S_1 S_2}{(\varDelta r)^2}\left\{\frac{\varDelta r}{r_k}\,\frac{z_i - z_l}{2} + \frac{1}{m}\,(2\,z_k - z_i - z_l)\right\}, \\[2mm]
v_r &= \frac{S_1}{2\,\varDelta r}\,(w_l - w_i)
\end{aligned}\right\} \tag{50}$$

beschrieben.

C. Das Gewebe mit dreieckigen Maschen.

Die bisherigen Untersuchungen haben gezeigt, daß es möglich ist, die elastische Haut durch ein Gewebe mit rechtwinkligen Maschen oder durch ein Radialgewebe abzubilden: Die Wahl der Gewebeart entsprach hierbei den Eigenschaften des für die Darstellung der elastischen Fläche benutzten Koordinatensystems.

Kennzeichnend für beide Gewebe ist die Zerlegung der elastischen Haut in viereckige Streifen, deren Randspannungen durch die Spannkräfte von vier Drähten ersetzt werden, die sich in einem Knotenpunkt kreuzen. Gibt man den Streifen eine andere Gestalt, so müssen sich die Anzahl und die Lage der Drähte, deren Spannkräfte die Randspannungen vertreten sollen, und mithin auch die Gewebeform ändern.

Es ist von vornherein einleuchtend, daß unter den verschiedenen Möglichkeiten der Streifenzerlegung und der Gewebebildung diejenige den Vorzug verdient, die in der Gestalt der Maschen eine geometrische Verwandtschaft mit der Umgrenzung der elastischen Haut erkennen läßt. Die Verknüpfung zwischen Gewebeart und Gestalt der Haut ist bei gleichschenkligen Drei-, Vier- und Sechsecken besonders einfach. Wie die Abb. 4b und 10 zeigen, gelangt man durch Zerlegung der Haut in Sechsecke zu einem Gewebe, das in jedem Knotenpunkt sechs Drähte vereinigt und **hexagonales Gewebe** genannt werden möge[1]).

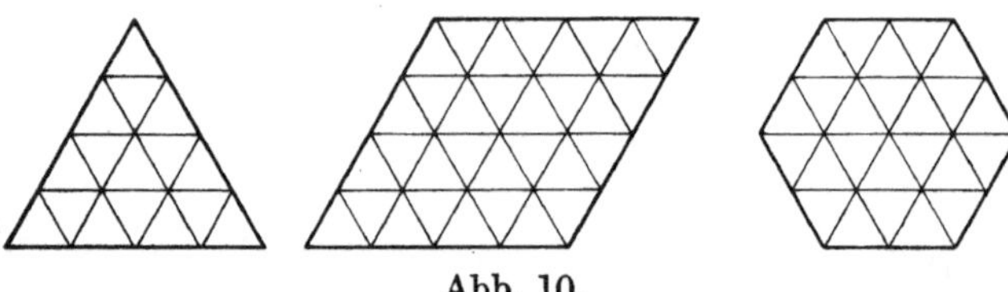

Abb. 10.

Die großen Vorteile, welche die Anwendung dieses Gewebes auf die Berechnung dreieckförmiger Platten bietet, lassen eine kurze Untersuchung seiner statischen Eigenschaften zweckmäßig erscheinen.

Bezeichnet man nach Abb. 11 mit

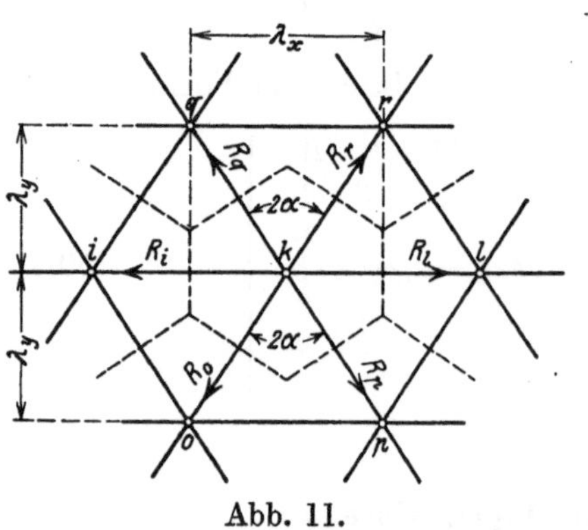

Abb. 11.

λ_x: die Maschenweite in Richtung der x-Achse;

λ_y: die Maschenweite in Richtung der y-Achse;

2α: den Winkel, den zwei benachbarte, gleich lange Netzlinien miteinander bilden;

w_k: die in Richtung der z-Achse gemessene Ordinate des Knotenpunktes k des Gewebes;

ω_n: den Neigungswinkel des n^{ten} Drahtes gegen die x-, y-Ebene,

---

[1]) Die eigenartige Gliederung der sechseckigen Streifen erinnert an die Verteilung der Zellen von Bienenwaben: das hexagonale Gewebe könnte daher auch mit Recht als **Bienengewebe** bezeichnet werden.

so können die Spannkräfte R_i, R_o, R_p, R_l, R_r, R_q, der sechs sich im Knotenpunkt k kreuzenden Drähte durch die Gleichungen

$$\left.\begin{aligned}
R_i &= S_1 \left(\lambda_y - \tfrac{1}{2}\lambda_x \tang \alpha\right) \sec \omega_i,\\
R_o &= S_1 \tfrac{1}{2}\lambda_x \sec \alpha \cdot \sec \omega_o,\\
R_p &= S_1 \tfrac{1}{2}\lambda_x \sec \alpha \cdot \sec \omega_p,\\
R_l &= S_1 \left(\lambda_y - \tfrac{1}{2}\lambda_x \tang \alpha\right) \sec \omega_l,\\
R_r &= S_1 \tfrac{1}{2}\lambda_x \sec \alpha \cdot \sec \omega_r,\\
R_q &= S_1 \tfrac{1}{2}\lambda_x \sec \alpha \cdot \sec \omega_q
\end{aligned}\right\} \tag{51}$$

dargestellt werden. Zerlegt man wie früher jedes R in die Teilkräfte $R' = R \cdot \cos \omega$ und $R'' = R \cdot \sin \omega$, so müssen letztere den Gleichgewichtsbedingungen

$$(R'_i - R'_l) + \left[(R'_o - R'_p) + (R'_q - R'_r)\right] \sin \alpha = 0,$$
$$\left[(R'_o + R'_p) - (R'_q + R'_r)\right] \cos \alpha = 0,$$
$$(R''_l - R''_i) + (R''_r - R''_o) + (R''_p - R''_q) + P_k = 0$$

genügen. Unter P_k ist hierbei wie früher die Belastung des Knotenpunktes k zu verstehen.

Die beiden ersten Bedingungen werden von den Werten R der Gleichungsgruppe (51) von vornherein befriedigt. Aus der dritten folgt aber, wenn $P_k = p\,\lambda_x\,\lambda_y$ gesetzt wird:

$$\left(\lambda_y - \frac{1}{2}\lambda_x \tang \alpha\right)(\tang \omega_l - \tang \omega_i)$$
$$+ \frac{1}{2}\lambda_x \sec \alpha \left[(\tang \omega_r - \tang \omega_o) + (\tang \omega_p - \tang \omega_q)\right] + \frac{p}{S_1}\lambda_x \lambda_y = 0,$$

$$\left(\frac{\lambda_y}{\lambda_x} - \frac{1}{2}\tang \alpha\right)(w_l - 2w_k + w_i)$$
$$+ \tang \alpha \left[(w_r - 2w_k + w_o) + (w_p - 2w_k + w_q)\right] + \frac{p}{S_1}\lambda_x \lambda_y = 0.$$

$$\left.\begin{aligned}
&(1 - \tang^2 \alpha)\,\frac{(w_l - 2w_k + w_i)}{\lambda_x^2}\\
&\quad + \frac{1}{2\lambda_y^2}\left[(w_r - 2w_k + w_o) + (w_p - 2w_k + w_q)\right] + \frac{p}{S_1} = 0.
\end{aligned}\right\} \tag{52}$$

Hiermit ist die Bestimmungsgleichung der w-Ordinaten gewonnen. Die zugehörige Gleichung der z-Ordinaten lautet:

$$\left.\begin{aligned}
&(1 - \tang^2 \alpha)\,\frac{(z_l - 2z_k + z_i)}{\lambda_x^2}\\
&\quad + \frac{1}{2\lambda_y^2}\left[(z_r - 2z_k + z_o) + (z_p - 2z_k + z_q)\right] + \frac{w_k}{S_2} = 0.
\end{aligned}\right\} \tag{53}$$

Bilden die Maschen gleichseitige Dreiecke von der Seitenlänge λ, so nimmt die Gewebegleichung die einfache Form:

$$\left.\begin{aligned}
4\,w_k - \frac{2}{3}\,(w_i + w_l + w_o + w_p + w_q + w_r) &= \frac{p\,\lambda^2}{S_1}, \\
4\,z_k - \frac{2}{3}\,(z_i + z_l + z_o + z_p + z_q + z_r) &= w_k\,\frac{\lambda^2}{S_2} = M_k\,\frac{\lambda^2}{S_1 S_2}.
\end{aligned}\right\} \quad (54)$$

Aus den w- und z-Werten lassen sich wie früher die Momentensumme $M = w\,S_1$ und die elastische Verschiebung $\zeta = S_1 S_2\,\dfrac{z}{N}$ ableiten.

Entsprechend der Eigenart des Gewebes erscheint es naheliegend, die Biegungsspannungen nicht in Richtung der Koordinatenachsen, sondern in Richtung der in jedem Knotenpunkte sich kreuzenden Drähte zu verfolgen.

Hierzu benutze ich die für jedes rechtwinklige ξ-, η-Kreuz geltenden Beziehungen:

$$M = -N\left(\frac{\partial^2 \zeta}{\partial\,\xi^2} + \frac{\partial^2 \zeta}{\partial\,\eta^2}\right),$$

$$N\frac{\partial^2 \zeta}{\partial\,\xi^2} = -\left(M + N\cdot\frac{\partial^2 \zeta}{\partial\,\eta^2}\right), \qquad N\cdot\frac{\partial^2 \zeta}{\partial\,\eta^2} = -\left(M + N\frac{\partial^2 \zeta}{\partial\,\xi^2}\right),$$

$$s_\xi = -N\left(\frac{\partial^2 \zeta}{\partial\,\xi^2} + \frac{1}{m}\frac{\partial^2 \zeta}{\partial\,\eta^2}\right) = -\frac{m-1}{m}\,N\cdot\frac{\partial^2 \zeta}{\partial\,\xi^2} + \frac{M}{m},$$

$$s_\eta = -N\left(\frac{\partial^2 \zeta}{\partial\,\eta^2} + \frac{1}{m}\frac{\partial^2 \zeta}{\partial\,\xi^2}\right) = -\frac{m-1}{m}\,N\frac{\partial^2 \zeta}{\partial\,\eta^2} + \frac{M}{m}$$

und erhalte im Einklang mit nachstehender Abb. 12:

$$\left.\begin{aligned}
s_{1k} &= \frac{m-1}{m}\,S_1 S_2\,\frac{(2\,z_k - z_p - z_q)}{(\lambda_y \sec \alpha)^2} + \frac{1}{m}\,S_1\,w_k, \\
s_{2k} &= \frac{m-1}{m}\,S_1 S_2\,\frac{(2\,z_k - z_i - z_l)}{\lambda_x^2} + \frac{1}{m}\,S_1\,w_k, \\
s_{3k} &= \frac{m-1}{m}\,S_1 S_2\,\frac{(2\,z_k - z_o - z_r)}{(\lambda_y \sec \alpha)^2} + \frac{1}{m}\,S_1\,w_k.
\end{aligned}\right\} \quad (55)$$

Für die lotrechten Scherkräfte in Flächenelementen senkrecht zu den Netzlinien ergibt sich ganz entsprechend:

$$\left.\begin{aligned}
v_{1k} &= \frac{\partial M}{\partial s_1} = S_1\,\frac{(w_p - w_q)}{2\,\lambda_y \sec \alpha}, \\
v_{2k} &= \frac{\partial M}{\partial s_2} = S_1\,\frac{(w_l - w_i)}{2\,\lambda_x}, \\
v_{3k} &= \frac{\partial M}{\partial s_3} = S_1\,\frac{(w_r - w_o)}{2\,\lambda_y \sec \alpha}.
\end{aligned}\right\} \quad (56)$$

Zur Bestimmung des Drillungsmomentes der wagrechten Schubspannungen in Flächenelementen senkrecht zur x- oder zur y-Achse dient schließlich wie beim Gewebe mit rechteckigen Maschen die Gleichung

$$\left.\begin{aligned}
t_{xy} &= -\frac{m-1}{m}\,N\,\frac{\partial^2 \zeta}{\partial x\,\partial y}\\
&= \frac{m-1}{m}\,\frac{S_1 S_2}{4\frac{\lambda_x}{2}\lambda_y}\,[(z_p + z_q) - (z_o + z_r)].
\end{aligned}\right\} \quad (57)$$

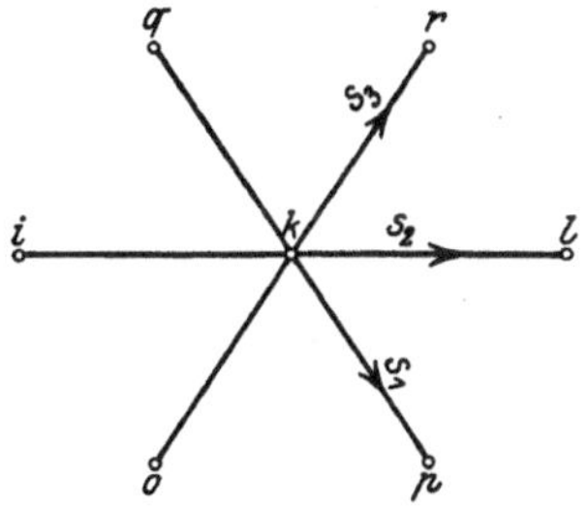

Die vorstehenden Formeln sind so einfach aufgebaut, daß die wenigen Gewebeordinaten genügen, um den Spannungszustand an jeder

Abb. 12.

Stelle zu beschreiben; es ist also bei dem hexagonalen Gewebe, trotz der größeren Anzahl der sich in einem Knotenpunkt kreuzenden Drähte, ebenso leicht wie bei den anderen Gewebearten, ein vollständiges Abbild der Formänderung und Beanspruchung der Platte zu gewinnen.

§ 4. Die Anstrengung der Platten.

Um die Anstrengung der Platte beurteilen zu können, genügt es nicht, die Spannungsmomente s_x, s_y, t_{xy} für jeden Punkt x, y der Mittelfläche zu errechnen. Es müssen auch die Lage der Querschnitte, in denen die Hauptformänderungen und Beanspruchungen entstehen, und die Größe der letzteren bestimmt werden.

Es ist aus der Festigkeitslehre bekannt, daß die Biegungsmomente ihren höchsten bzw. niedrigsten Wert

$$s_{\substack{\max \\ \min}} = \frac{s_x + s_y}{2} \pm \frac{1}{2}\sqrt[2]{(s_x - s_y)^2 + 4\,t_{xy}^2} \quad (58)$$

in den Stellen erreichen, in welchen das Verdrehungsmoment t verschwindet; der Neigungswinkel α der fraglichen Querschnitte gegen die X-Z-Ebene wird durch die Gleichung

$$\operatorname{tang}\alpha = \frac{2\,t_{xy}}{s_x - s_y} \quad (59)$$

festgelegt.

Der Größtwert des Drillungsmomentes

$$t = \tfrac{1}{2}\sqrt[2]{(s_x - s_y)^2 + 4\,t_{xy}^2} \quad (60)$$

wird hingegen in einem der winkelhalbierenden Schnitte der Hauptbiegungsmomente erreicht.

Für einen Baustoff, der dem Hookeschen Gesetz folgt, lassen sich auf Grund der Gleichungen (3), (5) und (8) aus den Spannungsmomenten unmittelbar die größten am unteren bzw. am oberen Rande der Platte auftretenden Spannungen

$$\sigma_x = \pm \frac{6\,s_x}{h^2}\,, \qquad \sigma_y = \pm \frac{6\,s_y}{h^2}\,, \qquad \tau_{xy} = \pm \frac{6\,t_{xy}}{h^2}$$

ableiten.

Den Hauptbiegungsmomenten entsprechen die Hauptspannungen

$$\left.\begin{aligned}
\sigma_1 &= \frac{6\,s_{\max}}{h^2} = \frac{3}{h^2}\left[(s_x + s_y) + \sqrt{(s_x - s_y)^2 + 4\,t_{xy}^2}\,\right], \\
\sigma_2 &= \frac{6\,s_{\min}}{h^2} = \frac{3}{h^2}\left[(s_x + s_y) - \sqrt{(s_x - s_y)^2 + 4\,t_{xy}^2}\,\right].
\end{aligned}\right\} \tag{61}$$

Sind für ein Plattenelement die spezifischen Dehnungen und Schiebungen

$$\varepsilon_x = -z\,\frac{\partial^2 \zeta}{\partial x^2}\,, \qquad \varepsilon_y = -z\,\frac{\partial^2 \zeta}{\partial y^2}\,, \qquad \varepsilon_{xy} = -2z\,\frac{\partial^2 \zeta}{\partial x\,\partial y}$$

bekannt, so läßt sich der Wert der Hauptdehnungen mit Hilfe der Formel

$$\varepsilon_{\substack{\max \\ \min}} = \tfrac{1}{2}\left[(\varepsilon_x + \varepsilon_y) \pm \sqrt{(\varepsilon_x - \varepsilon_y)^2 + \varepsilon_{xy}^2}\,\right] \tag{62}$$

bestimmen.

Für die Oberflächenschichten der Platte gilt insbesondere die Gleichung

$$\varepsilon_{\substack{\max \\ \min}} = \mp \cdot \frac{h}{4}\left[\left(\frac{\partial^2 \zeta}{\partial x^2} + \frac{\partial^2 \zeta}{\partial y^2}\right) \pm \sqrt{\left(\frac{\partial^2 \zeta}{\partial x^2} - \frac{\partial^2 \zeta}{\partial y^2}\right)^2 + 4\left(\frac{\partial^2 \zeta}{\partial x\,\partial y}\right)^2}\,\right]$$

oder wenn

$$-\frac{\partial^2 \zeta}{\partial x^2} = \frac{1}{N}\cdot\frac{m^2}{m^2 - 1}\left(s_x - \frac{1}{m}\cdot s_y\right) = +\frac{12}{E\,h^3}\left(s_x - \frac{1}{m}\,s_y\right),$$

$$-\frac{\partial^2 \zeta}{\partial y^2} = \frac{1}{N}\cdot\frac{m^2}{m^2 - 1}\left(s_y - \frac{1}{m}\cdot s_x\right) = +\frac{12}{E\,h^3}\left(s_y - \frac{1}{m}\,s_x\right),$$

$$-\frac{\partial^2 \zeta}{\partial x\,\partial y} = \frac{1}{N}\cdot\frac{m}{m - 1}\,t_{xy} = +\frac{12}{E\,h^3}\,\frac{m + 1}{m}\,t_{xy}$$

gesetzt wird:

$$E\,\varepsilon_{\substack{\max \\ \min}} = \pm\frac{3}{h^2}\left[(s_x + s_y)\,\frac{m - 1}{m} \pm \frac{m + 1}{m}\,\sqrt{(s_x - s_y)^2 + 4\,t_{xy}^2}\,\right]. \tag{63}$$

Die linke Seite dieser Gleichung stellt die reduzierten Hauptspannungen, nämlich diejenigen Spannungen, welche in einem Stab bei einfacher Zug- oder Druckbeanspruchung die Dehnungen $\varepsilon_{\substack{\max \\ \min}}$ hervorbringen würden, dar.

Um den Unterschied zwischen den tatsächlichen und den reduzierten Hauptspannungen zu beleuchten, mögen zwei Grenzfälle in Betracht gezogen werden.

Es sei zuerst:
$$s_x = s_y = s , \qquad t_{xy} = 0 .$$

Dann ist nach Gleichung (61) und (63):

$$\sigma_{\max} = \frac{6}{h^2} s , \qquad \sigma_{(red)\,max} = \frac{6}{h^2} s \cdot \frac{m-1}{m} , \qquad \frac{\sigma_{\max}}{\sigma_{(red)\,max}} = \frac{m}{m-1} .$$

Ist hingegen
$$s_x = s_y = 0 , \qquad t_{xy} = t ,$$
so werden

$$\sigma_{\max} = + \frac{6t}{h^2} , \qquad\qquad \sigma_{\min} = - \frac{6t}{h^2} ,$$

$$\sigma_{\substack{(red)\,max \\ min}} = \pm \frac{6t}{h^2} \cdot \frac{m+1}{m} , \qquad \frac{\sigma_{\max}}{\sigma_{(red)\,max}} = \frac{m}{m+1} .$$

Für
$$m = 2{,}0 , \qquad 4 , \qquad 6 , \qquad 8 \ldots \qquad \infty$$

ist im ersten Falle

$$\frac{\sigma_{\max}}{\sigma_{(red)\,max}} = 2{,}0 , \qquad 1{,}333 , \; 1{,}2 , \qquad 1{,}14 \ldots \qquad 1{,}0 ;$$

im zweiten:

$$\frac{\sigma_{\max}}{\sigma_{(red)\,max}} = 0{,}667 , \qquad 0{,}8 , \qquad 0{,}857 , \qquad 0{,}889 \ldots \qquad 1{,}0 .$$

Die Größen der beiden Spannungsarten weichen, wie man sieht, um so mehr voneinander ab, je kleiner die Poissonsche Ziffer ist.

Ihre Verteilung kann auch beim gleichen Belastungszustand durchaus verschieden sein. Bei einer quadratischen, freiaufliegenden, gleichmäßig belasteten Platte nehmen beispielsweise in den Diagonalquerschnitten, wenn man von den Ecken nach dem Mittelpunkt fortschreitet, die wirklichen Spannungen zu, die reduzierten dagegen ab.

Nur wenn $m = \infty$ wird, stimmen Größe und Richtung bei beiden Spannungsarten überein.

Wenn man nicht von vornherein annehmen will, daß dieser Grenzfall tatsächlich vor dem Bruch eintritt, so muß entschieden werden, ob für die Querschnittsbemessung die tatsächliche oder die reduzierte Hauptspannung ausschlaggebend sein soll.

Nach der Mohrschen Hypothese ist die größte Schubspannung als Maßstab für die Anstrengung der Platte zu betrachten. Diese Spannung $\tau_{\max}$ ist gleich dem halben Unterschied zwischen den algebraisch größten und kleinsten der drei Hauptspannungen, welche den Spannungszustand an einer Stelle bestimmen. Am meisten gefährdet sind also diejenigen Oberflächenschichten der Platte, die den größten Spannungsunterschied aufweisen.

Unter den drei Hauptspannungen ist die eine, nämlich die Normalspannung $\sigma_z = 0$ oder kann, da sie höchstens den Wert der Pressung p erreicht, neben σ_1 und σ_2 gleich Null angesetzt werden.

Haben σ_1 und σ_2 das gleiche Vorzeichen, so ist die größte der beiden (σ_{max}) maßgebend.

Der zugehörige Grenzwert der Schubspannung ist

$$\tau_{max} = \frac{\sigma_{max} + \sigma_z}{2} = \frac{3}{2\,h^2}\left[(s_x + s_y) + \sqrt{(s_x - s_y)^2 + 4\,t_{xy}^2}\right].$$

Bei verschiedenen Vorzeichen von σ_1 und σ_2 wird hingegen

$$\tau_{max} = \frac{\sigma_1 - \sigma_2}{2} = \frac{3}{h^2}\sqrt{(s_x - s_y)^2 + 4\,t_{xy}^2}.$$

Ist beispielsweise

$$s_x = s_y = s, \qquad t_{xy} = 0,$$

so ergibt sich

$$\sigma_{max} = \sigma_1 = \sigma_2 = \frac{6\,s}{h^2} = 2\,\tau_{max},$$

während im Falle

$$s_x = -s_y = s, \qquad t_{xy} = 0,$$

$$\sigma_{\substack{max \\ min}} = \sigma_1 = -\sigma_2 = \frac{6\,s}{h^2} = 1\,\tau_{max}$$

sein würde. Bei gleicher Schubfestigkeit τ_{max} würde also das Bruchmoment s im ersten Falle zweimal so hoch wie im zweiten sein. Nimmt man aber auf Grund der älteren Bruchtheorie an, daß lediglich die größte Dehnung oder die größte reduzierte Spannung für die Anstrengung der Platte ausschlaggebend ist, so wird im ersten Falle:

$$\sigma_{(red)\,max} = \frac{6}{h^2}\cdot s\cdot\frac{m-1}{m}, \qquad \text{oder} \qquad s = \frac{m}{m-1}\cdot\frac{h^2}{6}\cdot\sigma_{(red)\,max},$$

im zweiten:

$$\sigma_{(red)\,max} = \frac{6}{h^2}\cdot s\cdot\frac{m+1}{m}, \qquad \text{oder} \qquad s = \frac{m}{m+1}\cdot\frac{h^2}{6}\cdot\sigma_{(red)\,max}.$$

Bei gleicher Dehnungsfähigkeit, d. h. bei gleichem Werte $\sigma_{(red)\,max}$ werden sich mithin die Werte der beiden Bruchmomente wie $(m+1)$ zu $(m-1)$ verhalten; im Grenzfall $m = \infty$ stimmen sie vollkommen miteinander überein.

Aus diesem Vergleich erkennt man, daß die beiden Hypothesen über die Bruchentstehung zu Ergebnissen führen, die bei kleinen Zahlen m wesentlich voneinander abweichen können. Für die Beurteilung der Tragfähigkeit einer Platte, für die Wirtschaftlichkeit ihrer Querschnittsbemessung ist eine einwandfreie Abschätzung der Bruchgefahr unerläßlich, und es ist daher dringend notwendig, die Brauchbarkeit und Richtigkeit der Bruchtheorien eingehend zu prüfen.

Die bisher vorliegenden Versuchsergebnisse haben die Gültigkeit der Mohrschen Hypothesen für bildsame und auch teilweise für spröde Baustoffe, wenigstens soweit Druckspannungen als Hauptspannungen in Betracht kommen, bestätigt. Wenn hingegen die Hauptspannungen

Zugspannungen sind, ist es zumindest fraglich, ob nicht die Hypothesen der größten Dehnung als Bruchursache mit den Versuchen besser in Einklang zu bringen ist[1]).

Die Beurteilung der Anstrengung ist bei Platten aus Beton oder aus Eisenbeton aus dem Grunde besonders schwierig, weil die für die Bestimmung der Hauptdehnungen maßgebenden Elastizitätsziffern E und m nicht allein von der Größe, sondern auch von der Art der Hauptspannungen abhängig sind.

Während E sowohl bei Zug- als bei Druckbeanspruchungen mit wachsenden Spannungen abnimmt, ist beim Beton wie beim Gußeisen[2]) eine Abnahme von m bei Druck- und eine Zunahme bei Zugbeanspruchungen zu verzeichnen. Das Verhältnis zwischen wirklichen und reduzierten Spannungen ist daher, je nachdem Druck- oder Zugbeanspruchungen in Frage kommen, verschieden.

Ist beispielsweise die Anstrengung eines Balkens durch die Größen

$$\sigma_1 = k_b, \qquad \sigma_2 = \sigma_3 = 0$$

$$\varepsilon_{\max} = \frac{1}{E} k_b = \varepsilon_b$$

und diejenige einer Platte gleicher Steifigkeit durch die Werte

$$\sigma_1 = \sigma_2 = k_p, \qquad \sigma_3 = 0$$

$$\varepsilon_{1\max} = \varepsilon_{2\max} = \frac{m-1}{m} \frac{k_p}{E}$$

gekennzeichnet, so zeigen die Versuche, daß, sowohl $k_b = k_p$ als auch $\varepsilon_b = \varepsilon_p$ ist, wenn σ_1 und σ_2 Zugspannungen sind; es müßte in diesem Falle vor dem Bruche $m = \infty$ sein. Bei schwach bewehrten Platten, die durch Überwindung der Zugfestigkeit oder durch Überschreitung der Streckgrenze des Eisens zu Bruche gehen, ist daher die größte wirkliche ebenso wie die reduzierte Hauptspannung für die Bruchgefahr maßgebend. Sind aber σ_1 und σ_2 Druckspannungen, so müßte nach der Mohrschen Theorie wiederum $k_b = k_p$, jedoch $\varepsilon_p < \varepsilon_b$ sein. Aus

---

[1]) Der Leser findet einen ausführlichen Bericht über die Ergebnisse der Plattenversuche in § 5 der Abhandlung des Verfassers über „die Theorie elastischer Gewebe und ihre Anwendung auf die Berechnung elastischer Platten" in „Armierter Beton" 1919, H. 10 u. 11. Die neuen Versuche von Nadai sind in seinem Vortrag über „die Theorie der Plattenbiegung und ihre experimentelle Bestätigung" (Z. ang. Math. Mech. 1922, H. 5) besprochen.

[2]) Vgl. den Aufsatz von Meyer, E. und W. Pinegin: Über einen Apparat zur unmittelbaren Bestimmung der Querdehnung nebst Versuchsergebnissen am Gußeisen, in Dingler 1908, H. 19, S. 292. — Ausführliche Angaben über das Verhältnis von Längs- und Querdehnungen bei Eisenbetonsäulen befinden sich in den Versuchsberichten von Rudeloff in H. 5 u. 21 der Veröffentlichungen des Deutschen Ausschusses für Eisenbeton.

den Bachschen Versuchen[1]) läßt sich indes nachweisen, daß $\varepsilon_p \geqq \varepsilon_b$ ist; nimmt man im Sinne der alten Bruchtheorie an, daß zumindest $\varepsilon_p = \varepsilon_b$ sein soll, so wird dann, wenn nicht $m = \infty$ ist,

$$k_p = E \, \frac{m}{m-1} \cdot \varepsilon_p > E \, \varepsilon_b = k_b$$

sein müssen. Der Unterschied zwischen der Druckfestigkeit k_p der Platte und der Druckfestigkeit k_b des Balkens wird um so höher, je kleiner m ist und je stärker die Querdehnung behindert wird.

Um bei Platten, welche mit einer kräftigen Bewehrung versehen sind und durch Erschöpfung der Druckfestigkeit zerstört werden sollen, die Bruchgefahr zu beurteilen, ist also auch die richtige Einschätzung der Poissonschen Ziffer notwendig. Da die vorliegenden Versuchsergebnisse nicht ausreichen, um die Größe dieser Ziffer unmittelbar vor dem Bruch festzustellen, und da gerade die eigentliche Wirksamkeit der Platte in der Zahl m zum Ausdruck kommt, hat der Verfasser die Anregung gegeben, durch Messung der Krümmung bei Platten, welche auf reine Biegung durch verschiedene Kräftepaare s_x und s_y beansprucht werden, die Poissonsche Ziffer für verschiedene Spannungsstufen zu bestimmen. Die fraglichen Versuche sind inzwischen in Angriff genommen worden und werden hoffentlich die gewünschte Klärung herbeiführen[2]).

Obgleich die Ergebnisse der Bachschen Versuche die Vermutung rechtfertigen, daß unmittelbar vor dem Bruch die Zahl m nicht allein vor der Grenze $m = \infty$ weit entfernt ist, sondern eher den niedrigsten Werten $m = 5$ bis $m = 2$ zustrebt, und daß weiterhin in Übereinstimmung mit der alten Bruchtheorie die Plattenfestigkeit k_p höher als die Balkenfestigkeit k_b sein muß, dürfte es vorerst richtiger sein, die für den ungünstigsten Fall $m = \infty$ errechneten Grenzwerte der Hauptbiegungsmomente als maßgebend für die Anstrengung der Platte und somit auch

---

[1]) Vgl. v. Bach, C.: Versuche mit allseitig aufliegenden, quadratischen und rechteckigen Eisenbetonplatten. Berlin: W. Ernst u. Sohn 1915. In dem Versuchsbericht sind die lotrechten Verschiebungen z für ein Netz von Punkten angegeben. Die aus den gemessenen Werten z errechneten zweiten Differenzen $(\varDelta^2 z)_x$, $(\varDelta^2 z)_y$ stellen die Krümmung der Platte dar und geben einen Anhalt über die Größe der entsprechenden Dehnungen. — Ich habe für Platten und Balken von gleicher Steifigkeit, aber verschiedenen Längenverhältnissen, diese zweiten Differenzen ermittelt, die zugehörigen Dehnungen verglichen und hierbei festgestellt, daß die Platten durchweg stärkere Formänderungen als die entsprechenden Balken erfahren haben.

[2]) Die in meiner Abhandlung (in „Armierter Beton" 1919, H. 11) vorgeschlagenen Versuche werden mit Hilfe einer vom Verfasser entworfenen Versuchsvorrichtung im Auftrage des Deutschen Ausschusses für Eisenbeton in der Prüfungsanstalt der Dresdner Hochschule ausgeführt.

für ihre Querschnittsbemessung zu betrachten. Schreibt man zur Abkürzung

$$-N\frac{\partial^2 \zeta}{\partial x^2} = \bar{s}_x , \qquad -N\frac{\partial^2 \zeta}{\partial y^2} = \bar{s}_y , \qquad -N\frac{\partial^2 \zeta}{\partial x\,\partial y} = \bar{t}_{xy} ,$$

so stellen die Größen $\bar{s}_x$, $\bar{s}_y$, $\bar{t}_{xy}$ die Momente sowohl der wirklichen als auch der reduzierten Spannungen im Grenzfall $m = \infty$ dar. Die zugehörigen Grenzwerte sind:

$$\bar{s}_{\substack{\max \\ \min}} = \tfrac{1}{2}\left[(\bar{s}_x + \bar{s}_y) + \sqrt{(\bar{s}_x - \bar{s}_y)^2 + 4\,(\bar{t}_{xy})^2}\,\right] .$$

Es sei schließlich bemerkt, daß es ein wesentlicher Unterschied für die Anstrengung der Platte ist, ob die größten Spannungsmomente nur auf einem ganz schmalen oder auf einem ausgedehnteren Bereiche verteilt sind. Die Versuche zeigen, daß eine starke Vermehrung der Beanspruchung, wenn sie örtlich begrenzt ist, durchaus nicht die Erschöpfung der Tragfähigkeit zur Folge haben muß: der Bruch tritt erst dann ein, wenn zugleich die Widerstandsfähigkeit der benachbarten Stellen überwunden ist. Für die Querschnittsbemessung haben daher, selbst wenn Einzellasten in Frage kommen, nicht ausschließlich die jeweiligen Höchstwerte, sondern auch die Durchschnittswerte der Spannungsmomente in der nächsten Umgebung der gefährdeten Stellen eine erhebliche Bedeutung.

II. Die Randbedingungen der ringsum frei aufliegenden Platte.

§ 5. Die Randbedingungen der elastischen Fläche.

Die in Abb. 13 dargestellte Platte ist an ihren Rändern frei beweglich aufgelagert. Ich setze voraus, daß ihre Kanten so wenig über die Stützpunkte hinausragen, daß man Rand- und Auflagerlinie als zusammenfallend ansehen darf. Die elastische Fläche muß zunächst für jeden Randpunkt k die Bedingung

$$\zeta_k = 0 \qquad\qquad \text{(a)}$$

erfüllen. Da außerdem die Randflächen frei von Biegungsspannungen sein sollen, so müssen die Spannungsmomente s_u, deren Drehachse die Randfläche berührt,

Abb. 13.

verschwinden. Ist die Randfläche in einem auch nur begrenzten Bereich eben und bezeichnet man mit $d\,v$ und $d\,u$ ein unendlich kleines

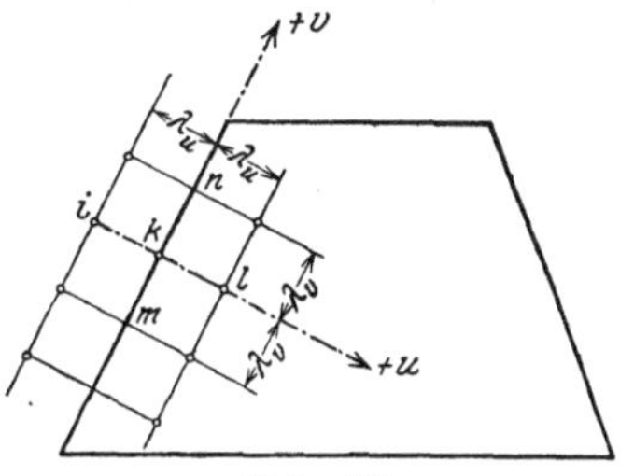

Längenelement der Randlinie und der zugehörigen Normale, so lautet die zweite Randbedingung

$$s_u = -N\left(\frac{\partial^2 \zeta}{\partial u^2} + \frac{1}{m}\frac{\partial^2 \zeta}{\partial v^2}\right) = 0 \,. \tag{b}$$

Beachtet man, daß bereits entsprechend der ersten Bedingungsgleichung

$$\frac{\partial^2 \zeta_k}{\partial v^2} = 0 \tag{c}$$

sein muß, so folgt

$$\frac{\partial^2 \zeta_k}{\partial u^2} = 0 \tag{d}$$

und weiterhin

$$M_k = S_1\, w_k = -N\left(\frac{\partial^2 \zeta_k}{\partial u^2} + \frac{\partial^2 \zeta_k}{\partial v^2}\right) = 0 \,. \tag{e}$$

Hieraus erkennt man, daß das erste Gewebe überall am Rande die Ordinate $w_k = 0$ aufweist, also ebenfalls auf einer festen Unterlage aufruhen muß.

Die Gleichungen (c) und (d) fordern, daß beim zweiten Gewebe die Ordinaten der Punkte i, l und m, n, die vom Randpunkt k um λ_u bzw. λ_v abstehen, die Bedingungen

$$\frac{\partial^2 \zeta_k}{\partial u^2} = \frac{S_1 S_2}{N}\,\frac{(z_i - 2z_k + z_l)}{\lambda_u^2} = 0\,, \qquad \frac{\partial^2 \zeta_k}{\partial v^2} = \frac{S_1 S_2}{N}\,\frac{(z_m - 2z_k - z_n)}{\lambda_v^2} = 0$$

erfüllen. Da für den gestützten Rand ohnehin

$$z_m = z_k = z_n = 0$$

sein muß, so ergibt sich

$$z_i + z_l = 0 \,. \tag{f}$$

Die Gestalt des zweiten Gewebes ist also dadurch gekennzeichnet, daß die Randpunkte k die Ordinate $z_k = 0$ aufweisen und daß jedem Punkt l innerhalb des Randes mit der Ordinate z_l ein Punkt i außerhalb des Randes mit der Ordinate

$$z_i = -z_l$$

zugeordnet ist.

Aus den beiden Bedingungen (c) und (d) folgt auch:

$$s_v = -N\left(\frac{\partial^2 \zeta_k}{\partial v^2} + \frac{1}{m}\frac{\partial^2 \zeta_k}{\partial u^2}\right) = 0 \,. \tag{g}$$

Die zur Randlinie parallel gerichteten Normalspannungen müssen somit am Rande ebenfalls verschwinden.

Diese Bedingung wie auch die Gleichung $M_k = 0$ gelten jedoch nur für Platten mit ebenen Randflächen. Sind die Randbegrenzungen gekrümmte Flächen, so fallen zwar die radialen Biegungsmomente s_u fort, die tangentialen Spannungsmomente s_v und die zugehörigen Momente M bleiben aber bestehen, und da ihr Wert von vornherein nicht bekannt ist, so sind die Randordinaten des ersten Gewebes statisch unbestimmte Größen.

Das Merkmal der statischen Bestimmtheit trifft also nur für Platten mit ebenen Begrenzungen zu. In den nachfolgenden Entwicklungen werden lediglich diese Platten in Betracht gezogen, während die Randbedingungen frei aufliegender Platten mit gekrümmten Rändern später bei der Behandlung der kreisförmigen Platten näher untersucht werden sollen.

§ 6. Der Spannungsverlauf am Rande.

Der Spannungszustand längs des Randes ist durch die Scherkräfte v_u und die Drillungsmomente t_{uv} bestimmt.

Die Scherkräfte v_u wirken in den zur jeweiligen Randebene parallelen Flächenelementen: ihre Größe ist durch die Formel

$$v_u = N \frac{\partial M}{\partial u}$$

gegeben.

Die Randdrillungsmomente werden durch die wagerechten Schubspannungen τ_{uv} gebildet, welche in der Randfläche selbst und in den zur Randfläche senkrecht stehenden Schnittflächen auftreten.

Die Entstehung dieser Schubspannungen ist dadurch bedingt, daß der Winkel $\dfrac{\partial \zeta}{\partial u}$, um den sich die Mittelfläche der Platte bei der Verbiegung neigt, in zwei benachbarten Randschnitten verschieden ist: um die Stetigkeit der Formänderung aufrechtzuerhalten, müssen daher in den Berührungsflächen dieser beiden Abschnitte die inneren Widerstände τ_{vu} wirken und diesen sind in der Randfläche selbst die Schubspannungen τ_{uv} zugeordnet.

Die auf einem Randelement $ABCD$ von der Länge ∂v und der Höhe h verteilten wagerechten Spannungen τ_{uv} bilden, wie die Abb. 14 zeigt, ein um die Normale zur Randfläche drehendes Kräftepaar $t_1 = t_{uv} \cdot \partial v$. Schreitet man

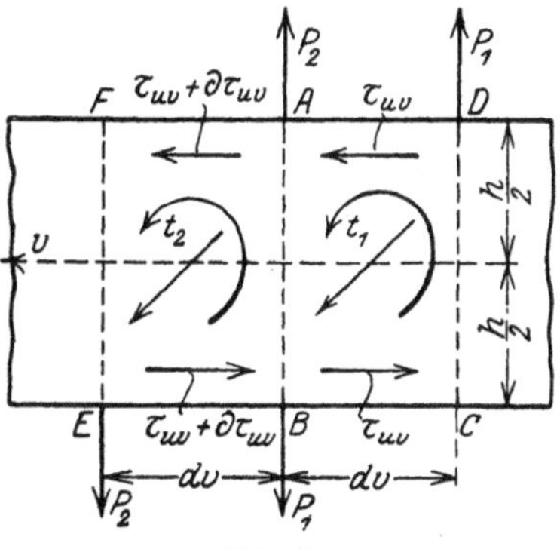

Abb. 14.

um ∂v in Richtung der Randlinie fort, so erzeugen die Schubspannungen des nächsten Raumelementes $ABEF$ ebenso ein Moment

$$t_2 = \partial v \left(t_{uv} + \frac{\partial t_{uv}}{\partial v} \cdot \partial v \right).$$

Bringt man zwei gleiche, aber entgegengerichtete, im Abstande ∂v angreifende lotrechte Kräfte P_1 an dem Randelement $ABCD$ an, so bilden sie ein Kräftepaar $t_1' = P_1 \partial v$. Soll die Gruppe P_1 in ihrer

Wirkung den Schubspannungen τ_{uv} gleichwertig bleiben, so muß $t_1 = t_{\,1}$, also

$$P_1 = t_{uv}$$

sein. Ebenso kann für das zweite Element $ABEF$ das Kräftepaar t_2 durch die Kraftgruppe

$$P_2 = \frac{t_2}{\partial v} = t_{uv} + \partial t_{uv}$$

ersetzt werden.

Die in der gleichen Linie AB angreifenden Kräfte P_1 und P_2 geben eine nach aufwärts gerichtete Mittelkraft

$$P_2 - P_1 = \partial t_{uv}\,.$$

Der auf die Längeneinheit des Randes bezogene Wert dieser Mittelkraft ist

$$v_u' = \frac{P_2 - P_1}{\partial v} = \frac{\partial t_{uv}}{\partial v}\,. \tag{64}$$

Durch die bedeutsamen Untersuchungen von Kelvin und Tait ist es nun erwiesen, daß mit Ausnahme eines schmalen Streifens in der nächsten Umgebung des Randes der Spannungszustand der Platte nicht verändert wird, wenn die Randwiderstände v_u und t_{uv} durch die gleichwertige Gruppe der **Auflagerkräfte**

$$a_u = v_u + v_u' = v_u + \frac{\partial t_{uv}}{\partial v} \tag{65}$$

ersetzt werden.

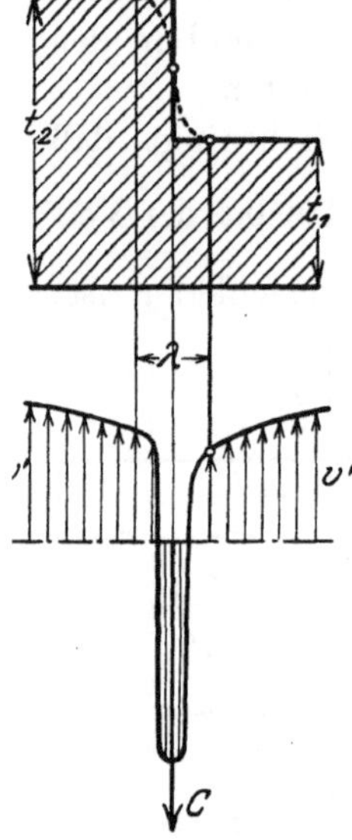

Abb. 15.

Die von den M-Werten allein abhängigen Scherkräfte v_u können als die Hauptauflagerkräfte der Platte bezeichnet werden, während die von dem Drall $\dfrac{\partial^2 \zeta}{\partial u\,\partial v}$ abhängigen Größen v_u' die zusätzlichen Auflagerwiderstände darstellen.

Die Bestimmung dieser Größen erfordert eine besondere Überlegung, wenn die Kurve der Drillungsmomente oder die Randbegrenzung der Platte Unstetigkeiten aufweisen. Sind t_1 und t_2 die Werte der Drillungsmomente unmittelbar vor und hinter dem Wechsel (Abb. 15), so kann man sich den Übergang von t_1 auf t_2 auf einer kurzen Strecke λ allmählich vollzogen denken: die auf dieser Strecke verteilten Widerstände v_u' vereinigen sich dann zu einer Mittelkraft

$$C = \int\limits_0^\lambda \frac{\partial t_{uv}}{\partial v}\,dv = t_2 - t_1\,.$$

Es tritt also in dem Bereiche λ eine konzentrierte Kraft auf, deren Größe gleich dem Unterschied der Werte des Drillungsmomentes vor und hinter der Sprungstelle ist.

Bei rechtwinkligen Platten ist an den Ecken $t_2 = -t_1$ und daher $C = 2\,t_2 = -2\,t_1$. Die an den Ecken angreifende Einzellast ist somit doppelt so groß als das zugehörige Drillungsmoment.

Die Versuche mit rechteckigen Platten haben in der Tat gezeigt, daß diese Auflagerkräfte vorhanden sein müssen, wenn die durch die Randdrillungsmomente bewirkte Krümmung der Plattenränder und das Abheben der Platte aus ihrer Unterlage verhindert werden sollen.

1. Die Darstellung der Randwiderstände mit Hilfe des Gewebes bei rechteckigen Platten.

Die Ableitung der Widerstände v_u, t_u, a_u aus der Randgestalt des Gewebes ist bei rechteckigen Platten besonders einfach.

Ich lege das x-y-Achsenkreuz in die Plattenmitte und stelle die Drähte des rechtwinkligen Gewebes parallel zu den Randflächen (Abb. 16).

Für einen Randpunkt k mit der Randbelastung p_k lautet die Gleichgewichtsgleichung des ersten Gewebes

$$\frac{(\varDelta^2 w_k)_x}{\lambda_x^2} + \frac{(\varDelta^2 w_k)_y}{\lambda_y^2} = -\frac{p_k}{S_1}$$

oder

$$\frac{2\,w_k - w_i - w_l}{\lambda_x^2} + \frac{2\,w_k - w_m - w_n}{\lambda_y^2} = \frac{p_k}{S_1}\,.$$

Da die Randwerte $w_k = w_m = w_n = 0$ sind, so folgt

$$w_i + w_l = -\frac{p_k \cdot \lambda_x^2}{S_1}$$

und weiterhin

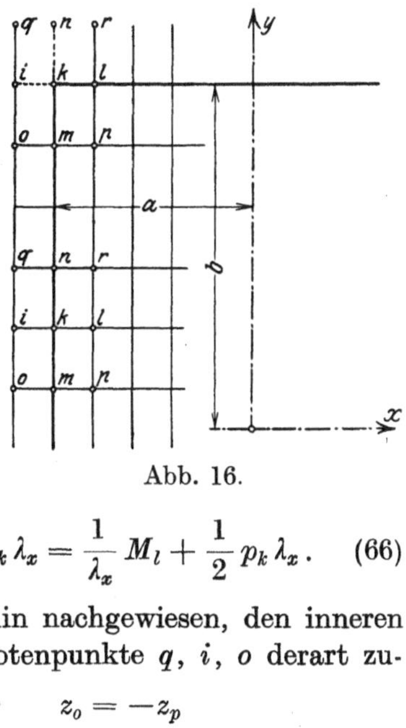

$$v_x = \frac{S_1}{2\,\lambda_x}(w_l - w_i) = \frac{S_1}{\lambda_x}\,w_l + \frac{1}{2}\,p_k\,\lambda_x = \frac{1}{\lambda_x}\,M_l + \frac{1}{2}\,p_k\,\lambda_x\,. \tag{66}$$

Abb. 16.

Beim zweiten Gewebe sind, wie vorhin nachgewiesen, den inneren Knotenpunkten r, l, p die äußeren Knotenpunkte q, i, o derart zugeordnet, daß

$$z_q = -z_r\,, \qquad z_i = -z_l\,, \qquad z_0 = -z_p$$

ist.

Für das Drillungsmoment im Randpunkte k ergibt sich demgemäß

$$t_{xy} = \frac{m-1}{m}\,\frac{S_1 S_2}{4\,\lambda_x \lambda_y}\,[(z_p + z_q) - (z_0 + z_r)]\,,$$

$$t_{xy} = -\frac{m-1}{m}\,\frac{S_1 S_2}{2\,\lambda_x \lambda_y}\,(z_r - z_p) = -\frac{m-1}{m}\,N\,\frac{(\zeta_r - \zeta_p)}{2\,\lambda_x \lambda_y}\,. \tag{67}$$

Beim Endpunkt ist aber auch, wie Abb. 16 zeigt,

$$z_r = -z_p$$

und hieraus folgt[1])

$$t_{xy} = \frac{m-1}{m}\frac{S_1 S_2}{\lambda_x \lambda_y} z_p = \frac{m-1}{m}\cdot\frac{N\zeta_p}{\lambda_x \lambda_y}. \tag{67a}$$

Die Gleichung der zusätzlichen Auflagerkräfte

$$v'_u = \frac{\partial t_u}{\partial v}$$

liefert für die zur x-Achse senkrecht stehenden Randlinien:

$$v'_x = \frac{\partial t_{xy}}{\partial y} = -N\cdot\frac{m-1}{m}\frac{\partial}{\partial y}\frac{\partial^2\zeta}{\partial x\,\partial y} = -N\frac{m-1}{m}\frac{\partial}{\partial x}\left(\frac{\partial^2\zeta}{\partial y^2}\right).$$

Die entsprechende Differenzengleichung lautet in Übereinstimmung mit Abb. 16

$$v'_x = -\frac{m-1}{m}\frac{S_1 S_2}{2\,\lambda_x \lambda_y^2}[(\varDelta^2 z_l)_y - (\varDelta^2 z_i)_y],$$

und da

$$(\varDelta^2 z_l)_y = -(\varDelta^2 z_i)_y,$$

so erhält man schließlich die einfache Formel:

$$v'_x = -\frac{m-1}{m}\frac{S_1 S_2}{\lambda_x \lambda_y^2}(\varDelta^2 z_l)_y = \frac{m-1}{m}\frac{S_1 S_2}{\lambda_x \lambda_y^2}(2 z_l - z_p - z_r). \tag{68}$$

2. Die Darstellung der Randwiderstände bei schiefwinkligen Platten.

Die bisher abgeleiteten Beziehungen behalten auch bei schiefen Rändern ihre Gültigkeit, wenn man die Knotenpunktsbezeichnungen entsprechend der nebenstehenden Abb. 17 verteilt und λ_x, λ_y mit λ_u, λ_v vertauscht. Es lassen sich in dieser Weise (an Stelle der früheren Größen v_x, t_{xy}, v'_x) die in den zur Randebene parallelen Schnittflächen wirkenden Widerstände v_u, t_{uv}, v'_u ohne weiteres errechnen.

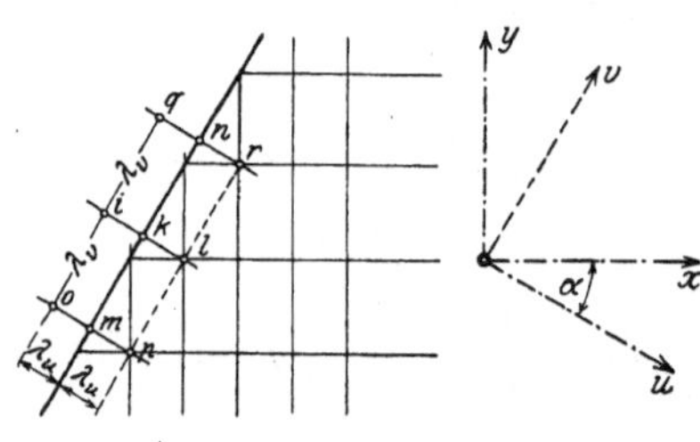

Abb. 17.

Um die zugehörigen Spannungen in den zur x- bzw. y-Achse senkrecht stehenden Flächen zu ermitteln, stehen die bekannten Gleichgewichtsbedingungen

$$s_u \cos\alpha - t_{uv}\sin\alpha = s_y \cos\alpha + t_{xy}\sin\alpha,$$
$$s_u \sin\alpha + t_{uv}\cos\alpha = s_x \sin\alpha + t_{xy}\cos\alpha$$

---

[1]) Die Gültigkeit dieser Formel ist an die Voraussetzung gebunden, daß die Maschenweite λ verhältnismäßig klein ist. Da bei ringsum aufliegenden Platten die Ecken, wenn sie gegen Abheben gesichert sind, sich ebenso verhalten, als ob sie fest eingeklemmt wären, so wechselt die Krümmung der elastischen Fläche in der Nähe der Ecken ihr Vorzeichen: die Schmiegungsfläche des Gewebes kann sich nur dann an dieser Stelle mit der elastischen Fläche decken, wenn der Punkt p außerhalb des Bereiches der Wendepunkte liegt.

zur Verfügung. Unter α ist hierbei der Winkel, den das u-v-Achsenkreuz mit dem x-y-Kreuz bildet, zu verstehen.

Beachtet man noch, daß am Rande

$$s_u = s_v = 0$$

und mithin auch

$$s_x + s_y = s_u + s_v = 0$$

sein muß, so erhält man

$$\left.\begin{aligned}
s_x &= + t_{uv} \cdot \sin 2\alpha, \\
s_y &= - t_{uv} \cdot \sin 2\alpha, \\
t_{xy} &= + t_{uv} \cdot \cos 2\alpha.
\end{aligned}\right\} \tag{69}$$

Mit Hilfe dieser Formeln kann man, nachdem das Randdrillungsmoment t_{uv} aus den Ordinaten des z-Gewebes bestimmt ist. die Spannungsmomente s_x, s_y, t_{xy} leicht errechnen. Es verdient hierbei hervorgehoben zu werden, daß, während die Biegungsmomente s_u, s_v am Rande verschwinden, die Momente s_x, s_y im allgemeinen nicht gleich Null werden.

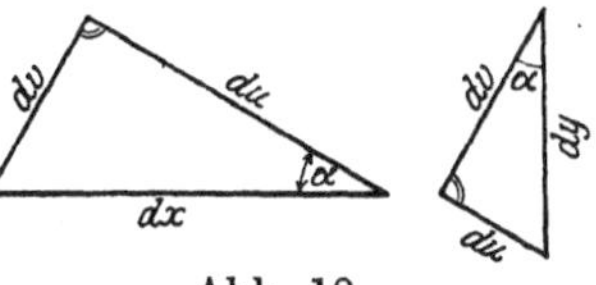

Abb. 18.

Die Gleichgewichtsbedingungen zwischen den lotrechten Scherkräften v_x, v_y, v_u, v_v, welche an einem Plattenelement mit dreieckförmigem Grundriß angreifen (Abb. 18), liefern die Beziehungen

$$v_u \, dv - v_v \, du + v_y \, dx = 0,$$
$$v_u \, dv + v_v \, du - v_x \, dy = 0.$$

Setzt man

$$v_v = 0, \qquad dv = dx \sin\alpha = dy \cos\alpha,$$

so erhält man schließlich

$$\left.\begin{aligned}
v_x &= v_u \cos\alpha, \\
v_y &= - v_u \sin\alpha.
\end{aligned}\right\} \tag{70}$$

Hat man v_u aus den Ordinaten des w-Gewebes ermittelt, so lassen sich auf Grund dieser Formeln v_x, v_y unmittelbar errechnen, und hiermit ist der Spannungszustand am Rande in allen Einzelheiten bestimmt.

3. Die Darstellung der Randwiderstände mit Hilfe des hexagonalen Gewebes.

Die Randgestalt des hexagonalen Gewebes zeigt Eigentümlichkeiten, die eine besondere Erörterung erfordern.

Denkt man sich das Gewebe über die Randlinie r, k, o hinaus in der Richtung k, l und k, p verlängert und die Punkte i und q an den

Randpunkt k angeschlossen (Abb. 19), so gilt zunächst für die Ordinaten w dieses Gewebeabschnittes die allgemeine Gleichgewichtsgleichung

$$(1 - \operatorname{tang}^2 \alpha) \frac{(w_l - 2\,w_k + w_i)}{\lambda_y^2}$$

$$+ \frac{1}{2\,\lambda_y^2} [(w_r - 2\,w_k + w_o)$$

$$+ (w_p - 2\,w_k + w_q)] + \frac{p}{S_1} = 0 \, .$$

Da

$$w_r = w_k = w_q = 0$$

ist, so lautet die Randbedingung:

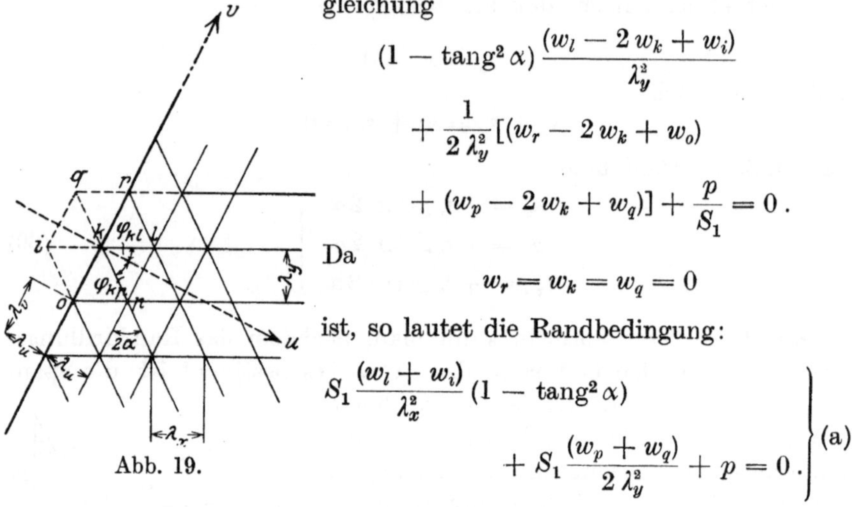

Abb. 19.

$$\left.\begin{aligned} S_1 \frac{(w_l + w_i)}{\lambda_x^2} (1 - \operatorname{tang}^2 \alpha) \\ + S_1 \frac{(w_p + w_q)}{2\,\lambda_y^2} + p = 0 \, . \end{aligned}\right\} \text{(a)}$$

Für die Randscherkräfte in den Richtungen $k\,l$ und $k\,p$ kommen andererseits die Formeln

$$v_{il} = \frac{S_1}{2\,\lambda_x} (w_l - w_i) = v_u \cos\varphi_{kl} \, ,$$

$$v_{qp} = \frac{S_1}{2\,\lambda_y \sec\alpha} (w_p - w_q) = v_u \cos\varphi_{kp}$$

in Betracht. Unter φ_{kl} und φ_{kp} sind die Winkel, welche die Strahlen $k\,l$ und $k\,p$ mit der Normale im Punkte k bilden, unter v_u die Scherkraft in den Plattenelementen senkrecht zur Randnormale zu verstehen.

Die vorstehenden Gleichungen liefern auch

$$S_1 (w_l + w_i) = 2\,S_1\,w_l - 2\,\lambda_x\,v_u \cos\varphi_{kl} \, ,$$
$$S_1 (w_p + w_q) = 2\,S_1\,w_p - 2\,\lambda_y \sec\alpha\,v_u \cos\varphi_{kp} \, .$$

Führt man diese Werte in Gleichung (a) ein, so erhält man

$$\frac{S_1 w_l}{\lambda_x^2} (1 - \operatorname{tang}^2 \alpha) + \frac{S_1 w_p}{2\,\lambda_y^2} - v_u \left[\frac{(1 - \operatorname{tang}^2 \alpha)}{\lambda_x} \cos\varphi_{kl} + \frac{1}{2} \frac{\sec\alpha}{\lambda_y} \cos\varphi_{kp} \right] + \frac{p}{2} = 0 \, .$$

Beachtet man noch, daß

$$\varphi_{kl} = \alpha \, , \qquad \varphi_{kp} = \frac{\pi}{2} - 2\,\alpha$$

ist, so ergibt sich:

$$v_u = S_1 \left(\frac{w_l}{\lambda_x} \frac{\cos 2\,\alpha}{\cos\alpha} + \frac{w_p}{\lambda_y} \sin\alpha \right) + \frac{p}{2}\,\lambda_x \cos\alpha \, . \tag{71}$$

Für ein Gewebe mit gleichseitigen Maschen ($\alpha = 30°$) gewinnt man die einfache Formel

$$v_u = \frac{S_1}{2\,\lambda_y}\,(w_l + w_p) + \frac{p}{2}\,\lambda_y\,. \tag{72}$$

Ersetzt man die tatsächliche Belastung p durch die elastischen Gewichte $p_i = \dfrac{M}{N}$ und ebenso die Scherkräfte v_u durch die Neigungswinkel $\omega_u = \dfrac{\partial\zeta}{\partial u}$, so gelangt man durch ähnliche Entwicklungen zu folgender Beziehung zwischen den Randordinaten des z-Gewebes:

$$N\,\omega_u = N\,\frac{\partial\zeta}{\partial u} = S_1 S_2 \left(\frac{z_l}{\lambda_x}\,\frac{\cos 2\alpha}{\cos\alpha} + z_p\,\frac{\sin\alpha}{\lambda_y}\right). \tag{b}$$

Die Randgestalt des Gewebes im Bereiche des Knotenpunktes k wird durch die Gleichung

$$\left.\begin{aligned}
z = \frac{u}{\lambda_u}\Bigg[&z_l\,\frac{(v - v_p)(v - v_k)}{(v_l - v_p)(v_l - v_k)} \\
+ \left(z_l\,\frac{\lambda_u}{\lambda_x}\,\frac{\cos 2\alpha}{\cos\alpha} + z_p\,\frac{\lambda_u}{\lambda_y}\,\sin\alpha\right)&\frac{(v - v_l)(v - v_p)}{(v_k - v_l)(v_k - v_p)} + z_p\,\frac{(v - v_k)(v - v_l)}{(v_p - v_k)(v_p - v_l)}\Bigg]
\end{aligned}\right\} \tag{c}$$

beschrieben. Es ist leicht festzustellen, daß die durch diesen Ansatz bestimmte Schmiegungsfläche durch die Punkte p und l hindurchgeht, längs des Randes $u = 0$ die Bedingungen $z = \dfrac{\partial^2 z}{\partial u^2} = 0$ erfüllt, im Punkte k die richtige Neigung $\left(\dfrac{\partial z}{\partial u}\right)_{\substack{u=0 \\ v=v_k}} = \dfrac{N\,\omega_u}{S_1 S_2}$ aufweist und somit allen Anforderungen genügt, welche für die elastische Fläche im Bereiche des Punktes k in Betracht kommen. Setzt man

$$\frac{\lambda_u}{\lambda_x} = \cos\alpha, \qquad \frac{\lambda_u}{\lambda_y} = 2\sin\alpha\,,$$

so liefert der Ansatz für den Drall den Wert:

$$\left.\begin{aligned}
\frac{\partial^2 z}{\partial u\,\partial v} = \frac{1}{\lambda_u}\Bigg[&z_l\,\frac{(2v - v_p - v_k)}{(v_l - v_p)(v_l - v_k)} \\
+ (z_l\cos 2\alpha + z_p\,2\sin^2\alpha)&\frac{(2v - v_l - v_p)}{(v_k - v_l)(v_k - v_p)} + z_p\,\frac{(2v - v_p - v_l)}{(v_p - v_k)(v_p - v_l)}\Bigg]\,.
\end{aligned}\right\} \tag{d}$$

Für den Randpunkt k erhält man insbesondere

$$\begin{aligned}
\left(\frac{\partial^2 z}{\partial u\,\partial v}\right)_{v=v_k} = \frac{1}{\lambda_u}\Bigg[&z_l\,\frac{v_k - v_p}{(v_l - v_p)(v_l - v_k)} \\
+ (z_l\cos 2\alpha + z_p\,2\sin^2\alpha)&\frac{(v_k - v_l) + (v_k - v_p)}{(v_k - v_l)(v_k - v_p)} + z_p\,\frac{v_k - v_l}{(v_p - v_k)(v_p - v_l)}\Bigg]\,.
\end{aligned}$$

Wie man aus der Abb. 19 erkennen kann, ist

$$v_k - v_p = \lambda_v - \lambda_x \sin\alpha = \lambda_y \sec\alpha\,(1 - 2\sin^2\alpha)\,,$$
$$v_k - v_l = \quad - \lambda_x \sin\alpha = -\lambda_y \sec\alpha \cdot 2\sin^2\alpha\,,$$
$$v_l - v_p = \quad\;\; \lambda_v \quad\;\; = \lambda_y \sec\alpha\,.$$

Führt man diese Werte in die vorletzte Gleichung ein, so gewinnt man die einfache Beziehung

$$\left(\frac{\partial^2 z}{\partial u\,\partial v}\right)_{v=v_k} = \frac{z_l - z_p}{\lambda_x\,\lambda_y}\,.$$

Die Gleichung des Randdrillungsmomentes lautet also:

$$\left.\begin{aligned}
t_{uv} &= -\,\frac{m-1}{m}\,N\,\frac{\partial^2\zeta}{\partial u\,\partial v} = -\,\frac{m-1}{m}\,S_1 S_2\,\frac{\partial^2 z}{\partial u\,\partial v}\\[2mm]
&= -\,\frac{m-1}{m}\,S_1 S_2\,\frac{z_l - z_p}{\lambda_x\,\lambda_y}
\end{aligned}\right\} \tag{73}$$

Es sei schließlich noch bemerkt, daß an den Ecken schiefwinkliger Platten die Randdrillungsmomente verschwinden. Da nämlich für die Ecke C als Teil der Randlinie AC (Abb. 20) die Bedingungen

$$\frac{\partial^2\zeta}{\partial u^2} = \frac{\partial^2\zeta}{\partial v^2} = 0$$

und als Teil der Randlinie BC ebenso die Bedingungen

$$\frac{\partial^2\zeta}{\partial n^2} = \frac{\partial^2\zeta}{\partial l^2} = 0$$

erfüllt werden müssen, so ist nur eine Formänderung, bei welcher zugleich

$$\frac{\partial^2\zeta}{\partial u\,\partial v} = \frac{\partial^2\zeta}{\partial n\,\partial l} = 0$$

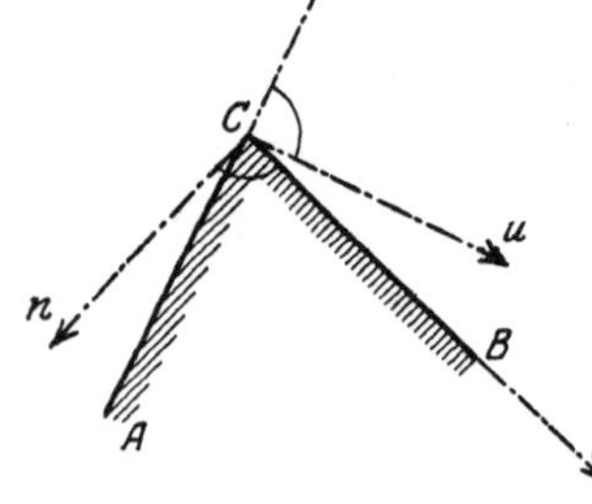

Abb. 20.

werden, möglich. Es können dann weder Biegungs- noch Drillungsmomente entstehen und es treten auch keine Einzelkräfte C an den Ecken auf: die Platte wird in diesem Randbereich lediglich durch lotrechte Scherkräfte, welche in den meisten Fällen abwärts gerichtet sind, angegriffen.

Schließen aber die Randflächen einen geraden Winkel miteinander, so stimmen die Krümmungsbedingungen für den einen Rand, da die Achsen u und v mit den Achsen l und n unmittelbar vertauscht werden können, mit den Bedingungen des zweiten Randes völlig überein. Der Drall $\dfrac{\partial^2\zeta}{\partial u\,\partial v} = \dfrac{\partial^2\zeta}{\partial l\,\partial n}$ verschwindet dann im allgemeinen nicht: die Ecken der rechtwinkligen Platten werden vielmehr durch die Drillungsmomente beansprucht und müssen durch eine Verankerung gegen Abheben gesichert werden.

III. Die Berechnung der ringsum frei aufliegenden rechteckigen Platte.

Für rechteckige Platten eignet sich am besten ein Gewebe mit rechteckigen Maschen. Es empfiehlt sich, die Seitenlängen $2a$ und $2b$ in m und n gleiche Abschnitte zu teilen und dementsprechend die Maschenweiten

$$\lambda_x = \frac{2a}{m}; \qquad \lambda_y = \frac{2b}{n}$$

zu wählen.

Ist $\lambda_x > \lambda_y$ und setzt man

$$\frac{\lambda_x}{\lambda_y} = \varkappa,$$

so läßt sich die Differenzengleichung

$$\frac{(\varDelta^2 w_k)_x}{\lambda_x^2} + \frac{(\varDelta^2 w_k)_y}{\lambda_y^2} = - \frac{p_k}{S_1}$$

auch in der Form

$$(\varDelta^2 w_k)_x + \varkappa^2 (\varDelta^2 w_k)_y = - p_k \cdot \frac{\lambda_x^2}{S_1}$$

schreiben.

Die Gestalt des stellvertretenden Gewebes ist also durch eine Gruppe von Gleichungen

$$2 w_k (1 + \varkappa^2) - (w_i + w_l) - \varkappa^2 (w_m + w_n) = p_k \cdot \frac{\lambda_x^2}{S_1} = \varkappa^2 p_k \cdot \frac{\lambda_y^2}{S_1} \qquad (74)$$

gekennzeichnet, welche ebensoviele Werte w_k und Gleichungen dieser Art enthält, als innere Knotenpunkte k im Gewebe vorhanden sind.

Die Lösung dieser Gleichungen kann entweder rechnerisch oder zeichnerisch erfolgen.

Das allgemeine Verfahren für die rechnerische Ermittlung der Gewebeordinaten beruht auf dem Grundsatz, daß, wenn die Werte w_p und w_q für zwei benachbarte Zeilen (p) und (q) des Gewebes gegeben sind, es mit Hilfe der obigen Gleichungen immer möglich ist, die Werte w_r der nächsten Zeile (r) unmittelbar zu bestimmen (Abb. 21). Betrachtet man also zunächst die Verschiebungen der ersten inneren Zeile w_{a1}, w_{a2}, $w_{a3} \ldots$ als gegebene Größen, so kann man, da für die Randlinie AB voraussetzungsgemäß $w = 0$ sein muß, schrittweise die Verschiebungen der zweiten Zeile w_{b1}, w_{b2}, $w_{b3} \ldots$, der dritten Zeile w_{c1}, w_{c2}, $w_{c3} \ldots$ usw. ermitteln. Bei Aufstellung der Gleichgewichtsgleichungen für die letzte innere Zeile (s) gewinnt man für die Verschiebungen der Randlinie CD die Bestimmungsgleichungen:

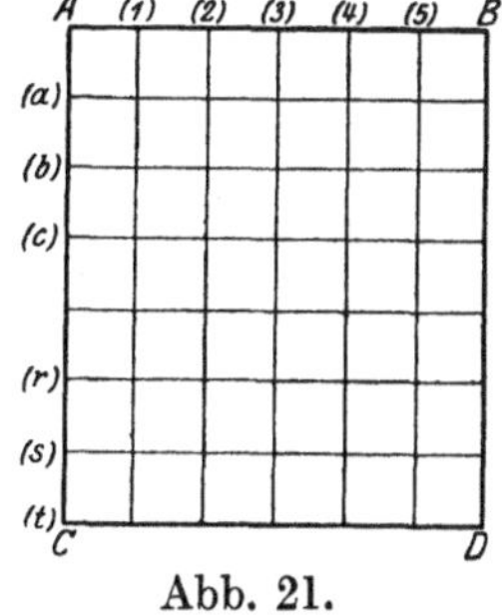

Abb. 21.

$$w_{t1} = f_1 (P, w_{a1}, w_{a2}, w_{a3} \ldots),$$
$$w_{t2} = f_2 (P, w_{a1}, w_{a2}, w_{a3} \ldots),$$
$$w_{t3} = f_3 (P, w_{a1}, w_{a2}, w_{a3} \ldots),$$
$$\cdots\cdots\cdots\cdots\cdots\cdots\cdots\cdots\cdots$$

Bedenkt man aber, daß der Rand CD unverändert bleiben muß, so liefert die Bedingung

$$w_{t1} = w_{t2} = w_{t3} = \ldots = 0$$

die zur Errechnung der Verschiebungen $w_{a1}, w_{a2}, w_{a3} \ldots$ erforderlichen Gleichungen. Sind die Werte w_a gefunden, so lassen sich schließlich die anderen Werte $w_b, w_c \ldots w_s$ der Reihe nach bestimmen.

Die Lösung der Aufgabe wird durch die Möglichkeit, die vorliegenden partiellen Differenzengleichungen durch Gruppen totaler Differenzengleichungen zweiter Ordnung von einfachster Gesetzmäßigkeit zu ersetzen, außerordentlich erleichtert. In dem Schlußabschnitt dieses Buches über die mathematischen Aufgaben der Gewebetheorie werden diese Umwandlung der Gewebegleichungen und ihre weitere Behandlung eingehend erörtert.

Das zeichnerische Verfahren, welches zwar weniger rasch zum Ziele führt, aber zur Nachprüfung der rechnerischen Ergebnisse herangezogen werden kann, besteht in der wiederholten Lösung der folgenden Aufgabe:

Gegeben sind P_k, w_i, w_k, w_l, w_m, gesucht ist w_n.

Ich bestimme zunächst in der Abb. 22 (A) aus λ_x, w_i, w_k und w_l die Lage und Richtung der Drähte s_i und s_l, zeichne sodann im Kräfte-

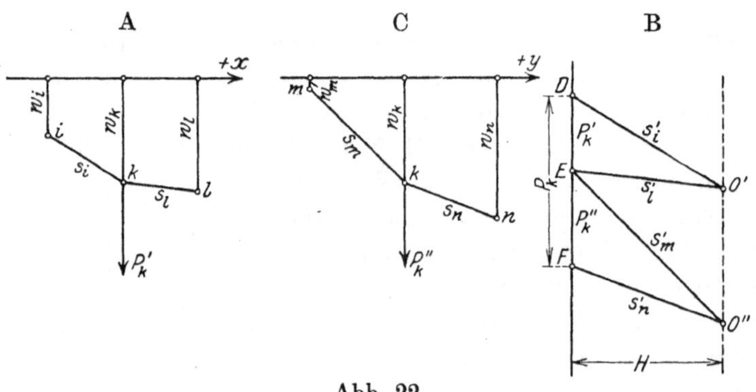

Abb. 22.

plan (B), vom Anfangspunkt D der Strecke $\overline{DF} = P_k$ aus, den Leitstrahl s'_i parallel zu s_i. Er schneidet im Punkte O' die im Abstand H von der Kraftlinie und parallel zur $+z$-Achse gezeichnete Gerade, die Pollinie genannt werden möge. Von O' aus ziehe ich den Strahl s'_l

parallel zu s_l und schneide auf der Kraftlinie den auf die Drähte s_i, s_l entfallenden Lastanteil $P'_k = \overline{DE}$ ab. Der übrigbleibende Anteil $P''_k = \overline{EF}$ muß von den Drähten s_m, s_n übernommen werden. Aus der Abb. 22 (C) ist nunmehr mit Hilfe der Größen λ_y, w_k, w_m Lage und Richtung von s_m gegeben. Zieht man also vom Punkte E aus den Strahl s'_m und bringt ihn im Punkte O'' zum Schnitt mit der Pollinie, so ist im Kräfteplan durch den Strahl $s'_n = \overline{O''F}$ die Richtung von s_n und in der Abb. 22 (B) durch die Parallele s_n zu s'_n die Lage von s_n und mithin auch die Größe von w_n bestimmt.

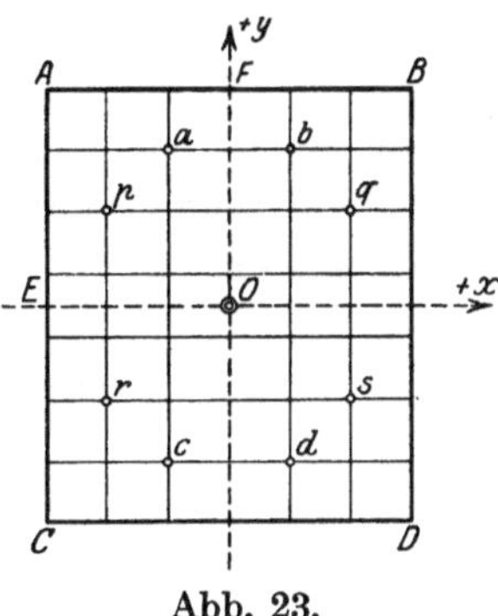

Abb. 23.

Es sei noch bemerkt, daß es auf Grund der vorliegenden Symmetriebedingungen möglich ist, das allgemeine Gleichungssystem in vier Gleichungsgruppen zu zerlegen, die nur eine beschränkte Anzahl von Unbekannten enthalten und daher um so leichter gelöst werden können. Sind a, b, c, d und p, q, r, s zwei Gruppen von Punkten, die paarweise symmetrisch zum Achsenkreuz verteilt sind (Abb. 23), so läßt sich eine einzige, im Punkte a angreifende Kraft $P_a = P$ durch die folgenden gleichwertigen Kraftgruppen ersetzen:

$$\text{Gruppe A:}\quad P_a = +\tfrac{1}{4}P,\quad P_b = +\tfrac{1}{4}P,\quad P_c = +\tfrac{1}{4}P,\quad P_d = +\tfrac{1}{4}P,$$
$$\text{Gruppe B:}\quad P_a = +\tfrac{1}{4}P,\quad P_b = +\tfrac{1}{4}P,\quad P_c = -\tfrac{1}{4}P,\quad P_d = -\tfrac{1}{4}P,$$
$$\text{Gruppe C:}\quad P_a = +\tfrac{1}{4}P,\quad P_b = -\tfrac{1}{4}P,\quad P_c = +\tfrac{1}{4}P,\quad P_d = -\tfrac{1}{4}P,$$
$$\text{Gruppe D:}\quad P_a = +\tfrac{1}{4}P,\quad P_b = -\tfrac{1}{4}P,\quad P_c = -\tfrac{1}{4}P,\quad P_d = +\tfrac{1}{4}P,$$
$$\sum P_a = +P,\quad \sum P_b = 0,\quad \sum P_c = 0,\quad \sum P_d = 0.$$

Die zugehörigen Verschiebungen der Punkte p, q, r, s sind durch die nachstehenden Symmetriebedingungen miteinander verknüpft:

$$\text{Belastungszustand A:}\quad w_p = +w_q = +w_r = +w_s,$$
$$\text{Belastungszustand B:}\quad w_p = +w_q = -w_r = -w_s,$$
$$\text{Belastungszustand C:}\quad w_p = -w_q = +w_r = -w_s,$$
$$\text{Belastungszustand D:}\quad w_p = -w_q = -w_r = +w_s.$$

Es genügt also, für jeden Belastungszustand die Verschiebungen w_p der Knotenpunkte eines einzigen Gevierts $AEFO$ zu ermitteln, um bei folgerichtiger Zusammensetzung der für die vier Kraftgruppen errechneten Werte den endgültigen Spannungszustand zu bestimmen.

Die Vorteile dieser Spaltung der Gleichungssysteme sind nicht zu verkennen. Die Beispiele, die nunmehr behandelt werden sollen, werden ihre Bedeutung zur Genüge beleuchten.

§ 7. Die gleichmäßig belastete quadratische Platte.

Ich wähle als Abbild der Platte zunächst ein Gewebe mit der Maschenweite

$$\lambda_x = \lambda_y = \lambda = \frac{a}{2} = \frac{b}{2}$$

und verteile die Ordnungsziffern der Knotenpunkte derart, daß die
sowohl für die Gestalt als auch für die Belastung der Platte geltenden
Bedingungen der Vollsymmetrie von vornherein erfüllt werden.

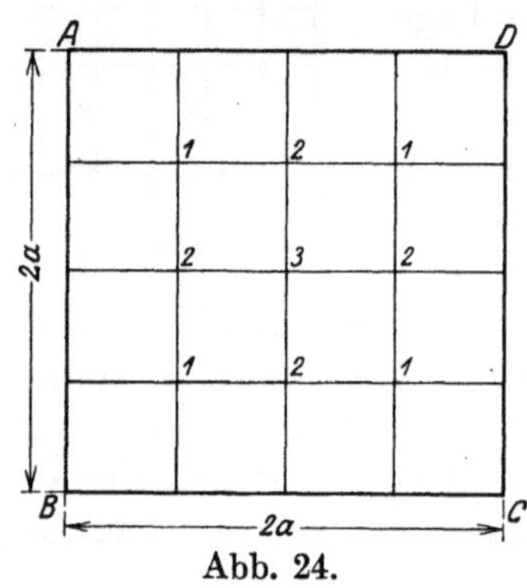

Abb. 24.

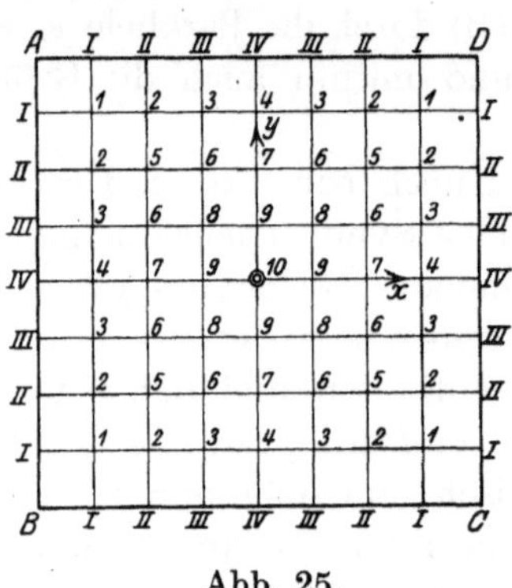

Abb. 25.

Die Gleichgewichtsgleichungen lauten im Einklang mit der Abb. 24
und der Formel (28):

$$4\,w_1 - 2\,w_2 = \frac{p\,\lambda^2}{S_1}\,,$$

$$-2\,w_1 + 4\,w_2 - \quad w_3 = \frac{p\,\lambda^2}{S_1}\,,$$

$$-4\,w_2 + 4\,w_3 \qquad = \frac{p\,\lambda^2}{S_1}\,.$$

Sie liefern

$$M_1 = S_1 w_1 = \tfrac{11}{16}\,p\,\lambda^2 = 0{,}17188\,pa^2\,,$$
$$M_2 = S_1 w_2 = \tfrac{14}{16}\,p\,\lambda^2 = 0{,}21875\,pa^2\,,$$
$$M_3 = S_1 w_3 = \tfrac{18}{16}\,p\,\lambda^2 = 0{,}28125\,pa^2\,.$$

Wird das Gewebe jetzt mit den elastischen Gewichten $p_k = w_k$ belastet, so müssen die lotrechten Ordinaten z des Gewebes den Gleichungen

$$4\,z_1 - 2\,z_2 = w_1\,\frac{\lambda^2}{S_2} = \frac{11}{16}\,\frac{p\,\lambda^4}{S_1 S_2}\,,$$

$$-2\,z_1 + 4\,z_2 - \quad z_3 = w_2\,\frac{\lambda^2}{S_2} = \frac{14}{16}\,\frac{p\,\lambda^4}{S_1 S_2}$$

$$-4\,z_2 + 4\,z_3 \qquad = w_3\,\frac{\lambda^2}{S_2} = \frac{18}{16}\,\frac{p\,\lambda^4}{S_1 S_2}$$

genügen. Hieraus folgt:

$$\zeta_1 = \frac{S_1 S_2}{N} z_1 = \frac{35}{64} \frac{p\lambda^4}{N} = 0{,}03418 \frac{pa^4}{N},$$

$$\zeta_2 = \frac{S_1 S_2}{N} z_2 = \frac{48}{64} \frac{p\lambda^4}{N} = 0{,}046875 \frac{pa^4}{N},$$

$$\zeta_3 = \frac{S_1 S_2}{N} z_3 = \frac{66}{64} \frac{p\lambda^4}{N} = 0{,}06445 \frac{pa^4}{N}.$$

Um den Grad der Genauigkeit der Ergebnisse dieser äußerst einfachen Berechnung zu erkennen, möge die Untersuchung für ein Gewebe mit der Maschenweite $\lambda_x = \lambda_y = \lambda = \dfrac{a}{4}$ wiederholt werden.

Entsprechend der in Abb. 25 ersichtlichen Ordnungsziffern lauten die Bestimmungsgleichungen:

$$4 w_1 - 2 w_2 = +1 \cdot \frac{p\lambda^2}{S_1},$$

$$-w_1 + 4 w_2 - w_3 - w_5 = +1 \cdot \frac{p\lambda^2}{S_1},$$

$$-w_2 + 4 w_3 - w_4 - w_6 = +1 \cdot \frac{p\lambda^2}{S_1},$$

$$-2 w_3 + 4 w_4 - w_7 = +1 \cdot \frac{p\lambda^2}{S_1},$$

$$-2 w_2 + 4 w_5 - 2 w_6 = +1 \cdot \frac{p\lambda^2}{S_1},$$

$$-w_3 - w_5 + 4 w_6 - w_7 - w_8 = +1 \cdot \frac{p\lambda^2}{S_1},$$

$$-w_4 - 2 w_6 + 4 w_7 - w_9 = +1 \cdot \frac{p\lambda^2}{S_1},$$

$$-2 w_6 + 4 w_8 - 2 w_9 = +1 \cdot \frac{p\lambda^2}{S_1},$$

$$-w_7 - 2 w_8 + 4 w_9 - w_{10} = +1 \cdot \frac{p\lambda^2}{S_1},$$

$$-4 w_9 + 4 w_{10} = +1 \cdot \frac{p\lambda^2}{S_1}.$$

Sie liefern

$$M_1 = S_1 w_1 = 309{,}5 \frac{p\lambda^2}{272} = 0{,}07112 \, pa^2,$$

$$M_2 = S_1 w_2 = 483 \frac{p\lambda^2}{272} = 0{,}11098 \, pa^2,$$

$$M_3 = S_1 w_3 = 573 \;\; \frac{p\lambda^2}{272} = 0{,}131\,66 \; pa^2 \,,$$

$$M_4 = S_1 w_4 = 601 \;\; \frac{p\lambda^2}{272} = 0{,}138\,10 \; pa^2 \,,$$

$$M_5 = S_1 w_5 = 777{,}5 \; \frac{p\lambda^2}{272} = 0{,}178\,65 \; pa^2 \,,$$

$$M_6 = S_1 w_6 = 936 \;\; \frac{p\lambda^2}{272} = 0{,}215\,07 \; pa^2 \,,$$

$$M_7 = S_1 w_7 = 986 \;\; \frac{p\lambda^2}{272} = 0{,}226\,56 \; pa^2 \,,$$

$$M_8 = S_1 w_8 = 1135{,}5 \; \frac{p\lambda^2}{272} = 0{,}260\,91 \; pa^2 \,,$$

$$M_9 = S_1 w_9 = 1199 \;\; \frac{p\lambda^2}{272} = 0{,}275\,51 \; pa^2 \,,$$

$$M_{10} = S_1 w_{10} = 1267 \;\; \frac{p\lambda^2}{272} = 0{,}291\,13 \; pa^2 \,.$$

Für die zugehörigen Ordinaten z erhält man wie vorhin die Bedingungsgleichungen:

$$4z_1 - 2z_2 = 309{,}5 \, \frac{p\lambda^4}{272\,S_1\,S_2} \,,$$

$$-z_1 + 4z_2 - z_3 - z_5 = 483 \, \frac{p\lambda^4}{272\,S_1\,S_2} \,,$$

$$-z_2 + 4z_3 - z_4 - z_6 = 573 \, \frac{p\lambda^4}{272\,S_1\,S_2} \,,$$

$$-2z_3 + 4z_4 - z_7 = 601 \, \frac{p\lambda^4}{272\,S_1\,S_2} \,,$$

$$-2z_2 + 4z_5 - 2z_6 = 777{,}5 \, \frac{p\lambda^4}{272\,S_1\,S_2} \,,$$

$$-z_3 - z_5 + 4z_6 - z_7 - z_8 = 936 \, \frac{p\lambda^4}{272\,S_1\,S_2} \,,$$

$$-z_4 - 2z_6 + 4z_7 - z_9 = 986 \, \frac{p\lambda^4}{272\,S_1\,S_2} \,,$$

$$-2z_6 + 4z_8 - 2z_9 = 1135{,}5 \, \frac{p\lambda^4}{272\,S_1\,S_2} \,,$$

$$-z_7 - 2z_8 + 4z_9 - z_{10} = 1199 \, \frac{p\lambda^4}{272\,S_1\,S_2} \,,$$

$$-4z_9 + 4z_{10} = 1267 \, \frac{p\lambda^4}{272\,S_1\,S_2} \,.$$

Hieraus gewinnt man die Werte

$$\zeta_1 = \frac{S_1 S_2}{N} z_1 = 200\,822 \frac{p\,\lambda^4}{N \cdot 272^2} = 0{,}010\,603 \frac{p\,a^4}{N}\,,$$

$$\zeta_2 = \frac{S_1 S_2}{N} z_2 = 359\,552 \frac{p\,\lambda^4}{N \cdot 272^2} = 0{,}018\,984 \frac{p\,a^4}{N}\,,$$

$$\zeta_3 = \frac{S_1 S_2}{N} z_3 = 459\,188 \frac{p\,\lambda^4}{N \cdot 272^2} = 0{,}024\,244 \frac{p\,a^4}{N}\,,$$

$$\zeta_4 = \frac{S_1 S_2}{N} z_4 = 492\,992 \frac{p\,\lambda^4}{N \cdot 272^2} = 0{,}026\,029 \frac{p\,a^4}{N}\,,$$

$$\zeta_5 = \frac{S_1 S_2}{N} z_5 = 646\,822 \frac{p\,\lambda^4}{N \cdot 272^2} = 0{,}034\,151 \frac{p\,a^4}{N}\,,$$

$$\zeta_6 = \frac{S_1 S_2}{N} z_6 = 828\,352 \frac{p\,\lambda^4}{N \cdot 272^2} = 0{,}043\,736 \frac{p\,a^4}{N}\,,$$

$$\zeta_7 = \frac{S_1 S_2}{N} z_7 = 890\,120 \frac{p\,\lambda^4}{N \cdot 272^2} = 0{,}046\,997 \frac{p\,a^4}{N}\,,$$

$$\zeta_8 = \frac{S_1 S_2}{N} z_8 = 1\,062\,688 \frac{p\,\lambda^4}{N \cdot 272^2} = 0{,}056\,108 \frac{p\,a^4}{N}\,,$$

$$\zeta_9 = \frac{S_1 S_2}{N} z_9 = 1\,142\,592 \frac{p\,\lambda^4}{N \cdot 272^2} = 0{,}060\,327 \frac{p\,a^4}{N}\,,$$

$$\zeta_{10} = \frac{S_1 S_2}{N} z_{10} = 1\,228\,748 \frac{p\,\lambda^4}{N \cdot 272^2} = 0{,}064\,876 \frac{p\,a^4}{N}\,.$$

Faßt man die Ergebnisse der beiden Rechnungen zusammen, so erhält man

für den Punkt $x = \dfrac{a}{4}$, $y = \dfrac{a}{4}$:

$$M = 0{,}171\,88\, p\,a^2 \quad \text{und} \quad \zeta = 0{,}034\,18 \frac{p\,a^4}{N} \quad \text{bei} \quad \lambda = \frac{a}{2}\,,$$

$$M = 0{,}178\,65\, p\,a^2 \quad \text{und} \quad \zeta = 0{,}034\,15 \frac{p\,a^4}{N} \quad \text{bei} \quad \lambda = \frac{a}{4}\,;$$

für den Punkt $x = \dfrac{a}{4}$, $y = 0$ bzw. $x = 0$, $y = \dfrac{a}{4}$:

$$M = 0{,}218\,75\, p\,a^2 \quad \text{und} \quad \zeta = 0{,}046\,875 \frac{p\,a^4}{N} \quad \text{bei} \quad \lambda = \frac{a}{2}\,,$$

$$M = 0{,}226\,56\, p\,a^2 \quad \text{und} \quad \zeta = 0{,}046\,997 \frac{p\,a^4}{N} \quad \text{bei} \quad \lambda = \frac{a}{4}\,;$$

für den Punkt $x = y = 0$:

$$M = 0{,}281\,25\, p\,a^2 \quad \text{und} \quad \zeta = 0{,}064\,45 \frac{p\,a^4}{N} \quad \text{bei} \quad \lambda = \frac{a}{2}\,,$$

$$M = 0{,}291\,13\, p\,a^2 \quad \text{und} \quad \zeta = 0{,}064\,876 \frac{p\,a^4}{N} \quad \text{bei} \quad \lambda = \frac{a}{4}\,.$$

54   Die Berechnung der ringsum frei aufliegenden rechteckigen Platte.

Die Gegenüberstellung der zugehörigen Zahlen zeigt bei den Werten M Abweichungen von höchstens 4% und bei den Werten ζ von nur 0,5%. Diese Unterschiede sind äußerst geringfügig und belanglos. Sie beweisen, daß der Einfluß der Größe der Maschenweite auf die Genauigkeit der Darstellung der Spannungen und Formänderungen von ganz untergeordneter Bedeutung ist und daß es selbst mit weitmaschigen Geweben wohl gelingen kann, ein zuverlässiges Abbild der Festigkeitseigenschaften der elastischen Platte zu gewinnen.

Diese Feststellung wird auch durch einen Vergleich mit den Ergebnissen anderer Berechnungsarten bestätigt.

Die von Estanave[1]) für quadratische Platte nabgeleitete Formel[2]) ·

$$\zeta = \frac{p\,a^4}{N} \sum_{n=1}^{n=\infty} \frac{(-1)^{\frac{n-1}{2}}}{\left(n\,\frac{\pi}{2}\right)^4}$$

$$\left[\frac{4}{n\,\pi}\left(1 - \frac{\mathfrak{Cof}\, n\,\frac{\pi}{2}\,\frac{y}{a}}{\mathfrak{Cof}\, n\,\frac{\pi}{2}}\right) - \mathfrak{Tang}\, n\,\frac{\pi}{2}\left(\frac{\mathfrak{Cof}\, n\,\frac{\pi}{2}\,\frac{y}{a}}{\mathfrak{Cof}\, n\,\frac{\pi}{2}} - \frac{y}{a}\cdot\frac{\mathfrak{Sin}\, n\,\frac{\pi}{2}\,\frac{y}{a}}{\mathfrak{Sin}\, n\,\frac{\pi}{2}}\right) \right] \cos\left(n\,\frac{\pi}{2}\,\frac{x}{a}\right)$$

liefert beispielsweise für die Mittellinie der Platte ($y = 0$):

$$\zeta_m = \frac{p\,a^4}{N} \sum_{n=1}^{n=\infty} \frac{(-1)^{\frac{n-1}{2}}}{\left(n\,\frac{\pi}{2}\right)^4} \; \frac{\dfrac{4}{n\,\pi}\left(\mathfrak{Cof}\, n\,\frac{\pi}{2} - 1\right) - \mathfrak{Tang}\, n\,\frac{\pi}{2}}{\mathfrak{Cof}\, n\,\frac{\pi}{2}} \cdot \cos n\left(\frac{\pi}{2}\,\frac{x}{a}\right).$$

Da die Reihe rasch konvergiert, so ist es zulässig, nur die beiden ersten Glieder $n = 1$ und $n = 3$ in Rechnung zu stellen. Es ergibt sich sodann

für $x = 0$:	$\zeta = 0{,}064\,93\ \dfrac{p\,a^4}{N}$	gegen	$\zeta = 0{,}064\,876\ \dfrac{p\,a^4}{N}$	
für $x = \dfrac{a}{4}$:	$\zeta = 0{,}060\,429\ \dfrac{p\,a^4}{N}$	gegen	$\zeta = 0{,}060\,327\ \dfrac{p\,a^4}{N}$	beim Gewebe mit $\lambda = \dfrac{a}{4}$.
für $x = \dfrac{a}{2}$:	$\zeta = 0{,}047\,058\ \dfrac{p\,a^4}{N}$	gegen	$\zeta = 0{,}046\,997\ \dfrac{p\,a^4}{N}$	
für $x = \dfrac{3\,a}{4}$:	$\zeta = 0{,}025\,8\ \dfrac{p\,a^4}{N}$	gegen	$\zeta = 0{,}026\,029\ \dfrac{p\,a^4}{N}$	

---

[1]) Estanave: Contribution à l'étude de l'équilibre élastique d'une plaque rectangulaire mince. Thèses présentées à la Faculté des Sciences de Paris 1900.

[2]) Zwecks besserer Unterscheidung sind in dieser Formel die hyperbolischen Funktionen mit deutschen, die trigonometrischen mit lateinischen Buchstaben geschrieben.

Die mit Hilfe der Reihenentwicklungen errechneten Werte stimmen mit den unserigen vorzüglich überein.

Ebenso führt die für den Plattenmittelpunkt gültige Nadaische Formel[1)]

$$\zeta = \frac{p\,a^4}{N}\left\{\frac{5\,m-3}{24\,(m-1)}\sum_{n=1}^{n=\infty}\frac{(-1)^{\frac{n-1}{2}}}{\left(n\,\frac{\pi}{2}\right)^4}\cdot\frac{\mathfrak{Tang}\left(n\,\frac{\pi}{2}\right)+\frac{4}{n\,\pi}\,\frac{m}{m-1}}{\mathfrak{Coj}\,n\,\frac{\pi}{2}}\right\},$$

wenn man sich wiederum mit den beiden ersten Gliedern der Reihe begnügt und $m = \tfrac{10}{3}$ annimmt, zu einem Werte

$$\zeta = 0,0648\,\frac{p\,a^4}{N}\,,$$

welcher von dem unserigen nur um $0,1\%$ abweicht.

Die Zuverlässigkeit und die Genauigkeit der auf die Eigenschaften des elastischen Gewebes begründeten Plattenberechnung sind hiermit hinreichend erwiesen.

Um nunmehr die Spannungsmomente zu ermitteln, benutze ich die Formel (33):

$$s_{xk} = \frac{N}{\lambda^2}\left[(2\zeta_k - \zeta_i - \zeta_l) + \frac{1}{m}(2\zeta_k - \zeta_m - \zeta_n)\right],$$

$$s_{yk} = \frac{N}{\lambda^2}\left[(2\zeta_k - \zeta_m - \zeta_n) + \frac{1}{m}(2\zeta_k - \zeta_i - \zeta_l)\right]$$

und erhalte beispielsweise für den Punkt $k = 7$ in Abb. 25 $\left(\text{Stelle } x = 0,\ y = \dfrac{a}{2}\right)$, indem ich $m = \dfrac{10}{3}$ wähle:

$$s_{x7} = \frac{16\,N}{a^2}\left[(2\zeta_7 - 2\zeta_6) + \frac{3}{10}(2\zeta_7 - \zeta_9 - \zeta_4)\right] = 0,14101\,p\,a^2\,,$$

$$s_{y7} = \frac{16\,N}{a^2}\left[(2\zeta_7 - \zeta_9 - \zeta_4) + \frac{3}{10}(2\zeta_7 - 2\zeta_6)\right] = 0,15350\,p\,a^2\,.$$

In der gleichen Art sind die Werte s für alle übrigen Knotenpunkte errechnet und in nachstehender Tafel 1 zusammengeordnet.

Zum Vergleich führe ich die Gleichungen von Estanave

$$s_x = p\,a^2 \sum_{n-1}^{n=\infty}\frac{(-1)^{\frac{n-1}{2}}}{\left(n\,\frac{\pi}{2}\right)^2}$$

$$\left[\frac{4}{n\,\pi}\left(1 - \frac{\mathfrak{Coj}\,n\,\frac{\pi}{2}\,\frac{y}{a}}{\mathfrak{Coj}\,n\,\frac{\pi}{2}}\right) - \frac{m-1}{m}\,\mathfrak{Tg}\left(n\,\frac{\pi}{2}\right)\left(\frac{\mathfrak{Coj}\,n\,\frac{\pi}{2}\,\frac{y}{a}}{\mathfrak{Coj}\,n\,\frac{\pi}{2}} - \frac{y\,\mathfrak{Sin}\,n\,\frac{\pi}{2}\,\frac{y}{a}}{a\,\mathfrak{Sin}\,n\,\frac{\pi}{2}}\right)\right]\cos\left(n\,\frac{\pi}{2}\,\frac{x}{a}\right),$$

[1)] Nadai: Die Formänderungen und Spannungen von rechteckigen elastischen Platten. Forsch.-Arb. Ing. Berlin 1915, H. 170/171.

$$s_y = p\,a^2 \sum_{n=1}^{n=\infty} \frac{(-1)^{\frac{n-1}{2}}}{\left(n\frac{\pi}{2}\right)^2}$$

$$\left[\frac{1}{m}\frac{4}{n\pi}\left(1 - \frac{\mathfrak{Cof}\,n\frac{\pi}{2}\frac{y}{a}}{\mathfrak{Cof}\,n\frac{\pi}{2}}\right) + \frac{m-1}{m}\,\mathfrak{Tg}\left(n\frac{\pi}{2}\right)\left(\frac{\mathfrak{Cof}\,n\frac{\pi}{2}\frac{y}{a}}{\mathfrak{Cof}\,n\frac{\pi}{2}} - \frac{y\,\mathfrak{Sin}\,n\frac{\pi}{2}\frac{y}{a}}{a\,\mathfrak{Sin}\,n\frac{\pi}{2}}\right)\right]\cos\left(n\frac{\pi}{2}\frac{x}{a}\right)$$

an. Sie geben insbesondere für $y = 0$:

$$s_x = p\,a^2 \sum_{n=1}^{n=\infty} \frac{(-1)^{\frac{n-1}{2}}}{\left(n\frac{\pi}{2}\right)^2}\; \frac{\dfrac{4}{n\pi}\left(\mathfrak{Cof}\,n\frac{\pi}{2} - 1\right) - \dfrac{m-1}{m}\,\mathfrak{Tg}\,n\frac{\pi}{2}}{\mathfrak{Cof}\,n\frac{\pi}{2}}\cos\left(n\frac{\pi}{2}\frac{x}{a}\right),$$

$$s_y = p\,a^2 \sum_{n=1}^{n=\infty} \frac{(-1)^{\frac{n-1}{2}}}{\left(n\frac{\pi}{2}\right)^2}\; \frac{\dfrac{1}{m}\cdot\dfrac{4}{n\pi}\left(\mathfrak{Cof}\,n\frac{\pi}{2} - 1\right) + \dfrac{m-1}{m}\,\mathfrak{Tg}\,n\frac{\pi}{2}}{\mathfrak{Cof}\,n\frac{\pi}{2}}\cos\left(n\frac{\pi}{2}\frac{x}{a}\right).$$

Tafel 1.

Die Biegungsmomente der gleichmäßig belasteten quadratischen Platte.

y		$x = \frac{3}{4}a$	$x = \frac{2}{4}a$	$x = \frac{1}{4}a$	$x = 0$	Faktor
$+\frac{3}{4}b$	$\bar{s}_x$	0,035 55	0,049 92	0,055 63	0,057 09	$p\,a^2$
	$\bar{s}_y$	0,035 55	0,061 06	0,076 06	0,080 98	$p\,a^2$
	s_x	0,046 22	0,068 24	0,078 45	0,081 38	$p\,a^2$
	s_y	0,046 22	0,076 03	0,092 75	0,098 10	$p\,a^2$
$+\frac{2}{4}b$	$\bar{s}_x$	0,061 06	0,089 34	0,101 17	0,104 35	$p\,a^2$
	$\bar{s}_y$	0,049 92	0,089 34	0,113 89	0,122 19	$p\,a^2$
	s_x	0,076 03	0,116 14	0,135 33	0,141 01	$p\,a^2$
	s_y	0,068 24	0,116 14	0,144 24	0,153 50	$p\,a^2$
$+\frac{1}{4}b$	$\bar{s}_x$	0,076 06	0,113 89	0,130 46	0,135 01	$p\,a^2$
	$\bar{s}_y$	0,055 63	0,101 17	0,130 46	0,140 53	$p\,a^2$
	s_x	0,092 75	0,144 24	0,169 60	0,177 17	$p\,a^2$
	s_y	0,078 45	0,135 33	0,169 60	0,181 03	$p\,a^2$
0	$\bar{s}_x$	0,080 98	0,122 19	0,140 53	0,145 54	$p\,a^2$
	$\bar{s}_y$	0,057 09	0,104 35	0,135 01	0,145 54	$p\,a^2$
	s_x	0,098 10	0,153 50	0,181 03	0,189 20	$p\,a^2$
	s_y	0,081 38	0,141 01	0,177 17	0,189 20	$p\,a^2$

Die rechnerische Auswertung liefert:

für den Punkt

$$y = 0, \quad x = \tfrac{3}{4}a \begin{cases} s_x = 0,095\,90\ pa^2 \\ s_y = 0,081\,04\ pa^2 \end{cases} \text{gegen} \quad \begin{array}{l} s_x = 0,098\,10\ pa^2 \\ s_y = 0,081\,38\ pa^2 \end{array}$$

$$y = 0, \quad x = \tfrac{2}{4}a \begin{cases} s_x = 0,159\,00\ pa^2 \\ s_y = 0,143\,55\ pa^2 \end{cases} \text{gegen} \quad \begin{array}{l} s_x = 0,153\,50\ pa^2 \\ s_y = 0,141\,01\ pa^2 \end{array}$$

$$y = 0, \quad x = \tfrac{1}{4}a \begin{cases} s_x = 0,183\,95\ pa^2 \\ s_y = 0,179\,46\ pa^2 \end{cases} \text{gegen} \quad \begin{array}{l} s_x = 0,181\,03\ pa^2 \\ s_y = 0,177\,17\ pa^2 \end{array}$$

$$y = 0, \quad x = 0 \begin{cases} s_x = 0,188\,44\ pa^2 \\ s_y = 0,190\,61\ pa^2 \end{cases} \text{gegen} \quad \begin{array}{l} s_x = 0,189\,20\ pa^2 \\ s_y = 0,189\,20\ pa^2 \end{array}$$

beim Gewebe mit $\lambda = \dfrac{a}{4}$.

Der Unterschied zwischen den entsprechenden Ergebnissen der beiden Rechnungsarten beträgt höchstens[1] 2,5%. Ebenso weicht der auf Grund der Nadaischen Gleichung

$$s_x = s_y = \frac{m+1}{m}\,\frac{pa^2}{4} \sum_{n=1}^{n=\infty} \frac{(-1)}{\left(n\dfrac{\pi}{2}\right)^2} \cdot \frac{1}{\mathfrak{Cof}\,n\dfrac{\pi}{2}}$$

für den Mittelpunkt ermittelte Wert

$$s_x = s_y = 0,1915\ pa^2$$

nur um 1% von dem unserigen ab. Durch diese weitgehende Übereinstimmung ist die Brauchbarkeit des elastischen Gewebes von neuem bestätigt.

Zur Errechnung der Scherkräfte und Drillungsmomente dienen die Gleichungen (33):

$$v_x = \frac{1}{2\,\lambda}(M_l - M_i), \qquad v_y = \frac{1}{2\,\lambda}(M_n - M_m),$$

$$t_{xy} = \frac{m-1}{m}\,\frac{N}{4\,\lambda^2}[(\zeta_p + \zeta_q) - (\zeta_o + \zeta_r)].$$

Sie liefern beispielsweise für den Punkt

$$k = 6\left(\text{Stelle } x = -\frac{a}{4} \cdot y = +\frac{a}{2}\right)$$

im linken oberen Viertel der Abb. 25, wenn wieder $m = \tfrac{10}{3}$ genommen wird, die Werte:

$$v_{x6} = \frac{2}{a}(M_7 - M_5) = 0,095\,82\ pa,$$

$$v_{y6} = \frac{2}{a}(M_2 - M_8) = -0,258\,50\ pa,$$

$$t_{xy6} = \frac{7}{10} \cdot \frac{4\,N}{a^2}[(\zeta_2 + \zeta_9) - (\zeta_6 + \zeta_4)] = 0,026\,10\ pa^2.$$

---

[1] Eine geringere Abweichung ist aus dem Grunde nicht möglich, weil die von Estanave benutzte Gleichung der elastischen Fläche nicht einer vollkommen gleichmäßigen, sondern einer sinusförmigen Belastung entspricht.

Die in gleicher Weise für alle übrigen Knotenpunkte des fraglichen Plattenviertels errechneten Werte sind in nachstehender Tafel 2 zusammengestellt.

Tafel 2.

Scherkräfte und Drillungsmomente der gleichmäßig belasteten quadratischen Platte.

$\dfrac{x}{a}$		$-\dfrac{3}{4}$	$-\dfrac{2}{4}$	$-\dfrac{1}{4}$	0	Faktor
$\dfrac{y}{b} = +\dfrac{3}{4}$	v_x	$+0{,}22196$	$+0{,}12109$	$+0{,}05423$	0	$p\,a$
	v_y	$-0{,}22196$	$-0{,}35731$	$-0{,}43015$	$-0{,}45312$	$p\,a$
	t_{xy}	$+0{,}09562$	$+0{,}06993$	$+0{,}03597$	0	$p\,a^2$.
$\dfrac{y}{b} = +\dfrac{2}{4}$	v_x	$+0{,}35731$	$+0{,}20818$	$+0{,}09582$	0	$p\,a$
	v_y	$-0{,}12109$	$-0{,}20818$	$-0{,}25850$	$-0{,}27482$	$p\,a$
	t_{xy}	$+0{,}06993$	$+0{,}05102$	$+0{,}02610$	0	$p\,a^2$
$\dfrac{y}{b} = +\dfrac{1}{4}$	v_x	$+0{,}43015$	$+0{,}25850$	$+0{,}12086$	0	$p\,a$
	v_y	$-0{,}05423$	$-0{,}09582$	$-0{,}12086$	$-0{,}12924$	$p\,a$
	t_{xy}	$+0{,}03597$	$+0{,}02610$	$+0{,}01409$	0	$p\,a^2$
$\dfrac{y}{b} = 0$	v_x	$+0{,}45312$	$+0{,}27482$	$+0{,}12924$	0	$p\,a$
	v_y	0	0	0	0	$p\,a$
	t_{xy}	0	0	0	0	$p\,a^2$

Für die Hauptauflager- oder Scherkräfte am Rande AB erhält man nunmehr auf Grund der Formel (66) mit den aus der Abb. 25 ersichtlichen Ordnungsziffern

$$v_{Ix} = \frac{M_1}{\lambda} + \frac{p\lambda}{2} = 0{,}40947\,pa \quad \text{im Punkte} \quad x = -a, \quad y = \pm\frac{3}{4}\,a,$$

$$v_{IIx} = \frac{M_2}{\lambda} + \frac{p\lambda}{2} = 0{,}56893\,pa \quad \text{im Punkte} \quad x = -a, \quad y = \pm\frac{2}{4}\,a,$$

$$v_{IIIx} = \frac{M_3}{\lambda} + \frac{p\lambda}{2} = 0{,}65165\,pa \quad \text{im Punkte} \quad x = -a, \quad y = \pm\frac{1}{4}\,a,$$

$$v_{IVx} = \frac{M_4}{\lambda} + \frac{p\lambda}{2} = 0{,}67739\,pa \quad \text{im Punkte} \quad x = -a, \quad y = \pm 0.$$

Die Genauigkeit dieser Zahlen läßt sich durch die von Hencky[1]) abgeleitete Formel

$$v_x = pa\left\{ \frac{1}{2} + \sum_{n=1}^{n=\infty} \frac{(-1)^{\frac{n-1}{2}}}{\left(n\frac{\pi}{2}\right)^2} \cdot \frac{\mathfrak{Sin}\left(n\frac{\pi}{2}\right)\cos\left(n\frac{\pi}{2}\frac{y}{a}\right) - \sin\left(n\frac{\pi}{2}\right)\mathfrak{Cof}\left(n\frac{\pi}{2}\frac{y}{a}\right)}{\mathfrak{Cof}\,n\frac{\pi}{2}} \right\}$$

---

[1]) Hencky, H.: Über den Spannungszustand in rechteckigen ebenen Platten bei gleichmäßig verteilter und bei konzentrierter Belastung. Dissertation München: R. Oldenbourg 1913.

nachprüfen. Werden die fünfzehn ersten ungeraden Glieder der Reihe mit $n = 1$ bis $n = 29$ berücksichtigt, so ergibt sich in fast vollkommener Übereinstimmung mit den obigen Ergebnissen

$$v_x = 0,393\,pa \quad \text{für} \quad x = -a, \quad y = \pm\tfrac{3}{4}\,a,$$
$$v_x = 0,558\,pa \quad \text{für} \quad .\,x = -a, \quad y = \pm\tfrac{2}{4}\,a,$$
$$v_x = 0,649\,pa \quad \text{für} \quad x = -a, \quad y = \pm\tfrac{1}{4}\,a,$$
$$v_x = 0,6744\,pa \quad \text{für} \quad x = -a, \quad y = \pm 0.$$

Zur Ermittlung der Randdrillungsmomente dient die Formel (67):

$$t_{xy} = -\frac{m-1}{m}\,N\,\frac{(\zeta_r - \zeta_p)}{2\,\lambda_x\,\lambda_y}\,.$$

Sie liefert für die Randlinie der Reihe nach:

$$t_I = -\frac{7}{10}\,N\,\frac{8}{a^2}\,(-\zeta_2) = +0,10631\,pa^2,$$

$$t_{II} = -\frac{7}{10}\,N\,\frac{8}{a^2}\,(\zeta_1 - \zeta_3) = +0,07639\,pa^2,$$

$$t_{III} = -\frac{7}{10}\,N\,\frac{8}{a^2}\,(\zeta_2 - \zeta_4) = +0,03945\,pa^2,$$

$$t_{IV} = -\frac{7}{10}\,N\,\frac{8}{a^2}\,(\zeta_3 - \zeta_3) = \pm 0,0\,pa^2\,.$$

Dem Eckpunkt A entspricht nach Formel (67a) der Wert

$$t_A = \frac{m-1}{m}\cdot N\,\frac{\zeta_1}{\lambda^2} = \frac{7}{10}\cdot N\cdot\frac{16}{a^2}\,\zeta_1 = 0,11875\,pa^2\,.$$

Um die Darstellung des Spannungs- und Kräfteverlaufs am Rande zu vervollständigen, bleibt nur noch die Bestimmung der an Stelle der Randdrillungsmomente auftretenden zusätzlichen Auflagerkräfte v'_x übrig. Mit Hilfe der auf S. 42 abgeleiteten Formel (68)

$$v'_x = \frac{m-1}{m}\,\frac{N}{\lambda^3}\,(2\,\zeta_l - \zeta_p - \zeta_r)$$

ergibt sich im vorliegenden Falle für den Punkt

$$x = -a,\; y = \pm\frac{3}{4}\,a:\quad v'_{xI} = \frac{7}{10}\cdot\frac{64\,N}{a^3}\,(2\,\zeta_1 - \zeta_2) = 0,09956\,pa,$$

$$x = -a,\; y = \pm\frac{2}{4}\,a:\quad v'_{xII} = \frac{7}{10}\cdot\frac{64\,N}{a^3}\,(2\,\zeta_2 - \zeta_1 - \zeta_3) = 0,13978\,pa,$$

$$x = -a,\; y = \pm\frac{1}{4}\,a:\quad v'_{xIII} = \frac{7}{10}\cdot\frac{64\,N}{a^3}\,(2\,\zeta_3 - \zeta_2 - \zeta_4) = 0,15571\,pa,$$

$$x = -a,\; y = \pm 0:\quad v'_{xIV} = \frac{7}{10}\cdot\frac{64\,N}{a^3}\,(2\,\zeta_4 - 2\,\zeta_3) = 0,16042\,pa\,.$$

Diese Kräfte stehen mit den an den vier Ecken angreifenden Einzelkräften

$$C = -2 \int\limits_0^a v_x' \, dy = -2 \int\limits_0^a \frac{\partial t_{xy}}{\partial y} \cdot dy = -2\, t_A = -0{,}2375\, pa^2$$

im Gleichgewicht. Die letzteren sind abwärts gerichtet und verhindern das Abheben der Platte aus ihrer Randunterlage.

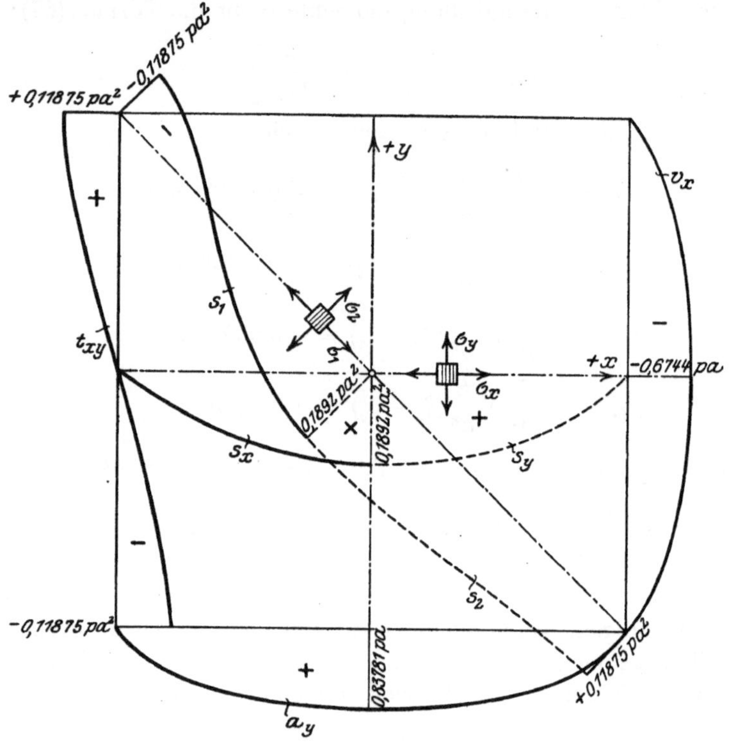

Abb. 26. Spannungsbild der ringsum frei aufliegenden, gleichmäßig belasteten quadratischen Platte.

Die gesamten lotrechten Auflagerwiderstände sind schließlich

$$a_I = v_I + v_I' = 0{,}50903\, pa\,,$$
$$a_{II} = v_{II} + v_{II}' = 0{,}70871\, pa\,,$$
$$a_{III} = v_{III} + v_{III}' = 0{,}80736\, pa\,,$$
$$a_{IV} = v_{IV} + v_{IV}' = 0{,}83781\, pa\,.$$

In Abb. 26 sind der Reihe nach die Spannungsmomente s_x, s_y für die Mittellinien der Platte, die Randscherkräfte v, die Randdrillungsmomente t und die Auflagerkräfte a dargestellt.

Die Grenzwerte der Biegungs- und Drillungsmomente sind durch die bekannten Beziehungen

$$s_{\substack{\max \\ \min}} = \frac{s_x + s_y}{2} \pm \frac{1}{2}\sqrt[2]{(s_y - s_x)^2 + 4\,t_{xy}^2}\,,$$

$$t_{\max} = \frac{1}{2}\sqrt[2]{(s_y - s_x)^2 + 4\,t_{xy}^2}$$

bestimmt. Es ist leicht zu erkennen, daß die Hauptbiegungsmomente längs der Mittellinien mit den bereits errechneten Werten s_x und s_y übereinstimmen, während für die Diagonalen entsprechend den Größen

$$s_x = s_y = s\,, \qquad s_x - s_y = 0$$

die Grenzwerte

$$s_1 = s - t_{xy}\,, \qquad s_2 = s + t_{xy}$$

maßgebend sind.

Der Verlauf der Biegungsmomente s_1 und s_2 ist in der Abb. 26 veranschaulicht. Für die Qerschnittsbemessung der Platten ist besonders beachtenswert, daß einerseits die Biegungsmomente s_1, deren Drehachse senkrecht zu den Diagonalen steht, in der Nähe der Ecken einen negativen Wert aufweisen und daß andererseits an den gleichen Stellen die Momente s_2, deren Achse den Diagonalen parallel gerichtet ist, nicht unerheblich größer als die zugehörigen Momente s_x und s_y sind.

Die lotrechte Unverschieblichkeit der Plattenränder hat in der Tat dieselbe Wirkung, als ob die Platte an den Ecken fest eingespannt wäre, und hierauf ist die Entstehung der negativen Momente s_1, obgleich die Platte sonst an den Rändern völlig frei aufliegt, zurückzuführen, während das Auftreten der größten positiven Biegungsmomente s_2 durch den Umstand bedingt ist, daß die größten Biegungsbeanspruchungen auf die kürzeste Spannrichtung, in welcher die Platte auch verhältnismäßig die größte Steifigkeit besitzt, entfallen müssen.

Die vorstehenden Untersuchungen haben gezeigt, daß es mit einem geringen Arbeitsaufwand möglich ist, aus den Ordinaten des elastischen Gewebes die Auflagerwiderstände, Spannungen und Formänderungen der elastischen Platte mit größter Genauigkeit zu ermitteln. Die wiederholt nachgewiesene Zuverlässigkeit des neuen Verfahrens rechtfertigt es, in den nachfolgenden Untersuchungen auf Grund der Theorie des elastischen Gewebes andere Randgestalten und andere Belastungsfälle zu behandeln.

§ 8. Die mit einer Einzelkraft in der Mitte belastete quadratische Platte.

Die in der Abb. 24 dargestellte quadratische Platte wird jetzt in ihrem Mittelpunkt durch eine in Richtung der z-Achse wirkenden Einzelkraft P belastet.

Die Bestimmungsgleichungen des stellvertretenden Gewebes mit der Maschenweite $\lambda = \dfrac{a}{2}$ lauten:

$$4\,w_1 - 2\,w_2 = 0\,,$$
$$-2\,w_1 + 4\,w_2 - w_3 = 0\,,$$
$$-4\,w_2 + 4\,w_3 = P\,\frac{\lambda}{H} = \frac{P}{S_1}\,.$$

Sie liefern

$$M_1 = S_1 w_1 = \frac{P}{16} = 0{,}0625\,P\,,$$

$$M_2 = S_1 w_2 = \frac{2\,P}{16} = 0{,}125\,P\,,$$

$$M_3 = S_1 w_3 = \frac{6\,P}{16} = 0{,}375\,P\,.$$

Für ein Gewebe mit der Weite $\lambda = \dfrac{a}{4}$ erhält man ganz entsprechend unter Zugrundelegung der aus Abb. 25 ersichtlichen Ordnungsziffern:

$$
\begin{aligned}
4\,w_1 - 2\,w_2 \quad\;\;\; &= 0\,, & -\;w_3 - \;w_5 + 4\,w_6 - w_7 - w_8 &= 0\,,\\
-\;w_1 + 4\,w_2 - w_3 - w_5 &= 0\,, & -\;w_4 - 2\,w_6 + 4\,w_7 - w_9 \quad\;\; &= 0\,,\\
-\;w_2 + 4\,w_3 - w_4 - w_6 &= 0\,, & -2\,w_6 + 4\,w_8 - 2\,w_9 \quad\;\; &= 0\,,\\
-2\,w_3 + 4\,w_4 - w_7 \quad\;\; &= 0\,, & -\;w_7 - 2\,w_8 + 4\,w_9 - w_{10} &= 0\,,\\
-2\,w_2 + 4\,w_5 - 2\,w_6 \quad &= 0\,, & -4\,w_9 + 4\,w_{10} \quad\quad\;\;\; &= \frac{P}{S_1}\,.
\end{aligned}
$$

Hieraus folgt:

$$
\begin{aligned}
M_1 &= S_1 w_1 = 0{,}01670\,P\,, & M_6 &= S_1 w_6 = 0{,}103932\,P\,,\\
M_2 &= S_1 w_2 = 0{,}03341\,P\,, & M_7 &= S_1 w_7 = 0{,}12644\;\;P\,,\\
M_3 &= S_1 w_3 = 0{,}04827\,P\,, & M_8 &= S_1 w_8 = 0{,}17235\;\;P\,,\\
M_4 &= S_1 w_4 = 0{,}05574\,P\,, & M_9 &= S_1 w_9 = 0{,}24216\;\;P\,,\\
M_5 &= S_1 w_5 = 0{,}06867\,P\,, & M_{10} &= S_1 w_{10} = 0{,}49216\;\;P\,.
\end{aligned}
$$

Betrachtet man die Schnittflächen in Richtung der Symmetrieachsen und der Diagonalen, so ergibt sich[1]) für den Punkt

$$
\left.
\begin{aligned}
x &= \tfrac{3}{4}a,\, y = 0 &:\; M &= 0{,}05574\,P\\
x &= \tfrac{2}{4}a,\, y = 0 &:\; M &= 0{,}12644\,P\\
x &= \tfrac{1}{4}a,\, y = 0 &:\; M &= 0{,}24216\,P\\
x &= 0,\; y = 0 &:\; M &= 0{,}49216\,P\\
x &= \tfrac{1}{4}a,\, y = \tfrac{1}{4}a &:\; M &= 0{,}17235\,P\\
x &= \tfrac{1}{2}a,\, y = \tfrac{1}{2}a &:\; M &= 0{,}06867\,P\\
x &= \tfrac{3}{4}a,\, y = \tfrac{3}{4}a &:\; M &= 0{,}0167\;\;P
\end{aligned}
\right\}
\begin{aligned}
\text{bei } \lambda = \frac{a}{4}\\[2pt]
\text{gegen}
\end{aligned}
\left\{
\begin{aligned}
M^* &= 0{,}05469\;\;P\\
M &= 0{,}125\quad\;\; P\\
M^* &= 0{,}23437\;\;P\\
M &= 0{,}375\quad\;\; P\\
M^* &= 0{,}1875\;\;\; P\\
M &= 0{,}0625\;\;\; P\\
M^* &= 0{,}015625\,P
\end{aligned}
\right\}
\begin{aligned}
\text{bei}\\ \lambda = \frac{a}{2}\,.
\end{aligned}
$$

---

[1]) Die mit einem * versehenen Werte M^* sind durch Interpolation ermittelt worden.

Der Vergleich dieser beiden Zahlenreihen zeigt, daß die M-Flächen, mit Ausnahme eines schmalen Bereiches in der Nähe des Lastortes, bei verschiedenen Maschenweiten des Gewebes recht gut miteinander übereinstimmen. Die Abweichungen zwischen den zugehörigen Ordinaten am Lastort sind in erster Linie durch den Umstand bedingt, daß bei dem ersten Gewebe mit der Weite $\lambda = \dfrac{a}{2}$ die Knotenpunktlast P auf der Fläche $\lambda^2 = \dfrac{a^2}{4}$, bei dem zweiten hingegen mit der Weite $\lambda = \dfrac{a}{4}$ auf der vierfach kleineren Fläche $\lambda^2 = \dfrac{a^2}{16}$ verteilt ist.

Es muß fernerhin beachtet werden, daß die Grundgleichung

$$N\,V^2 \cdot V^2\,\zeta = -V^2\,M = p$$

nur so lange gültig ist, als die Spannung σ_z klein genug ist, um neben σ_x und σ_y vernachlässigt werden zu dürfen. Diese Voraussetzung trifft bei Lasten, die in einem Punkte konzentriert sind, selbstverständlich nicht zu: σ_z und somit zugleich auch σ_x und σ_y müßten vielmehr unendlich groß werden. In der Wirklichkeit werden Beanspruchungen, welche die Festigkeit des Baustoffes wesentlich überschreiten, kaum erreicht, weil die Belastung auf einen einzelnen Punkt nicht eingeschränkt werden kann: man darf vielmehr annehmen, daß die Last sich auf eine Druckfläche verteilt, deren kleinste Abmessung mindestens der doppelten Plattenstärke gleich ist, wenn sie nicht, wie es aus baulichen Gründen meistens der Fall sein dürfte, ein Mehrfaches der Plattenstärke beträgt.

Nimmt man als Druckfläche ein Rechteck von der Breite $2e_x$ und der Länge $2e_y$ an, so läßt sich die Spannungsverteilung im Bereiche des Lastortes am einfachsten durch ein Gewebe mit den Maschenweiten $\lambda' = e_x$ und $\lambda' = e_y$ darstellen (Abb. 27). Dies engmaschige Gewebe möge wiederum durch ein Rechteck $A'B'C'D'$ abgegrenzt werden, dessen Seitenlängen a' und b' das Zwei- oder Dreifache der Größen λ'_x und λ'_y betragen. Da nach dem de Saint-Venantschen Prinzip bereits in einer kurzen Entfernung vom Lastorte die Spannungen

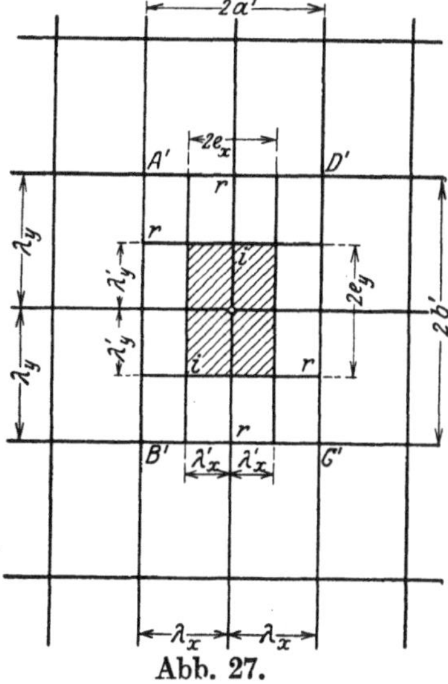

Abb. 27.

außerhalb des Lastortes nicht mehr von der Art der Lastverteilung merklich beeinflußt werden, so muß sich das in einem einzigen Knotenpunkte belastete großmaschige Gewebe im Abstand a' oder b' vom Lastangriffs-

punkt, also längs der Linie $A'B'C'D'$, mit der Umrandung des engmaschigen Gewebes decken. Nimmt man aber für die Ordinaten der
Randknotenpunkte des inneren engmaschigen Gewebes die Werte w_r
des großen Gewebes, so genügen die in der allgemeinen Gewebegleichung

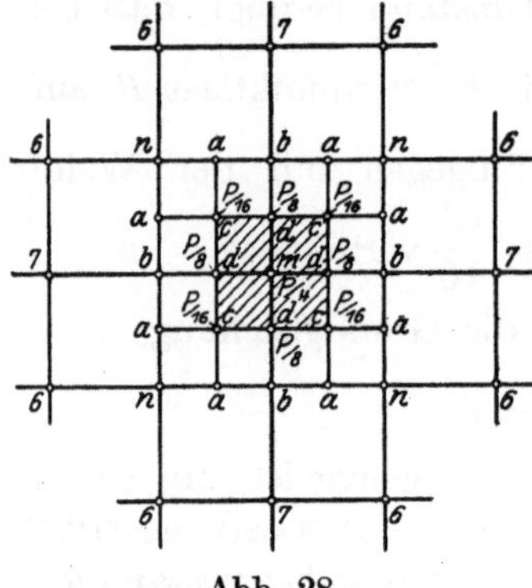

ausgedrückten Gleichgewichtsbedingungen
vollkommen, um auch die Ordinate w_i
der inneren Knotenpunkte des engmaschigen Gewebes und in weiterer Folge
die Spannungsmomente am Lastorte selbst
zu bestimmen.

Für die vorliegende quadratische Platte
wähle ich zuerst

$$e_x = e_y = \lambda'_x = \lambda'_y = \lambda' = \frac{a}{8},$$

$$a' = b' = 2\,\lambda' = \frac{a}{4}$$

Abb. 28.

und stelle zur Ermittlung der Ordinaten des engmaschigen Gewebes
mit den aus Abb. 28 ersichtlichen Bezeichnungen die Bedingungsgleichungen

$$4\,w_c - 2\,w_a - 2\,w_d = \frac{P}{16\,S_1}\;,$$

$$-\;w_b + 4\,w_d - 2\,w_c - w_m = \frac{P}{8\,S_1}\,,$$

$$-4\,w_d + 4\,w_m \qquad\qquad = \frac{P}{4\,S_1}$$

auf. Für die Randknotenpunkte gelten hierbei im Einklang mit der
Abb. 25 die Werte:

$$w_n = w_8 = 0{,}17235\,\frac{P}{S_1}\,, \qquad w_b = w_9 = 0{,}24216\,\frac{P}{S_1}\;.$$

Durch Interpolation erhält man ferner:

$$w_a = w_b - \frac{1}{4}\,(w_b - w_n) = 0{,}22471\,\frac{P}{S_1}$$

und sodann durch Auflösung der obigen Gleichungen

$$\text{für } x = \frac{a}{8},\; y = \frac{a}{8}\,: \quad w = w_c = 0{,}29938\,\frac{P}{S_1}\,,\quad M_c = 0{,}29938\,P\,;$$

$$\left.\begin{array}{l} x = 0,\; y = \dfrac{a}{8}\,: \\[2ex] x = \dfrac{a}{8},\; y = 0\,: \end{array}\right\}\quad w = w_d = 0{,}34281\,\frac{P}{S_1}\,,\quad M_d = 0{,}34281\,P\,;$$

$$x = 0,\; y = 0\,: \quad w = w_m = 0{,}40531\,\frac{P}{S_1}\,,\quad M_m = 0{,}40531\,P\,.$$

Um den Einfluß der Größe der Druckfläche auf die Beanspruchung der Platte zu erkennen, möge noch die Berechnung für eine Drucklänge

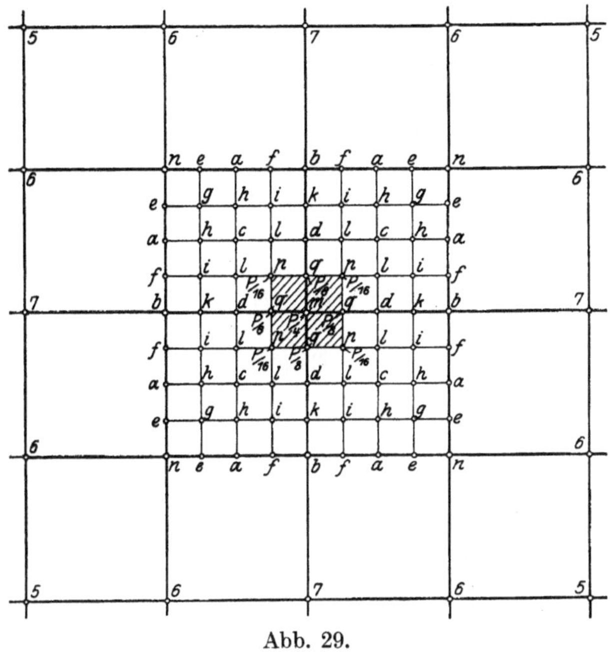

Abb. 29.

$e_x = e_y = \dfrac{a}{16}$ und ein Innengewebe mit der Maschenweite $\lambda'_x = \lambda'_y = \dfrac{a}{16}$ und der Seitenlänge $a' = b' = \dfrac{a}{4}$ durchgeführt werden. Die Gleichgewichtsgleichungen für die Knotenpunkte der Abb. 29 lauten:

$$
\begin{aligned}
4w_g - 2w_h & && && && = 2w_e, \\
- w_g + 4w_h - & w_i - w_c & && && = w_a, \\
- w_h + 4w_i - & w_k - w_l & && && = w_f, \\
-2w_i + 4w_k - & w_d & && && = w_b, \\
-2w_h + 4w_c - & 2w_l & && && = 0, \\
- w_c + 4w_l - & w_d - w_i - w_p && && = 0, \\
-2w_l + 4w_d - & w_k - w_q && && = 0, \\
-2w_l + 4w_p - & 2w_q & && && = \dfrac{P}{16\,S_1}, \\
-2w_p + 4w_q - & w_d - w_m && && = \dfrac{P}{8\,S_1}, \\
-4w_q + 4w_m & && && && = \dfrac{P}{4\,S_1}.
\end{aligned}
$$

Marcus, Platten.   5

Hierin sind die vorhin für das großmaschige Gewebe mit $\lambda = \dfrac{a}{4}$ ermittelten Werte

$$w_n = w_8 = 0{,}172\,35\,\frac{P}{S_1}\,, \qquad w_b = w_9 = 0{,}242\,16\,\frac{P}{S_1}$$

und die durch die Interpolation gewonnenen Größen

$$w_e = w_b - \left(\frac{3}{4}\right)^2 (w_b - w_n) = 0{,}202\,89\,\frac{P}{S_1}\,,$$

$$w_a = w_b - \left(\frac{2}{4}\right)^2 (w_b - w_n) = 0{,}224\,71\,\frac{P}{S_1}\,,$$

$$w_f = w_b - \left(\frac{1}{4}\right)^2 (w_b - w_n) = 0{,}237\,80\,\frac{P}{S_1}$$

einzusetzen. Die Auflösung der Gleichungen liefert:

$$w_g = 0{,}230\,23\,\frac{P}{S_1}\,, \qquad\qquad w_l = 0{,}334\,19\,\frac{P}{S_1}\,,$$

$$w_h = 0{,}257\,57\,\frac{P}{S_1}\,, \qquad\qquad w_d = 0{,}352\,35\,\frac{P}{S_1}\,,$$

$$w_i = 0{,}279\,48\,\frac{P}{S_1}\,, \qquad\qquad w_p = 0{,}409\,04\,\frac{P}{S_1}\,,$$

$$w_k = 0{,}288\,37\,\frac{P}{S_1}\,, \qquad\qquad w_q = 0{,}452\,64\,\frac{P}{S_1}\,,$$

$$w_c = 0{,}295\,88\,\frac{P}{S_1}\,, \qquad\qquad w_m = 0{,}515\,14\,\frac{P}{S_1}\,.$$

Es ergibt sich somit

$$\text{für} \quad x = \frac{a}{8}\,, \quad y = \frac{a}{8}\,: \quad M = S_1 w_c = 0{,}295\,88\,P\,,$$

$$\text{für} \quad \begin{cases} x = 0\,, \quad y = \dfrac{a}{8}\,: \\[2mm] x = \dfrac{a}{8}\,, \quad y = 0\,: \end{cases} \quad M = S_1 w_d = 0{,}352\,35\,P\,,$$

$$\text{für} \quad x = \frac{a}{16}\,, \quad y = \frac{a}{16}\,: \quad M = S_1 w_p = 0{,}409\,04\,P\,,$$

$$\text{für} \quad \begin{cases} x = 0\,, \quad y = \dfrac{a}{16}\,: \\[2mm] x = \dfrac{a}{16}\,, \quad y = 0\,: \end{cases} \quad M = S_1 w_q = 0{,}452\,64\,P\,,$$

$$\text{für} \quad x = 0\,, \quad y = 0\,: \quad M = S_1 w_m = 0{,}515\,14\,P\,.$$

Durch unmittelbare Interpolation erhält man hingegen aus den auf S. 62 errechneten Ordinaten des Gewebes mit $\lambda = \dfrac{a}{4}$

$$\text{für}\quad x = \frac{a}{8},\ y = \frac{a}{8}:\quad M = \frac{1}{8}\,(\ 3\,M_{10} +\ 6\,M_8 -\ M_5) = 0{,}305\,24\,P,$$

$$\text{für}\quad \begin{cases} x = 0,\quad y = \dfrac{a}{8}: \\[2mm] x = \dfrac{a}{8},\quad y = 0: \end{cases} \quad M = \frac{1}{8}\,(\ 3\,M_{10} +\ 6\,M_9 -\ M_7) = 0{,}350\,38\,P,$$

$$\text{für}\quad x = \frac{a}{16},\ y = \frac{a}{16}:\quad M = \frac{1}{32}\,(21\,M_{10} + 14\,M_8 - 3\,M_5) = 0{,}391\,95\,P,$$

$$\text{für}\quad \begin{cases} x = 0,\quad y = \dfrac{a}{16}: \\[2mm] x = \dfrac{a}{16},\quad y = 0: \end{cases} \quad M = \frac{1}{32}\,(21\,M_{10} + 14\,M_9 - 3\,M_7) = 0{,}417\,07\,P.$$

Die Ordinaten des nur mit einer Einzellast in der Mitte belasteten großmaschigen Gewebes stimmen, wie man sieht, außerhalb des durch die Druckfläche begrenzten Bereiches mit den Ordinaten der kleinmaschigen Gewebe recht gut überein. Im Mittelpunkt der Druckfläche selbst nimmt die Momentensumme M um so rascher zu, je mehr die Seitenlänge e zusammenschrumpft[1]). Die Steigerung ist aber, wie man aus der Verteilung der Momente in den Mittelschnitten der Platte (Abb. 30) erkennen kann, auf ein ganz schmales Gebiet beschränkt: wenn also bei stark konzentrierten Belastungen die durch die Momente M hervorgerufenen Beanspruchungen am Lastort Werte erreichen, welche die Druckfestigkeit des Baustoffes überschreiten, so ist doch eine Zerstörung der Platte nicht unbedingt zu befürchten, wenigstens so lange, als die Spannungen in den dem Lastort unmittelbar benachbarten Querschnitten von der Bruchgrenze genügend entfernt sind, um einen Ausgleich der Beanspruchungen erwarten zu lassen.

---

[1]) Die analytische Untersuchung und die graphische Darstellung der Formänderungen in der unmittelbaren Nähe des Lastortes ohne Rücksicht auf die Größe der Druckfläche sind von Nadai in seinen neuen Arbeiten „Über die Spannungsverteilung in einer durch eine Einzelkraft belasteten rechteckigen Platte" (Bauing. 1921, H. 1/11) und in seinem großen Aufsatz über „Die Biegung durchlaufender Platten und der rechteckigen Platte mit freien Rändern" (Z. ang. Math. Mech. 1922, H. 1) behandelt worden. Die Lösung der gleichen Aufgabe mit Hilfe von Reihenentwicklungen auf Grund des Ansatzes von M. Levy wurde von S. Timoschenko in der Zeitschrift Bauing. 1922, H. 2, bearbeitet. — Besonders beachtenswert sind auch die Untersuchungen von A. und L. Föppl über die Spannungsverteilung innerhalb der Druckfläche in „Drang und Zwang": Bd. I, S. 197 und Bd. II, S. 102.

Zur Bestimmung der elastischen Fläche stehen nunmehr die Gewebegleichungen

$$4\,z_1 - 2\,z_2 = \frac{\lambda^2\,w_1}{S_2} = 0{,}016\,70\,\frac{P\,\lambda^2}{S_1\,S_2}\,,$$

$$-z_1 + 4\,z_2 - z_3 - z_5 \qquad = \frac{\lambda^2\,w_2}{S_2} = 0{,}033\,41\,\frac{P\,\lambda^2}{S_1\,S_2}\,,$$

$$-z_2 + 4\,z_3 - z_4 - z_6 \qquad = \frac{\lambda^2\,w_3}{S_2} = 0{,}048\,27\,\frac{P\,\lambda^2}{S_1\,S_2}\,,$$

$$-2\,z_3 + 4\,z_4 - z_7 \qquad = \frac{\lambda^2\,w_4}{S_2} = 0{,}055\,74\,\frac{P\,\lambda^2}{S_1\,S_2}\,,$$

$$-2\,z_2 + 4\,z_5 - 2\,z_6 \qquad = \frac{\lambda^2\,w_5}{S_2} = 0{,}068\,67\,\frac{P\,\lambda^2}{S_1\,S_2}\,;$$

$$-z_3 - z_5 + 4\,z_6 - z_7 - z_8 = \frac{\lambda^2\,w_6}{S_2} = 0{,}103\,93\,\frac{P\,\lambda^2}{S_1\,S_2}\,,$$

$$-z_4 - 2\,z_6 + 4\,z_7 - z_9 \qquad = \frac{\lambda^2\,w_7}{S_2} = 0{,}126\,44\,\frac{P\,\lambda^2}{S_1\,S_2}\,,$$

$$-2\,z_6 + 4\,z_8 - 2\,z_9 \qquad = \frac{\lambda^2\,w_8}{S_2} = 0{,}172\,35\,\frac{P\,\lambda^2}{S_1\,S_2}\,,$$

$$-z_7 - 2\,z_8 + 4\,z_9 - z_{10} \qquad = \frac{\lambda^2\,w_9}{S_2} = 0{,}242\,16\,\frac{P\,\lambda^2}{S_1\,S_2}\,,$$

$$-4\,z_9 + 4\,z_{10} \qquad = \frac{\lambda^2\,w_{10}}{S_2} = \frac{\lambda^2\,\overline{M}_{10}}{S_1\,S_2}$$

zur Verfügung. In der letzten Gleichung stellt $\overline{M}_{10}$ den Mittelwert der Momentensumme am Lastorte dar. Seine Größe ist durch die Bedingung bestimmt, daß das elastische Gewicht des ganzen Bereiches $x = \pm\frac{\lambda}{2}$, $y = \pm\frac{\lambda}{2}$ dem Knotenpunkt 10 zugewiesen werden muß. Für eine Drucklänge $e = \frac{a}{8} = \frac{\lambda}{2}$ erhält man demnach in Übereinstimmung mit der Abb. 28:

$$\overline{M}_{10} = \frac{S_1}{\lambda^2} \int\limits_{-\frac{\lambda}{2}}^{+\frac{\lambda}{2}} \int\limits_{-\frac{\lambda}{2}}^{+\frac{\lambda}{2}} w\,dx\,dy = \frac{S_1}{9}\,(4\,w_m + w_d + w_e)\,,$$

$$\overline{M}_{10} = 0{,}365\,76\,P\,.$$

Führt man diesen Wert in das obige Gleichungssystem ein, so liefert die Auflösung:

$$\zeta_1 \;\; = \frac{S_1 S_2}{N} z_1 \;\; = 0{,}08323 \, \frac{P\lambda^2}{N} = 0{,}005\,202 \, \frac{P a^2}{N}\,,$$

$$\zeta_2 \;\; = \frac{S_1 S_2}{N} z_2 \;\; = 0{,}15813 \, \frac{P\lambda^2}{N} = 0{,}009\,883 \, \frac{P a^2}{N}\,,$$

$$\zeta_3 \;\; = \frac{S_1 S_2}{N} z_3 \;\; = 0{,}21379 \, \frac{P\lambda^2}{N} = 0{,}013\,362 \, \frac{P a^2}{N}\,,$$

$$\zeta_4 \;\; = \frac{S_1 S_2}{N} z_4 \;\; = 0{,}23525 \, \frac{P\lambda^2}{N} = 0{,}014\,703 \, \frac{P a^2}{N}\,,$$

$$\zeta_5 \;\; = \frac{S_1 S_2}{N} z_5 \;\; = 0{,}30239 \, \frac{P\lambda^2}{N} = 0{,}018\,899 \, \frac{P a^2}{N}\,,$$

$$\zeta_6 \;\; = \frac{S_1 S_2}{N} z_6 \;\; = 0{,}41231 \, \frac{P\lambda^2}{N} = 0{,}025\,769 \, \frac{P a^2}{N}\,,$$

$$\zeta_7 \;\; = \frac{S_1 S_2}{N} z_7 \;\; = 0{,}45768 \, \frac{P\lambda^2}{N} = 0{,}028\,605 \, \frac{P a^2}{N}\,,$$

$$\zeta_8 \;\; = \frac{S_1 S_2}{N} z_8 \;\; = 0{,}57145 \, \frac{P\lambda^2}{N} = 0{,}035\,715 \, \frac{P a^2}{N}\,,$$

$$\zeta_9 \;\; = \frac{S_1 S_2}{N} z_9 \;\; = 0{,}64441 \, \frac{P\lambda^2}{N} = 0{,}040\,276 \, \frac{P a^2}{N}\,,$$

$$\zeta_{10} = \frac{S_1 S_2}{N} z_{10} = 0{,}73585 \, \frac{P\lambda^2}{N} = 0{,}045\,991 \, \frac{P a^2}{N}\,.$$

Eine schärfere Untersuchung der Gestalt der elastischen Fläche unmittelbar unter der Druckfläche läßt sich im übrigen leicht durchführen. Man braucht nur an das großmaschige Gewebe wie bei der Momentensumme ein engmaschiges Innengewebe anzuschließen. Wählt man für das letztere die Maschenweite $\lambda' = \dfrac{\lambda}{2} = \dfrac{a}{8}$, so wird seine Gestalt unter Zugrundelegung der in Abb. 28 eingetragenen Ordnungsziffern durch die Gleichungen

$$4\,z_c - 2\,z_a - 2\,z_d = (\lambda')^2 \frac{w_c}{S_2} = 0{,}004\,677 \, \frac{P a^2}{S_1 S_2}\,,$$

$$-z_b + 4\,z_d - 2\,z_c - z_m = (\lambda')^2 \frac{w_d}{S_2} = 0{,}005\,356 \, \frac{P a^2}{S_1 S_2}\,,$$

$$-4\,z_d + 4\,z_m \quad\quad = (\lambda')^2 \frac{w_m}{S_2} = 0{,}006\,333 \, \frac{P a^2}{S_1 S_2}$$

festgelegt. Um den stetigen Übergang zwischen Außen- und Innengewebe zu gewährleisten, werden als Ordinaten der Randknotenpunkte des kleinen Gewebes die aus dem großen Gewebe entnommenen Werte

$$z_n = z_8 = 0{,}571\,45\,\frac{P\lambda^2}{S_1 S_2} = 0{,}035\,715\,\frac{Pa^2}{S_1 S_2}\,,$$

$$z_b = z_9 = 0{,}644\,41\,\frac{P\lambda^2}{S_1 S_2} = 0{,}040\,276\,\frac{Pa^2}{S_1 S_2}\,,$$

$$z_a = z_b - \tfrac{1}{4}(z_b - z_n) \qquad = 0{,}039\,136$$

in Rechnung geführt[1]).

Es ergibt sich somit

$$\text{für } x = \frac{a}{8},\ y = \frac{a}{8} : \zeta = \zeta_c = z_c\,\frac{S_1 S_2}{N} = 0{,}042\,91\,\frac{Pa^2}{N}\,,$$

$$\begin{cases} x = 0,\ y = \dfrac{a}{8} : \\[2mm] x = \dfrac{a}{8},\ y = 0 : \end{cases} \zeta = \zeta_d = z_d\,\frac{S_1 S_2}{N} = 0{,}044\,34\,\frac{Pa^2}{N}\,,$$

$$x = 0,\ y = 0\ : \zeta = \zeta_m = z_m\,\frac{S_1 S_2}{N} = 0{,}045\,93\,\frac{Pa^2}{N}\,.$$

Der Unterschied zwischen dem genauen Werte $\zeta_m = 0{,}045\,93\,\dfrac{Pa^2}{N}$ und der vorhin für das großmaschige Gewebe ermittelten Verschiebung $\zeta_{10} = 0{,}045\,99\,\dfrac{Pa^2}{N}$ ist, wie man sieht, nur sehr gering. Die Größe der Druckfläche beeinflußt also die Spannungsmomente in viel höherem Maße als die Durchbiegungen.

Aus der elastischen Fläche lassen sich jetzt mit Hilfe der Formeln (33) die Biegungsmomente errechnen.

Die Zahlenwerte für die Hauptschnitte sind:

$$\begin{aligned} s_x &= 0{,}025\,696\,P, & s_y &= 0{,}046\,766\,P \text{ für den Punkt } x = \tfrac{3}{4}a,\ y = 0\,, \\ s_x &= 0{,}060\,922\,P, & s_y &= 0{,}100\,850\,P \text{ für den Punkt } x = \tfrac{2}{4}a,\ y = 0, \\ s_x &= 0{,}139\,066\,P, & s_y &= 0{,}174\,507\,P \text{ für den Punkt } x = \tfrac{1}{4}a\ \ y = 0, \\ s_x &= 0{,}263\,451\,P, & s_y &= 0{,}263\,451\,P \text{ für den Punkt } x = 0,\ \ y = 0, \\ s_x &= 0{,}112\,034\,P, & s_y &= 0{,}112\,034\,P \text{ für den Punkt } x = \tfrac{1}{4}a,\ y = \tfrac{1}{4}a, \\ s_x &= 0{,}044\,642\,P, & s_y &= 0{,}044\,642\,P \text{ für den Punkt } x = \tfrac{2}{4}a,\ y = \tfrac{2}{4}a, \\ s_x &= 0{,}010\,829\,P, & s_y &= 0{,}010\,829\,P \text{ für den Punkt } x = \tfrac{3}{4}a,\ y = \tfrac{3}{4}a. \end{aligned}$$

---

[1]) Die Stetigkeit der Formänderung und der Beanspruchung wird dadurch erreicht, daß längs der gemeinsamen Ränder der beiden Gewebe die Größen ζ und M, mithin auch $\dfrac{\partial^2 \zeta}{\partial y^2}$, $\dfrac{\partial^2 \zeta}{\partial x^2}$, s_x, s_y in beiden Bereichen übereinstimmen. Die weitere Übereinstimmung der Größen $\dfrac{\partial \zeta}{\partial x}$, $\dfrac{\partial \zeta}{\partial y}$, $\dfrac{\partial M}{\partial x}$, $\dfrac{\partial M}{\partial y}$, v_x, v_y ist eine notwendige Folge der identischen Gleichgewichtsbedingungen, welchen die Bestimmungsgleichungen der beiden Gewebe entsprechen müssen.

Die zugehörigen Momentenflächen sowie auch die Hauptspannungsmomente in den Diagonalen sind in Abb. 30 dargestellt, während die Schichtlinien der elastischen Fläche in Abb. 31 eingetragen sind.

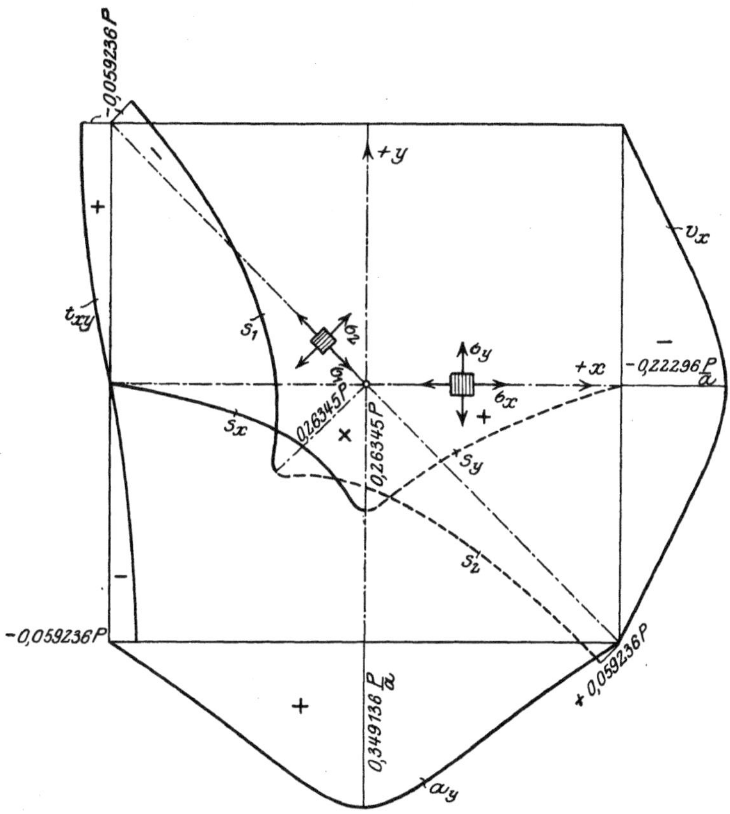

Abb. 30. Spannungsbild einer ringsum frei aufliegenden, durch eine Einzelkraft in der Mitte belasteten quadratischen Platte.

Auf Grund der Formel (66) erhält man für die Randscherkräfte die Werte

$$v_x = S_1 \frac{w_1}{\lambda} = 0{,}066\,80 \frac{P}{a} \quad \text{für den Punkt } x = -a,\ y = \pm\frac{3}{4}a,$$

$$v_x = S_1 \frac{w_2}{\lambda} = 0{,}133\,64 \frac{P}{a} \quad \text{für den Punkt } x = -a,\ y = \pm\frac{2}{4}a,$$

$$v_x = S_1 \frac{w_3}{\lambda} = 0{,}193\,08 \frac{P}{a} \quad \text{für den Punkt } x = -a,\ y = \pm\frac{1}{4}a,$$

$$v_x = S_1 \frac{w_4}{\lambda} = 0{,}222\,96 \frac{P}{a} \quad \text{für den Punkt } x = -a,\ y = \pm 0\,.$$

Um die den Randdrillungsmomenten gleichwertigen lotrechten Zusatzkräfte zu ermitteln, benutze ich die an früherer Stelle abgeleiteten Gleichungen:

$$(v'_x)_{x=-a} = +N \cdot \frac{m-1}{m} \frac{(2\,\zeta_l - \zeta_p - \zeta_r)}{\lambda_x\,\lambda_y^2}\,,$$

$$(v'_y)_{y=+b} = +N \cdot \frac{m-1}{m} \frac{(2\,\zeta_m - \zeta_o - \zeta_p)}{\lambda_y\,\lambda_x^2}\,.$$

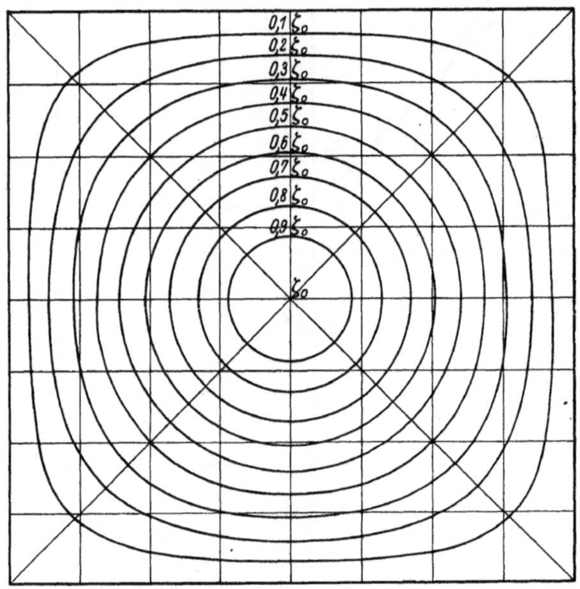

Abb. 31. Schichtlinien der elastischen Fläche einer ringsum frei aufliegenden, durch eine Einzelkraft in der Mitte belasteten quadratischen Platte.

Sie liefern für den Punkt

$$x = -a,\quad y = \pm\tfrac{3}{4}a : v'_x = N \cdot \frac{7}{10} \cdot \frac{64}{a^3}\,(2\,\zeta_1 - \zeta_2) \qquad = 0{,}023\,324\,\frac{P}{a}\,,$$

$$x = -a,\quad y = \pm\tfrac{2}{4}a : v'_x = N \cdot \frac{7}{10} \cdot \frac{64}{a^3}\,(2\,\zeta_2 - \zeta_1 - \zeta_3) = 0{,}053\,872\,\frac{P}{a}\,,$$

$$x = -a,\quad y = \pm\tfrac{1}{4}a : v'_x = N \cdot \frac{7}{10} \cdot \frac{64}{a^3}\,(2\,\zeta_3 - \zeta_2 - \zeta_4) = 0{,}09576\,\frac{P}{a}\,,$$

$$x = -a,\quad y = \pm 0 \quad : v'_x = N \cdot \frac{7}{10} \cdot \frac{64}{a^3}\,(2\,\zeta_4 - \zeta_3) \qquad = 0{,}120\,176\,\frac{P}{a}\,.$$

Insgesamt erhält man also für die Auflagerwiderstände die Werte

$$a_x = v_x + v'_x = (0{,}066\,80 + 0{,}023\,324)\,\frac{P}{a} = 0{,}090\,12\;\frac{P}{a}\;\text{für } x = -a,\; y = \pm\frac{3}{4}\,a,$$

$$a_x = v_x + v'_x = (0{,}133\,64 + 0{,}053\,872)\,\frac{P}{a} = 0{,}187\,51\;\frac{P}{a}\;\text{für } x = -a,\; y = \pm\frac{2}{4}\,a,$$

$$a_x = v_x + v'_x = (0{,}193\,08 + 0{,}095\,76)\,\frac{P}{a} = 0{,}288\,84\;\frac{P}{a}\;\text{für } x = -a,\; y = \pm\frac{1}{4}\,a,$$

$$a_x = v_x + v'_x = (0{,}222\,96 + 0{,}120\,176)\,\frac{P}{a} = 0{,}343\,136\;\frac{P}{a}\;\text{für } x = -a,\; y = \pm\,0.$$

Hinzu kommen noch die vier an den Ecken angreifenden und nach abwärts gerichteten Auflagerkräfte

$$C = -2\,t_A = -2\,\frac{m-1}{m}\,N\,\frac{\zeta_1}{\lambda^2} = -0{,}116\,525\,P\,.$$

Die Verteilung der Auflagerwiderstände ist in der Abb. 30 veranschaulicht.

Vergleicht man die für eine gleichmäßig belastete Platte errechneten Beanspruchungen und Formänderungen mit denjenigen, welche für die mit einer Einzelkraft in der Mitte belastete Platte ermittelt worden sind, so erhält man beispielsweise für den Mittelpunkt der Platte bei einer Belastung $P = 4\,p\,a^2$:

$$s_x = s_y = 0{,}189\,20\,p\,a^2 \;= 0{,}189\,20\,\frac{P}{4}\; = 0{,}0473\,P,$$

$$\zeta = 0{,}064\,876\,\frac{p\,a^4}{N} = 0{,}064\,876\,\frac{P\,a^2}{4\,N} = 0{,}016\,22\,\frac{P\,a^2}{N}$$

und bei einer Einzelkraft P mit der Druckfläche $4\,e^2 = 4\left(\dfrac{a}{8}\right)^2 = \dfrac{a^2}{16}$:

$$s_x = s_y = 0{,}263\,451\,P\,,$$
$$\zeta = 0{,}045\,93\,P\,a^2\,.$$

Das Verhältnis für die Spannungsmomente ist:

$$0{,}0473 : 0{,}263\,451 = \infty\,1 : 5{,}5$$

und für die Durchbiegungen

$$0{,}016\,22 : 0{,}045\,93 = \infty\,1 : 2{,}83\,.$$

Es wäre unrichtig, aus diesen Zahlen zu schließen, daß die Bruchlast bei konzentrierter Belastung auf das $\frac{1}{5{,}5}$fache der Bruchlast einer gleichmäßig belasteten Platte herabsinken muß: die Tragfähigkeit der Platte mit einer Einzelkraft ist in der Tat, wie Versuche erwiesen haben, eine nicht unerheblich größere, weil die hohen Beanspruchungen nur in unmittelbarer Nähe des Lastortes auftreten und mit wachsender Entfernung vom Lastbereich so rasch abnehmen, daß trotz der örtlichen Überschreitung der Bruchspannung die Zerstörung der Platte aufgehalten werden kann.

§ 9. Die Berechnung
gleichmäßig belasteter, ringsum frei aufliegender rechteckiger Platten mit verschiedenen Längenverhältnissen.

1. Untersuchung einer Platte mit dem Seitenverhältnis 2 : 3.

Als Beispiel für die Anwendung eines Gewebes mit verschiedenen Maschenweiten sei zuerst eine Platte mit dem Seitenverhältnis $b : a = 2 : 3$ gewählt.

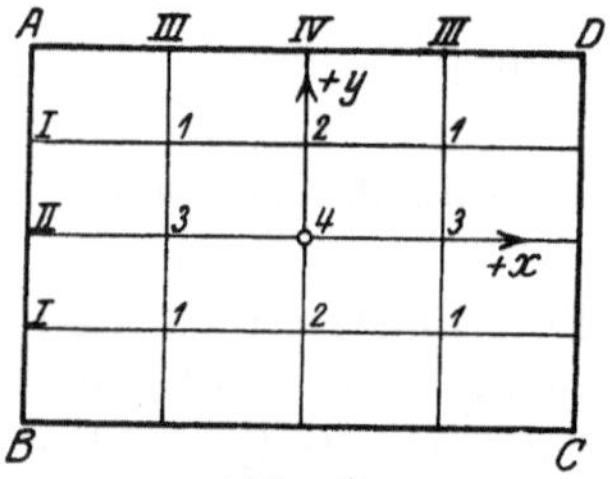

$$\text{Für } \lambda_x = \frac{a}{2}, \qquad \lambda_y = \frac{b}{2},$$

$$\varkappa = \frac{\lambda_x}{\lambda_y} = \frac{a}{b} = \frac{3}{2}, \qquad \varkappa^2 = \frac{9}{4}$$

Abb. 32.

lautet die auf S. 47 abgeleitete Grundgleichung (74):

$$2 w_k \left(1 + \frac{9}{4} \right) - (w_i + w_l) - \frac{9}{4} (w_m + w_n) = p_k \frac{\lambda_x^2}{S_1},$$

oder

$$26 w_k - 4 (w_i + w_l) - 9 (w_m + w_n) = 4 p_k \frac{\lambda_x^2}{S_1}.$$

Entsprechend den aus Abb. 32 ersichtlichen Bezeichnungen erhält man für die einzelnen Knotenpunkte der Reihe nach die folgenden Gleichgewichtsbedingungen:

$$26 w_1 - 4 w_2 - 9 w_3 \qquad\qquad = 4 p \frac{\lambda_x^2}{S_1} = \frac{p a^2}{S_1},$$

$$-8 w_1 + 26 w_2 \qquad - 9 w_4 = 4 p \frac{\lambda_x^2}{S_1},$$

$$-18 w_1 \qquad\quad + 26 w_3 - 4 w_4 = 4 p \frac{\lambda_x^2}{S_1},$$

$$-18 w_2 - 8 w_3 + 26 w_4 = 4 p \frac{\lambda_x^2}{S_1}.$$

Die Auflösung dieser Gleichungen liefert

$$M_1 = S_1 w_1 = 0{,}106537 \, p a^2,$$
$$M_2 = S_1 w_2 = 0{,}130622 \, p a^2,$$
$$M_3 = S_1 w_3 = 0{,}138609 \, p a^2,$$
$$M_4 = S_1 w_4 = 0{,}171541 \, p a^2.$$

Für das zweite Gewebe gelten nunmehr die Bestimmungsgleichungen

$$26\,z_1 - 4\,z_2 - 9\,z_3 \qquad = 4\,w_1\,\frac{\lambda_x^2}{S_2} = 0{,}106\,537\,\frac{p\,a^4}{S_1\,S_2}\,,$$

$$-8\,z_1 + 26\,z_2 \qquad - 9\,z_4 = 4\,w_2\,\frac{\lambda_x^2}{S_2} = 0{,}130\,622\,\frac{p\,a^4}{S_1\,S_2}\,,$$

$$-18\,z_1 \qquad + 26\,z_3 - 4\,z_4 = 4\,w_3\,\frac{\lambda_x^2}{S_2} = 0{,}138\,609\,\frac{p\,a^4}{S_1\,S_2}\,,$$

$$-18\,z_2 - 8\,z_3 + 26\,z_4 = 4\,w_4\,\frac{\lambda_x^2}{S_2} = 0{,}171\,541\,\frac{p\,a^4}{S_1\,S_2}\,.$$

Hieraus erhält man

$$\zeta_1 = \frac{S_1\,S_2}{N}\,z_1 = 0{,}013\,037\,7\,\frac{p\,a^4}{N}\,,$$

$$\zeta_2 = \frac{S_1\,S_2}{N}\,z_2 = 0{,}017\,419\,6\,\frac{p\,a^4}{N}\,,$$

$$\zeta_3 = \frac{S_1\,S_2}{N}\,z_3 = 0{,}018\,083\,\frac{p\,a^4}{N}\,,$$

$$\zeta_4 = \frac{S_1\,S_2}{N}\,z_4 = 0{,}024\,221\,5\,\frac{p\,a^4}{N}\,.$$

Zur Berechnung der zugehörigen Spannungsmomente dienen die Formeln

$$s_x = -\frac{N}{\lambda_x^2}\left[(\varDelta^2\,\zeta)_x + \frac{1}{m}\,\varkappa^2\,(\varDelta^2\,\zeta)_y\right]$$

$$= \frac{N}{a^2}\left[4\,(2\,\zeta_k - \zeta_i - \zeta_l) + \frac{3}{10}\cdot 9\,(2\,\zeta_k - \zeta_m - \zeta_n)\right]\,,$$

$$s_y = -\frac{N}{\lambda_x^2}\left[\varkappa^2\,(\varDelta^2\,\zeta)_y + \frac{1}{m}\,(\varDelta^2\,\zeta)_x\right]$$

$$= \frac{N}{a^2}\left[9\,(2\,\zeta_k - \zeta_m - \zeta_n) + \frac{3}{10}\cdot 4\,(2\,\zeta_k - \zeta_i - \zeta_l)\right]\,.$$

$$t_{xy} = \frac{N\,\varkappa}{\lambda_x^2}\cdot\frac{m-1}{4\,m}\,[(\zeta_p + \zeta_q) - (\zeta_o + \zeta_r)]$$

$$= \frac{N}{a^2}\cdot\frac{3}{2}\cdot\frac{7}{10}\,[(\zeta_p + \zeta_q) - (\zeta_o + \zeta_r)]\,.$$

Die auf Grund dieser Gleichungen errechneten Werte für die Mittel- und Diagonallinien sind in der Tafel 3 zusammengestellt. Der Spannungsverlauf längs des kürzeren Randes $A\,B$ ist durch die mit Hilfe der Formeln (66) und (68) ermittelten Größen

$$v_I = \frac{M_1}{\lambda_x} + \frac{p\,\lambda_x}{2} = 0{,}463\,074\,p\,a\,,$$

$$v_I' = \frac{m-1}{m}\,\frac{N}{\lambda_x\,\lambda_y^2}\,(2\,\zeta_1 - \zeta_3) = 0{,}100\,686\,p\,a\,,$$

$$a_I = v_I + v'_I = 0{,}563760\ pa\ ,$$

$$\left\{\begin{aligned}
v_{II} &= \frac{M_3}{\lambda_x} + \frac{p\,\lambda_x}{2} = 0{,}527218\ pa\ , \\[1ex]
v'_{II} &= \frac{m-1}{m}\ \frac{N}{\lambda_x\,\lambda_y^2}\ (2\,\zeta_3 - 2\,\zeta_1) = 0{,}1271625\ pa\ , \\[1ex]
a_{II} &= v_{II} + v'_{II} = 0{,}65438\ pa
\end{aligned}\right.$$

bestimmt. Für den längeren Rand AD ergibt sich ebenso

$$\left\{\begin{aligned}
v_{III} &= \frac{M_1}{\lambda_y} + \frac{p\,\lambda_y}{2} = 0{,}47628\ pa = 0{,}71442\ pb\ , \\[1ex]
v'_{III} &= \frac{m-1}{m}\ \frac{N}{\lambda_y\,\lambda_x^2}\ (2\,\zeta_1 - \zeta_2) = 0{,}072698\ pa = 0{,}109047\ pb\ , \\[1ex]
a_{III} &= v_{III} + v'_{III} = 0{,}548976\ pa = 0{,}823467\ pb\ .
\end{aligned}\right.$$

$$\left\{\begin{aligned}
v_{IV} &= \frac{M_2}{\lambda_y} + \frac{p\,\lambda_y}{2} = 0{,}558532\ pa = 0{,}837798\ pb\ , \\[1ex]
v'_{IV} &= \frac{m-1}{m}\ \frac{N}{\lambda_y\,\lambda_x^2}\ (2\,\zeta_2 - 2\,\zeta_1) = 0{,}073627\ pa = 0{,}110440\ pb\ , \\[1ex]
a_{IV} &= v_{IV} + v'_{IV} = 0{,}632159\ pa = 0{,}948238\ pb\ .
\end{aligned}\right.$$

Die an den vier Ecken angreifenden, abwärts gerichteten Einzelkräfte
haben schließlich die Größe

$$C = -2\,t_A = -2 \cdot \frac{m-1}{m}\ \frac{N\,\zeta_1}{\lambda_x\,\lambda_y} = -0{,}10951\ pab\ .$$

Tafel 3.

**Die Spannungsmomente der frei aufliegenden, gleichmäßig belasteten Platte
mit dem Längenverhältnis $b : a = 2 : 3$.**

$\dfrac{x}{a}$	$\dfrac{y}{b}$	s_x	s_y	t_{xy}
$+1$	$+1$	—	—	$-0{,}054758\ pa^2$ $= -0{,}123206\ pb^2$
$+\dfrac{1}{2}$	$+\dfrac{1}{2}$	$0{,}056203\ pa^2$ $= 0{,}126457\ pb^2$	$0{,}082319\ pa^2$ $= 0{,}185218\ pb^2$	$-0{,}025433\ pa^2$ $= -0{,}057224\ pb^2$
0	$+\dfrac{1}{2}$	$0{,}063723\ pa^2$ $= 0{,}143377\ pb^2$	$0{,}106076\ pa^2$ $= 0{,}238671\ pb^2$	—
$+\dfrac{1}{2}$	0	$0{,}075023\ pa^2$ $= 0{,}168802\ pb^2$	$0{,}105149\ pa^2$ $= 0{,}236585\ pb^2$	—
0	0	$0{,}085838\ pa^2$ $= 0{,}193136\ pb^2$	$0{,}137167\ pa^2$ $= 0{,}308626\ pb^2$	—

2. Untersuchung von Platten mit dem Seitenverhältnis 2:1, 3:1, 4:1.

In ähnlicher Weise ist die Untersuchung von Platten mit dem Seitenverhältnis 2 : 1, 3 : 1, 4 : 1 durchgeführt worden. Die für die inneren Knotenpunkte ermittelten Werte

$$\zeta, \quad \overline{s}_x = -N \cdot \frac{\partial^2 \zeta}{\partial x^2}, \quad \overline{s}_y = -N \frac{\partial^2 \zeta}{\partial y^2}, \quad t_{xy} = -N \frac{\partial^2 \zeta}{\partial x \, \partial y}$$

sind mit den Randwerten

$$v_x, \quad v'_x, \quad a_x; \quad v_y, \quad v'_y, \quad a_y$$

in den Tafeln 4, 5, 6 vereinigt.

Für jedes Seitenverhältnis sind außerdem die an den Ecken angreifenden Zugkräfte C und die Mittelkräfte

$$A_x = \int_{-b}^{+b} a_x \, dy, \quad A_y = \int_{-a}^{+a} a_y \, dy$$

der Auflagerwiderstände jedes Randes angegeben.

Diese Tafeln können für die Querschnittsbemessung unmittelbar benutzt werden.

Tafel 4.

Der Spannungsverlauf in der frei aufliegenden, gleichmäßig belasteten Platte mit dem Längenverhältnis $b : a = 2 : 1$.

$\dfrac{y}{b} =$		$+1$	$+\dfrac{3}{4}$	$+\dfrac{2}{4}$	$+\dfrac{1}{4}$	0	Faktor
$\dfrac{x}{a} = 0$	ζ	—	0,074845	0,127176	0,156235	0,165398	$\dfrac{pa^4}{N}$
	$\overline{s}_x$	—	0,16685	0,28652	0,35380	0,37522	pa^2
	$\overline{s}_y$	—	0,09005	0,09309	0,07958	0,07331	pa^2
$\dfrac{x}{a} = +\dfrac{1}{2}$	ζ	—	0,053989	0,091362	0,112010	0,118496	$\dfrac{pa^4}{N}$
	$\overline{s}_x$	—	0,13253	0,22219	0,27114	0,28637	pa^2
	$\overline{s}_y$	—	0,06646	0,06690	0,05665	0,05189	pa^2
	t_{xy}	—	$-0,04451$	$-0,02849$	$-0,01338$	—	pa^2
$\dfrac{x}{a} = -1$	v_x	—	0,6480	0,8282	0,9055	0,9269	pa
	v'_x	—	0,0931	0,0937	0,0793	0,0727	pa
	a_x	—	0,7411	0,9219	0,9848	0,9996	pa
$\dfrac{x}{a} = 0$	v_y	0,7638 pa					
	v'_y	0,1261 pa					
	a_y	0,8899 pa					
$\dfrac{x}{a} = +\dfrac{1}{2}$	v_y	0,6480 pa					
	v'_y	0,0931 pa					
	a_y	0,7411 pa					

$$A_x = 3,2490 \; pa^2$$
$$A_y = 1,3557 \; pa^2$$
$$4\,C = -1,2094 \; pa^2$$

Tafel 5.

Die frei aufliegende, gleichmäßig belastete Platte mit dem Längenverhältnis $b : a = 3 : 1$.

$\frac{y}{b} =$		$+1$	$+\frac{5}{6}$	$+\frac{4}{6}$	$+\frac{3}{6}$	$+\frac{2}{6}$	$+\frac{1}{6}$	0	Faktor
$\frac{x}{a} = +0$	ζ	—	0,077 61	0,133 823	0,169 351	0,189 797	0,200 086	0,203 194	$\frac{pa^4}{N}$
	$\bar{s}_x$	—	0,173 33	0,302 209	0,384 52	0,432 22	0,456 28	0,463 56	pa^2
	$\bar{s}_y$	—	0,085 59	0,082 74	0,060 33	0,040 63	0,028 73	0,024 86	pa^2
$\frac{x}{a} = +\frac{1}{2}$	ζ	—	0,055 944	0,096 061	0,121 286	0,135 769	0,143 051	0,145 248	$\frac{pa^4}{N}$
	$\bar{s}_x$	—	0,137 11	0,233 20	0,292 88	0,326 97	0,344 06	0,349 21	pa^2
	$\bar{s}_y$	—	0,063 31	0,059 57	0,042 96	0,028 81	0,020 34	0,017 58	pa^2
	$\bar{t}_{xy}$	—	$-0,031 23$	$-0,021 41$	$-0,013 06$	$-0,007 17$	$-0,003 13$	—	pa^2
$\frac{x}{a} = -1$	v_x	—	0,650 8	0,835 6	0,921 7	0,961 6	0,978 8	0,983 6	pa
	v'_x	—	0,088 6	0,083 4	0,060 1	0,040 3	0,028 5	0,024 6	pa
	a_x	—	0,739 4	0,919 0	0,981 8	1,001 9	1,007 3	1,008 2	pa
$\frac{x}{a} = 0$	v_y	0,7678 pa							
	v'_y	0,1198 pa							
	a_y	0,8876 pa							
$\frac{x}{a} = -\frac{1}{2}$	v_y	0,6508 pa							
	v'_y	0,0886 pa							
	a_y	0,7394 pa							

$$A_x = \quad 5,2523\ pa^2$$
$$A_y = \quad 1,3742\ pa^2$$
$$4\,C = -\,1,2530\ pa^2$$

Tafel 6.

Die frei aufliegende, gleichmäßig belastete Platte mit dem Längenverhältnis $b : a = 4 : 1$.

$\frac{y}{b} =$		1	$\frac{7}{8}$	$\frac{6}{8}$	$\frac{5}{8}$	$\frac{4}{8}$	$\frac{3}{8}$	$\frac{2}{8}$	$\frac{1}{8}$	0	Faktor
$\frac{x}{a} = 0$	ζ	—	0,077813	0,134419	0,170366	0,191781	0,203894	0,210402	0,213543	0,214472	$\frac{pa^4}{N}$
	$\bar{s}_x$	—	0,17380	0,30326	0,38690	0,43687	0,46520	0,48044	0,48780	0,49003	pa^2
	$\bar{s}_y$	—	0,08522	0,08184	0,05852	0,03721	0,02242	0,01346	0,00885	0,00743	pa^2
$\frac{x}{a} = \frac{1}{2}$	ζ	—	0,056087	0,096412	0,122003	0,137173	0,145744	0,150347	0,152568	0,153219	$\frac{pa^4}{N}$
	$\bar{s}_x$	—	0,13745	0,23402	0,29456	0,33026	0,35038	0,36117	0,36634	0,36786	pa^2
	$\bar{s}_y$	—	0,06305	0,05893	0,04169	0,02639	0,01587	0,00953	0,00628	0,00521	pa^2
	$\bar{t}_{xy}$	—	−0,02351	−0,01620	−0,01006	−0,00587	−0,00326	−0,00169	−0,00071	—	pa^2
$\frac{x}{a} = -1$	v_x	—	0,6510	0,8359	0,9225	0,9633	0,9825	0,9914	0,9952	0,9963	pa
	v_x'	—	0,0883	0,0825	0,0584	0,0370	0,0222	0,0133	0,0088	0,0073	pa
	a_x	—	0,7393	0,9184	0,9809	1,0003	1,0047	1,0047	1,0040	1,0036	pa
$\frac{x}{a} = 0$	v_y	0,7680 pa									
	v_y'	0,1193 pa									
	a_y	0,8873 pa									
$\frac{x}{a} = -\frac{1}{2}$	v_y	0,6510 pa									
	v_y'	0,0883 pa									
	a_y	0,7393 pa									

$$A_x = 7,2553 \ pa^2$$
$$A_y = 1,3729 \ pa^2$$
$$4C = -1,2564 \ pa^2$$

Um den Einfluß des Seitenverhältnisses auf die Spannungsverteilung zu beleuchten, sind zunächst die für den Mittelpunkt der Platte gültigen Werte ζ, $\bar{s}_x$, $\bar{s}_y$ unter Zugrundelegung der gleichen Spannweite a für verschiedene Spannweiten b in der Tafel 7 zusammengestellt und in Abb. 33 aufgetragen.

Die Schaulinien zeigen, daß die Durchbiegung des Mittelpunktes um so größer ausfällt, je größer die Länge der Platte im Vergleich zu ihrer Breite ist: der Zuwachs der Durchbiegung vollzieht sich aber immer langsamer und ist, sobald $\dfrac{b}{a} > 3$ wird, kaum merklich. Der Grenzwert $\zeta = 0{,}2289\,\dfrac{p\,a^4}{N}$ gilt für eine Platte, die nur in einer Richtung gestützt

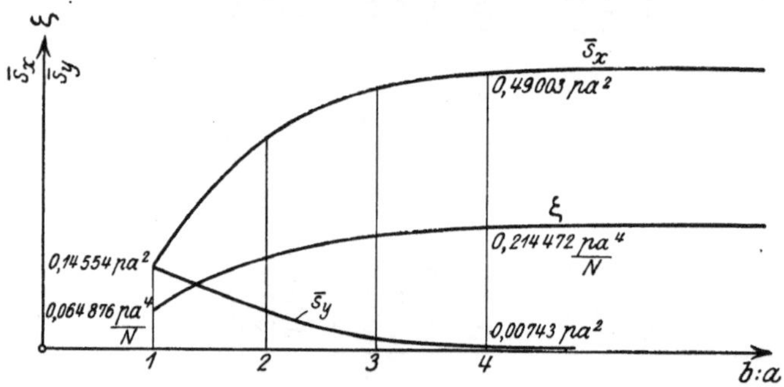

Abb. 33. Die Durchbiegung und die Spannungsmomente des Mittelpunktes gleichmäßig belasteter, frei aufliegender Platten bei verschiedenen Längenverhältnissen.

und in der anderen unendlich ausgedehnt ist, er wird bei den Seitenverhältnissen $\dfrac{b}{a} = 4$ fast erreicht.

Für die Beurteilung der Biegungsbeanspruchung vor dem Bruch sind die Grenzwerte der Momente

$$\bar{s}_x = -N\,\frac{\partial^2 \zeta}{\partial x^2}\,, \qquad \bar{s}_y = -N\,\frac{\partial^2 \zeta}{\partial y^2}$$

von entscheidender Bedeutung. Die für den Mittelpunkt der Platte in Betracht kommenden Werte sind aus der Tafel 7 zu entnehmen. Die zugehörigen Schaulinien in der Abb. 33 lassen einen ähnlichen Einfluß des Seitenverhältnisses auf die Spannungsverteilung wie auf die Durchbiegung erkennen: je mehr die Länge b im Vergleich zur Breite a wächst, um so größer werden die Momente $\bar{s}_x$ der kürzeren, um so kleiner die Momente $\bar{s}_y$ der längeren Spannrichtung, um so bedeutender ist der Anteil A_x der Belastung, welcher auf die näher liegenden längeren Ränder entfällt, um so geringer ist der von den kürzeren, voneinander am meisten entfernten Rändern geleistete Auflagerwiderstand A_y.

Die Verteilung der Momente $\bar{s}_x$, $\bar{s}_y$ längs der Mittellinien ist durch
die Abb. 34 und 34a veranschaulicht. Sie zeigen, daß die Momente $\bar{s}_x$
der kürzeren Spannrichtung auf einer längeren Strecke keine merklichen

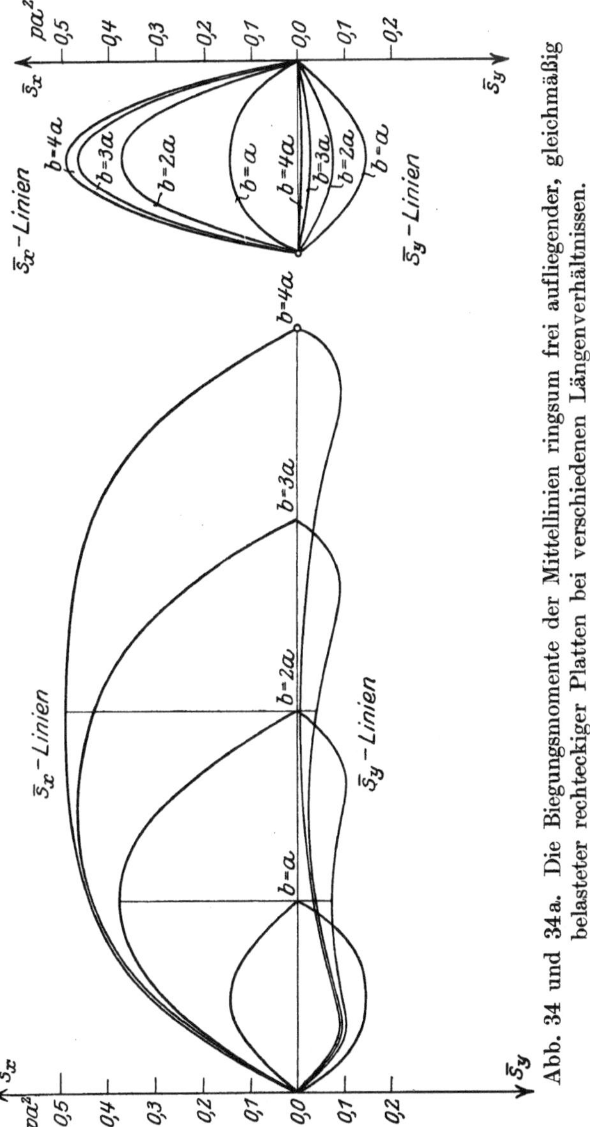

Abb. 34 und 34a. Die Biegungsmomente der Mittellinien ringsum frei aufliegender, gleichmäßig belasteter rechteckiger Platten bei verschiedenen Längenverhältnissen.

Unterschiede aufweisen und erst in der Nähe der schmalen Ränder
rascher abnehmen, während die Momente der längeren Spannrichtung
im Schnittpunkt der Winkelhalbierenden der Ecken ihren Größtwert
und im Mittelpunkt der Platte ihren Kleinstwert erreichen.

Marcus, Platten.   6

Tafel 7.

Die Verschiebungen und Spannungsmomente des Mittelpunktes gleichmäßig belasteter Platten bei verschiedenen Längenverhältnissen.

$b:a$	ζ	$\bar{s}_x$	$\bar{s}_y$
1	$0{,}064\,876\,\dfrac{p\,a^4}{N}$	$0{,}145\,54\ pa^2$	$0{,}145\,54\ pa^2$
2	$0{,}165\,398\,\dfrac{p\,a^4}{N}$	$0{,}375\,22\ pa^2$	$0{,}073\,31\ pa^2$
3	$0{,}203\,194\,\dfrac{p\,a^4}{N}$	$0{,}463\,56\ pa^2$	$0{,}024\,86\ pa^2$
4	$0{,}214\,472\,\dfrac{p\,a^4}{N}$	$0{,}490\,03\ pa^2$	$0{,}007\,43\ pa^2$
∞	$0{,}228\,938\,\dfrac{p\,a^4}{N}$	$0{,}5\ \ \ pa^2$	$0\ \ \ pa^2$

3. Vergleich der genauen Werte mit den Ergebnissen der üblichen Näherungsrechnungen.

Der Vorteil der genaueren Untersuchung der Platte tritt deutlich in Erscheinung, wenn man ihre Ergebnisse mit denjenigen der üblichen Näherungsberechnungen vergleicht.

Ersetzt man nämlich die Platte durch zwei Reihen von Streifen mit den Spannweiten $2a$ und $2b$ und weist man diesen Streifen entsprechend den deutschen Bestimmungen für die Berechnung kreuzweise bewehrter Platten die Lastanteile

$$p_x = p\,\frac{b^4}{a^4 + b^4}, \qquad p_y = p\,\frac{a^4}{a^4 + b^4}$$

zu, so entstehen in der Mitte der Streifen, wenn letztere als einfache Balken betrachtet werden, die Momente

$$\mu_x = p_x\,\frac{(2\,a)^2}{8} = \frac{p\,a^2\,b^4}{2\,(a^4 + b^4)}, \qquad \mu_y = p_y\,\frac{(2\,b)^2}{8} = \frac{p\,b^2\,a^4}{2\,(a^4 + b^4)}.$$

Auf Grund dieser Formeln erhält man

$$\begin{aligned}
&\text{für } b:a = 1:1 : \mu_x = 0{,}25\ \ \ pa^2, & \mu_y = 0{,}25\ \ \ pa^2, \\
&\text{für } b:a = 2:1 : \mu_x = 0{,}4706\,pa^2, & \mu_y = 0{,}1176\,pa^2, \\
&\text{für } b:a = 3:1 : \mu_x = 0{,}4939\,pa^2, & \mu_y = 0{,}0549\,pa^2, \\
&\text{für } b:a = 4:1 : \mu_x = 0{,}4981\,pa^2, & \mu_y = 0{,}0312\,pa^2, \\
&\text{für } b:a = \infty\ \ \ : \mu_x = 0{,}5\ \ \ pa^2, & \mu_y = 0{,}0\ \ \ pa^2.
\end{aligned}$$

Werden hingegen entsprechend den schweizerischen Bestimmungen die Lastanteile nach den Gleichungen

$$p'_x = \frac{p\,b^2}{a^2 + b^2}, \qquad p'_y = \frac{p\,a^2}{a^2 + b^2}$$

bemessen und die zugehörigen Momente mit Hilfe der Formeln

$$\mu'_x = \mu'_y = \frac{p\,a^2\,b^2}{2\,(a^2 + b^2)}$$

bestimmt, so ergibt sich

$$\text{für } b:a = 1:1 : \mu'_x = \mu'_y = 0{,}25 \quad p\,a^2\,,$$
$$\text{für } b:a = 2:1 : \mu'_x = \mu'_y = 0{,}40 \quad p\,a^2\,,$$
$$\text{für } b:a = 3:1 : \mu'_x = \mu'_y = 0{,}45 \quad p\,a^2\,,$$
$$\text{für } b:a = 4:1 : \mu'_x = \mu'_y = 0{,}4706\,p\,a^2\,,$$
$$\text{für } b:a = \infty \;\; : \mu'_x = \mu'_y = 0{,}50 \quad p\,a^2\,.$$

Die Werte μ_x, μ_y, μ'_x und μ'_y sind in Abb. 35 aufgetragen. Der Vergleich mit den genauen Werten $\bar{s}_x$ und $\bar{s}_y$ zeigt, daß die nach den Näherungsformeln errechneten Momente μ um so mehr von den wirklichen Momenten $\bar{s}$ abweichen, je weniger sich die Seitenlängen a und b voneinander unterscheiden.

Für $b:a = 1$ liefern die deutschen sowohl wie die schweizerischen Bestimmungen Größen, die um mehr als 70 v. H. höher sind als die genauen Werte: hierbei sind nur die in dem Plattenmittelpunkt auftretenden Maximalmomente in Betracht gezogen, für die übrigen Punkte der Mittellinien, die sich mehr den Rändern nähern, sind die wirklichen Momente noch wesentlich geringer als die nach den Näherungsformeln errechneten.

Sobald aber das Seitenverhältnis $\dfrac{b}{a} > 2$ ist, nimmt der Unterschied zwischen den genauen und den Näherungswerten sehr rasch ab: da die

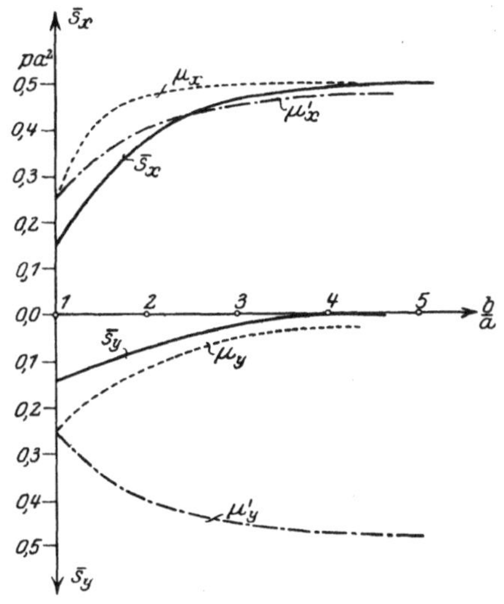

Abb. 35. Vergleich der genauen und der Näherungswerte für die Spannungsmomente rechteckiger Platten.

Hauptspannungen dann vorwiegend der kürzeren Spannrichtung folgen und die Platten fast nur als Balken wirken, so ist die Übereinstimmung in den Ergebnissen der Rechnungsverfahren leicht zu erklären.

Die schweizerischen Bestimmungen passen sich besser als die deutschen der Plattentheorie an, jedoch nur, soweit die Momente $\bar{s}_x$ der kürzeren Spannrichtung in Betracht kommen: bei den Momenten $\bar{s}_y$ hingegen sind die deutschen Vorschriften zuverlässiger, während die nach den schweizerischen Formeln errechneten Werte ein völlig falsches Bild der Spannungsverteilung liefern.

Bei hohen Belastungsstufen tritt allerdings eine merkliche Veränderung des Spannungsbildes insofern ein, als die sehr erheblich beanspruchten Querstreifen nicht mehr die gleiche Steifigkeit wie die weniger angestrengten Längsstreifen besitzen und von den letzteren in stärkerem Maße unterstützt und entlastet werden, bis sich die Spannungsmomente $\bar{s}_x$ und $\bar{s}_y$ nahezu ausgleichen: dieser Ausgleich, der besonders die Bruchsicherheit von Eisenbetonplatten wesentlich beeinflußt[1]), wird in den schweizerischen Vorschriften berücksichtigt.

Für die Beurteilung der Brauchbarkeit der Näherungsformeln ist auch die Art der Verteilung der Belastung auf die Randunterlagen von wesentlicher Bedeutung. Folgt man den deutschen Vorschriften, so muß den zur x-Achse senkrecht stehenden Randträgern die Belastung

$$a_x = a\,p_x = \frac{p\,a\,b^4}{a^4 + b^4}$$

und den zur x-Achse parallel liegenden Randträgern die Belastung

$$a_y = b\,p_y = \frac{p\,b\,a^4}{a^4 + b^4}$$

zugewiesen werden. Von der Plattenbelastung $Q = 4\,p\,a\,b$ entfallen somit auf die Randträger die Anteile

$$\bar{A}_x = 2\,b\,a_x = \frac{Q}{2}\,\frac{b^4}{a^4 + b^4},$$

$$\bar{A}_y = 2\,a\,a_y = \frac{Q}{2}\,\frac{a^4}{a^4 + b^4}.$$

Die schweizerischen Vorschriften liefern hingegen

$$A'_x = \frac{Q}{2}\,\frac{b^2}{a^2 + b^2},$$

$$A'_y = \frac{Q}{2}\,\frac{a^2}{a^2 + b^2}.$$

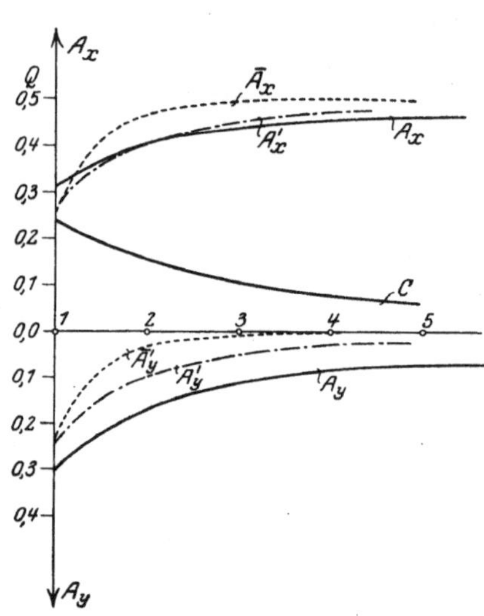

Abb. 36. Vergleich der genauen und der Näherungswerte für die Auflagerkräfte rechteckiger Platten.

Die Werte $\bar{A}_x$, $\bar{A}_y$, A'_x, A'_y für verschiedene Verhältnisse der Seitenlängen sind in der Tafel 8 zusammengestellt und in Abb. 36 aufgetragen. Zum Vergleich sind auch die in der genauen Untersuchung ermittelten richtigen Größen A_x, A_y mit den zugehörigen, an den Ecken angreifenden Zugkräften C angeführt.

---

[1]) Vgl. Nielsen: Die Berechnung der Bruchspannungen in kreuzarmierten Eisenbetonplatten. Bauing. 1921, H. 15.

Tafel 8.

Die Auflagerkräfte gleichmäßig belasteter Platten bei verschiedenen Längenverhältnissen.

$\dfrac{b}{a} =$	1	2	3	4	∞	Faktor	Bemerkungen
A_x	0,3094	0,4061	0,4377	0,4535	0,5	Q	Die Näherungs-
$\bar{A}_x$	0,25	0,4706	0,4939	0,4981	0,5	Q	werte $\bar{A}_x$, $\bar{A}_y$ bzw.
A'_x	0,25	0,40	0,45	0,4706	0,5	Q	A'_x, A'_y sind auf
A_y	0,3094	0,1694	0,1145	0,0858	—	Q	Grund der deut-
$\bar{A}_y$	0,25	0,0294	0,0061	0,0019	—	Q	schen bzw. schwei-
A'_y	0,25	0,10	0,05	0,0294	—	Q	zerisch. Näherungs-
C	−0,2375	−0,1512	−0,1044	−0,0785	—	Q	formeln errechnet.

Während die genaue Berechnung für die Beanspruchung der Platte
kleinere Werte als die Näherungsverfahren lieferte, sind umgekehrt die
Randbelastungen bei der strengen Untersuchung nicht unerheblich
größer als bei der vereinfachten Berechnung. Die Abweichung zwischen
den Ergebnissen der genauen und der angenäherten Ermittlung der
Auflagerwiderstände ist um so bedeutender, je weniger sich die Seitenlängen a und b voneinander unterscheiden. Die Plattenwirkung tritt
nämlich um so stärker in Erscheinung, je mehr sich die Plattengestalt
dem Quadrat nähert: die Randdrillungsmomente sind dann um so
größer und erfordern, um ein Abheben der Platte aus der Randunterlage
zu verhindern, einen entsprechend kräftigen Widerstand C. Ist die
Platte aber ziemlich lang gestreckt, so stimmen die genauen und die
Näherungswerte gut miteinander überein, allerdings nur insofern, als
die Auflagerwiderstände der kürzeren Spannrichtung in Betracht gezogen werden. Für die andere Richtung hingegen liefert die strengere
Untersuchung merklich größere Werte als die beiden Näherungsverfahren.

Die vorstehenden Gegenüberstellungen zeigen, daß eine richtige
Erkenntnis der Tragfähigkeit und eine wirtschaftliche Querschnittsbemessung bei Platten von annähernd gleichen Seitenlängen sich auf
die genaue Berechnung stützen müssen. Die letztere ist auch bei länglichen Platten unentbehrlich, wenn der Spannungszustand in der Nähe
der kurzen Ränder und die Größe der Auflagerwiderstände an dieser
Stelle bestimmt werden sollen: für den mittleren Bereich der Platte
und die langen Ränder erscheinen indessen die Ergebnisse der Näherungsverfahren ausreichend zuverlässig.

4. Neue Formeln für die vereinfachte Berechnung frei aufliegender Platten.

Die bisherigen Versuche, eine einfache Formel für die Berechnung
der Biegungsmomente einer Platte zu entwickeln, gehen meistens von
der Annahme aus, daß es möglich ist, die Platte durch zwei Scharen

sich rechtwinklig kreuzender Balken zu ersetzen und den auf jede Schar entfallenden Anteil der Belastung von vornherein zu bestimmen.

Diese Annahme widerspricht jedoch den grundlegenden Gleichgewichtsgleichungen der Platte und führt zu Ergebnissen, die um so weniger als zuverlässig zu betrachten sind, je geringer der Unterschied zwischen den Seitenlängen a und b ist und je stärker die eigentliche Plattenwirkung in Erscheinung tritt.

Wird nämlich ein der x-Achse parallel laufender Streifen als Balken aufgefaßt und ihm die Belastung p_x zugewiesen, so gilt für die zugehörige elastische Linie die bekannte Gleichung

$$\frac{\partial^4 \zeta}{\partial x^4} = \frac{12}{E\,h^3}\,p_x = \frac{m^2}{m^2-1}\,\frac{p_x}{N}\,.$$

Für die Streifen in der y-Richtung mit der Belastung p_y besteht ebenso die Beziehung

$$\frac{\partial^4 \zeta}{\partial y^4} = \frac{m^2}{m^2-1}\,\frac{p_y}{N}\,.$$

Es ist also auch

$$\frac{\partial^4 \zeta}{\partial x^4} + \frac{\partial^4 \zeta}{\partial y^4} = \frac{m^2}{m^2-1}\,\frac{(p_x + p_y)}{N}\,.$$

Die Plattentheorie liefert aber

$$\frac{\partial^4 \zeta}{\partial x^4} + \frac{\partial^4 \zeta}{\partial y^4} = \frac{p}{N} - \frac{2\,\partial^4 \zeta}{\partial x^2\,\partial y^2}\,.$$

Aus den beiden vorstehenden Gleichungen folgt

$$p_x + p_y = \frac{m^2-1}{m^2}\left(p - 2\,\frac{N\,\partial^4 \zeta}{\partial x^2\,\partial y^2}\right).$$

Hieraus erkennt man, daß sich die Summe der Lastanteile p_x und p_y selbst im Grenzfalle $m = \infty$ durchaus nicht mit der tatsächlichen Belastung p der Platte deckt.

Die auf der Annahme $p_x + p_y = p$ aufgebauten Näherungsberechnungen können daher weder ein richtiges Bild der Spannungsverteilung geben noch die auf die Ränder übertragenen Kräfte mit ausreichender Sicherheit bestimmen.

Will man die Formänderung eines Streifens genauer verfolgen, so darf man nicht außer acht lassen, daß in den seitlichen Abgrenzungsebenen dieses Streifens nicht allein die lotrechten Scherkräfte v, sondern auch die von den wagerechten Schubspannungen gebildeten Kräftepaare t_{xy} auftreten. Handelt es sich beispielsweise um einen der x-Achse parallel liegenden Streifen von der Breite $d\,y$ (Abb. 37), so wird er außer durch die Belastung $p\,d\,y$ einerseits durch die Scherkräfte v_y und durch die Momente t_{xy}, andererseits durch die Kräfte $v_y + \dfrac{\partial v_y}{\partial y}\,d\,y$ und die

Kräftepaare $t_{xy} + \dfrac{\partial t_{xy}}{\partial y}\,dy$ beansprucht. Die tatsächliche Belastung eines Streifens von der Länge dx setzt sich also aus der Kraft

$$\pi_x\,dy\,dx = dx\left(p\,dy - \frac{\partial v_y}{\partial y}\,dy\right) = \left(p - \frac{\partial v_y}{\partial y}\right)dx\,dy$$

und dem Kräftepaar $\dfrac{\partial t_{xy}}{\partial y}\,dy\,dx$ zusammen. Für die Flächeneinheit des Streifens ist mithin

$$\pi_x = p - \frac{\partial v_y}{\partial y}.$$

Ebenso ergibt sich für den Streifen in der y-Richtung

$$\pi_y = p - \frac{\partial v_x}{\partial x},$$

und insgesamt

$$\pi_x + \pi_y = 2\,p - \left(\frac{\partial v_x}{\partial y} + \frac{\partial v_y}{\partial y}\right).$$

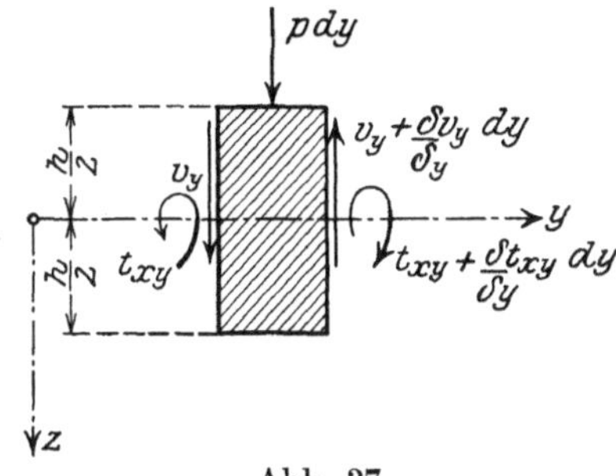

Abb. 37.

Da auf Grund der Gleichgewichtsgleichung für das Plattenelement

$$\frac{\partial v_x}{\partial x} + \frac{\partial v_y}{\partial y} = p$$

sein muß, so erhält man

$$\pi_x + \pi_y = p\,.$$

Hieraus erkennt man, daß im Gegensatz zu der Größe $(p_x + p_y)$ die Summe $(\pi_x + \pi_y)$ mit der jeweiligen Belastung p übereinstimmt. Für die Durchbiegung der x- und y-Streifen kommen jedoch auch die Kräftepaare $\dfrac{\partial t_{xy}}{\partial y}$ und $\dfrac{\partial t_{xy}}{\partial x}$ in Betracht; ihr Anteil ist wohl in p_x und p_y, nicht aber in π_x und π_y inbegriffen. Zwischen p_x und π_x besteht derselbe Unterschied wie zwischen den tatsächlichen Auflagerwiderständen a_x und den Randscherkräften v_x. Die bisherigen Untersuchungen haben in der Tat gezeigt, daß sich die Summe $2\,(A_x + A_y)$ der Auflagerwiderstände a_x und a_y sich ebensowenig mit der gesamten Plattenbelastung Q deckt wie die Summe der wirksamen Lastanteile $p_x + p_y$ mit der wirklichen Belastung p. Der Unterschied

$$2(A_x + A_y) - Q = -4\,C$$

wird eben durch diejenigen, an den Ecken angreifenden Einzelkräfte C ausgeglichen, die mit den zusätzlichen, von den Drillungsmomenten abhängigen Auflagerwiderständen

$$v_x' = \frac{\partial t_{xy}}{\partial y}, \qquad v_y' = \frac{\partial t_{xy}}{\partial x}$$

im Gleichgewicht stehen.

Diese Kräfte C mit den zugehörigen Widerständen v'_x und v'_y müssen auch bei einer angenäherten Berechnung der Platte als statisch unbestimmte Größen aufgefaßt werden, weil die Gleichgewichtsbedingungen nicht ausreichen, um auch nur die Summe dieser Kräfte festzulegen.

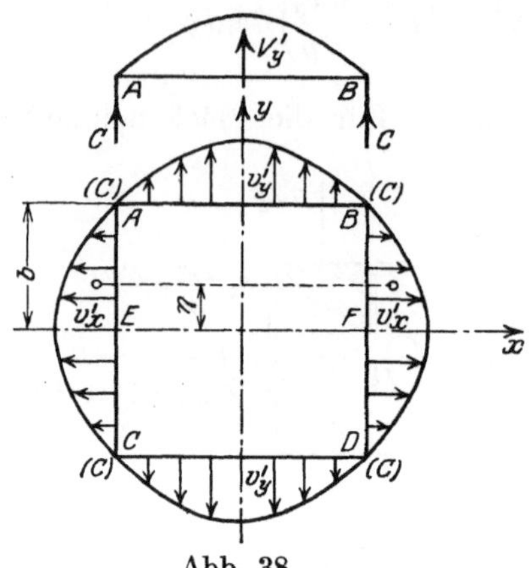

Abb. 38.

Die Näherungsverfahren schalten durch die Zerlegung der Platte in Balken gerade diejenigen Drillungsmomente aus, welche einen merklichen Einfluß auf die Formänderung, die Beanspruchung und die Verteilung der Randwiderstände ausüben.

Dieser Einfluß ist besonders bei Platten, deren Seitenlängen sich wenig voneinander unterscheiden, von erheblicher Bedeutung.

Die Eckkräfte erreichen bei der quadratischen gleichmäßig belasteten Platte fast ein Viertel der gesamten Belastung. Um die Größe ihrer Wirkung zu erkennen, ist in der Abb. 38 die Verteilung dieser Kräfte und der zugehörigen Widerstände v'_x und v'_y dargestellt. Sie bilden für sich eine Gleichgewichtsgruppe und es ist daher

$$\int_{-b}^{+b} v'_x \, dy = V'_x = -C,$$

$$\int_{-a}^{+a} v'_y \, dx = V'_y = -C,$$

$$2 V'_x + 2 V'_y + 4 C = 0.$$

Der Mittelschnitt EF der Platte wird hierbei durch das Moment

$$M_x = (2\,C + V'_y)\,b + 2 \cdot \frac{V'_x}{2}\,\eta$$

beansprucht. Wird für den Schwerpunktsabstand η das Maß $\eta = \frac{3}{8}\,b$ genommen und $a = b$ gesetzt, so erhält man

$$M_x = \tfrac{5}{8}\,a\,C$$

und als Durchschnittswert der Spannungsmomente s_x längs der Linie $\overline{EF} = 2\,a$:

$$s_x = \frac{M_x}{2\,a} = \frac{5}{16}\,C.$$

Da für die quadratische Platte

$$C = -0{,}2375\,p\,a^2$$

ist, so ergibt sich schließlich

$$s_x = -\tfrac{5}{16} \cdot 0,2375\, p\, a^2 = \infty -0,075\, p\, a^2\,.$$

Der Durchschnittswert der Momente s_x unter der Einwirkung der Belastung und der gesamten Auflagerkräfte ist hingegen

$$s_x = \infty\ \tfrac{2}{3} \cdot 0,1892\, p\, a^2 = \infty\, 0,125\, p\, a^2\,.$$

Würde man die Gruppe C, V'_x, V'_y ausschalten, so würde also das mittlere Biegungsmoment den Wert

$$s_x = (0,075 + 0,125)\, p\, a^2 = 0,2\, p\, a^2$$

erreichen und hiermit eine 60 proz. Steigerung erfahren.

Dieser Zahlenvergleich beweist, daß auch der mittelbare Einfluß der Drillungsmomente nicht unterschätzt werden darf und gibt für den erheblichen Unterschied, der besonders bei den quadratischen Platten zwischen den Ergebnissen der genauen Untersuchung und der Näherungsverfahren besteht, eine ausreichende Erklärung.

Um diese Näherungslösungen, die eine wesentliche Vereinfachung der Berechnung ermöglichen, verwenden zu können, ist es notwendig, sie durch Formeln, in welchen der Einfluß der Drillungsmomente zum Ausdruck kommt, zu berichtigen und zu ergänzen. Die im Abschnitt IX durchgeführten Untersuchungen von Platten mit gebogenen Rändern und spannungsfreien Randflächen liefern die Grundlage, auf welcher eine genaue Berechnung der Formänderungen und Beanspruchungen, welche durch die Randdrillungsmomente hervorgerufen werden, aufgebaut sein muß. Die Ergebnisse dieser genauen Berechnung lassen sich aber nicht in einer geschlossenen, leicht verwendbaren Formel zusammenfassen.

Man gelangt eher zum Ziele, wenn man an Stelle des Näherungsverfahrens möglichst einfach aufgebaute Interpolationsformeln sucht, welche für die verschiedenen Verhältnisse der Seitenlängen Werte liefern, die sich mit den bekannten richtigen Werten ausreichend decken. Die Untersuchungen, die ich in dieser Richtung angestellt habe, führen zu den folgenden Ergebnissen:

I. Interpolationsformeln für die Auflagerkräfte:

$$A_x = \int\limits_{-b}^{+b} a_x\, dy = \frac{Q}{4}\left(2 - \frac{3}{4}\,\frac{a}{b}\right),$$

$$A_y = \int\limits_{-a}^{+a} a_y\, dx = \frac{Q}{4} \cdot \frac{5}{4}\,\frac{a}{b},$$

$$C = \qquad\quad -\frac{Q}{4} \cdot \frac{a}{4b}\,.$$

II. Interpolationsformeln für die Biegungsmomente der Mittellinien:

$$M_x = \int_{-b}^{+b} s_x\, dy = \frac{Q}{4}\, a \left(1 - \frac{3}{4}\, \frac{a}{b}\right),$$

$$M_y = \int_{-a}^{+a} s_y\, dx = \frac{Q}{4} \cdot b \cdot \frac{1}{4}\, \frac{a^2}{b^2}.$$

III. Interpolationsformeln für die Spannungsmomente des Plattenmittelpunktes:

$$\bar{s}_x = \frac{pa^2}{2}\left(1 + \frac{a}{2\,b}\right)\left(1 - \frac{4}{5}\, \frac{a}{b}\right),$$

$$\bar{s}_y = \frac{pa^2}{2} \cdot \frac{3}{10}\, \frac{a}{b}.$$

Unter a ist hierbei immer die kürzere Seitenlänge zu verstehen.

Die auf Grund dieser Formeln errechneten Größen sind in der Tafel 9 neben den vorhin für $m = \tfrac{10}{3}$ ermittelten genauen Werten zusammengestellt.

Tafel 9.

Zusammenstellung der genauen und angenäherten Werte der Auflagerkräfte und Spannungsmomente gleichmäßig belasteter Platten bei verschiedenen Längenverhältnissen.

$\frac{b}{a} =$	1	2	3	4	∞	Faktor	Bemerkungen
$\begin{cases} A_x \\ A_x^* \end{cases}$	0,3094 0,3125	0,4061 0,40125	0,4377 0,4375	0,4535 0,453125	0,5 0,5	Q Q	DieNäherungswerte A_x^*, A_y^*,
$\begin{cases} A_y \\ A_y^* \end{cases}$	0,3094 0,3125	0,1694 0,15625	0,1145 0,10417	0,0858 0,07813	— —	Q Q	C^*, M_x^*, M_y^*, $\bar{s}_x^*$, $\bar{s}_y^*$ sind auf Grund d. neuen
$\begin{cases} C \\ C^* \end{cases}$	−0,2375 −0,25	−0,1512 −0,125	−0,1044 −0,0833	−0,0785 −0,0625	— —	$Q/4$ $Q/4$	Interpolationsformeln errechnet.
$\begin{cases} M_x \\ M_x^* \end{cases}$	0,0625 0,0625	0,15456 0,15625	0,18746 0,1875	0,20354 0,203125	0,25 0,25	Qa Qa	
$\begin{cases} M_y \\ M_y^* \end{cases}$	0,0625 0,0625	0,01549 0,015625	0,006507 0,006944	0,003637 0,003906	— —	Qb Qb	
$\begin{cases} \bar{s}_x \\ \bar{s}_x^* \end{cases}$	0,14557 0,15	0,37522 0,375	0,46356 0,42777	0,49003 0,45	0,5 0,5	pa^2 pa^2	
$\begin{cases} \bar{s}_y \\ \bar{s}_y^* \end{cases}$	0,14557 0,15	0,07331 0,075	0,02486 0,05	0,00743 0,025	— —	pa^2 pa^2	

Der Vergleich der gegenüberstehenden Reihen zeigt eine recht gute Übereinstimmung zwischen den beiden Ergebnissen; sie besteht vor allem für diejenigen Längenverhältnisse $1 < \dfrac{b}{a} < 2$, bei denen die eigentliche Plattenwirkung am stärksten ausgeprägt ist, und tritt besonders bei den größten Auflagerkräften A_x und den größten Spannungsmomenten $\bar{s}_x$ und M_x hervor[1]). Die neuen Formeln können daher als eine weit bessere Grundlage für die vereinfachte Berechnung von Platten als die bisherigen Näherungsverfahren betrachtet werden. Ihre Zuverlässigkeit ist in einer Gesetzmäßigkeit begründet, die aus der genauen Untersuchung nicht unmittelbar abgeleitet werden kann und eine eingehendere Prüfung verdient.

Die Näherungsformeln zeigen nämlich, daß die von den Randdrillungsmomenten abhängigen Eckkräfte

$$C = -\frac{Q}{16}\frac{a}{b} = -\frac{pa^2}{4}$$

bei gleicher Spannweite a und wachsenden Längen b im wesentlichen unverändert bleiben und nur von der kürzeren Länge a abhängig sind. Ebenso sind die Momente in der Längsrichtung

$$M_y = \frac{Q}{4}\cdot b\cdot\frac{1}{5}\cdot\frac{a^2}{b^2} = \frac{pa^3}{5}$$

und auch die Auflagerkräfte der kurzen Ränder

$$A_y = \frac{Q}{4}\cdot\frac{5}{4}\frac{a}{8} = \frac{5}{4}\,pa^2$$

wenig veränderlich und eigentlich allein durch die Spannweite a beeinflußt.

Schaltet man die Eckkräfte C und die zugehörigen Widerstände v' aus, so bleiben die Randscherkräfte

$$V_x = A_x + C = \frac{Q}{4}\left(2 - \frac{a}{b}\right) = 2\,pab - pa^2,$$

$$V_y = A_y + C = \frac{Q}{4}\cdot\frac{a}{b} \qquad = \quad pa^2,$$

---

[1]) Für $b > 2a$ sind die nach der Interpolationsformel errechneten Näherungswerte M_y um weniger als 10 v. H. höher als die genauen Werte der größten überhaupt in der Platte vorkommenden Momente M_y. Die letzteren treten in den durch den Schnittpunkt der Winkelhalbierenden gelegten Querschnitten $y = \pm(b-a)$ auf und unterscheiden sich von den Biegungsmomenten M_y des Mittelschnittes $y = 0$ um höchstens 10 v. H.

welche mit der Belastung $Q = 4\,p\,a\,b$ im Gleichgewicht stehen, übrig.
Ihre Größe deckt sich unmittelbar mit dem Inhalt der Flächen

$$F_x = 2\left(a\,b - \frac{a^2}{2}\right),$$

$$F_y = 2 \cdot \frac{a^2}{2},$$

in welche die Grundfläche der Platte durch die Mittellinien und durch
die Winkelhalbierenden der Ecken zerlegt wird (Abb. 39). Um die

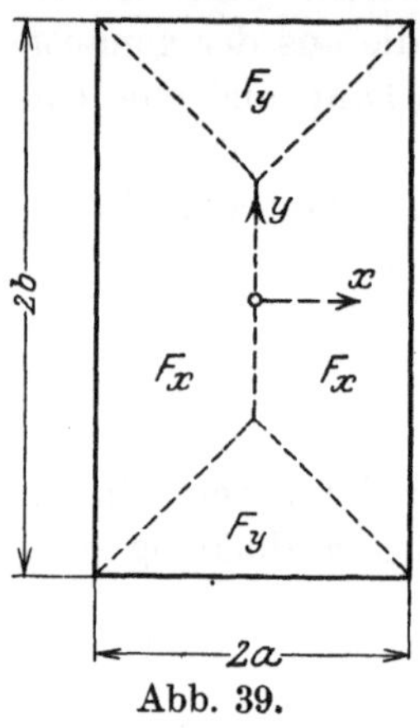

Abb. 39.

von den Randträgern aufzunehmenden Belastungen näherungsweise festzustellen, hat man
also jeder Kante lediglich denjenigen Abschnitt,
welcher durch die benachbarten Winkelhalbierenden begrenzt wird, zuzuweisen. Hiermit ist
für die Darstellung der Lastverteilung ein besonders einfaches und anschauliches Bild gewonnen, aus welchem leicht zu erkennen ist, daß
selbst bei langgestreckten Platten die kurzen
Ränder immer einen bestimmten Teil der Belastung zu tragen haben und daß auch in der
Längsrichtung die Biegungsmomente, so klein
wie sie sein mögen, nicht gänzlich verschwinden
dürfen.

Es sei schließlich bemerkt, daß die Anwendung der neuen Interpolationsformeln eine sparsamere Querschnittsbemessung, als es die
bisherigen Vorschriften zuließen, gestattet. Da die Versuche nachgewiesen haben, daß für die Bruchsicherheit nicht der Größt-, sondern
der Durchschnittswert der in einem Bereiche auftretenden Spannungen
ausschlaggebend ist, so läßt sich zumindest der erforderliche Eisen-
bedarf kreuzweise bewehrter Platten mit ausreichender Genauigkeit aus
den Durchschnittswerten der Biegungsmomente

$$m_x = \frac{M_x}{2\,b}, \qquad m_y = \frac{M_y}{2\,a}$$

ableiten. Die neuen Formeln liefern

$$m_x = \frac{Q}{8}\,\frac{a}{b}\left(1 - \frac{3}{4}\,\frac{a}{b}\right) = \frac{p\,a^2}{2}\left(1 - \frac{3}{4}\,\frac{a}{b}\right),$$

$$m_y = \frac{Q}{32}\,\frac{a}{b} \qquad\qquad = \frac{p\,a^2}{8}.$$

Man erhält insbesondere

für $b : a = 1 : 1 : m_x = \dfrac{p\,a^2}{8} = 0{,}125\,p\,a^2 = m_y$,

für $b : a = 2 : 1 : m_x = \tfrac{5}{16}\,p\,a^2 = 0{,}3125\,p\,a^2, \quad m_y = 0{,}125\,p\,a^2,$

während beispielsweise nach den deutschen Vorschriften bei dem Längenverhältnis

$$b : a = 1 : 1 \quad \text{mit} \quad m_x = m_y = 0{,}25 \, p \, a^2 \,,$$
$$b : a = 2 : 1 \quad \text{mit} \quad m_x = 0{,}4706 \, p \, a^2 \,, \quad m_y = 0{,}070 \, p \, a^2$$

gerechnet werden muß.

Die genaue Untersuchung bietet also die Möglichkeit, den Eisenaufwand um die Hälfte oder wenigstens um ein Drittel zu verringern und eine weit wirschaftlichere Querschnittsbemessung zu erzielen.

§ 10. Der Einfluß der Querschnittsveränderlichkeit.

1. Die Gleichung der elastischen Fläche.

Die bisherigen Untersuchungen sind unter der Voraussetzung durchgeführt worden, daß die Platte eben ist und überall die gleiche Steifigkeit besitzt.

Ist die Plattenhöhe veränderlich oder bei gleichbleibender Plattenstärke die auf die Flächeneinheit des Querschnittes bezogene Bewehrungsmenge von Stelle zu Stelle verschieden, so muß unter Umständen auch der Einfluß der wechselnden Plattensteifigkeit in Betracht gezogen werden.

Die einzige Beziehung, in welcher die Wirkung der Plattensteifigkeit nicht unmittelbar in Erscheinung tritt, ist die früher abgeleitete Grundgleichung des Gleichgewichtes für ein Plattenelement:

$$\frac{\partial^2 s_x}{\partial x^2} + 2 \frac{\partial^2 t_{xy}}{\partial x \, \partial y} + \frac{\partial^2 s_y}{\partial y^2} = - p \,.$$

Werden in diese Gleichung für die Spannungsmomente die Werte

$$s_x = - N \left(\frac{\partial^2 \zeta}{\partial x^2} + \frac{1}{m} \frac{\partial^2 \zeta}{\partial y^2} \right) ,$$
$$s_y = - N \left(\frac{\partial^2 \zeta}{\partial y^2} + \frac{1}{m} \frac{\partial^2 \zeta}{\partial x^2} \right) ,$$
$$t_{xy} = - N \cdot \frac{m-1}{m} \frac{\partial^2 \zeta}{\partial x \, \partial y}$$

eingesetzt und die Differentiation unter Berücksichtigung der Veränderlichkeit von N durchgeführt, so erhält man

$$p = N \, \nabla^2 \nabla^2 \zeta + 2 \left[\frac{\partial N}{\partial x} \cdot \frac{\partial}{\partial x} \nabla^2 \zeta + \frac{\partial N}{\partial y} \cdot \frac{\partial}{\partial y} \nabla^2 \zeta \right] + \nabla^2 N \cdot \nabla^2 \zeta$$
$$+ \frac{m-1}{m} \left(2 \frac{\partial^2 N}{\partial x \, \partial y} \cdot \frac{\partial^2 \zeta}{\partial x \, \partial y} - \frac{\partial^2 N}{\partial x^2} \cdot \frac{\partial^2 \zeta}{\partial y^2} - \frac{\partial^2 N}{\partial y^2} \cdot \frac{\partial^2 \zeta}{\partial x^2} \right) .$$

Beachtet man aber, daß

$$\nabla^2 (N \, \nabla^2 \zeta) = N \, \nabla^2 \nabla^2 \zeta + 2 \left[\frac{\partial N}{\partial x} \frac{\partial}{\partial x} \nabla^2 \zeta + \frac{\partial N}{\partial y} \frac{\partial}{\partial y} \nabla^2 \zeta \right] + \nabla^2 N \cdot \nabla^2 \zeta$$

ist, so kann man die allgemeine Gleichung der elastischen Fläche in der Form

$$p = V^2(N\,V^2\,\zeta) + R \tag{75}$$

schreiben. Hierbei ist das Restglied

$$R = \frac{m-1}{m}\left(2\,\frac{\partial^2 N}{\partial x\,\partial y}\cdot\frac{\partial^2 \zeta}{\partial x\,\partial y} - \frac{\partial^2 N}{\partial x^2}\cdot\frac{\partial^2 \zeta}{\partial y^2} - \frac{\partial^2 N}{\partial y^2}\cdot\frac{\partial^2 \zeta}{\partial x^2}\right). \tag{75a}$$

Man könnte ohne weiteres die partielle Differentialgleichung (75) durch partielle Differenzengleichungen vierter Ordnung ersetzen. Die Auflösung der letzteren würde aber in den meisten Fällen erhebliche Schwierigkeiten bereiten, weil in jeder für einen Knotenpunkt aufzuschreibenden Gleichung die 13 Ordinaten der zu diesem Punkte gehörigen Punktgruppe als Unbekannte erscheinen.

Die Integration der Hauptgleichung (75) wird wesentlich erleichtert, wenn die Querschnittsveränderlichkeit einem einfachen Gesetz folgt. In den meisten Fällen wird es, um den Einfluß der wechselnden Plattensteifigkeit zu beurteilen, genügen, als Gleichung der Querschnittsveränderlichkeit den Ansatz

$$N = N_c\left(1 + \alpha\,\frac{x}{a} + \beta\,\frac{y}{a}\right)$$

zu benützen. Hierbei bedeuten α und β konstante Beizahlen, N_c ein Vergleichsmaß für die Plattensteifigkeit.

Dieser Funktion N entspricht das Restglied $R = 0$. Die Gleichung der elastischen Fläche lautet daher:

$$p = V^2(N\,V^2\,\zeta)\,.$$

Setzt man wie früher

$$-N\cdot V^2\,\zeta = M\,,$$

so ergibt sich wieder:

$$V^2\,M = -p\,,$$

$$N_c\,V^2\,\zeta = -\frac{N_c}{N}\,M\,.$$

Aus den ersten dieser beiden Gleichungen kann man also, ohne Rücksicht auf die Querschnittsveränderlichkeit, das Moment M mit Hilfe des elastischen Gewebes ermitteln. Aus der zweiten lassen sich ebenso die Ordinaten ζ bestimmen. Als Belastung des Gewebes kommen nur an Stelle der Größen M die elastischen Gewichte $M\cdot\dfrac{N_c}{N}$.

Ist die Platte als Umdrehungskörper ausgebildet, so wird sich in vielen Fällen zur Darstellung der Querschnittsveränderlichkeit der Ansatz

$$N = N_c\left(1 + \gamma\,\frac{x^2 + y^2}{2\,c^2}\right) \tag{76}$$

gut verwerten lassen. Unter γ ist hierbei eine konstante Beizahl, unter c eine beliebige Länge zu verstehen.

Das zugehörige Restglied ist:

$$R = -\frac{m-1}{m}\,\gamma\,\frac{N_c}{c^2}\,V^2\,\zeta\;.$$

Die Gleichung der elastischen Fläche nimmt dann die Form

$$V^2(N\,V^2\,\zeta) - \frac{m-1}{m}\,\gamma\,\frac{N_c}{c^2}\,V^2\,\zeta = V^2\left(N\,V^2\,\zeta - \frac{m-1}{m}\,\gamma\,\frac{N_c}{c^2}\,\zeta\right) = p$$

an. Wird nunmehr

$$\left.\begin{aligned}-N\,V^2\,\zeta + \frac{m-1}{m}\,\gamma\,\frac{N_c}{c^2}\,\zeta &= M\,,\\[2mm] V^2\,M &= -p\end{aligned}\right\} \tag{77}$$

gesetzt, so erkennt man wieder, daß die Funktion M ohne Rücksicht auf die Querschnittsveränderlichkeit aus den einfachen Gleichgewichtsgleichungen des Gewebes ermittelt werden kann. Um jedoch die Werte ζ zu bestimmen, muß man an Stelle der obigen Differentialgleichung die Differenzengleichung

$$N\left(\frac{2\,\zeta_k - \zeta_i - \zeta_l}{\lambda_x^2} + \frac{2\,\zeta_k - \zeta_m - \zeta_n}{\lambda_y^2} + \frac{m-1}{m}\,\frac{\gamma}{c^2}\,\frac{N_c}{N}\,\zeta_k\right) = M \tag{78}$$

einführen. Sie stellt eine besondere Abart des elastischen Gewebes dar.

Für $\lambda_x = \lambda_y$ erhält man die übersichtliche Beziehung

$$\zeta_k\left(4 + \frac{m-1}{m}\,\frac{\lambda^2}{c^2}\cdot\gamma\,\frac{N_c}{N}\right) - (\zeta_i + \zeta_l + \zeta_m + \zeta_n) = \frac{M\,\lambda^2}{N}\;.$$

Setzt man wie früher

$$M = S_1\,w\,,$$
$$\zeta = \frac{S_1\,S_2}{N_c}\,z\,,$$

so ergibt sich schließlich:

$$z_k\left(4 + \frac{m-1}{m}\,\frac{\lambda^2}{c^2}\,\gamma\,\frac{N_c}{N}\right) - (z_i + z_l + z_m + z_n) = \frac{w\,\lambda^2}{S_2}\cdot\frac{N_c}{N}\;. \tag{79}$$

Die Bestimmung der elastischen Fläche ist also bei den beiden in Betracht gezogenen Querschnittsveränderlichkeitsgesetzen auf die Lösung zweier einfacher Differenzengleichungen zweiter Ordnung zurückgeführt.

2. Untersuchung einer ringsum frei aufliegenden, gleichmäßig belasteten quadratischen Platte mit veränderlicher Steifigkeit.

Um die Vorteile der Zerlegung der Hauptdifferentialgleichung vierter Ordnung zu beleuchten, wähle ich als Beispiel die ringsum frei aufliegende, gleichmäßig belastete quadratische Platte mit der Querschnittsveränderlichkeit

$$N = N_c \left(1 - \frac{x^2 + y^2}{4 a^2} \right) .$$

Es ist somit

$$\gamma = -1 , \qquad c^2 = 2 a^2 .$$

Die Lösung der ersten Differenzengleichung

$$V^2 M = -p$$

ist bereits aus der früheren Untersuchung der Platte mit gleichbleibender Steifigkeit in § 7, S. 52 bekannt. Für die aus der Abb. 25 ersichtlichen Ordnungsziffern sind hierbei die Werte

$$M_1 = S_1 w_1 = 309,5 \frac{p \lambda^2}{272} , \qquad M_6 = S_1 w_6 = 936 \ \frac{p \lambda^2}{272} ,$$

$$M_2 = S_1 w_2 = 483 \ \frac{p \lambda^2}{272} , \qquad M_7 = S_1 w_7 = 986 \ \frac{p \lambda^2}{272} ,$$

$$M_3 = S_1 w_3 = 573 \ \frac{p \lambda^2}{272} , \qquad M_8 = S_1 w_8 = 1135,5 \frac{p \lambda^2}{272} ,$$

$$M_4 = S_1 w_4 = 601 \ \frac{p \lambda^2}{722} , \qquad M_9 = S_1 w_9 = 1199 \ \frac{p \lambda^2}{272} ,$$

$$M_5 = S_1 w_5 = 777,5 \frac{p \lambda^2}{272} , \qquad M_{10} = S_1 w_{10} = 1267 \ \frac{p \lambda^2}{272}$$

ermittelt worden.

Die zweite Differentialgleichung lautet

$$z_k \left[4 - \frac{m-1}{m} \frac{\lambda^2}{2 a^2} \frac{1}{1 - \dfrac{x_k^2 + y_k^2}{4 a^2}} \right] - (z_i + z_l + z_m + z_n) = w_k \frac{\lambda^2}{S_2} \frac{1}{1 - \dfrac{x_k^2 + y_k^2}{4 a^2}} ,$$

oder wenn

$$\lambda = \frac{a}{4} ,$$

$$1 - \frac{x_k^2 + y_k^2}{4 a^2} = \varepsilon_k ,$$

$$m = \frac{10}{3} ,$$

$$\frac{m-1}{m} \frac{\lambda^2}{2 a^2} \cdot \frac{1}{\varepsilon_k} = \frac{0,7}{32 \, \varepsilon_k} = \varkappa$$

gesetzt wird,

$$z_k (4 - \varkappa) - (z_i + z_l + z_m + z_n) = w_k \frac{\lambda^2}{S_2} \frac{1}{\varepsilon_k} .$$

Die Ausrechnung liefert der Reihe nach

$$
\text{für den Punkt}\quad\begin{cases}
1 : \varepsilon_1 = 0{,}718\,75\ , & \varkappa_1 = 0{,}030\,43\ ,\\
2 : \varepsilon_2 = 0{,}796\,875\,, & \varkappa_2 = 0{,}027\,45\ ,\\
3 : \varepsilon_3 = 0{,}843\,75\ , & \varkappa_3 = 0{,}025\,926\,,\\
4 : \varepsilon_4 = 0{,}859\,375\,, & \varkappa_4 = 0{,}025\,455\,,\\
5 : \varepsilon_5 = 0{,}875\ , & \varkappa_5 = 0{,}025\ ,\\
6 : \varepsilon_6 = 0{,}921\,875\,, & \varkappa_6 = 0{,}023\,728\,,\\
7 : \varepsilon_7 = 0{,}937\,5\ , & \varkappa_7 = 0{,}023\,333\,,\\
8 : \varepsilon_8 = 0{,}968\,75\ , & \varkappa_8 = 0{,}022\,581\,,\\
9 : \varepsilon_9 = 0{,}984\,375\,, & \varkappa_9 = 0{,}022\,22\ ,\\
10 : \varepsilon_{10} = 1{,}0\ , & \varkappa_{10} = 0{,}021\,875\,.
\end{cases}
$$

Für das zweite Gewebe gelten mithin die folgenden Bestimmungsgleichungen

$$3{,}969\,57\,z_1 - 2\,z_2 = 430{,}6\,\frac{p\,\lambda^4}{272\,S_1\,S_2}\,,$$

$$3{,}972\,55\,z_2 - z_1 - z_3 - z_5 = 606{,}1\,\frac{p\,\lambda^4}{272\,S_1\,S_2}\,,$$

$$3{,}974\,07\,z_3 - z_2 - z_4 - z_6 = 679{,}1\,\frac{p\,\lambda^4}{272\,S_1\,S_2}\,,$$

$$3{,}974\,55\,z_4 - 2\,z_3 - z_7 = 699{,}3\,\frac{p\,\lambda^4}{272\,S_1\,S_2}\,,$$

$$3{,}975\quad z_5 - 2\,z_2 - 2\,z_6 = 888{,}5\,\frac{p\,\lambda^4}{272\,S_1\,S_2}\,,$$

$$3{,}976\,27\,z_6 - z_3 - z_5 - z_7 - z_8 = 1015{,}3\,\frac{p\,\lambda^4}{272\,S_1\,S_2}\,,$$

$$3{,}976\,67\,z_7 - 2\,z_6 - z_4 - z_9 = 1051{,}7\,\frac{p\,\lambda^4}{272\,S_1\,S_2}\,,$$

$$3{,}977\,42\,z_8 - 2\,z_6 - 2\,z_9 = 1172{,}1\,\frac{p\,\lambda^4}{272\,S_1\,S_2}\,,$$

$$3{,}977\,78\,z_9 - z_7 - 2\,z_8 - z_{10} = 1218{,}0\,\frac{p\,\lambda^4}{272\,S_1\,S_2}\,,$$

$$3{,}978\,13\,z_{10} - 4\,z_9 = 1267{,}0\,\frac{p\,\lambda^4}{272\,S_1\,S_2}\,.$$

Die Auflösung dieser Gleichungsgruppe ergibt folgende Werte:

$$\zeta_1 = 3{,}367\,57\,\frac{p\,\lambda^4}{N_c} = 0{,}013\,155\,\frac{p\,a^4}{N_c}\,,$$

$$\zeta_2 = 5{,}892\,39\,\frac{p\,\lambda^4}{N_c} = 0{,}023\,017\,\frac{p\,a^4}{N_c}\,,$$

$$\zeta_3 = 7{,}417070 \frac{p\,\lambda^4}{N_c} = 0{,}028948 \frac{p\,a^4}{N_c},$$

$$\zeta_4 = 7{,}91412 \frac{p\,\lambda^4}{N_c} = 0{,}030915 \frac{p\,a^4}{N_c},$$

$$\zeta_5 = 10{,}40140 \frac{p\,\lambda^4}{N_c} = 0{,}040630 \frac{p\,a^4}{N_c},$$

$$\zeta_6 = 13{,}14717 \frac{p\,\lambda^4}{N_c} = 0{,}051356 \frac{p\,a^4}{N_c},$$

$$\zeta_7 = 14{,}06280 \frac{p\,\lambda^4}{N_c} = 0{,}054933 \frac{p\,a^4}{N_c},$$

$$\zeta_8 = 16{,}66904 \frac{p\,\lambda^4}{N_c} = 0{,}065113 \frac{p\,a^4}{N_c},$$

$$\zeta_9 = 17{,}84805 \frac{p\,\lambda^4}{N_c} = 0{,}069719 \frac{p\,a^4}{N_c},$$

$$\zeta_{10} = 19{,}11713 \frac{p\,\lambda^4}{N_c} = 0{,}074676 \frac{p\,a^4}{N_c}.$$

Ein Vergleich mit den auf S. 53 für die Platte mit gleichbleibender Steifigkeit $N = N_c$ ermittelten Zahlen zeigt, daß die Platte, deren Stärke von dem Plattenmittelpunkt nach den Rändern abnimmt, eine größere Durchbiegung als die ebene Platte erfährt. Die Zunahme der Senkung infolge der Abschwächung der Steifigkeit beträgt im Mittelpunkt 15, in der Nähe der Ränder 24 v. H.

In der nachstehenden Tafel 10 sind auch für beide Fälle die zur Mittellinie und zur Diagonale gehörigen Werte

$$\bar{s}_x = -N \frac{\partial^2 \zeta}{\partial x^2}, \qquad \bar{s}_y = -N \frac{\partial^2 \zeta}{\partial y^2}$$

zusammengestellt.

Der Vergleich läßt erkennen, daß, obwohl die ebene Platte und die Platte mit veränderlicher Steifigkeit das gleiche Biegungsmaß M bei der gleichen Belastung aufweisen, die Spannungsmomente $\bar{s}_x$ und $\bar{s}_y$ in beiden Fällen merklich verschieden sind. Entsprechend der Querschnittsverminderung tritt bei der Platte mit abnehmender Steifigkeit die größere Krümmung auf. Der Unterschied zwischen den zugehörigen Momenten ist verhältnismäßig gering im Mittelpunkt der Platte, weil an dieser Stelle die beiden Platten die gleiche Steifigkeit besitzen. In der Nähe der Ränder ist die Abweichung, entsprechend der größeren Querschnittsverschiedenheit, erheblicher.

Die vorstehende Untersuchung zeigt, daß im Gegensatz zum einfachen Stabe nicht allein die Formänderungen, sondern auch die Spannungsmomente, Scherkräfte und Auflagerwiderstände der Platte selbst bei statisch bestimmten Lagerungsarten von der Querschnittsveränderlichkeit beeinflußt werden. Um die Anstrengung der Platte beurteilen zu können, wird man daher auf die genauere Berechnung unter Berücksichtigung der wechselnden Plattensteifigkeit nicht verzichten dürfen.

Tafel 10.

Vergleich der Spannungsmomente frei aufliegender, gleichmäßig belasteter quadratischer Platten bei gleichbleibender und bei veränderlicher Steifigkeit.

$\dfrac{x}{a}$	$\dfrac{y}{b}$		Platte mit gleichbleibender Steifigkeit	Platte mit veränderlicher Steifigkeit	Faktor
$\frac{3}{4}$	0	$\bar{s}_x$	0,080 98	0,094 83	$p\,a^2$
		$\bar{s}_y$	0,057 09	0,053 39	$p\,a^2$
$\frac{2}{4}$	0	$\bar{s}_x$	0,122 19	0,138 48	$p\,a^2$
		$\bar{s}_y$	0,104 35	0,107 31	$p\,a^2$
$\frac{1}{4}$	0	$\bar{s}_x$	0,140 53	0,154 81	$p\,a^2$
		$\bar{s}_y$	0,135 01	0,145 09	$p\,a^2$
0	0	$\bar{s}_x = \bar{s}_y$	0,145 54	0,158 62	$p\,a^2$
$\frac{1}{4}$	$\frac{1}{4}$	$\bar{s}_x = \bar{s}_y$	0,130 46	0,141 84	$p\,a^2$
$\frac{2}{4}$	$\frac{2}{4}$	$\bar{s}_x = \bar{s}_y$	0,089 34	0,096 42	$p\,a^2$
$\frac{3}{4}$	$\frac{3}{4}$	$\bar{s}_x = \bar{s}_y$	0,035 55	0,037 87	$p\,a^2$

§ 11. Der Einfluß einer ungleichen Bewehrung der Platte in verschiedenen Schnittrichtungen.

Die im § 1 entwickelten Grundgleichungen der Plattentheorie sind nur für homogene und isotrope Baustoffe streng gültig. Sie setzen gleiche Steifigkeit der Platte in allen Schnittrichtungen voraus.

Diese Bedingungen sind bei kreuzweise bewehrten Eisenbetonplatten nur teilweise erfüllt. Sieht man selbst von der Tatsache ab, daß der Beton dem Hookeschen Gesetz nicht folgt, so besteht eine wesentliche Abweichung in den Voraussetzungen der Plattentheorie darin, daß die als Merkmal der Isotropie erforderliche Unveränderlichkeit der Elastizitätseigenschaften nur in beschränktem Maße oder überhaupt nicht vorhanden ist.

Da die Beanspruchung der Platte nicht an allen Stellen gleich und da beim Beton die Größe der Elastizitätsziffern von der Art und Höhe der Spannungen abhängig ist, so wird E von Punkt zu Punkt veränderlich sein. Wenn außerdem die Bewehrung in der x-Richtung nicht die gleiche Stärke wie diejenige in der y-Richtung besitzt, so werden die Y-Z-Querschnitte ein anderes Trägheitsmoment und eine andere Steifigkeit als die X-Z-Querschnitte aufweisen. Der Unterschied zwischen

7*

den beiden Richtungen tritt bei länglichen Platten und bei solchen mit verschiedenen Auflagerbedingungen besonders hervor. Da die Möglichkeit besteht, daß in solchen Fällen das für Platten mit gleicher Steifigkeit ermittelte Formänderungsbild nicht mehr zutrifft, so ist es notwendig, den Einfluß der Anisotropie und der wechselnden Steifigkeit näher zu untersuchen.

1. Die Elastizitätsgleichungen der ungleichmäßig bewehrten Platte.

Faßt man zunächst das Verhalten der Platten vor der Rißbildung ins Auge, so wird man erkennen, daß selbst bei erheblichen Unterschieden zwischen den Querschnittsstärken f_{ex} und f_{ey} der Eiseneinlagen in der x- und y-Richtung die zugehörigen Trägheitsmomente J_x und J_y verhältnismäßig wenig voneinander abweichen.

Bezeichnet man mit

E_b die Elastizitätsziffer des Betons,

E_e die Elastizitätsziffer des Eisens,

e_x den Abstand der Nullinie vom oberen Plattenrande in den Y-Z-Ebenen,

a_x den Abstand der Eiseneinlage vom unteren Rande in den Y-Z-Ebenen,

e_y und a_y die entsprechenden Maße für die X-Z-Ebenen

und schreibt man zur Abkürzung

$$\frac{E_e}{E_b} = n,$$

so gelten bekanntlich, solange die Zugspannungen auch vom Beton aufgenommen werden können, die Gleichungen

$$e_x = \frac{\dfrac{h^2}{2} + n f_{ex}(h - a_x)}{h + n f_{ex}}, \qquad e_y = \frac{\dfrac{h^2}{2} + n f_{ey}(h - a_y)}{h + n f_{ey}},$$

$$J_x = \tfrac{1}{3}[e_x^3 + (h - e_x)^3] + n f_{ex}(h - a_x - e_x)^2,$$

$$J_y = \tfrac{1}{3}[e_y^3 + (h - e_y)^3] + n f_{ey}(h - a_y - e_y)^2.$$

Hierbei sind die Bewehrungsmengen f_e auf die Längeneinheit der Querschnittsbreite bezogen.

Diese Formeln liefern beispielsweise für die in Abb. 40 dargestellte Platte, welche in der x-Richtung mit 6 Rundeisen von 10 mm Durchmesser und in der y-Richtung mit 5 Rundeisen von 6 mm Durchmesser auf 100 cm Querschnittsbreite bewehrt ist und die Abmessungen

$$h = 12 \,\text{cm}, \qquad h - a_x = 10{,}5 \,\text{cm}, \qquad h - a_y = 9{,}5 \,\text{cm},$$

$$f_{ex} = \frac{6{,}28}{100} \,\frac{\text{cm}^2}{\text{cm}}, \qquad f_{ey} = \frac{1{,}41}{100} \,\frac{\text{cm}^2}{\text{cm}}$$

besitzt, unter Zugrundelegung der Verhältniszahl $n = 10$ die Werte:

$$e_x = 6,23 \text{ cm}, \qquad J_x = 156 \text{ cm}^3,$$
$$e_y = 6,04 \text{ cm}, \qquad J_y = 146 \text{ cm}^3.$$

Obwohl f_{ey} nur $\frac{1}{4,5}$ von f_{ex} beträgt, stehen die beiden Nullinien kaum um 0,2 cm oder $\frac{1}{60} h$ auseinander: die beiden Trägheitsmomente J_x und J_y sind fast gleich und lassen den beträchtlichen Bewehrungsunterschied überhaupt nicht erkennen. Wenn also in dem Spannungsbereich vor der Rißbildung die Elastizitätsziffer E_b wenig veränderlich ist, kann trotz der verschiedenen Bewehrung die Platte als gleichmäßig steif erachtet werden.

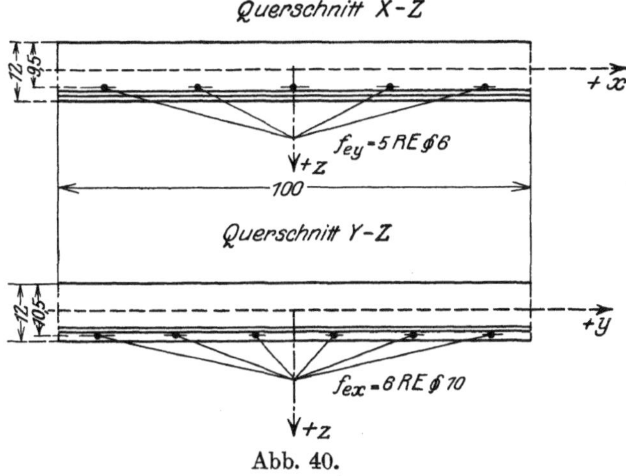

Abb. 40.

Vor dem Bruche ist diese Gleichmäßigkeit nicht mehr vorhanden. Sind die Risse so weit fortgeschritten, daß Zugspannungen vom Beton nicht aufgenommen werden können, so kommen für die Y-Z-Ebenen die Maße

$$e_x = n\,f_{ex}\left(\sqrt{1 + \frac{2(h - a_x)}{n\,f_{ex}}} - 1\right),$$
$$J_x = n\,f_{ex}(h - a_x - \tfrac{1}{3} e_x)(h - a_x - e_x),$$

und für die X-Z-Ebenen ebenso

$$e_y = n\,f_{ey}\left(\sqrt{1 + \frac{2(h - a_y)}{n\,f_{ey}}} - 1\right),$$
$$J_y = n\,f_{ey}(h - a_y - \tfrac{1}{3} e_y)(h - a_y - e_y)$$

in Frage.

Für das vorige Beispiel erhält man mit $n = 15$ die Größen

$$e_x = 3,6 \text{ cm}, \qquad e_y = 1,8 \text{ cm},$$
$$J_x = 60,2 \text{ cm}^3, \qquad J_y = 14,5 \text{ cm}^3.$$

Die Trägheitsmomente verhalten sich nunmehr wie die zugehörigen Bewehrungsmengen. Die Unterschiede zwischen den entsprechenden Steifigkeiten sind allerdings geringer, weil dem größeren Trägheitsmoment J_x die stärkeren Beanspruchungen und die niedrigeren Elastizitätsziffern E_b und umgekehrt dem kleinen Trägheitsmoment J_y die geringeren Beanspruchungen und die höheren Elastizitätsziffern zugeordnet sind.

Der Einfluß der verschiedenen Elastizitätsziffern kommt in den Ausdrücken für die Steifigkeit der Y-Z- und X-Z-Ebenen

$$E_{bx} J_x = E_e f_{ex}(h - a_x - \tfrac{1}{3} e_x)(h - a_x - e_x),$$
$$E_{by} J_y = E_e f_{ey}(h - a_y - \tfrac{1}{3} e_y)(h - a_y - e_y)$$

nur mittelbar und insoweit zum Ausdruck, als die Größen e_x und e_y von n abhängig sind. Da die letzteren innerhalb der Grenzen $n = 10$

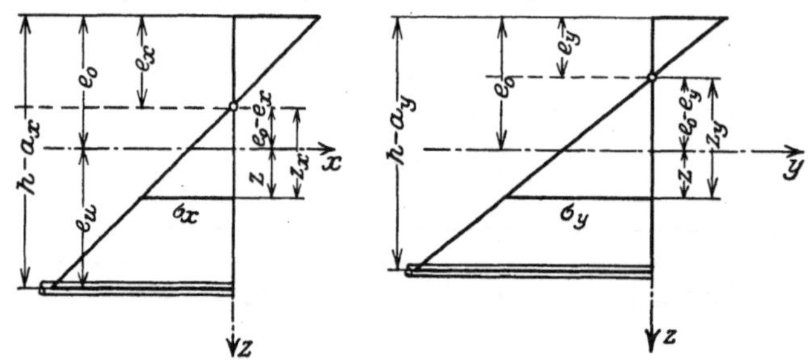

Abb. 41.

und $n = 15$ nur mäßige Veränderungen aufweisen, so ist für das Steifigkeitsverhältnis das Bewehrungsverhältnis in erster Linie maßgebend. Um die äußerste Einwirkung der Anisotropie zu bestimmen, ist es daher statthaft, ohne Rücksicht auf die Veränderlichkeit von E, lediglich den Bewehrungsunterschied in Betracht zu ziehen.

Bezeichnet man nach Abb. 41 mit z_x und z_y den Abstand einer Querschnittsfaser von der zugehörigen Nullinie in den Y-Z- und X-Z-Querschnittsebenen, so läßt sich die Spannungsverteilung nach der Rißbildung unter den für Eisenbeton üblichen Voraussetzungen hinreichend genau durch die Gleichungen

$$\sigma_x = z_x \frac{s_x}{J_x}, \qquad \sigma_y = z_y \frac{s_y}{J_y}$$

darstellen. Die entsprechenden Dehnungen sind[1]:

$$\varepsilon_x = \frac{1}{E}\left(\sigma_x - \frac{1}{m}\sigma_y\right), \qquad \varepsilon_y = \frac{1}{E}\left(\sigma_y - \frac{1}{m}\sigma_x\right).$$

---

[1] Es wird hierbei angenommen, daß die Zahl m in dem durch σ_x und σ_y gekennzeichneten Spannungsbereich als unveränderlich angesehen werden darf.

Legt man die X-Y-Grundebene im Abstand e_o vom oberen, e_u vom unteren Rande, so ist offenbar

oder wenn
$$z_x = z + (e_o - e_x), \quad z_y = z + (e_o - e_y)$$

gesetzt wird:
$$e_o - e_x = d_x, \quad e_o - e_y = d_y$$

Es ist also
$$z_x = z + d_x, \quad z_y = z + d_y.$$

$$\left.\begin{aligned}
\varepsilon_x &= \frac{1}{E}\left[\left(\frac{s_x}{J_x} - \frac{1}{m}\frac{s_y}{J_y}\right)z + \left(\frac{s_x d_x}{J_x} - \frac{1}{m}\frac{s_y d_y}{J_y}\right)\right], \\
\varepsilon_y &= \frac{1}{E}\left[\left(\frac{s_y}{J_y} - \frac{1}{m}\frac{s_x}{J_x}\right)z + \left(\frac{s_y d_y}{J_y} - \frac{1}{m}\frac{s_x d_x}{J_x}\right)\right].
\end{aligned}\right\} \tag{a}$$

Diese Gleichungen zeigen, daß für $z = 0$ weder ε_x noch ε_y verschwindet und daß der geometrische Ort der Punkte, in welchen ε_x oder $\varepsilon_y = 0$ ist, nicht mit der Ebene $z = 0$ zusammenfällt; dieser Ort wird vielmehr, da s_x und s_y in jedem Punkt einen verschiedenen Wert annehmen, auf einer gekrümmten Fläche zu suchen sein. Die Drehung der Querschnittsebene erfolgt also nicht um eine in der Ebene $z = 0$ befindliche Achse.

In Abb. 42 ist die Bewegung eines zur x-Achse senkrecht stehenden Querschnittes $O\,P\,Q\,R$ dargestellt. Der Anfangspunkt O dieses Querschnittes ist in die Lage O_1 gelangt, der Querschnitt hat sich jedoch nicht um die Achse O_1, sondern um eine

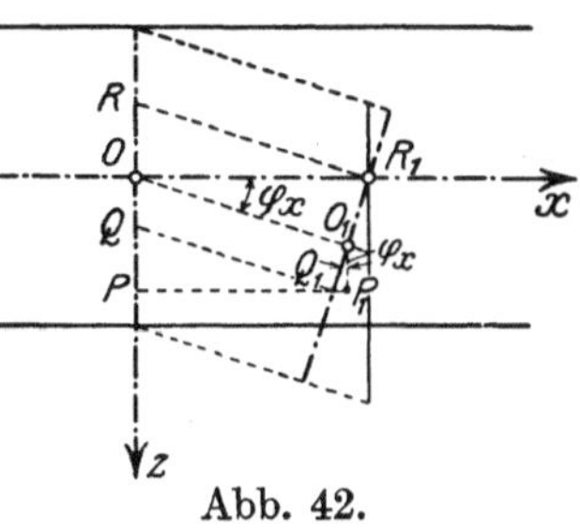

Abb. 42.

andere Achse R_1 gedreht. Der Punkt O hat hierbei die wagerechte Verschiebung $\overline{P\,P_1} = \xi_o$ erfahren. Die entsprechende Verrückung der im Abstande z von 0 liegenden Querschnittsfaser Q ist

$$\xi = \overline{P\,Q_1} = \overline{P\,P_1} - \overline{P_1\,Q_1} = \xi_o - \overline{P_1\,Q_1}.$$

Nun ist
$$\overline{P_1\,Q_1} = \overline{O_1\,Q_1} \sin\varphi_x = z \sin\varphi_x.$$

Da φ_x ein sehr kleiner Winkel ist, so kann auch

$$\sin\varphi_x = \operatorname{tang}\varphi_x = \frac{\partial\zeta}{\partial x}$$

geschrieben werden. Es ist mithin

$$\xi = \xi_o - z\frac{\partial\zeta}{\partial x}. \tag{b}$$

Für die zur y-Achse senkrecht stehenden Querschnitte ergibt sich auf Grund ähnlicher Überlegungen

$$\eta = \eta_o - z\frac{\partial\zeta}{\partial y}. \tag{c}$$

Aus den Gleichungen

$$\varepsilon_x = \frac{\partial \xi}{\partial x} = \frac{\partial \xi_0}{\partial x} - z \frac{\partial^2 \zeta}{\partial x^2} = \frac{1}{E}\left\{\left(\frac{s_x d_x}{J_x} - \frac{1}{m} \cdot \frac{s_y d_y}{J_y}\right) + z\left(\frac{s_x}{J_x} - \frac{1}{m}\frac{s_y}{J_y}\right)\right\},$$

$$\varepsilon_y = \frac{\partial \eta}{\partial y} = \frac{\partial \eta_0}{\partial y} - z \frac{\partial^2 \zeta}{\partial y^2} = \frac{1}{E}\left\{\left(\frac{s_y d_y}{J_y} - \frac{1}{m} \cdot \frac{s_x d_x}{J_x}\right) + z\left(\frac{s_y}{J_y} - \frac{1}{m}\frac{s_x}{J_x}\right)\right\},$$

folgen jetzt die Beziehungen:

$$\left.\begin{aligned}
s_x &= -\frac{E\,m^2}{m^2-1} \cdot J_x \left(\frac{\partial^2 \zeta}{\partial x^2} + \frac{1}{m}\frac{\partial^2 \zeta}{\partial y^2}\right) = N_x\left(\frac{1}{\varrho_x} + \frac{1}{m} \cdot \frac{1}{\varrho_y}\right), \\[2mm]
s_y &= -\frac{E\,m^2}{m^2-1} \cdot J_y \left(\frac{\partial^2 \zeta}{\partial y^2} + \frac{1}{m}\frac{\partial^2 \zeta}{\partial x^2}\right) = N_y\left(\frac{1}{\varrho_y} + \frac{1}{m} \cdot \frac{1}{\varrho_x}\right), \\[2mm]
\frac{\partial \xi_0}{\partial x} &= \frac{1}{E}\left(\frac{s_x d_x}{J_x} - \frac{s_y d_y}{m J_y}\right) = \frac{m^2}{m^2-1}\left\{\frac{d_x - \dfrac{1}{m^2}\cdot d_y}{\varrho_x} + \frac{1}{m}\frac{(d_x - d_y)}{\varrho_y}\right\}, \\[2mm]
\frac{\partial \eta_0}{\partial y} &= \frac{1}{E}\left(\frac{s_y d_y}{J_y} - \frac{s_x d_x}{m J_x}\right) = \frac{m^2}{m^2-1}\left\{\frac{d_y - \dfrac{1}{m^2}\cdot d_x}{\varrho_y} + \frac{1}{m}\frac{(d_y - d_x)}{\varrho_x}\right\},
\end{aligned}\right\} \quad \text{(d)}$$

Für die Schubspannungen τ_{xy} gilt die Formel

$$\tau_{xy} = G\left(\frac{\partial \xi}{\partial y} + \frac{\partial \eta}{\partial x}\right) = G\left(\frac{\partial \xi_0}{\partial y} + \frac{\partial \eta_0}{\partial x}\right) - 2\,G\,z\,\frac{\partial^2 \zeta}{\partial x\,\partial y}$$

$$= G\left\{\left[\left(\frac{\partial \xi_0}{\partial y} + \frac{\partial \eta_0}{\partial x}\right) + (d_x + d_y)\frac{\partial^2 \zeta}{\partial x\,\partial y}\right] - (z_x + z_y)\frac{\partial^2 \zeta}{\partial x\,\partial y}\right\}.$$

Beobachtet man, daß im Hinblick auf die Gleichgewichtsbedingungen

$$\int_{z=-e_o}^{z=+e_u} \tau_{xy}\,dz = 0$$

und außerdem, weil die Nullinien der X-Z- und Y-Z-Ebenen zugleich Schwerlinien sind [1]),

$$\int_{z_x=-e_x}^{z_x=h-e_x} z_x\,dz = \int_{z_y=-e_y}^{z_y=h-e_y} z_y\,dz = 0$$

sein muß, so erhält man

$$\frac{\partial \xi_0}{\partial \eta} + \frac{\partial \eta_0}{\partial x} = -(d_x + d_y)\frac{\partial^2 \zeta}{\partial x\,\partial y},$$

---

[1]) Hierbei ist angenommen, daß die senkrecht zum Querschnitt stehende Bewehrung gegen die Abscherung und auch gegen die Drillung einen gleichartigen Widerstand wie gegen die Drehung um eine Biegungsachse leistet. Diese Voraussetzung ist durch die Wirkung der Bewehrung bei der Aufnahme von Hauptbiegungsspannungen, die nicht parallel den Eisenstäben gerichtet sind, gerechtfertigt.

daher auch:

$$\tau_{xy} = -G \, \frac{\partial^2 \zeta}{\partial x \, \partial y} \, (z_x + z_y) \, .$$

Das zugehörige Drillungsmoment ist

$$t_{xy} = \int\limits_{z=-e_o}^{z=+e_u} \tau_{xy} \, z \, dz = -G \cdot \frac{\partial^2 \zeta}{\partial x \, \partial y} \int\limits_{z=-e_o}^{z=+e_u} z(z_x + z_y) \, dz$$

$$= -G \cdot \frac{\partial^2 \zeta}{\partial x \, \partial y} \left\{ \int\limits_{z_x=-e_x}^{z_x=h-e_x} z_x(z_x - d_x) \, dz_x + \int\limits_{z_y=-e_y}^{z_y=h-e_y} z_y(z_y - d_y) \, dz_y \right\} \, .$$

Da

$$\int\limits_{-e_x}^{h-e_x} z_x^2 \, dz_x = J_x \, , \qquad \int\limits_{-e_y}^{h-e_y} z_y^2 \, dz_y = J_y \, ,$$

so ergibt sich also

$$\left. \begin{aligned} t_{xy} &= -G(J_x + J_y) \frac{\partial^2 \zeta}{\partial x \, \partial y} = \frac{-mE}{2(m+1)} (J_x + J_y) \frac{\partial^2 \zeta}{\partial x \, \partial y} \\ &= -\frac{m-1}{m} \frac{(N_x + N_y)}{2} \cdot \frac{\partial^2 \zeta}{\partial x \, \partial y} \, . \end{aligned} \right\} \quad \text{(e)}$$

Führt man diesen Wert und die nach den Formeln (d) errechneten Größen s_x und s_y in die allgemeine Gleichgewichtsgleichung

$$\frac{\partial^2 s_x}{\partial x^2} + 2 \, \frac{\partial^2 t_{xy}}{\partial x \, \partial y} + \frac{\partial^2 s_y}{\partial y^2} = -p$$

ein, so erhält man schließlich

$$J_x \frac{\partial^4 \zeta}{\partial x^4} + (J_x + J_y) \frac{\partial^4 \zeta}{\partial x^2 \, \partial y^2} + J_y \frac{\partial^4 \zeta}{\partial y^4} = \frac{p}{E} \cdot \frac{m^2 - 1}{m^2} \, . \quad \text{(80)}$$

Diese Differentialgleichung, welche auf anderem Wege von Herrn Professor H u b e r abgeleitet worden ist[1]), läßt sich auch, wenn man als Vergleichsmaß das Trägheitsmoment J_c benutzt und mit

$$N_c = E J_c \cdot \frac{m^2}{m^2 - 1}$$

die zugehörige Plattensteifigkeit bezeichnet, auf die Form

$$\left(\frac{\partial^2}{\partial x^2} + \frac{\partial^2}{\partial y^2} \right) \left(\frac{J_x}{J_c} \cdot \frac{\partial^2 \zeta}{\partial x^2} + \frac{J_y}{J_c} \frac{\partial^2 \zeta}{\partial y^2} \right) = \frac{p}{N_c}$$

bringen.

---

[1]) Die Arbeit von Herrn Professor H u b e r über „die Grundlagen einer rationellen Berechnung der kreuzweise bewehrten Eisenbetonplatten" ist 1914 im Heft 30 der Z. öst. Ing.-V. veröffentlicht worden.

Wählt man für die Momentenfunktion den Ausdruck

$$M = -N_c\left(\frac{J_x}{J_c}\cdot\frac{\partial^2\zeta}{\partial x^2} + \frac{J_y}{J_c}\frac{\partial^2\zeta}{\partial y^2}\right),\tag{81}$$

so gewinnt man die ursprüngliche Grundgleichung

$$V^2 M = -p$$

wieder.

Hieraus erkennt man, daß die Beziehungen zwischen M und p durch die Verschiedenheit der Bewehrungsmengen nicht beeinflußt werden. Die Werte M können also auch aus den Ordinaten des w-Gewebes unmittelbar abgeleitet werden.

Um die Verschiebungen ζ zu ermitteln, braucht man nur an Stelle des ursprünglichen Gewebes ein Gewebe mit der Maschenweite

$$\bar\lambda_x = \lambda_x\sqrt[2]{\frac{J_c}{J_x}}, \qquad \bar\lambda_y = \lambda_y\sqrt[2]{\frac{J_c}{J_y}}$$

zu verwenden. Man kann sich leicht überzeugen, daß die Bestimmungsgleichung des letzteren

$$\frac{\Delta^2 z_x}{(\bar\lambda_x)^2} + \frac{\Delta^2 z_y}{(\bar\lambda_y)^2} = -\frac{M}{S_1 S_2} = -\frac{w}{S_2}$$

mit der obigen Differentialgleichung der Funktion M übereinstimmt, sobald

$$\zeta = \frac{S_1 S_2}{N_c}\, z$$

gesetzt wird. Hiermit ist auch bei Platten mit verschiedenen Bewehrungsmengen die vollständige Darstellung der Spannungen und Formänderungen auf die Untersuchung elastischer Gewebe zurückgeführt.

2. Untersuchung einer frei aufliegenden Platte mit dem Längenverhältnis $a:b = 1:2$ und dem Steifigkeitsverhältnis $J_x:J_y = 4:1$.

Ich wähle als Beispiel eine ringsum freiauffliegende, gleichmäßig belastete Platte mit dem Längenverhältnis $a:b = 1:2$, dem Steifigkeitsverhältnis $J_x:J_y = 4:1$. Um zunächst die Größen M zu bestimmen, verwende ich ein Gewebe mit der Maschenweite

$$\lambda_x = \lambda_y = \lambda = \frac{a}{2} = \frac{b}{4}.$$

Die zugehörigen Ordinaten, deren Ordnungsziffern aus Abb. 43 entnommen werden können, sind:

$$S_1 w_1 = 0{,}1900 \ \ pa^2, \qquad S_1 w_5 = 0{,}32773 \ pa^2,$$
$$S_1 w_2 = 0{,}2569 \ \ pa^2, \qquad S_1 w_6 = 0{,}43338 \ pa^2,$$
$$S_1 w_3 = 0{,}28909 \ pa^2, \qquad S_1 w_7 = 0{,}33847 \ pa^2,$$
$$S_1 w_4 = 0{,}37961 \ pa^2, \qquad S_1 w_8 = 0{,}48424 \ pa^2.$$

Nimmt man als Vergleichsmaß $J_c = J_x$, so erhält man für das zweite stellvertretende Gewebe die Maschenweiten

$$\bar{\lambda}_x = \lambda_x \sqrt{\frac{J_c}{J_x}} = \lambda,$$
$$\bar{\lambda}_y = \lambda_y \sqrt{\frac{J_c}{J_y}} = 2\lambda_y = 2\lambda.$$

Die kennzeichnende Differenzengleichung lautet mithin:

$$\frac{z_i - 2z_k + z_l}{\lambda^2} + \frac{z_m - 2z_k + z_n}{4\lambda^2} = -\frac{w_k}{S_2},$$

oder in anderer Form:

$$10 z_k - 4(z_i + z_l) - (z_m + z_n) = \frac{4\lambda^2 w_k}{S_2}$$
$$= \frac{a^2}{S_2} w_k.$$

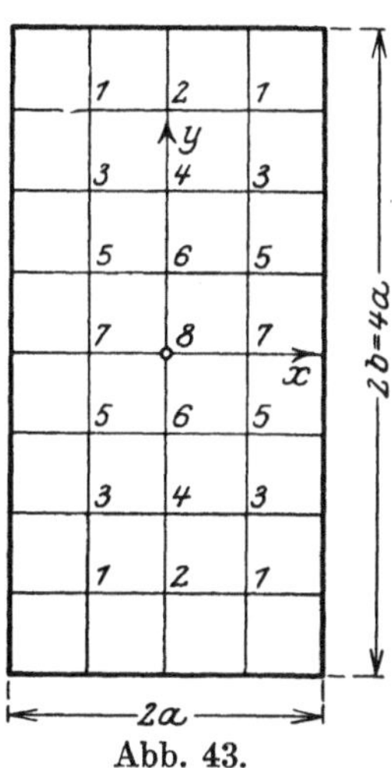

Abb. 43.

Für die aus Abb. 43 ersichtlichen Ordnungsziffern ergibt sich der Reihe nach:

$$10 z_1 - 4 z_2 - z_3 = 0{,}1900 \ \frac{pa^4}{S_1 S_2},$$
$$-8 z_1 + 10 z_2 - z_4 = 0{,}2569 \ \frac{pa^4}{S_1 S_2},$$
$$- z_1 + 10 z_3 - 4 z_4 - z_5 = 0{,}28909 \frac{pa^4}{S_1 S_2},$$
$$-z_2 - 8 z_3 + 10 z_4 - z_6 = 0{,}37961 \frac{pa^4}{S_1 S_2},$$
$$- z_3 + 10 z_5 - 4 z_6 - z_7 = 0{,}32773 \frac{pa^4}{S_1 S_2},$$
$$-z_4 - 8 z_5 + 10 z_6 - z_8 = 0{,}43338 \frac{pa^4}{S_1 S_2},$$
$$-2 z_5 + 10 z_7 - 4 z_8 = 0{,}33847 \frac{pa^4}{S_1 S_2},$$
$$-2 z_6 + 10 z_8 - 8 z_7 = 0{,}48424 \frac{pa^4}{S_1 S_2}.$$

Die Auflösung dieser Gleichungen liefert:

$$z_1 = 0{,}069\,772\,\frac{pa^4}{S_1 S_2}, \qquad z_5 = 0{,}130\,936\,\frac{pa^4}{S_1 S_2},$$

$$z_2 = 0{,}096\,972\,\frac{pa^4}{S_1 S_2}, \qquad z_6 = 0{,}183\,121\,\frac{pa^4}{S_1 S_2},$$

$$z_3 = 0{,}110\,835\,\frac{pa^4}{S_1 S_2}, \qquad z_7 = 0{,}138\,316\,\frac{pa^4}{S_1 S_2},$$

$$z_4 = 0{,}154\,638\,\frac{pa^4}{S_1 S_2}, \qquad z_8 = 0{,}195\,697\,\frac{pa^4}{S_1 S_2}.$$

Die Senkung des Plattenmittelpunktes ist

$$\zeta_8 = 0{,}195\,697\,\frac{pa^4}{N_c} = \frac{m^2 - 1}{m^2 E} \cdot \frac{0{,}195\,697\,pa^4}{J_x}.$$

Bei einer isotropen Platte mit $J_x = J_y$ ist hingegen

$$\zeta_8 = \frac{m^2 - 1}{m^2 E} \cdot 0{,}1654\,\frac{pa^4}{J_x}.$$

Diese Gegenüberstellung zeigt, daß die beträchtliche Schwächung der Steifigkeit in der y-Richtung eine allerdings nicht erhebliche Vergrößerung der Durchbiegung zur Folge hat.

Beachtenswert ist insbesondere der Vergleich der Biegungsbeanspruchungen. Die Größtwerte der reduzierenden Spannungsmomente sind für die anisotrope Platte:

$$\bar{s}_x = 0{,}459\,05\,pa^2 \text{ im Punkte } x = 0\,,\ y = 0\,,$$
$$\bar{s}_y = 0{,}039\,30\,pa^2 \text{ im Punkte } x = 0\,,\ y = \pm\tfrac{3}{4}\,b\,,$$

für die isotrope Platte:

$$\bar{s}_x = 0{,}375\,22\,pa^2 \text{ im Punkte } x = 0\,,\ y = 0\,,$$
$$\bar{s}_y = 0{,}090\,05\,pa^2 \text{ im Punkte } x = 0\,,\ y = \pm\tfrac{3}{4}\,b\,.$$

Infolge der ungleichmäßigen Steifigkeit wird also der Beanspruchung der Streifen mit der stärkeren Bewehrung gesteigert und diejenige der Streifen mit der schwächeren Bewehrung merklich vermindert.

Da jedoch die in der kürzesten Spannrichtung auftretenden Biegungsmomente nur um etwa 22% gewachsen sind und da das ungünstige Verhältnis der Trägheitsmomente nur für diejenigen Stellen gilt, in denen die Rißbildung in beiden Richtungen weit fortgeschritten ist, während außerhalb dieses Bereiches die Verschiedenheit der Bewehrungsmengen das Steifigkeitsverhältnis kaum beeinflußt, wird es für die Beurteilung der Anstrengung der Platte nur in seltenen Fällen notwendig sein, die Einwirkung des Bewehrungsunterschiedes genauer zu verfolgen.

§ 12. Der Einfluß einer ungleichmäßigen Erwärmung.

Eine Platte, deren Ränder in jeder Richtung frei beweglich sind, wird unter dem Einfluß einer ungleichmäßigen Erwärmung ihrer Abgrenzungsflächen das Bestreben haben, sich zu wölben und von ihrer Unterlage abzuheben. Wird diese Hebung gehindert und die Platte gezwungen, auf der Randunterlage zu verbleiben, so könnten unter Umständen beträchtliche Spannungen in der Platte entstehen. Während bei einem frei aufliegenden Stabe Wärmeänderungen die Beanspruchung nicht beeinflussen und daher bei der Querschnittsbemessung außer acht

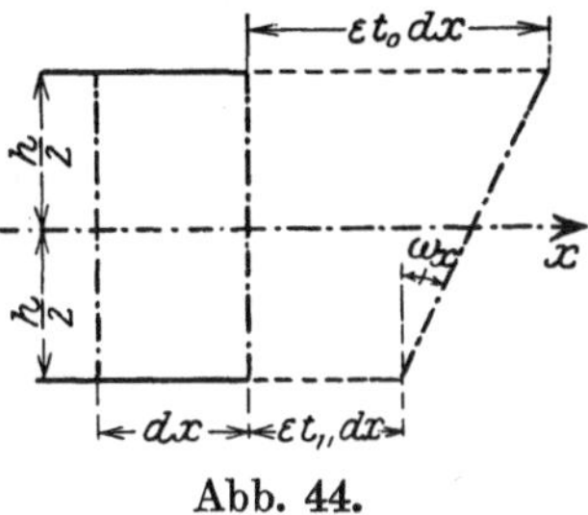

Abb. 44.

gelassen werden dürfen, muß hingegen bei Platten die Wirkung einer ungleichmäßigen Erwärmung sorgfältig untersucht werden.

Ist

t_o die Wärme am oberen Rande der Platte,

t_u die Wärme am unteren Rande der Platte,

$\Delta t = t_o - t_u$ der Wärmeunterschied,

ε die Wärmedehnungsziffer,

so wird sich, wenn der Rand keinen Widerstand leistet, ein Plattenstreifen von der Länge dx in der x-z-Ebene am oberen Rande um $\varepsilon t_o \, dx$, am unteren Rande um $\varepsilon t_u \, dx$ verlängern (Abb. 44).

Die ursprünglich zur x-Achse senkrecht stehende Querschnittsebene dreht sich dann um den Winkel

$$\omega_x = -\varepsilon\,(t_o - t_u)\,\frac{dx}{h} = -\varepsilon\,\Delta t\,\frac{dx}{h}\,.$$

Die Mittelfläche der Platte erfährt hierbei Verschiebungen ζ_o und es besteht zwischen der Krümmung $\dfrac{1}{\varrho_x}$ der elastischen Fläche und dem Winkel ω_x die Beziehung

$$\frac{1}{\varrho_x} = \frac{\omega_x}{dx} = -\frac{\partial^2 \zeta_o}{\partial x^2} = -\frac{\varepsilon\,\Delta t}{h}\,.$$

Ebenso erhält man für die ursprünglich zur y-Achse senkrecht stehenden Querschnitte

$$\frac{1}{\varrho_y} = \frac{\omega_y}{dy} = -\frac{\partial^2 \zeta_o}{\partial y^2} = -\frac{\varepsilon\,\Delta t}{h}\,.$$

Die Gestalt der elastischen Fläche in diesem Zustande ist durch den Ansatz

$$\zeta_o = -\frac{\varepsilon\,\Delta t}{2\,h}\,[(a^2 - x^2) + (b^2 - y^2)] \tag{82}$$

beschrieben: das Vorzeichen von ζ_o ist negativ, weil sich die Platte, wenn $\varDelta t$ positiv ist, nach oben wölbt.

Man erkennt, daß die Plattenränder nicht geradlinig bleiben, sondern sich nach einer Parabel krümmen.

Soll diese Krümmung gehindert werden, so müssen längs der Ränder Kräfte oder Kräftepaare angebracht werden, die eine entgegengesetzte Formänderung herbeiführen. Bezeichnet man mit ζ' die durch diese Randkräfte hervorgerufenen Verschiebungen, so müssen offenbar die letzteren, da sonst auf der Plattenoberfläche selbst keine Kräfte p angreifen, die homogene Differentialgleichung $\varGamma^4\,\zeta' = 0$ befriedigen.

Die endgültige Gestalt der elastischen Fläche ist durch die Gleichung

$$\zeta = \zeta_o + \zeta'$$

bestimmt.

Für die Ränder $x = \pm\,a$ gelten die Bedingungen

$$\zeta = 0$$

$$s'_x = -N\left(\frac{\partial^2\,\zeta'}{\partial\,x^2} + \frac{1}{m}\,\frac{\partial^2\,\zeta'}{\partial\,y^2}\right) = 0\,,$$

für die Ränder $y = \pm\,b$ ebenso:

$$\zeta = 0$$

$$s'_y = -N\left(\frac{\partial^2\,\zeta'}{\partial\,y^2} + \frac{1}{m}\,\frac{\partial^2\,\zeta'}{\partial\,x^2}\right) = 0\,.$$

Da die erste dieser Bedingungen die weiteren Forderungen

$$\frac{\partial^2\,\zeta_o}{\partial\,y^2} + \frac{\partial^2\,\zeta'}{\partial\,y^2} = \frac{\partial^2\,\zeta}{\partial\,y^2} = 0 \ \text{für} \ x = \pm\,a\,,$$

$$\frac{\partial^2\,\zeta_o}{\partial\,x^2} + \frac{\partial^2\,\zeta'}{\partial\,x^2} = \frac{\partial^2\,\zeta}{\partial\,x^2} = 0 \ \text{für} \ y = \pm\,b$$

in sich schließt, so folgt aus

$$\frac{\partial^2\,\zeta'}{\partial\,y^2} = -\frac{\partial^2\,\zeta_o}{\partial\,y^2}$$

für $x = \pm\,a$:

$$s'_x = -N\left(\frac{\partial^2\,\zeta'}{\partial\,x^2} + \frac{1}{m}\,\frac{\partial^2\,\zeta'}{\partial\,y^2}\right) = -N\left(\frac{\partial^2\,\zeta'}{\partial\,x^2} - \frac{1}{m}\,\frac{\partial^2\,\zeta_o}{\partial\,y^2}\right) = 0\,,$$

also

$$\frac{\partial^2\,\zeta'}{\partial\,x^2} = \frac{1}{m}\,\frac{\partial^2\,\zeta_o}{\partial\,y^2} = \frac{1}{m}\,\frac{\varepsilon\,\varDelta t}{h}\,,$$

$$M' = -N\left(\frac{\partial^2\,\zeta'}{\partial\,x^2} + \frac{\partial^2\,\zeta'}{\partial\,y^2}\right) = -N\left(\frac{\partial^2\,\zeta'}{\partial\,x^2} - \frac{\partial^2\,\zeta_o}{\partial\,y^2}\right) = N\cdot\frac{m-1}{m}\,\frac{\varepsilon\,\varDelta t}{h}\,.$$

Für die Ränder $y = \pm b$ ergibt sich ebenso

$$\frac{\partial^2 \zeta'}{\partial y^2} = \frac{1}{m} \frac{\partial^2 \zeta_0}{\partial x^2} = \frac{1}{m} \frac{\varepsilon \Delta t}{h},$$

$$M' = -N \left(\frac{\partial^2 \zeta'}{\partial y^2} + \frac{\partial^2 \zeta'}{\partial x^2} \right) = -N \left(\frac{\partial^2 \zeta'}{\partial y^2} - \frac{\partial^2 \zeta_0}{\partial x^2} \right) = N \cdot \frac{m-1}{m} \frac{\varepsilon \Delta t}{h}.$$

Für M' gilt andererseits die Differentialgleichung

$$\nabla^2 M' = 0.$$

Sie kann, da überall am Rande M' den gleichen Wert aufweist, keine andere Lösung haben als

$$M' = N \frac{m-1}{m} \frac{\varepsilon \Delta t}{h}.$$

Die Verschiebungen ζ' müssen daher die Gleichung

$$\nabla^2 \zeta' = -\frac{M'}{N} = -\frac{m-1}{m} \frac{\varepsilon \Delta t}{h} \tag{83}$$

befriedigen.

Beachtet man noch die Beziehung

$$\nabla^2 \zeta_0 = 2 \frac{\varepsilon \Delta t}{h},$$

so ergibt sich schließlich

$$\nabla^2 \zeta = \nabla^2 \zeta_0 + \nabla^2 \zeta' = \frac{m+1}{m} \frac{\varepsilon \Delta t}{h}. \tag{84}$$

Hieraus folgt der Satz:

Die elastische Fläche einer ungleichmäßig erwärmten, frei aufliegenden Platte hat die gleiche Gestalt wie eine mit den elastischen Gewichten

$$p_t = -\frac{m+1}{m} \frac{\varepsilon \Delta t}{h} = +\frac{m+1}{m} \frac{\varepsilon(t_u - t_o)}{h}$$

belastete Haut.

Die Verschiebungen ζ stimmen also auch mit den w-Ordinaten eines mit p_t belasteten Gewebes überein.

Handelt es sich beispielsweise um eine quadratische Platte, so liefern die auf S. 52 errechneten M-Werte für den Plattenmittelpunkt

$$\zeta = M_{10} = 0{,}291\,13\, p_t a^2 = -0{,}291\,13\, \frac{m+1}{m} \frac{\varepsilon \Delta t}{h}.$$

Die für die Beurteilung der Anstrengung der Platte maßgebenden Momente der reduzierten Spannungen

$$s_{rx} = -N \cdot \frac{m^2 - 1}{m^2} \cdot \frac{\partial^2 \zeta'}{\partial x^2} = -N \frac{m^2 - 1}{m^2} \left(\frac{\partial^2 \zeta}{\partial x^2} - \frac{\partial^2 \zeta_0}{\partial x^2} \right)$$

lassen sich mit Hilfe der Formel

$$s_{rx} = -N \cdot \frac{m^2 - 1}{m^2}\left(\frac{\partial^2 \zeta}{\partial x^2} - \frac{\varepsilon \, \Delta t}{h}\right) = -\frac{E\,h^3}{12}\left(\frac{\partial^2 \zeta}{\partial x^2} - \frac{\varepsilon \, \Delta t}{h}\right)$$

bestimmen.

Da für den Plattenmittelpunkt

$$\frac{\partial^2 \zeta}{\partial x^2} = \frac{\partial^2 \zeta}{\partial y^2} = \frac{1}{2}\, \nabla^2 \zeta = \frac{m+1}{m}\,\frac{\varepsilon \, \Delta t}{2\,h}$$

ist, so erhält man

$$(s_{rx})_{x=y=0} = \frac{m-1}{24\,m}\,\varepsilon\,E\,h^2\,\Delta t\,.$$

Diesem Werte entspricht die größte reduzierte Spannung

$$\sigma_{rx} = \pm \frac{6\,s_{rx}}{h^2} = \pm \frac{E}{4}\,\frac{m-1}{m}\,\varepsilon\,\Delta t\,.$$

Für eine Betonplatte mit

$$E = 170000 \text{ kg/cm}^2,$$
$$\varepsilon = \tfrac{1}{85000}$$
$$m = 4\,,$$

würde demnach bei $\Delta t = 20°$ eine Beanspruchung

$$\sigma_{rx} = \pm 7{,}5 \text{ kg/cm}^2$$

in Betracht kommen.

Am Rande $x = \pm a$ ist hingegen

$$s_{ry} = -N \cdot \frac{m^2 - 1}{m^2}\,\frac{\partial^2 \zeta'}{\partial y^2} = N \cdot \frac{m^2 - 1}{m^2}\,\frac{\partial^2 \zeta_o}{\partial y^2} = +\frac{E\,h^2}{12}\,\varepsilon\,\Delta t,$$

$$\sigma_{ry} = \pm \frac{6\,s_{ry}}{h^2} = \pm \frac{E}{2}\,\varepsilon\,\Delta t = \pm 20 \text{ kg/cm}^2\,.$$

Diese Zahlen beweisen, daß die durch eine ungleichmäßige Erwärmung hervorgerufenen zusätzlichen Spannungen im Plattenmittelpunkt nicht übermäßig, in der Randmitte aber durchaus erheblich sind.

Es entstehen indessen, da durchweg $\dfrac{\partial M'}{\partial x} = \dfrac{\partial M'}{\partial y} = 0$ ist, überhaupt keine Scherkräfte. Für die Belastung der Unterlage kommen daher nur die Randdrillungsmomente

$$t' = -N \cdot \frac{m-1}{m}\,\frac{\partial^2 \zeta'}{\partial x \, \partial y}$$

oder die zugehörigen zusätzlichen Auflagerkräfte

$$v'_x = -N\,\frac{m-1}{m}\,\frac{\partial^3 \zeta'}{\partial x \, \partial y^2}\,,$$
$$v'_y = -N\,\frac{m-1}{m}\,\frac{\partial^3 \zeta'}{\partial y \, \partial x^2}$$

in Betracht.

Um die Größe dieser Auflagerwiderstände bestimmen zu können, müssen erst die Ordinaten ζ' sowohl der Randlinie a, b, c, d wie auch der benachbarten, inneren und äußeren Gewebezeilen 1, 2, 3, 4 und α, β, γ, δ (Abb. 45) ermittelt werden.

Für die Zeile 1, 2, 3, 4 sind die Werte

$$\zeta_1 = \overline{M}_1 = 0{,}071\,12\ p_t a^2 = -\,0{,}071\,12\ \frac{m+1}{m}\ \frac{\varepsilon\,\Delta t}{h}\ a^2\,,$$

$$\zeta_2 = \overline{M}_2 = 0{,}110\,98\ p_t a^2 = -\,0{,}110\,98\ \frac{m+1}{m}\ \frac{\varepsilon\,\Delta t}{h}\ a^2\,,$$

$$\zeta_3 = \overline{M}_3 = 0{,}131\,66\ p_t a^2 = -\,0{,}131\,66\ \frac{m+1}{m}\ \frac{\varepsilon\,\Delta t}{h}\ a^2\,,$$

$$\zeta_4 = \overline{M}_4 = 0{,}138\,10\ p_t a^2 = -\,0{,}138\,10\ \frac{m+1}{m}\ \frac{\varepsilon\,\Delta t}{h}\ a^2$$

unmittelbar aus den auf S. 51—52 errechneten w-Ordinaten der gleichmäßig belasteten Platte zu entnehmen.

Da

$$\zeta' = \zeta - \zeta_0 = \zeta + \frac{\varepsilon\,\Delta t}{2\,h}\,[(a^2 - x^2) + (b^2 - y^2)]$$

ist, so ergibt sich, wenn $m = 4$ gewählt wird,

$$\text{für } x = \pm\,\frac{3}{4}\,a\,,$$

$$y = \pm\,\frac{3}{4}\,b : \ \zeta_1' = 0{,}348\,6\ \frac{\varepsilon\,\Delta t\,a^2}{h}\,,$$

$$y = \pm\,\frac{2}{4}\,b : \ \zeta_2' = 0{,}455\,03\ \frac{\varepsilon\,\Delta t\,a^2}{h}\,,$$

$$y = \pm\,\frac{1}{4}\,b : \ \zeta_3' = 0{,}522\,92\ \frac{\varepsilon\,\Delta t\,a^2}{h}\,,$$

$$y = \pm\,0\ \ : \ \zeta_4' = 0{,}546\,15\ \frac{\varepsilon\,\Delta t\,a^2}{h}\,,$$

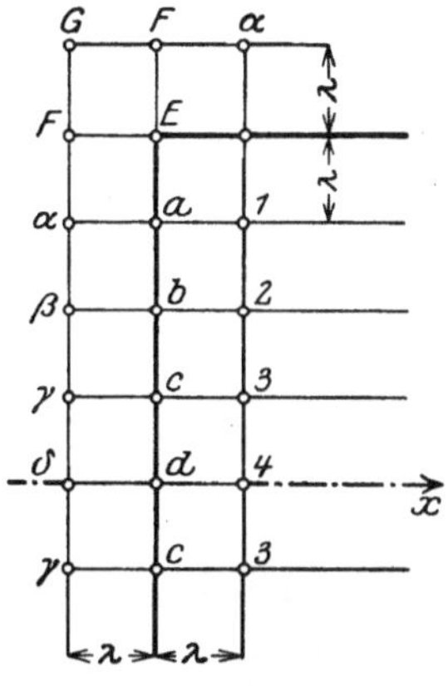

Für die Randlinie a, b, c, d liefert die Formel

$$\zeta' = -\,\zeta_0 = \frac{\varepsilon\,\Delta t}{2\,h}\,(b^2 - y^2)$$

der Reihe nach

$$\zeta_a' = 0{,}218\,75\ \frac{\varepsilon\,\Delta t}{h}\ a^2\,, \qquad \zeta_c' = 0{,}468\,75\ \frac{\varepsilon\,\Delta t}{h}\ a^2\,,$$

$$\zeta_b' = 0{,}375\ \frac{\varepsilon\,\Delta t}{h}\ a^2\,, \qquad \zeta_d' = 0{,}5\ \frac{\varepsilon\,\Delta t}{h}\ a^2\,.$$

Abb. 45.

Andererseits folgt aus der Gleichung

$$\frac{\partial^2 \zeta'}{\partial x^2} = \frac{\zeta_i' + \zeta_l' - 2\,\zeta_k'}{\lambda_x^2} = \frac{1}{m}\,\frac{\partial^2 \zeta_o}{\partial y^2} = \frac{1}{m}\,\frac{\varepsilon \varDelta t}{h}$$

die Beziehung

$$\zeta_i' = 2\,\zeta_k' - \zeta_l' + \frac{\lambda_x^2}{m}\,\frac{\varepsilon \varDelta t}{h} = 2\,\zeta_k' - \zeta_l' + 0{,}015\,625\,\frac{\varepsilon \varDelta t\, a^2}{h}\;.$$

Die Ordinaten der äußeren Zeile α, β, γ, δ sind also:

$$\zeta_\alpha' = \frac{\varepsilon \varDelta t}{h}\, a^2\,(2\cdot 0{,}218\,75 - 0{,}348\,6\ \ + 0{,}015\,625) = +0{,}104\,525\,\frac{\varepsilon \varDelta t}{h}\, a^2\,,$$

$$\zeta_\beta' = \frac{\varepsilon \varDelta t}{h}\, a^2\,(2\cdot 0{,}375\ \ \ \ - 0{,}455\,03 + 0{,}015\,625) = +0{,}315\,595\,\frac{\varepsilon \varDelta t}{h}\, a^2\,,$$

$$\zeta_\gamma' = \frac{\varepsilon \varDelta t}{h}\, a^2\,(2\cdot 0{,}468\,75 - 0{,}522\,92 + 0{,}015\,625) = +0{,}430\,205\,\frac{\varepsilon \varDelta t}{h}\, a^2\,,$$

$$\zeta_\delta' = \frac{\varepsilon \varDelta t}{h}\, a^2\,(2\cdot 0{,}5\ \ \ \ \ - 0{,}546\,15 + 0{,}015\,625) = +0{,}469\,475\,\frac{\varepsilon \varDelta t}{h}\, a^2\,.$$

Für die Ecke E ist
$$\zeta_E' = \zeta_E = 0\;.$$

Dementsprechend ergibt sich für den benachbarten Punkt F:

$$\zeta_F' = 2\,\zeta_E' - \zeta_a' + 0{,}015\,625\,\frac{\varepsilon \varDelta t}{h}\, a^2 = -0{,}203\,125\,\frac{\varepsilon \varDelta t}{h}\, a^2\;.$$

Aus den beiden Bedingungen $\dfrac{\partial \zeta}{\partial x} = \dfrac{\partial \zeta}{\partial y} = 0$ folgt weiterhin, daß die Platte in der Ecke als fest eingeklemmt zu betrachten ist. Diese Überlegung liefert für den nächstliegenden Punkt G die Beziehung

$$\zeta_G = \zeta_1\,,\qquad \zeta_G' = \zeta_1 - \zeta_{oG}\,,$$

und da

$$\zeta_{oG} = -2\,\frac{\varepsilon \varDelta t}{2\,h}\cdot a^2\left[1 - \left(\frac{5}{4}\right)^2\right] = +0{,}5625\,\frac{\varepsilon \varDelta t}{h}\, a^2$$

ist, so findet man

$$\zeta_G' = -\,0{,}6514\,\frac{\varepsilon \varDelta t}{h}\, a^2\;.$$

Hiermit ist die Formänderung der Platte im Randbereich völlig beschrieben.

Mit Hilfe der Formel

$$t_{xy}' = N\,\frac{m-1}{m}\,\frac{(\zeta_p' + \zeta_q') - (\zeta_o' + \zeta_r')}{4\,\lambda_x\,\lambda_y} = \frac{4}{15}\,E\,h^3\left[\frac{(\zeta_p' + \zeta_q') - (\zeta_o' + \zeta_r')}{a^2}\right]$$

erhält man nunmehr für die Randdrillungsmomente die Werte

$$t_E' = -0{,}1365\ E\,\varepsilon \varDelta t\,h^2\,,\qquad t_c' = -0{,}0289\ E\,\varepsilon \varDelta t\,h^2\,,$$
$$t_a' = -0{,}0844\ E\,\varepsilon \varDelta t\,h^2\,,\qquad t_d' = \pm 0{,}0\quad\ E\,\varepsilon \varDelta t\,h^2\,.$$
$$t_b' = -0{,}04036\ E\,\varepsilon \varDelta t\,h^2\,.$$

Werden die zugehörigen zusätzlichen Auflagerkräfte auf Grund der Gleichung

$$v'_x = -N\frac{m-1}{m}\frac{\partial}{\partial x}\frac{\partial^2 \zeta}{\partial y^2} = N\cdot\frac{m-1}{m}\frac{[(2\,\zeta_l - \zeta'_p - \zeta'_r) - (2\,\zeta_i - \zeta'_o - \zeta'_q)]}{2\,\lambda^3}$$

$$= \frac{32}{15}\cdot\frac{Eh^3}{a^3}[(2\,\zeta_l - \zeta'_p - \zeta'_r) - (2\,\zeta_i - \zeta'_o - \zeta'_q)]$$

ermittelt, so liefert die Rechnung

$$\text{für den Punkt } E: v'_x = a_x = -0,3547\ \ \varepsilon E\varDelta t\,\frac{h^2}{a},$$

$$a: \qquad -0,16674\ \varepsilon E\varDelta t\,\frac{h^2}{a},$$

$$b: \qquad -0,10223\ \varepsilon E\varDelta t\,\frac{h^2}{a},$$

$$c: \qquad -0,07607\ \varepsilon E\varDelta t\,\frac{h^2}{a},$$

$$d: \qquad -0,06852\ \varepsilon E\varDelta t\,\frac{h^2}{a}.$$

Die durch die ungleichmäßige Erwärmung erzeugten Auflagerkräfte sind, wie man sieht, abwärts gerichtet. In den Ecken selbst greifen die Einzelkräfte $C = -2\,t'_E = +0,273\,E\,\varepsilon\varDelta t\,h^2$ an. Sie erzeugen Druck oder Zug, je nachdem die obere oder die untere Abgrenzungsfläche der Platte stärker erwärmt wird, und wachsen mit der zweiten Potenz der Plattenstärke. Um einen Anhalt über die Größe dieser Kräfte zu gewinnen, sei wie vorhin

$$E = 170000\ \text{kg/cm}^2,$$
$$\varepsilon = \tfrac{1}{85000},$$
$$\varDelta t = 20°,$$
$$m = 4$$

und $h = 10$ cm angenommen. Es ist dann

$$C = 0,273\,\tfrac{170000}{85000}\cdot 20\cdot 10^2 = 1092\ \text{kg}.$$

Die Eckkräfte sind also selbst bei sehr schwachen Platten nicht unbeträchtlich.

Es sei noch hervorgehoben, daß die durch die Drillungsmomente erzeugten Schubspannungen ebenso beachtet werden müssen.

Für die Ecke ergibt sich insbesondere

$$\tau_{\substack{\max\\\min}} = \pm\frac{6\,t'_E}{h^2} = \mp 0,819\,E\varepsilon\varDelta t,$$

für das vorliegende Zahlenbeispiel somit:

$$\tau_{\substack{\max\\\min}} = \mp 32,76\ \text{kg/cm}^2.$$

Diese erheblichen Schubbeanspruchungen verschwinden, wenn die Platte am Rande nicht frei aufliegt, sondern fest eingeklemmt ist.

Um die durch die ungleichmäßige Erwärmung erzeugten Verschiebungen

$$\zeta_o = -\frac{\varepsilon \Delta t}{2\,h}\left[(a^2 - x^2) + (b^2 - y^2)\right]$$

überhaupt rückgängig zu machen, müssen dann nämlich längs der Ränder $x = \pm a$ Kräftepaare

$$s'_x = N\left(\frac{1}{m}\cdot\frac{\partial^2 \zeta_o}{\partial y^2} + \frac{\partial^2 \zeta_o}{\partial x^2}\right) = \frac{\varepsilon \Delta t}{h}\,N\,\frac{m+1}{m}$$

und ebenso längs der Ränder $y = \pm b$ die Momente

$$s'_y = N\left(\frac{1}{m}\frac{\partial^2 \zeta_o}{\partial x^2} + \frac{\partial^2 \zeta_o}{\partial y^2}\right) = \frac{\varepsilon \Delta t}{h}\,N\,\frac{m+1}{m}$$

angebracht werden. Sie rufen in allen Punkten der Platte die gleichen reduzierten Spannungsmomente

$$s_{rx} = s_{ry} = N\cdot\frac{m^2-1}{m^2}\frac{\partial^2 \zeta_o}{\partial x^2} = N\,\frac{m^2-1}{m^2}\frac{\partial^2 \zeta_o}{\partial y^2} = \frac{\varepsilon E \Delta t\,h^2}{12}$$

und die gleichen reduzierten Spannungen

$$\sigma_{\text{red}} = \pm\frac{6\,s_{rx}}{h^2} = \pm\frac{1}{2}\,\varepsilon E \Delta t$$

hervor.

Mit den vorigen Zahlenwerten für ε, E, Δt ergibt sich beispielsweise

$$\sigma_{\text{red}} = \pm\, 20 \text{ kg/cm}^2\,.$$

Der Vergleich mit den früheren Ergebnissen zeigt, daß durch die Einklemmung wohl im Plattenmittelpunkt größere, längs der Ränder jedoch die gleichen Spannungen wie durch die freiere Auflagerung bei einer ungleichmäßigen Erwärmung erzeugt werden: die Beanspruchung ist aber, weil die Schubspannungen fortfallen, im ersten Falle günstiger.

Es sei schließlich bemerkt, daß für die Anstrengung der Platte nicht die Plattenstärke, sondern lediglich der Wärmeunterschied und die Elastizität des Baustoffes maßgebend sind.

IV. Die ringsum frei aufliegende kreisförmige Platte.

§ 13. Die Randbedingungen bei beliebiger Lastanordnung.

Die freie Auflagerung der kreisförmigen Platte ist durch die Forderung, daß längs des Randes die Bedingungen

$$\zeta = 0, \tag{a}$$

$$s_r = -N\left[\frac{\partial^2 \zeta}{\partial r^2} + \frac{1}{m}\left(\frac{1}{r}\frac{\partial \zeta}{\partial r} + \frac{1}{r^2}\frac{\partial^2 \zeta}{\partial \varphi^2}\right)\right] = 0 \tag{b}$$

erfüllt werden, gekennzeichnet.

Da die erste Gleichung die weitere Forderung

$$\frac{\partial^2 \zeta}{\partial \varphi^2} = 0$$

in sich schließt, so lautet die zweite Bedingung auch

$$\frac{\partial^2 \zeta}{\partial r^2} + \frac{1}{m}\left(\frac{1}{r}\,\frac{\partial \zeta}{\partial r}\right) = 0 \tag{c}$$

oder, wenn im Einklang mit Abb. 46 die Differentialquotienten durch endliche Differenzen ersetzt werden:

$$\frac{z_i - 2\,z_k + z_l}{(\varDelta r)^2} + \frac{1}{m}\,\frac{1}{r_0}\,\frac{(z_i - z_l)}{2\varDelta r} = 0 \,.$$

Hierbei ist unter r_0 der Halbmesser des Auflagerringes zu verstehen.

Beachtet man, daß für den Randpunkt k $z_k = 0$ sein muß, so ergibt sich

$$z_i + z_l = -\frac{1}{2\,m}\,\frac{\varDelta r}{r_0}\,(z_i - z_l)\,,$$

somit

$$z_i = -z_l \cdot \frac{1 - \dfrac{1}{2\,m}\,\dfrac{\varDelta r}{r_0}}{1 + \dfrac{1}{2\,m}\,\dfrac{\varDelta r}{r_0}}\,. \tag{d}$$

Auf Grund dieser Formel läßt sich jedem Punkt l des elastischen Gewebes unmittelbar neben dem Rande ein Punkt i außerhalb des Randes zuordnen und hiermit die Randgestalt des Radialgewebes bestimmen.

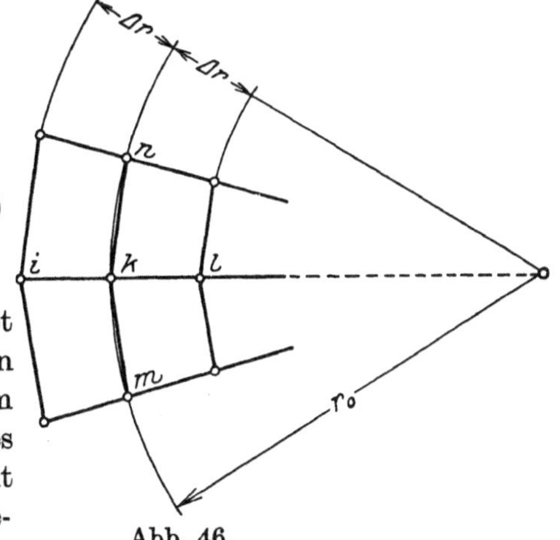

Abb. 46.

Aus der Bedingungsgleichung (c) folgt noch

$$\frac{1}{r}\,\frac{\partial \zeta}{\partial r} = -m\,\frac{\partial^2 \zeta}{\partial r^2}\,.$$

Für den Rand des w-Gewebes gilt aber die Gleichung:

$$S_1 w_k = M_k = -N\left(\frac{\partial^2 \zeta}{\partial r^2} + \frac{1}{r}\,\frac{\partial \zeta}{\partial r} + \frac{1}{r^2}\,\frac{\partial^2 \zeta}{\partial \varphi^2}\right),$$

$$S_1 w_k = -N\left(\frac{\partial^2 \zeta}{\partial r^2} + \frac{1}{r}\,\frac{\partial \zeta}{\partial r}\right) = +N(m-1)\,\frac{\partial^2 \zeta_k}{\partial r^2}\,.$$

Da im allgemeinen die Bedingung (c) nur dann erfüllt sein kann, wenn $\dfrac{\partial^2 \zeta_k}{\partial r^2}$ von Null verschieden ist, so erkennt man, daß, während beim z-Gewebe überall am Rande $z_k = 0$ sein muß, die Randwerte w_k beim

w-Gewebe durchaus nicht verschwinden. Sie sind vielmehr, da die Gleichgewichtsgleichungen des w-Gewebes zur Ermittlung dieser Randwerte nicht ausreichen, als statisch unbestimmte Größen zu betrachten.

Setzt man zunächst für alle Randpunkte $w_k = 0$, so lassen sich die Ordinaten w_o der übrigen inneren Knotenpunkte als Funktion der Lasten P ohne weiteres errechnen. Ebenso sind die zu diesen Werten w_o zugehörigen Verschiebungen z_o des zweiten Gewebes leicht zu ermitteln.

Denkt man sich nunmehr die Lasten P fort und Kräfte sowie Kräftepaare in den Punkten 1, 2, 3, 4 . . . der Randfläche angebracht, so können aus den dieser Kraftgruppe entsprechenden Randwerten w_1, w_2, w_3, w_4 . . . mit Hilfe der Gewebegleichungen die Ordinaten w' der übrigen inneren Knotenpunkte abgeleitet werden. Es ist dann weiterhin möglich, die den Größen w' zugeordneten Ordinaten z' des zweiten Gewebes als Funktionen von w_1, w_2, w_3, w_4 . . . darzustellen.

Die tatsächliche Gestalt der elastischen Fläche ist durch die Gleichung

$$z = z_0 + z'$$

festgelegt. Für die dem Randknotenpunkte k in radialer Richtung am nächsten liegenden Punkte i und l des Gewebes der Abb. 46 gilt insbesondere:

$$z_i = z_{oi} + z_i',$$
$$z_l = z_{ol} + z_l'.$$

Da nach Gleichung (d)

$$z_i = -z_l \frac{1 - \dfrac{1}{2m}\dfrac{\Delta r}{r_o}}{1 + \dfrac{1}{2m}\dfrac{\Delta r}{r_o}}.$$

sein soll, so ergibt sich auch

$$z_{oi} + z_{ol}\frac{1 - \dfrac{1}{2m}\dfrac{\Delta r}{r_o}}{1 + \dfrac{1}{2m}\dfrac{\Delta r}{r_o}} = -\left(z_i' + z_l'\frac{1 - \dfrac{1}{2m}\dfrac{\Delta r}{r_o}}{1 + \dfrac{1}{2m}\dfrac{\Delta r}{r_o}}\right). \tag{85}$$

Die rechte Seite dieser Gleichung enthält nur Funktionen von w_1, w_2, w_3, w_4 . . . Stellt man für die Randpunkte 1, 2, 3, 4 . . . n Gleichungen dieser Art auf, so gewinnt man die zur Errechnung der n statisch unbestimmten Größen w_1, w_2, w_3, w_4 . . . erforderlichen Elastizitätsbedingungen.

§ 14. Die Randbedingungen bei achsensymmetrischer Lastverteilung.

Die Lösung der Aufgabe ist besonders einfach, wenn die Belastung symmetrisch zur Drehachse der Platte verteilt ist. In diesem Falle kommt nämlich für jeden Randpunkt das gleiche Biegungsmaß $w_k = c$

in Betracht, und diesem Wert entspricht als Lösung der homogenen Differentialgleichung

$$\frac{d^2 w'}{dr^2} + \frac{1}{r}\frac{dw'}{dr} = 0$$

für alle Innenpunkte ebenfalls die Größe

$$w' = w_k = c \, .$$

Die weitere Differentialgleichung

$$\frac{S_1 S_2}{N}\left(\frac{d^2 z'}{dr^2} + \frac{1}{r}\frac{dz'}{dr}\right) = -\frac{M}{N} = -\frac{S_1 w'}{N} = -\frac{S_1 c}{N}$$

liefert dann

$$z' = \frac{c}{4 S_2}\,(r_o^2 - r^2)\,,$$

$$\zeta' = \frac{S_1 S_2}{N}\,z' = \frac{S_1 c}{4 N}\,(r_o^2 - r^2)\,.$$

Das zugehörige Randangriffsmoment ist

$$s_r' = -N\left(\frac{\partial^2 \zeta'}{\partial r^2} + \frac{1}{m}\,\frac{1}{r}\,\frac{\partial \zeta'}{\partial r}\right) = +\frac{m-1}{m}\,S_1\,\frac{c}{2}\,.$$

Für den statisch bestimmten Fall mit den Randwerten $w_{ok} = z_{ok} = 0$ lassen sich mit Hilfe der Grundgleichungen (48) und (49) die Grundwerte ζ_o aus den Lasten P und ebenso die zugehörigen Randmomente

$$s_{or} = -N\left(\frac{d^2 \zeta_o}{dr^2} + \frac{1}{m}\,\frac{1}{r}\,\frac{d\zeta_o}{dr}\right)_{r=r_o}$$

als Funktion der Belastung leicht ermitteln. Da im endgültigen Zustand

$$s_{or} + s_r' = 0$$

sein muß, so erhält man schließlich

$$\frac{m-1}{2\,m}\,c\,S_1 - N\left(\frac{d^2 \zeta_o}{dr^2} + \frac{1}{m}\,\frac{1}{r}\,\frac{d\zeta_o}{dr}\right)_{r=r_o} = 0\,,$$

oder

$$c\,S_1 = \frac{2\,m}{m-1}\,N\left(\frac{d^2 \zeta_o}{dr^2} + \frac{1}{m}\,\frac{1}{r}\,\frac{d\zeta_o}{dr}\right)_{r=r_o} : \tag{86}$$

mit Hilfe dieser Formel können die Randwerte c unmittelbar bestimmt werden.

§ 15. Die allgemeine Darstellung der Spannungen und Formänderungen bei achsensymmetrischer Belastung.

Für die Darstellung der ζ_o-Fläche eignet sich ein neues Verfahren, welches außerordentlich rasch zum Ziele führt und daher eine eingehendere Betrachtung verdient.

Ich knüpfe an die Grundgleichungen

$$\frac{d^2M}{dr^2} + \frac{1}{r}\frac{dM}{dr} = \frac{1}{r}\frac{d}{dr}\left(r\frac{dM}{dr}\right) = -p,$$

$$v_r = \frac{dM}{dr}$$

an, aus welchen ich die weitere Gleichung

$$\frac{d^2M}{dr^2} = -\left(p + \frac{1}{r}v_r\right) \tag{87}$$

ableite.

Denkt man sich aus der Platte ein Kernstück mit dem Halbmesser r herausgeschnitten, so muß seine Belastung

$$P_r = \int\limits_{0}^{r} p\,2\,\pi\,r\,dr$$

mit der längs der Randfläche verteilten lotrechten Scherkraft

$$T_r = +\,2\,\pi\,r\,v_r$$

im Gleichgewicht stehen. Es ist also

$$P + T_r = 0,$$

oder

$$2\,\pi\,r\,v_r = -2\,\pi\int\limits_{0}^{r} p\,r\,dr,$$

$$\frac{1}{r}\,v_r = -\frac{1}{r^2}\int\limits_{0}^{r} p\,r\,dr,$$

mithin

$$\frac{d^2M}{dr^2} = -\left(p - \frac{1}{r^2}\int\limits_{0}^{r} p\,r\,dr\right).$$

Setzt man

$$p - \frac{1}{r^2}\int\limits_{0}^{r} p\,r\,dr = p', \tag{88}$$

so erhält man die neue Beziehung

$$\frac{d^2M}{dr^2} = -p'. \tag{89}$$

Dies ist aber nichts anderes als die Gleichung einer mit den Kräften p' belasteten Seillinie. **Die Momentenfläche der Platte deckt sich also vollkommen mit der Momentenfläche eines einfachen Balkens, der an Stelle der wirklichen Belastung p die zugehörige Belastung p' aufzunehmen hat**, und da die Größen p' sich entweder rechnerisch oder zeichnerisch ohne weiteres ermitteln lassen, so ist hiermit die Berechnung des Biegungsmaßes M der Platte auf die Berechnung der Momente des einfachen Balkens zurückgeführt.

Ebenso läßt sich die Grundgleichung

$$\frac{d^2 \zeta}{d r^2} + \frac{1}{r}\frac{d \zeta}{d r} = -\frac{M}{N}$$

in Einklang mit der Beziehung

$$\frac{d \zeta}{d r} = -\frac{1}{r}\int_0^r \frac{M}{N}\, r\, d r$$

auf die Form

$$\frac{d^2 \zeta}{d r^2} = -\pi' \tag{90}$$

bringen. Hierbei ist

$$\pi' = \frac{M}{N} - \frac{1}{r^2}\int_0^r \frac{M}{N}\, r\, d r . \tag{91}$$

Es ist zugleich erwiesen, daß die Erzeugende der elastischen Fläche der Platte durch die Momentenlinie eines mit den elastischen Gewichten π' belasteten einfachen Balkens abgebildet werden kann. Durch diese Erkenntnis, welche die sinngemäße Erweiterung des bekannten Mohrschen Lehrsatzes einschließt, wird die Darstellung der Spannungen und Formänderungen der kreisförmigen Platte außerordentlich erleichtert.

1. Die gleichmäßig belastete kreisförmige Platte mit frei aufliegenden oder fest eingeklemmten Rändern.

Um die Anwendung des neuen Satzes zu zeigen, wähle ich als erstes Beispiel eine mit p gleichmäßig belastete Platte.

Die Formel (88) liefert in diesem Falle

$$p' = p - \frac{p}{r^2}\int_0^r r\, d r = \frac{p}{2} .$$

Die Differentialgleichung für M lautet demnach

$$\frac{d^2 M}{d r^2} = -\frac{p}{2} .$$

Ihre Lösung ist

$$M = C_1 - \frac{p\, r^2}{4} :$$

unter C_1 ist eine vorerst noch unbestimmte konstante Größe zu verstehen.

Für das zugehörige elastische Gewicht ergibt sich nunmehr

$$\pi' = \frac{M}{N} - \frac{1}{r^2} \int\limits_0^r \frac{M}{N}\, r\, dr = \frac{1}{4N}\left(2\,C_1 - \frac{3}{4}\,p\,r^2\right).$$

Führt man diesen Wert in die Gleichung der elastischen Linie

$$\frac{d^2\zeta}{dr^2} = -\pi' = -\frac{1}{4N}\left(2\,C_1 - \frac{3}{4}\,p\,r^2\right)$$

ein, so findet man durch Integration

$$\zeta = -\frac{1}{16N}\,r^2\left(4\,C_1 - \frac{p\,r^2}{4}\right) + C_2\,.$$

C_2 ist hierbei die zweite Integrationskonstante. Da längs des Auflagerringes mit dem Halbmesser $r = r_0$, $\zeta = 0$ sein muß, so erhält man zunächst

$$C_2 = \frac{r_0^2}{16N}\left(4\,C_1 - \frac{p\,r_0^2}{4}\right),$$

mithin:

$$\zeta = \frac{1}{16N}\left[4\,C_1(r_0^2 - r^2) - \frac{p}{4}\,(r_0^4 - r^4)\right].$$

Soll der Rand frei von radialen Biegungsspannungen sein, so muß für $r = r_0$

$$s_r = -N\left(\frac{d^2\zeta}{dr^2} + \frac{1}{m}\,\frac{1}{r}\,\frac{d\zeta}{dr}\right) = \frac{C_1}{2}\,\frac{m+1}{m} - \frac{p}{16}\,r_0^2\,\frac{3\,m+1}{m} = 0$$

werden. Hieraus folgt:

$$C_1 = \frac{p\,r_0^2}{8}\,\frac{3\,m+1}{m+1}\,.$$

Die Gleichung der elastischen Fläche lautet schließlich:

$$\zeta = \frac{p}{64N}\left[\frac{3\,m+1}{m+1}\cdot 2\,r_0^2(r_0^2 - r^2) - (r_0^4 - r^4)\right]. \tag{92}$$

Die zugehörigen Spannungsmomente sind:

$$\left.\begin{aligned}
s_r &= -N\left(\frac{d^2\zeta}{dr^2} + \frac{1}{m}\,\frac{1}{r}\,\frac{d\zeta}{dr}\right) = \frac{3\,m+1}{m}\,\frac{p}{16}\,(r_0^2 - r^2)\,,\\
s_t &= -N\left(\frac{1}{r}\,\frac{d\zeta}{dr} + \frac{1}{m}\,\frac{d^2\zeta}{dr^2}\right) = \frac{3\,m+1}{m}\,\frac{p}{16}\left(r_0^2 - \frac{3+m}{3\,m+1}\,r^2\right).
\end{aligned}\right\} \tag{93}$$

Ist die Platte an den Rändern nicht frei beweglich aufgelagert, sondern fest eingeklemmt, so lauten die Randbedingungen:

$$\zeta = \frac{d\zeta}{dr} = 0 \quad \text{für} \quad r = r_0\,.$$

Da

$$\frac{d\zeta}{dr} = \frac{1}{16}\,\frac{r}{N}\,(p\,r^2 - 8\,C_1)$$

ist, so muß

$$C_1 = \frac{p\,r_o^2}{8}$$

gewählt werden. Es ist dann

$$\left.\begin{aligned}
\zeta &= \frac{p}{N\,64}\,(r_o^2 - r^2)^2\,, \\[2mm]
s_r &= \frac{p}{4}\left[(r_o^2 - 3r^2) + \frac{1}{m}\,(r_o^2 - r^2)\right], \\[2mm]
s_t &= \frac{p}{4}\left[(r_o^2 - r^2) + \frac{1}{m}\,(r_o^2 - 3r^2)\right].
\end{aligned}\right\} \tag{94}$$

Man erkennt also, daß mit Hilfe der neuen Differentialgleichungen (89) und (90) ganz einfache und kurze rechnerische Entwicklungen genügen, um Aufgaben zu lösen, deren Behandlung nach den bisher üblichen Verfahren eine ziemlich umständliche Arbeit erfordern würde.

Die Vorteile der vorhin gezeigten Umwandlung der Hauptgleichungen treten besonders hervor, wenn infolge Unstetigkeiten der Belastung für verschiedene Bereiche der elastischen Fläche verschiedene Lösungen gefunden und miteinander in Einklang gebracht werden müssen oder wenn die Gestalt der Belastungsfläche eine unmittelbare Integration der Differentialgleichungen nicht gestattet.

Es ist dann nämlich möglich, mit Hilfe von Seillinien den Verlauf der M- und ζ-Linien auf zeichnerischem Wege sehr rasch zu bestimmen.

2. Die ringförmige Platte.

Ich wähle als drittes Beispiel eine ringförmige Platte, die lediglich in dem Bereiche $ABCDE$ belastet ist, über dem Auflagerring um das Maß $e = \overline{AG}$ hinausragt und in der Mitte eine kreisförmige Aussparung mit dem Halbmesser $\overline{EF} = r_e$ aufweist (Abb. 47). Die Belastungsfläche ist durch den Linienzug $A\,b\,c\,d\,e$ begrenzt.

Die zugehörigen Ordinaten sind

$$\begin{aligned}
\text{für den Punkt } A\colon\ & p = 0\,, \\
B\colon\ & p = 18{,}8\,p_c\,, \\
C\colon\ & p = 26{,}0\,p_c\,, \\
D\colon\ & p = 29{,}2\,p_c\,, \\
E\colon\ & p = 30{,}0\,p_c\,.
\end{aligned}$$

Unter p_c ist hierbei ein als Vergleichmaß dienender Belastungswert zu verstehen.

Ich teile die Belastungsfläche in 4 Abschnitte von der gleichen Breite $\lambda = \dfrac{r_o}{5}$ und zeichne mit Hilfe des Kräfteplanes I die Seillinie $A_1\,b_1\,c_1\,d_1\,e_1\,f_1$: die zugehörige Polweite sei H_1.

Verlängert man die Tangenten an die Seillinie bis zum Schnitt mit
der Drehachse der Platte, so stellen bekanntlich die hierdurch be-

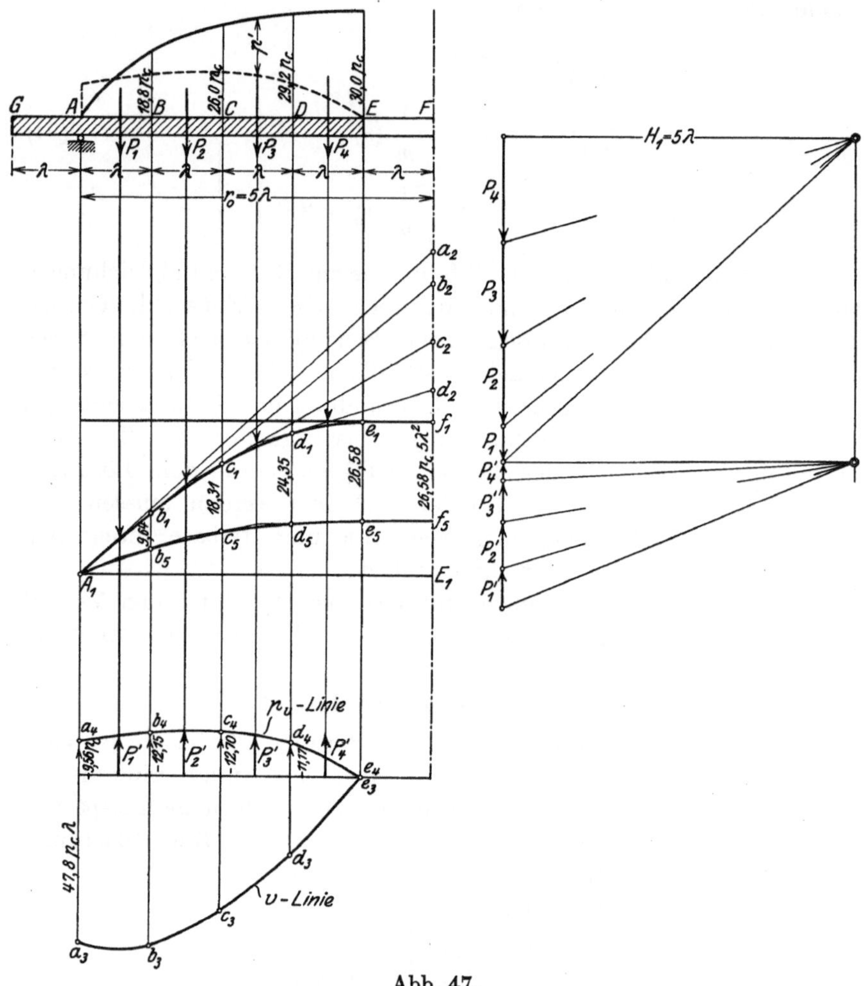

Abb. 47.

stimmten Strecken $\overline{f_1\,a_2}$, $\overline{f_1\,b_2}$, $\overline{f_1\,c_2}$, $\overline{f_1\,d_2}$ das jeweilige statische Moment
der Belastungsfläche in bezug auf die Drehachse dar. Es ist also

$$H_1 \cdot \overline{f_1\,a_2} = \int\limits_{r=r_0}^{r=r_a} p\,r\,dr,$$

$$H_1\ \overline{f_1\,b_2} = \int\limits_{r=r_0}^{r=r_b} p\,r\,dr,$$

$$H_1 \; \overline{f_1 c_2} = \int\limits_{r=r_e}^{r=r_c} p\, r\, dr,$$

$$H_1 \; \overline{f_1 d_2} = \int\limits_{r=r_e}^{r=r_d} p\, r\, dr.$$

Da aber für die Scherkräfte v_r die Gleichung

$$v_r = \frac{1}{2\pi r}\int\limits_{r=r_e}^{r=r} 2\pi\, p\, r\, dr = \frac{1}{r}\int\limits_{r=r_e}^{r=r} p\, r\, dr$$

gilt, so folgt auch der Reihe nach:

$$v_a = \frac{H_1}{r_a}\,\overline{f_1 a_2},$$

$$v_b = \frac{H_1}{r_b}\,\overline{f_1 b_2},$$

$$v_c = \frac{H_1}{r_c}\,\overline{f_1 c_2},$$

$$v_d = \frac{H_1}{r_d}\,\overline{f_1 d_2}.$$

Wird $\qquad H_1 = 5\lambda = r_o$

gewählt und

$$r_a = 5\lambda = \tfrac{5}{5} r_o,$$
$$r_b = 4\lambda = \tfrac{4}{5} r_o,$$
$$r_c = 3\lambda = \tfrac{3}{5} r_o,$$
$$r_d = 2\lambda = \tfrac{2}{5} r_o,$$
$$r_e = 1\lambda = \tfrac{1}{5} r_o$$

gesetzt, so erhält man die einfache Beziehung

$$v_a = \tfrac{5}{5}\,\overline{f_1 a_2},$$
$$v_b = \tfrac{5}{4}\,\overline{f_1 b_2},$$
$$v_c = \tfrac{5}{3}\,\overline{f_1 c_2},$$
$$v_d = \tfrac{5}{2}\,\overline{f_1 d_2}.$$

Greift man aus der Zeichnung die im Kräftemaßstab abzulesenden Strecken

$$\overline{f_1 a_2} = 47,8 \; p_c\,\lambda,$$
$$\overline{f_1 b_2} = 38,87\, p_c\,\lambda,$$
$$\overline{f_1 c_2} = 22,84\, p_c\,\lambda,$$
$$\overline{f_1 d_2} = 8,94\, p_c\,\lambda,$$

so liefern die vorstehenden Formeln

$$v_a = 47{,}8\, p_c\, \lambda\,,$$
$$v_b = 48{,}6\, p_c\, \lambda\,,$$
$$v_c = 38{,}1\, p_c\, \lambda\,,$$
$$v_d = 22{,}3\, p_c\, \lambda\,.$$

Am Rande e der Aussparung ist selbstverständlich die Scherkraft $v_r = 0$, während der Auflagerwiderstand $a_{ra} = v_a$ sein muß; jenseits des Auflagerringes ist schließlich $v_r = 0$. Hiermit sind die Abgrenzung a_3, b_3, c_3, d_3, e_3 und die Gestalt der Scherkraftfläche bestimmt.

Bemerkenswert ist hierbei, daß die Scherspannungen v_r kurz **vor dem Auflager** und nicht am Auflager selbst ihren Größtwert erreichen; diese Eigentümlichkeit ist darauf zurückzuführen, daß im vorliegenden Falle die gesamte Scherkraft T_r des zylindrischen Schnittes in der Nähe des Randes langsamer als der Umfang $2\,\pi\,r\,h$ der zugehörigen Schnittfläche wächst.

Setzt man

$$\frac{1}{r^2}\int_0^r p\,r\,dr = -p_v$$

und dementsprechend

$$p' = p - \frac{1}{r^2}\int_0^r p\,r\,dr = p + p_v\,,$$

so ist leicht zu erkennen, daß die Belastung p' des stellvertretenden Balkens aus den abwärts gerichteten Kräften p und den aufwärts gerichteten Kräften p_v besteht. Die letzteren lassen sich ohne weiteres aus den Scherkräften v_r auf Grund der Formel

$$p_v = -\frac{1}{r}\,v_r$$

ableiten. Die Ausrechnung liefert

$$\text{für den Punkt } A: \ p_v = -\frac{1}{r_0}\overline{f_1\,a_2} = -\,9{,}56\,p_c\,,$$

$$B: \ p_v = -\left(\frac{5}{4}\right)^2 \frac{\overline{f_1\,b_2}}{r_0} = -12{,}15\,p_c\,,$$

$$C: \ p_v = -\left(\frac{5}{3}\right)^2 \frac{\overline{f_1\,c_2}}{r_0} = -12{,}70\,p_c\,,$$

$$D: \ p_v = -\left(\frac{5}{2}\right)^2 \frac{\overline{f_1\,d_2}}{r_0} = -11{,}17\,p_c\,,$$

$$E: \ p_v = 0\,.$$

Durch diese Werte ist die Abgrenzung der **Entlastungsfläche** a_4, b_4, c_4, d_4, e_4 festgelegt.

Die Ordinaten der Belastungslinie des stellvertretenden Balkens lassen sich nunmehr mit Hilfe der Formel

$$p' = p + p_v$$

bestimmen. Man erhält die Größen

$$p' = \qquad\qquad - 9{,}56\, p_c \text{ für den Punkt } A\,,$$
$$p' = 18{,}8 - 12{,}15 = +\ 6{,}65\, p_c \text{ für den Punkt } B\,,$$
$$p' = 26{,}0 - 12{,}70 = +13{,}30\, p_c \text{ für den Punkt } C\,,$$
$$p' = 29{,}2 - 11{,}17 = +18{,}03\, p_c \text{ für den Punkt } D\,,$$
$$p' = \qquad\qquad +30{,}0\ \ p_c \text{ für den Punkt } E\,.$$

Die **wirksame** Behauptung p' des Balkens ist also, wie man sieht, merklich geringer als die tatsächliche Belastung p der Platte.

Ich trage jetzt den Kräfteplan II für die Belastung p_v auf, zeichne mit der gleichen Polweite H_1 und von derselben Grundlinie $A_1 E_1$ aus die zweite Seillinie A_1, b_5, c_5, d_5, e_5, f_5 und erhalte hierdurch die aus den beiden Seillinien umränderte M_0-Fläche. Sie hat die Ordinaten

$$M_0 = \qquad\qquad\qquad = 0 \qquad\quad \text{im Punkt } A\,,$$
$$M_0 = H_1\,\overline{b_1 b_5} = 5\,\lambda \cdot\ \ 9{,}64\, p_c\,\lambda =\ \ 48{,}20\, p_c\,\lambda^2 \text{ im Punkt } B\,,$$
$$M_0 = H_1\,\overline{c_1 c_5} = 5\,\lambda \cdot 18{,}31\, p_c\,\lambda =\ \ 91{,}55\, p_c\,\lambda^2 \text{ im Punkt } C\,,$$
$$M_0 = H_1\,\overline{d_1 d_5} = 5\,\lambda \cdot 24{,}35\, p_c\,\lambda = 121{,}75\, p_c\,\lambda^2 \text{ im Punkt } D\,,$$
$$M_0 = H_1\,\overline{e_1 e_5} = 5\,\lambda \cdot 26{,}58\, p_c\,\lambda = 132{,}9\ \ p_c\,\lambda^2 \text{ im Punkt } E\,,$$
$$M_0 = H_1\,\overline{f_1 f_5} = 5\,\lambda \cdot 26{,}58\, p_c\,\lambda = 132{,}9\ \ p_c\,\lambda^2 \text{ im Punkt } F\,.$$

Durch diese Werte ist noch nicht die endgültige Gestalt der M-Fläche bestimmt; um sie festzulegen, müssen noch, wie später gezeigt wird, entsprechend den jeweiligen Randbedingungen, geeignete Lösungen der homogenen Differentialgleichung

$$\frac{d^2 M}{d r^2} + \frac{1}{r}\,\frac{d M}{d r} = 0$$

den Größen M_0 hinzugefügt werden.

Ich betrachte nunmehr die M_0-Fläche, die in der Abb. 47a von neuem dargestellt ist, als Belastungsfläche, zeichne den zugehörigen Kräfteplan III mit der Polweite $H_2 = 5\,\lambda$ sowie die entsprechende Seillinie A_2, b_6, c_6, d_6, e_6, f_6 und bestimme mit Hilfe der jeweiligen Tangenten die Strecken

$$\overline{f_6\,a_7} = 5\,\lambda^2\, 35{,}19\, p_c\,\lambda\,,$$
$$\overline{f_6\,b_7} = 5\,\lambda^2\, 30{,}87\, p_c\,\lambda\,,$$
$$\overline{f_6\,c_7} = 5\,\lambda^2\, 21{,}07\, p_c\,\lambda\,,$$
$$\overline{f_6\,d_7} = 5\,\lambda^2\, 10{,}37\, p_c\,\lambda\,,$$
$$\overline{f_6\,e_7} = 5\,\lambda^2\ \ 2{,}58\, p_c\,\lambda\,.$$

Sie stellen den jeweiligen Wert des Integrals

$$\int_0^r M_0\, r\, dr$$

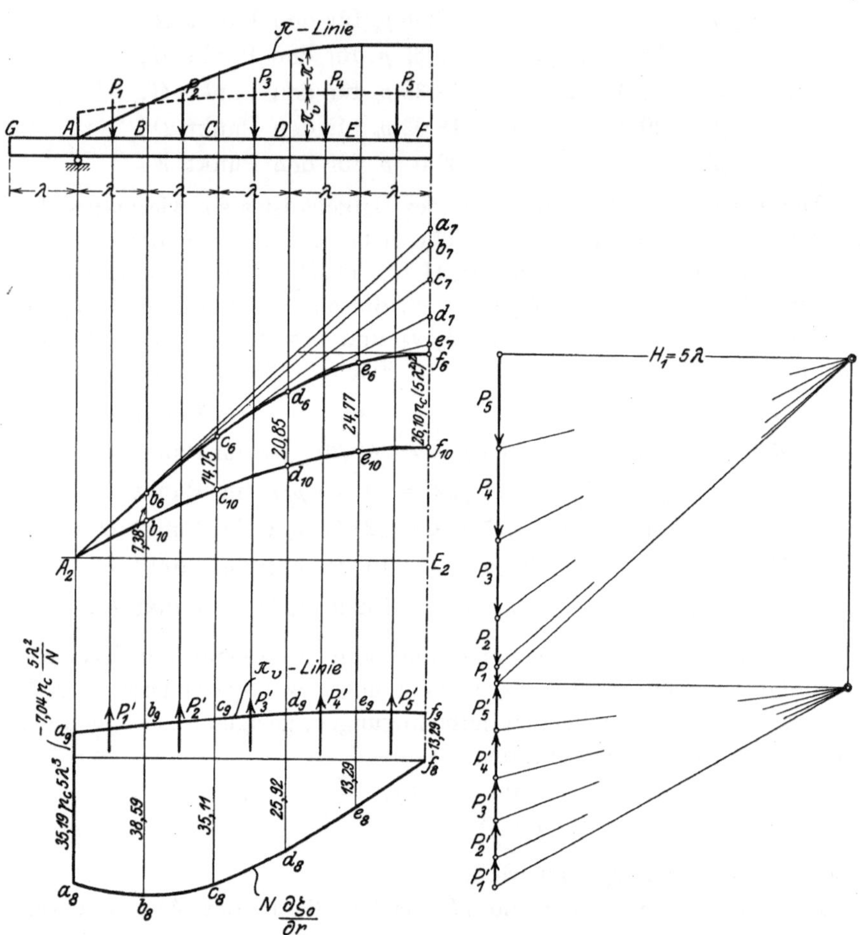

Abb. 47a.

dar und da

$$N\frac{d\zeta_0}{dr} = -\frac{1}{r}\int_0^r M_0\, r\, dr$$

ist, so liefern sie der Reihe nach die Werte

$$N \frac{d\zeta_o}{dr} = -\frac{H_2}{r_a}\overline{f_6 a_7} = -p_c \lambda \cdot 35{,}19 \cdot 5\lambda^2 \text{ für den Punkt } A,$$

$$= -\frac{H_2}{r_b}\overline{f_6 b_7} = -p_c \lambda \cdot 38{,}59 \cdot 5\lambda^2 \text{ für den Punkt } B,$$

$$= -\frac{H_2}{r_c}\overline{f_6 c_7} = -p_c \lambda \cdot 35{,}11 \cdot 5\lambda^2 \text{ für den Punkt } C,$$

$$= -\frac{H_2}{r_d}\overline{f_6 d_7} = -p_c \lambda \cdot 25{,}92 \cdot 5\lambda^2 \text{ für den Punkt } D,$$

$$= -\frac{H_2}{r_e}\overline{f_6 e_7} = -p_c \lambda \cdot 13{,}29 \cdot 5\lambda^2 \text{ für den Punkt } E.$$

Aus Gründen der Symmetrie ist für den Plattenmittelpunkt

$$N \cdot \frac{d\zeta_o}{dr} = 0.$$

Trägt man die Werte $N\dfrac{d\zeta_o}{dr}$ auf, so wird durch den zugehörigen Linien-zug a_8, b_8, c_8, d_8, e_8, f_8 eine Fläche, welche als Neigungsfläche der Platte gekennzeichnet werden möge, begrenzt.

Die Abbildung zeigt wieder die Eigentümlichkeit, daß die elastische Linie nicht unmittelbar über dem Auflagerring, sondern kurz vorher die größte Neigung aufweist. Diese Erscheinung ist darauf zurück-zuführen, daß die wirksame Belastung p' der Platte in der Nähe des Auflagers negativ ist und daß somit der eigentliche Auflagerwiderstand bereits kurz vor dem Auflagerring in Wirksamkeit tritt.

Setzt man

$$\pi_v = -\frac{1}{r^2}\int \frac{M_o}{N} r\, dr,$$

so besteht zwischen den elastischen Gewichten π' des stellvertretenden Balkens, den Belastungen $\pi = \dfrac{M_o}{N}$ und π_v die Beziehung

$$\pi' = \pi + \pi_v.$$

Hierbei ist

$$\pi_v = \frac{1}{r}\frac{d\zeta_o}{dr} = \frac{1}{rN}\left(N \cdot \frac{d\zeta_o}{dr}\right).$$

Die Größen der aufwärtsgerichteten Kräfte π_v ist also

$$\text{für den Punkt } A: \pi_v = -\frac{1}{5\lambda N} \cdot 35{,}19\, p_c\, 5\lambda^3 = -7{,}04\, p_c \frac{5\lambda^2}{N},$$

$$B: \pi_v = -\frac{1}{4\lambda N} \cdot 38{,}59\, p_c\, 5\lambda^3 = -9{,}65\, p_c \frac{5\lambda^2}{N},$$

$$C: \pi_v = -\frac{1}{3\lambda N} \cdot 35{,}11\, p_c\, 5\lambda^3 = -11{,}7\, p_c \frac{5\lambda^2}{N},$$

$$\text{für den Punkt } D: \pi_v = - \frac{1}{2\,\lambda\,N} \cdot 25{,}92\,p_c\,5\,\lambda^3 = -12{,}96\,p_c\,\frac{5\,\lambda^2}{N}\,,$$

$$E: \pi_v = - \frac{1}{\lambda\,N} \cdot 13{,}29\,p_c\,5\,\lambda^3 = -13{,}29\,p_c\,\frac{5\,\lambda^2}{N}\,.$$

Für den Mittelpunkt der Platte selbst gilt, wovon sich der Leser durch einfache Überlegungen überzeugen kann, der Grenzwert

$$\left(\frac{1}{r^2}\int_o^r M_o\,r\,dr\right)_{r=0} = \frac{1}{2}\,(M_o)_{r=0}\,.$$

Da vorhin für diesen Punkt

$$M_o = 26{,}58\,p_c\,5\,\lambda^2$$

ermittelt worden ist, so wird

$$(\pi_v)_{r=0} = -\tfrac{1}{2}\cdot 26{,}58\,p_c\,5\,\lambda^2 = -13{,}29\,p_c\,5\,\lambda^2\,.$$

Die π_v-Fläche ist in N-facher Vergrößerung in der Abb. 47a dargestellt und vom Linienzug a_9, b_9, c_9, d_9, e_9, g_9 umrändert.

Die Krümmung der elastischen Linie ist nunmehr durch die Formel

$$-N\cdot\frac{d^2\,\zeta_o}{d\,r^2} = N\pi' = N(\pi + \pi_v)$$

bestimmt. Die Rechnung liefert

$$\text{für den Punkt } A: \; -N\frac{d^2\,\zeta_o}{d\,r^2} = \qquad\qquad\qquad -\,7{,}04\,p_c\,5\,\lambda^2\,,$$

$$B: \qquad = (\;9{,}64 - \;\;9{,}65)\,p_c\,5\,\lambda^2 = -\;0{,}01\,p_c\,5\,\lambda^2\,,$$

$$C: \qquad = (18{,}31 - 11{,}7\;\;)\,p_c\,5\,\lambda^2 = +\;6{,}61\,p_c\,5\,\lambda^2\,,$$

$$D: \qquad = (24{,}35 - 12{,}96)\,p_c\,5\,\lambda^2 = +11{,}39\,p_c\,5\,\lambda^2\,,$$

$$E: \qquad = (26{,}58 - 13{,}29)\,p_c\,5\,\lambda^2 = +13{,}29\,p_c\,5\,\lambda^2\,,$$

$$F: \qquad = (26{,}58 - 13{,}29)\,p_c\,5\,\lambda^2 = +13{,}29\,p_c\,5\,\lambda^2\,.$$

Der negative Wert der Krümmung in der Nähe des Auflagerringes zeigt wieder, daß der Auflagerwiderstand im Verein mit den negativen Kräften p' eine ähnliche Wirkung wie eine teilweise Einspannung ausübt.

Werden jetzt für die Kräfte π_v der Kräfteplan IV und die Seillinie $A_2\,b_{10}$, c_{10}, d_{10}, e_{10}, f_{10} gezeichnet, so stellen die von den beiden Seillinien umränderten Strecken die Ordinaten der elastischen Linie dar. Die aus der Zeichnung abzulesenden Werte sind:

$$\text{für den Punkt } A: \; N\zeta_o = \qquad\qquad 0$$

$$B: \qquad = H_2\,\overline{b_6\,b_{10}} = \;\;7{,}38\,p_c\,(5\,\lambda^2)^2\,,$$

$$C: \qquad = H_2\,\overline{c_6\,c_{10}} = 14{,}75\,p_c\,(5\,\lambda^2)^2\,,$$

$$D: \qquad = H_2\,\overline{d_6\,d_{10}} = 20{,}85\,p_c\,(5\,\lambda^2)^2\,,$$

$$E: \qquad = H_2\,e_7\,e_{10} = 24{,}77\,p_c\,(5\,\lambda^2)^2\,,$$

$$F: \qquad = H_2\,f_6\,f_{10} = 26{,}10\,p_c\,(5\,\lambda^2)^2\,.$$

Um ein vollständiges Bild der Formänderung der Platte zu gewinnen, muß noch der Abschnitt jenseits des Auflagerringes untersucht werden.

Für dieses Bereich, welches keine Belastung aufzunehmen hat, gelten zunächst die Gleichungen

$$v_{or} = 0 \,,$$
$$M_{or} = 0 \,.$$

Es ist mithin auch

$$\frac{d^2 \zeta_o}{dr^2} + \frac{1}{r}\frac{d\zeta_o}{dr} = 0 \,.$$

Eine geeignete Lösung dieser Differentialgleichung ist durch den Ansatz

$$\zeta_o = C_o \operatorname{logn} \frac{r}{r_o}$$

gegeben. Zur Ermittlung der Integrationskonstante C_o steht die Bedingung zur Verfügung, daß die Neigung der elastischen Linie

$$\frac{d\zeta_o}{dr} = \frac{C_o}{r}$$

an der Stelle $r = r_o$ mit dem vorhin für den Punkt A des belasteten Bereiches errechneten Wert

$$\frac{d\zeta_o}{dr} = -35{,}19\, p_c \frac{5\,\lambda^3}{N} \cdot$$

übereinstimmen soll. Es ergibt sich daher

$$\frac{C_o}{r_o} = -35{,}19\, p_c \frac{5\,\lambda^3}{N}$$

und da $r_o = 5\,\lambda$ ist:

$$C_o = -35{,}19 \frac{p_c}{N} (5\,\lambda^2)^2 \,,$$

$$\frac{1}{r}\frac{d\zeta_o}{dr} = \frac{C_o}{r^2} = -35{,}19 \frac{p_c}{N}\left(\frac{5\,\lambda^2}{r}\right)^2 \,,$$

$$\frac{d^2 \zeta_o}{dr^2} = -\frac{1}{r}\frac{d\zeta_o}{dr} = +35{,}19 \frac{p_c}{N}\left(\frac{5\,\lambda^2}{r}\right)^2 \,.$$

Für die Randfläche G mit dem Halbmesser

$$r_g = 6\,\lambda$$

erhält man insbesondere

$$\frac{1}{r}\frac{d\zeta_o}{dr} = -\frac{d^2 \zeta_o}{dr} = -35{,}19 \frac{p_c}{N}\left(\frac{5}{6}\lambda\right)^2 = -4{,}89 \frac{p_c}{N} \cdot 5\,\lambda^2 \,,$$

$$\zeta_o = C_o \operatorname{logn} \cdot \left(\frac{6}{5}\right) = -35{,}19 \cdot p_c \frac{(5\,\lambda^2)^2}{N} \cdot 0{,}18232 = -6{,}41 \frac{p_c}{N}(5\,\lambda^2)^2 \,.$$

Hiermit ist die Gestalt der elastischen Fläche am Rande vollständig beschrieben. Der Spannungszustand am Rande ist durch die Werte

$$v_{or} = 0,$$

$$s_{or} = -N\left(\frac{d^2\zeta_o}{dr^2} + \frac{1}{m}\,\frac{1}{r}\,\frac{d\zeta_o}{dr}\right) = -\frac{m-1}{m}\cdot 4{,}89\,p_c\,(5\,\lambda^2)\,,$$

$$s_{ot} = -N\left(\frac{1}{r}\,\frac{d\zeta_o}{dr} + \frac{1}{m}\,\frac{d^2\zeta_o}{dr^2}\right) = +\frac{m-1}{m}\cdot 4{,}89\,p_c\,(5\,\lambda^2)$$

bestimmt.

Da der Rand frei von Biegungsspannungen sein soll, so erkennt man, daß die Ordinaten ζ_o des Grundfalles die Randbedingungen nicht erfüllen. Um die letztere zu befriedigen, müssen noch Kräfte oder Kräftepaare längs des Randes angebracht werden, welche zusätzliche Biegungen M' und Verschiebungen ζ' hervorrufen und Spannungsmomente s'_r erzeugen, die den Momenten s_{or} gleich, aber entgegengerichtet sind. Für diese zusätzlichen Formänderungen gilt die homogene Gleichung

$$\frac{d^2M'}{dr^2} + \frac{1}{r}\,\frac{dM'}{dr} = -N\left(\frac{d}{dr^2} + \frac{1}{r}\,\frac{d}{dr}\right)\left(\frac{d^2\zeta'}{dr^2} + \frac{1}{r}\,\frac{d\zeta'}{dr}\right) = 0\,.$$

Denkt man sich zunächst an Stelle der ringförmigen eine vollwandige Platte ohne Aussparung, so stellen die Ansätze

$$M' = C_1\,p_c\,(5\,\lambda^2)\,,$$

$$\zeta' = \frac{C_1}{4\,N}\,(r_o^2 - r^2)\,p_c\,(5\,\lambda^2)$$

die geeigneten Lösungen der Differentialgleichung und somit die gesuchten zusätzlichen Momente und Verschiebungen dar.

Von den drei Bedingungen

$$\zeta = \quad \zeta_o + \zeta' \quad = 0 \quad \text{für} \quad r = r_o\,,$$

$$v_r = \frac{dM_o}{dr} + \frac{dM'}{dr} = 0 \quad \text{für} \quad r = r_g\,,$$

$$s_r = \quad s_{or} + s'_r \quad = 0 \quad \text{für} \quad r = r_g$$

sind die beiden ersten von vornherein erfüllt. Die dritte liefert

$$s'_r = -N\left(\frac{d^2\zeta'}{dr^2} + \frac{1}{m}\,\frac{1}{r}\,\frac{d\zeta'}{dr}\right) = \frac{m+1}{m}\,\frac{C_1}{2}\,p_c\,5\,\lambda^2 = -s_{or}$$

$$= +\frac{m-1}{m}\,4{,}89\,p_c\,5\,\lambda^2\,.$$

Hieraus folgt für die Integrationskonstante C_1 der Wert

$$C_1 = \frac{m-1}{m+1}\cdot 9{,}78\,.$$

Die zusätzlichen Biegungsmomente sind mithin:

$$s_r' = -N\left(\frac{d^2\zeta'}{dr^2} + \frac{1}{m}\frac{1}{r}\frac{d\zeta'}{dr}\right) = \frac{m+1}{m}\frac{C_1}{2}\,p_c\,5\,\lambda^2$$

$$= \frac{m-1}{m}\,4{,}89\,p_c\,5\,\lambda^2\,,$$

$$s_t' = -N\left(\frac{1}{r}\frac{d\zeta'}{dr} + \frac{1}{m}\frac{d^2\zeta'}{dr^2}\right) = \frac{m+1}{m}\frac{C_1}{2}\cdot p_c\,5\,\lambda^2$$

$$= \frac{m-1}{m}\,4{,}89\,p_c\,5\,\lambda^2\,.$$

Nimmt man $m = \infty$ an, so erhält man für den endgültigen Spannungszustand die Werte

$$s_r = 4{,}89\,p_c\,5\,\lambda^2 - N\,\frac{d^2\zeta_o}{dr^2}\,,$$

$$s_t = 4{,}89\,p_c\,5\,\lambda^2 - N\cdot\frac{1}{r}\frac{d\zeta_o}{dr}$$

$$= 4{,}89\,p_c\,5\,\lambda^2 - N\,\pi_v\,.$$

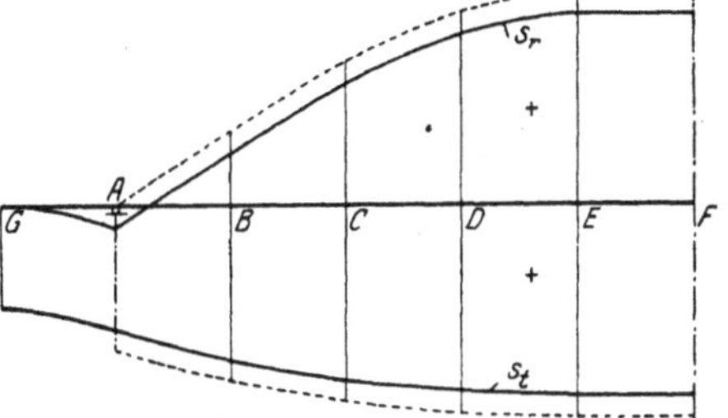

Abb. 48. Die Spannungsverteilung in der kreisförmigen Platte ohne Aussparung. — Der gestrichelte Linienzug gilt für die Platte, deren Randfläche mit dem Auflagerring zusammenfällt.

Führt man die vorhin ermittelten Größen $N\,\dfrac{d^2\zeta_o}{dr^2}$ und π_v in Rechnung, so ergibt sich der Reihe nach

für den Punkt G: $s_r = \quad\;\; 0\,,$ $\qquad s_t = +\;\;9{,}78\,p_c\,5\,\lambda^2\,,$

$\qquad\qquad\;\; A$: $s_r = -\;\;2{,}15\,p_c\,5\,\lambda^2\,,$ $\qquad s_t = +11{,}93\,p_c\,5\,\lambda^2\,,$

$\qquad\qquad\;\; B$: $s_r = +\;\;4{,}88\,p_c\,5\,\lambda^2\,,$ $\qquad s_t = +14{,}54\,p_c\,5\,\lambda^2\,,$

$\qquad\qquad\;\; C$: $s_r = +11{,}50\,p_c\,5\,\lambda^2\,,$ $\qquad s_t = +16{,}59\,p_c\,5\,\lambda^2\,,$

$\qquad\qquad\;\; D$: $s_r = +16{,}28\,p_c\,5\,\lambda^2\,,$ $\qquad s_t = +17{,}85\,p_c\,5\,\lambda^2\,,$

$\qquad\qquad\;\; E$: $s_r = +18{,}18\,p_c\,5\,\lambda^2\,,$ $\qquad s_t = +18{,}18\,p_c\,5\,\lambda^2\,,$

$\qquad\qquad\;\; F$: $s_r = +18{,}18\,p_c\,5\,\lambda^2\,,$ $\qquad s_t = +18{,}18\,p_c\,5\,\lambda^2\,.$

Der Verlauf der Spannungsmomente ist in der Abb. 48 dargestellt. Man erkennt, daß im allgemeinen und insbesondere in der Nähe des Auflagerringes die tangentialen Biegungsmomente größer als die radialen und daher für die Querschnittsbemessung ausschlaggebend sind.

Die Werte, welche die Biegungsmomente erreichen, wenn $r_g = r_o$ ist, d. h. wenn die Randfläche mit dem Auflagerring zusammenfällt, sind durch den gestrichelten Linienzug angedeutet. Man sieht, daß bei Platten, die nur wenig über dem Auflagerring herausragen, die tangentialen Biegungsmomente in der Nähe des Randes sehr erheblich sind, während sie im Mittelpunkt der Platte durch die Lage der Randlinie in Bezug auf den Auflagerring nicht wesentlich beeinflußt werden.

Um jetzt noch die Wirkung der inneren kreisförmigen Aussparung zu untersuchen, wähle ich als Lösung der homogenen Differentialgleichung den Ansatz

$$\zeta' = p_c \frac{5\,\lambda^2}{N}\left[\frac{C_1}{4}\,(r_o^2 - r^2) + C_2 \log\mathrm{n}\left(\frac{r}{r_o}\right)\right].$$

Das zugehörige Biegungsmoment ist:

$$M' = C_1\,p_c\,5\,\lambda^2\,,$$

die Scherkraft:

$$v_r' = \frac{d\,M'}{d\,r} = 0\,.$$

Die Bedingungen, welchen die elastische Linie genügen muß, sind

$$
\begin{aligned}
\zeta &= \zeta_o + \zeta' = 0 &\text{für} \quad r &= r_o\,,\\
v_r &= v_{or} + v_r' = 0 &\text{für} \quad r &= r_g\,,\\
v_r &= v_{or} + v_r' = 0 &\text{für} \quad r &= r_e\,,\\
s_r &= s_{or} + s_r' = 0 &\text{für} \quad r &= r_g\,,\\
s_r &= s_{or} + s_r' = 0 &\text{für} \quad r &= r_e\,.
\end{aligned}
$$

Die drei ersten Bedingungen sind, wie man sich leicht überzeugen kann, von vornherein erfüllt.

Die beiden letzteren liefern

$$\text{für } r = r_g:\ \ s_r' = -N\left(\frac{d^2\zeta'}{dr^2} + \frac{1}{m}\frac{1}{r}\frac{d\zeta'}{dr}\right) = 5\,\lambda^2 p_c\left(\frac{C_1}{2}\frac{m+1}{m} + C_2\frac{m-1}{m}\frac{1}{r_g^2}\right)$$

$$= -s_{or} = \frac{m-1}{m}\,4{,}89\,p_c\,5\,\lambda^2\,,$$

$$\text{für } r = r_e:\ \ s_r' = -N\left(\frac{d^2\zeta'}{dr^2} + \frac{1}{m}\frac{1}{r}\frac{d\zeta'}{dr}\right) = 5\,\lambda^2 p_c\left(\frac{C_1}{2}\frac{m+1}{m} + C_2\cdot\frac{m-1}{m}\frac{1}{r_e^2}\right)$$

$$= -s_{or} = -p_c\,5\,\lambda^2\left(13{,}29 + \frac{1}{m}\,13{,}29\right)\,.$$

Nimmt man wieder $m = \infty$ an, so lauten die Bestimmungsgleichungen für die Integrationskonstanten C_1 und C_2:

$$\frac{1}{2}\,C_1 + C_2\left(\frac{1}{6\,\lambda}\right)^2 = 4{,}89\,, \qquad \frac{1}{2}\,C_1 + C_2\left(\frac{1}{1\,\lambda}\right)^2 = -13{,}29\,.$$

Hieraus folgt

$$\frac{1}{2}\,C_1 = +5{,}41\,, \qquad \frac{C_2}{\lambda^2} = -18{,}69\,.$$

Die endgültigen Spannungsmomente sind also:

$$s_r = p_c\,5\,\lambda^2\left(5{,}41 - 18{,}69\,\frac{\lambda^2}{r^2}\right) - N\,\frac{d^2\zeta_o}{dr^2}\,,$$

$$s_t = p_c\,5\,\lambda^2\left(5{,}41 + 18{,}69\,\frac{\lambda^2}{r^2}\right) - N\cdot\frac{1}{2}\,\frac{d\zeta_o}{dr}\,.$$

Die Durchführung der Rechnung ergibt:

$$\begin{aligned}
\text{für den Punkt } G: \quad & s_r = 0{,}0 & , \quad & s_t = 10{,}82\,p_c\,5\,\lambda^2\,,\\
A: \quad & s_r = -2{,}38\,p_c\,5\,\lambda^2\,, & \quad & s_t = 13{,}25\,p_c\,5\,\lambda^2\,,\\
B: \quad & s_r = +4{,}23\,p_c\,5\,\lambda^2\,, & \quad & s_t = 16{,}23\,p_c\,5\,\lambda^2\,,\\
C: \quad & s_r = +9{,}95\,p_c\,5\,\lambda^2\,, & \quad & s_t = 19{,}18\,p_c\,5\,\lambda^2\,,\\
D: \quad & s_r = +12{,}13\,p_c\,5\,\lambda^2\,, & \quad & s_t = 23{,}04\,p_c\,5\,\lambda^2\,,\\
E: \quad & s_r = +0{,}0p_c\,5\,\lambda^2\,, & \quad & s_t = 37{,}40\,p_c\,5\,\lambda^2\,.
\end{aligned}$$

Der Spannungsverlauf ist durch die Abb. 49 veranschaulicht. Sie zeigt das rasche Anwachsen der tangentialen und den plötzlichen Abfall der radialen Biegungsmomente am Rande der inneren Aussparung. Der Vergleich mit der vollwandigen Platte läßt außerdem erkennen, daß durch die Aussparung die radialen Biegungsmomente in einer kurzen Entfernung des inneren Randes

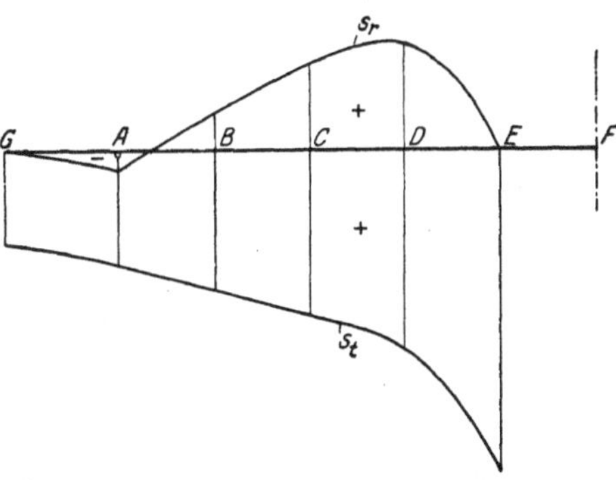

Abb. 49. Die Spannungsverteilung in der kreisförmigen Platte mit Aussparung.

verhältnismäßig wenig beeinflußt werden, während die erhebliche Vermehrung der tangentialen Biegungsmomente am Lochrand eine merkliche Herabminderung der Tragfähigkeit der Platte zur Folge haben muß.

V. Die ringsum frei aufliegende rechteckige Platte.

§ 16. Untersuchung der gleichseitigen, gleichmäßig belasteten dreieckigen Platte.

Die dreieckigen Platten lassen sich am einfachsten mit Hilfe hexagonaler Gewebe behandeln.

Die Beziehungen zwischen den Randbedingungen der Platte und der Randgestalt dieser Gewebeart sind bereits im Abschnitt II, § 6, 3 untersucht worden. Als Anwendungsbeispiel will ich die Berechnung der gleichseitigen, gleichmäßig belasteten dreieckigen Platte zeigen.

Ich spanne über die Platte ein Gewebe mit gleichseitigen Maschen (Abb. 50) und verteile die Ordnungsziffern der Knotenpunkte im Einklang mit den dreifachen Symmetriebedingungen.

Entsprechend der Differenzengleichung (54) gelten die folgenden Gleichgewichtsbedingungen:

$$4 w_1 - \frac{2}{3} 2 w_2 = \frac{p \lambda^2}{S_1},$$

$$4 w_2 - \frac{2}{3} (w_1 + w_2 + w_3 + w_4) = \frac{p \lambda^2}{S_1},$$

$$4 w_3 - \frac{2}{3} (w_2 + w_3 + w_4 + w_5) = \frac{p \lambda^2}{S_1},$$

$$4 w_4 - \frac{2}{3} (2 w_2 + 2 w_3 + 2 w_5) = \frac{p \lambda^2}{S_1},$$

$$4 w_5 - \frac{2}{3} (2 w_3 + 2 w_4 + 2 w_5) = \frac{p \lambda^2}{S_1}.$$

Die Auflösung liefert:

$$w_1 = \frac{9}{16} \frac{p \lambda^2}{S_1},$$

$$w_2 = \frac{15}{16} \frac{p \lambda^2}{S_1},$$

$$w_3 = \frac{18}{16} \frac{p \lambda^2}{S_1},$$

$$w_4 = \frac{24}{16} \frac{p \lambda^2}{S_1},$$

$$w_5 = \frac{27}{16} \frac{p \lambda^2}{S_1}.$$

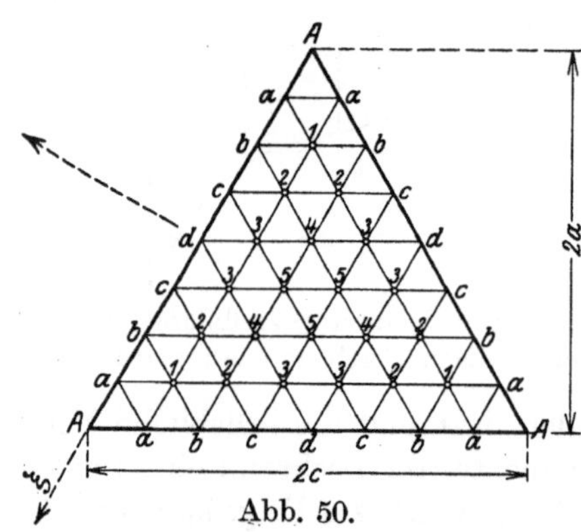

Abb. 50.

Hierbei ist bei einer Seitenlänge $2c$ die Maschenweite $\lambda = \dfrac{c}{4}$.

Die zugehörigen Momentenwerte sind:

$$M_1 = S_1 w_1 = \tfrac{9}{256} p c^2 = 0{,}03515\, p c^2,$$
$$M_2 = S_1 w_2 = \tfrac{15}{256} p c^2 = 0{,}05859\, p c^2,$$
$$M_3 = S_1 w_3 = \tfrac{18}{256} p c^2 = 0{,}07031\, p c^2,$$
$$M_4 = S_1 w_4 = \tfrac{24}{256} p c^2 = 0{,}09375\, p c^2,$$
$$M_5 = S_1 w_5 = \tfrac{27}{256} p c^2 = 0{,}10547\, p c^2.$$

Für die Ermittlung der elastischen Fläche stehen nunmehr die Gleichungen

$$4 z_1 - \frac{2}{3} 2 z_2 = w_1 \frac{\lambda^2}{S_2} = \frac{9}{16} \frac{p \lambda^4}{S_1 S_2},$$

$$4 z_2 - \frac{2}{3} (z_1 + z_2 + z_3 + z_4) = w_2 \frac{\lambda^2}{S_2} = \frac{15}{16} \frac{p \lambda^4}{S_1 S_2},$$

$$4 z_3 - \frac{2}{3}(z_2 + z_3 + z_4 + z_5) = w_3 \frac{\lambda^2}{S_2} = \frac{18}{16}\frac{p\lambda^4}{S_1 S_2},$$

$$4 z_4 - \frac{2}{3}(2 z_2 + 2 z_3 + 2 z_5) = w_4 \frac{\lambda^2}{S_2} = \frac{24}{16}\frac{p\lambda^4}{S_1 S_2},$$

$$4 z_5 - \frac{2}{3}(2 z_3 + 2 z_4 + 2 z_5) = w_5 \frac{\lambda^2}{S_2} = \frac{27}{16}\frac{p\lambda^4}{S_1 S_2}$$

zur Verfügung. Sie werden durch die Größen

$$z_1 = \frac{63}{128}\frac{p\lambda^4}{S_1 S_2},$$

$$z_2 = \frac{135}{128}\frac{p\lambda^4}{S_1 S_2},$$

$$z_3 = \frac{180}{128}\frac{p\lambda^4}{S_1 S_2},$$

$$z_4 = \frac{252}{128}\frac{p\lambda^4}{S_1 S_2},$$

$$z_5 = \frac{297}{128}\frac{p\lambda^4}{S_1 S_2}$$

befriedigt. Die entsprechenden Ordinaten der elastischen Fläche sind:

$$\zeta_1 = S_1 S_2 \frac{z_1}{N} = \frac{63}{128}\frac{p\lambda^4}{N} = 0{,}00193\,\frac{p c^4}{N},$$

$$\zeta_2 = S_1 S_2 \frac{z_2}{N} = \frac{135}{128}\frac{p\lambda^4}{N} = 0{,}00412\,\frac{p c^4}{N},$$

$$\zeta_3 = S_1 S_2 \frac{z_3}{N} = \frac{180}{128}\frac{p\lambda^4}{N} = 0{,}00550\,\frac{p c^4}{N},$$

$$\zeta_4 = S_1 S_2 \frac{z_4}{N} = \frac{252}{128}\frac{p\lambda^4}{N} = 0{,}0077\,\frac{p c^4}{N},$$

$$\zeta_5 = S_1 S_2 \frac{z_5}{N} = \frac{297}{128}\frac{p\lambda^4}{N} = 0{,}00908\,\frac{p c^4}{N}.$$

Für die größte Durchbiegung im Schwerpunkte der Platte ergibt sich durch Interpolation der Wert:

$$\zeta_m = \frac{160\,\zeta_5 + 120\,\zeta_4 - 32\,\zeta_1}{243} = 0{,}00951\,\frac{p c^4}{N}$$

oder, wenn man die Höhe des Dreieckes

$$2 a = 2 c \cos 30°,$$
$$a^2 = \tfrac{3}{4} c^2$$

in Rechnung führt:

$$\zeta_m = \frac{0{,}00951}{\left(\frac{3}{4}\right)^2} \cdot \frac{p\,a^4}{N} = 0{,}01691\,\frac{p\,a^4}{N}\,.$$

Bei einer quadratischen Platte ist

$$\zeta_m = 0{,}0649\,\frac{p\,a^4}{N}\,.$$

Die größte Durchbiegung der dreieckigen Platten ist also viermal kleiner als diejenige der quadratischen Platte gleicher Spannweite.

Die Schichtlinien für die Momente M und die Verschiebungen ζ sind in Abb. 51 und 52 dargestellt.

Zur Bestimmung der Randscherkräfte dient die Formel (72):

$$v_u = \frac{S_1}{2\,\lambda_y}\,(w_l + w_p) + \frac{p}{2}\,\lambda_y\,.$$

Sie liefert für die Randknotenpunkte a, b, c, d (Abb. 53), wenn man

$$\lambda_u = \lambda_v = \lambda_x = \lambda = \frac{c}{4} = \frac{a}{4}\sec(30°)\,,$$

$$\lambda^2 = \frac{a^2}{12}\,,$$

$$\lambda_y = \frac{a}{4}$$

einsetzt, der Reihe nach

$$v_{u(a)} = \frac{2\,S_1 w_1}{a} \qquad\qquad + \frac{p\,a}{8} = 0{,}21875\,p\,a\,,$$

$$v_{u(b)} = \frac{2\,S_1}{a}\,(w_2 + w_1) + \frac{p\,a}{8} = 0{,}375 \quad\;\; p\,a\,,$$

$$v_{u(c)} = \frac{2\,S_1}{a}\,(w_3 + w_2) + \frac{p\,a}{8} = 0{,}46875\,p\,a\,,$$

$$v_{u(d)} = \frac{2\,S_1}{a}\cdot 2\,w_3 \qquad + \frac{p\,a}{8} = 0{,}5 \quad\quad p\,a\,.$$

Die Randdrillungsmomente werden nach der Formel (73)

$$t_{uv} = -\frac{m-1}{m}\,S_1 S_2\left(\frac{z_l - z_p}{\lambda_x \lambda_y}\right) = -\frac{7}{10}\,S_1 S_2\left(\frac{z_l - z_p}{\lambda^2}\right)\cdot\sec(30°)$$

errechnet. Man erhält

für den Punkt $a : t_a = \dfrac{7}{10}\dfrac{S_1 S_2}{\lambda^2}\,z_1 \qquad \sec(30°) = \dfrac{7}{10}\dfrac{63}{128}\,p\,\lambda^2\sec(30°)\,.$

$b : t_b = \dfrac{7}{10}\dfrac{S_1 S_2}{\lambda^2}\,(z_2 - z_1)\sec(30°) = \dfrac{7}{10}\dfrac{72}{128}\,p\,\lambda^2\sec(30°)\,,$

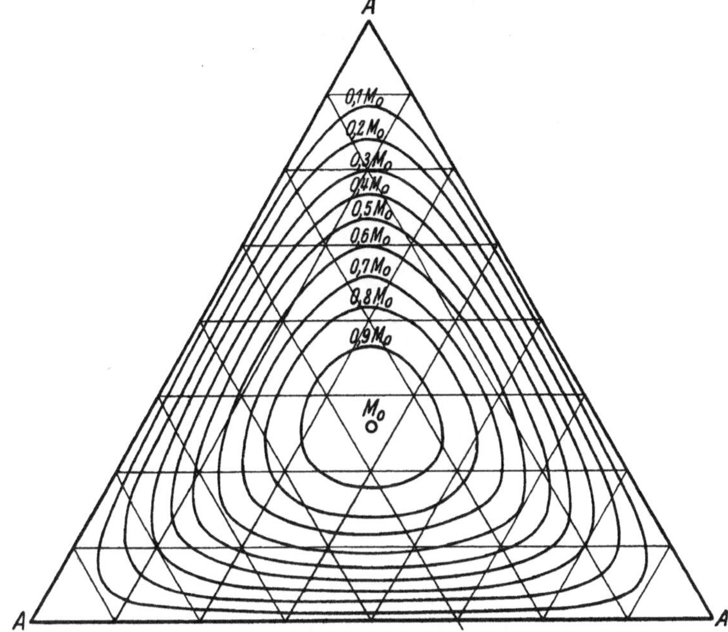

Abb. 51. Schichtlinien der M-Fläche einer ringsum frei aufliegenden gleichmäßig belasteten dreieckigen Platte.

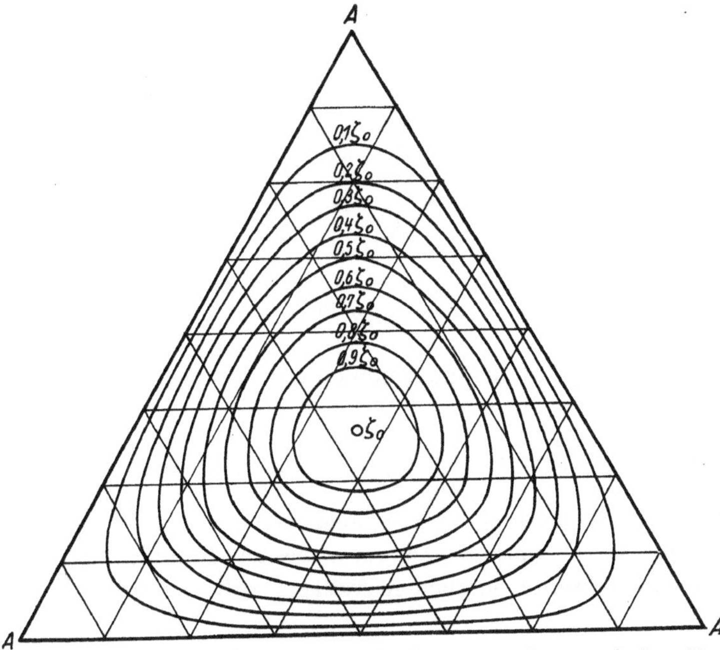

Abb. 52. Schichtlinien der elastischen Fläche einer ringsum frei aufliegenden gleichmäßig belasteten dreieckigen Platte.

für den Punkt $c : t_c = \dfrac{7}{10}\,\dfrac{S_1 S_2}{\lambda^2}\,(z_3 - z_2)\,\sec(30°) = \dfrac{7}{10}\,\dfrac{45}{128}\,p\,\lambda^2\,\sec(30°)\,,$

$$d : t_d = \frac{7}{10}\,\frac{S_1 S_2}{\lambda^2}\,(z_3 - z_3)\,\sec(30°) = 0$$

Für die Ecke A selbst ist, wie bereits früher nachgewiesen, $t_A = 0$.

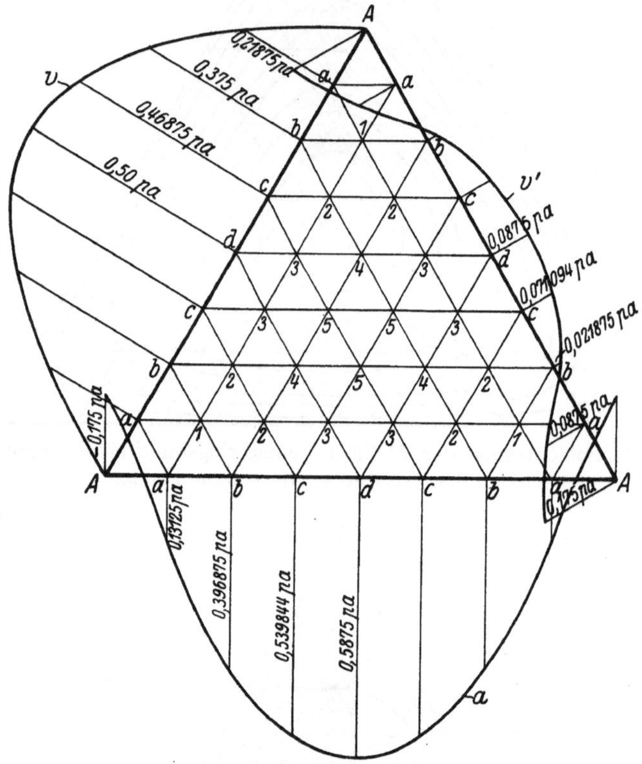

Abb. 53. Auflagerkräfte einer ringsum frei aufliegenden, gleichmäßig belasteten
dreieckigen Platte.

Die Kurve der Randdrillungsmomente im Bereiche $A\,b\,c\,d$ läßt sich
nunmehr durch den Ansatz

$$t = \frac{\xi}{6\,\lambda_u^3}\,[t_a\,(2\,\lambda_u - \xi)\,(\lambda_u - \xi) - 3t_b\,(\lambda_u - \xi)\,(3\,\lambda_u - \xi) + 3t_c\,(3\,\lambda_u - \xi)\,(2\,\lambda_u - \xi)]$$

darstellen. Die Bedeutung der Randabszissen ξ ist hierbei ohne weiteres
aus der Abb. 53 erkenntlich. Die an Stelle der Randdrillungsmomente
wirkenden lotrechten zusätzlichen Auflagerkräfte sind durch die Gleichung

$$v' = \frac{\partial t}{\partial \xi} = \frac{t_a\,(2\,\lambda_u^2 - 6\,\lambda_u\,\xi + 3\,\xi^2) - 3t_b\,(3\,\lambda_u^2 - 8\,\lambda_u\,\xi + 3\,\xi^2) + 3t_c\,(6\,\lambda_u^2 - 10\,\lambda_u\,\xi + 3\,\xi^2)}{6\,\lambda_u^3}$$

bestimmt. Die Anwendung dieser Formel liefert

$$\text{für den Punkt } A \text{ mit } \xi = 4\lambda_u : v' = \frac{26\,t_a - 57\,t_b + 42\,t_c}{6\,\lambda_u} = -0{,}175 \qquad pa\,,$$

$$a \text{ mit } \xi = 3\lambda_u : v' = \frac{11\,t_a - 18\,t_b + 9\,t_c}{6\,\lambda_u} = -0{,}0875 \quad pa\,,$$

$$b \text{ mit } \xi = 2\lambda_u : v' = \frac{2\,t_a + 3\,t_b - 6\,t_c}{6\,\lambda_u} = +0{,}021875\,pa\,,$$

$$c \text{ mit } \xi = \lambda_u \;\; : v' = \frac{-t_a + 6\,t_b - 3\,t_c}{6\,\lambda_u} = +0{,}071093\,pa\,,$$

$$d \text{ mit } \xi = 0 \;\;\; : v' = \frac{2\,t_a - 9\,t_b + 18\,t_c}{6\,\lambda_u} = +0{,}0875 \quad pa\,.$$

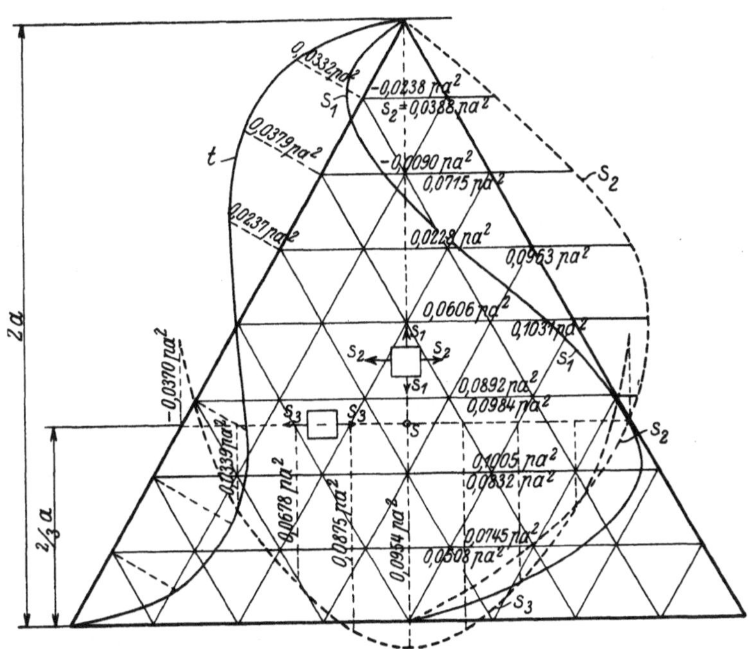

Abb. 54. Spannungsbild einer ringsum frei aufliegenden, gleichmäßig belasteten dreieckigen Platte.

Die Endwerte der Auflagerwiderstände sind also:

$$a_u = v_u + v'_u =$$

$$ \qquad\qquad\qquad -0{,}175 \qquad pa \text{ für den Punkt } A\,,$$

$$= (0{,}21875 - 0{,}0875)\,pa \quad = +0{,}13125 \quad pa \text{ für den Punkt } a\,,$$

$$= (0{,}375 + 0{,}021875)\,pa \quad = +0{,}396875\,pa \text{ für den Punkt } b\,,$$

$$= (0{,}46875 + 0{,}071093)\,pa = +0{,}539843\,pa \text{ für den Punkt } c\,,$$

$$= (0{,}5 + 0{,}0875)\,pa \qquad = +0{,}5875 \quad pa \text{ für den Punkt } d\,.$$

Die Verteilung der Auflagerkräfte ist in Abb. 53 veranschaulicht. Man erkennt, daß im Gegensatz zur rechteckigen Platte weder Drillungsmomente noch Einzelkräfte in den Eckpunkten auftreten, während die abwärts gerichteten Auflagerwiderstände auf einer schmalen Randstrecke in der Nähe der Eckpunkte vereinigt sind.

In der Abb. 54 sind noch die auf Grund der Formel für $m = \frac{10}{3}$ errechneten Hauptspannungsmomente längs einer Winkelhalbierenden eingetragen. Wie bei der rechteckigen Platte treten in der Nähe der Ecke negative Biegungsmomente auf.

VI. Die allgemeinen Grundlagen für die Untersuchung statisch unbestimmter Platten.

In den bisherigen Untersuchungen von Platten mit ebenen Randflächen sind nur diejenigen Belastungs- und Lagerungsarten in Betracht gezogen worden, bei denen die Randwerte für das Biegungsmaß M und die elastische Verschiebung ζ von vornherein gegeben und die Merkmale der statischen Bestimmtheit insofern vorhanden sind, als die zur Errechnung der w-Ordinaten des Gewebes dienenden Gleichgewichtsbedingungen völlig ausreichen, um sowohl die Werte M für jeden Punkt der Platte wie auch die Randscherkräfte v zu ermitteln.

Wenn sich die Randwerte M nicht unmittelbar aus den Randbedingungen ableiten lassen oder wenn die reinen Gleichgewichtsbedingungen nicht genügen, um alle Werte M zu berechnen, so sind die Randscherkräfte oder die eigentlichen Auflagerwiderstände als statisch unbestimmte Größen zu betrachten, weil sie nicht aus den Gleichgewichtsgleichungen, sondern erst aus den in den Elastizitätsgleichungen ausgedrückten Rand- oder sonstigen Auflagerbedingungen ermittelt werden können.

Die Behandlung dieser statisch unbestimmten Fälle ist verschieden, je nachdem die Platte nur an den Rändern oder auch innerhalb der letzteren auf einzelnen Stützpunkten gelagert ist. In den nachfolgenden Untersuchungen werde ich zunächst die allgemeinen Grundlagen für die Behandlung dieser beiden Lagerungsarten entwickeln und sodann ihre Anwendung in einer Reihe von Beispielen erläutern.

§ 17. Die Untersuchung von Platten, die nur an den Rändern gestützt sind.

Ich betrachte eine Platte, die im Randbereich $a, b, c, d \dots$ nicht frei aufliegt, sondern beliebig gestützt sein möge.

Sieht man von den besonderen Bedingungen, die für diesen Bereich gelten, vorläufig ab und wird die tatsächliche Stützungsart vorerst durch eine freie Auflagerung ersetzt, so können für diesen gedachten Zustand die von der Belastung hervorgerufenen Verschiebungen ζ_0 wie bei jedem statisch bestimmten Fall ohne weiteres ermittelt werden. Um den wirklichen Zustand wieder herzustellen, müssen Kräfte oder Kräftepaare an der Randstrecke $a, b, c, d \ldots$ hinzugefügt werden, welche zusätzliche Verschiebungen ζ' erzeugen, die im Verein mit den ursprünglichen Verbiegungen ζ_0 die tatsächlichen Randbedingungen erfüllen.

Da in dem zweiten Belastungszustand keine Kräfte p an der oberen oder unteren Abgrenzungsebene der Platte angreifen, so gilt offenbar für diese zusätzlichen Verschiebungen die homogene Differentialgleichung:

$$V^4\,\zeta' = \frac{\partial^4\,\zeta'}{\partial x^4} + 2\,\frac{\partial^4\,\zeta'}{\partial x^2\,\partial y^2} + \frac{\partial^4\,\zeta'}{\partial y^4} = 0\,.$$

Die eigentliche Aufgabe der Untersuchung ist es also, diejenigen Lösungen dieser Differentialgleichung zu finden, durch welche die Grundlösung ζ_0 ergänzt werden muß, um den vorgeschriebenen Randbedingungen vollauf zu genügen.

1. Die analytische Ermittlung der Zusatzlösungen.

Eine geschlossene Formel für die Zusatzwerte ζ' ist zunächst durch den einfachen Ansatz

$$\begin{aligned}
\zeta' = {}& a_0 + a_1 x + b_1 y + a_2 x^2 + b_2 y^2 + a_3 x^3 + b_3 y^3 + c_1 x y + c_2 x^2 y \\
& + c_3 x y^2 + d_1(x^4 - y^4) + d_2(x^4 - 6 x^2 y^2 + y^4)
\end{aligned}$$

gegeben; unter a, b, c, d sind hierbei konstante Größen zu verstehen.

Dieser Ansatz reicht aber nur in den wenigsten Fällen aus. Für die meisten Untersuchungen kommen in erster Linie Zusatzlösungen in der Form

$$\left.\begin{aligned}
\zeta'_I &= \sum A_k \cos k\,\frac{x}{c}\ \mathfrak{Cof}\,k\,\frac{y}{c}\,, \\[4pt]
\zeta'_{II} &= \sum B_k \sin k\,\frac{x}{c}\ \mathfrak{Sin}\,k\,\frac{y}{c}\,, \\[4pt]
\zeta'_{III} &= \sum C_k \cos k\,\frac{x}{c}\,y\,\mathfrak{Sin}\,k\,\frac{y}{c}\,, \\[4pt]
\zeta'_{IV} &= \sum D_k \sin k\,\frac{x}{c}\,y\,\mathfrak{Cof}\,k\,\frac{y}{c}\,, \\[4pt]
\zeta'_{V} &= \sum E_k \cos k\,\frac{x}{c}\ \mathfrak{Sin}\,k\,\frac{y}{c}\,, \\[4pt]
\zeta'_{VI} &= \sum F_k \sin k\,\frac{x}{c}\ \mathfrak{Cof}\,k\,\frac{y}{c}\,, \\[4pt]
\zeta'_{VII} &= \sum G_k \cos k\,\frac{x}{c}\,y\,\mathfrak{Cof}\,k\,\frac{y}{c}\,, \\[4pt]
\zeta'_{VIII} &= \sum H_k \sin k\,\frac{x}{c}\,y\,\mathfrak{Sin}\,k\,\frac{y}{c}
\end{aligned}\right\} \qquad (95)$$

(mit den durch Vertauschen von x mit y entstehenden Variationen) in Betracht. In diesen Reihen stellen A, B, C, D, E, F, G, H die unveränderlichen Beizahlen, k die Ordnungsziffern 1, 2, 3, 4, 5 ..., c eine als Vergleichsmaß dienende beliebige Länge, sin und cos die trigonometrischen, $\mathfrak{Sin}$ und $\mathfrak{Cof}$ die hyperbolischen Funktionen dar.

Um auch für die in Polarkoordinaten ausgedrückte homogene Differentialgleichung

$$\left(\frac{\partial^2}{\partial r^2} + \frac{1}{r}\frac{\partial}{\partial r} + \frac{1}{r^2}\frac{\partial^2}{\partial \varphi^2}\right)\left(\frac{\partial^2 \zeta'}{\partial r^2} + \frac{1}{r}\frac{\partial \zeta'}{\partial r} + \frac{1}{r^2}\frac{\partial^2 \zeta'}{\partial \varphi^2}\right) = 0$$

Lösungen in möglichst einfacher Gestalt und klarer Gesetzmäßigkeit zu erhalten, führe ich die Funktionen

$$\frac{r^k + r^{-k}}{2} = \mathfrak{Cof}(r, k),$$

$$\frac{r^k - r^{-k}}{2} = \mathfrak{Sin}(r, k)$$

ein, die im Hinblick auf ihre Verwandtschaft mit den gewöhnlichen hyperbolischen Funktionen als radiohyperbolische Funktionen k^{ter} Ordnung bezeichnet werden mögen.

Wenn man an Stelle der üblichen Differentialquotienten die Differentialausdrücke

$$V_r = \frac{r\,\partial}{\partial r}, \qquad V_r^2 = \frac{r\,\partial V_r}{\partial r} \ldots \text{usw.}$$

bildet, so erhält man der Reihe nach

$$V_r\,\mathfrak{Cof}(r, k) = k\,\mathfrak{Sin}(r, k),$$
$$V_r^2\,\mathfrak{Cof}(r, k) = k^2\,\mathfrak{Cof}(r, k),$$
$$V_r^3\,\mathfrak{Cof}(r, k) = k^3\,\mathfrak{Sin}(r, k),$$
$$V_r^4\,\mathfrak{Cof}(r, k) = k^4\,\mathfrak{Cof}(r, k)$$

und ebenso

$$V_r\,\mathfrak{Sin}(r, k) = k\,\mathfrak{Cof}(r, k),$$
$$V_r^2\,\mathfrak{Sin}(r, k) = k^2\,\mathfrak{Sin}(r, k),$$
$$V_r^3\,\mathfrak{Sin}(r, k) = k^3\,\mathfrak{Cof}(r, k),$$
$$V_r^4\,\mathfrak{Sin}(r, k) = k^4\,\mathfrak{Sin}(r, k).$$

Die radiohyperbolischen Funktionen besitzen also hinsichtlich der Differentialoperationen V_r, V_r^2, V_r^3 ... die gleiche Periodizität wie die erste, zweite, dritte ... Abgeleitete der gewöhnlichen hyperbolischen Funktionen. Die beiden Arten hyperbolischer Funktionen haben überhaupt dieselben Eigenschaften. Überträgt man beispielsweise die Formeln

$$\mathfrak{Cof}^2(\varphi) - \mathfrak{Sin}^2(\varphi) = 1,$$
$$\mathfrak{Sin}2\,\varphi = 2\,\mathfrak{Sin}\varphi\,\mathfrak{Cof}\varphi$$

auf die radiohyperbolischen Funktionen, so findet man die gleichen Beziehungen

$$\mathfrak{Co}\mathfrak{f}^2(r,\,k) \;-\; \mathfrak{Sin}^2(r,\,k) = 1,$$
$$\mathfrak{Sin}(r,\,2\,k) = 2\,\mathfrak{Sin}(r,\,k)\,\mathfrak{Co}\mathfrak{f}(r,\,k)$$

wieder.

Ich schreibe nunmehr die Hauptdifferentialgleichung in der Form

$$\frac{1}{r^2}\left(\nabla_r^2 + \frac{\partial^2}{\partial\varphi^2}\right)\left(\nabla_r^2\,\zeta' + \frac{\partial^2\,\zeta'}{\partial\varphi^2}\right) = 0\,.$$

Es ist leicht zu erkennen, daß die Reihen

$$\left.\begin{aligned}
\zeta'_I &= \sum a_k\cos(k\,\varphi)\,\mathfrak{Co}\mathfrak{f}(r,\,k)\,,\\
\zeta'_{II} &= \sum b_k\sin(k\,\varphi)\,\mathfrak{Sin}(r,\,k)\,,\\
\zeta'_{III} &= \sum c_k\cos(k\,\varphi)\,\mathfrak{Sin}(r,\,k)\,,\\
\zeta'_{IV} &= \sum d_k\sin(k\,\varphi)\,\mathfrak{Co}\mathfrak{f}(r,\,k)
\end{aligned}\right\} \tag{96}$$

diesen Gleichungen genügen. Hierbei stellen a_k, b_k, c_k, d_k die unveränderlichen Beizahlen dar. Die Ordnungsgrößen k müssen, damit ζ' eine periodische Funktion von φ sein soll, ein ganzes Vielfaches von $2\,\pi$ sein.

Durch die Verwendung der radiohyperbolischen Funktionen ist die Darstellung der elastischen Flächen mit polaren Koordinaten auf die gleiche Form wie bei der Benutzung eines rechtwinkligen Achsenkreuzes zurückgeführt.

Die Auswahl des geeigneten Ansatzes und die Anzahl der aus jeder Reihe in Berechnung zu stellenden Glieder hängen einerseits von den Symmetriebedingungen in bezug auf Gestalt und Belastung der Platte, andererseits von den jeweiligen statischen oder geometrischen Randbedingungen ab.

Lassen sich die letzteren für irgendein Bereich durch eine oder mehrere Differentialgleichungen in der Form

$$\varphi(x,\,y,\,\zeta,\,\partial\zeta,\,\partial^2\zeta\ldots) = 0$$

darstellen, so können zunächst für die Grundwerte ζ_o die Größen

$$\varphi(x,\,y,\,\zeta_o,\,\partial\zeta_o,\,\partial^2\zeta_o,\,\partial^3\zeta_o\ldots) = Z_o$$

und ebenso für die Zusatzwerte ζ' die Größen

$$\varphi(x,\,y,\,\zeta',\,\partial\zeta',\,\partial^2\zeta',\,\partial^3\zeta'\ldots) = Z'$$

errechnet werden.

Da im endgültigen Zustand

$$\zeta = \zeta_o + \zeta'$$

sein muß, so liefert die Bedingung

$$\delta = Z_o + Z' = 0$$

die zur Ermittlung der statisch unbestimmten Größen $A,\,B,\,C,\,D\ldots$ erforderlichen Bedingungsgleichungen: die Anzahl der Randpunkte, für welche diese Gleichungen aufzustellen sind, muß hierbei selbstverständlich dieselbe sein wie die Anzahl der Werte A, B, C, $D \ldots$, welche ermittelt werden sollen.

Man kann aber auch δ als eine Fehlergröße betrachten und verlangen, daß längs des fraglichen Randes von der Länge l das eigentliche Fehlermaß

$$F = \int\limits_0^l \delta^2 \, dl = \int\limits_0^l (Z_o + Z')^2 \, dl$$

ein Minimum wird. Man erhält dann die Randbedingungen:

$$\left. \begin{aligned}
\frac{\partial F}{\partial A_k} &= 2 \int\limits_0^l (Z_o + Z') \frac{\partial Z'}{\partial A_k} \, dl = 0, \\[2mm]
\frac{\partial F}{\partial B_k} &= 2 \int\limits_0^l (Z_o + Z') \frac{\partial Z'}{\partial B_k} \, dl = 0, \\[2mm]
\frac{\partial F}{\partial C_k} &= 2 \int\limits_0^l (Z_o + Z') \frac{\partial Z'}{\partial C_k} \, dl = 0, \\[2mm]
\frac{\partial F}{\partial D_k} &= 2 \int\limits_0^l (Z_o + Z') \frac{\partial Z'}{\partial D_k} \, dl = 0. \\[2mm]
& \quad \cdots \cdots \cdots \cdots \cdots \cdots
\end{aligned} \right\} \qquad (97)$$

Diese Gleichungen eignen sich besonders zur Ermittlung der Größen A_k, B_k, C_k, $D_k \ldots$, weil sie die Konvergenz der Reihen leicht erkennen lassen. Die Umwandlung der Randdifferentialgleichungen mit Hilfe der Variationsrechnung gestattet überhaupt, wie die Anwendungsbeispiele zeigen werden, eine wesentlich einfachere und raschere Lösung der Aufgabe zu erzielen.

2. Die Ermittlung der Zusatzlösungen mit Hilfe der Gewebe.

Die homogene Differentialgleichung

$$\nabla^4 \zeta' = \nabla^2 \nabla^2 \zeta' = 0$$

zerfällt, wenn

$$-N \left(\frac{\partial^2 \zeta'}{\partial x^2} + \frac{\partial^2 \zeta'}{\partial y^2} \right) = M'$$

gesetzt wird, in die Differentialgleichungen

$$\nabla^2 M' = 0,$$

$$\nabla^2 \zeta' = -\frac{M'}{N}.$$

Ich kann an Stelle der ersteren die Differenzengleichung

$$\frac{(\varDelta^2 w')_x}{\lambda_x^2} + \frac{(\varDelta^2 w')_y}{\lambda_y^2} = 0$$

verwenden: hierbei ist wie früher

$$M' = S_1 w' .$$

Die Größen w' sind die Ordinaten eines unbelasteten Gewebes und lassen sich mit Hilfe der Gleichgewichtsgleichungen des Gewebes, sobald die Ordinaten w_a, w_b, w_c, $w_d \ldots$ der Randknotenpunkte a, b, c, $d \ldots$ bekannt oder vorerst als gegebene Größen betrachtet werden, ohne weiteres errechnen.

Ebenso kann die zweite Differentialgleichung durch die Gewebegleichung

$$\frac{(\varDelta^2 z')_x}{\lambda_x^2} + \frac{(\varDelta^2 z')_y}{\lambda_y^2} = - \frac{w'}{S_2},$$

wobei

$$z' = \frac{N \zeta'}{S_1 S_2}$$

ist, ersetzt werden. Sind z_a, z_b, z_c, $z_d \ldots$ die Randordinaten des zweiten Gewebes, so lassen sich aus den Gleichgewichtsgleichungen des letzteren die Ordinaten z' aller übrigen Punkte des Gewebes als Funktionen der elastischen Gewichte w' und der Randwerte z_a, z_b, z_c, $z_d \ldots$ darstellen. Es ist also allgemein

$$\zeta_k' = S_1 S_2 \frac{z_k'}{N} = \mu_k(w_a, \ w_b, \ w_c, \ w_d \ldots) + \nu_k(z_a, \ z_b, \ z_c, \ z_d \ldots),$$

$$\zeta_k = \zeta_o + \zeta_k' = \zeta_o + \mu_k(w_a, \ w_b, \ w_c, \ w_d \ldots) + \nu_k(z_a, \ z_b, \ z_c, \ z_d \ldots).$$

Um die Gestalt und den Spannungszustand des Randes zu bestimmen, müssen von vornherein für jeden Randpunkt r zwei Bedingungen in der Form

$$\left.\begin{array}{l}\varphi_r(\zeta_r, \ \varDelta\zeta_r, \ \varDelta^2\zeta_r, \ \varDelta^3\zeta_r \ldots) = 0, \\[4pt] \psi_r(\zeta_r, \ \varDelta\zeta_r, \ \varDelta^2\zeta_r, \ \varDelta^3\zeta_r \ldots) = 0 \end{array}\right\} \tag{98}$$

vorgeschrieben sein.

Stellt man diese Gleichungen für jeden Randpunkt a, b, c, $d \ldots$ der Reihe nach auf, so gewinnt man für die statisch unbestimmten Größen w_a, w_b, w_c, $w_d \ldots$, z_a, z_b, z_c, $z_d \ldots$ ein doppeltes Gleichungssystem, aus denen sich diese Größen als Funktionen der Grundwerte ζ_o errechnen lassen.

Die Lösung der Aufgabe wird in den meisten Fällen dadurch wesentlich erleichtert, daß die durch die Gleichungen (98) ausgedrückten Beziehungen einfach genug sind, um eine unmittelbare Umwandlung von z_a, z_b, z_c, $z_d \ldots$ in w_a, w_b, w_c, $w_d \ldots$ zu ermöglichen: es bleibt dann nur ein einziges Gleichungssystem zwischen den Größen w_a, w_b, w_c, $w_d \ldots$ übrig, dessen Auflösung keine Schwierigkeiten bereitet.

Es sei schließlich bemerkt, daß man die endgültigen Werte ζ auch ohne die Zerlegung in Grund- und Zusatzwerte unmittelbar aus der Differenzengleichung vierter Ordnung

$$\frac{(\Delta^4 \zeta_k)_x}{\lambda_x^4} + 2\,\frac{(\Delta^4 \zeta_k)_{xy}}{\lambda_x^2\,\lambda_y^2} + \frac{(\Delta^4 \zeta_x)_y}{\lambda_y^4} = +\frac{p}{N}$$

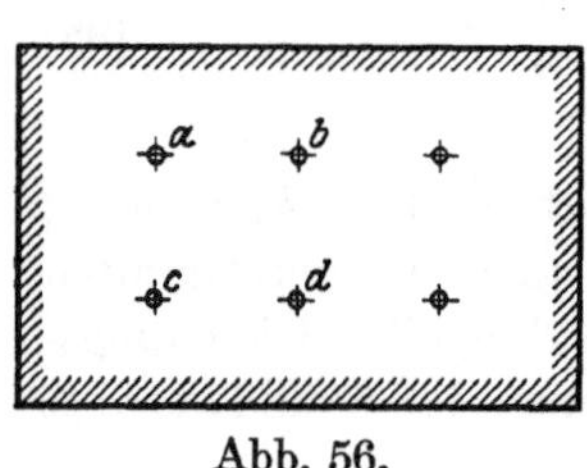

Abb. 55.

errechnen kann. Es müssen dann die Ordinaten ζ nicht allein für die Randpunkte a, b, c, d . . ., sondern außerdem, je nach der Ordnung der für den Rand gültigen Differenzengleichungen, für die außerhalb des Randes in der ersten oder in der zweiten Zeile liegenden Punkte

$$\alpha_1,\ \beta_1,\ \gamma_1,\ \delta_1 \ldots, \qquad \alpha_2,\ \beta_2,\ \gamma_2,\ \delta_2 \ldots$$

(Abb. 55) bestimmt werden.

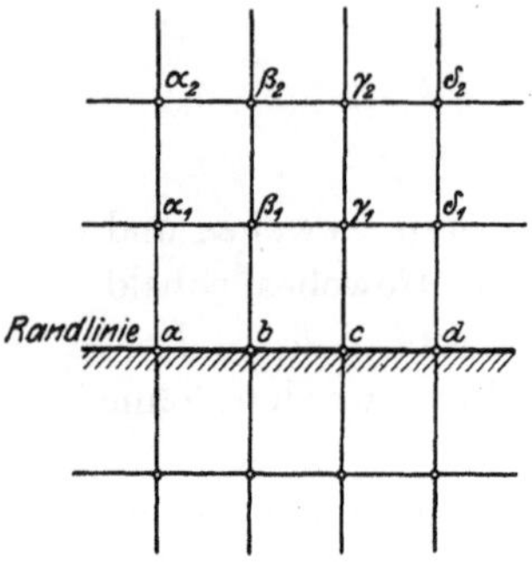

Durch die große Anzahl der Unbekannten, die überhaupt in dem gesamten Gleichungssystem und auch in jeder einzelnen Gleichung vorkommen, wird die Auflösung erschwert und die Genauigkeit der Ergebnisse wesentlich beeinträchtigt. Die Anwendung der allgemeinen Differenzengleichung ist daher nur bei den einfachsten Randbedingungen zu empfehlen.

§ 18. Die Untersuchung von Platten, die auch innerhalb der Ränder auf einzelnen Stützpunkten aufgelagert sind.

Die Untersuchung von Platten, die an den Rändern frei aufliegen oder eingeklemmt sind und außerdem auf einzelnen Stützpunkten a, b, c, d . . . (Abb. 56) aufruhen, läßt sich in ähnlicher Weise wie die Untersuchung statisch unbestimmter ebener Tragwerke durchführen.

Denkt man sich zunächst die Auflagerwiderstände X_a, X_b, X_c, X_d . . . beseitigt, so bleibt die Platte nur an den Rändern gestützt, und es lassen sich die von der Plattenbelastung erzeugten Verschiebungen ζ_o ohne weiteres errechnen. Die Punkte a, b, c, d erfahren hierbei die Verrückungen

$$\zeta_{oa},\qquad \zeta_{ob},\qquad \zeta_{oc},\qquad \zeta_{od} \ldots$$

Abb. 56.

Wird die Platte jetzt ausschließlich mit $X_a = -1$ belastet, so verschiebt sich der Punkt k der Mittelfläche um ζ_{ka}. Ebenso entstehen unter dem alleinigen Einfluß der Kräfte $X_b = -1$, $X_c = -1$, $X_d = -1$ . . . die Senkungen

$$\zeta_{kb},\qquad \zeta_{kc},\qquad \zeta_{kd} \ldots$$

Die gesamte Verschiebung des Punktes k im Endzustande ist also

$$\zeta_k = \zeta_{ok} - X_a\,\zeta_{ak} - X_b\,\zeta_{bk} - X_c\,\zeta_{ck} - X_d\,\zeta_{dk}\ldots \qquad (99)$$

Für die Punkte $a,\ b,\ c,\ d\ldots$ gilt insbesondere:

$$
\begin{aligned}
\zeta_a &= \zeta_{oa} - X_a\,\zeta_{aa} - X_b\,\zeta_{ba} - X_c\,\zeta_{ca} - X_d\,\zeta_{da}\ldots,\\
\zeta_b &= \zeta_{ob} - X_a\,\zeta_{ab} - X_b\,\zeta_{bb} - X_c\,\zeta_{cb} - X_d\,\zeta_{db}\ldots,\\
\zeta_c &= \zeta_{oc} - X_a\,\zeta_{ac} - X_b\,\zeta_{bc} - X_c\,\zeta_{cc} - X_d\,\zeta_{dc}\ldots,\\
\zeta_d &= \zeta_{od} - X_a\,\zeta_{ad} - X_b\,\zeta_{bd} - X_c\,\zeta_{cd} - X_d\,\zeta_{dd}\ldots,\\
&\cdots\cdots\cdots\cdots\cdots\cdots\cdots\cdots\cdots\cdots
\end{aligned}
$$

Aus dieser Gleichungsgruppe können die statisch unbestimmten Größen $X_a,\ X_b,\ X_c,\ X_d\ldots$, wenn die Verschiebungen $\zeta_a,\ \zeta_b,\ \zeta_c,\ \zeta_d\ldots$ von vornherein bekannt sind, ermittelt werden. Ist

$$\zeta_a = \zeta_b = \zeta_c = \zeta_d = 0,$$

so nehmen die Elastizitätsbedingungen die einfache Form:

$$
\left.
\begin{aligned}
X_a\,\zeta_{aa} + X_b\,\zeta_{ba} + X_c\,\zeta_{ca} + X_d\,\zeta_{da} + \ldots &= \zeta_{oa},\\
X_a\,\zeta_{ab} + X_b\,\zeta_{bb} + X_c\,\zeta_{ca} + X_d\,\zeta_{db} + \ldots &= \zeta_{ob},\\
X_a\,\zeta_{ac} + X_b\,\zeta_{bc} + X_c\,\zeta_{cc} + X_d\,\zeta_{dc} + \ldots &= \zeta_{oc},\\
X_a\,\zeta_{ad} + X_b\,\zeta_{bd} + X_c\,\zeta_{cd} + X_d\,\zeta_{dd} + \ldots &= \zeta_{od},\\
\cdots\cdots\cdots\cdots\cdots\cdots\cdots\cdots\cdots\cdots\cdots\cdots&
\end{aligned}
\right\} \qquad (100)
$$

Sind die Größen X gefunden, so kann man die endgültigen Ordinaten ζ der elastischen Fläche bestimmen und die zugehörigen Spannungsmomente errechnen.

Die Lösung der Aufgabe wird wesentlich vereinfacht, wenn bei der Auswahl der statisch unbestimmten Größen und ihrer Gruppierung die Symmetriebedingungen ausgenutzt werden. Bei rechteckigen Platten wird man insbesondere, wenn die auf S. 49 für die Zerlegung der Belastung in vier Gruppen aufgestellten Symmetriegesetze auch auf die Verteilung der statisch unbestimmten Größen angewandt werden, erreichen können, daß die Elastizitätsgleichungen in vier Gruppen zerfallen, welche nur ein Viertel der Unbekannten enthalten.

Man kann im übrigen auch zur Errechnung der statisch unbestimmten Größen die Bedingung heranziehen, daß die innere Formänderungsarbeit A_i ein Minimum werden soll. Wird als Maß für diese Arbeit der Wert

$$A_i = \frac{m^2}{m^2-1}\,\frac{1}{2\,N}\iint\left[(s_x + s_y)^2 - 2\,\frac{(m+1)}{m}\,(s_x\,s_y - t_{xy}^2)\right]dx\,dy$$

$$= \frac{m}{m-1}\,\frac{1}{2\,N}\iint[M^2 - 2\,(s_x\,s_y - t_{xy}^2)]\,dx\,dy$$

zugrunde gelegt, so folgt aus

$$\frac{\partial A_i}{\partial X_k} = 0:\iint\left[M\cdot\frac{\partial M}{\partial X_k} - \left(s_x\,\frac{\partial s_y}{\partial X_k} + s_y\,\frac{\partial s_x}{\partial X_k} - 2\,t_{xy}\,\frac{\partial t_{xy}}{\partial X_k}\right)\right]dx\,dy = 0\,.$$

Diese Formel, welche die Grundlage der meisten Näherungsrechnungen bildet, leistet gute Dienste, wenn es möglich ist, sowohl die von der Plattenbelastung erzeugten Spannungsmomente M_0, s_{ox}, s_{oy}, t_{oxy} wie auch die der alleinigen Wirkung von X_a, $X_b \ldots$ entsprechenden Momente M_a, $M_b \ldots s_{ax}$, $s_{bx} \ldots s_{ay}$, $s_{by} \ldots t_{axy}$, $t_{bxy} \ldots$ durch leicht integrierbare Funktionen von x und y auszudrücken.

Man gewinnt eine besonders einfache Näherungsformel, wenn man in der Gleichung für die innere Formänderungsarbeit das Glied

$$\iint (s_x \, s_y - t_{xy}^2)\, dx\, dy \, ,$$

welches bei ringsum frei aufliegenden Platten in vielen Fällen überhaupt verschwindet, ganz vernachlässigt. Die Elastizitätsgleichungen

$$\frac{\partial A_i}{\partial X_a} = 0 \, ,$$

$$\frac{\partial A_i}{\partial X_b} = 0 \, ,$$

$$\frac{\partial A_i}{\partial X_c} = 0 \, ,$$

$$\ldots \ldots \ldots$$

liefern dann, wenn

$$M = M_o - M_a X_a - M_b X_b - M_c X_c \ldots \qquad (101)$$

gesetzt wird:

$$
\left.
\begin{aligned}
X_a \iint M_a^2\, dx\, dy + X_b \iint M_a M_b\, dx\, dy + X_c \iint M_a M_c\, dx\, dy + \ldots \\
= \iint M_o M_a\, dx\, dy \, , \\[4pt]
X_a \iint M_b M_a\, dx\, dy + X_b \iint M_b^2\, dx\, dy + X_c \iint M_b M_c\, dx\, dy + \ldots \\
= \iint M_o M_b\, dx\, dy \, , \\[4pt]
X_a \iint M_c M_a\, dx\, dy + X_b \iint M_b M_c\, dx\, dy + X_c \iint M_c^2\, dx\, dy + \ldots \\
= \iint M_o M_c\, dx\, dy \, .
\end{aligned}
\right\} \qquad (102)
$$

Diese Elastizitätsgleichungen stimmen vollkommen mit denjenigen der vollwandigen, ebenen Träger überein. Sie bieten für die zahlenmäßige Durchrechnung den Vorteil, daß ihre Beizahlen nur von dem Biegungsmaß M abhängig sind und daher lediglich die Ermittlung der w-Ordinaten, nicht aber die Bestimmung der z-Fläche voraussetzen.

Es sei schließlich bemerkt, daß die zur Errechnung der Beizahlen erforderlichen Integrationen durch eine mechanische Quadratur ersetzt werden können: die Ableitung der fraglichen Umwandlungsformeln ist durchaus einfach und kann daher außer Betracht bleiben.

VII. Die ringsum eingeklemmte Platte.

Die Platten, welche in diesem Abschnitte behandelt werden sollen, sind am Rande derart befestigt, daß die Mittelfläche weder eine Verschiebung noch eine Drehung erfahren kann.

Diese feste Einspannung ist durch die Randbedingung

$$\zeta = \frac{\partial \zeta}{\partial u} = 0$$

gekennzeichnet.

Im Abschnitt IV, § 15 ist bereits gezeigt worden, wie die Einspannungsmomente gewählt werden müssen, wenn diese Randbedingungen bei der kreisförmigen Platte mit achsensymmetrischer Belastung erfüllt werden sollen.

Handelt es sich um reckteckige Platten, so gilt für die Ränder $x = \pm a$ die Gleichung:

$$\zeta = \frac{\partial \zeta}{\partial x} = 0$$

und für die Ränder $y = \pm b$:

$$\zeta = \frac{\partial \zeta}{\partial y} = 0.$$

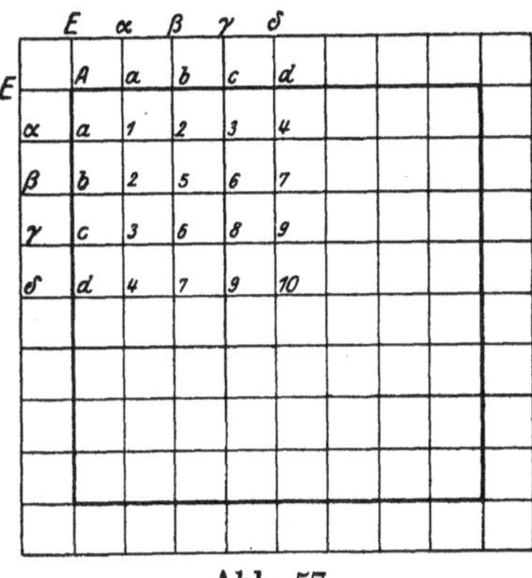

Abb. 57.

Sind ζ_i und ζ_l die Ordinaten zweier im Abstande λ_x links und rechts vom Randpunkt k liegenden Punkte i und l der elastischen Fläche, so lassen sich die Randbedingungen auch durch die Gleichungen

$$\zeta_k = 0,$$
$$\frac{\zeta_i - \zeta_l}{2\lambda_x} = 0$$

ausdrücken. Es ist also für $x = \pm a$

$$\zeta_i = \zeta_l$$

und ebenso für die Ränder $y = \pm b$

$$\zeta_m = \zeta_n.$$

§ 19. Die gleichmäßig belastete quadratische Platte.

Für die in der Abb. 57 dargestellte quadratische Platte, die von einem Gewebe mit der Maschenweite $\lambda_x = \lambda_y = \lambda = \dfrac{a}{4}$ überspannt ist, lassen sich demnach zur Bestimmung der Randgestalt des z-Gewebes die folgenden Beziehungen von vornherein angeben:

$$z_a = 0, \qquad z_b = 0, \qquad z_c = 0, \qquad z_d = 0,$$
$$z_\alpha = z_1, \qquad z_\beta = z_2, \qquad z_\gamma = z_3, \qquad z_\delta = z_4.$$

Führt man diese Werte in die allgemeine Differenzengleichung (35)

$$20z_k - 8(z_i + z_l + z_m + z_n) + 2(z_o + z_p + z_q + z_r) + (z_s + z_t + z_u + z_v) = \frac{\lambda^4 p}{S_1 S_2}$$

ein, so erhält man unter Beachtung der Symmetriebedingungen das Gleichungssystem:

$$+22z_1 - 16z_2 + 2z_3 \qquad\quad + 2z_5 \qquad\qquad\qquad\qquad\qquad\qquad = 1 \cdot \frac{p\lambda^4}{S_1 S_2},$$

$$- 8z_1 + 23z_2 - 8z_3 + 1z_4 - 8z_5 + 3z_6 \qquad\qquad\qquad\qquad = 1 \cdot \frac{p\lambda^4}{S_1 S_2},$$

$$+ 1z_1 - 8z_2 + 22z_3 - 8z_4 + 2z_5 - 8z_6 + 2z_7 + 1z_8 \qquad\qquad = 1 \cdot \frac{p\lambda^4}{S_1 S_2},$$

$$+ 2z_2 - 16z_3 + 21z_4 \qquad + 4z_6 - 8z_7 \qquad + 1z_9 \qquad = 1 \cdot \frac{p\lambda^4}{S_1 S_2},$$

$$+ 2z_1 - 16z_2 + 4z_3 \qquad + 20z_5 - 16z_6 + 2z_7 + 2z_8 \qquad\qquad = 1 \cdot \frac{p\lambda^4}{S_1 S_2},$$

$$+ 3z_2 - 8z_3 + 2z_4 - 8z_5 + 23z_6 - 8z_7 - 8z_8 + 3z_9 \qquad = 1 \cdot \frac{p\lambda^4}{S_1 S_2},$$

$$+ 4z_3 - 8z_4 + 2z_5 - 16z_6 + 20z_7 + 4z_8 - 8z_9 + z_{10} = 1 \cdot \frac{p\lambda^4}{S_1 S_2},$$

$$+ 2z_3 \qquad + 2z_5 - 16z_6 + 4z_7 + 22z_8 - 16z_9 + 2z_{10} = 1 \cdot \frac{p\lambda^4}{S_1 S_2},$$

$$+ 1z_4 \qquad + 6z_6 - 8z_7 - 16z_8 + 25z_9 - 8z_{10} = 1 \cdot \frac{p\lambda^4}{S_1 S_2},$$

$$+ 4z_7 + 8z_8 - 32z_9 + 20z_{10} = 1 \cdot \frac{p\lambda^4}{S_1 S_2}.$$

Seine Auflösung liefert:

$$z_1 = 0{,}4210074 \frac{p\lambda^4}{S_1 S_2}, \qquad z_6 = 3{,}30408 \frac{p\lambda^4}{S_1 S_2},$$

$$z_2 = 0{,}97826 \frac{p\lambda^4}{S_1 S_2}, \qquad z_7 = 3{,}65550 \frac{p\lambda^4}{S_1 S_2},$$

$$z_3 = 1{,}37609 \frac{p\lambda^4}{S_1 S_2}, \qquad z_8 = 4{,}74106 \frac{p\lambda^4}{S_1 S_2},$$

$$z_4 = 1{,}51577 \frac{p\lambda^4}{S_1 S_2}, \qquad z_9 = 5{,}25742 \frac{p\lambda^4}{S_1 S_2},$$

$$z_5 = 2{,}31889 \frac{p\lambda^4}{S_1 S_2}; \qquad z_{10} = 5{,}83435 \frac{p\lambda^4}{S_1 S_2}.$$

Die Durchbiegung des Plattenmittelpunktes ist

$$\zeta_{10} = \frac{S_1 S_2}{N} z_{10} = 0{,}0228 \frac{p a^4}{N}.$$

Bei einer ringsum frei aufliegenden Platte ist hingegen

$$\zeta_{10} = 0{,}0649 \frac{p a^4}{N}.$$

Durch die feste Einspannung wird also die größte Durchbiegung der Platte auf ein Drittel der Durchbiegung der frei aufliegenden Platte herabgemindert, während beim beiderseits eingespannten und beim frei aufliegenden Stab die größten Durchbiegungen sich wie 1 : 5 verhalten.

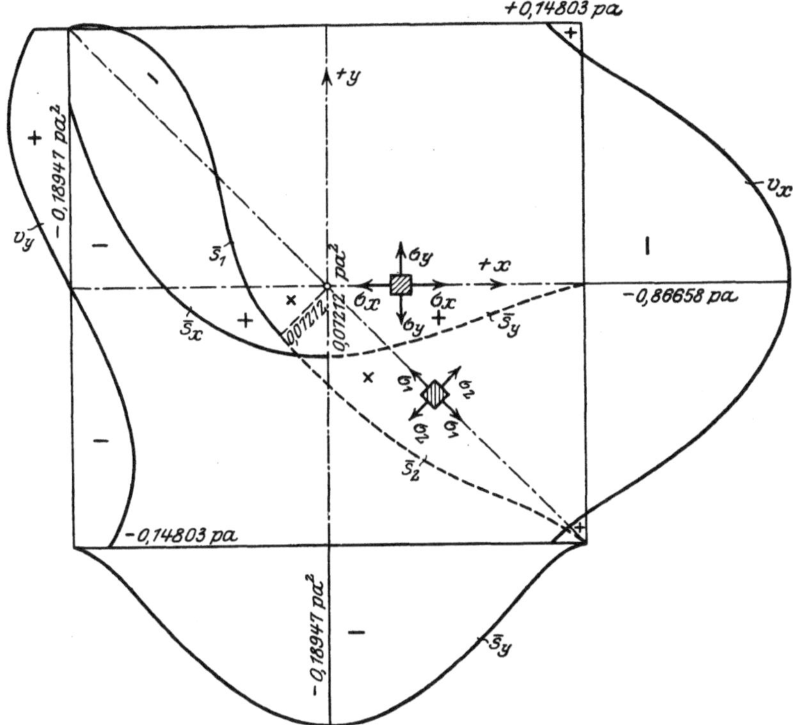

Abb. 58. Spannungsbild einer ringsum eingeklemmten, gleichmäßig belasteten quadratischen Platte.

Die Grenzwerte der Spannungsmomente

$$\bar{s}_x = -N \frac{\partial^2 \zeta}{\partial x^2}, \qquad \bar{s}_y = -N \frac{\partial^2 \zeta}{\partial y^2}, \qquad \bar{t}_{xy} = -N \frac{\partial^2 \zeta}{\partial x \, \partial y}$$

für die wichtigsten Netzpunkte sind in der Tafel 11, welche auch die Randwerte

$$v_x = \frac{\partial M}{\partial y}, \qquad v_y = \frac{\partial M}{\partial y}$$

enthält, zusammengestellt. Der Spannungsverlauf längs der Mittel-, Diagonal- und Randlinien ist durch die Abb. 58 veranschaulicht.

Tafel 11.

Die Spannungsmomente und Scherkräfte der ringsum eingeklemmten, gleichmäßig belasteten quadratischen Platte.

$\dfrac{x}{a}$	$\dfrac{y}{b}$	$\bar{s}_x$	$\bar{s}_y$	$\bar{t}_{xy}$	$\bar{s}_1 = \bar{s}_x - \bar{t}_{xy}$	$\bar{s}_2 = \bar{s}_x + \bar{t}_{xy}$	Faktor
± 1	0	$-0{,}18947$	0	—	—	—	pa^2
$\pm \frac{3}{4}$	0	$-0{,}03900$	$+0{,}01746$	—	—	—	pa^2
$\pm \frac{2}{4}$	0	$+0{,}03361$	$+0{,}04393$	—	—	—	pa^2
$\pm \frac{1}{4}$	0	$+0{,}06406$	$+0{,}06455$	—	—	—	pa^2
± 0	0	$+0{,}07212$	$+0{,}07212$	—	—	—	pa^2
$-\frac{1}{4}$	$+\frac{1}{4}$	$+0{,}05754$	$+0{,}05754$	$+0{,}01316$	$+0{,}04438$	$+0{,}07070$	pa^2
$-\frac{2}{4}$	$+\frac{2}{4}$	$+0{,}02222$	$+0{,}02222$	$+0{,}03765$	$-0{,}01543$	$+0{,}05987$	pa^2
$-\frac{3}{4}$	$+\frac{3}{4}$	$-0{,}00852$	$-0{,}00852$	$+0{,}03623$	$-0{,}04475$	$+0{,}02771$	pa^2

$\dfrac{x}{a}$	$\dfrac{y}{b}$	s_x	v_x	v_y
-1	0	$-0{,}18947\ pa^2$	$+0{,}86658\ pa$	$0\ pa$
-1	$+\frac{1}{4}$	$-0{,}17201\ pa^2$	$+0{,}80415\ pa$	$+0{,}13442\ pa$
-1	$+\frac{2}{4}$	$-0{,}12228\ pa^2$	$+0{,}60423\ pa$	$+0{,}23877\ pa$
-1	$+\frac{3}{4}$	$-0{,}05263\ pa^2$	$+0{,}23332\ pa$	$+0{,}24452\ pa$
-1	$+1$	$0{,}0\ pa^2$	$-0{,}14803\ pa$	$+0{,}14803\ pa$

Im Plattenmittelpunkt tritt das größte positive Biegungsmoment

$$\bar{s}_x = \bar{s}_y = 0{,}072116\,pa^2\,,$$

in der Randmitte das größte negative Moment

$$\bar{s}_u = -0{,}18947\,pa^2$$

auf.

Es besteht somit zwischen diesen beiden Werten fast dasselbe Verhältnis wie beim eingespannten Träger.

Bei der frei aufliegenden Platte ist das größte Moment

$$\bar{s}_x = \bar{s}_y = 0{,}14554\,pa^2\,.$$

Durch die Einklemmung wird, wie man sieht, das größte positive Moment nur auf die Hälfte desjenigen der frei aufliegenden Platte (und nicht auf ein Drittel wie beim eingespannten Stabe) verkleinert: das negative Moment ist aber um ein Drittel größer, während es beim eingespannten Träger um ein Drittel geringer ist.

Diese erheblichen Abweichungen zwischen Platte und Träger sowohl hinsichtlich des Durchbiegungs- wie auch des Spannungsverhältnisses sind besonders beachtenswert, weil die von den deutschen Vorschriften für die Berechnung kreuzweise bewehrter Platten empfohlenen Näherungsverfahren sich auf die Zerlegung der Belastung in zwei Richtungen beschränken, im übrigen jeden Streifen als Balken behandeln und daher nur ein verzerrtes Bild des Spannungsverlaufes geben können.

Bemerkenswert ist noch, daß bei der eingespannten Platte überall am Rande $\dfrac{\partial^2 \zeta}{\partial x\, \partial y} = 0$ ist. Es treten also weder Randdrillungsmomente noch Eckkräfte auf, und die Auflagerwiderstände stimmen mit den lotrechten Randscherkräften völlig überein. Die Ecken selbst, in denen sonst bei freier Auflagerung die größten Drillungsmomente und negativen Biegungsmomente entstehen, werden nur durch Scherspannungen beansprucht.

§ 20. Die mit einer Einzellast in der Mitte belastete quadratische Platte.

Die Anwendung der vorhin benutzten allgemeinen Differenzengleichung der elastischen Fläche führt, wenn in einem größeren Bereiche die Platte nur mit Einzelkräften belastet wird, insofern nicht zum Ziele, als die Grundgleichung

$$V^2 V^2 \zeta = \frac{p}{N}$$

wie im Abschnitt III, § 8 bereits erörtert, für $p = \infty$ nicht streng gültig ist.

Wird die Last auf einer Druckfläche von der Länge $2\,e_x$ und der Breite $2\,e_y$ verteilt und zunächst freie Auflagerung vorausgesetzt, so können die Grundwerte M_o und ζ_o mit Hilfe der Gewebe nach dem Vorgange des Beispieles in § 8 ermittelt werden.

Durch die Einspannung werden in den Randpunkten a, b, c, d Momente M_a, M_b, M_c, M_d und in den übrigen Innenpunkten der Platte Momente M' hervorgerufen. Die zugehörige Momentenfläche läßt sich durch ein Gewebe mit den Randordinaten w_a, w_b, w_c und w_d darstellen. Da dieses Gewebe im übrigen unbelastet ist, so müssen die Ordinaten w' der inneren Knotenpunkte und die Randordinaten w_a, w_b, w_c, w_d der homogenen Differenzengleichung

$$\frac{(\varDelta^2 w')_x}{\lambda_x^2} + \frac{(\varDelta^2 w')_y}{\lambda_y^2} = 0$$

genügen.

Für die quadratische Platte der Abb. 57 mit der Maschenweite $\lambda_x = \lambda_y = \lambda = \dfrac{a}{4}$ gilt demnach das folgende Gleichungssystem:

$$4\,w_1' - 2\,w_2' - 2\,w_a \qquad\qquad = 0,$$
$$-\ w_1' + 4\,w_2' -\ w_3' -\ w_5' - w_b = 0,$$
$$-\ w_2' + 4\,w_3' -\ w_4' -\ w_6' - w_c = 0,$$
$$-2\,w_3' + 4\,w_4' -\ w_7' -\qquad\ w_d = 0,$$
$$-2\,w_2' + 4\,w_5' - 2\,w_6' \qquad\qquad = 0,$$

$$- w'_3 - w'_5 + 4 w'_6 - w'_7 - w'_8 = 0,$$
$$- w'_4 - 2 w'_6 + 4 w'_7 - w'_9 \qquad = 0,$$
$$- 2 w'_6 + 4 w'_8 - 2 w'_9 \qquad = 0,$$
$$- w'_7 - 2 w'_8 + 4 w'_9 - w'_{10} \qquad = 0,$$
$$-4 w'_9 + 4 w'_{10} \qquad = 0.$$

Hieraus erhält man:

$$272\, w'_1 = 167\, w_a + 62\, w_b + 31\, w_c + 12\, w_d,$$
$$272\, w'_2 = 62\, w_a + 124\, w_b + 62\, w_c + 24\, w_d,$$
$$272\, w'_3 = 31\, w_a + 62\, w_b + 133\, w_c + 46\, w_d,$$
$$272\, w'_4 = 24\, w_a + 48\, w_b + 92\, w_c + 108\, w_d,$$
$$272\, w'_5 = 50\, w_a + 100\, w_b + 84\, w_c + 38\, w_d,$$
$$272\, w'_6 = 38\, w_a + 76\, w_b + 106\, w_c + 52\, w_d,$$
$$272\, w'_7 = 34\, w_a + 68\, w_b + 102\, w_c + 68\, w_d,$$
$$272\, w'_8 = 37\, w_a + 74\, w_b + 105\, w_c + 56\, w_d,$$
$$272\, w'_9 = 36\, w_a + 72\, w_b + 104\, w_c + 60\, w_d,$$
$$272\, w'_{10} = 36\, w_a + 72\, w_b + 104\, w_c + 60\, w_d.$$

Wird nunmehr das Gewebe mit den elastischen Gewichten $\dfrac{M'}{N} = S_1 \dfrac{w'}{N}$ belastet, so wird seine Gestalt durch die Gleichungsgruppe

$$4 z'_1 - 2 z'_2 = w'_1 \frac{\lambda^2}{S_2},$$
$$- z'_1 + 4 z'_2 - z'_3 - z'_5 = w'_2 \frac{\lambda^2}{S_2},$$
$$- z'_2 + 4 z'_3 - z'_4 - z'_6 = w'_3 \frac{\lambda^2}{S_2},$$
$$-2 z'_3 + 4 z'_4 - z'_7 = w'_4 \frac{\lambda^2}{S_2},$$
$$-2 z'_2 + 4 z'_5 - 2 z'_6 = w'_5 \frac{\lambda^2}{S_2},$$
$$- z'_3 - z'_5 + 4 z'_6 - z'_7 - z'_8 = w'_6 \frac{\lambda^2}{S_2},$$
$$- z'_4 - 2 z'_6 + 4 z'_7 - z'_9 = w'_7 \frac{\lambda^2}{S_2},$$
$$-2 z'_6 + 4 z'_8 - 2 z'_9 = w'_8 \frac{\lambda^2}{S_2},$$
$$- z'_7 - 2 z'_8 + 4 z'_9 - z'_{10} = w'_9 \frac{\lambda^2}{S_2},$$
$$-4 z'_9 + 4 z'_{10} = w'_{10} \frac{\lambda^2}{S_2}$$

bestimmt. Ihre Auflösung liefert:

$$\frac{S_2}{\lambda^2} 4624\, z_1' = 1487{,}75\, w_a + 1556\, w_b + 1487{,}75\, w_c + 730\ w_d \,,$$

$$\frac{S_2}{\lambda^2} 4624\, z_2' = 1556\ \ w_a + 2585\, w_b + 2712\ \ w_c + 1358\, w_d \,,$$

$$\frac{S_2}{\lambda^2} 4624\, z_3' = 1487{,}75\, w_a + 2712\, w_b + 3655{,}25\, w_c + 1886\, w_d \,,$$

$$\frac{S_2}{\lambda^2} 4624\, z_4' = 1460\ \ w_a + 2716\, w_b + 3772\ \ w_c + 2269\, w_d \,,$$

$$\frac{S_2}{\lambda^2} 4624\, z_5' = 2194{,}50\, w_a + 3964\, w_b + 4651\ \ w_c + 2408\, w_d \,,$$

$$\frac{S_2}{\lambda^2} 4624\, z_6' = 2408\ \ w_a + 4493\, w_b + 5876\ \ w_c + 3135\, w_d \,,$$

$$\frac{S_2}{\lambda^2} 4624\, z_7' = 2456{,}5\ \ w_a + 4624\, w_b + 6213{,}5\ \ w_c + 3468\, w_d \,,$$

$$\frac{S_2}{\lambda^2} 4624\, z_8' = 2847{,}25\, w_a + 5380\, w_b + 7182{,}25\, w_c + 3894\, w_d \,,$$

$$\frac{S_2}{\lambda^2} 4624\, z_9' = 2972\ \ w_a + 5638\, w_b + 7596\ \ w_c + 4177\, w_d \,,$$

$$\frac{S_2}{\lambda^2} 4624\, z_{10}' = 3125\ \ w_a + 5944\, w_b + 8038\ \ w_c + 4432\, w_d \,.$$

$$(\mathbf{A_1})$$

Für die Randpunkte a, b, c, d ist

$$\zeta = \zeta_o = 0 \,,$$

also auch

$$z_a' = z_b' = z_c' = z_d' = 0 \,.$$

Die Ordinaten z_α', z_β', z_γ', z_δ' der um λ vom Rande entfernten Punkte α, β, γ, δ müssen schließlich die Bedingungsgleichungen

$$-z_\alpha' + 4 z_a' - z_b' \qquad - z_1' = w_a \frac{\lambda^2}{S_2} \,,$$

$$-z_\beta' + 4 z_b' - z_a' - z_c' - z_2' = w_b \frac{\lambda^2}{S_2} \,,$$

$$-z_\gamma' + 4 z_c' - z_b' - z_d' - z_3' = w_c \frac{\lambda^2}{S_2} \,,$$

$$-z_\delta' + 4 z_d' - 2 z_c' \qquad - z_4' = w_d \frac{\lambda^2}{S_2}$$

befriedigen. Es ist mithin:

$$\left.\begin{aligned}
\frac{S_2}{\lambda^2}\,4624\,z'_\alpha &= -6111{,}75\,w_a - 1556\,w_b - 1487{,}75\,w_c - 730\,w_d\,, \\[2mm]
\frac{S_2}{\lambda^2}\,4624\,z'_\beta &= -1556\phantom{{,}75}\ w_a - 7209\,w_b - 2712\phantom{{,}00}\ w_c - 1358\,w_d\,, \\[2mm]
\frac{S_2}{\lambda^2}\,4624\,z'_\gamma &= -1487{,}75\,w_a - 2712\,w_b - 8279{,}25\,w_c - 1886\,w_d\,, \\[2mm]
\frac{S_2}{\lambda^2}\,4624\,z'_\delta &= -1460\phantom{{,}75}\ w_a - 2716\,w_b - 3772\phantom{{,}00}\ w_c - 6893\,w_d\,.
\end{aligned}\right\} \quad (A_2)$$

Hiermit ist die durch die Randmomente w_a, w_b, w_c, w_d hervorgerufene Formänderung in allen Punkten beschrieben.

Die endgültige Gestalt der elastischen Fläche ist durch die Gleichungen

$$\zeta_k = \zeta_{ok} + \zeta'_k\,, \qquad z_k = z_{ok} + z'_k$$

festgelegt.

Für die mit einer Einzellast in der Mitte belastete, ringsum frei aufliegende Platte sind die Grundwerte ζ_{ok}, z_{ok} auf S. 69 im Abschnitt III, § 8 zusammengestellt. Der Randfläche entsprechen hierbei die Werte

$$\zeta_{o1} = -\zeta_{o\alpha} = 0{,}08323\,\frac{P\lambda^2}{N} = 385\,\frac{P\lambda^2}{4624\,N}\,,$$

$$\zeta_{o2} = -\zeta_{o\beta} = 0{,}15813\,\frac{P\lambda^2}{N} = 731\,\frac{P\lambda^2}{4624\,N}\,,$$

$$\zeta_{o3} = -\zeta_{o\gamma} = 0{,}21379\,\frac{P\lambda^2}{N} = 989\,\frac{P\lambda^2}{4624\,N}\,,$$

$$\zeta_{o4} = -\zeta_{o\delta} = 0{,}23525\,\frac{P\lambda^2}{N} = 1088\,\frac{P\lambda^2}{4624\,N}\,.$$

Da am Rande

$$\zeta_i = \zeta_l\,,$$
$$\zeta_{oi} + \zeta'_i = \zeta_{ol} + \zeta'_l$$

sein soll, so gilt auch die Bedingung

$$\zeta'_i - \zeta'_l = \zeta_{ol} - \zeta_{oi}\,,$$

oder, weil

$$\zeta_{ol} = -\zeta_{oi}$$

ist:

$$\zeta'_l - \zeta'_i = -2\,\zeta_{ol}\,,$$
$$\frac{z'_l - z'_i}{2} = -z_{ol}\,.$$

Die Anwendung dieser Formel liefert der Reihe nach:

$$\frac{1}{2}\,S_2(z_1' - z_\alpha') = -S_2\,z_{o1} = -\zeta_{o1}\,\frac{N}{S_1}\,,$$

$$\frac{1}{2}\,S_2(z_2' - z_\beta') = -S_2\,z_{o2} = -\zeta_{o2}\,\frac{N}{S_1}\,,$$

$$\frac{1}{2}\,S_2(z_3' - z_\gamma') = -S_2\,z_{o3} = -\zeta_{o3}\,\frac{N}{S_1}\,,$$

$$\frac{1}{2}\,S_2(z_4' - z_\delta') = -S_2\,z_{o4} = -\zeta_{o4}\,\frac{N}{S_1}\,.$$

Werden hierin die vorhin ermittelten Werte z' und ζ_o eingesetzt, so entsteht das Gleichungssystem:

$$\frac{7399,5}{2}\,w_a + 1556\,w_b + 1487,75\,w_c + 730\,w_d = -\ 385\,\frac{P}{S_1}\,,$$

$$1556\ w_a + \frac{9794}{2}\,w_b + 2712\ w_c + 1358\,w_d = -\ 731\,\frac{P}{S_1}\,,$$

$$1487,75\,w_a + 2712\,w_b + \frac{11934}{2}\,w_c + 1886\,w_d = -\ 989\,\frac{P}{S_1}\,,$$

$$1460\ w_a + 2716\,w_b + 3772\ w_c + \frac{9162}{2}\,w_d = -\ 1088\,\frac{P}{S_1}\,.$$

Diesen Bestimmungsgleichungen genügen die Werte

$$\left.\begin{aligned}
M_a &= S_1\,w_a = -0{,}01689\ P,\\
M_b &= S_1\,w_b = -0{,}056739\,P,\\
M_c &= S_1\,w_c = -0{,}098615\,P,\\
M_d &= S_1\,w_d = -0{,}117208\,P.
\end{aligned}\right\} \qquad \text{(B)}$$

Aus der Gleichungsgruppe (A) erhält man nunmehr

$$z_1' = -0{,}074783\,\frac{P\lambda^2}{S_1 S_2}\,, \qquad z_8' = -0{,}328411\,\frac{P\lambda^2}{S_1 S_2}\,,$$

$$z_2' = -0{,}129708\,\frac{P\lambda^2}{S_1 S_2}\,, \qquad z_9' = -0{,}348036\,\frac{P\lambda^2}{S_1 S_2}\,,$$

$$z_3' = -0{,}164532\,\frac{P\lambda^2}{S_1 S_2}\,, \qquad z_{10}' = -0{,}368249\,\frac{P\lambda^2}{S_1 S_2}\,,$$

$$z_4' = -0{,}176680\,\frac{P\lambda^2}{S_1 S_2}\,, \qquad z_\alpha' = +0{,}091674\,\frac{P\lambda^2}{S_1 S_2}\,,$$

$$z_5' = -0{,}216961\,\frac{P\lambda^2}{S_1 S_2}\,, \qquad z_\beta' = +0{,}186447\,\frac{P\lambda^2}{S_1 S_2}\,,$$

$$z_6' = -0{,}268805\,\frac{P\lambda^2}{S_1 S_2}\,, \qquad z_\gamma' = +0{,}263223\,\frac{P\lambda^2}{S_1 S_2}\,,$$

$$z_7' = -0{,}286234\,\frac{P\lambda^2}{S_1 S_2}\,, \qquad z_\delta' = +0{,}293888\,\frac{P\lambda^2}{S_1 S_2}\,.$$

Im Verein mit den Grundwerten z_o der frei aufliegenden Platte ergibt sich schließlich

$$z_\alpha = z_1 = (0{,}08223 - 0{,}074783)\frac{P\lambda^2}{S_1 S_2} = 0{,}00845\,\frac{P\lambda^2}{S_1 S_2}\,,$$

$$z_\beta = z_2 = (0{,}15813 - 0{,}129708)\frac{P\lambda^2}{S_1 S_2} = 0{,}02842\,\frac{P\lambda^2}{S_1 S_2}\,,$$

$$z_\gamma = z_3 = (0{,}21379 - 0{,}164532)\frac{P\lambda^2}{S_1 S_2} = 0{,}04926\,\frac{P\lambda^2}{S_1 S_2}\,,$$

$$z_\delta = z_4 = (0{,}23525 - 0{,}176680)\frac{P\lambda^2}{S_1 S_2} = 0{,}05857\,\frac{P\lambda^2}{S_1 S_2}\,,$$

$$z_5 = (0{,}30239 - 0{,}216961)\frac{P\lambda^2}{S_1 S_2} = 0{,}08543\,\frac{P\lambda^2}{S_1 S_2}\,,$$

$$z_6 = (0{,}41231 - 0{,}268805)\frac{P\lambda^2}{S_1 S_2} = 0{,}14351\,\frac{P\lambda^2}{S_1 S_2}\,,$$

$$z_7 = (0{,}45768 - 0{,}286234)\frac{P\lambda^2}{S_1 S_2} = 0{,}17145\,\frac{P\lambda^2}{S_1 S_2}\,,$$

$$z_8 = (0{,}57145 - 0{,}328411)\frac{P\lambda^2}{S_1 S_2} = 0{,}24304\,\frac{P\lambda^2}{S_1 S_2}\,,$$

$$z_9 = (0{,}64441 - 0{,}348036)\frac{P\lambda^2}{S_1 S_2} = 0{,}29637\,\frac{P\lambda^2}{S_1 S_2}\,,$$

$$z_{10} = (0{,}73585 - 0{,}368249)\frac{P\lambda^2}{S_1 S_2} = 0{,}36760\,\frac{P\lambda^2}{S_1 S_2}\,.$$

Die größte Durchbiegung

$$\zeta_{10} = 0{,}36760\,\frac{P\lambda^2}{N} = 0{,}02297\,\frac{Pa^2}{N}$$

tritt am Lastort, im Plattenmittelpunkt, auf und beträgt genau die Hälfte der für die frei aufliegende Platte errechneten Senkung

$$\zeta_{o\,(10)} = 0{,}04593\,\frac{Pa^2}{N}\,.$$

Bei einem in der Mitte durch eine Einzelkraft belasteten Träger ist hingegen das Verhältnis der größten Durchbiegungen, je nachdem der Stab an den Enden eingeklemmt ist oder frei aufliegt, bekanntlich 1 : 4: der Einfluß der Einspannung auf die Formänderung ist also bei der Platte weit geringer als beim Träger.

Um die Beanspruchung der Platte im Bereiche des Lastortes zu bestimmen, müssen den Spannungsmomenten der frei aufliegenden Platte

$$\bar{s}_{ox} = -N\cdot\frac{\partial^2 \zeta_o}{\partial x^2}\,, \qquad \bar{s}_{oy} = -N\frac{\partial^2 \zeta_o}{\partial y^2}$$

die durch die Einspannung hervorgerufenen zusätzlichen Momente

$$\bar{s}'_x = -N \cdot \frac{\partial^2 \zeta'}{\partial x^2}, \qquad \bar{s}'_y = -N \frac{\partial^2 \zeta'}{\partial y^2}$$

hinzugefügt werden. Für den Plattenmittelpunkt ergibt sich insbesondere, wenn man die auf S. 70 errechneten Ordinaten des engmaschigen Gewebes benutzt:

$$\bar{s}_{0x} = \bar{s}_{0y} = +0{,}203\,52\,P\,,$$
$$\bar{s}'_x = \bar{s}'_y = -0{,}040\,426\,P\,,$$
$$\bar{s}_x = \bar{s}_y = +0{,}163\,094\,P\,.$$

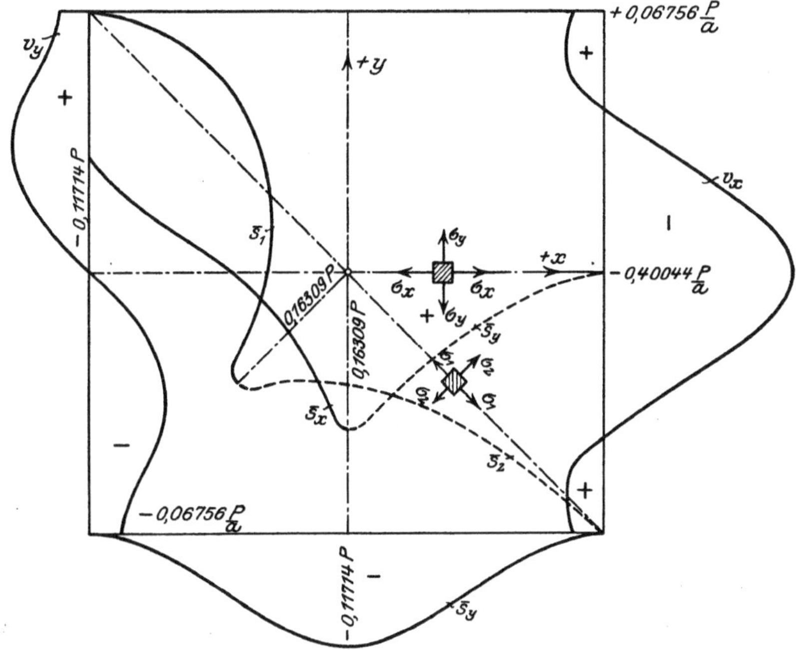

Abb. 59. Spannungsbild einer ringsum eingeklemmten, durch eine Einzelkraft in der Mitte belasteten quadratischen Platte.

In der Randmitte entsteht das größte negative Moment.

$$\bar{s}_u = -\frac{2\,N \cdot \zeta_4}{\lambda^2} = -0{,}1172\,P\,.$$

Die Werte $\bar{s}_x$, $\bar{s}_y$, $\bar{t}_{xy}$ für die übrigen Punkte der Mittel-, Diagonal- und Randlinien wie auch die Randwerte der Scherkräfte v_x, v_y sind in der Tafel 12 angegeben. Der Spannungsverlauf in den Hauptebenen ist in Abb. 59 dargestellt.

Tafel 12.

Die Spannungsmomente und Scherkräfte der ringsum eingeklemmten, durch eine Einzelkraft in der Mitte belasteten quadratischen Platte.

$\dfrac{x}{a}$	$\dfrac{y}{b}$	$\bar{s}_x$	$\bar{s}_y$	$\bar{t}_{xy}$	$\bar{s}_1 = \bar{s}_x - \bar{t}_{xy}$	$\bar{s}_2 = \bar{s}_x + \bar{t}_{xy}$	Faktor
± 1	0	$-0{,}117\,21$	0	—	—	—	P
$\pm \frac{3}{4}$	0	$-0{,}054\,31$	$+0{,}018\,62$	—	—	—	P
$\pm \frac{2}{4}$	0	$-0{,}012\,04$	$+0{,}055\,88$	—	—	—	P
$\pm \frac{1}{4}$	0	$+0{,}053\,69$	$+0{,}106\,66$	—	—	—	P
± 0	0	$+0{,}163\,09$	$+0{,}163\,09$	—	—	—	P
$-\frac{1}{4}$	$+\frac{1}{4}$	$+0{,}046\,20$	$+0{,}046\,20$	$+0{,}027\,53$	$+0{,}018\,67$	$+0{,}073\,73$	P
$-\frac{2}{4}$	$+\frac{2}{4}$	$-0{,}001\,07$	$-0{,}001\,07$	$+0{,}038\,24$	$-0{,}039\,31$	$+0{,}027\,17$	P
$-\frac{3}{4}$	$+\frac{3}{4}$	$-0{,}011\,51$	$-0{,}011\,52$	$+0{,}021\,36$	$-0{,}032\,88$	$+0{,}009\,84$	P

		$\bar{s}_x$	v_x	v_y
-1	0	$-0{,}117\,21\,P$	$+0{,}400\,44\,\dfrac{P}{a}$	$0 \quad \dfrac{P}{a}$
-1	$+\frac{1}{4}$	$-0{,}098\,62\,P$	$+0{,}307\,19\,\dfrac{P}{a}$	$+0{,}120\,94\,\dfrac{P}{a}$
-1	$+\frac{2}{4}$	$-0{,}056\,74\,P$	$+0{,}105\,06\,\dfrac{P}{a}$	$+0{,}163\,45\,\dfrac{P}{a}$
-1	$+\frac{3}{4}$	$-0{,}016\,89\,P$	$-0{,}070\,52\,\dfrac{P}{a}$	$+0{,}113\,48\,\dfrac{P}{a}$
-1	$+1$	$0{,}0$	$-0{,}067\,56\,\dfrac{P}{a}$	$+0{,}067\,56\,\dfrac{P}{a}$

Der Vergleich mit den zugehörigen Werten der frei aufliegenden Platte zeigt, daß durch die Einklemmung die größten positiven Momente nur um etwa 20 v. H. verringert werden, während sie beim eingespannten Stabe um 50 v. H. kleiner sind als beim frei aufliegenden Träger. Die Einspannungsmomente der Platte betragen auch nur zwei Drittel der größten positiven Momente: beim Balken sind hingegen positive und negative Momente untereinander gleich. Man erkennt aus dieser Gegenüberstellung wieder, daß die Einklemmung der Ränder bei Platten durchaus nicht im gleichen Maße wie bei Trägern wirksam ist und daß daher die Näherungswerte, welche durch Zerlegung der Platte in Balken gewonnen werden, als eine zuverlässige Grundlage für die Querschnittsbemessung nicht angesehen werden können.

§ 21. Die rechteckigen Platten mit achsensymmetrischer Belastung.

1. Die Entwicklung der Randgleichungen.

Die Ermittlung der Einspannungsmomente mit Hilfe des Gewebes erfordert bei länglichen Platten eine beträchtliche Rechenarbeit, wenn für jeden der zahlreichen Randpunkte a, b, c, $d \ldots m$, n die Elastizitätsbedingungen erfüllt und der jeweilige Wert w_a, w_b, w_c, $w_d \ldots w_m$, w_n bestimmt werden sollen. Es ist zwar möglich, den Verlauf der Randmomente so genau abzuschätzen, daß für jeden Rand als Unbekannte nur eine einzige Parametergröße übrigbleibt, aus welcher jeder einzelne Wert w abgeleitet werden kann. Man gelangt jedoch rascher zum Ziele, wenn man für die Lösung ζ' der homogenen Differentialgleichung die auf S. 143 angegebenen Reihen benutzt.

Die Wahl der geeigneten Reihen hängt von den jeweiligen Symmetriebedingungen ab. Da sich jede Belastung durch vier Gruppen voll- oder halbsymmetrisch verteilter Kräfte ersetzen läßt, so sind für jeden Teilzustand infolge der Symmetrie zur Darstellung des Spannungsverlaufes an den Rändern nur zwei Reihen erforderlich.

Ich greife als Beispiel den vollsymmetrischen Belastungszustand und wähle für ζ den Ansatz

$$
\begin{aligned}
\zeta = \zeta_0 + \zeta' = \zeta_0 + \sum_{k=1,3,5\ldots}^{k=\infty}\Bigg\{ &A_k\left(\frac{\mathfrak{Cof}\,k\,\dfrac{\pi}{2}\,\dfrac{x}{b}}{\mathfrak{Cof}\,k\,\dfrac{\pi}{2}\,\dfrac{a}{b}} - \frac{x}{a}\,\frac{\mathfrak{Sin}\,k\,\dfrac{\pi}{2}\,\dfrac{x}{b}}{\mathfrak{Sin}\,k\,\dfrac{\pi}{2}\,\dfrac{a}{b}}\right)\cos k\,\frac{\pi}{2}\,\frac{y}{b} \\
&+ C_k\left(\frac{\mathfrak{Cof}\,k\,\dfrac{\pi}{2}\,\dfrac{y}{a}}{\mathfrak{Cof}\,k\,\dfrac{\pi}{2}\,\dfrac{b}{a}} - \frac{y}{b}\,\frac{\mathfrak{Sin}\,k\,\dfrac{\pi}{2}\,\dfrac{y}{a}}{\mathfrak{Sin}\,k\,\dfrac{\pi}{2}\,\dfrac{b}{a}}\right)\cos k\,\frac{\pi}{2}\,\frac{x}{a}\Bigg\}.
\end{aligned}
\tag{103}
$$

A_k und C_k stellen hierbei Festwerte, k eine der ungeraden Zahlen dar.

Man kann sich leicht überzeugen, daß dieser Ansatz zunächst der Randbedingung

$$\zeta = 0 \qquad \text{für} \qquad x = \pm a \qquad \text{und für} \qquad y = \pm b$$

genügt.

Die Neigung der elastischen Fläche in den zur X-Achse senkrecht stehenden Querschnitten wird durch den Winkel

$$
\begin{aligned}
\frac{\partial \zeta}{\partial x} = \frac{\partial \zeta_0}{\partial x} + {\sum}' k\Bigg\{ &\frac{\pi}{2b}A_k\left[\frac{\mathfrak{Sin}\,k\,\dfrac{\pi}{2}\,\dfrac{x}{b}}{\mathfrak{Cof}\,k\,\dfrac{\pi}{2}\,\dfrac{a}{b}} - \frac{\dfrac{2b}{a\pi k}\mathfrak{Sin}\,k\,\dfrac{\pi}{2}\,\dfrac{x}{b} + \dfrac{x}{a}\cdot\mathfrak{Cof}\,k\,\dfrac{\pi}{2}\,\dfrac{x}{b}}{\mathfrak{Sin}\,k\,\dfrac{\pi}{2}\,\dfrac{a}{b}}\right]\cos k\,\frac{\pi}{2}\,\frac{y}{b} \\
&- C_k\,\frac{\pi}{2a}\left[\frac{\mathfrak{Cof}\,k\,\dfrac{\pi}{2}\,\dfrac{y}{a}}{\mathfrak{Cof}\,k\,\dfrac{\pi}{2}\,\dfrac{b}{a}} - \frac{y}{b}\,\frac{\mathfrak{Sin}\,k\,\dfrac{\pi}{2}\,\dfrac{y}{a}}{\mathfrak{Sin}\,k\,\dfrac{\pi}{2}\,\dfrac{b}{a}}\right]\sin k\,\frac{\pi}{2}\,\frac{x}{a}\Bigg\}
\end{aligned}
$$

11*

bestimmt. Infolge der festen Einklemmung muß am Rande $x = +a$

$$\left(\frac{\delta\zeta}{\partial x}\right)_{x=+a} = \left(\frac{\partial\zeta_o}{\partial x}\right)_{x=+a} + \sum_k \left\{ A_k \left[\frac{\pi}{2b}\left(\mathfrak{Tang}\, k\frac{\pi}{2}\frac{a}{b} - \frac{1}{\mathfrak{Tang}\, k\dfrac{\pi}{2}\dfrac{a}{b}} \right) - \frac{1}{ka} \right] \cos k\frac{\pi}{2}\frac{y}{b} \right.$$

$$\left. + C_k \frac{\pi}{2a}(-1)^{\frac{k+1}{2}} \left[\frac{\mathfrak{Cof}\, k\dfrac{\pi}{2}\dfrac{y}{a}}{\mathfrak{Cof}\, k\dfrac{\pi}{2}\dfrac{b}{a}} - \frac{y}{b}\frac{\mathfrak{Sin}\, k\dfrac{\pi}{2}\dfrac{y}{a}}{\mathfrak{Sin}\, k\dfrac{\pi}{2}\dfrac{b}{a}} \right] \right\} = 0$$

sein. Ebenso gilt für den Rand $y = +b$ die Bedingung

$$\left(\frac{\partial\zeta}{\partial y}\right)_{y=+b} = \left(\frac{\partial\zeta_o}{\partial y}\right)_{y=+b} + \sum_k \left\{ C_k \left[\frac{\pi}{2a}\left(\mathfrak{Tang}\, k\frac{\pi}{2}\frac{b}{a} - \frac{1}{\mathfrak{Tang}\, k\dfrac{\pi}{2}\dfrac{b}{a}} \right) - \frac{1}{kb} \right] \cos k\frac{\pi}{2}\frac{x}{a} \right.$$

$$\left. + A_k \frac{\pi}{2b}(-1)^{\frac{k+1}{2}} \left[\frac{\mathfrak{Cof}\, k\dfrac{\pi}{2}\dfrac{x}{b}}{\mathfrak{Cof}\, k\dfrac{\pi}{2}\dfrac{a}{b}} - \frac{x}{a}\frac{\mathfrak{Sin}\, k\dfrac{\pi}{2}\dfrac{x}{b}}{\mathfrak{Sin}\, k\dfrac{\pi}{2}\dfrac{a}{b}} \right] \right\} = 0 \,.$$

Ein genaues Verfahren, um aus diesen Gleichungen die einzelnen Festwerte der Reihen abzuleiten, wird im Abschnitt X bei der Behandlung der durchlaufenden Platten gezeigt werden. Ich greife aus den späteren Untersuchungen das Ergebnis voraus, daß in den meisten Fällen die Reihen so rasch konvergieren, daß bereits durch die beiden ersten Glieder A_1 und C_1 die Randbedingungen mit einer praktisch völlig ausreichenden Genauigkeit befriedigt werden. Beschränkt man sich auf diese beiden Glieder, so lassen sich die vorstehenden Gleichungen, indem sie auf beiden Seiten innerhalb der Grenzen $y = \pm b$ bzw. $x = \pm a$ integriert werden, in die einfachen Beziehungen

$$\left. \begin{aligned} A_1 \frac{b}{a}\left(1 + \frac{\pi\dfrac{a}{b}}{\mathfrak{Sin}\,\pi\dfrac{a}{b}} \right) + C_1\frac{a}{b}\left(1 - \frac{\pi\dfrac{b}{a}}{\mathfrak{Sin}\,\pi\dfrac{b}{a}} \right) &= \frac{\pi}{2}\int_0^b \left(\frac{\partial\zeta_o}{\partial x}\right)_{x=+a}\cdot dy = \frac{\pi}{2}T_x, \\[2ex] A_1 \frac{b}{a}\left(1 - \frac{\pi\dfrac{a}{b}}{\mathfrak{Sin}\,\pi\dfrac{a}{b}} \right) + C_1\frac{a}{b}\left(1 + \frac{\pi\dfrac{b}{a}}{\mathfrak{Sin}\,\pi\dfrac{b}{a}} \right) &= \frac{\pi}{2}\int_0^a \left(\frac{\partial\zeta_o}{\partial y}\right)_{y=+b}\cdot dx = \frac{\pi}{2}T_y \end{aligned} \right\} \quad (104)$$

umwandeln. Hieraus erhält man

$$
\left.
\begin{aligned}
A_1 &= \frac{1}{4}\,\frac{(T_x+T_y)\dfrac{1}{\mathfrak{Sin}\,\pi\dfrac{b}{a}}+(T_x-T_y)\dfrac{a}{b\,\pi}}{\dfrac{\dfrac{b}{a\,\pi}}{\mathfrak{Sin}\,\pi\dfrac{b}{a}}+\dfrac{\dfrac{a}{b\,\pi}}{\mathfrak{Sin}\,\pi\dfrac{a}{b}}}\,,\\[4ex]
C_1 &= \frac{1}{4}\,\frac{(T_y+T_x)\dfrac{1}{\mathfrak{Sin}\,\pi\dfrac{a}{b}}+(T_y-T_x)\dfrac{b}{a\,\pi}}{\dfrac{\dfrac{a}{b\,\pi}}{\mathfrak{Sin}\,\pi\dfrac{a}{b}}+\dfrac{\dfrac{b}{a\,\pi}}{\mathfrak{Sin}\,\pi\dfrac{b}{a}}}
\end{aligned}
\right\}
\tag{105}
$$

Hat man A_1 und C_1 errechnet, so lassen sich mit Hilfe der Formeln

$$
\left.
\begin{aligned}
\zeta &= \zeta_o + A_1\left(\frac{\mathfrak{Cof}\,\dfrac{\pi}{2}\dfrac{x}{b}}{\mathfrak{Cof}\,\dfrac{\pi}{2}\dfrac{a}{b}}-\frac{x}{a}\,\frac{\mathfrak{Sin}\,\dfrac{\pi}{2}\dfrac{x}{b}}{\mathfrak{Sin}\,\dfrac{\pi}{2}\dfrac{a}{b}}\right)\cos\frac{\pi}{2}\frac{y}{b}\\[3ex]
&\quad + C_1\left(\frac{\mathfrak{Cof}\,\dfrac{\pi}{2}\dfrac{y}{a}}{\mathfrak{Cof}\,\dfrac{\pi}{2}\dfrac{b}{a}}-\frac{y}{b}\,\frac{\mathfrak{Sin}\,\dfrac{\pi}{2}\dfrac{y}{a}}{\mathfrak{Sin}\,\dfrac{\pi}{2}\dfrac{b}{a}}\right)\cos\frac{\pi}{2}\frac{x}{a}\,,\\[3ex]
\bar{s}_x &= -N\frac{\partial^2\zeta_o}{\partial x^2}+N A_1\left(\frac{\pi}{2b}\right)^2\left[\frac{2\,\mathfrak{Cof}\,\dfrac{\pi}{2}\dfrac{x}{b}}{\dfrac{\pi}{2}\dfrac{a}{b}\,\mathfrak{Sin}\,\dfrac{\pi}{2}\dfrac{a}{b}}-\left(\frac{\mathfrak{Cof}\,\dfrac{\pi}{2}\dfrac{x}{b}}{\mathfrak{Cof}\,\dfrac{\pi}{2}\dfrac{a}{b}}-\frac{x}{a}\,\frac{\mathfrak{Sin}\,\dfrac{\pi}{2}\dfrac{x}{b}}{\mathfrak{Sin}\,\dfrac{\pi}{2}\dfrac{a}{b}}\right)\right]\cos\frac{\pi}{2}\frac{y}{b}\\[3ex]
&\quad -C_1 N\left(\frac{\pi}{2a}\right)^2\left(\frac{\mathfrak{Cof}\,\dfrac{\pi}{2}\dfrac{y}{a}}{\mathfrak{Cof}\,\dfrac{\pi}{2}\dfrac{b}{a}}-\frac{y}{b}\,\frac{\mathfrak{Sin}\,\dfrac{\pi}{2}\dfrac{y}{a}}{\mathfrak{Sin}\,\dfrac{\pi}{2}\dfrac{b}{a}}\right)\cos\frac{\pi}{2}\frac{x}{a}\,,\\[3ex]
\bar{s}_y &= -N\frac{\partial^2\zeta_o}{\partial y^2}+N C_1\left(\frac{\pi}{2a}\right)^2\left[\frac{2\,\mathfrak{Cof}\,\dfrac{\pi}{2}\dfrac{y}{a}}{\dfrac{\pi}{2}\dfrac{b}{a}\,\mathfrak{Sin}\,\dfrac{\pi}{2}\dfrac{b}{a}}-\left(\frac{\mathfrak{Cof}\,\dfrac{\pi}{2}\dfrac{y}{a}}{\mathfrak{Cof}\,\dfrac{\pi}{2}\dfrac{b}{a}}-\frac{y}{b}\,\frac{\mathfrak{Sin}\,\dfrac{\pi}{2}\dfrac{y}{a}}{\mathfrak{Sin}\,\dfrac{\pi}{2}\dfrac{b}{a}}\right)\right]\cos\frac{\pi}{2}\frac{x}{a}\\[3ex]
&\quad -A_1 N\left(\frac{\pi}{2b}\right)^2\left(\frac{\mathfrak{Cof}\,\dfrac{\pi}{2}\dfrac{x}{b}}{\mathfrak{Cof}\,\dfrac{\pi}{2}\dfrac{a}{b}}-\frac{x}{a}\,\frac{\mathfrak{Sin}\,\dfrac{\pi}{2}\dfrac{x}{b}}{\mathfrak{Sin}\,\dfrac{\pi}{2}\dfrac{a}{b}}\right)\cos\frac{\pi}{2}\frac{y}{b}
\end{aligned}
\right\}
\tag{106}
$$

die endgültigen Ordinaten der elastischen Fläche und die Krümmung der letzteren bestimmen.

2. Untersuchung einer gleichmäßig belasteten Platte mit dem Längenverhältnis $b:a = 2:1$.

Ich wähle als Beispiel die Platte mit dem Längenverhältnis $b : a = 2 : 1$ (Abb. 60).

Die Ordinaten der stellvertretenden, ringsum frei aufliegenden und gleichmäßig belasteten Platte sind

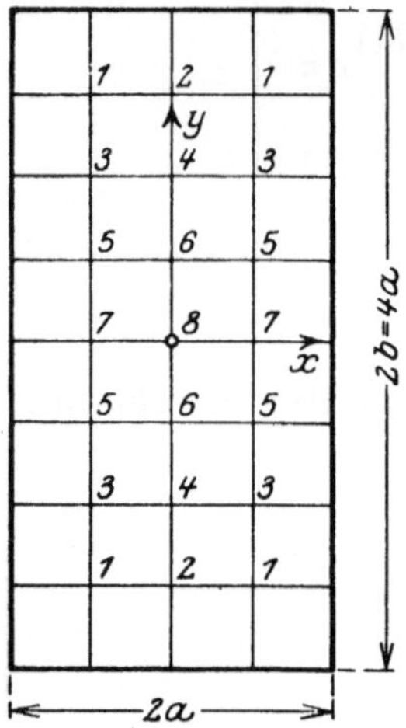

$$\text{für } x = 0 \begin{cases} y = 0 & : \zeta_0 = \zeta_{08} = 0{,}165\,398 \dfrac{pa^4}{N}, \\[2mm] y = \pm \dfrac{b}{4} & : \zeta_0 = \zeta_{06} = 0{,}156\,235 \dfrac{pa^4}{N}, \\[2mm] y = \pm 2 \dfrac{b}{4} & : \zeta_0 = \zeta_{04} = 0{,}127\,176 \dfrac{pa^4}{N}, \\[2mm] y = \pm 3 \dfrac{b}{4} & : \zeta_0 = \zeta_{02} = 0{,}074\,845 \dfrac{pa^4}{N}, \end{cases}$$

$$\text{für } x = \pm \frac{a}{2} \begin{cases} y = 0 & : \zeta_0 = \zeta_{07} = 0{,}118\,496 \dfrac{pa^4}{N}, \\[2mm] y = \pm \dfrac{b}{4} & : \zeta_0 = \zeta_{05} = 0{,}112\,010 \dfrac{pa^4}{N}, \\[2mm] y = \pm 2 \dfrac{b}{4} & : \zeta_0 = \zeta_{03} = 0{,}091\,362 \dfrac{pa^4}{N}, \\[2mm] y = \pm 3 \dfrac{b}{4} & : \zeta_0 = \zeta_{01} = 0{,}053\,989 \dfrac{pa^4}{N}. \end{cases}$$

Abb. 60.

Um die Neigung der ζ_0-Linien mit ausreichender Schärfe messen zu können, verwende ich als Gleichung der Linie, welche die Punkte α, β und γ eines Querschnittes (Abb. 60a) verbindet, die Interpolationsformel

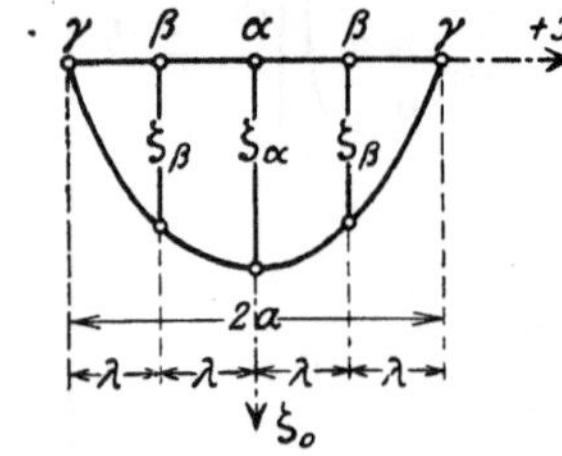

$$\zeta_0 + \frac{1}{2}\left(\zeta_\alpha + \zeta_\beta \sec \frac{\pi}{4}\right) \cos \frac{\pi}{2}\frac{x}{a} + \frac{1}{2}\left(\zeta_\alpha - \zeta_\beta \sec \frac{\pi}{4}\right) \cos 3 \frac{\pi}{2}\frac{x}{a} :$$

Abb. 60a.

man kann sich leicht überzeugen, daß dieser Ansatz die vorgeschriebenen Bedingungen

$$\zeta_0 = \zeta_\alpha \qquad \text{für} \quad x = \pm 0,$$

$$\zeta_0 = \zeta_\beta \qquad \text{für} \quad x = \pm \frac{a}{2},$$

$$\zeta_0 = \frac{\partial^2 \zeta_0}{\partial x^2} = 0 \quad \text{für} \quad x = \pm a$$

erfüllt. Er liefert:

$$\left(\frac{\partial \zeta_0}{\partial x}\right)_{x=+a} = \frac{\pi}{2a}\left(\zeta_\alpha - 2\zeta_\beta \sec \frac{\pi}{4}\right),$$

mithin für den Querschnitt

$$y = 0 \qquad : \left(\frac{\partial \zeta_o}{\partial x}\right)_{x=+a} = -0{,}266\,66\,\frac{p\,a^3}{N}\,,$$

$$y = \pm\,\frac{b}{4} : \left(\frac{\partial \zeta_o}{\partial x}\right)_{x=+a} = -0{,}252\,23\,\frac{p\,a^3}{N}\,,$$

$$y = \pm\,2\,\frac{b}{4} : \left(\frac{\partial \zeta_o}{\partial x}\right)_{x=+a} = -0{,}206\,14\,\frac{p\,a^3}{N}\,,$$

$$y = \pm\,3\,\frac{b}{4} : \left(\frac{\partial \zeta_o}{\partial x}\right)_{x=+a} = -0{,}122\,30\,\frac{p\,a^3}{N}$$

und mit Hilfe der Simpsonschen Regel:

$$T_x = \int\limits_o^b \left(\frac{\partial \zeta_o}{\partial x}\right)_{x=+a} dy$$

$$= -\frac{1}{3}\,\frac{b}{4}\,(4\cdot 0{,}122\,30 + 2\cdot 0{,}206\,14 + 4\cdot 0{,}252\,23 + 0{,}266\,66)\frac{p\,a^3}{N} = -0{,}362\,84\,\frac{p\,a^4}{N}\,.$$

Als Gleichung der Kurve, welche die Punkte α, β, γ eines Längsschnittes (Abb. 60b) verbindet, benutze ich ebenso den Ansatz

$$\zeta_o = \frac{1}{6}\left[(8\,\zeta_\beta - \zeta_\alpha)\left(\frac{b-y}{\lambda}\right) + (\zeta_\alpha - 2\,\zeta_\beta)\left(\frac{b-y}{\lambda}\right)^3\right],$$

welcher die Bedingungen

$$\zeta_o = \zeta_\alpha \qquad \text{für} \qquad y = 2\,\lambda = \frac{b}{2}\,,$$

$$\zeta_o = \zeta_\beta \qquad \text{für} \qquad y = 3\,\lambda = \tfrac{3}{4}\,b\,,$$

$$\zeta_o = \frac{\partial_2 \zeta_o}{\partial y^2} = 0 \quad \text{für} \quad y = 4\,\lambda = b$$

befriedigt und finde

$$\left(\frac{\partial \zeta_o}{\partial y}\right)_{y=+b} = \frac{\zeta_\alpha - 8\,\zeta_\beta}{6\,\lambda} = \frac{\zeta_\alpha - 8\,\zeta_\beta}{3\,a}\,.$$

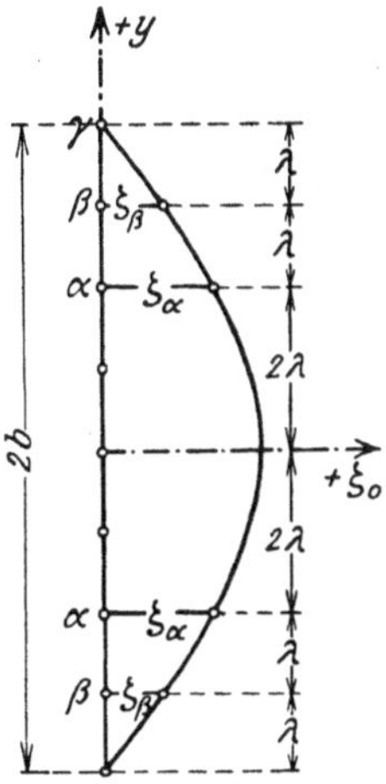

Abb. 60b.

Entsprechend dieser Gleichung ist

$$\text{für den Längsschnitt } x = 0 \qquad : \left(\frac{\partial \zeta_o}{\partial y}\right)_{y=+b} = -0{,}157\,19\,\frac{p\,a^3}{N}\,,$$

$$x = \pm\,\frac{a}{2} : \left(\frac{\partial \zeta_o}{\partial y}\right)_{y=+b} = -0{,}113\,52\,\frac{p\,a^3}{N}$$

und im ganzen

$$T_y = \int\limits_o^a \left(\frac{\partial \zeta_o}{\partial y}\right)_{y=+b} dx = -\frac{1}{3}\cdot\frac{a}{2}\,(4\cdot 0{,}113\,52 + 0{,}157\,19)\,\frac{p\,a^3}{N}$$

$$= -0{,}101\,88\,\frac{p\,a^4}{N}\,.$$

Mit den Zahlengrößen

$$\frac{b}{a} = 2\,, \qquad \frac{a}{b\,\pi} = 0{,}159\,15\,, \qquad \frac{b}{a\,\pi} = 0{,}636\,62\,,$$

$$\mathfrak{Sin}\,\pi\,\frac{a}{b} = 2{,}3013\,, \qquad \mathfrak{Sin}\,\pi\,\frac{b}{a} = 267{,}7448$$

erhält man nunmehr auf Grund der Formeln (105):

$$A_1 = -0{,}151\,217\,\frac{p\,a^4}{N}\,, \qquad C_1 = -\,0{,}125\,114\,\frac{p\,a^4}{N}\,.$$

Die Gleichungen (106) liefern weiterhin

$$\zeta = \zeta_0 + \zeta' = \zeta_0 - 0{,}151\,217\,\frac{p\,a^4}{N}\left(\frac{\mathfrak{Cof}\,\dfrac{\pi}{4}\,\dfrac{x}{a}}{\mathfrak{Cof}\,\dfrac{\pi}{4}} - \frac{x}{a}\,\frac{\mathfrak{Sin}\,\dfrac{\pi}{4}\,\dfrac{x}{a}}{\mathfrak{Sin}\,\dfrac{\pi}{4}}\right)\cos\frac{\pi}{2}\,\frac{y}{b}$$

$$-\,0{,}125\,114\,\frac{p\,a^4}{N}\left(\frac{\mathfrak{Cof}\,\pi\,\dfrac{y}{b}}{\mathfrak{Cof}\,\pi} - \frac{y}{b}\,\frac{\mathfrak{Sin}\,\pi\,\dfrac{y}{b}}{\mathfrak{Sin}\,\pi}\right)\cos\frac{\pi}{2}\,\frac{x}{a}\,.$$

Die Richtigkeit der Lösung läßt sich mit Hilfe der Randwerte

$$\left(\frac{\partial\,\zeta'}{\partial\,x}\right)_{x=+a} = +\,\frac{p\,a^3}{N}\left\{0{,}151\,217\left[\frac{\pi}{4}\left(\frac{1}{\mathfrak{Tang}\,\dfrac{\pi}{4}} - \mathfrak{Tang}\,\frac{\pi}{4}\right) + 1\right]\cos\frac{\pi}{2}\,\frac{y}{b}\right.$$

$$\left. +\,0{,}125\,114\,\frac{\pi}{2}\left(\frac{\mathfrak{Cof}\,\pi\,\dfrac{y}{b}}{\mathfrak{Cof}\,\pi} - \frac{y}{b}\,\frac{\mathfrak{Sin}\,\pi\,\dfrac{y}{b}}{\mathfrak{Sin}\,\pi}\right)\right\},$$

$$\left(\frac{\partial\,\zeta'}{\partial\,y}\right)_{y=+b} = +\,\frac{p\,a^3}{N}\left\{0{,}125\,114\left[\frac{\pi}{2}\left(\frac{1}{\mathfrak{Tang}\,\pi} - \mathfrak{Tang}\,\pi\right) + \frac{1}{2}\right]\cos\frac{\pi}{2}\,\frac{x}{a}\right.$$

$$\left. +\,0{,}151\,217\,\frac{\pi}{4}\left(\frac{\mathfrak{Cof}\,\dfrac{\pi}{4}\,\dfrac{x}{a}}{\mathfrak{Cof}\,\dfrac{\pi}{4}} - \frac{x}{a}\,\frac{\mathfrak{Sin}\,\dfrac{\pi}{4}\,\dfrac{x}{a}}{\mathfrak{Sin}\,\dfrac{\pi}{4}}\right)\right.$$

nachprüfen. Für den Rand $x = +\,a$ ergibt sich beispielsweise an der Stelle

$$y = 0 \qquad : \left(\frac{\partial\,\zeta'}{\partial\,x}\right)_{x=+a} = 0{,}271\,387\,\frac{p\,a^3}{N}\ \text{gegen}\ \left(\frac{\partial\,\zeta_0}{\partial\,x}\right)_{x=+a} = -\,0{,}266\,66\,\frac{p\,a^3}{N}\,,$$

$$y = \pm\,\frac{b}{4} : \left(\frac{\partial\,\zeta'}{\partial\,x}\right)_{x=+a} = 0{,}255\,793\,\frac{p\,a^3}{N}\ \text{gegen}\ \left(\frac{\partial\,\zeta_0}{\partial\,x}\right)_{x=+a} = -\,0{,}252\,23\,\frac{p\,a^3}{N}\,,$$

$$y = \pm\,2\,\frac{b}{4} : \left(\frac{\partial\,\zeta'}{\partial\,x}\right)_{x=+a} = 0{,}202\,675\,\frac{p\,a^3}{N}\ \text{gegen}\ \left(\frac{\partial\,\zeta_0}{\partial\,x}\right)_{x=+a} = -\,0{,}206\,14\,\frac{p\,a^3}{N}\,,$$

$$y = \pm\,3\,\frac{b}{4} : \left(\frac{\partial\,\zeta'}{\partial\,x}\right)_{x=+a} = 0{,}120\,883\,\frac{p\,a^3}{N}\ \text{gegen}\ \left(\frac{\partial\,\zeta_0}{\partial\,x}\right)_{x=+a} = -\,0{,}122\,30\,\frac{p\,a^3}{N}\,.$$

Da sich die gegenüberstehenden Größen höchstens um 2 v. H. unterscheiden und die Fehler längs des Randes völlig ausgleichen, so darf die Genauigkeit, mit welcher die Randbedingungen erfüllt sind, als durchaus befriedigend erachtet werden.

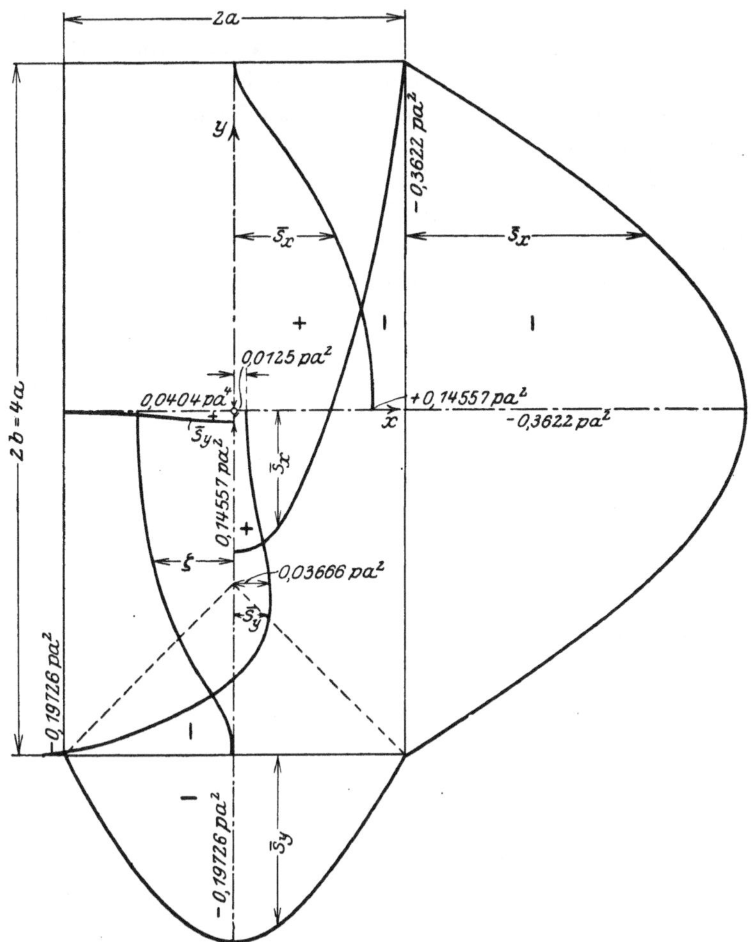

Abb. 61. Spannungsbild einer ringsum eingeklemmten, gleichmäßig belasteten rechteckigen Platte.

Mit Hilfe der Formeln (106) habe ich für die Rand- und Mittellinien die Werte ζ, $\bar{s}_x$ und $\bar{s}_y$ errechnet und die zugehörigen Linien in Abb. 61 aufgetragen.

Der Einfluß der Einklemmung tritt bei den länglichen Platten stärker als bei den quadratischen in Erscheinung: der Vergleich zwischen der eingespannten und der frei aufliegenden Platte liefert beispielsweise für die Momente $\bar{s}_x$ bzw. $\bar{s}_y$ im Mittelpunkt das Verhältnis 1 : 2,58 bzw. 1 : 5,86. Die Entlastung in der Längsrichtung ist um so wirksamer, je weiter die Querschnitte von den kürzeren Rändern entfernt sind. Im Schnittpunkt der Winkelhalbierenden mit der Längsachse erreichen die Momente $\bar{s}_y$ ihren Größtwert, der fast um zwei Drittel kleiner als derjenige der frei aufliegenden Platte ist. Beachtenswert erscheint auch die Tatsache, daß in dem von den beiden benachbarten Winkelhalbierenden und einem kurzen Rande eingeschlossenen Gebiet die Beanspruchungen in der Längsrichtung fast die gleichen wie bei der quadratischen Platte sind. Das Einspannungsmoment in der Mitte des kurzen Randes $\bar{s}_y = -0{,}19726\ pa^2$ unterscheidet sich beispielsweise von dem entsprechenden Wert $\bar{s}_y = -0{,}18947\ pa^2$ der quadratischen Platte nur um 4%.

Diese verhältnismäßig hohe Beanspruchung der Platte in der Längsrichtung in der Nähe des kurzen Randes ist bei den bisher üblichen Näherungsformeln völlig unbeachtet geblieben. In den deutschen amtlichen Bestimmungen wird beispielsweise ein Einspannungsmoment

$$(s_y)_{y=\pm b} = -p\,\frac{b^2}{3}\,\frac{a^4}{a^4 + b^4}$$

für die Querschnittsbemessung vorgeschrieben, also für $b = 2\,a$:

$$s_y = -\tfrac{4}{51}\,pa^2 = -0{,}07843\,pa^2\,,$$

während die genaue Berechnung

$$(s_y)_{\min} = -0{,}19726\,pa^2$$

liefert. Das nach den gleichen Vorschriften ermittelte größte positive Moment

$$(s_y)_{y=0} = p\,\frac{b^2}{6}\cdot\frac{a^4}{a^4 + b^4}\,0{,}03922\,pa^2$$

übertrifft hingegen den richtigen Wert

um 10 v. H. $(\bar{s}_y)_{\max} = 0{,}03666\,pa^2$

Diese beträchtlichen Abweichungen und die ebenso bei der Untersuchung der durchlaufenden Platten festgestellten Unstimmigkeiten[1] beweisen, wie wenig die bisherigen Näherungsformeln zuverlässig sind und wie notwendig es ist, auf die Ergebnisse der genauen Untersuchung zurückzugreifen, um eine einwandfreie Grundlage für die Querschnittsbemessung zu finden.

3. Neue Formeln für die vereinfachte Berechnung der eingeklemmten Platten.

In gleicher Weise wie für die ringsum aufliegenden gleichmäßig belasteten Platten habe ich auch für die eingeklemmten versucht, die für

---

[1] Vgl. § 30 und 31.

die Längenverhältnisse $1:1$, $2:1$ und $\infty:1$ errechneten genauen Werte durch möglichst einfach aufgebaute Interpolationsformeln zusammenzufassen.

Für die Wahl der Plattenstärke sind die in der längeren Mittellinie ($x = 0$) auftretenden, größten positiven Biegungsmomente maßgebend. Um ihren **Durchschnittswert** m_x in der Nähe des Plattenmittelpunktes zu bestimmen, benutze ich die Gleichung

$$m_x = \frac{pa^2}{6} \frac{b^2}{a^2 + b^2} \, . \tag{a}$$

Diese Formel liefert beispielsweise

$$\text{für} \begin{cases} b:a = 1:1 & : & m_x = 0{,}08333\,pa^2\,, \\ b:a = 2:1 & : & m_x = 0{,}13333\,pa^2\,, \\ b:a = \infty:1 & : & m_x = 0{,}16667\,pa^2\,. \end{cases}$$

In der genauen Untersuchung ist hingegen als Höchstwert

$$\text{für} \begin{cases} b:a = 1:1 & : & \bar{s}_{x\,\text{max}} = 0{,}07212\,pa^2\,, \\ b:a = 2:1 & : & \bar{s}_{x\,\text{max}} = 0{,}14557\,pa^2\,, \\ b:a = \infty:1 & : & \bar{s}_{x\,\text{max}} = 0{,}16667\,pa^2 \end{cases}$$

ermittelt worden. Die Näherungswerte stimmen also mit den Ergebnissen der genauen Berechnung recht gut überein.

Die Biegungsmomente $\bar{s}_y$ erreichen im Schnittpunkt der Winkelhalbierenden, in den Querschnitten $y = \pm (b - a)$ ihren positiven Höchstwert. Der Durchschnittswert m_y in der Umgebung der Stelle $x = 0$ läßt sich mit Hilfe der Näherungsformel

$$m_y = \frac{pa^2}{6} \frac{a^2}{a^2 + b^2} \tag{b}$$

bestimmen. Auf Grund dieser Gleichung erhält man

$$\text{für} \begin{cases} b:a = 1:1 & : & m_y = 0{,}083333\,pa^2 \\ b:a = 2:1 & : & m_y = 0{,}03333\ \ pa^2 \\ b:a = \infty:1 & : & m_y = 0{,}0\ \ \ \ \ \ \ \ pa^2 \end{cases} \text{gegen} \begin{cases} \bar{s}_{y\,\text{max}} = 0{,}07212\,pa^2 \\ \bar{s}_{y\,\text{max}} = 0{,}03666\,pa^2 \\ \bar{s}_{y\,\text{max}} = 0{,}0\ \ \ \ \ \ \ \ pa^2 \end{cases}$$

aus der genauen Berechnung.

Die richtigen und die angenäherten Werte weichen wieder, wie man sieht, nur sehr wenig voneinander ab.

Der Durchschnittswert der Einspannungsmomente in dem Bereich der Mitte der langen Ränder ($x = \pm a$) kann mit Hilfe der einfachen Interpolationsformel

$$m_x = -pa^2 \frac{b^2}{a^2 + 3\,b^2} \tag{c}$$

ermittelt werden; zur Bestimmung der Einspannungsmomente der
kurzen Ränder ($y = \pm b$) reicht schließlich die Formel

$$m_y = -\frac{pa^2}{4}\,\frac{2b}{a+2b} \tag{d}$$

aus.

Die nach den Gleichungen (c) und (d) errechneten Näherungswerte
unterscheiden sich von den Größtwerten, welche die genaue Untersuchung für die jeweilige Randmitte liefert, um höchstens ± 20 v. H.
Da jedoch für die Anstrengung der Platte nicht die Größtwerte selbst,
sondern die Durchschnittswerte in dem Bereich der gefährdeten Stelle
ausschlaggebend sind und da sich die letzteren mit den Näherungswerten m_x und m_y sehr gut decken, so können die Interpolationsformeln
für die Querschnittsbemessung ohne Bedenken benutzt werden.

VIII. Die Platten mit spannungsfreien Randflächen.

Im Gegensatz zu den Platten mit frei aufliegenden oder fest eingeklemmten Rändern sind die Platten, an deren Ränder keine Auflagerwiderstände angreifen, in ihrer Formänderung keiner Zwängung unter-
worfen.

Die Spannungsmomente

$$s_u = -N\left(\frac{\partial^2 \zeta}{\partial u^2} + \frac{1}{m}\,\frac{\partial^2 \zeta}{\partial v^2}\right)$$

wie auch die aus den Scherkräften v und den Drillungsmomenten t
zusammengesetzten Mittelkräfte

$$a_u = v_u + v'_u = \frac{\partial M}{\partial u} + \frac{\partial t}{\partial v} = -N\left(\frac{\partial^3 \zeta}{\partial u^3} + \frac{2m-1}{m}\,\frac{\partial^3 \zeta}{\partial v^2\,\partial u}\right)$$

müssen an den Rändern verschwinden, und die Randflächen bleiben
daher völlig spannungsfrei.

Bei rechteckigen Platten lauten demnach die Randbedingungen

$$\left.\begin{aligned}
\frac{\partial^2 \zeta}{\partial x^2} + \frac{1}{m}\,\frac{\partial^2 \zeta}{\partial y^2} &= 0\\[2mm]
\frac{\partial^3 \zeta}{\partial x^3} + \frac{2m-1}{m}\,\frac{\partial^3 \zeta}{\partial x\,\partial y^2} &= 0
\end{aligned}\right\} \quad \text{für} \quad x = \pm a\,, \tag{a}$$

$$\left.\begin{aligned}
\frac{\partial^2 \zeta}{\partial y^2} + \frac{1}{m}\,\frac{\partial^2 \zeta}{\partial x^2} &= 0\\[2mm]
\frac{\partial^3 \zeta}{\partial y^3} + \frac{2m-1}{m}\,\frac{\partial^3 \zeta}{\partial y\,\partial x^2} &= 0
\end{aligned}\right\} \quad \text{für} \quad y = \pm b\,. \tag{b}$$

Denkt man sich zunächst die Platte ringsum frei aufliegend, so lassen sich die elastischen Verschiebungen ζ_o und die zugehörigen Auflagerwiderstände leicht errechnen. Für die Ränder $x = \pm a$ ergeben sich hierbei die Werte

$$\frac{\partial^2 \zeta_o}{\partial x^2} = \frac{\partial^2 \zeta_o}{\partial y^2} = 0\,,$$

$$a_{ox} = \frac{\partial M_o}{\partial x} + \frac{\partial t_o}{\partial y} = -N\left(\frac{\partial^3 \zeta_o}{\partial x^3} + \frac{2m-1}{m}\,\frac{\partial^3 \zeta_o}{\partial x\,\partial y^2}\right).$$

Um die tatsächlichen Randbedingungen zu erfüllen, müssen an den Randflächen Kräfte
$$a_x' = -a_{ox}$$
angebracht werden. Sie erzeugen Verschiebungen ζ', welche einerseits die homogene Differentialgleichung

$$V^2\,V^2\,\zeta' = 0\,,$$

andererseits an den Rändern $x = \pm a$ die Bedingungen

$$\left.\begin{aligned}
&\frac{\partial^2 \zeta'}{\partial x^2} + \frac{1}{m}\,\frac{\partial^2 \zeta'}{\partial y^2} = 0\,,\\[2mm]
a_{ox} + a_x' = &\frac{\partial M_o}{\partial x} + \frac{\partial t_o}{\partial y} - N\left(\frac{\partial^3 \zeta'}{\partial x^3} + \frac{2m-1}{m}\,\frac{\partial^3 \zeta'}{\partial y\,\partial x^2}\right) = 0
\end{aligned}\right\} \quad \text{(c)}$$

und an den Rändern $y = \pm b$ ebenso die Bedingungen

$$\frac{\partial^2 \zeta'}{\partial y^2} + \frac{1}{m}\,\frac{\partial^2 \zeta'}{\partial x^2} = 0\,,$$

$$a_{oy} + a_y' = \frac{\partial M_o}{\partial y} + \frac{\partial t_o}{\partial x} - N\left(\frac{\partial^3 \zeta'}{\partial y^3} + \frac{2m-1}{m}\,\frac{\partial^3 \zeta'}{\partial y\,\partial x^2}\right) = 0$$

befriedigen müssen.

Ich werde in den nachstehenden Untersuchungen zeigen, wie die geeigneten Lösungen ζ' ermittelt werden können.

§ 22. Die nur an den Eckpunkten aufruhende, gleichmäßig belastete quadratische Platte.

Als erstes Beispiel sei eine quadratische Platte gewählt, die nur an den vier Eckpunkten aufruht und gleichmäßig belastet ist. Die Grundwerte ζ_o, M_o, t_o für diesen Belastungsfall sind im Abschnitt III, § 7 errechnet.

Um zunächst die Werte

$$M' = S_1\,w' = -N\,V^2\,\zeta'$$

zu bestimmen, benutze ich wie bei der ringsum eingespannten Platte

ein Gewebe mit der Maschenweite $\lambda_x = \lambda_y = \lambda = \dfrac{a}{4}$ und den Randordinaten w_a, w_b, w_c, w_d und ermittle aus der Differenzengleichung

$$\frac{(\varDelta^2 w')_x}{\lambda_x^2} + \frac{(\varDelta^2 w')_y}{\lambda_y^2} = 0$$

für die Ordinaten der inneren Knotenpunkte der Abb. 62 die Werte[1]):

$$\left.\begin{aligned}
272\,w_1' &= 167\,w_a + 62\,w_b + 31\,w_c + 12\,w_d, \\
272\,w_2' &= 62\,w_a + 124\,w_b + 62\,w_c + 24\,w_d, \\
272\,w_3' &= 31\,w_a + 62\,w_b + 133\,w_c + 46\,w_d, \\
272\,w_4' &= 24\,w_a + 48\,w_b + 92\,w_c + 108\,w_d, \\
272\,w_5' &= 50\,w_a + 100\,w_b + 84\,w_c + 38\,w_d, \\
272\,w_6' &= 38\,w_a + 76\,w_b + 106\,w_c + 52\,w_d, \\
272\,w_7' &= 34\,w_a + 68\,w_b + 102\,w_c + 68\,w_d, \\
272\,w_8' &= 37\,w_a + 74\,w_b + 105\,w_c + 56\,w_d, \\
272\,w_9' &= 36\,w_a + 72\,w_b + 104\,w_c + 60\,w_d, \\
272\,w_{10}' &= 36\,w_a + 72\,w_b + 104\,w_c + 60\,w_d.
\end{aligned}\right\} \qquad (\mathrm{A_1})$$

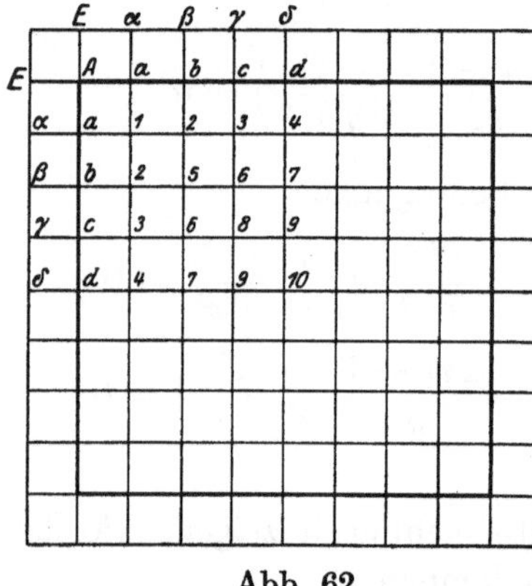

Abb. 62.

Die Ecke A hat aus leicht zu erkennenden Gründen die Ordinate

$$w_A' = 0 .$$

Die Ordinaten w_α', w_β', w_γ', w_δ' der um λ vom Rande entfernten Punkte α, β, γ, δ müssen den Gleichungen

$$\begin{aligned}
-w_\alpha' + 4\,w_a - w_A' - w_1' &= 0, \\
-w_\beta' + 4\,w_b - w_a - w_c - w_2' &= 0, \\
-w_\gamma' + 4\,w_c - w_b - w_d - w_3' &= 0, \\
-w_\delta' + 4\,w_d - 2\,w_c - w_4' &= 0
\end{aligned}$$

genügen. Es ist mithin

$$\left.\begin{aligned}
272\,w_\alpha' &= 921\,w_a - 334\,w_b - 31\,w_c - 12\,w_d, \\
272\,w_\beta' &= -334\,w_a + 964\,w_b - 334\,w_c - 24\,w_d, \\
272\,w_\gamma' &= -31\,w_a - 334\,w_b + 955\,w_c - 318\,w_d, \\
272\,w_\delta' &= -24\,w_a - 48\,w_b - 636\,w_c + 980\,w_d.
\end{aligned}\right\} \qquad (\mathrm{A_2})$$

Mit Hilfe der Werte w' können jetzt, entsprechend der Differenzengleichung

$$M' = S_1 w' = -N \cdot V^2 \zeta' = -S_1 S_2 V^2 z'$$

die Werte z' ermittelt werden. Die Bestimmungsgleichungen lauten:

---

[1]) Vgl. Abschnitt VII, § 20, S. 156.

$$
\left.
\begin{aligned}
-2\,z'_a + 4\,z'_1 - 2\,z'_2 &= w'_1\,\frac{\lambda^2}{S_2},\\[4pt]
-\,z'_b + 4\,z'_2 -\,z'_1 -\,z'_3 - z'_5 &= w'_2\,\frac{\lambda^2}{S_2},\\[4pt]
-\,z'_c + 4\,z'_3 -\,z'_2 -\,z'_4 - z'_6 &= w'_3\,\frac{\lambda^2}{S_2},\\[4pt]
-\,z'_d + 4\,z'_4 - 2\,z'_3 -\,z'_7 &= w'_4\,\frac{\lambda^2}{S_2},\\[4pt]
-2\,z'_2 + 4\,z'_5 - 2\,z'_6 &= w'_5\,\frac{\lambda^2}{S_2},\\[4pt]
-\,z'_3 -\,z'_5 + 4\,z'_6 -\,z'_7 - z'_8 &= w'_6\,\frac{\lambda^2}{S_2},\\[4pt]
-\,z'_4 - 2\,z'_6 + 4\,z'_7 -\,z'_9 &= w'_7\,\frac{\lambda^2}{S_2},\\[4pt]
-2\,z'_6 + 4\,z'_8 - 2\,z'_9 &= w'_8\,\frac{\lambda^2}{S_2},\\[4pt]
-\,z'_7 - 2\,z'_8 + 4\,z'_9 -\,z'_{10} &= w'_9\,\frac{\lambda^2}{S_2},\\[4pt]
-4\,z'_9 + 4\,z'_{10} &= w'_{10}\,\frac{\lambda^2}{S_2},\\[4pt]
-\,z'_\alpha + 4\,z'_a -\,z'_b -\,z'_1 &= w_a\,\frac{\lambda^2}{S_2},\\[4pt]
-\,z'_\beta + 4\,z'_b -\,z'_a -\,z'_c - z'_2 &= w_b\,\frac{\lambda^2}{S_2},\\[4pt]
-\,z'_\gamma + 4\,z'_c -\,z'_b -\,z'_d - z'_3 &= w_c\,\frac{\lambda^2}{S_2},\\[4pt]
-\,z'_\delta + 4\,z'_d - 2\,z'_c -\,z'_4 &= w_d\,\frac{\lambda^2}{S_2}.
\end{aligned}
\right\}\quad\text{(B)}
$$

Die Bedingungsgleichung c) fordert andererseits für die Ränder $x = \pm a$

$$
(\varDelta^2 z')_x = -\frac{1}{m}\,(\varDelta^2 z')_y
$$

und da

$$
(\varDelta^2 z')_x + (\varDelta^2 z')_y = -w'\,\frac{\lambda^2}{S_2}
$$

sein muß, so gilt auch die Randbedingung

$$
-(\varDelta^2 z')_y = w'\,\frac{\lambda^2}{S_2}\cdot\frac{m}{m-1}\,.
$$

Für die Randpunkte a, b, c, d ergibt sich demnach:

$$2\,z_a' - z_b' = \frac{m}{m-1} \cdot \frac{\lambda^2}{S_2}\,w_a\,,$$

$$-\,z_a' + 2\,z_b' - z_c' = \frac{m}{m-1} \cdot \frac{\lambda^2}{S_2}\,w_b\,,$$

$$-\,z_b' + 2\,z_c' - z_d' = \frac{m}{m-1} \cdot \frac{\lambda^2}{S_2}\,w_c\,,$$

$$-2\,z_c' + 2\,z_d' = \frac{m}{m-1} \cdot \frac{\lambda^2}{S_2}\,w_d\,.$$

Hieraus erhält man für $m = \tfrac{10}{3}$:

$$\frac{S_2}{\lambda^2}\,272\,z_a = 388\,w_a + 388\,w_b + 388\,w_c + 194\,w_d\,,$$

$$\frac{S_2}{\lambda^2}\,272\,z_b = 388\,w_a + 776\,w_b + 776\,w_c + 388\,w_d\,,$$

$$\frac{S_2}{\lambda^2}\,272\,z_c = 388\,w_a + 776\,w_b + 1164\,w_c + 582\,w_d\,,$$

$$\frac{S_2}{\lambda^2}\,272\,z_d = 388\,w_a + 776\,w_b + 1164\,w_c + 776\,w_d\,.$$

Führt man diese Werte in die Gleichungsgruppe B ein, so liefert die Auflösung:

$$
\begin{aligned}
z_1' \cdot \frac{S_2}{\lambda^2} \cdot 272^2 &= 129454{,}5\,w_a + 171172\,w_b + 186816{,}5\,w_c + 95488\,w_d\,,\\
z_2' \quad &= 130525\,w_a + 228376\,w_b + 263745\,w_c + 136576\,w_d\,,\\
z_3' \quad &= 129488{,}5\,w_a + 242436\,w_b + 326832{,}5\,w_c + 173348\,w_d\,,\\
z_4' \quad &= 129000\,w_a + 245216\,w_b + 339632\,w_c + 196936\,w_d\,,\\
z_5' \quad &= 140757\,w_a + 255096\,w_b + 313365\,w_c + 165404\,w_d\,,\\
z_6' \quad &= 144189\,w_a + 268216\,w_b + 351561\,w_c + 189064\,w_d\,,\\
z_7' \quad &= 144959\,w_a + 271864\,w_b + 363171\,w_c + 200600\,w_d\,,\\
z_8' \quad &= 151215{,}5\,w_a + 282796\,w_b + 374013{,}5\,w_c + 202760\,w_d\,,\\
z_9' \quad &= 153210\,w_a + 287312\,w_b + 382186\,w_c + 208840\,w_d\,,\\
z_{10}' \quad &= 155658\,w_a + 292208\,w_b + 389258\,w_c + 212920\,w_d\,,\\
z_a' \quad &= 105536\,w_a + 105536\,w_b + 105536\,w_c + 52768\,w_d\,,\\
z_b' \quad &= 105536\,w_a + 211072\,w_b + 211072\,w_c + 105536\,w_d\,,\\
z_c' \quad &= 105536\,w_a + 211072\,w_b + 316608\,w_c + 158304\,w_d\,,\\
z_d' \quad &= 105536\,w_a + 211072\,w_b + 316608\,w_c + 211072\,w_d\,,\\
z_\alpha' \quad &= 113169{,}5\,w_a + 39900\,w_b + 24255{,}5\,w_c + 10048\,w_d\,,\\
z_\beta' \quad &= 80547\,w_a + 225320\,w_b + 158399\,w_c + 74496\,w_d\,,\\
z_\gamma' \quad &= 81583{,}5\,w_a + 179708\,w_b + 337905{,}5\,w_c + 143260\,w_d\,,\\
z_\delta' \quad &= 82072\,w_a + 176928\,w_b + 293584\,w_c + 256760\,w_d\,.
\end{aligned}
\quad (C)
$$

Für die beiden dem Eckpunkte A benachbarten Punkte E ergibt sich schließlich, da in der Ecke $\dfrac{\partial^2 \zeta}{\partial x^2} = \dfrac{\partial^2 \zeta}{\partial y^2} = 0$ sein muß,

$$z'_E = -z'_a = -105\,536 \left(w_a + w_b + w_c + \frac{1}{2}\,w_d\right) \cdot \frac{\lambda^2}{S_2 \cdot 272^2} \cdot$$

Mit Hilfe dieser Gleichungen kann man, sobald die Größen w_a, w_b, w_c, w_d bekannt sind, alle Ordinaten der z'-Fläche errechnen.

Zur Bestimmung der vier Randwerte steht die zweite Bedingungsgleichung

$$a_{ox} + a'_x = \frac{\partial M_o}{\partial x} + \frac{\partial t_o}{\partial y} + \frac{\partial M'}{\partial x} + \frac{\partial t'}{\partial y} = 0$$

zur Verfügung.

Aus der Untersuchung der frei aufliegenden Platte in § 7 sind die Werte

$$\begin{aligned}
a_{ox} = \frac{\partial M_o}{\partial x} + \frac{\partial t_o}{\partial y} &= 0{,}509\,03\,p\,a = 553{,}8\,\frac{p\,\lambda}{272} \quad \text{für den Punkt } a\,, \\[4pt]
&= 0{,}708\,71\,p\,a = 771{,}1\,\frac{p\,\lambda}{272} \quad \text{für den Punkt } b\,, \\[4pt]
&= 0{,}807\,36\,p\,a = 878{,}4\,\frac{p\,\lambda}{272} \quad \text{für den Punkt } c\,, \\[4pt]
&= 0{,}837\,81\,p\,a = 911\ \ \frac{p\,\lambda}{272} \quad \text{für den Punkt } d\,,
\end{aligned} \right\} \ (\mathbf{D_1})$$

bereits bekannt.

Die Formel

$$v_x = \frac{\partial M}{\partial x} = S_1 \frac{(w_l - w_i)}{2\,\lambda}$$

liefert weiterhin mit den in der Gleichungsgruppe (A) enthaltenen Werten für den Punkt

$$\begin{aligned}
a: \frac{\partial M'}{\partial x} &= S_1 \frac{(w'_1 - w'_\alpha)}{2\,\lambda} = \frac{S_1}{272\,\lambda}(-377\,w_a + 198\,w_b + 31\,w_c + 12\,w_d)\,, \\[4pt]
b: \quad\ \ &= S_1 \frac{(w'_2 - w'_\beta)}{2\,\lambda} = \frac{S_1}{272\,\lambda}(+198\,w_a - 420\,w_b + 198\,w_c + 24\,w_d)\,, \\[4pt]
c: \quad\ \ &= S_1 \frac{(w'_3 - w'_\gamma)}{2\,\lambda} = \frac{S_1}{272\,\lambda}(+31\,w_a + 198\,w_b - 411\,w_c + 182\,w_d)\,, \\[4pt]
d: \quad\ \ &= S_1 \frac{(w'_4 - w'_\delta)}{2\,\lambda} = \frac{S_1}{272\,\lambda}(+24\,w_a + 48\,w_b + 364\,w_c - 436\,w_d)\,.
\end{aligned} \right\} (\mathbf{D_2})$$

Es ist ferner

$$\frac{\partial t'}{\partial y} = -N \cdot \frac{m-1}{m} \frac{\partial^3 \zeta}{\partial y^2\,\partial x} = -S_1 S_2 \cdot \frac{m-1}{m} \frac{(\varDelta^2 z'_l)_y - (\varDelta^2 z'_i)_y}{2\,\lambda_x\,\lambda_y^2} \cdot$$

Unter Zugrundelegung der Werte z' der Gleichungen (C) erhält man der Reihe nach

$$-(\Delta^2 z_1')_y = (\quad 22848\,w_a + \quad 8432\,w_b + \quad 4352\,w_c + \quad 1632\,w_d)\,\frac{S_2\,\lambda^2}{272^2}\,.$$

$$-(\Delta^2 z_2')_y = (\quad 2107\,w_a + \quad 43144\,w_b + \quad 13811\,w_c + \quad 4316\,w_d)\,\frac{S_2\,\lambda^2}{272^2}\,,$$

$$-(\Delta^2 z_3')_y = (-\quad 548\,w_a + \quad 11280\,w_b + \quad 50348\,w_c + \quad 13184\,w_d)\,\frac{S_2\,\lambda^2}{272^2}\,,$$

$$-(\Delta^2 z_4')_y = (-\quad 977\,w_a + \quad 5560\,w_b + \quad 25539\,w_c + \quad 47176\,w_d)\,\frac{S_2\,\lambda^2}{272^2}\,,$$

$$-(\Delta^2 z_\alpha')_y = (\quad 251328\,w_a - \quad 39984\,w_b - \quad 4352\,w_c - \quad 1632\,w_d)\,\frac{S_2\,\lambda^2}{272^2}\,,$$

$$-(\Delta^2 z_\beta')_y = (-\quad 33659\,w_a + 231032\,w_b - \quad 45363\,w_c - \quad 4316\,w_d)\,\frac{S_2\,\lambda^2}{272^2}\,,$$

$$-(\Delta^2 z_\gamma')_y = (+\quad 548\,w_a - \quad 42832\,w_b + 223828\,w_c - \quad 44736\,w_d)\,\frac{S_2\,\lambda^2}{272^2}\,,$$

$$-(\Delta^2 z_\delta')_y = (+\quad 977\,w_a - \quad 5560\,w_b - \quad 88643\,w_c + 227000\,w_d)\,\frac{S_2\,\lambda^2}{272^2}\,,$$

$$\left.\begin{aligned}
\frac{\partial t_a'}{\partial y} &= (-114240\,w_a + 24208\,w_b + 4352\,w_c + 1632\,w_d)\,\frac{7}{10}\cdot\frac{S_1}{272^2\,\lambda}\,,\\[4pt]
\frac{\partial t_b'}{\partial y} &= (+\ 17883\,w_a - 93944\,w_b + 29587\,w_c + 4316\,w_d)\,\frac{7}{10}\cdot\frac{S_1}{272^2\,\lambda}\,,\\[4pt]
\frac{\partial t_c'}{\partial y} &= (-\ 548\,w_a + 27056\,w_b - 86740\,w_c + 28960\,w_d)\,\frac{7}{10}\cdot\frac{S_1}{272^2\,\lambda}\,,\\[4pt]
\frac{\partial t_d'}{\partial y} &= (-\ 977\,w_a - 5560\,w_b + 57091\,w_c - 89912\,w_d)\,\frac{7}{10}\cdot\frac{S_1}{272^2\,\lambda}\,.
\end{aligned}\right\}\quad (D_3)$$

Faßt man die zugehörigen Werte der Gleichungsgruppen (D) zusammen, so gewinnt man im Einklang mit der Randbedingung (c) die folgenden Bestimmungsgleichungen

$$671{,}4\,w_a - 260{,}4\,w_b - 42{,}2\,w_c - 16{,}2\,w_d = 553{,}8\,\frac{p\,\lambda^2}{S_1}\,,$$

$$-244{,}1\,w_a + 662{,}1\,w_b - 274{,}3\,w_c - 35{,}1\,w_d = 771{,}1\,\frac{p\,\lambda^2}{S_1}\,,$$

$$-29{,}6\,w_a - 267{,}7\,w_b + 634{,}6\,w_c - 256{,}6\,w_d = 878{,}4\,\frac{p\,\lambda^2}{S_1}\,,$$

$$-21{,}5\,w_a - 33{,}7\,w_b - 511{,}1\,w_c + 667{,}7\,w_d = 911\,\frac{p\,\lambda^2}{S_1}\,.$$

Sie werden durch die Größen

$$w_a = 3{,}607\,186\,\frac{p\lambda^2}{S_1}\,, \qquad w_c = 6{,}735\,213\,\frac{p\lambda^2}{S_1}$$

$$w_b = 5{,}651\,538\,\frac{p\lambda^2}{S_1}\,, \qquad w_d = 6{,}921\,340\,\frac{p\lambda^2}{S_1}$$

befriedigt.

Führt man diese Werte in die Gleichungsgruppe (C) ein, so erhält man

$$z'_1 = 0{,}177\,04\,\frac{pa^4}{S_1 S_2}\,, \qquad z'_6 = 0{,}301\,60\,\frac{pa^4}{S_1 S_2}\,,$$

$$z'_2 = 0{,}236\,70\,\frac{pa^4}{S_1 S_2}\,, \qquad z'_7 = 0{,}311\,18\,\frac{pa^4}{S_1 S_2}\,,$$

$$z'_3 = 0{,}276\,58\,\frac{pa^4}{S_1 S_2}\,, \qquad z'_8 = 0{,}320\,28\,\frac{pa^4}{S_1 S_2}\,,$$

$$z'_4 = 0{,}290\,48\,\frac{pa^4}{S_1 S_2}\,, \qquad z'_9 = 0{,}327\,14\,\frac{pa^4}{S_1 S_2}\,,$$

$$z'_5 = 0{,}274\,81\,\frac{pa^4}{S_1 S_2}\,, \qquad z'_{10} = 0{,}333\,07\,\frac{pa^4}{S_1 S_2}\,,$$

$$z'_a = 0{,}108\,40\,\frac{pa^4}{S_1 S_2}\,, \qquad z'_\alpha = 0{,}045\,76\,\frac{pa^4}{S_1 S_2}\,,$$

$$z'_b = 0{,}196\,71\,\frac{pa^4}{S_1 S_2}\,, \qquad z'_\beta = 0{,}166\,13\,\frac{pa^4}{S_1 S_2}\,,$$

$$z'_c = 0{,}253\,52\,\frac{pa^4}{S_1 S_2}\,, \qquad z'_\gamma = 0{,}241\,66\,\frac{pa^4}{S_1 S_2}\,,$$

$$z'_d = 0{,}272\,80\,\frac{pa^4}{S_1 S_2}\,, \qquad z'_\delta = 0{,}266\,65\,\frac{pa^4}{S_1 S_2}\,,$$

Im Verein mit den auf S. 53 errechneten Grundwerten ergibt sich schließlich:

$$\zeta_1 = (0{,}010\,603 + 0{,}177\,04)\,\frac{pa^4}{N} = 0{,}187\,643\,\frac{pa^4}{N}\,,$$

$$\zeta_2 = (0{,}018\,984 + 0{,}236\,70)\,\frac{pa^4}{N} = 0{,}255\,684\,\frac{pa^4}{N}\,,$$

$$\zeta_3 = (0{,}024\,244 + 0{,}276\,58)\,\frac{pa^4}{N} = 0{,}300\,824\,\frac{pa^4}{N}\,,$$

$$\zeta_4 = (0{,}026\,029 + 0{,}290\,48)\,\frac{pa^4}{N} = 0{,}316\,509\,\frac{pa^4}{N}\,,$$

$$\zeta_5 = (0{,}034\,151 + 0{,}274\,81)\,\frac{pa^4}{N} = 0{,}308\,961\,\frac{pa^4}{N}\,,$$

$$\zeta_6 = (0{,}043\,736 + 0{,}301\,60)\,\frac{pa^4}{N} = 0{,}345\,336\,\frac{pa^4}{N}\,,$$

$$\zeta_7 = (0{,}046\,997 + 0{,}311\,18)\,\frac{pa^4}{N} = 0{,}358\,177\,\frac{pa^4}{N}\,,$$

$$\zeta_8 = (0{,}056\,108 + 0{,}320\,28)\,\frac{pa^4}{N} = 0{,}376\,388\,\frac{pa^4}{N}\,,$$

$$\zeta_9 = (0{,}060\,327 + 0{,}327\,14)\,\frac{pa^4}{N} = 0{,}387\,467\,\frac{pa^4}{N}\,,$$

$$\zeta_{10} = (0{,}064\,876 + 0{,}333\,07)\,\frac{pa^4}{N} = 0{,}397\,946\,\frac{pa^4}{N}\,,$$

$$\zeta_a = 0{,}108\,40\,\frac{pa^4}{N}\,; \quad \zeta_\alpha = (0{,}045\,76 - 0{,}010\,603)\,\frac{pa^4}{N} = 0{,}035\,157\,\frac{pa^4}{N}\,,$$

$$\zeta_b = 0{,}196\,71\,\frac{pa^4}{N}\,; \quad \zeta_\beta = (0{,}166\,13 - 0{,}018\,984)\,\frac{pa^4}{N} = 0{,}147\,146\,\frac{pa^4}{N}\,,$$

$$\zeta_c = 0{,}253\,52\,\frac{pa^4}{N}\,; \quad \zeta_\gamma = (0{,}241\,66 - 0{,}024\,244)\,\frac{pa^4}{N} = 0{,}217\,416\,\frac{pa^4}{N}\,,$$

$$\zeta_d = 0{,}272\,80\,\frac{pa^4}{N}\,; \quad \zeta_\delta = (0{,}266\,65 - 0{,}026\,029)\,\frac{pa^4}{N} = 0{,}240\,621\,\frac{pa^4}{N}\,.$$

Die Gestalt der elastischen Fläche ist durch Schichtlinien in der Abb. 63 veranschaulicht. Die größte Durchbiegung

$$\zeta_m = \zeta_{10} = 0{,}397\,946\,\frac{pa^4}{N}$$

tritt im Plattenmittelpunkt auf. Sie übertrifft um ein Vielfaches die größte Durchbiegung

$$\zeta_{om} = 0{,}064\,876\,\frac{pa^4}{N}$$

der frei aufliegenden Platte. Die erhebliche Steigerung ist leicht erklärlich, wenn man bedenkt, daß bei einer Platte, welche nur auf den vier Eckpunkten aufruht, die Randstreifen die Aufgabe der Randträger übernehmen: die Durchbiegung, die sie selbst infolge ihrer verhältnismäßig nur sehr geringen Steifigkeit in der Randmitte erfahren, ist, wie man aus dem Wert $\zeta_d = 0{,}272\,80\,\dfrac{pa^4}{N}$ erkennen kann, durchaus beträchtlich und hat eine um so größere Senkung des Plattenmittelpunktes zur Folge.

Dieser erheblichen Formänderung entsprechen auch bedeutende Spannungsmomente. In Tafel 13 sind die Werte der Biegungs- und Drillungsmomente für die Mittel-, Diagonal- und Randlinien eingetragen. Der Spannungsverlauf in den Hauptebenen ist in Abb. 63

dargestellt. Der Mittelpunkt der Platte wird durch das Biegungs-moment
$$s_x = s_y = 0{,}43605\,pa^2\,,$$

die Mitte der Ränder durch das Moment
$$s_x\,(\text{bzw.}\,s_y) = 0{,}56172\,pa^2$$

beansprucht. Der durchschnittliche Wert des Momentes s_y für die Mittellinie $x = 0$ ist
$$s_y = 0{,}5\,pa^2\,.$$

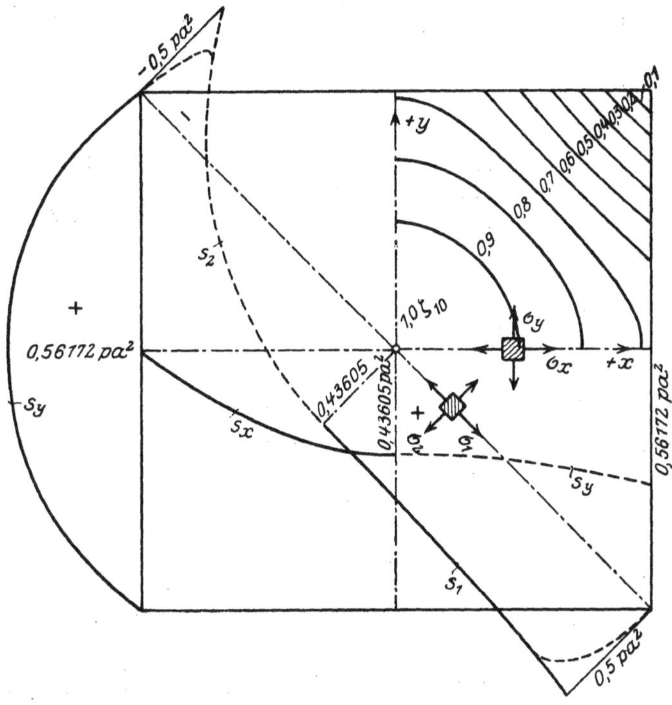

Abb. 63. Spannungsbild einer nur an den Ecken aufruhenden, gleichmäßig belasteten quadratischen Platte.

Mit Hilfe der Gleichgewichtsbedingungen läßt sich andererseits das gesamte Biegungsmoment
$$M_y = \int_{-a}^{+a} s_y\,dx$$

der Mittelebene $y = 0$ unmittelbar bestimmen. Eine einfache Rechnung liefert
$$M_y = pa^3$$

und daher als Durchschnittswert für die Länge $2a$:
$$s_y = \frac{M_y}{2\,a} = \frac{1}{2}\,pa^2\,.$$

Diese Übereinstimmung mit dem Ergebnis der genauen Untersuchung bestätigt die Richtigkeit unserer Berechnung.

Tafel 13.

Die Spannungsmomente einer auf den vier Eckpunkten aufruhenden, gleichmäßig belasteten quadratischen Platte.

$\dfrac{y}{b}=$		$+1$	$+\dfrac{3}{4}$	$+\dfrac{2}{4}$	$+\dfrac{1}{4}$	0	Faktor
$\dfrac{x}{a}=+1$	$\bar{s}_x$	—	$-0{,}095\,82$	$-0{,}150\,64$	$-0{,}179\,26$	$-0{,}184\,48$	pa^2
	$\bar{s}_y$	—	$+0{,}321\,60$	$+0{,}503\,86$	$+0{,}600\,47$	$+0{,}617\,06$	pa^2
	s_x	—	—	—	—	—	pa^2
	s_y	—	$+0{,}292\,85$	$+0{,}458\,66$	$+0{,}546\,69$	$+0{,}561\,72$	pa^2
$\dfrac{x}{a}=0$	$\bar{s}_x$	$+0{,}617\,06$	$+0{,}501\,84$	$+0{,}410\,89$	$+0{,}354\,39$	$+0{,}335\,42$	pa^2
	$\bar{s}_y$	$-0{,}184\,48$	$+0{,}032\,63$	$+0{,}198\,79$	$+0{,}300\,83$	$+0{,}335\,42$	pa^2
	s_x	$+0{,}561\,72$	$+0{,}511\,63$	$+0{,}470\,53$	$+0{,}444\,64$	$+0{,}436\,05$	pa^2
	s_y	—	$+0{,}183\,18$	$+0{,}322\,06$	$+0{,}407\,15$	$+0{,}436\,05$	pa^2
$\dfrac{x}{a}=-\dfrac{1}{4}$	$s_x=s_y$	—	—	—	$+0{,}413\,48$	—	pa^2
	t_{xy}	—	—	—	$-0{,}026\,48$	—	pa^2
	s_1	—	—	—	$+0{,}439\,96$	—	pa^2
	s_2	—	—	—	$+0{,}387\,00$	—	pa^2
$\dfrac{x}{a}=-\dfrac{2}{4}$	$s_x=s_y$	—	—	$+0{,}351\,23$	—	—	pa^2
	t_{xy}	—	—	$-0{,}105\,30$	—	—	pa^2
	s_1	—	—	$+0{,}456\,53$	—	—	pa^2
	s_2	—	—	$+0{,}245\,93$	—	—	pa^2
$\dfrac{x}{a}=-\dfrac{3}{4}$	$s_x=s_y$	—	$+0{,}232\,83$	—	—	—	pa^2
	t_{xy}	—	$-0{,}236\,48$	—	—	—	pa^2
	s_1	—	$+0{,}469\,31$	—	—	—	pa^2
	s_2	—	$-0{,}003\,65$	—	—	—	pa^2

Da bei einer ringsum frei aufliegenden Platte der Durchschnittswert für die gleiche Mittelebene

$$s_y = \infty\tfrac{2}{3}\cdot 0{,}1892\,pa^2 = \infty\,0{,}126\,pa^2$$

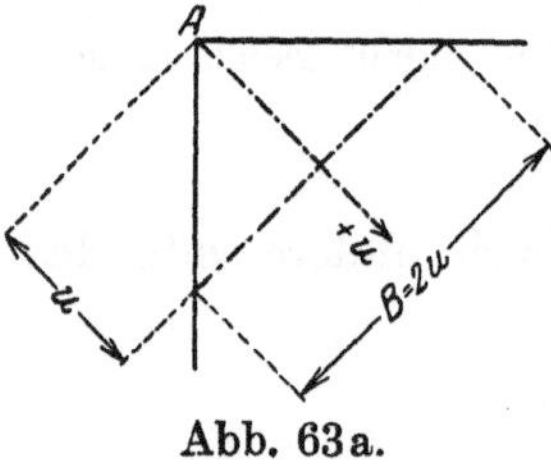

Abb. 63a.

ist, so erkennt man, daß der Fortfall der unmittelbaren und stetigen Randunterstützung eine fast vierfache Steigerung der Biegungsbeanspruchung zur Folge hat. Die Plattenstreifen in der Nähe des Randes haben hierbei größere Spannungsmomente als in der Plattenmitte aufzunehmen.

Das gesamte Biegungsmoment M_u, welches von einem Querschnitt senkrecht zu den Diagonalachsen und im Abstand u von der Ecke A (Abb. 63a) aufgenommen werden muß, läßt sich unmittelbar, da die Auflagerkraft $C = p\,a^2$ bekannt ist, aus der Gleichgewichtsbedingung

$$M_u = C\,u - p\,u^2\cdot\frac{u}{3} = p\,a^2 u\left(1-\frac{1}{3}\frac{u^2}{a^2}\right)$$

bestimmen. Entsprechend der Querschnittsbreite $B = 2\,u$ ist der Durchschnittswert der Spannungsmomente

$$m_u = \frac{M_u}{B} = \frac{p\,a^2}{2}\left(1 - \frac{1}{3}\,\frac{u^2}{a^2}\right).$$

Aus dieser Formel erkennt man, daß m_u seinen Größtwert

$$(m_u)_{\text{max}} = \frac{p\,a^2}{2}$$

an der Stelle $u = 0$, also unmittelbar an den Plattenecken, und seinen Kleinstwert

$$(m_u)_{\text{min}} = \frac{p\,a^2}{6}$$

an der Stelle $u^2 = 2\,a^2$ im Mittelpunkt der Platte erreicht. Die in der Mitte des Diagonalschnittes wirkenden Spannungsmomente s_1 sind größer als m_u, sie nehmen aber wie die letzteren gleichmäßig vom Mittelpunkt nach den Ecken der Platte zu.

Da längs der Diagonalen $s_x = s_y$ ist, so gelten für die Hauptspannungsmomente die Formeln

$$s_1 = s_x - t_{xy}\,, \qquad s_2 = s_x + t_{xy}\,.$$

In den Ecken ist $s_x = 0$, mithin $s_2 = -s_1 = t_{xy}$. Andererseits entspricht der Auflagerkraft $C = p\,a^2 = -2\,t_{xy}$
ein Drillungsmoment

$$t_{xy} = -\frac{C}{2} = -\frac{p\,a^2}{2}:$$

mithin sind die Hauptspannungsmomente an den Ecken

$$s_1 = -s_2 = \frac{p\,a^2}{2}\,.$$

Diese Werte stimmen mit dem aus den Gleichgewichtsbedingungen unmittelbar abgeleiteten Randwert $(m_u)_{\text{max}}$ genau überein.

In der Wirklichkeit ist die Beanspruchung der Platte an dieser Stelle geringer, weil der Auflagerdruck nicht in dem Eckpunkt konzentriert, sondern auf einer, wenn auch noch so kleinen Grundfläche mehr oder weniger gleichmäßig verteilt ist. Der tatsächliche Verlauf der Diagonalspannungen im Bereich der Plattenecke ist in Abb. 63 durch eine gestrichelte Linie angedeutet.

Ein wesentlicher Unterschied zwischen der ringsum aufliegenden und der nur an den Ecken aufruhenden Platte liegt auch darin, daß bei der ersten die Ecken gewissermaßen eingeklemmt und die Momente s_1 daher negativ sind, während sie bei der zweiten gerade in den Ecken ihren größten positiven Wert erreichen; umgekehrt ist s_2 bei der ersten positiv, bei der zweiten negativ.

Es sei schließlich bemerkt, daß die Momente der reduzierten Spannungen im Gegensatz zu den Momenten der tatsächlichen Normalspannungen längs der Ränder nicht verschwinden. An den Rändern
$x = \pm a$ folgt beispielsweise aus

$$s_x = -N\left(\frac{\partial^2 \zeta}{\partial x^2} + \frac{1}{m}\frac{\partial^2 \zeta}{\partial y^2}\right) = 0 :$$

$$s_{(\mathrm{red})\,x} = -N \cdot \frac{m^2 - 1}{m^2} \cdot \frac{\partial^2 \zeta}{\partial x^2} = +N \cdot \frac{\partial^2 \zeta}{\partial y^2} \cdot \frac{m^2 - 1}{m^3}\,.$$

Für die Randmitte ergibt sich insbesondere:

$$s_{(\mathrm{red})\,x} = -0{,}1369\ pa^2\,.$$

Die Verbiegung der Streifen senkrecht zum Rande vollzieht sich
also im gleichen Sinne, als ob sie in den Randstreifen eingespannt wären.
Diese Art der Formänderung wie auch die beträchtliche Höhe der fraglichen reduzierten Spannungen müssen bei der Querschnittsbemessung
der Ränder genau beachtet werden.

§ 23. Die auf den Eckpunkten aufruhende und durch eine Einzelkraft in der Mitte belastete quadratische Platte.

Die Untersuchung einer in der Mitte durch eine Einzelkraft belasteten Platte kann unmittelbar an die Berechnung der gleichmäßig
belasteten angeschlossen werden.

Bezeichnet man wieder mit ζ_o die elastischen Verschiebungen der
frei aufliegenden Platte, so bestehen zwischen den Randwerten w_a, w_b,
w_c, w_d, den zusätzlichen Verschiebungen ζ' und Auflagerkräften

$$a'_x = \frac{\partial M'}{\partial x} + \frac{\partial t'}{\partial y}\,, \qquad a'_y = \frac{\partial M'}{\partial y} + \frac{\partial t'}{\partial x}\,,$$

die durch die Gleichungsgruppen (C), (D$_2$) und (D$_3$) im § 22 ausgedrückten
Beziehungen.

Die im § 8 durchgeführte Berechnung hat andererseits für die
ursprünglichen Auflagerwiderstände die Werte[1]

$$a_{ox} = 0{,}09012\ \frac{P}{a} = 6{,}128\ \frac{P}{272\,\lambda} \quad \text{für den Punkt}\quad a\,,$$

$$a_{ox} = 0{,}18751\ \frac{P}{a} = 12{,}751\ \frac{P}{272\,\lambda} \quad \text{für den Punkt}\quad b\,,$$

$$a_{ox} = 0{,}28884\ \frac{P}{a} = 19{,}641\ \frac{P}{272\,\lambda} \quad \text{für den Punkt}\quad c\,,$$

$$a_{ox} = 0{,}343136\ \frac{P}{a} = 23{,}333\ \frac{P}{272\,\lambda} \quad \text{für den Punkt}\quad d$$

geliefert.

---

[1] Vgl. S. 73.

Stellt man wie vorhin die Bedingung

$$a_{ox} + a'_x = 0$$

auf, so erhält man für die unbekannten Randwerte w_a, w_b, w_c, w_d die Bestimmungsgleichungen:

$$671{,}4\,w_a - 260{,}4\,w_b - 42{,}2\,w_c - 16{,}2\,w_d = + 6{,}128\,\frac{P}{S_1}\,,$$

$$-244{,}1\,w_a + 662{,}1\,w_b - 274{,}3\,w_c - 35{,}1\,w_d = +12{,}751\,\frac{P}{S_1}\,,$$

$$-29{,}6\,w_a - 267{,}7\,w_b + 634{,}6\,w_c - 256{,}6\,w_d = +19{,}641\,\frac{P}{S_1}\,,$$

$$-21{,}5\,w_a - 33{,}7\,w_b - 511{,}1\,w_c + 667{,}7\,w_d = +23{,}333\,\frac{P}{S_1}\,.$$

Hieraus folgt:

$$w_a = 0{,}0641\,\frac{P}{S_1}\,, \qquad w_c = 0{,}1413\,\frac{P}{S_1}\,,$$

$$w_b = 0{,}1095\,\frac{P}{S_1}\,, \qquad w_d = 0{,}1513\,\frac{P}{S_1}\,.$$

Die Gleichungsgruppe (C) liefert nunmehr

$$z'_1 = 0{,}057\,349\,\frac{Pa^2}{S_1 S_2}\,, \qquad z'_6 = 0{,}098\,749\,\frac{Pa^2}{S_1 S_2}\,,$$

$$z'_2 = 0{,}077\,132\,\frac{Pa^2}{S_1 S_2}\,, \qquad z'_7 = 0{,}101\,988\,\frac{Pa^2}{S_1 S_2}\,,$$

$$z'_3 = 0{,}090\,611\,\frac{Pa^2}{S_1 S_2}\,, \qquad z'_8 = 0{,}104\,909\,\frac{Pa^2}{S_1 S_2}\,,$$

$$z'_4 = 0{,}095\,381\,\frac{Pa^2}{S_1 S_2}\,, \qquad z'_9 = 0{,}107\,187\,\frac{Pa^2}{S_1 S_2}\,,$$

$$z'_5 = 0{,}089\,766\,\frac{Pa^2}{S_1 S_2}\,, \qquad z'_{10} = 0{,}109\,138\,\frac{Pa^2}{S_1 S_2}\,,$$

$$z'_a = 0{,}034\,819\,\frac{Pa^2}{S_1 S_2}\,, \qquad z'_\alpha = 0{,}013\,999\,\frac{Pa^2}{S_1 S_2}\,,$$

$$z'_b = 0{,}063\,924\,\frac{Pa^2}{S_1 S_2}\,, \qquad z'_\beta = 0{,}053\,634\,\frac{Pa^2}{S_1 S_2}\,,$$

$$z'_c = 0{,}083\,266\,\frac{Pa^2}{S_1 S_2}\,, \qquad z'_\gamma = 0{,}079\,687\,\frac{Pa^2}{S_1 S_2}\,,$$

$$z'_d = 0{,}090\,011\,\frac{Pa^2}{S_1 S_2}\,, \qquad z'_\delta = 0{,}088\,673\,\frac{Pa^2}{S_1 S_2}\,.$$

Fügt man die auf S. 69 errechneten Grundwerte ζ_o hinzu, so gewinnt man für die Ordinaten der endgültigen elastischen Fläche die Werte

$$\zeta_1 = (0{,}005\,202 + 0{,}057\,349)\,\frac{P\,a^2}{N} = 0{,}062\,591\,\frac{P\,a^2}{N}\,,$$

$$\zeta_2 = (0{,}009\,883 + 0{,}077\,132)\,\frac{P\,a^2}{N} = 0{,}087\,015\,\frac{P\,a^2}{N}\,,$$

$$\zeta_3 = (0{,}013\,362 + 0{,}090\,611)\,\frac{P\,a^2}{N} = 0{,}103\,973\,\frac{P\,a^2}{N}\,,$$

$$\zeta_4 = (0{,}014\,703 + 0{,}095\,381)\,\frac{P\,a^2}{N} = 0{,}110\,084\,\frac{P\,a^2}{N}\,,$$

$$\zeta_5 = (0{,}018\,899 + 0{,}089\,766)\,\frac{P\,a^2}{N} = 0{,}108\,665\,\frac{P\,a^2}{N}\,,$$

$$\zeta_6 = (0{,}025\,769 + 0{,}098\,749)\,\frac{P\,a^2}{N} = 0{,}124\,518\,\frac{P\,a^2}{N}\,,$$

$$\zeta_7 = (0{,}028\,605 + 0{,}101\,988)\,\frac{P\,a^2}{N} = 0{,}130\,593\,\frac{P\,a^2}{N}\,,$$

$$\zeta_8 = (0{,}035\,715 + 0{,}104\,909)\,\frac{P\,a^2}{N} = 0{,}140\,624\,\frac{P\,a^2}{N}\,,$$

$$\zeta_9 = (0{,}040\,276 + 0{,}107\,187)\,\frac{P\,a^2}{N} = 0{,}147\,463\,\frac{P\,a^2}{N}\,,$$

$$\zeta_{10} = (0{,}045\,991 + 0{,}109\,138)\,\frac{P\,a^2}{N} = 0{,}155\,129\,\frac{P\,a^2}{N}\,,$$

$$\zeta_a = 0{,}034\,819\,\frac{P\,a^2}{N}\,,\quad \zeta_\alpha = (0{,}013\,999 - 0{,}005\,202)\,\frac{P\,a^2}{N} = 0{,}008\,797\,\frac{P\,a^2}{N}\,,$$

$$\zeta_b = 0{,}063\,924\,\frac{P\,a^2}{N}\,,\quad \zeta_\beta = (0{,}053\,634 - 0{,}009\,883)\,\frac{P\,a^2}{N} = 0{,}043\,751\,\frac{P\,a^2}{N}\,,$$

$$\zeta_c = 0{,}083\,266\,\frac{P\,a^2}{N}\,,\quad \zeta_\gamma = (0{,}079\,687 - 0{,}013\,362)\,\frac{P\,a^2}{N} = 0{,}066\,325\,\frac{P\,a^2}{N}\,,$$

$$\zeta_d = 0{,}090\,011\,\frac{P\,a^2}{N}\,,\quad \zeta_\delta = (0{,}088\,673 - 0{,}014\,703)\,\frac{P\,a^2}{N} = 0{,}073\,970\,\frac{P\,a^2}{N}\,.$$

Die Gestalt dieser Fläche ist in der Abb. 64 durch Schichtlinien dargestellt.

Verglichen mit der größten Durchbiegung der frei aufliegenden Platte $\zeta_o = 0{,}045\,99\,\dfrac{P\,a^2}{N}$ ist die Senkung des Plattenmittelpunktes

$$\zeta_{10} = 0{,}155\,129\,\frac{P\,a^2}{N}$$

sehr beträchtlich: da die Randmitte jedoch selbst eine Senkung

$$\zeta_d = 0{,}090\,011\,\frac{P\,a^2}{N}$$

erfährt, so ist die relative Verschiebung des Mittelpunktes

$$\zeta_{10} - \zeta_d = 0{,}065\,118\,\frac{P\,a^2}{N}$$

nicht übermäßig.

Die starke Durchbiegung ist auf den Umstand zurückzuführen, daß Platten, die nur auf den Eckpunkten aufruhen und deren Ränder weder durch Normalspannungen noch durch Drillungsmomente beansprucht

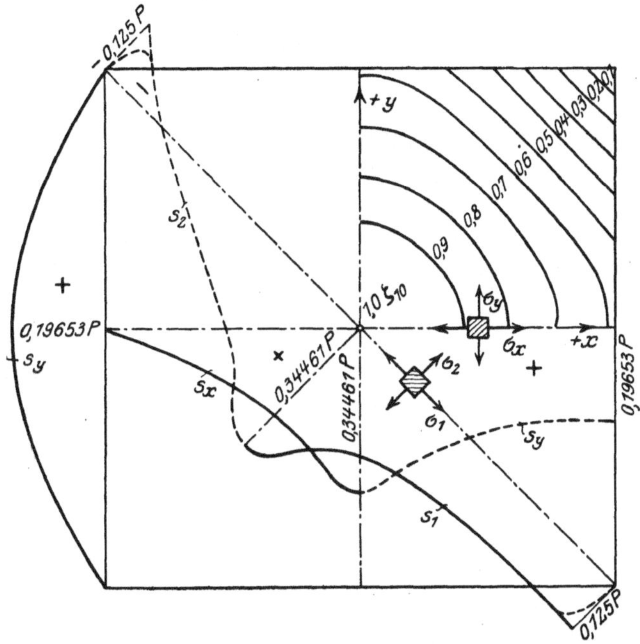

Abb. 64. Spannungsbild einer nur an den Ecken aufruhenden, durch eine Einzelkraft in der Mitte belasteten quadratischen Platte.

werden, eine sehr geringe Steifigkeit besitzen und daß eigentlich nur die Diagonalstreifen für die Übertragung der Einzelkraft in Betracht kommen. Es ist hierbei allerdings vorausgesetzt, daß auch die Auflagerwiderstände nur als Einzelkräfte unmittelbar an den Ecken angreifen: wird durch eine breitere Auflagerung eine Verteilung der Auflagerkräfte längs eines größeren Bereiches der Randflächen bewirkt, so wird, wie die Untersuchungen der trägerlosen Decken später zeigen werden, die Steifigkeit der Platte erheblich vermehrt und die Durchbiegung entsprechend auch wesentlich vermindert.

Die durch den Fortfall der unmittelbaren und stetigen Randunterstützung bewirkte außerordentliche Steigerung der elastischen Verschiebungen hat durchaus nicht die gleiche Erhöhung der Spannungsmomente zur Folge. Die Betrachtung des Spannungsverlaufes in Abb. 64 und die nähere Prüfung der in Tafel 14 für die Mittel-, Diagonal- und Randlinien angegebenen Werte zeigen, daß im Vergleich zur frei auf liegenden Platte die Steigerung der Biegungsbeanspruchungen unter der Einwirkung einer Einzelkraft wesentlich geringer als bei der gleichmäßigen Belastung ist.

Das größte Biegungsmoment unmittelbar am Lastorte ist

$$s_x = s_y = 0{,}344\,61\,P\,.$$

An der gleichen Stelle tritt bei der ringsum aufliegenden Platte das Moment

$$s_x = s_y = 0{,}263\,451\,P$$

auf. Der Zuwachs beträgt mithin nur 36 v. H.: bei gleichmäßiger Belastung wird hingegen, wie vorhin nachgewiesen, eine Steigerung um 130 v. H. erreicht.

Der verschiedene Einfluß der Belastungsart zeigt sich auch darin, daß die größten Biegungsmomente von der Randmitte nach dem Mittelpunkt zu und nicht umgekehrt wachsen[1]). In beiden Fällen unterscheiden sich jedoch der größte und der kleinste Wert der Spannungsmomente einer Mittelebene verhältnismäßig wenig von demjenigen Durchschnittswert der Biegungsmomente, welcher unmittelbar aus den Gleichgewichtsbedingungen für die volle Querschnittsbreite abgeleitet werden kann. Diese Gleichmäßigkeit der Spannungsverteilung verleiht den Platten, selbst unter der Einwirkung von Einzelkräften, eine größere Widerstandsfähigkeit, welche besonders bei den trägerlosen Decken, die an sich nur eine geringe Steifigkeit besitzen, deutlich zu erkennen ist.

Es sei schließlich bemerkt, daß Platten, die nur an den Ecken aufruhen, in der Nähe der Auflagerpunkte erhebliche Randdrillungsmomente aufnehmen müssen und daher nicht allein durch lotrechte, sondern auch durch wagerechte Schubspannungen in hohem Maße beansprucht werden. Um eine ausreichende Sicherheit bei sparsamer Querschnittsbemessung zu erzielen, empfiehlt es sich, die Auflagerfläche möglichst zu vergrößern: hiermit wird zugleich eine merkliche Verminderung der Biegungsspannungen sowohl an den Rändern wie auch in der Plattenmitte erreicht.

---

[1]) Der Durchschnittswert m_u der Spannungsmomente s_1 in den Querschnitten senkrecht zu den Diagonalachsen ist überhaupt für die ganze Platte konstant. Aus der Gleichgewichtsgleichung

$$M_u = Cu = \frac{Pu}{4}$$

ergibt sich im Einklang mit Abb. 63a

$$m_u = \frac{M_u}{B} = \frac{M_u}{2u} = \frac{P}{8}\,.$$

Tafel 14.

Die Spannungsmomente einer auf den vier Eckpunkten aufruhenden, durch eine Einzelkraft in der Mitte belasteten quadratischen Platte.

$\dfrac{y}{b} =$		$+1$	$+\dfrac{3}{4}$	$+\dfrac{2}{4}$	$+\dfrac{1}{4}$	0	Faktor
$\dfrac{x}{a} = 1$	s_y	—	$+0{,}08326$	$+0{,}14226$	$+0{,}18352$	$+0{,}19653$	P
$\dfrac{x}{a} = 0$	$\begin{cases} s_x \end{cases}$	$+0{,}19653$	$+0{,}19346$	$+0{,}21187$	$+0{,}26782$	$+0{,}34461$	P
	s_y	—	$+0{,}05170$	$+0{,}11654$	$+0{,}22891$	$+0{,}34461$	P
$\dfrac{x}{a} = -\dfrac{1}{4}$	$s_x = s_y$	—	—	—	$+0{,}19275$	—	P
	t_{xy}	—	—	—	$+0{,}0073$	—	P
	s_1	—	—	—	$+0{,}18545$	—	P
	s_2	—	—	—	$+0{,}20005$	—	P
$\dfrac{x}{a} = -\dfrac{2}{4}$	$s_x = s_y$	—	—	$+0{,}12058$	—	—	P
	t_{xy}	—	—	$-0{,}01336$	—	—	P
	s_1	—	—	$+0{,}13394$	—	—	P
	s_2	—	—	$+0{,}10722$	—	—	P
$\dfrac{x}{a} = -\dfrac{3}{4}$	$s_x = s_y$	—	$+0{,}06797$	—	—	—	P
	t_{xy}	—	$-0{,}05371$	—	—	—	P
	s_1	—	$+0{,}12168$	—	—	—	P
	s_2	—	$+0{,}01426$	—	—	—	P

§ 24. Die nur auf zwei gegenüberliegenden Rändern aufruhende Platte.

1. Die Randbedingungen und die Darstellung der Randspannungen.

Die in § 22 und § 23 durchgeführten Untersuchungen haben gezeigt, daß Platten, die nur auf den vier Eckpunkten aufruhen, in allen Querschnittsebenen parallel zu den Randflächen eine ziemlich gleichmäßige Verteilung der Biegungsspannungen aufweisen. Um festzustellen, inwieweit diese Gleichmäßigkeit bestehen bleibt, wenn nur zwei Ränder spannungsfrei sind, möge jetzt auch die Platte, welche nur auf zwei gegenüberliegenden Kanten aufruht, behandelt werden.

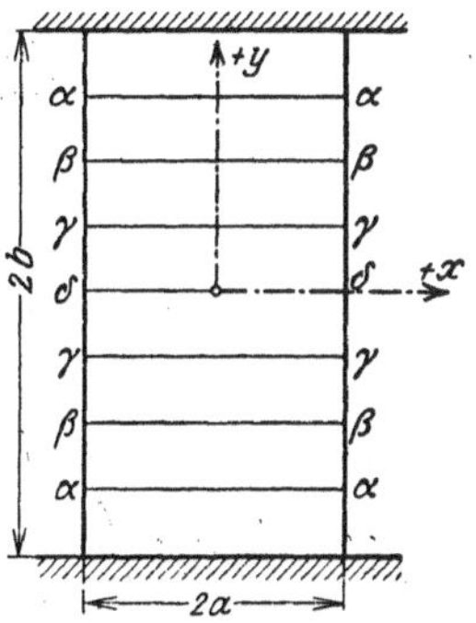

Die Randbedingungen einer solchen Platte lauten in Übereinstimmung mit Abb. 65 für die freien Ränder $x = \pm a$:

$$s_x = -N\left(\frac{\partial^2 \zeta}{\partial x^2} + \frac{1}{m}\,\frac{\partial^2 \zeta}{\partial y^2}\right) = 0\,,$$

$$a_x = \frac{\partial M}{\partial x} + \frac{\partial t}{\partial y} = -N\left(\frac{\partial^3 \zeta}{\partial x^3} + \frac{2m-1}{m}\,\frac{\partial^3 \zeta}{\partial y^2\,\partial x}\right) = 0\,;$$

Abb. 65.

für die gestützten Ränder $y = 0$ und $y = 2b$:

$$\zeta = \frac{\partial \zeta}{\partial x} = 0\,, \qquad s_y = \frac{\partial^2 \zeta}{\partial x^2} = \frac{\partial^2 \zeta}{\partial y^2} = 0\,.$$

Führt man wieder als Grundwerte die Verschiebungen ζ_o der ringsum frei aufliegenden Platte ein und setzt man wie vorhin

$$\zeta = \zeta_o + \zeta'\,,$$

so müssen die Zusatzwerte ζ' einerseits die homogene Differentialgleichung $\qquad V^2\,V^2\,\zeta' = 0\,,$

andererseits die Randbedingungen

$$\left.\begin{array}{l} \dfrac{\partial^2\,\zeta'}{\partial\,x^2} + \dfrac{1}{m}\,\dfrac{\partial^2\,\zeta'}{\partial\,y^2} = 0\,, \\[2ex] a_x = a_{ox} + a'_x = -N\left[\left(\dfrac{\partial^3\,\zeta_o}{\partial\,x^3} + \dfrac{2\,m-1}{m}\,\dfrac{\partial^3\,\zeta_o}{\partial\,x\,\partial\,y^2}\right)\right. \\[2ex] \left.\qquad\qquad + \left(\dfrac{\partial^3\,\zeta'}{\partial\,x^3} + \dfrac{2\,m-1}{m}\,\dfrac{\partial^3\,\zeta'}{\partial\,x\,\partial\,y^2}\right)\right] = 0\,, \end{array}\right\} \begin{array}{c}\text{für}\\ x = \pm a\end{array}$$

(a)

(b)

$$\zeta' = \frac{\partial^2\,\zeta'}{\partial\,y^2} = 0\,, \qquad \text{für} \quad y = 0 \quad \text{und} \quad y = 2\,b \tag{c}$$

befriedigen.

Anschließend an die Untersuchungen in § 17, 1 wähle ich für ζ' den Ansatz:

$$\left.\begin{array}{l} \zeta' = \displaystyle\sum_{k=1,\,2,\,3,\,4\ldots} \sin\left(k\,\frac{\pi}{2}\,\frac{y}{b}\right)\left\{\left(A_k\,\mathfrak{Sin}\,k\,\frac{\pi}{2}\,\frac{x}{b} + B_k\,\frac{\pi}{2}\,\frac{x}{b}\,\mathfrak{Cof}\,k\,\frac{\pi}{2}\,\frac{x}{b}\right)\right. \\[2ex] \left.\qquad + \left(C_k\,\mathfrak{Cof}\,k\,\frac{\pi}{2}\,\frac{x}{b} + D_k\,\frac{\pi}{2}\,\frac{x}{b}\,\mathfrak{Sin}\,k\,\frac{\pi}{2}\,\frac{x}{b}\right)\right\}. \end{array}\right\} \tag{107}$$

Man kann sich leicht überzeugen, daß diese Lösung der Differentialgleichung zunächst die Randbedingungen (c) von vornherein erfüllt.

Damit aber auch die Bedingungen (a) befriedigt werden, müssen zwischen A_k und B_k, C_k und D_k die folgenden Beziehungen bestehen:

$$A_k = -B_k\left(\frac{2}{k}\,\frac{m}{m-1} + \frac{\pi}{2}\,\frac{a}{b}\,\frac{1}{\mathfrak{Tang}\,k\,\dfrac{\pi}{2}\,\dfrac{a}{b}}\right) = -\mu_k\,B_k\,,$$

$$C_k = -D_k\left(\frac{2}{k}\,\frac{m}{m-1} + \frac{\pi}{2}\,\frac{a}{b}\,\mathfrak{Tang}\,k\,\frac{\pi}{2}\,\frac{a}{b}\right) = -\nu_k\,D_k\,.$$

Der Ansatz für ζ' kann also auch in der Form

$$\left.\begin{array}{l} \zeta' = \displaystyle\sum \sin\left(k\,\frac{\pi}{2}\,\frac{y}{b}\right)\left\{B_k\left(\frac{\pi}{2}\,\frac{x}{b}\,\mathfrak{Cof}\,k\,\frac{\pi}{2}\,\frac{x}{b} - \mu_k\,\mathfrak{Sin}\,k\,\frac{\pi}{2}\,\frac{x}{b}\right)\right. \\[2ex] \left.\qquad + D_k\left(\frac{\pi}{2}\,\frac{x}{b}\,\mathfrak{Sin}\,k\,\frac{\pi}{2}\,\frac{x}{b} - \nu_k\,\mathfrak{Cof}\,k\,\frac{\pi}{2}\,\frac{x}{b}\right)\right\} \end{array}\right\} \tag{108}$$

geschrieben werden.

Es ist nunmehr

$$-N\left(\frac{\partial^3\zeta'}{\partial x^3}+\frac{2m-1}{m}\cdot\frac{\partial^3\zeta'}{\partial y^2\,\partial x}\right)$$

$$=N\frac{m-1}{m}\left(\frac{\pi}{2b}\right)^3\sum k^3\sin\left(k\frac{\pi}{2}\frac{y}{b}\right)\left\{B_k\left[\frac{\pi}{2}\frac{x}{b}\,\mathfrak{Sin}\,k\frac{\pi}{2}\frac{x}{b}-\mathfrak{Cof}\,k\frac{\pi}{2}\frac{x}{b}\left(\mu_k+\frac{1}{k}\frac{m+1}{m-1}\right)\right]\right.$$

$$\left.+D_k\cdot\left[\frac{\pi}{2}\frac{x}{b}\,\mathfrak{Cof}\,k\frac{\pi}{2}\frac{x}{b}-\mathfrak{Sin}\,k\frac{\pi}{2}\frac{x}{b}\left(\nu_k+\frac{1}{k}\frac{m+1}{m-1}\right)\right]\right\}$$

Für $x=\pm a$ ergibt sich insbesondere:

$$a_x'=-\left(N\frac{\partial^3\zeta'}{\partial x^3}+\frac{2m-1}{m}\cdot\frac{\partial^3\zeta'}{\partial y^2\,\partial x}\right)_{x=\pm a}$$

$$=-N\frac{m-1}{m}\left(\frac{\pi}{2b}\right)^3\sum k^3\sin\left(k\frac{\pi}{2}\frac{y}{b}\right)\left\{B_k\left(\frac{\dfrac{\pi}{2}\dfrac{a}{b}}{\mathfrak{Sin}\,k\dfrac{\pi}{2}\dfrac{a}{b}}+\frac{3m+1}{m-1}\cdot\frac{1}{k}\mathfrak{Cof}\,k\frac{\pi}{2}\frac{a}{b}\right)\right.$$

$$\left.\mp D_k\left(\frac{\dfrac{\pi}{2}\dfrac{a}{b}}{\mathfrak{Cof}\,k\dfrac{\pi}{2}\dfrac{a}{b}}-\frac{3m+1}{m-1}\cdot\frac{1}{k}\mathfrak{Sin}\,k\frac{\pi}{2}\frac{a}{b}\right)\right\}.$$

Führt man zur Abkürzung die Bezeichnungen

$$\left.\begin{array}{l}N\dfrac{m-1}{m}\left(\dfrac{\pi}{2b}\right)^4k^3B_k\dfrac{a}{\mathfrak{Sin}\,k\dfrac{\pi}{2}\dfrac{a}{b}}=\beta_k,\\[2.5em]N\dfrac{m-1}{m}\left(\dfrac{\pi}{2b}\right)^4k^3D_k\dfrac{a}{\mathfrak{Cof}\,k\dfrac{\pi}{2}\dfrac{a}{b}}=\delta_k,\\[2.5em]N\dfrac{3m+1}{m}\left(\dfrac{\pi}{2b}\right)^3k^2B_k\,\mathfrak{Cof}\,k\dfrac{\pi}{2}\dfrac{a}{b}=\beta_k',\\[1.5em]N\dfrac{3m+1}{m}\left(\dfrac{\pi}{2b}\right)^3k^2D_k\,\mathfrak{Sin}\,k\dfrac{\pi}{2}\dfrac{a}{b}=\delta_k'\end{array}\right\}\qquad(109)$$

ein, so lassen sich die Randbedingungen (b) für die Kante $x=+a$ durch die Gleichung

$$(a_{ox})_{x=+a}+\sum\left[(\beta_k-\delta_k)+(\beta_k'+\delta_k')\right]\sin k\frac{\pi}{2}\frac{y}{b}=0,$$

für die Kante $x=-a$ durch die Gleichung

$$(a_{ox})_{x=-a}+\sum\left[(\beta_k+\delta_k)+(\beta_k'-\delta_k')\right]\sin k\frac{\pi}{2}\frac{y}{b}=0$$

ausdrücken.

Gelingt es auch, den Verlauf der Auflagerwiderstände a_{ox} längs der Kanten $x = \pm a$ durch die Fourierschen Reihen

$$(a_{ox})_{x=+a} = \sum \left[(\gamma_k - \varepsilon_k) + (\gamma'_k + \varepsilon'_k) \right] \sin k \frac{\pi}{2} \frac{y}{b} \, ,$$

$$(a_{ox})_{x=-a} = \sum \left[(\gamma_k + \varepsilon_k) + (\gamma'_k - \varepsilon'_k) \right] \sin k \frac{\pi}{2} \frac{y}{b}$$

darzustellen, so gehen die Randbedingungen in die einfachen Beziehungen

$$(\beta_k + \beta'_k) - (\delta_k - \delta'_k) = -(\gamma_k + \gamma'_k) + (\varepsilon_k - \varepsilon'_k) \, ,$$
$$(\beta_k + \beta'_k) + (\delta_k - \delta'_k) = -(\gamma_k + \gamma'_k) - (\varepsilon_k - \varepsilon'_k)$$

über. Hieraus folgt:

$$\beta_k + \beta'_k = -(\gamma_k + \gamma'_k) \, ,$$
$$\delta_k - \delta'_k = -(\varepsilon_k - \varepsilon'_k) \, .$$

Diese Gleichungen werden durch die Werte

$$\left. \begin{aligned} B_k &= - \frac{\gamma_k + \gamma'_k}{N \dfrac{m-1}{m} \left(\dfrac{\pi}{2b} \right)^3 k^3 \left(\dfrac{\dfrac{\pi}{2} \dfrac{a}{b}}{\mathfrak{Sin}\, k \dfrac{\pi}{2} \dfrac{a}{b}} + \dfrac{3m+1}{m-1} \cdot \dfrac{1}{k} \mathfrak{Cof}\, k \dfrac{\pi}{2} \dfrac{a}{b} \right)} \\[2em] D_k &= - \frac{\varepsilon_k - \varepsilon'_k}{N \dfrac{m-1}{m} \left(\dfrac{\pi}{2b} \right)^3 k^3 \left(\dfrac{\dfrac{\pi}{2} \dfrac{a}{b}}{\mathfrak{Cof}\, k \dfrac{\pi}{2} \dfrac{a}{b}} - \dfrac{3m+1}{m-1} \cdot \dfrac{1}{k} \mathfrak{Sin}\, k \dfrac{\pi}{2} \dfrac{a}{b} \right)} \end{aligned} \right\} \quad (110)$$

befriedigt.

Mit Hilfe dieser Formeln lassen sich alle Beizahlen der Glieder der für ζ' gewählten Reihe leicht errechnen und die zusätzlichen Formänderungen und Spannungen rasch bestimmen.

Ist die Belastung symmetrisch in bezug auf beide Mittellinien verteilt, so fallen die mit A_k und B_k vervielfachten ungeraden Funktionen fort. Verlegt man sodann das Achsenkreuz nach dem Plattenmittelpunkt, so gewinnt man für ζ' den Ansatz:

$$\zeta' = \sum_{k=1,3,5\ldots} (-1)^{\frac{k-1}{2}} D_k \left[\frac{\pi}{2} \frac{x}{b} \mathfrak{Sin}\, \frac{\pi}{2} \frac{x}{b} - v_k \mathfrak{Cof}\, k \frac{\pi}{2} \frac{x}{b} \right] \cos k \frac{\pi}{2} \frac{y}{b} \, . \quad (111)$$

Hierbei kommen für k nur die ungeraden Zahlen 1, 3, 5, 7 ... in Betracht.

In den meisten Fällen konvergiert diese Reihe so rasch, daß die zwei ersten Glieder vollkommen genügen, um die Gestalt der ζ'-Fläche zu bestimmen.

Bezeichnet man nunmehr mit q_α, q_β, q_γ, q_δ die jeweilige Größe der Auflagerkraft a_{ox} längs der Kanten $x = \pm a$, und zwar an den Stellen

$$\frac{y}{b} = \frac{3}{4}, \qquad \frac{y}{b} = \frac{2}{4}, \qquad \frac{y}{b} = \frac{1}{4}, \qquad \frac{y}{b} = 0,$$

setzt man ferner

$$(a_{ox})_{x=\pm a} = \sum (-1)^{\frac{k-1}{2}} c_k \cos k\, \frac{\pi}{2}\, \frac{y}{b} = c_1 \cos \frac{\pi}{2}\, \frac{y}{b} - c_3 \cos 3\, \frac{\pi}{2}\, \frac{y}{b}$$

$$+ c_5 \cos 5\, \frac{\pi}{2}\, \frac{y}{b} - c_7 \cos 7\, \frac{\pi}{2}\, \frac{y}{b},$$

so werden die Bedingungen

$$a_{ox} = q_\alpha \qquad \text{für} \qquad \frac{y}{b} = \frac{3}{4},$$

$$a_{ox} = q_\beta \qquad \text{für} \qquad \frac{y}{b} = \frac{2}{4},$$

$$a_{ox} = q_\gamma \qquad \text{für} \qquad \frac{y}{b} = \frac{1}{4},$$

$$a_{ox} = q_\delta \qquad \text{für} \qquad \frac{y}{b} = 0$$

erfüllt, wenn die Beizahlen c den Gleichungen

$$\left.\begin{aligned}
c_1 &= \frac{1}{2}\, q_\alpha \sin \frac{\pi}{8} + \frac{1}{2}\, q_\beta \sin \frac{2\pi}{8} + \frac{1}{2}\, q_\gamma \sin \frac{3\pi}{8} + \frac{1}{2}\, \frac{q_\delta}{2} \sin \frac{4\pi}{8}, \\
c_3 &= \frac{1}{2}\, q_\alpha \sin \frac{3\pi}{8} + \frac{1}{2}\, q_\beta \sin \frac{6\pi}{8} + \frac{1}{2}\, q_\gamma \sin \frac{9\pi}{8} + \frac{1}{2}\, \frac{q_\delta}{2} \sin \frac{12\pi}{8}, \\
c_5 &= \frac{1}{2}\, q_\alpha \sin \frac{5\pi}{8} + \frac{1}{2}\, q_\beta \sin \frac{10\pi}{8} + \frac{1}{2}\, q_\gamma \sin \frac{15\pi}{8} + \frac{1}{2}\, \frac{q_\delta}{2} \sin \frac{20\pi}{8}, \\
c_7 &= \frac{1}{2}\, q_\alpha \sin \frac{7\pi}{8} + \frac{1}{2}\, q_\beta \sin \frac{14\pi}{8} + \frac{1}{2}\, q_\gamma \sin \frac{21\pi}{8} + \frac{1}{2}\, \frac{q_\delta}{8} \sin \frac{28\pi}{8}
\end{aligned}\right\} (112)$$

genügen. Hat man mit Hilfe dieser Formeln die Größen c errechnet, so erhält man schließlich für die Beizahlen D_k die einfache Bestimmungsgleichung:

$$D_k = - \frac{c_k}{N\, \frac{m-1}{m} \left(\frac{\pi}{2b}\right)^3 k^3 \left(\dfrac{\frac{\pi}{2}\frac{a}{b}}{\mathfrak{Cof}\, k\, \frac{\pi}{2}\frac{a}{b}} - \frac{3m+1}{m-1}\frac{1}{k}\, \mathfrak{Sin}\, k\, \frac{\pi}{2}\frac{a}{b}\right)}. \quad (113)$$

2. Die Berechnung der gleichmäßig belasteten Platte.

Als Beispiel sei eine Platte mit dem Längenverhältnis $a : b = 1 : 2$ gewählt. Ich setze voraus, daß sie auf den Rändern $y = \pm\, b$ aufruht und mit p gleichmäßig belastet ist.

Für die ringsum aufliegende Platte mit dem gleichen Seitenverhältnis sind im Abschnitt III, § 9 die Ordinaten der ζ_o-Fläche bereits errechnet und die Werte der zugehörigen Auflagerwiderstände in Tafel 4 angegeben. Für die Randpunkte der Abb. 65 sind hierbei die Werte

$$q_\alpha = (v_x + v'_x)_{y = \pm\frac{3}{4}b} = (0{,}6480 + 0{,}09304)\,pa = 0{,}74104\,pa\,,$$
$$q_\beta = (v_x + v'_x)_{y = \pm\frac{2}{4}b} = (0{,}8282 + 0{,}09366)\,pa = 0{,}92186\,pa\,,$$
$$q_\gamma = (v_x + v'_x)_{y = \pm\frac{1}{4}b} = (0{,}9055 + 0{,}07931)\,pa = 0{,}98481\,pa\,,$$
$$q_\delta = (v'_x + v_x)_{y = 0} \quad\;\; = (0{,}9269 + 0{,}07265)\,pa = 0{,}99955\,pa$$

ermittelt worden.

Führt man diese Größen in die vorhin abgeleiteten Formeln (112), so liefern sie für die Beizahlen c_k der Fourierschen Reihe die Werte

$$c_1 = 1{,}17254\,pa\,, \qquad c_5 = 0{,}07783\,pa\,,$$
$$c_3 = 0{,}22991\,pa\,, \qquad c_7 = 0{,}02086\,pa\,.$$

Die Gleichung der Auflagerkräfte der Ränder $x = \pm a$ lautet also:

$$(a_{ox})_{x = \pm a} = pa\left[1{,}17254\cos\left(\frac{\pi}{2}\frac{y}{b}\right) - 0{,}22991\cos\left(3\frac{\pi}{2}\frac{y}{b}\right)\right.$$
$$\left. + 0{,}07783\cos\left(5\frac{\pi}{2}\frac{y}{b}\right) - 0{,}02086\cos\left(7\frac{\pi}{2}\frac{y}{b}\right)\right].$$

Auf Grund der Formel (113) erhält man weiterhin für $m = \dfrac{10}{3}$ und $\dfrac{a}{b} = \dfrac{1}{2}$:

$$D_1 = +\frac{c_1\,b^3}{N\cdot\dfrac{7}{10}\left(\dfrac{\pi}{2}\right)^3 1^3\left[\dfrac{\dfrac{\pi}{4}}{\mathfrak{Cof}\,\dfrac{\pi}{4}} - \dfrac{33}{7}\,\mathfrak{Sin}\,\dfrac{\pi}{4}\right]} = -0{,}987216\,\frac{pa^4}{N}\,,$$

$$D_3 = +\frac{c_3\,b^3}{N\cdot\dfrac{7}{10}\left(\dfrac{\pi}{2}\right)^3 3^3\left[\dfrac{\dfrac{\pi}{4}}{\mathfrak{Cof}\,3\,\dfrac{\pi}{4}} - \dfrac{1}{3}\cdot\dfrac{33}{7}\,\mathfrak{Sin}\,3\,\dfrac{\pi}{4}\right]} = -0{,}003112\,\frac{pa^4}{N}\,.$$

Da die Reihe recht gut konvergiert, genügt es für die weiteren Untersuchungen, nur die beiden ersten Glieder zu berücksichtigen.

Es ist nunmehr

$$\nu_1 = \frac{2}{1} \cdot \frac{10}{7} + \frac{\pi}{2} \frac{1}{2} \, \mathfrak{Tang} \, \frac{\pi}{4} = 3{,}372\,203 \, ,$$

$$\nu_3 = \frac{2}{3} \frac{10}{7} + \frac{\pi}{2} \cdot \frac{1}{2} \, \mathfrak{Tang} \, 3\frac{\pi}{4} = 1{,}723\,793 \, ,$$

$$\zeta = \zeta_0 + \zeta' = \zeta_0 + \sum (-1)^{\frac{k-1}{2}} D_k \cos\left(k \, \frac{\pi}{2} \, \frac{y}{b}\right) \left[\frac{\pi}{2} \, \frac{x}{b} \, \mathfrak{Sin}\left(k \, \frac{\pi}{2} \, \frac{x}{b}\right) \right.$$
$$\left. - \nu_k \, \mathfrak{Cof}\left(k \, \frac{\pi}{2} \, \frac{x}{b}\right)\right] \, ,$$

$$\zeta = \zeta_0 + D_1 \cos\left(\frac{\pi}{2} \, \frac{y}{b}\right) \left[\frac{\pi}{2} \cdot \frac{x}{b} \, \mathfrak{Sin}\left(\frac{\pi}{2} \, \frac{x}{b}\right) - \nu_1 \, \mathfrak{Cof}\left(\frac{\pi}{2} \, \frac{x}{b}\right)\right]$$
$$- D_3 \cos\left(3 \, \frac{\pi}{2} \, \frac{y}{b}\right) \left[\frac{\pi}{2} \cdot \frac{x}{b} \, \mathfrak{Sin}\left(3 \, \frac{\pi}{2} \, \frac{x}{b}\right) - \nu_3 \, \mathfrak{Cof}\left(3 \, \frac{\pi}{2} \, \frac{x}{b}\right)\right] \, .$$

Mit Hilfe dieser Formel sind für die Rand- und Mittellinien die Werte $\zeta, \dfrac{\partial^2 \zeta}{\partial x^2}, \dfrac{\partial^2 \zeta}{\partial y^2}$ errechnet und in der Tafel 15 zusammengestellt worden. Sie enthält auch die Ordinaten der elastischen Linie und die Biegungsmomente eines gleichmäßig belasteten, einfachen Balkens von der Spannweite $l = 2\,b$: seine Formänderung und seine Beanspruchung stimmen mit derjenigen der Platte im Grenzfalle $m = \infty$ völlig überein.

Aus den Rechnungsergebnissen ist zu erkennen, daß sich die freien Ränder stärker als die gleichgerichtete Mittellinie durchbiegen und auch größere Biegungsspannungen aufweisen: die Unterschiede sind jedoch so geringfügig, daß die Verteilung der Beanspruchungen längs der zur Spannrichtung senkrecht stehenden Querschnitte als nahezu gleichmäßig bezeichnet werden darf. Diese Feststellung ist aus dem Grunde besonders wichtig, weil die Breite $(2\,a)$ der Platte im Vergleich zu ihrer Länge $(2\,b)$ durchaus beträchtlich ist.

Da die Ränder die größeren Durchbiegungen erfahren, so erscheint die Platte in der Querrichtung nach oben gewölbt: daher sind die Momente der reduzierten Spannungen

$$s_{\mathrm{red}\,x} = -N \cdot \frac{m^2 - 1}{m^2} \frac{\partial^2 \zeta}{\partial x^2}$$

negativ und am Rande verhältnismäßig bedeutend.

Hingegen sind die wirklichen Spannungsmomente

$$s_r = -N\left(\frac{\partial^2 \zeta}{\partial x^2} + \frac{1}{m} \, \frac{\partial^2 \zeta}{\partial y^2}\right)$$

selbst im Mittelpunkt der Platte, wo sie ihren Größtwert erreichen,

13*

geringfügig und verschwinden am freien Rande gänzlich. Beachtenswert ist vor allem, daß sich die Biegungsmomente

$$s_y = -N\left(\frac{\partial^2 \zeta}{\partial y^2} + \frac{1}{m}\,\frac{\partial^2 \zeta}{\partial x^2}\right)$$

überhaupt kaum von denjenigen des einfachen Balkens unterscheiden.

Tafel 15.

Die Durchbiegungen und die Spannungsmomente einer gleichmäßig belasteten, auf zwei gegenüberliegenden Rändern frei aufruhenden Platte mit dem Längenverhältnis $L = 2\,b = 4\,a$.

m	$\frac{x}{a}$		$\frac{y}{b} = \frac{3}{4}$	$\frac{2}{4}$	$\frac{1}{4}$	0	Faktor
$\frac{10}{3}$	0	ζ	$0{,}00533$	$0{,}00974$	$0{,}01260$	$0{,}01363$	$\frac{p\,L^4}{N}$
		$\bar{s}_x$	$-0{,}01061$	$-0{,}01983$	$-0{,}02570$	$-0{,}02763$	$p\,L^2$
		$\bar{s}_y$	$0{,}05646$	$0{,}09789$	$0{,}13107$	$0{,}13294$	$p\,L^2$
		s_x	$0{,}00633$	$0{,}00954$	$0{,}01115$	$0{,}01169$	$p\,L^2$
		s_y	$0{,}05328$	$0{,}09194$	$0{,}11513$	$0{,}12278$	$p\,L^2$
$\frac{10}{3}$	1	ζ	$0{,}00564$	$0{,}01036$	$0{,}01346$	$0{,}01453$	$\frac{p\,L^4}{N}$
		$\bar{s}_x$	$-0{,}01805$	$-0{,}03172$	$-0{,}03929$	$-0{,}04157$	$p\,L^2$
		$\bar{s}_y$	$+0{,}06018$	$0{,}10572$	$+0{,}13098$	$+0{,}13857$	$p\,L^2$
		s_x	—	—	—	—	—
		s_y	$0{,}05476$	$0{,}09621$	$0{,}11919$	$0{,}12610$	$p\,L^2$
∞	0	ζ	$0{,}00506$	$0{,}00928$	$0{,}01205$	$0{,}01302$	$\frac{p\,L^4}{N}$
	1	$\bar{s}_y$	$0{,}05469$	$0{,}09375$	$0{,}11719$	$0{,}125$	$p\,L^2$

Ein Vergleich zwischen den beiden Zahlenreihen für $m = \frac{10}{3}$ und $m = \infty$ zeigt, daß die Durchbiegungen und die wirklichen Spannungen von der Größe der Poissonschen Querdehnungsziffer nicht merklich beeinflußt werden, während die reduzierten Spannungen, je kleiner m gewählt wird, um so rascher zunehmen.

Es sei schließlich bemerkt, daß infolge der stärkeren Durchbiegung der freien Ränder die gestützten Ränder nicht das Bestreben haben, sich von der Unterlage abzuheben, sondern eher die letztere einzudrücken. Die an den Ecken auftretenden Einzelkräfte

$$C = -2\,t_{xy} = +2\,\frac{m-1}{m}\left(\frac{\partial^2 \zeta}{\partial x\,\partial y}\right)_{\substack{x=-a \\ y=+b}} = 0{,}642248\,p\,a^2 = 0{,}08028\,Q$$

sind daher aufwärts gerichtet, also positiv. Hieraus folgt, daß die längs der gestützten Ränder verteilten Auflagerwiderstände

$$2\,A_y = 2 \int\limits_{-a}^{+a} a_y\,dx = Q - 4\,C = 0{,}678\,88\,Q$$

kleiner als die Plattenbelastung Q sind. Die Kräfte C erscheinen ziemlich beträchtlich, sie nehmen jedoch mit wachsendem m ab: sie verschwinden im Grenzfalle $m = \infty$, und es treten dann wie beim einfachen Balken nur gleichmäßig verteilte Auflagerkräfte längs der gestützten Ränder auf.

IX. Die Platten mit nachgiebiger Randstützung.

§ 25. Der Einfluß einer Durchbiegung der Randunterlagen bei ringsum frei aufliegenden Platten.

Während die Auflagerkräfte und die Spannungen eines einfachen, frei aufliegenden Balkens bei einer Senkung der Stützpunkte im allgemeinen unverändert bleiben, werden hingegen die äußeren und inneren Widerstände einer ringsum aufruhenden Platte, wie bei jedem statisch unbestimmten Tragwerke, durch eine Nachgiebigkeit der Randunterlage, überhaupt durch jede Veränderung der Auflagerbedingungen merklich beeinflußt.

Um einen Anhalt über die Größe dieses Einflusses zu gewinnen, nehme ich als Beispiel die quadratische, gleichmäßig belastete Platte und bezeichne wie früher mit ζ_o die Durchbiegung der ringsum frei aufliegenden Platte mit starrer Randunterlage, mit ζ' die durch eine Senkung der Stützpunkte hervorgerufene zusätzliche Verschiebung, mit $\zeta = \zeta_o + \zeta'$ die endgültigen Ordinaten der elastischen Fläche. Ich wähle für ζ' den einfachen Ansatz

$$\left. \begin{aligned} \zeta' &= A\left(\mathfrak{Cof}\,\frac{\pi}{2}\,\frac{x}{a}\cos\frac{\pi}{2}\,\frac{y}{a} + \mathfrak{Cof}\,\frac{\pi}{2}\,\frac{y}{a}\cos\frac{\pi}{2}\,\frac{x}{a}\right) \\ &\quad + B\left(\frac{\pi}{2}\cdot\frac{x}{a}\,\mathfrak{Sin}\,\frac{\pi}{2}\,\frac{x}{a}\cos\frac{\pi}{2}\,\frac{y}{a} + \frac{\pi}{2}\cdot\frac{y}{a}\,\mathfrak{Sin}\,\frac{\pi}{2}\cdot\frac{y}{a}\cos\frac{\pi}{2}\,\frac{x}{a}\right): \end{aligned} \right\} \quad \text{(a)}$$

A und B stellen hierbei konstante Größen dar. Man kann sich leicht überzeugen, daß dieser Ansatz der Grundgleichung $V^4\,\zeta' = 0$ genügt.

Für die Ränder $x = \pm a$ ist

$$(\zeta')_{x=\pm a} = \left(A\,\mathfrak{Cof}\,\frac{\pi}{2} + B\,\frac{\pi}{2}\,\mathfrak{Sin}\,\frac{\pi}{2}\right)\cos\frac{\pi}{2}\cdot\frac{y}{a},$$

und ebenso für $y = \pm b = \pm a$:

$$(\zeta')_{y=\pm a} = \left(A\,\mathfrak{Cof}\,\frac{\pi}{2} + B\,\frac{\pi}{2}\,\mathfrak{Sin}\,\frac{\pi}{2}\right)\cos\frac{\pi}{2}\cdot\frac{x}{a}.$$

Diese Gleichungen besagen, daß die ursprünglich geraden Ränder sich infolge der Nachgiebigkeit der Stützung nach einer Cosinuslinie krümmen.

Soll beispielsweise die Randmitte die Senkung

$$(\zeta')_{\substack{x=\pm a \\ y=0}} = \frac{l}{1000} = \frac{a}{500}$$

erfahren, so muß

$$A \operatorname{\mathfrak{Cof}} \frac{\pi}{2} + B \frac{\pi}{2} \operatorname{\mathfrak{Sin}} \frac{\pi}{2} = \frac{a}{500} \qquad (b)$$

genommen werden.

Aus der Gleichung (a) erhält man andererseits

$$\frac{\partial^2 \zeta'}{\partial x^2} = \left(\frac{\pi}{2a}\right)^2 \left\{ A \left(\operatorname{\mathfrak{Cof}} \frac{\pi}{2} \frac{x}{a} \cos \frac{\pi}{2} \frac{y}{a} - \operatorname{\mathfrak{Cof}} \frac{\pi}{2} \frac{y}{a} \cdot \cos \frac{\pi}{2} \frac{x}{a} \right) \right.$$
$$\left. + B \left[\left(2 \operatorname{\mathfrak{Cof}} \frac{\pi}{2} \frac{x}{a} + \frac{\pi}{2} \frac{x}{a} \operatorname{\mathfrak{Sin}} \frac{\pi}{2} \frac{x}{a} \right) \cos \frac{\pi}{2} \frac{y}{a} - \frac{\pi}{2} \cdot \frac{y}{a} \operatorname{\mathfrak{Sin}} \frac{\pi}{2} \frac{y}{a} \cdot \cos \frac{\pi}{2} \frac{x}{a} \right] \right\},$$

$$\frac{\partial^2 \zeta'}{\partial y^2} = \left(\frac{\pi}{2a}\right)^2 \left\{ A \left(\operatorname{\mathfrak{Cof}} \frac{\pi}{2} \cdot \frac{y}{a} \cos \frac{\pi}{2} \frac{x}{a} - \operatorname{\mathfrak{Cof}} \frac{\pi}{2} \cdot \frac{x}{a} \cos \frac{\pi}{2} \frac{y}{a} \right) \right.$$
$$\left. + B \left[\left(2 \operatorname{\mathfrak{Cof}} \frac{\pi}{2} \frac{y}{a} + \frac{\pi}{2} \cdot \frac{y}{a} \operatorname{\mathfrak{Sin}} \frac{\pi}{2} \cdot \frac{y}{a} \right) \cos \frac{\pi}{2} \frac{x}{a} - \frac{\pi}{2} \cdot \frac{x}{a} \operatorname{\mathfrak{Sin}} \frac{\pi}{2} \frac{x}{a} \cdot \cos \frac{\pi}{2} \cdot \frac{y}{a} \right] \right\},$$

und insbesondere für die Ränder $x = \pm a$ bzw. $y = \pm b = \pm a$:

$$s_x = -N \left(\frac{\partial^2 \zeta'}{\partial x^2} + \frac{1}{m} \frac{\partial^2 \zeta'}{\partial y^2} \right)_{x=\pm a}$$
$$= -N \cdot \left(\frac{\pi}{2a}\right)^2 \left[\frac{m-1}{m} A \operatorname{\mathfrak{Cof}} \frac{\pi}{2} + B \left(2 \operatorname{\mathfrak{Cof}} \frac{\pi}{2} + \frac{m-1}{m} \cdot \frac{\pi}{2} \operatorname{\mathfrak{Sin}} \frac{\pi}{2} \right) \right] \cos \frac{\pi}{2} \cdot \frac{y}{a},$$

$$s_y = -N \left(\frac{\partial^2 \zeta'}{\partial y^2} + \frac{1}{m} \frac{\partial^2 \zeta'}{\partial x^2} \right)_{y=\pm a}$$
$$= -N \left(\frac{\pi}{2a}\right)^2 \left[\frac{m-1}{m} A \operatorname{\mathfrak{Cof}} \frac{\pi}{2} + B \left(2 \operatorname{\mathfrak{Cof}} \frac{\pi}{2} + \frac{m-1}{m} \cdot \frac{\pi}{2} \operatorname{\mathfrak{Sin}} \frac{\pi}{2} \right) \right] \cos \frac{\pi}{2} \frac{x}{a}.$$

Da die Platte nicht eingeklemmt ist, so müssen die zum Rande senkrecht gerichteten Biegungsspannungen verschwinden. Es ist daher

$$A \frac{m-1}{m} \operatorname{\mathfrak{Cof}} \frac{\pi}{2} + B \left(2 \operatorname{\mathfrak{Cof}} \frac{\pi}{2} + \frac{m-1}{m} \frac{\pi}{2} \operatorname{\mathfrak{Sin}} \frac{\pi}{2} \right) = 0 . \qquad (c)$$

Für den Grenzfall $m = \infty$ liefern die Bedingungen (b) und (c) die Größen

$$A = \frac{a}{1000} \cdot \frac{\dfrac{\pi}{2} \operatorname{\mathfrak{Tang}} \dfrac{\pi}{2} + 2}{\operatorname{\mathfrak{Cof}} \dfrac{\pi}{2}}, \qquad B = -\frac{a}{1000} \cdot \frac{1}{\operatorname{\mathfrak{Cof}} \dfrac{\pi}{2}},$$

aus der Gleichung (a) folgt nunmehr für den Plattenmittelpunkt $(x = y = 0)$:

$$\zeta' = 2A = \frac{a}{500}\frac{\frac{\pi}{2}\operatorname{\mathfrak{Tang}}\frac{\pi}{2} + 2}{\operatorname{\mathfrak{Cof}}\frac{\pi}{2}} = \frac{a}{1000} \cdot 2{,}7425 \,,$$

$$s_x = s_y = -2N\left(\frac{\pi}{2a}\right)^2 B = \left(\frac{\pi}{2}\right)^2 \frac{E h^3}{6 a^2} \cdot \frac{a}{1000} \cdot \frac{1}{\operatorname{\mathfrak{Cof}}\dfrac{\pi}{2}} \,,$$

$$\sigma_{\max} = \frac{6\,s_x}{h^2} = \left(\frac{\pi}{2}\right)^2 \frac{E}{1000}\frac{h}{a} \cdot \frac{1}{\operatorname{\mathfrak{Cof}}\dfrac{\pi}{2}} = \frac{E h}{1000 a} \cdot 0{,}98335 \,,$$

und für die Mitte eines Randes $(y = 0,\ x = \pm a)$:

$$\zeta' = \frac{2a}{1000} \,,$$

$$s_y = N \cdot \left(\frac{\pi}{2a}\right)^2 \left(A\operatorname{\mathfrak{Cof}}\frac{\pi}{2} + B\frac{\pi}{2}\operatorname{\mathfrak{Sin}}\frac{\pi}{2}\right) = \left(\frac{\pi}{2}\right)^2 \frac{E h^3}{6 a^2}\frac{a}{1000} \,,$$

$$\sigma_{\max} = \frac{6\,s_y}{h^2} = \left(\frac{\pi}{2}\right)^2 \frac{E h}{1000 a} = \frac{E h}{1000 a} \cdot 2{,}4674 \,.$$

Bei einem Längenverhältnis $\dfrac{h}{a} = \dfrac{1}{15}$ erhält man beispielsweise für eine Betonplatte unter Zugrundelegung der Ziffer $E = 210\,000$ kg/qcm

in der Plattenmitte: $\sigma = \dfrac{210\,000}{15 \cdot 1000} \cdot 0{,}98335 = 13{,}77$ kg/qcm,

in der Randmitte: $\sigma = \dfrac{210\,000}{15 \cdot 1000} \cdot 2{,}4674 = 34{,}54$ kg/qcm.

Diese zusätzlichen Beanspruchungen sind im Vergleich mit den für die normale Belastung zulässigen Spannungen nicht unerheblich. Ihre Bedeutung für die Tragfähigkeit der Platte darf um so weniger unterschätzt werden, als eine Senkung der Randmitte um $\frac{1}{1000}$ der Randlänge bei Platten, welche auf biegsamen Randträgern aufruhen, durchaus nicht außergewöhnlich ist.

Die Drillungsmomente werden hingegen durch die Krümmung der Ränder verkleinert. Es ist nämlich

$$\frac{\partial^2 \zeta'}{\partial x\,\partial y} = -\left(\frac{\pi}{2a}\right)^2 \Bigg\{ A\left(\operatorname{\mathfrak{Sin}}\frac{\pi}{2}\frac{x}{a} \cdot \sin\frac{\pi}{2} \cdot \frac{y}{a} + \operatorname{\mathfrak{Sin}}\frac{\pi}{2} \cdot \frac{y}{a} \cdot \sin\frac{\pi}{2}\frac{x}{a}\right)$$

$$+ B\left[\left(\operatorname{\mathfrak{Sin}}\frac{\pi}{2}\frac{y}{a} + \frac{\pi}{2}\frac{y}{a} \cdot \operatorname{\mathfrak{Cof}}\frac{\pi}{2}\frac{y}{a}\right)\sin\frac{\pi}{2}\frac{x}{a}\right.$$

$$\left. + \left(\operatorname{\mathfrak{Sin}}\frac{\pi}{2}\frac{x}{a} + \frac{\pi}{2}\frac{x}{a}\operatorname{\mathfrak{Cof}}\frac{\pi}{2} \cdot \frac{x}{a}\right)\sin\frac{\pi}{2}\frac{y}{a}\right]\Bigg\} \,.$$

In der Ecke $x = -a$, $y = +a$ tritt das zusätzliche Moment

$$t'_{xy} = - N \cdot \frac{m-1}{m} \frac{\partial^2 \zeta'}{\partial x \, \partial y}$$

$$= - \left(\frac{\pi}{2a}\right)^2 2 \, \frac{m-1}{m} \, N \left[A \, \mathfrak{Sin} \, \frac{\pi}{2} + B \left(\mathfrak{Sin} \, \frac{\pi}{2} + \frac{\pi}{2} \, \mathfrak{Cof} \, \frac{\pi}{2} \right) \right]$$

auf. Für $m = \infty$ ergibt sich insbesondere

$$t'_{xy} = - \left(\frac{\pi}{2}\right)^2 \frac{E \, h^3}{6 \, a^2} \frac{a}{1000} \left(\mathfrak{Tang} \, \frac{\pi}{2} - \frac{\pi}{2} \cdot \frac{1}{\mathfrak{Cof}^2 \, \frac{\pi}{2}} \right)$$

$$= - \left(\frac{\pi}{2}\right)^2 \frac{E \, h^3}{6 \, a^2} \cdot \frac{a}{1000} \cdot \frac{1,675 \, 28}{\mathfrak{Cof} \, \frac{\pi}{2}} .$$

Dieser Wert ist größer als derjenige des zusätzlichen Biegungsmomentes in der Plattenmitte und nicht wesentlich geringer als der ursprüngliche Grundwert $t_o = - N \dfrac{\partial^2 \zeta_o}{\partial x \, \partial y}$, wenigstens solange p die Grenzen der Gebrauchsbelastung nicht merklich überschreitet.

Das gesamte Drillungsmoment $t = t_o + t'$ wird um so kleiner, je stärker sich die Ränder durchbiegen. Diejenige Senkung der Randmitte, bei welcher die Drillungsmomente überhaupt verschwinden, läßt sich im übrigen leicht bestimmen. Die Gleichung der elastischen Fläche lautet in diesem Falle, wenn wiederum $m = \infty$ genommen wird:

$$\zeta = \frac{p \, a^4}{48 \, N} \left[\left(5 - 6 \frac{x^2}{a^2} + \frac{x^4}{a^4} \right) + \left(5 - 6 \frac{y^2}{a^2} + \frac{y^4}{a^4} \right) \right].$$

Die zugehörigen Spannungsmomente und Auflagerkräfte sind:

$$s_x = \frac{p \, a^2}{4} \left(1 - \frac{x^2}{a^2} \right),$$

$$s_y = \frac{p \, a^2}{4} \left(1 - \frac{y^2}{a^2} \right),$$

$$t_{xy} = 0 ,$$

$$(v_x)_{x = \pm a} = (v_y)_{y = \pm a} = \frac{p \, a}{2} .$$

Diese Formeln liefern
     für den Plattenmittelpunkt:

$$\zeta_m = \frac{5}{24} \frac{p \, a^4}{N} = 0{,}208 \, 33 \, \frac{p \, a^4}{N} ,$$

$$s_x = s_y = \frac{p \, a^2}{4} = 0{,}25 \, p \, a^2 ,$$

für die Mitte der Ränder $x = \pm a$:

$$\zeta_r = \frac{5}{48}\,\frac{p\,a^4}{N} = 0{,}104\,17\,\frac{p\,a^4}{N}\,,$$

$$s_x = 0\,,$$

$$s_y = \frac{p\,a^2}{4} = 0{,}25\,p\,a^2\,.$$

Diesen Werten stehen bei der frei aufliegenden Platte mit starren Auflagern die Größen

$$\zeta_m = 0{,}064\,876\,\frac{p\,a^4}{N}\,,$$

$$\bar{s}_x = \bar{s}_y = 0{,}145\,57\,\,p\,a^2$$

gegenüber. Infolge der Nachgiebigkeit der Stützung ist also die Durchbiegung des Plattenmittelpunktes bis auf das Dreifache vergrößert, während die Biegungsspannungen nur um 70 v. H. gewachsen sind.

Beachtenswert ist auch die Tatsache, daß, obgleich die Senkung ζ_m des Mittelpunktes doppelt so stark als die Senkung ζ_r der Randmitte ist, die Momente s_y an beiden Stellen die gleichen sind. Die beträchtliche Widerstandsfähigkeit, welche bei den bisherigen Plattenversuchen trotz der Nachgiebigkeit der Stützung und trotz der fehlenden Verankerung der Ecken in Erscheinung getreten ist, ist auf diese günstige Einwirkung der gleichmäßigen Spannungsverteilung zurückzuführen.

X. Die Berechnung durchlaufender Platten.

Die Platten, welche im vorliegenden Abschnitt behandelt werden sollen, sind an den Rändern ringsum aufgelagert und außerdem zwischen den Rändern durch einen Rost von Längs- und Querträgern unterstützt (Abb. 66).

Unter Trägern möge hierbei jegliche bauliche Ausbildung einer stetigen Unterstützung der Platten verstanden werden. In diesem Sinne kommen bei Decken, welche einen oder mehrere Räume überspannen, ebenso Wände als Balken, die selbst auf Stützen aufgelagert sind, in Betracht.

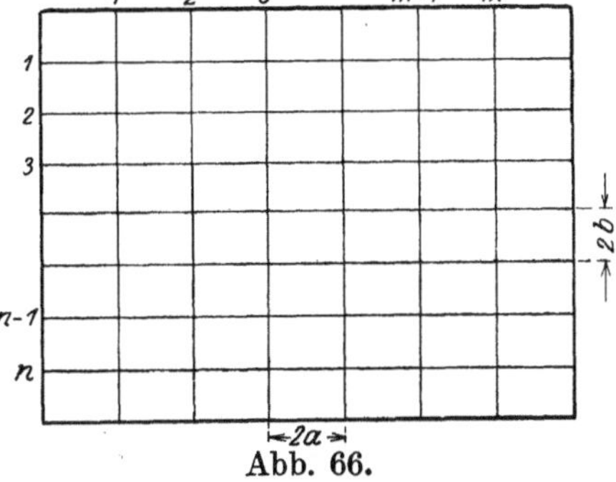

Abb. 66.

Ich setze voraus, daß die Träger in gleichen Abständen $2\,a$ und $2\,b$ angeordnet sind und daß sie eine ausreichende Steifigkeit besitzen, um als unverschieblich angesehen werden zu dürfen. Die Decke hingegen soll auf dem Rost freibeweglich aufruhen.

Sind m Längs- und n Querträger vorhanden, so besteht die Platte aus $(m + 1)\,(n + 1)$ gleichartigen Feldern. Wenn diese Felder durch keine Fugen voneinander getrennt sind, so wird jede Belastung eines Feldes eine Beanspruchung aller übrigen zur Folge haben und umgekehrt auch die Formänderung des belasteten Feldes durch den Widerstand der unbelasteten beeinflußt werden.

Die Untersuchung des statischen und elastischen Zusammenhanges der Felder ist die Aufgabe der nachstehenden Entwicklungen.

§ 26. Die Stetigkeitsbedingungen.

Um die Randbedingungen jedes Plattenabschnittes festzulegen, seien zuerst zwei benachbarte Felder I und II mit der Umrandung $a\,b\,c\,d$ und $e\,a\,f\,g$ in Betracht gezogen (Abb. 67).

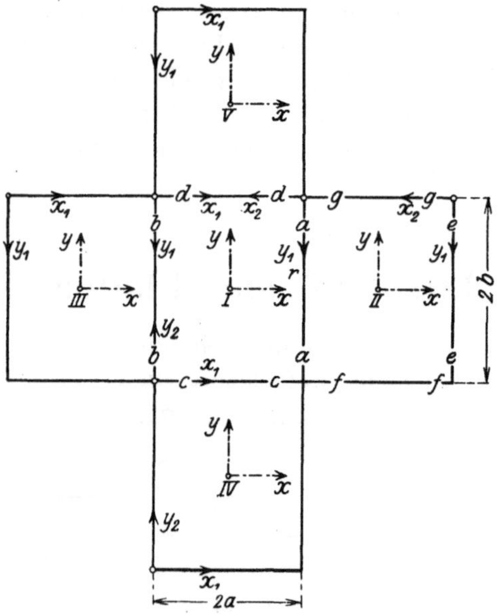

Da die Träger unverschieblich sein sollen, so muß zunächst für alle Randpunkte r sein.

$$\zeta_r = 0 \qquad \text{(a)}$$

Bezeichnet man mit ω_x und ω_y die Neigung der elastischen Fläche in der x, z- und in der y, z-Ebene, so erfordert die Stetigkeit der Formänderung längs des gemeinsamen Randes $\overline{a\,a}$, welcher senkrecht zur x-Achse steht, daß

$$\omega_{x\,I} = \omega_{x\,II}$$

sein soll. Diese zweite Bedingung kann auch in der Form

$$\left(\frac{\partial \zeta_I}{\partial x}\right)_{x=+a} = \left(\frac{\partial \zeta_{II}}{\partial x}\right)_{x=-a} \qquad \text{(b$_1$)}$$

geschrieben werden.

Abb. 67.

Ebenso gilt für den gemeinsamen Rand $\overline{d\,d}$ der in der y-Richtung benachbarten Felder I und V die Beziehung:

$$\left(\frac{\partial \zeta_I}{\partial y}\right)_{y=+b} = \left(\frac{\partial \zeta_V}{\partial y}\right)_{y=-b}. \qquad \text{(b$_2$)}$$

Die Stetigkeit des Spannungszustandes verlangt andererseits, daß unmittelbar links und rechts des Randes $\overline{a\,a}$ die gleichen normalen Biegungsmomente s_x im Felde I wie im Felde II vorhanden sind. Hieraus folgt:

$$\left(\frac{\partial^2 \zeta_I}{\partial x^2} + \frac{1}{m}\,\frac{\partial^2 \zeta_I}{\partial y^2}\right)_{x=+a} = \left(\frac{\partial^2 \zeta_{II}}{\partial x^2} + \frac{1}{m}\,\frac{\partial^2 \zeta_{II}}{\partial y^2}\right)_{x=-a}.$$

Da von vornherein

$$\left(\frac{\partial^2 \zeta_I}{\partial y^2}\right)_{x=+a} = \left(\frac{\partial^2 \zeta_{II}}{\partial y^2}\right)_{x=-a} = 0$$

ist, so lautet die dritte Randbedingung

$$\left(\frac{\partial^2 \zeta_I}{\partial x^2}\right)_{x=+a} = \left(\frac{\partial^2 \zeta_{II}}{\partial x^2}\right)_{x=-a}. \tag{c_1}$$

Für den gemeinsamen Rand $\overline{d\,d}$ der Felder I und V ergibt sich sinngemäß:

$$\left(\frac{\partial^2 \zeta_I}{\partial y^2}\right)_{y=+b} = \left(\frac{\partial^2 \zeta_V}{\partial y^2}\right)_{y=-b}. \tag{c_2}$$

Es ist leicht zu erkennen, daß, wenn die Bedingung (c_1) erfüllt wird, die tangentialen Biegungsmomente s_y links und rechts des Randes $\overline{a\,a}$ in beiden Feldern I und II übereinstimmen müssen. Ebenso schließt die Bedingung (b_1) die Beziehung

$$\frac{\partial}{\partial y}\cdot\left(\frac{\partial \zeta_I}{\partial x}\right)_{x=+a} = \frac{\partial}{\partial y}\left(\frac{\partial \zeta_{II}}{\partial x}\right)_{x=-a} \tag{d_1}$$

und somit auch die Gleichheit der Randdrillungsmomente an der Kante $\overline{a\,a}$ in den benachbarten Feldern I und II ein. Hingegen müssen die Scherkräfte v_x links und rechts von $\overline{a\,a}$ verschieden sein, weil durch die unmittelbar über dem Träger $\overline{a\,a}$ auftretenden Auflagerwiderstände c_a eine Unstetigkeit in der Verteilung der Scherkräfte hervorgerufen wird. Zwischen diesen Widerständen und den Randscherkräften besteht nämlich die durch das Gleichgewicht in der z-Richtung vorgeschriebene Bedingung:

$$c_a = (v_{II\,x})_{x=-a} - (v_{I\,x})_{x=+a}. \tag{e_1}$$

Für die Stetigkeit der Formänderungen und Spannungen kommen also nur die durch die Gleichungen (a), (b) und (c) ausgesprochenen Randbedingungen in Betracht.

Denkt man sich nunmehr die Decke durch Fugen längs der Träger in einzelne, voneinander völlig unabhängige, ringsum frei aufliegende Platten zerlegt, so lassen sich die elastischen Verschiebungen ζ_o jedes einzelnen Feldes mit Hilfe der bisherigen Verfahren ermitteln. Die Grundwerte ζ_o genügen von vornherein den Gleichungen (a) und (c), sie erfüllen jedoch nicht die Bedingung (b). Es müssen daher längs der Ränder jedes Feldes Kräfte und Kräftepaare angebracht werden, welche zusätzliche Formänderungen ζ' hervorrufen, die einerseits die homogene Differentialgleichung $V^2\,V^2\,\zeta' = 0$ befriedigen und andererseits derart bestimmt sind, daß die endgültigen Verschiebungen

$$\zeta = \zeta_o + \zeta'$$

alle drei Randbedingungen (a), (b) und (c) erfüllen.

Für die Zusatzwerte ζ' gelten mithin am Rande $\overline{a\,a}$ die folgenden Gleichungen:

$$(\zeta_I')_{x=+a} = (\zeta_{II}')_{x=-a} = 0\,, \tag{a_1'}$$

$$\left(\frac{\partial\,\zeta_{oI}}{\partial\,x} + \frac{\partial\,\zeta_I'}{\partial\,x}\right)_{x=+a} = \left(\frac{\partial\,\zeta_{oII}}{\partial\,x} + \frac{\partial\,\zeta_{II}'}{\partial\,x}\right)_{x=-a}\,, \tag{b_1'}$$

$$\left(\frac{\partial^2\,\zeta_I'}{\partial\,x^2}\right)_{x=+a} = \left(\frac{\partial^2\,\zeta_{II}'}{\partial\,x^2}\right)_{x=-a}\,. \tag{c_1'}$$

Die Ermittlung einer Lösung ζ', welche diesen Bedingungen genügt, ist das nächste Ziel unserer Aufgabe.

§ 27. Die Gleichungen zwischen den Randmomenten.

Ich wähle zuerst für die Felder I und II den Ansatz:

$$\left.\begin{aligned}
\zeta_I' &= \sum A_k \sin\!\left(k\,\frac{\pi}{2}\,\frac{y_1}{b}\right)\left[\frac{\mathfrak{Sin}\!\left(k\,\dfrac{\pi}{2}\cdot\dfrac{x_1}{b}\right)}{\mathfrak{Sin}\!\left(k\,\pi\,\dfrac{a}{b}\right)} - \frac{x_1}{2a}\,\frac{\mathfrak{Cof}\!\left(k\,\dfrac{\pi}{2}\cdot\dfrac{x_1}{b}\right)}{\mathfrak{Cof}\!\left(k\,\pi\,\dfrac{a}{b}\right)}\right]\,, \\[2ex]
\zeta_{II}' &= \sum A_k \sin\!\left(k\,\frac{\pi}{2}\,\frac{y_1}{b}\right)\left[\frac{\mathfrak{Sin}\!\left(k\,\dfrac{\pi}{2}\cdot\dfrac{x_2}{b}\right)}{\mathfrak{Sin}\!\left(k\,\pi\,\dfrac{a}{b}\right)} - \frac{x_2}{2a}\,\frac{\mathfrak{Cof}\!\left(k\,\dfrac{\pi}{2}\cdot\dfrac{x_2}{b}\right)}{\mathfrak{Cof}\!\left(k\,\pi\,\dfrac{a}{b}\right)}\right]\,.
\end{aligned}\right\} \tag{114}$$

Der positive Richtungssinn der Ordinaten x_1, y_1 und x_2, y_2 ist hierbei aus Abb. 67 ersichtlich.

Nimmt man für k der Reihe nach eine der ganzen Zahlen 1, 2, 3, 4 ..., so genügt der vorstehende Ansatz, wie man leicht erkennen kann, sowohl der Bedingung (a_1') wie auch der Bedingung (c_1').

Es ist nämlich im Felde I

$$\zeta_I' = 0 \quad \text{für} \quad y_1 = 0\,, \quad y_1 = 2b\,,$$
$$x_1 = 0\,, \quad x_1 = 2a$$

und ebenso im Felde II

$$\zeta_{II}' = 0 \quad \text{für} \quad y_1 = 0\,, \quad y_1 = 2b\,,$$
$$x_2 = 0\,, \quad x_2 = 2a\,.$$

Die zugehörigen Biegungsmomente

$$s_x = -N\left(\frac{\partial^2 \zeta'}{\partial x^2} + \frac{1}{m}\frac{\partial^2 \zeta'}{\partial y^2}\right)$$

$$= -N\left(\frac{\pi}{2\,b}\right)^2 \sum k^2 A_k \left\{ \frac{m-1}{m}\left[\frac{\mathfrak{Sin}\left(k\,\frac{\pi}{2}\,\frac{x}{b}\right)}{\mathfrak{Sin}\left(k\,\pi\,\frac{a}{b}\right)} - \frac{x}{2\,a}\,\frac{\mathfrak{Cof}\left(k\,\frac{\pi}{2}\,\frac{x}{b}\right)}{\mathfrak{Cof}\left(k\,\pi\,\frac{a}{b}\right)}\right] - \frac{2}{\pi}\,\frac{b}{a}\cdot\frac{1}{k}\,\frac{\mathfrak{Sin}\left(k\,\frac{\pi}{2}\,\frac{x}{b}\right)}{\mathfrak{Cof}\left(k\,\pi\,\frac{a}{b}\right)}\right\}\sin\left(k\,\frac{\pi}{2}\,\frac{y_1}{b}\right),$$

$$s_y = -N\left(\frac{\partial^2 \zeta'}{\partial y^2} + \frac{1}{m}\frac{\partial^2 \zeta'}{\partial x^2}\right)$$

$$= +N\left(\frac{\pi}{2\,b}\right)^2 \sum k^2 A_k \left\{ \frac{m-1}{m}\left[\frac{\mathfrak{Sin}\left(k\,\frac{\pi}{2}\,\frac{x}{b}\right)}{\mathfrak{Sin}\left(k\,\pi\,\frac{a}{b}\right)} - \frac{x}{2\,a}\,\frac{\mathfrak{Cof}\left(k\,\frac{\pi}{2}\,\frac{x}{b}\right)}{\mathfrak{Cof}\left(k\,\pi\,\frac{a}{b}\right)}\right] + \frac{1}{m}\,\frac{2}{\pi}\,\frac{b}{a}\cdot\frac{1}{k}\,\frac{\mathfrak{Sin}\left(k\,\frac{\pi}{2}\,\frac{x}{b}\right)}{\mathfrak{Cof}\left(k\,\pi\,\frac{a}{b}\right)}\right\}\sin\left(k\,\frac{\pi}{2}\,\frac{y_1}{b}\right) \tag{115}$$

verschwinden im Felde I (für $x = x_1$) längs der drei Randlinien $x_1 = 0$, $y_1 = 0$, $y_1 = 2\,b$ und ebenso im Felde II (für $x = x_2$) längs der Kanten $x_2 = 0$, $y_1 = 0$, $y_1 = 2\,b$, während am gemeinsamen Rande $\overline{a\,a}$ mit $x_1 = x_2 = 2\,a$ in beiden Feldern die gleichen Stützenmomente

$$s_x = N\,\frac{\pi}{2\,a\,b}\sum k\,A_k \cdot \mathfrak{Tang}\left(k\,\pi\,\frac{a}{b}\right)\sin\left(k\,\frac{\pi}{2}\,\frac{y_1}{b}\right),$$

$$s_y = \frac{1}{m}\,N\,\frac{\pi}{2\,a\,b}\sum k\,A_k \cdot \mathfrak{Tang}\left(k\,\pi\,\frac{a}{b}\right)\sin\left(k\,\frac{\pi}{2}\,\frac{y_1}{b}\right) \tag{116}$$

vorhanden sind.

Durch die Reihe (114) mit den Beizahlen A_k ist also eine Randbelastung der Felder I und II derart bestimmt, daß Randbiegungsmomente s_x und s_y überhaupt nur am gemeinsamen Rande $\overline{a\,a}$ auftreten und in beiden benachbarten Feldern unmittelbar links uud rechts dieses Randes den gleichen Wert aufweisen.

Um in ähnlicher Weise die Wirkung der übrigen Stützenmomente, welche an den Kanten $\overline{b\,b}$, $\overline{c\,c}$, $\overline{d\,d}$ entstehen, zu berücksichtigen, füge ich für die Felder I und III den Ansatz

$$\left.\begin{aligned}
\zeta'_I &= \sum B_k \sin\left(k\frac{\pi}{2}\frac{y_1}{b}\right)\left[\frac{\operatorname{Sin}\left(k\frac{\pi}{2}\frac{x_2}{b}\right)}{\operatorname{Sin}\left(k\pi\frac{a}{b}\right)} - \frac{x_2}{2a}\frac{\operatorname{Cos}\left(k\frac{\pi}{2}\frac{x_2}{b}\right)}{\operatorname{Cos}\left(k\pi\frac{a}{b}\right)}\right], \\[2ex]
\zeta'_{III} &= \sum B_k \sin\left(k\frac{\pi}{2}\frac{y_1}{b}\right)\left[\frac{\operatorname{Sin}\left(k\frac{\pi}{2}\frac{x_1}{b}\right)}{\operatorname{Sin}\left(k\pi\frac{a}{b}\right)} - \frac{x_1}{2a}\frac{\operatorname{Cos}\left(k\frac{\pi}{2}\frac{x_1}{b}\right)}{\operatorname{Cos}\left(k\pi\frac{a}{b}\right)}\right],
\end{aligned}\right\} \tag{114a}$$

für die Felder I und IV ebenso

$$\left.\begin{aligned}
\zeta'_I &= \sum C_k \sin\left(k\frac{\pi}{2}\frac{x_1}{a}\right)\left[\frac{\operatorname{Sin}\left(k\frac{\pi}{2}\frac{y_1}{a}\right)}{\operatorname{Sin}\left(k\pi\frac{b}{a}\right)} - \frac{y_1}{2b}\frac{\operatorname{Cos}\left(k\frac{\pi}{2}\frac{y_1}{a}\right)}{\operatorname{Cos}\left(k\pi\frac{b}{a}\right)}\right], \\[2ex]
\zeta'_{IV} &= \sum C_k \sin\left(k\frac{\pi}{2}\frac{x_1}{a}\right)\left[\frac{\operatorname{Sin}\left(k\frac{\pi}{2}\frac{y_2}{a}\right)}{\operatorname{Sin}\left(k\pi\frac{b}{a}\right)} - \frac{y_2}{2b}\frac{\operatorname{Cos}\left(k\frac{\pi}{2}\frac{y_2}{a}\right)}{\operatorname{Cos}\left(k\pi\frac{b}{a}\right)}\right],
\end{aligned}\right\} \tag{114b}$$

und schließlich für die Felder I und V

$$\left.\begin{aligned}
\zeta'_I &= \sum D_k \sin\left(k\frac{\pi}{2}\frac{x_1}{a}\right)\left[\frac{\operatorname{Sin}\left(k\frac{\pi}{2}\frac{y_2}{a}\right)}{\operatorname{Sin}\left(k\pi\frac{b}{a}\right)} - \frac{y_2}{2b}\frac{\operatorname{Cos}\left(k\frac{\pi}{2}\frac{y_2}{a}\right)}{\operatorname{Cos}\left(k\pi\frac{b}{a}\right)}\right], \\[2ex]
\zeta'_V &= \sum D_k \sin\left(k\frac{\pi}{2}\frac{x_1}{a}\right)\left[\frac{\operatorname{Sin}\left(k\frac{\pi}{2}\frac{y_1}{a}\right)}{\operatorname{Sin}\left(k\pi\frac{b}{a}\right)} - \frac{y_1}{2b}\frac{\operatorname{Cos}\left(k\frac{\pi}{2}\frac{y_1}{a}\right)}{\operatorname{Cos}\left(k\pi\frac{b}{a}\right)}\right],
\end{aligned}\right\} \tag{114c}$$

hinzu.

Die Formänderung des Feldes I unter dem Einfluß aller Randmomente wird demnach durch die Gleichung

$$\left.\begin{aligned}
\zeta'_I = \sum \Bigg\{ &\sin\left(k\frac{a}{b}\eta_1\right)\left[A_k\left(\frac{\operatorname{Sin}k\xi_1}{\operatorname{Sin}k\pi\frac{a}{b}} - \frac{b}{a}\frac{\xi_1}{\pi}\frac{\operatorname{Cos}k\xi_1}{\operatorname{Cos}k\pi\frac{a}{b}}\right)\right. \\[1ex]
&\left. + B_k\left(\frac{\operatorname{Sin}k\xi_2}{\operatorname{Sin}k\pi\frac{a}{b}} - \frac{b}{a}\frac{\xi_2}{\pi}\frac{\operatorname{Cos}k\xi_2}{\operatorname{Cos}k\pi\frac{a}{b}}\right)\right] \\[1ex]
&+ \sin\left(k\frac{b}{a}\xi_1\right)\left[C_k\left(\frac{\operatorname{Sin}k\eta_1}{\operatorname{Sin}k\pi\frac{b}{a}} - \frac{a}{b}\frac{\eta_1}{\pi}\cdot\frac{\operatorname{Cos}k\eta_1}{\operatorname{Cos}k\pi\frac{b}{a}}\right)\right. \\[1ex]
&\left.\left. + D_k\left(\frac{\operatorname{Sin}k\eta_2}{\operatorname{Sin}k\pi\frac{b}{a}} - \frac{a}{b}\frac{\eta_2}{\pi}\cdot\frac{\operatorname{Cos}k\eta_2}{\operatorname{Cos}k\pi\frac{b}{a}}\right)\right]\right\}
\end{aligned}\right\} \tag{117}$$

beschrieben. Hierbei ist:

$$\xi_1 = \frac{\pi}{2}\frac{x_1}{b}, \qquad \xi_2 = \frac{\pi}{2}\frac{x_2}{b},$$

$$\eta_1 = \frac{\pi}{2}\frac{y_1}{a}, \qquad \eta_2 = \frac{\pi}{2}\frac{y_2}{a}.$$

Dieser Ansatz genügt von vornherein den Bedingungen (a_1') und (c_1') für die vier Kanten $\overline{aa}$, $\overline{bb}$, $\overline{cc}$ und $\overline{dd}$. Es muß jetzt nur noch untersucht werden, wie die Beizahlen A_k, B_k, C_k und D_k zu wählen sind, damit auch die Stetigkeitsbedingung (b_1') befriedigt wird.

Zur Abkürzung führe ich die Bezeichnungen

$$\left(\frac{\partial \zeta_{oI}}{\partial x}\right)_{x=+a} = \omega_I^r, \qquad \left(\frac{\partial \zeta_{oI}}{\partial x}\right)_{x=-a} = \omega_I^l,$$

$$\left(\frac{\partial \zeta_I'}{\partial x}\right)_{x=+a} = \tau_I^r, \qquad \left(\frac{\partial \zeta_I'}{\partial x}\right)_{x=-a} = \tau_I^l$$

ein und ersetzte die Bedingung (b_1') durch die Gleichungen

$$\omega_I^r + \tau_I^r = \omega_{II}^l + \tau_{II}^l,$$
$$\tau_I^r - \tau_{II}^l = \omega_{II}^l - \omega_I^r. \qquad (b_1'')$$

Für das Feld I liefert der Ansatz

$$\tau_I^r = \left(\frac{\partial \zeta'}{\partial x}\right)_{x=+a} = \left(\frac{\partial \zeta'}{\partial x_1}\right)_{x_1=2a} = -\left(\frac{\partial \zeta'}{\partial x_2}\right)_{x_2=0},$$

$$\left.\begin{aligned}
\tau_I^r = \frac{\pi}{2b} \sum_k \Bigg\{ & \sin\left(k\frac{a}{b}\eta_1\right)\left[A_k\left(\frac{1}{\mathfrak{Tang}\,k\,\pi\,\dfrac{a}{b}} - \frac{b}{a}\frac{1}{k\pi} - \mathfrak{Tang}\,k\,\pi\,\frac{a}{b}\right)\right.\\
& - B_k\left(\frac{1}{\mathfrak{Sin}\,k\,\pi\,\dfrac{a}{b}} - \frac{b}{a}\frac{1}{k\pi}\frac{1}{\mathfrak{Cof}\,k\,\pi\,\dfrac{a}{b}}\right)\Bigg] \\
& + \frac{b}{a}\cos k\,\pi \left[C_k\left(\frac{\mathfrak{Sin}\,k\,\eta_1}{\mathfrak{Sin}\,k\,\pi\,\dfrac{b}{a}} - \frac{a}{b}\frac{\eta_1}{\pi}\cdot\frac{\mathfrak{Cof}\,k\,\eta_1}{\mathfrak{Cof}\,k\,\pi\,\dfrac{b}{a}}\right)\right.\\
& \left.+ D_k\left(\frac{\mathfrak{Sin}\,k\,\eta_2}{\mathfrak{Sin}\,k\,\pi\,\dfrac{b}{a}} - \frac{a}{b}\frac{\eta_2}{\pi}\cdot\frac{\mathfrak{Cof}\,k\,\eta_2}{\mathfrak{Cof}\,k\,\pi\,\dfrac{b}{a}}\right)\right]\Bigg\},
\end{aligned}\right\} \quad (118)$$

$$\tau_I^l = \left(\frac{\partial \zeta'}{\partial x}\right)_{x=-a} = \left(\frac{\partial \zeta'}{\partial x_1}\right)_{x_1=0} = -\left(\frac{\partial \zeta'}{\partial x_2}\right)_{x_2=2a},$$

$$
\tau_I^l = \frac{\pi}{2\,b}\sum_k \left\{ \sin\left(k\,\frac{a}{b}\,\eta_1\right)\left[A_k\left(\frac{1}{\mathfrak{Sin}\,k\,\pi\,\dfrac{a}{b}} - \frac{b}{a}\,\frac{1}{k\,\pi}\cdot\frac{1}{\mathfrak{Cof}\,k\,\pi\,\dfrac{a}{b}}\right)\right.\right.
$$

$$
\left. - B_k\left(\frac{1}{\mathfrak{Tang}\,k\,\pi\,\dfrac{a}{b}} - \frac{b}{a}\,\frac{1}{k\,\pi} - \mathfrak{Tang}\,k\,\pi\,\frac{a}{b}\right)\right]
$$

$$
+ \frac{b}{a}\left[C_k\left(\frac{\mathfrak{Sin}\,k\,\eta_1}{\mathfrak{Sin}\,k\,\pi\,\dfrac{b}{a}} - \frac{a}{b}\,\frac{\eta_1}{\pi}\,\frac{\mathfrak{Cof}\,k\,\eta_1}{\mathfrak{Cof}\,k\,\pi\,\dfrac{b}{a}}\right)\right.
$$

$$
\left.\left. + D_k\left(\frac{\mathfrak{Sin}\,k\,\eta_2}{\mathfrak{Sin}\,k\,\pi\,\dfrac{b}{a}} - \frac{a}{b}\,\frac{\eta_2}{\pi}\cdot\frac{\mathfrak{Cof}\,k\,\eta_2}{\mathfrak{Cof}\,k\,\pi\,\dfrac{b}{a}}\right)\right]\right\}. \tag{119}
$$

Geht man zum Felde II über, so müssen den Kanten $\overline{ee}$, $\overline{aa}$, $\overline{ff}$, $\overline{gg}$ (an Stelle der Kanten $\overline{aa}$, $\overline{bb}$, $\overline{cc}$, $\overline{dd}$) die Beiwerte E_k, A_k, F_k, G_k (an Stelle von A_k, B_k, C_k, D_k) zugeordnet werden. Die Gleichung der ζ'_{II}-Fläche lautet daher:

$$
\zeta'_{II} = \sum \left\{ \sin\left(k\,\frac{a}{b}\,\eta_1\right)\left[E_k\left(\frac{\mathfrak{Sin}\,k\,\xi_1}{\mathfrak{Sin}\,k\,\pi\,\dfrac{a}{b}} - \frac{b}{a}\,\frac{\xi_1}{\pi}\,\frac{\mathfrak{Cof}\,k\,\xi_1}{\mathfrak{Cof}\,k\,\pi\,\dfrac{a}{b}}\right)\right.\right.
$$

$$
\left. + A_k\left(\frac{\mathfrak{Sin}\,k\,\xi_2}{\mathfrak{Sin}\,k\,\pi\,\dfrac{a}{b}} - \frac{b}{a}\,\frac{\xi_2}{\pi}\,\frac{\mathfrak{Cof}\,k\,\xi_2}{\mathfrak{Cof}\,k\,\pi\,\dfrac{a}{b}}\right)\right].
$$

$$
+ \sin\left(k\,\frac{b}{a}\,\xi_1\right)\left[F_k\left(\frac{\mathfrak{Sin}\,k\,\eta_1}{\mathfrak{Sin}\,k\,\pi\,\dfrac{b}{a}} - \frac{a}{b}\,\frac{\eta_1}{\pi}\,\frac{\mathfrak{Cof}\,k\,\eta_1}{\mathfrak{Cof}\,k\,\pi\,\dfrac{b}{a}}\right)\right.
$$

$$
\left.\left. + G_k\left(\frac{\mathfrak{Sin}\,k\,\eta_2}{\mathfrak{Sin}\,k\,\pi\,\dfrac{b}{a}} - \frac{a}{b}\,\frac{\eta_2}{\pi}\cdot\frac{\mathfrak{Cof}\,k\,\eta_2}{\mathfrak{Cof}\,k\,\pi\,\dfrac{b}{a}}\right)\right]\right\}. \tag{120}
$$

Es ist mithin

$$
\tau_{II}^l = \left(\frac{\partial\,\zeta'_{II}}{\partial\,x}\right)_{x=-a} = \frac{\pi}{2\,b}\sum_k \left\{ \sin\left(k\,\frac{a}{b}\,\eta_1\right)\left[E_k\left(\frac{1}{\mathfrak{Sin}\,k\,\pi\,\dfrac{a}{b}} - \frac{b}{a}\,\frac{1}{k\,\pi}\,\frac{1}{\mathfrak{Cof}\,k\,\pi\,\dfrac{a}{b}}\right)\right.\right.
$$

$$
\left. - A_k\left(\frac{1}{\mathfrak{Tang}\,k\,\pi\,\dfrac{a}{b}} - \frac{b}{a}\,\frac{1}{k\,\pi} - \mathfrak{Tang}\,k\,\pi\,\frac{a}{b}\right)\right]
$$

$$
+ \frac{b}{a}\left[F_k\left(\frac{\mathfrak{Sin}\,k\,\eta_1}{\mathfrak{Sin}\,k\,\pi\,\dfrac{b}{a}} - \frac{a}{b}\,\frac{\eta_1}{\pi}\cdot\frac{\mathfrak{Cof}\,k\,\eta_1}{\mathfrak{Cof}\,k\,\pi\,\dfrac{b}{a}}\right)\right.
$$

$$
\left.\left. + G_k\left(\frac{\mathfrak{Sin}\,k\,\eta_2}{\mathfrak{Sin}\,k\,\pi\,\dfrac{b}{a}} - \frac{a}{b}\,\frac{\eta_2}{\pi}\cdot\frac{\mathfrak{Cof}\,k\,\eta_2}{\mathfrak{Cof}\,k\,\pi\,\dfrac{b}{a}}\right)\right]\right\}. \tag{121}
$$

Führt man diese Werte in die Bedingungsgleichung (b_1'') ein, so erhält man die Beziehung:

$$
\frac{2b}{\pi}\left(\omega_{II}^l - \omega_I^r\right) = \sum_k \left\{ \sin\left(k\frac{a}{b}\eta_1\right)\left[2A_k\left(\frac{1}{\operatorname{Tang}k\pi\dfrac{a}{b}} - \operatorname{Tang}k\pi\frac{a}{b} - \frac{b}{a}\frac{1}{k\pi}\right)\right.\right.
$$

$$
\left. - (B_k + E_k)\left(\frac{1}{\operatorname{Sin}k\pi\dfrac{a}{b}} - \frac{b}{a}\frac{1}{k\pi}\frac{1}{\operatorname{Coj}k\pi\dfrac{a}{b}}\right)\right]
$$

$$
+ \frac{b}{a}\left[(C_k\cos k\pi - F_k)\left(\frac{\operatorname{Sin}k\eta_1}{\operatorname{Sin}k\pi\dfrac{b}{a}} - \frac{a}{b}\frac{\eta_1}{\pi}\frac{\operatorname{Coj}k\eta_1}{\operatorname{Coj}k\pi\dfrac{b}{a}}\right)\right.
$$

$$
\left.\left. + (D_k\cos k\pi - G_k)\left(\frac{\operatorname{Sin}k\eta_2}{\operatorname{Sin}k\pi\dfrac{b}{a}} - \frac{a}{b}\frac{\eta_2}{\pi}\cdot\frac{\operatorname{Coj}k\eta_2}{\operatorname{Coj}k\pi\dfrac{b}{a}}\right)\right]\right\}. \tag{122}
$$

In dieser Gleichung tritt, wie bei der Dreimomentengleichung des durchlaufenden Stabes, die Verknüpfung zwischen den sieben Randmomenten A, B, C, D, E, F, G der sieben Kanten zweier benachbarter Felder einer durchgehenden Platte deutlich in Erscheinung.

Stellt man diese Gleichung $m(n+1)$ für die m Längsträger und $n(m+1)$ für die n Querträger noch auf, so gewinnt man die zur Errechnung der $2mn + m + n$ Randmomente erforderlichen Bestimmungsgleichungen.

§ 28. Die Entwicklung der Elastizitätsgleichungen.

1. Die durchlaufende Platte mit einer einzigen Felderreihe.

Die durch die Gleichung (122) ausgedrückte Stetigkeitsbedingung muß längs des gemeinsamen Randes für jeden Wert von η_1, d. h. in jedem Punkte erfüllt sein.

Will man diese Bedingung für r Punkte der gleichen Kante befriedigen, so erhält man eine Gruppe von r Gleichungen, in welchen nur die gleichen Unbekannten A_k, B_k, C_k, D_k, E_k, F_k, G_k, und zwar in solcher Verbindung vorkommen, daß es von vornherein möglich ist, wenigstens einen Teil dieser Größen, welche mit dem gleichen Zeiger k behaftet sind, abzusondern.

Die Auflösung der Elastizitätsgleichungen gelingt am raschesten, wenn nur eine einzige Reihe von Feldern vorhanden ist. Es müssen dann, wie die Abb. 68 zeigt, da die äußeren Ränder frei von Biegungs-spannungen sein sollen, die Randmomente C_k, D_k, F_k und G_k ver-schwinden.

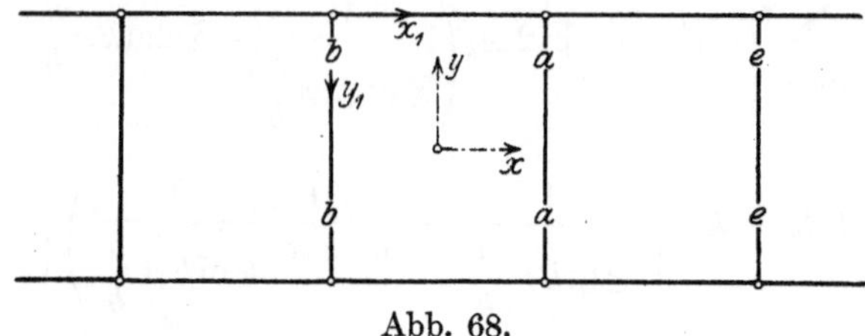

Abb. 68.

Die Stetigkeitsbedingung lautet dementsprechend:

$$2\,\frac{b}{\pi}\,(\omega_I^r - \omega_{II}^l) = \sum \sin\left(k\,\frac{\pi}{2}\,\frac{y_1}{b}\right)\{2\,A_k\,\mu_k + (B_k + E_k)\,\nu_k\}\,. \quad (123)$$

Hierbei ist

$$\left.\begin{aligned}
\mu_k &= \frac{1}{\pi}\,\frac{b}{a} - k\left(\mathfrak{Tang}\,k\pi\,\frac{a}{b} - \frac{1}{\mathfrak{Tang}\,k\pi\,\dfrac{a}{b}}\right), \\[2mm]
\nu_k &= \frac{k}{\mathfrak{Sin}\,k\pi\,\dfrac{a}{b}} - \frac{1}{\pi}\,\frac{b}{a}\,\frac{1}{\mathfrak{Co\mathfrak{f}}\,k\pi\,\dfrac{a}{b}}\,.
\end{aligned}\right\} \quad (124)$$

Wird nunmehr die linke Seite dieser Gleichung in die Fouriersche Reihe

$$\omega_I^r - \omega_{II}^l = \sum \psi_k \sin\left(k\,\frac{\pi}{2}\,\frac{y_1}{b}\right)$$

entwickelt, so erhält man für die Kante $\overline{aa}$ die Gleichungsgruppe:

$$\left.\begin{aligned}
2\,A_1\,\mu_1 + \nu_1\,(B_1 + E_1) &= \frac{2\,b}{\pi}\,\psi_1\,, \\[2mm]
2\,A_2\,\mu_2 + \nu_2\,(B_2 + E_2) &= \frac{2\,b}{\pi}\,\psi_2\,, \\[2mm]
2\,A_3\,\mu_3 + \nu_3\,(B_3 + E_3) &= \frac{2\,b}{\pi}\,\psi_3\,, \\[2mm]
\cdots\cdots\cdots\cdots\cdots\cdots
\end{aligned}\right\} \quad (125)$$

In jeder Gleichung kommen also, wie bei der Dreimomentengleichung des durchlaufenden Stabes, nur drei Randmomente mit demselben Zeiger k vor. Schreibt man in ähnlicher Weise die Elastizitätsbedin-gungen für die nächsten Kanten auf, so lassen sich alle zum selben Zeiger k gehörigen Gleichungen in einer von allen übrigen Unbekannten mit verschiedenem Zeiger unabhängigen Gruppe zusammenfassen. Hiermit wird die Berechnung der durchlaufenden Platte auf die gleiche Grundlage wie die Untersuchung des durchgehenden Balkens zurück-geführt.

2. Die durchlaufende Platte mit mehreren Felderreihen.

Ein ähnliches Verfahren gestattet auch bei mehrreihigen Platten, die Elastizitätsgleichungen in übersichtlicher Form zu entwickeln.

Um die Erläuterungen zu kürzen, will ich mich auf die Behandlung von Platten mit quadratischer Felderteilung beschränken. Der Weg, welcher in den nachstehenden Untersuchungen eingeschlagen wird, führt aber auch bei rechteckigen Feldern zum Ziele.

Beachtet man, daß für $\dfrac{b}{a} = 1$

$$\operatorname{Tang} k\pi \frac{a}{b} - \frac{1}{\operatorname{Tang} k\pi \dfrac{a}{b}}$$

sich kaum von Null unterscheidet, so kann man der Stetigkeitsbedingung den einfacheren Ausdruck

$$
\begin{aligned}
&\frac{2a}{\pi}(\omega_I^r - \omega_{II}^l) \\
&= \sum k \left\{ \sin k\eta_1 \left[2A_k \cdot \frac{1}{k\pi} + (B_k + E_k)\left(\frac{1}{\operatorname{\mathfrak{S}in} k\pi} - \frac{1}{k\pi\,\operatorname{\mathfrak{C}of} k\pi}\right)\right] \right. \\
&\quad + \left[(F_k - C_k\cos k\pi)\left(\frac{\operatorname{\mathfrak{S}in} k\eta_1}{\operatorname{\mathfrak{S}in} k\pi} - \frac{\eta_1}{\pi}\,\frac{\operatorname{\mathfrak{C}of} k\eta_1}{\operatorname{\mathfrak{C}of} k\pi}\right) \right. \\
&\quad \left. \left. + (G_k - D_k\cos k\pi)\left(\frac{\operatorname{\mathfrak{S}in} k\eta_2}{\operatorname{\mathfrak{S}in} k\pi} - \frac{\eta_2}{\pi}\,\frac{\operatorname{\mathfrak{C}of} k\eta_2}{\operatorname{\mathfrak{C}of} k\pi}\right)\right]\right\}
\end{aligned} \tag{126}
$$

geben.

Da
$$y_1 = a - y, \qquad y_2 = a + y$$
ist, so erhält man auch, wenn

$$\frac{\pi}{2}\frac{y}{a} = \frac{\pi}{2}\frac{y}{b} = \eta$$

gesetzt und die Umwandlung

$$\frac{\operatorname{\mathfrak{S}in} k\eta_1}{\operatorname{\mathfrak{S}in} k\pi} - \frac{\eta_1}{\pi}\,\frac{\operatorname{\mathfrak{C}of} k\eta_1}{\operatorname{\mathfrak{C}of} k\pi}$$

$$= \frac{1}{2\operatorname{\mathfrak{C}of} k\pi}\left[\operatorname{\mathfrak{S}in^2} k\,\frac{\pi}{2}\left(\frac{\operatorname{\mathfrak{C}of} k\eta}{\operatorname{\mathfrak{C}of} k\dfrac{\pi}{2}} - \frac{2\eta}{\pi}\,\frac{\operatorname{\mathfrak{S}in} k\eta}{\operatorname{\mathfrak{S}in} k\dfrac{\pi}{2}}\right) - \operatorname{\mathfrak{C}of^2} k\,\frac{\pi}{2}\left(\frac{\operatorname{\mathfrak{S}in} k\eta}{\operatorname{\mathfrak{S}in} k\dfrac{\pi}{2}} - \frac{2\eta}{\pi}\cdot\frac{\operatorname{\mathfrak{C}of} k\eta}{\operatorname{\mathfrak{C}of} k\dfrac{\pi}{2}}\right)\right],$$

$$\frac{\operatorname{\mathfrak{S}in} k\eta_2}{\operatorname{\mathfrak{S}in} k\pi} - \frac{\eta_2}{\pi}\,\frac{\operatorname{\mathfrak{C}of} k\eta_2}{\operatorname{\mathfrak{C}of} k\pi}$$

$$= \frac{1}{2\operatorname{\mathfrak{C}of} k\pi}\left[\operatorname{\mathfrak{S}in^2} k\,\frac{\pi}{2}\left(\frac{\operatorname{\mathfrak{C}of} k\eta}{\operatorname{\mathfrak{C}of} k\dfrac{\pi}{2}} - \frac{2\eta}{\pi}\cdot\frac{\operatorname{\mathfrak{S}in} k\eta}{\operatorname{\mathfrak{S}in} k\dfrac{\pi}{2}}\right) + \operatorname{\mathfrak{C}of^2} k\,\frac{\pi}{2}\left(\frac{\operatorname{\mathfrak{S}in} k\eta}{\operatorname{\mathfrak{S}in} k\dfrac{\pi}{2}} - \frac{2\eta}{\pi}\cdot\frac{\operatorname{\mathfrak{C}of} k\eta}{\operatorname{\mathfrak{C}of} k\dfrac{\pi}{2}}\right)\right],$$

$$\sin k\eta_1 = \sin k\,\frac{\pi}{2}\cos k\eta - \cos k\,\frac{\pi}{2}\sin k\eta$$

vorgenommen wird, die weitere Beziehung:

$$
\begin{aligned}
&2\,\frac{a}{\pi}\,(\omega_I^r - \omega_{II}^l) \\[2mm]
&= \sum k\left\{\left(\sin k\,\frac{\pi}{2}\cos k\eta - \cos k\,\frac{\pi}{2}\sin k\eta\right)\right.\\[2mm]
&\qquad\left[2A_k\frac{1}{k\pi} + (B_k + E_k)\left(\frac{1}{\operatorname{Sin}k\pi} - \frac{1}{k\pi}\cdot\frac{1}{\operatorname{Cos}k\pi}\right)\right] \\[2mm]
&\quad + \frac{1}{2\operatorname{Cos}k\pi}\operatorname{Sin}^2 k\,\frac{\pi}{2}[(F_k + G_k) - \cos k\pi\,(C_k + D_k)]\left(\frac{\operatorname{Cos}k\eta}{\operatorname{Cos}k\dfrac{\pi}{2}} - \frac{2\eta}{\pi}\cdot\frac{\operatorname{Sin}k\eta}{\operatorname{Sin}k\pi}\right)\\[2mm]
&\quad \left. - \frac{1}{2\operatorname{Cos}k\pi}\operatorname{Cos}^2 k\,\frac{\pi}{2}[(F_k - G_k) - \cos k\pi\,(C_k - D_k)]\left(\frac{\operatorname{Sin}k\eta}{\operatorname{Sin}k\dfrac{\pi}{2}} - \frac{2\eta}{\pi}\cdot\frac{\operatorname{Cos}k\eta}{\operatorname{Cos}k\dfrac{\pi}{2}}\right)\right\}.
\end{aligned}
\tag{127}
$$

Ich schreibe zur Abkürzung

$$
\begin{aligned}
&\sum k\left\{\sin k\,\frac{\pi}{2}\cos k\eta\left[2A_k\frac{1}{k\pi} + (B_k + E_k)\left(\frac{1}{\operatorname{Sin}k\pi} - \frac{1}{k\pi\operatorname{Cos}k\pi}\right)\right]\right.\\[2mm]
&\quad\left. + \frac{\operatorname{Sin}^2 k\dfrac{\pi}{2}}{2\operatorname{Cos}k\pi}[(F_k + G_k) - \cos k\pi\,(C_k + D_k)]\left(\frac{\operatorname{Cos}k\eta}{\operatorname{Cos}k\dfrac{\pi}{2}} - \frac{2\eta}{\pi}\frac{\operatorname{Sin}k\eta}{\operatorname{Sin}k\dfrac{\pi}{2}}\right)\right\} = \Phi_g(\eta), \\[4mm]
&- \sum k\left\{\cos k\,\frac{\pi}{2}\sin k\eta\left[2A_k\frac{1}{k\pi} + (B_k + E_k)\left(\frac{1}{\operatorname{Sin}k\pi} - \frac{1}{k\pi\operatorname{Cos}k\pi}\right)\right]\right.\\[2mm]
&\quad\left. + \frac{\operatorname{Cos}^2 k\dfrac{\pi}{2}}{2\operatorname{Cos}k\pi}[(F_k - G_k) - \cos k\pi\,(C_k - D_k)]\left(\frac{\operatorname{Sin}k\eta}{\operatorname{Sin}k\dfrac{\pi}{2}} - \frac{2\eta}{\pi}\frac{\operatorname{Cos}k\eta}{\operatorname{Cos}k\dfrac{\pi}{2}}\right)\right\} = \Phi_u(\eta), \\[4mm]
&\qquad\qquad 2\,\frac{a}{\pi}\,(\omega_r^I - \omega_l^{II}) = \Phi_g(\eta) + \Phi_u(\eta)\,.
\end{aligned}
\tag{128}
$$

Es ist leicht zu erkennen, daß die Reihe $\Phi_g(\eta)$ nur die geraden und die Reihe $\Phi_u(\eta)$ nur die ungeraden Funktionen von η umfaßt.

Multipliziert man der Reihe nach die beiden Seiten der Hauptgleichung (127) zunächst mit einer geraden Funktion $\varphi_g(\eta)$ und sodann mit einer ungeraden Funktion $\varphi_u(\eta)$, integriert man ferner von $\eta = -\dfrac{\pi}{2}$ bis $\eta = +\dfrac{\pi}{2}$ und beachtet man, daß

$$
\int_{-\frac{\pi}{2}}^{+\frac{\pi}{2}} \Phi_g(\eta)\,\varphi_u(\eta)\,d\eta = \int_{-\frac{\pi}{2}}^{+\frac{\pi}{2}} \Phi_u(\eta)\,\varphi_g(\eta)\,d\eta = 0
$$

sein muß, so zerfällt die Stetigkeitsgleichung in die beiden Bedingungen

$$\left.\begin{aligned}
2\frac{a}{\pi}\int_{-\frac{\pi}{2}}^{+\frac{\pi}{2}} (\omega_I^r - \omega_{II}^l)\,\varphi_g(\eta)\,d\eta &= 2\int_0^{\frac{\pi}{2}} \Phi_g(\eta)\,\varphi_g(\eta)\,d\eta\,, \\[2ex]
2\frac{a}{\pi}\int_{-\frac{\pi}{2}}^{+\frac{\pi}{2}} (\omega_I^r - \omega_{II}^l)\,\varphi_u(\eta)\,d\eta &= 2\int_0^{\frac{\pi}{2}} \Phi_u(\eta)\,\varphi_u(\eta)\,d\eta\,.
\end{aligned}\right\} \tag{129}$$

Ich wähle jetzt

$$\varphi_g(\eta) = \cos q\eta\,, \qquad \varphi_u(\eta) = \sin r\eta$$

und nehme hierbei der Reihe nach

$$q = 1,\quad 3,\quad 5,\quad 7\ldots,$$
$$r = 2,\quad 4,\quad 6,\quad 8\ldots.$$

Da

$$\int_0^{\frac{\pi}{2}} \cos(q\eta)\,\cos(k\eta)\,d\eta = 0$$

wird, wenn k verschieden von q ist und da ebenso

$$\int_0^{\frac{\pi}{2}} \sin(r\eta)\,\sin(k\eta)\,d\eta$$

für alle geraden Zahlen k, die von r verschieden sind, verschwindet, so liefern die Gleichungen

$$\int_0^{\frac{\pi}{2}} \Phi_g(\eta)\,\cos(q\eta)\,d\eta$$

$$= (-1)^{\frac{q-1}{2}}\, q\left[2A_q\frac{1}{q\pi} + \left(\frac{1}{\operatorname{Sin} q\pi} - \frac{1}{q\pi\,\operatorname{Cos} q\pi}\right)(B_q + E_q)\right]\int_0^{\frac{\pi}{2}} \cos^2(q\eta)\,d\eta$$

$$+ \sum_k \frac{\operatorname{Sin}^2 k\frac{\pi}{2}}{2\operatorname{Cos} k\pi}[(F_k+G_k)-\cos k\pi(C_k+D_k)]\int_0^{\frac{\pi}{2}}\left(\frac{\operatorname{Cos} k\eta}{\operatorname{Cos} k\frac{\pi}{2}} - \frac{2\eta}{\pi}\frac{\operatorname{Sin} k\eta}{\operatorname{Sin} k\frac{\pi}{2}}\right)\cos(q\eta)\,d\eta\,,$$

$$\int_0^{\frac{\pi}{2}} \Phi_u(\eta) \sin(r\eta)\, d\eta$$

$$= (-1)^{\frac{r}{2}+1} r \left[2 A_r \frac{1}{r\pi} + \left(\frac{1}{\mathfrak{Sin}\, r\pi} - \frac{1}{r\pi\, \mathfrak{Cof}\, r\pi} \right)(B_r + E_r)\right] \int_0^{\frac{\pi}{2}} \sin^2(r\eta)\, d\eta$$

$$- \sum_k k \frac{\mathfrak{Cof}^2 k\frac{\pi}{2}}{2\,\mathfrak{Cof}\, k\pi} [(F_k - G_k) - \cos k\pi\,(C_k - D_k)] \int_0^{\frac{\pi}{2}} \left(\frac{\mathfrak{Sin}\, k\eta}{\mathfrak{Sin}\, k\frac{\pi}{2}} - \frac{2\eta}{\pi} \cdot \frac{\mathfrak{Cof}\, k\eta}{\mathfrak{Cof}\, k\frac{\pi}{2}} \right) \sin(r\eta)\, d\eta .$$

Es ist nun

$$\int_0^{\frac{\pi}{2}} \cos^2(q\eta)\, d\eta = \int_0^{\frac{\pi}{2}} \sin^2(r\eta)\, d\eta = \frac{\pi}{4},$$

$$\int_0^{\frac{\pi}{2}} \left(\frac{\mathfrak{Cof}\, k\eta}{\mathfrak{Cof}\, k\frac{\pi}{2}} - \frac{2\eta}{\pi} \cdot \frac{\mathfrak{Sin}\, k\eta}{\mathfrak{Sin}\, k\frac{\pi}{2}} \right) \cos(q\eta)\, d\eta = (-1)^{\frac{q-1}{2}} \frac{2kq}{(k^2+q^2)^2} \frac{\mathfrak{Cof}\, k\frac{\pi}{2}}{\frac{\pi}{2}\,\mathfrak{Sin}\, k\frac{\pi}{2}},$$

$$\int_0^{\frac{\pi}{2}} \left(\frac{\mathfrak{Sin}\, k\eta}{\mathfrak{Sin}\, k\frac{\pi}{2}} - \frac{2\eta}{\pi} \cdot \frac{\mathfrak{Cof}\, k\eta}{\mathfrak{Cof}\, k\frac{\pi}{2}} \right) \sin(r\eta)\, d\eta = (-1)^{\frac{r}{2}+1} \frac{2kr}{(k^2+r^2)^2} \frac{\mathfrak{Sin}\, k\frac{\pi}{2}}{\frac{\pi}{2}\,\mathfrak{Cof}\, k\frac{\pi}{2}} .$$

Hiermit ergibt sich:

$$\int_0^{\frac{\pi}{2}} \Phi_g(\eta) \cos(q\eta)\, d\eta$$

$$= (-1)^{\frac{q-1}{2}} q \frac{\pi}{4} \left[2 A_q \frac{1}{q\pi} + \left(\frac{1}{\mathfrak{Sin}\, q\pi} - \frac{1}{q\pi\, \mathfrak{Cof}\, q\pi} \right)(B_q + E_q)\right]$$

$$+ (-1)^{\frac{q-1}{2}} \frac{q}{\pi} \sum \frac{k^2}{(k^2+q^2)^2} \mathfrak{Tang}\, k\pi\,[(F_k + G_k) - \cos k\pi\,(C_k + D_k)],$$

$$\int_0^{\frac{\pi}{2}} \Phi_u(\eta) \sin(r\eta)\, d\eta$$

$$= (-1)^{\frac{r}{2}+1} r \frac{\pi}{4} \left[2 A_r \frac{1}{r\pi} + \left(\frac{1}{\mathfrak{Sin}\, r\pi} - \frac{1}{r\pi\, \mathfrak{Cof}\, r\pi} \right)(B_r + E_r)\right]$$

$$- (-1)^{\frac{r}{2}+1} \frac{r}{\pi} \sum \frac{k^2}{(k^2+r^2)^2} \mathfrak{Tang}\, k\pi\,[(F_k - G_k) - \cos k\pi\,(C_k - D_k)].$$

$$\tag{130}$$

Wird jetzt wieder die Größe $(\omega_I^r - \omega_{II}^l)$ in die **Fouriersche** Reihe

$$\omega_I^r - \omega_{II}^l = \sum_{k=1,\,3,\,5,\,7\ldots} (-1)^{\frac{k-1}{2}} \psi_k \cos k\eta + \sum_{k=2,\,4,\,6,\,8\ldots} (-1)^{\frac{k}{2}+1} \psi_k \sin k\eta \qquad (131)$$

entwickelt, so erhält man auf Grund ähnlicher Betrachtungen wie vorhin:

$$\left.\begin{aligned}
\int_0^{\frac{\pi}{2}} (\omega_I^r - \omega_{II}^l) \cos(q\eta)\, d\eta &= (-1)^{\frac{q-1}{2}} \frac{\pi}{4} \psi_q, \\[2ex]
\int_0^{\frac{\pi}{2}} (\omega_I^r - \omega_{II}^l) \sin(r\eta)\, d\eta &= (-1)^{\frac{r}{2}+1} \frac{\pi}{4} \psi_r.
\end{aligned}\right\} \qquad (132)$$

Führt man die Werte der Gleichungen (130) und (132) in die Gleichungsgruppe (129) ein und setzt man $\mathfrak{Tang}\,k\pi = 1$, so gewinnt man schließlich als zusammenfassenden Ausdruck der Stetigkeitsbedingungen das Gleichungssystem:

$$\left.\begin{aligned}
\frac{1}{q}\frac{\pi}{2}\,a\,\psi_q &= \left(\frac{\pi}{2}\right)^2 \left[2A_q \frac{1}{q\pi} + \left(\frac{1}{\mathfrak{Sin}\,q\pi} - \frac{1}{q\pi\,\mathfrak{Cos}\,q\pi} \right)(B_q + E_q) \right] \\
&\quad + \sum \frac{k^2}{(k^2+q^2)^2} \left[(G_k + F_k) - \cos k\pi\,(D_k + C_k) \right], \\[1.5ex]
\frac{1}{r}\frac{\pi}{2}\,a\,\psi_r &= \left(\frac{\pi}{2}\right)^2 \left[2A_r \frac{1}{r\pi} + \left(\frac{1}{\mathfrak{Sin}\,r\pi} - \frac{1}{r\pi\,\mathfrak{Cos}\,r\pi} \right)(B_r + E_r) \right] \\
&\quad + \sum \frac{k^2}{(k^2+r^2)^2} \left[(G_k - F_k) - \cos k\pi\,(D_k - C_k) \right].
\end{aligned}\right\} \qquad (133)$$

Die Reihen konvergieren in den meisten Fällen so rasch, daß die vier Glieder mit $q=1$, $r=2$, $q=3$, $r=4$ für die Erfüllung der Randbedingungen völlig ausreichen. Es brauchen daher für jede Kante nur die vier Gleichungen:

$$\left\{\begin{aligned}
\frac{\pi}{2}\,a\,\frac{\psi_1}{1} &= \left(\frac{\pi}{2}\right)^2 \left[2A_1 \frac{1}{\pi} + \left(\frac{1}{\mathfrak{Sin}\,\pi} - \frac{1}{\pi\,\mathfrak{Cos}\,\pi} \right)(B_1 + E_1) \right] \\
&\quad + \frac{1^2}{(1^2+1^2)^2} \left[(G_1 + F_1) + (D_1 + C_1) \right] \\
&\quad + \frac{2^2}{(2^2+1^2)^2} \left[(G_2 + F_2) - (D_2 + C_2) \right] \\
&\quad + \frac{3^2}{(3^2+1^2)^2} \left[(G_3 + F_3) + (D_3 + C_3) \right] \\
&\quad + \frac{4^2}{(4^2+1^2)^2} \left[(G_4 + F_4) - (D_4 + C_4) \right],
\end{aligned}\right.$$

$$
\left\{
\begin{aligned}
\frac{\pi}{2}\,a\,\frac{\psi_2}{2} =&\ \left(\frac{\pi}{2}\right)^2\left[2A_2\frac{1}{2\,\pi} + \left(\frac{1}{\mathfrak{Sin}\,2\,\pi} - \frac{1}{2\,\pi\,\mathfrak{Cof}\,2\,\pi}\right)(B_2 + E_2)\right] \\
&+ \frac{1^2}{(1^2 + 2^2)^2}\left[(G_1 - F_1) + (D_1 - C_1)\right] \\
&+ \frac{2^2}{(2^2 + 2^2)^2}\left[(G_2 - F_2) - (D_2 - C_2)\right] \\
&+ \frac{3^2}{(3^2 + 2^2)^2}\left[(G_3 - F_3) + (D_3 - C_3)\right] \\
&+ \frac{4^2}{(4^2 + 2^2)^2}\left[(G_4 - F_4) - (D_4 - C_4)\right], \\[4pt]
\frac{\pi}{2}\,a\,\frac{\psi_3}{3} =&\ \left(\frac{\pi}{2}\right)^2\left[2A_3\frac{1}{3\,\pi} + \left(\frac{1}{\mathfrak{Sin}\,3\,\pi} - \frac{1}{3\,\pi\,\mathfrak{Cof}\,3\,\pi}\right)(B_3 + E_3)\right] \\
&+ \frac{1^2}{(1^2 + 3^2)^2}\left[(G_1 + F_1) + (D_1 + C_1)\right] \\
&+ \frac{2^2}{(2^2 + 3^2)^2}\left[(G_2 + F_2) - (D_2 + C_2)\right] \\
&+ \frac{3^2}{(3^2 + 3^2)^2}\left[(G_3 + F_3) + (D_3 + C_3)\right] \\
&+ \frac{4^2}{(4^2 + 3^2)^2}\left[(G_4 + F_4) - (D_4 + C_4)\right], \\[4pt]
\frac{\pi}{2}\,a\,\frac{\psi_4}{4} =&\ \left(\frac{\pi}{2}\right)^2\left[2A_4\frac{1}{4\,\pi} + \left(\frac{1}{\mathfrak{Sin}\,4\,\pi} - \frac{1}{4\,\pi\,\mathfrak{Cof}\,4\,\pi}\right)(B_4 + E_4)\right] \\
&+ \frac{1^2}{(1^2 + 4^2)^2}\left[(G_1 - F_1) + (D_1 - C_1)\right] \\
&+ \frac{2^2}{(2^2 + 4^2)^2}\left[(G_2 - F_2) - (D_2 - C_2)\right] \\
&+ \frac{3^2}{(3^2 + 4^2)^2}\left[(G_3 - F_3) + (D_3 - C_3)\right] \\
&+ \frac{4^2}{(4^2 + 4^2)^2}\left[(G_4 - F_4) - (D_4 - C_4)\right],
\end{aligned}
\right\} \tag{134}
$$

aufgestellt zu werden.

Infolge der raschen Konvergenz können die mit dem Zeiger $k > q$ oder $k > r$ behafteten Glieder neben den Gliedern mit dem Zeiger $k \leqq q$ oder $k \leqq r$ vernachlässigt werden, weil die Koeffizienten $\dfrac{k^2}{(k^2 + q^2)^2}$ oder $\dfrac{k^2}{(k^2 + r^2)^2}$, mit denen sie multipliziert werden sollen, mit wachsendem q oder r merklich abnehmen und der Beitrag dieser Glieder zur rechten Seite der Elastizitätsgleichungen meistens völlig belanglos ist. Der Aufbau der Stetigkeitsbedingungen zeigt dann die folgende Abstufung:

$$\frac{\pi}{2}\, a\, \frac{\psi_1}{1} = \left(\frac{\pi}{2}\right)^2 \left[2\,A_1 \frac{1}{\pi} + \left(\frac{1}{\mathfrak{Sin}\,\pi} - \frac{1}{\pi\,\mathfrak{Cof}\,\pi}\right)(B_1 + E_1) \right]$$
$$+ \frac{1^2}{(1^2 + 1^2)^2}\left[(G_1 + F_1) + (D_1 + C_1)\right],$$

$$\frac{\pi}{2}\, a\, \frac{\psi_2}{2} = \left(\frac{\pi}{2}\right)^2 \left[2\,A_2 \frac{1}{2\,\pi} + \left(\frac{1}{\mathfrak{Sin}\,2\,\pi} - \frac{1}{2\,\pi\,\mathfrak{Cof}\,2\,\pi}\right)(B_2 + E_2) \right]$$
$$+ \frac{1^2}{(1^2 + 2^2)^2}\left[(G_1 - F_1) + (D_1 - C_1)\right]$$
$$+ \frac{2^2}{(2^2 + 2^2)^2}\left[(G_2 - F_2) - (D_2 - C_2)\right],$$

$$\frac{\pi}{2}\, a\, \frac{\psi_3}{3} = \left(\frac{\pi}{2}\right)^2 \left[2\,A_3 \frac{1}{3\,\pi} + \left(\frac{1}{\mathfrak{Sin}\,3\,\pi} - \frac{1}{3\,\pi\,\mathfrak{Cof}\,3\,\pi}\right)(B_3 + E_3) \right]$$
$$+ \frac{1^2}{(1^2 + 3^2)^2}\left[(G_1 + F_1) + (D_1 + C_1)\right]$$
$$+ \frac{2^2}{(2^2 + 3^2)^2}\left[(G_2 - F_2) - (D_2 + C_2)\right]$$
$$+ \frac{3^2}{(3^2 + 3^2)^2}\left[(G_3 + F_3) + (D_3 + C_3)\right],$$

$$\frac{\pi}{2}\, a\, \frac{\psi_4}{4} = \left(\frac{\pi}{2}\right)^2 \left[2\,A_4 \frac{1}{4\,\pi} + \left(\frac{1}{\mathfrak{Sin}\,4\,\pi} - \frac{1}{4\,\pi\,\mathfrak{Cof}\,4\,\pi}\right)(B_4 + E_4) \right]$$
$$+ \frac{1^2}{(1^2 + 4^2)^2}\left[(G_1 - F_1) + (D_1 - C_1)\right]$$
$$+ \frac{2^2}{(2^2 + 4^2)^2}\left[(G_2 - F_2) - (D_2 - C_2)\right]$$
$$+ \frac{3^2}{(3^2 + 4^2)^2}\left[(G_3 - F_3) + (D_3 - C_3)\right]$$
$$+ \frac{4^2}{(4^2 + 4^2)^2}\left[(G_4 - F_4) - (D_4 - C_4)\right].$$

$$(135)$$

Die Auflösung der Gleichungen wird wesentlich erleichtert, wenn die Belastung entsprechend der in Abschnitt III, S. 49, entwickelten vierfachen Symmetriebedingungen in vier Gruppen verteilt wird. Es bleiben dann für jede Gruppe meistens nur so viel einzelne Elastizitätsgleichungen übrig, als Träger vorhanden sind.

Die nachstehenden Beispiele werden zeigen, daß trotz der Mannigfaltigkeit der Randbedingungen die Ermittlung der Stützenmomente als eine verhältnismäßig einfache Aufgabe betrachtet werden kann.

§ 29. Die Berechnung einer Platte mit drei quadratischen Feldern.

Die in Abb. 69 dargestellte Platte besteht aus drei in einer Reihe liegenden quadratischen Feldern. Der Spannungszustand soll zunächst

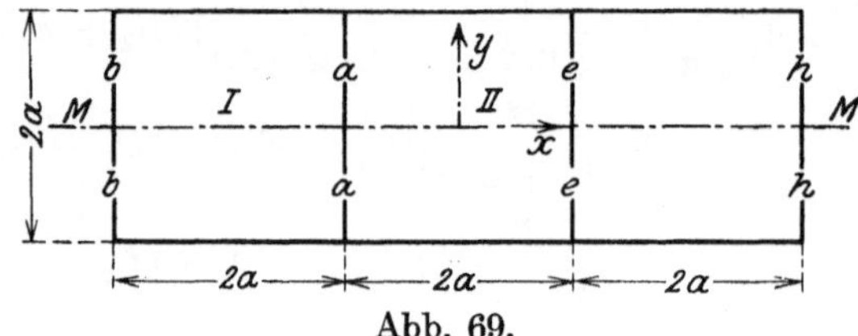

Abb. 69.

unter der Voraussetzung, daß alle Felder belastet sind, und dann unter der Annahme, daß nur einzelne Felder eine Belastung erhalten, untersucht werden.

1. Der Einfluß einer gleichmäßigen Belastung aller Felder.

Die in § 28 entwickelte Grundgleichung (123) nimmt, da die Felder quadratisch sind, wenn

$$\mathfrak{Tang}\, k\pi - \frac{1}{\mathfrak{Tang}\, k\pi} = 0$$

gesetzt wird, die einfache Form

$$\left.\begin{array}{l} 2\dfrac{a}{\pi}\,(\omega_I^r - \omega_{II}^l) \\[2mm] = \sum k\left\{2\,A_k\dfrac{1}{k\pi} + \left(\dfrac{1}{\mathfrak{Sin}\,k\pi} - \dfrac{1}{k\pi\,\mathfrak{Cof}\,k\pi}\right)(B_k + E_k)\right\}\sin k\,\dfrac{\pi}{2}\,\dfrac{y}{a} \end{array}\right\} \quad (136)$$

an.

Infolge der Symmetrie in bezug auf die x-Achse fallen zunächst die Glieder mit den geraden Zeigern $k = 2, 4, 6, 8 \ldots$ fort. Die Symmetrie in bezug auf die y-Achse des Mittelfeldes fordert andererseits, daß die Stützenmomente A und E der Kanten $\overline{a\,a}$ und $\overline{e\,e}$ untereinander gleich sind, während die Momente B und H für die biegungsfreien Außenränder $\overline{b\,b}$ und $\overline{h\,h}$ verschwinden müssen.

Die Grundgleichung lautet daher

$$\frac{2a}{\pi}(\omega_I^r - \omega_{II}^l) = \frac{2a}{\pi}\sum_{k=1,\,3,\,5}(-1)^{\frac{k-1}{2}}\psi_k\cos\left(k\,\frac{\pi}{2}\,\frac{y}{a}\right)$$

$$= \sum k\,A_k\left(\frac{2}{k\pi} + \frac{1}{\mathfrak{Sin}\,k\pi} - \frac{1}{k\pi\,\mathfrak{Cof}\,k\pi}\right)(-1)^{\frac{k-1}{2}}\cos k\,\frac{\pi}{2}\,\frac{y}{a}.$$

Sie zerfällt in die Gleichungen:

$$\left.\begin{aligned}
A_1\left[1+\frac{1}{2}\left(\frac{\pi}{\mathfrak{Sin}\,\pi}-\frac{1}{\mathfrak{Cof}\,\pi}\right)\right]&=a\,\psi_1\,,\\
A_3\left[1+\frac{1}{2}\left(\frac{3\,\pi}{\mathfrak{Sin}\,3\,\pi}-\frac{1}{\mathfrak{Cof}\,3\,\pi}\right)\right]&=a\,\psi_3\,,\\
A_5\left[1+\frac{1}{2}\left(\frac{5\,\pi}{\mathfrak{Sin}\,5\,\pi}-\frac{1}{\mathfrak{Cof}\,5\,\pi}\right)\right]&=a\,\psi_5\,,\\
\;\cdots\cdots\cdots\cdots\cdots\cdots\cdots\cdots\cdots\cdots\cdots\cdots\;&
\end{aligned}\right\}\qquad(137)$$

Um hieraus die Größen A errechnen zu können, müssen zuvor die Werte ψ ermittelt werden. Die Berechnung der ringsum frei aufliegenden, gleichmäßig belasteten quadratischen Platte liefert hierzu, wenn die Belastung der Flächeneinheit mit g bezeichnet wird, die folgenden Beziehungen:

$$\begin{aligned}
\left(\frac{\partial\zeta_o}{\partial x}\right)&=\mp 0{,}108\,114\,\frac{g\,a^3}{N}\ \text{für}\ x=\pm a\,,\quad y=0\,,\\[4pt]
&=\mp 0{,}100\,755\,\frac{g\,a^3}{N}\ \text{für}\ x=\pm a\,,\quad y=\frac{a}{4}\,,\\[4pt]
&=\mp 0{,}079\,014\,\frac{g\,a^3}{N}\ \text{für}\ x=\pm a\,,\quad y=\frac{2\,a}{4}\,,\\[4pt]
&=\mp 0{,}044\,259\,\frac{g\,a^3}{N}\ \text{für}\ x=\pm a\,,\quad y=\frac{3\,a}{4}\,,\\[4pt]
&=\mp 0{,}0\qquad\ \frac{g\,a^3}{N}\ \text{für}\ x=\pm a\,,\quad y=a\,.
\end{aligned}$$

Mit Hilfe des in § 24, S. 193 entwickelten Interpolationsverfahrens erhält man für die Neigung der ζ_o-Fläche längs der Ränder $x=\pm a$ die Gleichung:

$$\left(\frac{\partial\zeta_o}{\partial x}\right)_{x=\pm a}=\mp\frac{g\,a^3}{N}\left[0{,}109\,976\cos\left(\frac{\pi}{2}\,\frac{y}{a}\right)-0{,}002\,075\cos\left(3\,\frac{\pi}{2}\,\frac{y}{a}\right)\right.$$
$$\left.+\,0{,}000\,259\cos\left(5\,\frac{\pi}{2}\,\frac{y}{a}\right)+0{,}000\,045\cos\left(7\,\frac{\pi}{2}\,\frac{y}{a}\right)\right].$$

Man kann sich leicht überzeugen, daß die diesem Ansatz entsprechenden Werte für die Stellen

$$y=0\,,\quad y=\frac{a}{4}\,,\quad y=\frac{2\,a}{4}\,,\quad y=\frac{3\,a}{4}\,,\quad y=a$$

mit den vorstehend angegebenen Werten übereinstimmen.

Da

$$\omega_I^r=\left(\frac{\partial\zeta_o}{\partial x}\right)_{x=+a}=-\left(\frac{\partial\zeta_o}{\partial x}\right)_{x=-a}=-\omega_{II}^l$$

ist, so erhält man auch

$$\omega''_I - \omega^l_{II} = -\frac{g\,a^3}{N}\left[0{,}219\,952\cos\left(\frac{\pi}{2}\,\frac{y}{a}\right) - 0{,}004\,15\cos\left(3\,\frac{\pi}{2}\,\frac{y}{a}\right)\right.$$
$$\left. + 0{,}000\,518\cos\left(5\,\frac{\pi}{2}\,\frac{y}{a}\right) + 0{,}000\,09\cos\left(7\,\frac{\pi}{2}\,\frac{y}{a}\right)\right].$$

Es ist also:

$$\psi_1 = -\,0{,}219\,952\,\frac{g\,a^3}{N}\,,$$

$$\psi_3 = -\,0{,}004\,15\,\frac{g\,a^3}{N}\,,$$

$$\psi_5 = -\,0{,}000\,518\,\frac{g\,a^3}{N}\,,$$

$$\psi_7 = +\,0{,}000\,09\,\frac{g\,a^3}{N}\,.$$

Aus den Gleichungen (137) folgt ferner:

$$A_1 = -0{,}201\,288\,6\,\frac{g\,a^4}{N}\,,$$

$$A_3 = -0{,}004\,147\,2\,\frac{g\,a^4}{N}\,,$$

$$A_5 = -0{,}000\,518\,\frac{g\,a^4}{N}\,.$$

Da die Reihe, wie man sieht, sehr rasch konvergiert, so kann man sich bei der weiteren Berechnung auf das erste Glied A_1 beschränken.

Die Gleichung der ζ'-Fläche lautet nunmehr

$$\zeta' = \cos\frac{\pi}{2}\,\frac{y}{a}\left[A_1\left(\frac{\mathfrak{Sin}\,\xi_1}{\mathfrak{Sin}\,\pi} - \frac{\xi_1}{\pi}\,\frac{\mathfrak{Cof}\,\xi_1}{\mathfrak{Cof}\,\pi}\right) + B_1\left(\frac{\mathfrak{Sin}\,\xi_2}{\mathfrak{Sin}\,\pi} - \frac{\xi_2}{\pi}\,\frac{\mathfrak{Cof}\,\xi_2}{\mathfrak{Cof}\,\pi}\right)\right].$$

Für das Außenfeld I ist $B_1 = 0$, daher:

$$\zeta'_I = -0{,}201\,288\,6\,\frac{g\,a^4}{N}\cdot\cos\frac{\pi}{2}\,\frac{y}{a}\left(\frac{\mathfrak{Sin}\,\xi_1}{\mathfrak{Sin}\,\pi} - \frac{\xi_1}{\pi}\cdot\frac{\mathfrak{Cof}\,\xi_1}{\mathfrak{Cof}\,\pi}\right).$$

Für das Mittelfeld mit $A_1 = B_1$ ist hingegen:

$$\zeta'_{II} = -0{,}201\,288\,6\,\frac{g\,a^4}{N}\cos\frac{\pi}{2}\,\frac{y}{a}\left[\frac{\mathfrak{Sin}\,\xi_1 + \mathfrak{Sin}\,\xi_2}{\mathfrak{Sin}\,\pi} - \frac{\xi_1\mathfrak{Cof}\,\xi_1 + \xi_2\mathfrak{Cof}\,\xi_2}{\pi\,\mathfrak{Cof}\,\pi}\right].$$

Fügt man diesen Werten ζ' die in § 7 errechneten Größen ζ_o hinzu, so erhält man beispielsweise für die endgültigen Verschiebungen ζ der Mittellinie ($y = 0$) die folgenden Werte:

$$\text{Außenfeld } I.$$

$$\text{Punkt } y = 0, \quad x = -\frac{3}{4}a : \zeta_I = 0{,}021\,331\,\frac{g\,a^4}{N}\,,$$

$$x = -\frac{2}{4}a : \zeta_I = 0{,}037\,607\,\frac{g\,a^4}{N}\,,$$

$$x = -\frac{1}{4}a : \zeta_I = 0{,}046\,282\,\frac{g\,a^4}{N}\,,$$

$$x = 0 : \zeta_I = 0{,}046\,551\,\frac{g\,a^4}{N}\,,$$

$$x = +\frac{1}{4}a : \zeta_I = 0{,}038\,886\,\frac{g\,a^4}{N}\,,$$

$$x = +\frac{2}{4}a : \zeta_I = 0{,}025\,196\,\frac{g\,a^4}{N}\,,$$

$$x = +\frac{3}{4}a : \zeta_I = 0{,}009\,607\,\frac{g\,a^4}{N}\,,$$

$$x = a : \zeta_I = \pm\,0{,}0\frac{g\,a^4}{N}\,.$$

$$\text{Mittelfeld } II.$$

$$\text{Punkt } y = 0, \quad x = \pm\frac{3}{4}a : \zeta_{II} = +0{,}004\,910\,\frac{g\,a^4}{N}\,,$$

$$x = \pm\frac{2}{4}a : \zeta_{II} = 0{,}015\,806\,\frac{g\,a^4}{N}\,,$$

$$x = \pm\frac{1}{4}a : \zeta_{II} = 0{,}024\,840\,\frac{g\,a^4}{N}\,,$$

$$x = 0 : \zeta_{II} = 0{,}028\,226\,\frac{g\,a^4}{N}\,.$$

Um die Hauptspannungsmomente längs der Mittellinie ($y = 0$) zu bestimmen, müssen jetzt die Zusatzmomente

$$\bar{s}'_x = -N\frac{\partial^2\zeta'}{\partial x^2}\,, \qquad \bar{s}'_y = -N\frac{\partial^2\zeta'}{\partial y^2}$$

auf Grund der Gleichungen (117) ermittelt werden. Die zugehörigen Werte für die wichtigsten Punkte im Mittelfeld und in den Außenfeldern sind in nachstehender Tafel 16, welche auch die Größe der endgültigen Momente

$$\bar{s}_x = -N\frac{\partial^2\zeta}{\partial x^2} = \bar{s}_{ox} + \bar{s}'_x\,,$$

$$\bar{s}_y = -N\frac{\partial^2\zeta}{\partial y^2} = \bar{s}_{oy} + \bar{s}'_y$$

angibt, zusammengestellt.

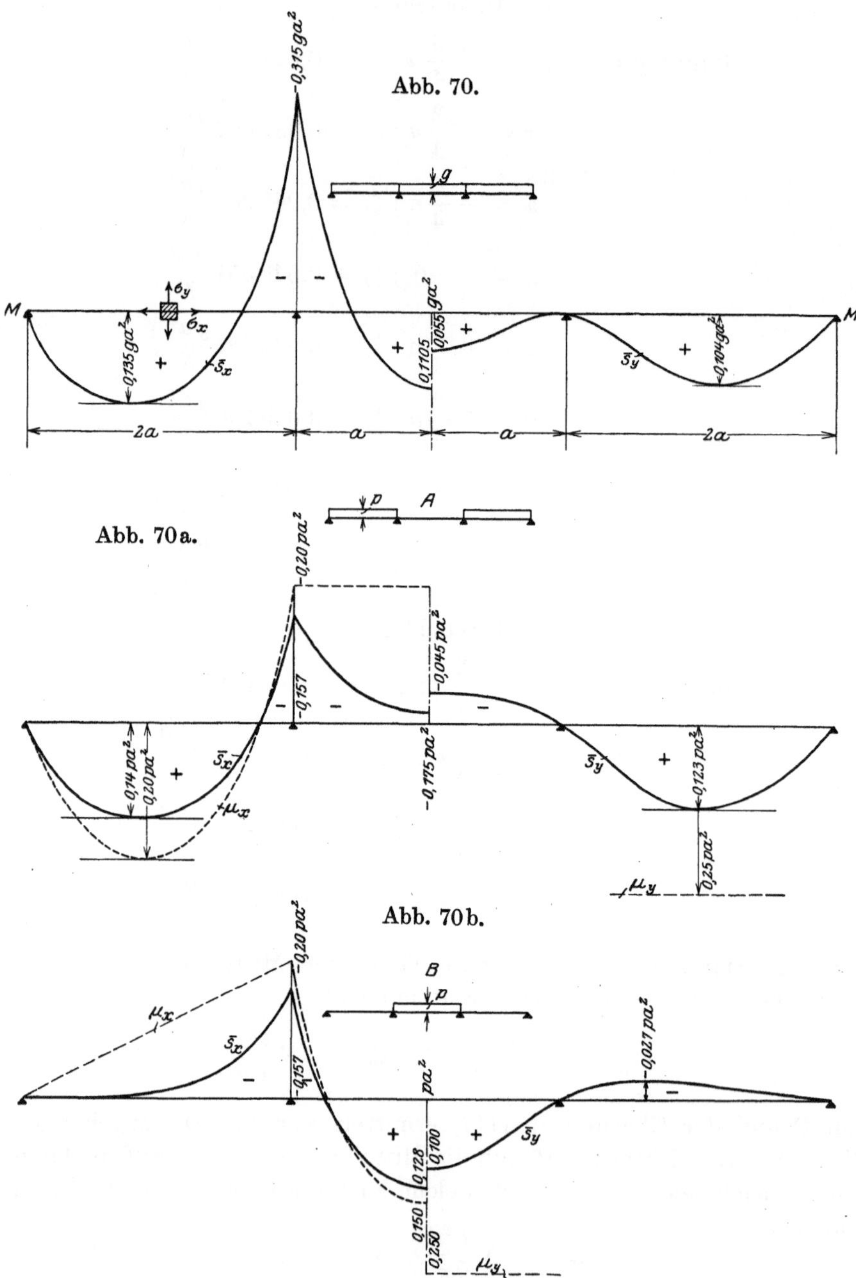

Abb. 70. Spannungsmomente der Mittellinie einer durchlaufenden, gleichmäßig belasteten Platte mit drei quadratischen Feldern.

Tafel 16.

Die Hauptspannungsmomente längs der Mittellinie einer gleichmäßig belasteten, durchlaufenden Platte mit drei quadratischen Feldern.

	$\dfrac{x}{a}$	$\bar{s}_{0x}$	$\bar{s}'_{x}$	$\bar{s}_{x}$	$\bar{s}_{0y}$	$\bar{s}'_{y}$	$\bar{s}_{y}$	Faktor
Außenfeld	$-\frac{3}{4}$	0,08098	$+0{,}00058$	$+0{,}08156$	0,05709	$-0{,}01159$	$+0{,}04550$	$g\,a^2$
	$-\frac{2}{4}$	0,12219	$-0{,}00052$	$+0{,}12167$	0,10435	$-0{,}02317$	$+0{,}08118$	$g\,a^2$
	$-\frac{1}{4}$	0,14053	$-0{,}00544$	$+0{,}13509$	0,13501	$-0{,}03466$	$+0{,}10035$	$g\,a^2$
	$+\,0$	0,14557	$-0{,}01756$	$+0{,}12801$	0,14557	$-0{,}04521$	$+0{,}10036$	$g\,a^2$
	$+\frac{1}{4}$	0,14053	$-0{,}04234$	$+0{,}09819$	0,13501	$-0{,}05291$	$+0{,}08210$	$g\,a^2$
	$+\frac{2}{4}$	0,12219	$-0{,}08881$	$+0{,}03338$	0,10435	$-0{,}05379$	$+0{,}05056$	$g\,a^2$
	$+\frac{3}{4}$	0,08098	$-0{,}17171$	$-0{,}09073$	0,05709	$-0{,}04052$	$+0{,}01657$	$g\,a^2$
	$+\,1$	—	$-0{,}31500$	$-0{,}31500$	—	—	—	$g\,a^2$
Mittelfeld	$\pm\frac{3}{4}$	0,08098	$-0{,}17064$	$-0{,}08966$	0,05709	$-0{,}05211$	$+0{,}00498$	$g\,a^2$
	$\pm\frac{2}{4}$	0,12219	$-0{,}08933$	$+0{,}03286$	0,10435	$-0{,}07696$	$+0{,}02739$	$g\,a^2$
	$\pm\frac{1}{4}$	0,14053	$-0{,}04778$	$+0{,}09275$	0,13501	$-0{,}08756$	$+0{,}04745$	$g\,a^2$
	$\pm\,0$	0,14557	$-0{,}03511$	$+0{,}11046$	0,14557	$-0{,}09043$	$+0{,}05514$	$g\,a^2$

Der Spannungsverlauf selbst ist in Abb. 70 dargestellt. Er zeigt eine ähnliche Verteilung der positiven und negativen Biegungsmomente wie beim durchgehenden Balken mit drei gleichen Feldern.

Vergleicht man die entsprechenden Größen $\bar{s}_{0x}$ und $\bar{s}_{x}$, $\bar{s}_{0y}$ und $\bar{s}_{y}$ miteinander, so erkennt man, daß durch die Kontinuität die Biegungsbeanspruchungen in der y-Richtung in erheblich stärkerem Maße als in der x-Richtung herabgemindert werden. Durch die Stützenmomente wird die Steifigkeit der Decke in der x-Richtung wesentlich erhöht: die Platte übernimmt daher in dieser Richtung einen weit größeren Anteil als in der anderen. Da die Wirkung der Kontinuität in den Mittelfeldern, die an zwei Seiten durch Stützenmomente in Anspruch genommen werden, größer ist als in den Außenfeldern, deren Stützenmomente nur an einem einzigen Rande auftreten, so ist auch der Spannungsunterschied $\bar{s}_{x} - \bar{s}_{y}$ in den Außenfeldern geringer als im Mittelfeld.

Es ist besonders beachtenswert, daß die für die Anstrengung der Platte maßgebenden Grenzwerte

$$(s_{Ix})_{\max} = 0{,}135\ \ g\,a^2 \ \text{im Außenfeld},$$
$$(\bar{s}_{IIx})_{\max} = 0{,}1105\,g\,a^2 \ \text{im Mittelfeld},$$
$$(\bar{s}_{x})_{\min} = -0{,}315\ \ g\,a^2 \ \text{über dem Träger}$$

sich zueinander wie $1 : 0{,}82 : 3$ verhalten, während beim dreifeldrigen, gleichmäßig belasteten, durchgehenden Balken die Grenzwerte der Biegungsmomente

$$M_{I\max} = 0{,}08\ \ g\,l^2,$$
$$M_{II\max} = 0{,}025\,g\,l^2,$$
$$M_{\min} = -0{,}10\ \ g\,l^2$$

dem Verhältnis $1 : 0{,}3125 : 1{,}25$ entsprechen.

Die Abweichung ist bei den Stützenmomenten am größten, weil die Platte in unmittelbarer Nähe des Randes in der Randrichtung keine Krümmung erfährt: die Biegung senkrecht zum Rande ist hingegen sehr beträchtlich und kommt in dem hohen Wert von $\bar{s}_{x\,min}$ zum Ausdruck. Die Tatsache, daß in der Trägerrichtung $\dfrac{\partial^2 \zeta}{\partial y^2} = 0$ ist, bedeutet jedoch nicht, daß an dieser Stelle die wirklichen Spannungsmomente

$$s_y = -N\left(\frac{\partial^2 \zeta}{\partial y^2} + \frac{1}{m}\,\frac{\partial^2 \zeta}{\partial x^2}\right)$$

verschwinden. Nimmt man beispielsweise $m = \tfrac{10}{3}$ an, so wird für $y = 0$:

$$s_y = -0{,}0945\,g\,a^2\,.$$

Die Biegungsbeanspruchungen sind also auch in der Randrichtung nicht unerheblich und dürfen daher bei der Querschnittsbemessung von Eisenbetonplatten nicht außer acht gelassen werden.

2. Der Einfluß einer wechselweisen Belastung einzelner Felder.

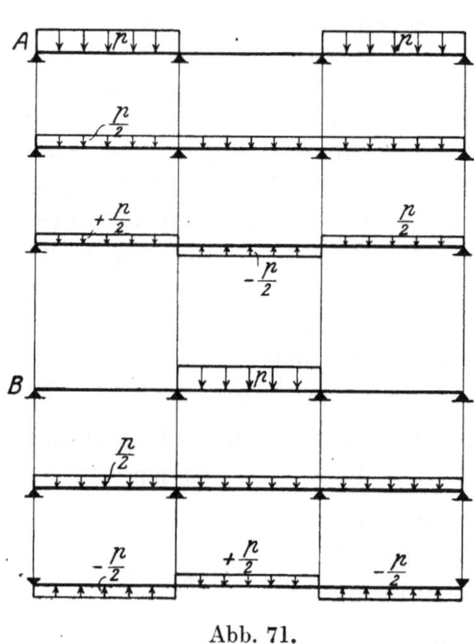

Abb. 71.

Um den Einfluß einer einseitigen Belastung der Platte festzustellen, mögen jetzt zwei Laststellungen untersucht werden.

Fall A: Die Außenfelder sind gleichmäßig belastet, das Mittelfeld unbelastet;

Fall B: Die Außenfelder sind unbelastet, das Mittelfeld gleichmäßig belastet.

Man kann im Sinne der schematischen Darstellung in Abb. 71 die gleiche Lastverteilung erzielen, wenn man zunächst

(Belastungsstufe   *I*) alle Felder gleichmäßig mit $\dfrac{p}{2}$ und sodann entweder

(Belastungsstufe   *II*) die Außenfelder mit $+\dfrac{p}{2}$, das Mittelfeld mit $-\dfrac{p}{2}$, oder

(Belastungsstufe *III*) die Außenfelder mit $-\dfrac{p}{2}$, das Mittelfeld mit $+\dfrac{p}{2}$ belastet.

Die Formänderungen und Spannungen für die Stufe *I* sind, sobald g mit $\dfrac{p}{2}$ vertauscht wird, durch die Ergebnisse der vorhin durchgeführten Berechnungen bereits bestimmt. Bei den Stufen *II* und *III* gelten für jedes einzelne Feld genau die gleichen Randbedingungen wie für eine ringsum aufliegende, mit $\pm\dfrac{p}{2}$ gleichmäßig belastete quadratische Platte: man braucht also nur auf die in § 7 ermittelten Werte der Verschiebungen und Spannungen zurückzugreifen und p durch $\pm\dfrac{p}{2}$ zu ersetzen, um die entsprechenden Werte für die Stufe *II* oder *III* zu erhalten.

Hierdurch ergibt sich beispielsweise für den Mittelpunkt des Außenfeldes I

bei der Stufe *I*:

$$\zeta = 0{,}046\,551\,\frac{p}{2}\frac{a^4}{N}\,, \qquad \bar{s}_x = +0{,}128\,012\,\frac{p}{2}\,a^2\,, \qquad \bar{s}_y = +0{,}100\,353\,\frac{p}{2}\,a^2\,,$$

bei der Stufe *II*:

$$\zeta = +0{,}064\,876\,\frac{p}{2}\frac{a^4}{N}\,, \qquad \bar{s}_x = +0{,}145\,568\,\frac{p}{2}\,a^2\,, \qquad \bar{s}_y = +0{,}145\,568\,\frac{p}{2}\,a^2\,,$$

bei der Stufe *III*:

$$\zeta = -0{,}064\,876\,\frac{p}{2}\frac{a^4}{N}\,, \qquad \bar{s}_x = -0{,}145\,568\,\frac{p}{2}\,a^2\,, \qquad \bar{s}_y = -0{,}145\,568\,\frac{p}{2}\,a^2\,,$$

bei der Laststellung *A*:

$$\zeta = +0{,}055\,713\,\frac{p\,a^4}{N}\,, \qquad \bar{s}_x = +0{,}136\,79\ \ p\,a^2\,, \qquad \bar{s}_y = +0{,}122\,96\ \ p\,a^2\,,$$

bei der Laststellung *B*:

$$\zeta = -0{,}009\,162\,\frac{p\,a^4}{N}\,, \qquad \bar{s}_x = -0{,}008\,778\,p\,a^2\,, \qquad \bar{s}_y = -0{,}022\,608\,p\,a^2\,,$$

für den Mittelpunkt des Innenfeldes II:

bei der Stufe I:

$$\zeta = +0,028\,226\,\frac{p}{2}\frac{a^4}{N}\,,\qquad \bar{s}_x = +0,110\,457\,\frac{pa^2}{2}\,,\qquad \bar{s}_y = +0,055\,138\,\frac{pa^2}{2}\,,$$

bei der Stufe II:

$$\zeta = -0,064\,876\,\frac{p}{2}\frac{a^4}{N}\,,\qquad \bar{s}_x = -0,145\,568\,\frac{pa^2}{2}\,,\qquad \bar{s}_y = -0,145\,568\,\frac{pa^2}{2}\,,$$

bei der Stufe III:

$$\zeta = +0,064\,876\,\frac{p}{2}\frac{a^4}{N}\,,\qquad \bar{s}_x = +0,145\,568\,\frac{pa^2}{2}\,,\qquad \bar{s}_y = +0,145\,568\,\frac{pa^2}{2}\,,$$

bei der Laststellung A:

$$\zeta = -0,018\,325\,\frac{pa^4}{N}\,,\qquad \bar{s}_x = -0,017\,555\,pa^2\,,\qquad \bar{s}_y = -0,045\,215\,pa^2\,,$$

bei der Laststellung B:

$$\zeta = +0,046\,551\,\frac{pa^4}{N}\,,\qquad \bar{s}_x = +0,128\,012\,pa^2\,,\qquad \bar{s}_y = +0,100\,353\,pa^2\,.$$

In ähnlicher Weise sind für die übrigen Punkte der Mittellinie die Werte $\bar{s}_x$, $\bar{s}_y$ errechnet und in Abb. 70a und 70b eingetragen worden.

Da bei einseitiger Laststellung die Stützenmomente nur halb so groß sind als bei gleichzeitiger Belastung aller Felder, so ist der Steifigkeitsunterschied zwischen Längs- und Querrichtung und dementsprechend auch der Spannungsunterschied $\bar{s}_x - \bar{s}_y$ geringer.

Die Grenzwerte der Biegungsmomente sind bei der ungünstigsten Laststellung überhaupt nicht wesentlich geringer als bei der ringsum frei aufliegenden Platte: die Kontinuität hat also für die Spannungsverminderung bei einreihigen Platten durchaus nicht die gleiche Bedeutung wie beim durchlaufenden Balken.

Diese Feststellung ist für die Beurteilung der Näherungsverfahren für die Berechnung durchgehender Platten von erheblicher Bedeutung. Folgt man den deutschen Vorschriften, so müßte man bei quadratischen Feldern den beiden Spannrichtungen die gleiche Belastung $p_x = p_y = \dfrac{p}{2}$ zuweisen.

Die Querstreifen würden dann, unabhängig von der Art der Lastverteilung in den einzelnen Feldern, als frei aufliegende Balken das Moment $\mu_y = p_y\,\dfrac{l^2}{8} = \dfrac{pa^2}{4} = 0,25\,pa^2$ aufzunehmen haben. Die Längsstreifen hingegen müßten als durchgehende Balken berechnet werden. Sie würden, je nachdem die Laststellung A oder B in Betracht gezogen wird, im Außenfelde durch die Momente

$$(\mu_x)_{\text{max}} = \quad 0{,}1 \; \frac{p\,l^2}{2} = \quad 0{,}2 \; p\,a^2 \,,$$

$$(\mu_x)_{\text{min}} = -0{,}02 \frac{p\,l^2}{2} = -0{,}04\,p\,a^2 \,,$$

im Innenfeld durch die Momente

$$(\mu_x)_{\text{min}} = -0{,}05 \; \frac{p\,l^2}{2} = -0{,}10\,p\,a^2 \,,$$

$$(\mu_x)_{\text{max}} = +0{,}075 \frac{p\,l^2}{2} = +0{,}15\,p\,a^2$$

beansprucht werden.

Um die Abweichungen von der genauen Berechnung zu beleuchten, sind in den Abb. 70a und 70b die Näherungswerte μ_x, μ_y neben den richtigen Werten $\bar{s}_x$, $\bar{s}_y$ aufgetragen.

Man sieht zunächst, daß ein wesentlicher Fehler der Näherungsberechnung darin liegt, daß sie im Gegensatz zur genauen Untersuchung für die in der Wirklichkeit geringer beanspruchten Querstreifen größere Spannungswerte als für die Längsstreifen liefert.

Die genauen Werte sind ferner, soweit die positiven und vor allem die negativen Feldmomente in Betracht kommen, durchweg und nicht unerheblich kleiner als die angenäherten. Im Falle einer gleichzeitigen Belastung aller Felder bleiben hingegen die näherungsweise ermittelten Stützenmomente hinter den richtigen Werten $\bar{s}_x = -0{,}315\,g\,a^2$ merklich zurück.

Der Vergleich bestätigt wieder, daß das Näherungsverfahren nur in sehr beschränktem Maße als zuverlässig angesehen werden kann und daß seine Ergebnisse einer wesentlichen Berichtigung durch die genaue Untersuchung bedürfen, wenn die Querschnittsberechnung eine sichere und wirtschaftliche Ausnützung der Festigkeit des Baustoffes ermöglichen soll.

§ 30. Die Berechnung einer Platte mit neun quadratischen Feldern.

Die in Abb. 72 dargestellte Platte besteht aus vier Eckfeldern I, vier Randfeldern II und einem Mittelfeld III. Ist die Belastung symmetrisch sowohl in bezug auf die Hauptmittellinie wie auch in bezug auf die Hauptdiagonalen verteilt, so lassen sich hinsichtlich der Art der Formänderungen und Spannungen die zwölf Kanten in zwei Gruppen, die mit (r) und (s) bezeichnet werden mögen, ordnen. In die Gleichungen der zugehörigen ζ'-Flächen sind an Stelle von A_k, B_k, $C_k \ldots$ die Beizahlen R_k, S_k sinngemäß zu setzen.

15*

In den Stetigkeitsbedingungen des gemeinsamen lotrechten Randes der Felder I^a und II^a treten die Größen

$$A_k = R_k, \quad B_k = 0, \quad C_k = R_k, \quad D_k = 0, \quad E_k = R_k, \quad F_k = S_k, \quad G_k = 0$$

auf. Für die Elastizitätsgleichungen des gemeinsamen lotrechten Randes der Felder II^b und III^b kommen hingegen die Glieder

$$A_k = S_k, \quad B_k = 0, \quad C_k = R_k, \quad D_k = R_k, \quad E_k = S_k, \quad F_k = S_k, \quad G_k = S_k$$

in Betracht.

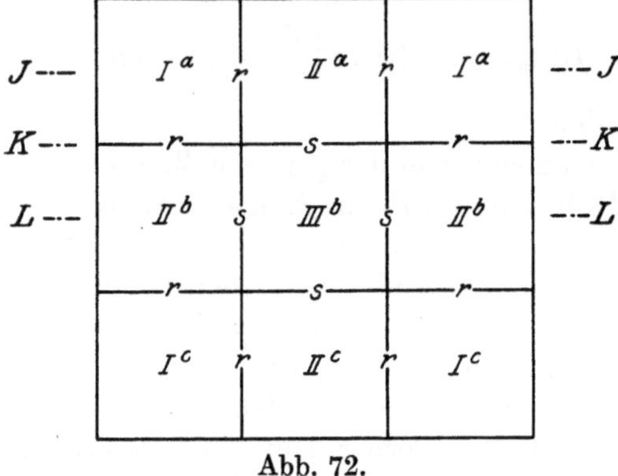

Abb. 72.

Führt man die Abkürzungen

$$\frac{k^2}{(k^2 + q^2)^2} = \varepsilon_{k,q}, \qquad \frac{k^2}{(k^2 + r^2)^2} = \varepsilon_{k,r},$$

$$\frac{1}{\mathfrak{Sin}\, k\,\pi} - \frac{1}{k\,\pi\,\mathfrak{Cof}\, k\,\pi} = \gamma_k$$

ein, so erhält man auf Grund der Formeln (134) die folgenden Gleichungsgruppen

a) für die Kante $I - II$:

$$\frac{\pi}{2}\, a\, \psi_1 = \left(\frac{\pi}{2}\right)^2 \left[2\, R_1 \frac{1}{\pi} + R_1 \gamma_1\right] + \varepsilon_{1,1}\,(S_1 + R_1) + \varepsilon_{2,1}\,(S_2 - R_2)$$
$$+ \varepsilon_{3,1}\,(S_3 + R_3) + \varepsilon_{4,1}\,(S_4 - R_4),$$

$$\frac{\pi}{2}\, a\, \frac{\psi_2}{2} = \left(\frac{\pi}{2}\right)^2 \left[2\, R_2 \frac{1}{2\,\pi} + R_2 \gamma_2\right] - \varepsilon_{1,2}\,(S_1 + R_1) - \varepsilon_{2,2}\,(S_2 - R_2)$$
$$- \varepsilon_{3,2}\,(S_3 + R_3) - \varepsilon_{4,2}\,(S_4 - R_4),$$

$$\frac{\pi}{2}\, a\, \frac{\psi_3}{3} = \left(\frac{\pi}{2}\right)^2 \left[2\, R_3 \frac{1}{3\,\pi} + R_3 \gamma_3\right] + \varepsilon_{1,3}\,(S_1 + R_1) + \varepsilon_{2,3}\,(S_2 - R_2)$$
$$+ \varepsilon_{3,3}\,(S_3 + R_3) + \varepsilon_{4,3}\,(S_4 - R_4),$$

$$\frac{\pi}{2}\, a\, \frac{\psi_4}{4} = \left(\frac{\pi}{2}\right)^2 \left[2\, R_4 \frac{1}{4\,\pi} + R_4 \gamma_4\right] - \varepsilon_{1,4}\,(S_1 + R_1) - \varepsilon_{2,4}\,(S_2 - R_2)$$
$$- \varepsilon_{3,4}\,(S_3 + R_3) - \varepsilon_{4,4}\,(S_4 - R_4);$$

b) für die Kante $I-III$:

$$\frac{\pi}{2}\,a\,\psi_1 = \left(\frac{\pi}{2}\right)^2\left[2\,S_1\frac{1}{\pi} + S_1\gamma_1\right] + 2\,\varepsilon_{1,1}(S_1 + R_1) + 2\,\varepsilon_{2,1}(S_2 - R_2)$$
$$+ 2\,\varepsilon_{3,1}(S_3 + R_3) + 2\,\varepsilon_{4,1}(S_4 - R_4)\,,$$
$$\frac{\pi}{2}\,a\,\frac{\psi_2}{2} = \left(\frac{\pi}{2}\right)^2\left[2\,S_2\frac{1}{2\pi} + S_2\gamma_2\right]\,,$$
$$\frac{\pi}{2}\,a\,\frac{\psi_3}{3} = \left(\frac{\pi}{2}\right)^2\left[2\,S_3\frac{1}{3\pi} + S_3\gamma_3\right] + 2\,\varepsilon_{1,3}(S_1 + R_1) + 2\,\varepsilon_{2,3}(S_2 - R_2)$$
$$+ 2\,\varepsilon_{3,3}(S_3 + R_3) + 2\,\varepsilon_{4,3}(S_4 - R_4)\,,$$
$$\frac{\pi}{2}\,a\,\frac{\psi_4}{4} = \left(\frac{\pi}{2}\right)^2\left[2\,S_4\frac{1}{4\pi} + S_4\gamma_4\right]\,.$$

1. Der Einfluß einer gleichmäßigen Belastung aller Felder.

Bei gleichmäßiger Belastung aller Felder kommen die gleichen Werte $\left(\dfrac{\partial\zeta_0}{\partial x}\right)_{x=\pm a}$ wie bei der Untersuchung der dreifeldrigen Platte in § 29, 1 in Betracht. Es ist also:

$$\psi_1 = -0{,}219952\,\frac{g\,a^3}{N}\,,$$
$$\psi_2 = 0\,,$$
$$\psi_3 = -0{,}004\,15\,\frac{g\,a^3}{N}\,,$$
$$\psi_4 = 0\,.$$

Die Glieder ψ mit geradem Zeiger fallen hierbei fort, weil bei der ringsum frei aufliegenden Platte die ζ_0-Fläche in bezug auf die x-Achse symmetrisch ist.

Die vorhin aufgestellten Stetigkeitsbedingungen lauten nunmehr

a) für die Kante I^a-II^a:

$$-0{,}3455\;\frac{g\,a^4}{N} = 1{,}716702\,R_1 + 0{,}25\;(S_1 + R_1) + 0{,}16\;(S_2 - R_2) + 0{,}09\;(S_3 + R_3) + 0{,}055363\,(S_4 - R_4)\,,$$
$$0 = 0{,}793147\,R_2 - 0{,}04\;(S_1 + R_1) - 0{,}0625\;(S_2 - R_2) - 0{,}053254\,(S_3 + R_3) - 0{,}04\;(S_4 - R_4)\,,$$
$$-0{,}002173\,\frac{g\,a^4}{N} = 0{,}523955\,R_3 + 0{,}01\;(S_1 + R_1) + 0{,}023669\,(S_2 - R_2) + 0{,}027778\,(S_3 + R_3) + 0{,}0256\;(S_4 - R_4)\,,$$
$$0 = 0{,}392715\,R_4 - 0{,}00346\,(S_1 + R_1) - 0{,}01\;(S_2 - R_2) - 0{,}0144\;(S_3 + R_3) - 0{,}015625\,(S_4 - R_4)\,;$$

b) für die Kante II^b-III^b:

$$-0{,}3455\;\frac{g\,a^4}{N} = 1{,}716702\,S_1 + 0{,}5\;(S_1 + R_1) + 0{,}32\;(S_2 - R_2) + 0{,}18\;(S_3 + R_3) + 0{,}110726\,(S_4 - R_4)\,,$$
$$0 = 0{,}793147\,S_2\,,$$
$$-0{,}002173\,\frac{g\,a^4}{N} = 0{,}523955\,S_3 + 0{,}02\,(S_1 + R_1) + 0{,}047338\,(S_2 - R_2) + 0{,}055556\,(S_3 + R_3) + 0{,}0512\;(S_4 - R_4)\,,$$
$$0 = 0{,}392715\,S_4\,.$$

Hieraus erkennt man zunächst, daß die Glieder S_2 und S_4 verschwinden, ein Ergebnis, das leicht zu erklären ist, wenn man bedenkt, daß in der ζ'-Gleichung des Mittelfeldes die Beizahlen S_2 und S_4 nur die ungeraden Funktionen von η umfassen und, da die letzteren infolge der Symmetrie der elastischen Fläche in bezug auf die x-Achse im Mittelfelde ausscheiden müssen, so fallen die Beizahlen S_2, S_4 wie die Größen ψ_2, ψ_4 fort.

Werden in den vorstehenden Gleichungen die Glieder rechts von der treppenförmigen Abgrenzungslinie vorerst gestrichen, so erhält man nach einer einfachen Umrechnung die folgende Gleichungsgruppe:

$$1{,}716\,702\,R_1 + 0{,}25\,(R_1 + S_1) \qquad = -0{,}3455\,\frac{g\,a^4}{N}\,,$$

$$1{,}716\,702\,S_1 + 0{,}5\,(R_1 + S_1) \qquad = -0{,}3455\,\frac{g\,a^4}{N}\,,$$

$$0{,}793\,147\,R_2 - 0{,}0625\,(-R_2) \qquad = +0{,}04\,(R_1 + S_1)\,,$$

$$0{,}523\,955\,R_3 + 0{,}027\,778\,(R_3 + S_3) = -0{,}002\,173\,\frac{g\,a^4}{N} - 0{,}01\,(R_1 + S_1)$$
$$- 0{,}023\,669\,(-R_2)\,,$$

$$0{,}523\,955\,S_3 + 0{,}055\,556\,(R_3 + S_3) = -0{,}002\,173\,\frac{g\,a^4}{N} - 0{,}02\,(R_1 + S_1)$$
$$- 0{,}047\,338\,(-R_2)\,,$$

$$0{,}392\,715\,R_4 - 0{,}015\,625\,(-R_4) \qquad = +0{,}00346\,(R_1 + S_1) + 0{,}01\,(-R_2)$$
$$+ 0{,}0144\,(R_3 + S_3)\,.$$

Hieraus ergibt sich der Reihe nach:

$$R_1 = -0{,}161\,412\ \frac{g\,a^4}{N}\,, \qquad\qquad R_3 = +0{,}000\,345\,28\ \frac{g\,a^4}{N}\,,$$

$$S_1 = -0{,}119\,454\ \frac{g\,a^4}{N}\,, \qquad\qquad S_3 = +0{,}004\,837\,862\,\frac{g\,a^4}{N}\,,$$

$$R_2 = -0{,}0131\,299\,\frac{g\,a^4}{N}\,, \qquad\qquad R_4 = -0{,}001\,875\,545\,\frac{g\,a^4}{N}\,.$$

Benutzt man diese ersten Näherungswerte, um die Größe der rechts von der Abgrenzungslinie vernachlässigten Glieder der Hauptgleichungen (a) und (b) zu bestimmen, so erhält man die Fehlergrößen

$$+0{,}002\,671 \qquad \frac{g\,a^4}{N} \qquad \text{für die 1. Gleichung der Gruppe a,}$$

$$-0{,}000\,351\,024\,\frac{g\,a^4}{N} \qquad \text{für die 2. Gleichung der Gruppe a,}$$

$$+0{,}000\,048\,014 \, \frac{g\,a^4}{N} \qquad \text{für die 3. Gleichung der Gruppe a,}$$

$$\mp 0{,}0 \qquad\quad \frac{g\,a^4}{N} \qquad \text{für die 4. Gleichung der Gruppe a,}$$

$$+0{,}005\,342 \qquad \frac{g\,a^4}{N} \qquad \text{für die 1. Gleichung der Gruppe b,}$$

$$+0{,}000\,096\,028 \, \frac{g\,a^4}{N} \qquad \text{für die 3. Gleichung der Gruppe b.}$$

Sie sind im Vergleich zu den Werten der linken Seiten der fraglichen Gleichungen äußerst geringfügig, und man kann daher mit Recht annehmen, daß die Näherungswerte sich kaum von der genauen Lösung der Gleichungen (a) und (b) unterscheiden dürften.

Werden die rechten Seiten dieser Gleichungen um die soeben ermittelten Fehlergrößen berichtigt, so entsteht die neue Gleichungsgruppe:

$$1{,}716\,702\,R_1 + 0{,}25\,(R_1 + S_1) \quad = -(0{,}3455 + 0{,}002\,671)\,\frac{g\,a^4}{N},$$

$$1{,}716\,702\,S_1 + 0{,}50\,(R_1 + S_1) \quad = -(0{,}3455 + 0{,}005\,342)\,\frac{g\,a^4}{N},$$

$$0{,}793\,147\,R_2 - 0{,}0625\,(-R_2) \quad = -(0{,}000\,351\,024)\,\frac{g\,a^4}{N}$$
$$+ 0{,}04\,(R_1 + S_1),$$

$$0{,}523\,955\,R_3 + 0{,}027\,778\,(R_3 + S_3) = -(0{,}002\,173 + 0{,}000\,048\,014)\,\frac{g\,a^4}{N}$$
$$- 0{,}01\,(R_1 + S_1) - 0{,}023\,669\,(-R_2),$$

$$0{,}523\,955\,S_3 + 0{,}055\,556\,(R_3 + S_3) = -(0{,}002\,173 + 0{,}000\,096\,028)\,\frac{g\,a^4}{N}$$
$$- 0{,}02\,(R_1 + S_1) - 0{,}047\,338\,(-R_2),$$

$$0{,}392\,715\,R_4 - 0{,}015\,625\,(-R_4) \quad = +0{,}00346\,(R_1 + S_1) + 0{,}01\,(-R_2)$$
$$+ 0{,}0144\,(R_3 + S_3).$$

Die zugehörigen Lösungen sind

$$R_1 = -0{,}161\,545\,9 \;\frac{g\,a^4}{N}, \qquad\qquad S_1 = -0{,}121\,833\,7 \;\frac{g\,a^4}{N},$$

$$R_3 = +0{,}000\,319\,013\,\frac{g\,a^4}{N}, \qquad\qquad S_3 = +0{,}004\,785\,328\,\frac{g\,a^4}{N},$$

$$R_2 = -0{,}012\,837\,26 \;\frac{g\,a^4}{N}, \qquad\qquad S_2 = 0{,}0,$$

$$R_4 = -0{,}001\,906\,789\,\frac{g\,a^4}{N}, \qquad\qquad S_4 = 0{,}0.$$

Durch diese Werte werden aber auch die ungekürzten Hauptgleichungen (a) und (b) mit der größten Genauigkeit befriedigt. Da die Abweichung gegenüber den ersten Näherungswerten, mit Ausnahme der an sich sehr kleinen Größe R_3, durchschnittlich nur $1-2\%$ beträgt, so erkennt man, daß die abgestuften Näherungsgleichungen völlig ausreichen, um die gesuchten Beizahlen R und S zu bestimmen.

Die Reihen konvergieren im übrigen so gut, daß für die Darstellung der ζ'-Fläche nur die drei Größen R_1, S_1 und R_2 berücksichtigt zu werden brauchen.

Die wirkliche Gestalt der elastischen Fläche wird nunmehr durch die folgenden Gleichungen dargestellt:

a) beim Eckfeld Ia:

$$\zeta_I = \zeta_{oI} + \sum_{k=1,2} R_k \left[\sin k\,\eta_1 \left(\frac{\operatorname{Sin} k\,\xi_1}{\operatorname{Sin} k\,\pi} - \frac{\xi_1}{\pi} \frac{\operatorname{Cof} k\,\xi_1}{\operatorname{Cof} k\,\pi} \right) \right.$$
$$\left. + \sin k\,\xi_1 \left(\frac{\operatorname{Sin} k\,\eta_1}{\operatorname{Sin} k\,\pi} - \frac{\eta_1}{\pi} \frac{\operatorname{Cof} k\,\eta_1}{\operatorname{Cof} k\,\pi} \right) \right],$$

b) beim Randfeld IIa:

$$\zeta_{II} = \zeta_{oII} + \sum_{k=1,2} R_k \sin k\,\eta_1 \left[\left(\frac{\operatorname{Sin} k\,\xi_1}{\operatorname{Sin} k\,\pi} - \frac{\xi_1}{\pi} \frac{\operatorname{Cof} k\,\xi_1}{\operatorname{Cof} k\,\pi} \right) \right.$$
$$\left. + \left(\frac{\operatorname{Sin} k\,\xi_2}{\operatorname{Sin} k\,\pi} - \frac{\xi_2}{\pi} \frac{\operatorname{Cof} k\,\xi_2}{\operatorname{Cof} k\,\pi} \right) \right] + S_1 \sin \xi_1 \left(\frac{\operatorname{Sin}\eta_1}{\operatorname{Sin}\pi} - \frac{\eta_1}{\pi} \frac{\operatorname{Cof}\eta_1}{\operatorname{Cof}\pi} \right),$$

c) beim Mittelfeld $IIIb$:

$$\zeta_{III} = \zeta_{oIII} + S_1 \left\{ \sin\eta_1 \left[\left(\frac{\operatorname{Sin}\xi_1}{\operatorname{Sin}\pi} - \frac{\xi_1}{\pi} \frac{\operatorname{Cof}\xi_1}{\operatorname{Cof}\pi} \right) + \left(\frac{\operatorname{Sin}\xi_2}{\operatorname{Sin}\pi} - \frac{\xi_2}{\pi} \frac{\operatorname{Cof}\xi_2}{\operatorname{Cof}\pi} \right) \right] \right.$$
$$\left. + \sin\xi_1 \left[\left(\frac{\operatorname{Sin}\eta_1}{\operatorname{Sin}\pi} - \frac{\eta_1}{\pi} \frac{\operatorname{Cof}\eta_1}{\operatorname{Cof}\pi} \right) + \left(\frac{\operatorname{Sin}\eta_2}{\operatorname{Sin}\pi} - \frac{\eta_2}{\pi} \frac{\operatorname{Cof}\eta_2}{\operatorname{Cof}\pi} \right) \right] \right\}.$$

$$\text{(138)}$$

Schreibt man zur Abkürzung

$$\frac{\operatorname{Sin} k\,\xi_1}{\operatorname{Sin} k\,\pi} - \frac{\xi_1}{\pi} \frac{\operatorname{Cof} k\,\xi_1}{\operatorname{Cof} k\,\pi} = F_k(\xi_1), \qquad \frac{\operatorname{Sin} k\,\xi_2}{\operatorname{Sin} k\,\pi} - \frac{\xi_2}{\pi} \frac{\operatorname{Cof} k\,\xi_2}{\operatorname{Cof} k\,\pi} = F_k(\xi_2),$$
$$\frac{\operatorname{Sin} k\,\eta_1}{\operatorname{Sin} k\,\pi} - \frac{\eta_1}{\pi} \frac{\operatorname{Cof} k\,\eta_1}{\operatorname{Cof} k\,\pi} = F_k(\eta_1), \qquad \frac{\operatorname{Sin} k\,\eta_2}{\operatorname{Sin} k\,\pi} - \frac{\eta_2}{\pi} \frac{\operatorname{Cof} k\,\eta_2}{\operatorname{Cof} k\,\pi} = F_k(\eta_2),$$

$$\text{(139)}$$

so lassen sich die vorstehenden Formeln durch die einfacheren Ausdrücke

$$
\left.
\begin{aligned}
\zeta_I &= \zeta_{oI} \;\;+ \sum_{k=1,\,2} R_k[\sin k\,\eta_1\,F_k(\xi_1) + \sin k\,\xi_1\,F_k(\eta_1)]\,,\\[2mm]
\zeta_{II} &= \zeta_{oII} + \sum_{k=1,\,2} R_k \sin k\,\eta_1[F_k(\xi_1) + F_k(\xi_2)] + S_1 \sin \xi_1\,F_1(\eta_1)\,;\\[2mm]
\zeta_{III} &= \zeta_{oIII} + S_1\{\sin\eta_1[F_1(\xi_1) + F_1(\xi_2)] + \sin\xi_1[F_1(\eta_1) + F_1(\eta_2)]\}
\end{aligned}
\right\} (140)
$$

ersetzen.

Setzt man weiterhin

$$
\begin{aligned}
F_k''(\xi) &= \frac{\partial}{\partial \xi^2}\,F_k(\xi) = k^2\left(\frac{\mathfrak{Sin}\,k\,\xi}{\mathfrak{Sin}\,k\,\pi} - \frac{\xi}{\pi}\,\frac{\mathfrak{Cof}\,k\,\xi}{\mathfrak{Cof}\,k\,\pi} - \frac{2}{k\,\pi}\,\frac{\mathfrak{Sin}\,k\,\xi}{\mathfrak{Cof}\,k\,\pi}\right)\\[2mm]
&= k^2\left[F_k(\xi) - \frac{2}{k\,\pi}\cdot\frac{\mathfrak{Sin}\,k\,\xi}{\mathfrak{Cof}\,k\,\pi}\right],\\[3mm]
F_k''(\eta) &= \frac{\partial}{\partial \eta^2}\,F_k(\eta) = k^2\left(\frac{\mathfrak{Sin}\,k\,\eta}{\mathfrak{Sin}\,k\,\pi} - \frac{\eta}{\pi}\cdot\frac{\mathfrak{Cof}\,k\,\eta}{\mathfrak{Cof}\,k\,\pi} - \frac{2}{k\,\pi}\cdot\frac{\mathfrak{Sin}\,k\,\eta}{\mathfrak{Cof}\,k\,\pi}\right)\\[2mm]
&= k^2\left[F_k(\eta) - \frac{2}{k\,\pi}\cdot\frac{\mathfrak{Sin}\,k\,\eta}{\mathfrak{Cof}\,k\,\pi}\right)\Big],
\end{aligned}
$$

so lauten die Gleichungen der Grenzwerte der Biegungsmomente für das Eckfeld Ia:

$$
\left\{
\begin{aligned}
\bar{s}_x &= -N\cdot\frac{\partial^2\zeta_I}{\partial x^2} = \bar{s}_{ox} + N\left(\frac{\pi}{2a}\right)^2 \sum R_k[k^2 \sin k\,\xi_1\,F_k(\eta_1)\\
&\qquad\qquad - \sin k\,\eta_1\,F_k''(\xi_1)]\,,\\[2mm]
\bar{s}_y &= -N\frac{\partial^2\zeta_I}{\partial y^2} = \bar{s}_{oy} + N\left(\frac{\pi}{2a}\right)^2 \sum R_k[k^2 \sin k\,\eta_1\,F_k(\xi_1)\\
&\qquad\qquad - \sin k\,\xi_1\,F_k''(\eta_1)]\,,
\end{aligned}
\right.
$$

für das Randfeld IIa:

$$
\left.
\left\{
\begin{aligned}
\bar{s}_x &= -N\frac{\partial^2\zeta_{II}}{\partial x^2} = \bar{s}_{ox} - N\left(\frac{\pi}{2a}\right)^2\{\sum R_k \sin k\,\eta_1[F_k''(\xi_1) + F_k''(\xi_2)]\\
&\qquad\qquad - S_1 \sin(\xi_1)\,F_1(\eta_1)\}\,,\\[2mm]
\bar{s}_y &= -N\frac{\partial^2\zeta_{II}}{\partial y^2} = \bar{s}_{oy} + N\left(\frac{\pi}{2a}\right)^2\{\sum R_k k^2 \sin k\,\eta_1[F_k(\xi_1) + F_k(\xi_2)]\\
&\qquad\qquad - S_1 \sin(\xi_1)\,F_1''(\eta_1)\}\,,
\end{aligned}
\right.
\right\} (141)
$$

für das Mittelfeld *IIIb*:

$$\left\{\begin{aligned}
\bar{s}_x &= -\frac{N\,\partial^2\zeta_{III}}{\partial x^2} = \bar{s}_{0x} - N\left(\frac{\pi}{2a}\right)^2 S_1 \{\sin\eta_1\,[F_1''(\xi_1) + F_1''(\xi_2)] \\
&\qquad - \sin\xi_1\,[F_1(\eta_1) + F_1(\eta_2)]\}, \\
\bar{s}_y &= -\frac{N\,\partial^2\zeta_{III}}{\partial y^2} = \bar{s}_{0y} - N\left(\frac{\pi}{2a}\right)^2 S_1 \{\sin\xi_1\,[F_1''(\eta_1) + F_1''(\eta_2)] \\
&\qquad - \sin\eta_1\,[F_1(\xi_1) + F_1(\xi_2)]\}.
\end{aligned}\right\}$$

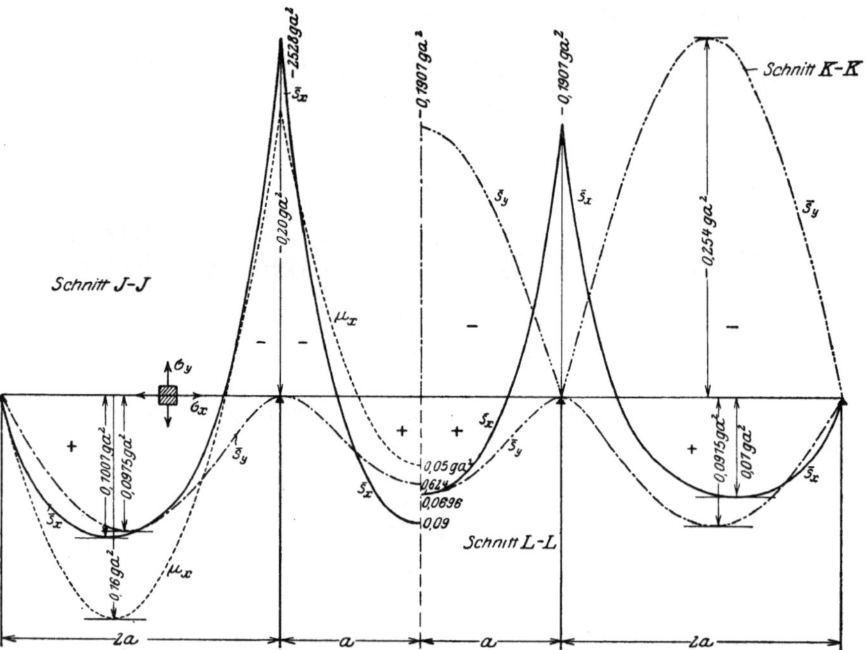

Abb. 73. Spannungsbild einer gleichmäßig belasteten durchlaufenden Platte
mit neun quadratischen Feldern.

Mit Hilfe dieser Formeln sind für die wichtigsten Schnittebenen
sowohl die Ordinaten ζ der elastischen Linien wie auch die zugehörigen
Krümmungen $\dfrac{\partial^2\zeta}{\partial x^2}$, $\dfrac{\partial^2\zeta}{\partial y^2}$ ermittelt worden. Die Rechnungsergebnisse
sind in den Tafeln 17 und 18, welche außerdem die häufig zu gebrauchen-
den Größen $F_k(\xi)$, $F_k''(\xi)$ enthalten, zusammengestellt und durch die
Abb. 73 veranschaulicht.

Tafel 17.

Zahlenwerte für die Untersuchung durchlaufender Platten.

$$F_1(\xi) = \frac{\mathfrak{Sin}\,\xi}{\mathfrak{Sin}\,\pi} - \frac{\xi}{\pi}\,\frac{\mathfrak{Cof}\,\xi}{\mathfrak{Cof}\,\pi}\,, \qquad F_1''(\xi) = 1\left[F_1(\xi) - \frac{2}{\pi}\,\frac{\mathfrak{Sin}\,\xi}{\mathfrak{Cof}\,\pi}\right],$$

$$F_2(\xi) = \frac{\mathfrak{Sin}\,2\xi}{\mathfrak{Sin}\,2\pi} - \frac{\xi}{\pi}\,\frac{\mathfrak{Cof}\,2\xi}{\mathfrak{Cof}\,2\pi}\,, \qquad F_2''(\xi) = 2^2\left[F_2(\xi) - \frac{2}{2\pi}\,\frac{\mathfrak{Sin}\,2\xi}{\mathfrak{Cof}\,2\pi}\right].$$

$\dfrac{\xi}{\pi}$	$\mathfrak{Sin}\,\xi$	$\mathfrak{Cof}\,\xi$	$F_1(\xi)$	$F_1''(\xi)$
0	0,0	1,0	0,0	0,0
$\frac{1}{8}$	0,403 846 7	1,078 467 3	0,023 339	$+0,001 160$
$\frac{2}{8}$	0,868 671 7	1,324 608 7	0,046 651	$-0,001 055$
$\frac{3}{8}$	1,470 162 1	1,778 026 0	0,069 782	$-0,010 958$
$\frac{4}{8}$	2,301 299 7	2,509 179 2	0,091 038	$-0,035 348$
$\frac{5}{8}$	3,491 910	3,632 276 9	0,106 523	$-0,085 250$
$\frac{6}{8}$	5,227 972 7	5,322 754 7	0,108 306	$-0,178 810$
$\frac{7}{8}$	7,780 664 5	7,844 663 1	0,081 583	$-0,345 724$
$\frac{8}{8}$	11,548 744	11,591 957	0,0	$-0,634 247$

$\dfrac{2\xi}{\pi}$	$\mathfrak{Sin}\,2\xi$	$\mathfrak{Cof}\,2\xi$	$F_2(\xi)$	$F_2''(\xi)$
0	0,0	1,0	0,0	0,0
$\frac{1}{4}$	0,868 671 7	1,324 608 7	0,002 626	0,006 372
$\frac{2}{4}$	2,301 299 7	2,509 179 2	0,006 251	0,014 060
$\frac{3}{4}$	5,227 972 7	5,322 754 7	0,012 071	0,023 424
$\frac{4}{4}$	11,548 744	11,591 957	0,021 486	0,031 024
$\frac{5}{4}$	25,367 155	25,386 903	0,035 483	0,021 300
$\frac{6}{4}$	55,654 431	55,663 425	0,051 941	$-0,056 896$
$\frac{7}{4}$	122,073 4	122,077 5	0,056 978	$-0,352 600$
$\frac{8}{4}$	267,744 2	267,746 1	0,0	$-1,273 324$

Die Formänderung und ebenso die Spannungsverteilung zeigen einen ähnlichen Verlauf wie bei der Platte mit drei quadratischen Feldern. Besonders beachtenswert ist hierbei, daß die Eckfelder stärker als die Randfelder und die letzteren stärker als das Mittelfeld beansprucht werden. Diese Abstufung der Spannungen ist leicht zu erklären, wenn man bedenkt, daß die Eckfelder nur an zwei, die Randfelder an drei und das Mittelfeld an vier Seiten teilweise eingespannt sind.

Werden die Spannungsmomente $\bar{s}_x$ der ein- und der dreireihigen Platte miteinander verglichen, so erhält man für die äußeren Reihen das Verhältnis

$$0,1007 : 0,135 \;= 1 : 1,33 \text{ bei den Endfeldern,}$$
$$0,09 \quad\; : 0,1105 = 1 : 1,23 \text{ beim Mittelfeld,}$$

Tafel 18.

Die Durchbiegungen und Spannungsmomente einer durchlaufenden Platte mit neun quadratischen Feldern (Abb. 73—74).

Schnitt	Feld	$\frac{x}{a}$	Gleichmäßige Belastung ζ	Gleichmäßige Belastung $\bar{s}_x$	Gleichmäßige Belastung $\bar{s}_y$	Wechselweise Belastung Fall A $\bar{s}_x$	Wechselweise Belastung Fall A $\bar{s}_y$	Wechselweise Belastung Fall B $\bar{s}_x$	Wechselweise Belastung Fall B $\bar{s}_y$	Faktor
J—J	Ia	$-\frac{3}{4}$	0,016 433	0,065 60	0,042 57	0,073 29	0,048 93	−0,007 69	−0,007 26	
		$-\frac{2}{4}$	0,028 786	0,093 39	0,076 04	0,107 79	0,090 19	−0,014 40	−0,014 16	
		$-\frac{1}{4}$	0,035 269	0,100 71	0,094 35	0,120 62	0,114 68	−0,019 91	−0,020 33	
		∓ 0	0,035 462	0,095 19	0,095 19	0,120 38	0,120 38	−0,025 19	−0,025 19	
		$+\frac{1}{4}$	0,029 729	0,074 95	0,079 36	0,107 74	0,107 19	−0,032 79	−0,027 83	
		$+\frac{2}{4}$	0,193 77 $\frac{ga^4}{N}$	0,027 98 ga^2	0,050 97 ga^2	0,075 08	0,077 66	−0,047 11	−0,026 69	pa^2
		$+\frac{3}{4}$	0,007 419	−0,068 79	0,019 02	0,006 09	0,038 06	−0,079 88	−0,019 04	
		± 1	0,0	−0,252 81	—	−0,126 40	—	−0,126 40	—	
	IIa	$-\frac{3}{4}$	0,004 835	−0,066 84	0,011 20	−0,073 91	−0,022 94	+0,007 07	+0,034 15	
		$-\frac{2}{4}$	0,014 122	0,031 14	0,035 07	−0,045 52	−0,034 64	+0,076 67	+0,069 71	
		$-\frac{1}{4}$	0,021 598	0,076 90	0,055 02	−0,031 82	−0,039 99	+0,108 72	+0,095 02	
		∓ 0	0,024 370	0,090 02	0,062 37	−0,027 77	−0,041 60	+0,117 79	+0,103 97	
K—K	Ia	$-\frac{3}{4}$	—	—	−0,103 88	—	—	—	—	
		$-\frac{2}{4}$	—	—	−0,188 85	—	—	—	—	
		$-\frac{1}{4}$	—	—	−0,240 69	—	—	—	—	
		∓ 0	—	—	−0,252 81	—	—	—	—	
		$+\frac{1}{4}$	—	—	−0,226 44	—	—	—	—	
		$+\frac{2}{4}$	—	—	−0,168 68	—	—	—	—	
		$+\frac{3}{4}$	—	—	−0,089 618 ga^2	—	—	—	—	
		± 1	—	—	—	—	—	—	—	
	IIa	$-\frac{3}{4}$	—	—	−0,072 96	—	—	—	—	
		$-\frac{2}{4}$	—	—	−0,134 82	—	—	—	—	
		$-\frac{1}{4}$	—	—	−0,176 15	—	—	—	—	
		∓ 0	—	—	−0,190 66	—	—	—	—	
L—L	IIb	$-\frac{3}{4}$	0,012 539	0,049 70	0,040 68	−0,015 64	−0,008 206	0,065 34	0,048 89	
		$-\frac{2}{4}$	0,019 963	0,065 11	0,072 36	−0,028 54	−0,015 992	0,093 65	0,088 36	
		$-\frac{1}{4}$	0,024 260	0,066 33	0,089 39	−0,037 10	−0,022 811	0,103 43	0,112 20	
		∓ 0	0,024 370	0,062 37	0,090 02	−0,041 60	−0,027 775	0,103 97	0,117 79	
		$+\frac{1}{4}$	0,020 564	0,051 70	0.075 56	−0,044 42	−0,029 724	0,096 12	0,105 28	
		$+\frac{2}{4}$	0,013 555 $\frac{ga^4}{N}$	0,022 56 ga^2	0,050 05 ga^2	−0,049 82	−0,027 15	0,072 38	0,077 20	pa^2
		$+\frac{3}{4}$	0,005 223	−0,046 87	0,020 39	−0,063 92	−0,018 349	0,017 06	0,038 74	
		± 1	0,0	−0,190 66	—	−0,095 33	—	−0,095 33	—	
	$IIIb$	$-\frac{3}{4}$	0,004 757	−0,043 55	0,017 42	−0,018 72	+0,037 26	−0,062 26	−0,019 84	
		$-\frac{2}{4}$	0,012 432	0,029 42	0,042 74	+0,075 81	+0,073 55	−0,046 39	−0,030 80	
		$-\frac{1}{4}$	0,018 353	0,061 04	0,062 38	+0,100 78	+0,098 69	−0,039 75	−0,036 32	
		∓ 0	0,020 510	0,069 58	0,069 58	+0,107 57	+0,107 57	−0,037 99	−0,037 99	

für die mittlere Reihe, hingegen

$$0{,}07 \quad : 0{,}135 \; = 1 : 1{,}93 \text{ bei den Endfeldern,}$$
$$0{,}0696 : 0{,}1105 = 1 : 1{,}6 \quad \text{beim Mittelfeld.}$$

Durch den Zusammenhang mehrerer Feldergruppen werden also die Beanspruchungen der äußeren Reihen um etwa 25 und diejenigen der mittleren Reihe um durchschnittlich 50% herabgemindert.

Das gegenseitige Verhältnis der Momente $\bar{s}_x$ und $\bar{s}_y$ hängt in jedem Felde einerseits von der Lage dieses Feldes in bezug auf die benachbarten Felder, andererseits von der jeweiligen Steifigkeit der Platte in der x- und in der y-Richtung ab. Betrachtet man beispielsweise das Randfeld IIa, so gehört der zur x-Achse parallel laufende Streifen ($y = 0$) einem Mittelfeld, während der Streifen ($x = 0$) in Richtung der y-Achse als Endfeld zu betrachten ist: infolge der beiderseitigen Einspannung besitzt der erste Streifen eine größere Steifigkeit, übernimmt den größeren Anteil der Belastung und wird stärker beansprucht. Daher auch sind die Momente $\bar{s}_x$ im Mittelpunkt der Platte höher als die Momente $\bar{s}_y$. In dem inneren Feld $IIIb$ hingegen sind die Streifen in beiden Richtungen als gleich steife Mittelfelder anzusehen, und diese Übereinstimmung wird im Plattenmittelpunkt durch die Gleichheit der Momente $\bar{s}_x$ und $\bar{s}_y$ bestätigt.

Diese Feststellungen bilden die Grundlage für die Beurteilung der Brauchbarkeit und Zuverlässigkeit der für die Berechnung von durchlaufenden Platten empfohlenen Näherungsverfahren. Die Untersuchung der einreihigen, dreifeldrigen Decke in § 29 hat bereits gezeigt, daß ein richtiges Bild der Spannungsverteilung nicht gewonnen werden kann, wenn die von den Längs- und Querstreifen aufzunehmenden Belastungsanteile lediglich auf Grund des Verhältnisses von Feldlänge zu Feldbreite, ohne Rücksicht auf den jeweiligen Steifigkeitsunterschied, errechnet werden. Die Unzulänglichkeit dieses Näherungsverfahrens tritt bei den mehrreihigen Platten infolge der größeren Mannigfaltigkeit der Randbedingungen und der Steifigkeitsverhältnisse noch stärker als bei den einreihigen Decken in Erscheinung. Um die Fehler dieser Berechnungsart zu beleuchten, sind die zugehörigen Momentenlinien neben den genauen Werten in den Abb. 73 eingetragen. Man sieht, daß beispielsweise für den Mittelpunkt des Eckfeldes das Näherungsverfahren die Zahlen

$$\mu_x = \mu_y = \tfrac{1}{2} \cdot 0{,}075 \, g \, l^2 = 0{,}0375 \, g \, l^2$$

statt der richtigen Größen

$$\bar{s}_x = \bar{s}_y = 0{,}095\,191 \, g \, a^2 = 0{,}0238 \, g \, l^2$$

liefert, während für den Mittelpunkt des Randfeldes IIa an Stelle der genauen Momente

$$\bar{s}_x = 0{,}090022\, g\, a^2 = \infty 0{,}0225\, g\, l^2$$

$$\bar{s}_y = 0{,}062366\, g\, a^2 = \infty 0{,}0156\, g\, l^2$$

die Näherungswerte

$$\mu_x = \tfrac{1}{2} \cdot 0{,}025\, g\, l^2 = 0{,}0125\, g\, l^2$$

$$\mu_y = \tfrac{1}{2} \cdot 0{,}075\, g\, l^2 = 0{,}0375\, g\, l^2$$

in Betracht kommen.

Die Abweichungen sind nicht allein sehr erheblich, sie schwanken auch in solchem Maße, daß jede Zuverlässigkeit dem Näherungsverfahren abgesprochen werden muß. Die Notwendigkeit einer genauen Berechnung ist von neuem erwiesen: will man sie entbehren, so wird man mit der Streifenzerlegung nur dann eine befriedigende Annäherung an die wirkliche Spannungsverteilung erreichen, wenn die Steifigkeitsunterschiede richtig berücksichtigt werden.

2. Der Einfluß einer wechselweisen Belastung einzelner Felder.

Die ungünstigsten Beanspruchungen im Bereiche der jeweiligen Feldmitte werden entweder bei ausschließlicher Belastung der Eckfelder und des Mittelfeldes (Fall A) oder bei alleiniger Belastung der Randfelder (Fall B) hervorgerufen. Die gleiche Wirkung tritt ein, wenn zunächst (Stufe 1) alle Felder mit $+\dfrac{p}{2}$ und sodann (Stufe 2) die Felder Ia und $IIIb$ mit $+\dfrac{p}{2}$, die Felder IIa und IIb mit $\mp\dfrac{p}{2}$ belastet werden (Abb. 74).

Um die elastischen Verschiebungen und Momente der ersten Stufe zu ermitteln, braucht man nur in den vorhin für die gleichzeitige Belastung aller Felder errechneten Formeln g mit $\dfrac{p}{2}$ zu vertauschen. In der zweiten Stufe kommen aus Gründen der Symmetrie und Gegensymmetrie für jedes einzelne Feld genau die gleichen Randbedingungen wie bei der ringsum frei aufliegenden, mit $+\dfrac{p}{2}$ belasteten quadratischen Platte von der Seitenlänge $2\,a$ in Betracht. Die dazugehörigen ζ- und s-Werte können also auf Grund der in § 7 abgeleiteten Formeln, in denen statt p nunmehr $+\dfrac{p}{2}$ einzusetzen ist, errechnet werden.

Dieses Verfahren liefert beispielsweise für die Mittelpunkte der Felder die folgenden Ergebnisse:

Feld		Stufe 1	Stufe 2	Fall A	Fall B	
Ia	ζ	$+0{,}017731$	$\pm0{,}032438$	$+0{,}050169$	$-0{,}014707$	$\dfrac{pa^4}{N}$
	$\overline{s}_x$	$+0{,}047595$	$\pm0{,}072785$	$+0{,}12038$	$-0{,}02519$	pa^2
	$\overline{s}_y$	$+0{,}047595$	$\pm0{,}072785$	$+0{,}12038$	$-0{,}02519$	pa^2
IIa	ζ	$+0{,}012185$	$\mp0{,}032438$	$-0{,}020253$	$+0{,}044623$	$\dfrac{pa^4}{N}$
	$\overline{s}_x$	$+0{,}04501$	$\mp0{,}072785$	$-0{,}027775$	$+0{,}117795$	pa^2
	$\overline{s}_y$	$+0{,}031185$	$\mp0{,}072785$	$-0{,}04160$	$+0{,}10397$	pa^2
IIb	ζ	$+0{,}012185$	$\mp0{,}032438$	$-0{,}020253$	$+0{,}044623$	$\dfrac{pa^4}{N}$
	$\overline{s}_x$	$+0{,}031185$	$\mp0{,}072785$	$-0{,}04160$	$+0{,}10397$	pa^2
	$\overline{s}_y$	$+0{,}04501$	$\mp0{,}072785$	$-0{,}027775$	$+0{,}117795$	pa^2
$IIIb$	ζ	$+0{,}010255$	$\pm0{,}032438$	$+0{,}042693$	$-0{,}022183$	$\dfrac{pa^4}{N}$
	$\overline{s}_x$	$+0{,}03479$	$\pm0{,}072785$	$+0{,}107575$	$-0{,}037995$	pa^2
	$\overline{s}_y$	$+0{,}03479$	$\pm0{,}072785$	$+0{,}107575$	$-0{,}037995$	pa^2

Die für die übrigen Punkte der Feldmittellinien errechneten Momentenwerte sind in Abb. 74a und 74b und Tafel 18 eingetragen.

Ein Vergleich mit den entsprechenden Werten der in § 29, 2 behandelten einreihigen Platte führt zu ähnlichen Schlußfolgerungen wie im Falle der gleichzeitigen Belastung: die mehrreihige Decke zeigt vor allem in den Außenfeldern der mittleren Reihe eine merkliche Spannungsverminderung, sie ist jedoch bei der schachbrettartigen Belastung geringer, als wenn sämtliche Felder zugleich belastet werden.

Bemerkenswert ist wiederum, daß sich die Grenzwerte der Biegungsmomente bei den Eckfeldern, welche die größten, und bei den Mittelfeldern, welche die kleinsten Beanspruchungen aufweisen, verhältnismäßig wenig voneinander unterscheiden. Da sie ohnehin nur höchstens um etwa 35% hinter den größten positiven Spannungsmomenten der einzelnen frei aufliegenden Platte zurückbleiben, so ist es von neuem erwiesen, daß die Wirkung der Kontinuität bei durchlaufenden Decken geringer ist als bei durchgehenden Balken. Auch aus diesem Grunde wird man die Brauchbarkeit der bisher üblichen Näherungsverfahren nicht überschätzen dürfen.

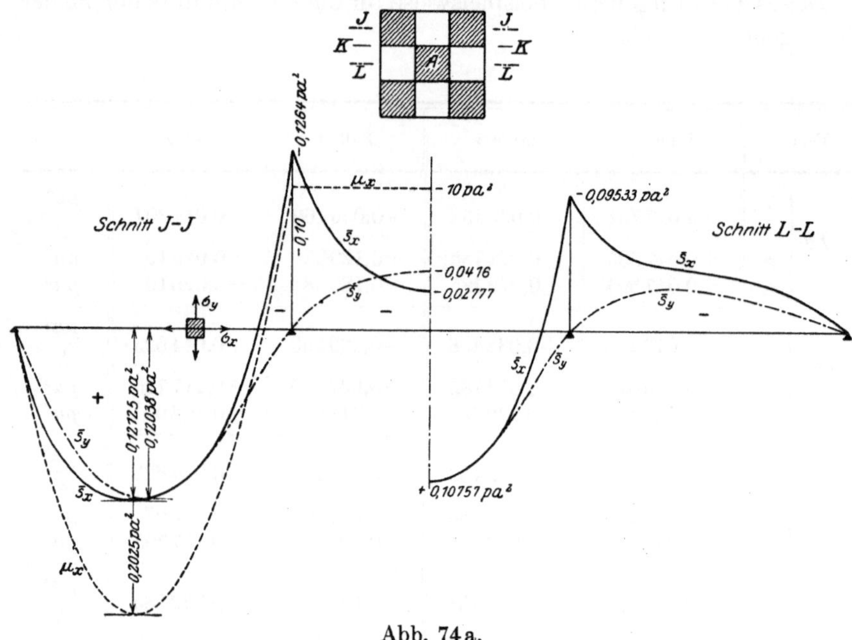

Abb. 74a.

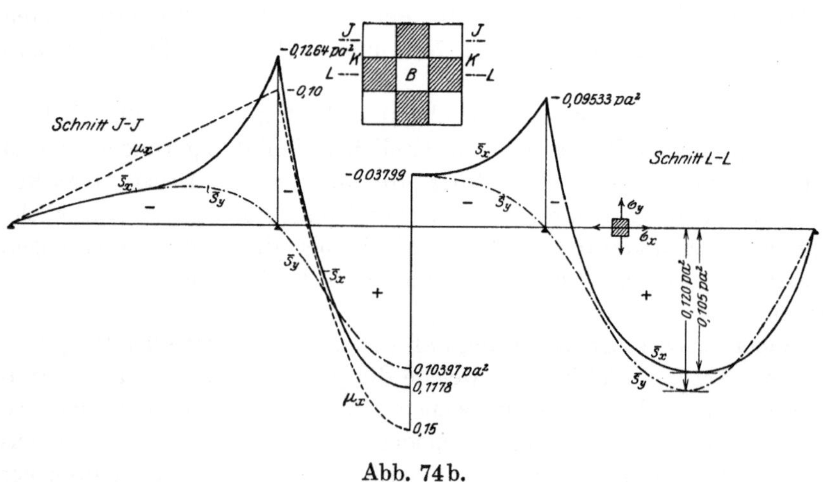

Abb. 74b.

Abb. 74. Spannungsbilder einer durchlaufenden Platte mit neun quadratischen
Feldern bei wechselnder Belastung.

XI. Die Berechnung trägerloser Decken.

Unter trägerlosen Decken sind im allgemeinen Platten zu verstehen, welche nicht durch Balken unterstützt werden und lediglich auf Pfeilern oder Säulen aufruhen.

Das einfachste Gebilde dieser Art ist die rechteckige Platte, welche nur in unmittelbarer Nähe der vier Eckpunkte aufgelagert ist: ihre Formänderung und ihre Beanspruchung sind in § 22 und § 23 bereits untersucht worden.

Für die Überspannung weiter Räume kommen in erster Linie Decken, welche durch mehrere Reihen von Säulen unterstützt sind, in

Abb. 75.

Betracht. Da bei schmalen Auflagerflächen erhebliche Scher- und Biegungsbeanspruchungen im Bereiche des Stützpunktes entstehen würden, ist es notwendig, die Säulen am Kopfe pilz- oder kelchartig zu erweitern und biegungsfest an die Platte anzuschließen (Abb. 75); die trägerlosen Decken werden daher auch als Pilzdecken bezeichnet.

Diese Decken, in großem Umfange zuerst in Amerika angewandt und neuerdings auch in Deutschland ausgeführt, unterscheiden sich von den bisher üblichen Eisenbetonbalkendecken im wesentlichen dadurch, daß keine Rippen unter der Platte hervortreten: die glatte Untersicht gestattet, eine bessere Licht- und Luftverteilung zu erzielen, die Ansammlung von Staub zu vermeiden, Leitungen und Transmissionen in jeder Richtung ohne Störung durchzuführen. Hierzu kommt noch, daß die durch keine Unterzüge begrenzte Raumhöhe besser ausgenützt, die Stockwerkshöhe daher eingeschränkt und mithin auch der Umfang der Umfassungswände, besonders bei mehrstöckigen Bauten, merklich verkleinert werden kann.

Die Pilzdecken bieten außerdem den Vorteil, daß ihre Einschalung infolge der glatten Unterschicht wesentlich einfacher als diejenige der Balkendecken ist und daß die Verminderung des Arbeitsaufwandes und des Holzverbrauches eine Verringerung der Herstellungskosten gestattet[1]).

Die Berechnung und die bauliche Ausbildung dieser Decken, deren technische und wirtschaftliche Vorteile leicht zu erkennen sind, erfordern aus dem Grunde eine besondere Sorgfalt, weil die äußerste Einschränkung der Bauhöhe nur dann mit einer ausreichenden Tragfähigkeit verträglich ist, wenn sich die Querschnittsbemessung auf eine genaue Untersuchung des Spannungsverlaufes stützen kann und eine einwandfreie Ausnützung der Festigkeitseigenschaften des Baustoffes gewährleistet.

Die Biegungstheorie elastischer Platten ist die wichtigste und zuverlässigste Grundlage für die Darstellung der Spannungen und Formänderungen der trägerlosen Decken[2]). Sie wird in den nachstehenden Berechnungen benutzt, um sowohl die Beanspruchung von Platten mit wenigen oder zahlreichen Felderreihen als auch den Biegungswiderstand der Stützen zu untersuchen und die statische und bauliche Eigenart der Pilzdecken in allen Einzelheiten zu beleuchten.

§ 31. Die Decke mit neun quadratischen Feldern.

Um den Unterschied zwischen den trägerlosen Decken und den im letzten Abschnitt behandelten durchlaufenden Platten festzustellen, wähle ich als erstes Beispiel eine quadratische Decke, welche an den

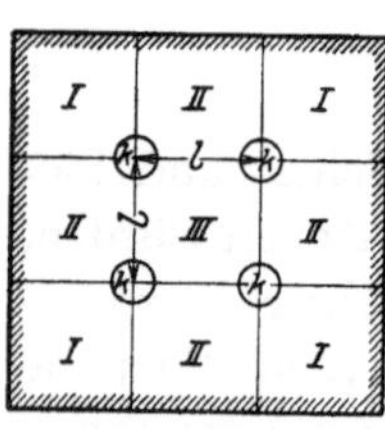

Abb. 76.

Rändern ringsum frei aufliegt und von vier in den Drittelpunkten angeordneten Stützen getragen wird (Abb. 76). Sie besteht aus je drei gleichartigen Längs- und Querreihen, die sich entweder aus 2 Eckfeldern I und einem Randfeld II oder aus 2 Randfeldern II und einem Mittelfeld III zusammensetzen: insgesamt sind neun quadratische Felder mit der gleichen Seitenlänge l vorhanden.

Ich nehme eine stetige Auflagerung der Außenränder aus dem Grunde an, weil einerseits die Decken in den meisten Fällen auf den Außen-

---

[1]) Die wichtigsten Einzelheiten über die Berechnung, die bauliche Ausbildung und die Herstellung dieser Decken sind vom Verfasser in zwei Vorträgen besprochen worden, die im Deutschen Beton-Verein 1919 und 1921 abgehalten worden und in den „Mitt. d. Deutsch. Bauztg. (1919, H. 23/24) und in der Zeitschrift „Der Bauing." (1921 H. 14,) wiedergegeben sind.

[2]) Die Lösung der Differentialgleichung der trägerlosen Decken mit Hilfe von Reihenentwicklungen ist in neuerer Zeit von Doienck in seinem „Beitrag zur

wänden aufruhen oder von durchlaufenden Fenster- und Türstürzen getragen werden und weil andererseits die Behandlung von Platten, deren Ränder ausschließlich und unmittelbar von einzelnen Außensäulen gestützt werden, auf die einfachere Berechnung der ringsum aufliegenden Pilzdecken zurückgeführt werden kann.

1. Der Einfluß einer gleichmäßigen Belastung aller Felder.

Sind alle Felder gleichmäßig mit g belastet, so treten in allen Stützpunkten die gleichen Auflagerkräfte Z auf.

Denkt man sich diese Widerstände zunächst ausgeschaltet, so wird die Platte Verschiebungen ζ_o erfahren. Läßt man hingegen lediglich die Kräfte $Z = -1$ angreifen, so werden die Senkungen ζ' hervorgerufen.

Die endgültige, wirkliche Gestalt der elastischen Fläche ist durch die Verrückungen

$$\zeta = \zeta_o - Z\zeta'$$

bestimmt.

Für die Stützpunkte k gilt insbesondere die Gleichung

$$\zeta_k = \zeta_{ok} - Z\zeta'_k .$$

Da diese Punkte unverschieblich sein sollen, so muß $\zeta_k = 0$ sein. Es ist mithin:

$$Z = \frac{\zeta_{ok}}{\zeta'_k} .$$

Die Berechnung der Auflagerkräfte Z ist hiermit auf die Ermittlung der Senkungen ζ_{ok} und ζ'_k zurückgeführt.

Um diese Größen zu bestimmen, wähle ich ein Gewebe mit der Maschenweite $\lambda_x = \lambda_y = \lambda = \frac{1}{4}l$. (Abb. 77.)

Da die Darstellung der ζ_o-Fläche genau wie in § 7 durchgeführt werden kann,

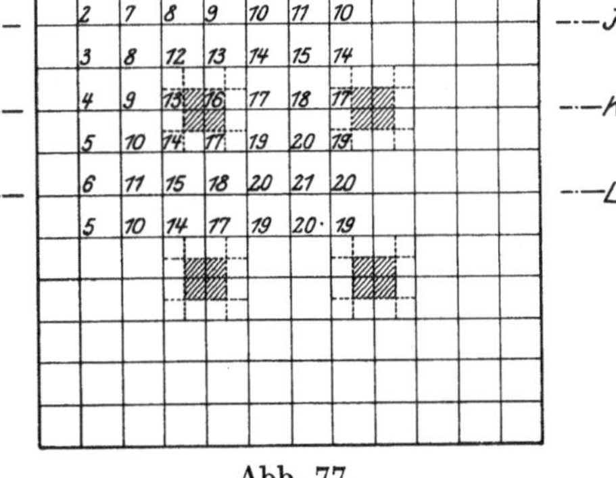

Abb. 77.

so erübrigt es sich, den Rechnungsgang zu entwickeln. Ich überlasse es dem Leser, die Aufgabe selbständig zu lösen und die in der Tafel 19 zusammengestellten Ergebnisse nachzuprüfen.

Berechnung der Pilzdecken" (Bauing. 1920, H. 7/8), von Lewe in seinen Arbeiten über „Die Lösung des Pilzdeckenproblems durch Fouriersche Reihen" (Bauing. 1920, H. 22; 1922, H. 4, 10, 11), von Nadai in seinem Aufsatz: „Über die Biegung durchlaufender Platten und der rechteckigen Platte mit freien Rändern" (Z. f. ang. Math. u. Mech. 1922, H. 5) behandelt worden.

16*

Tafel 19.

Zusammenstellung der Grundwerte für die Untersuchung einer gleichmäßig belasteten trägerlosen Decke mit neun quadratischen Feldern (Abb. 77).

Punkt	Einfluß der Kräfte $Z=-1$		Einfluß der gleichmäßigen Belastung der ganzen Decke		Bemerkungen
	w'	ζ'	w_0	ζ_0	
1	0,032 143	0,287 334	1,398 152	6,393 593	
2	0,064 286	0,558 605	2,296 306	12,088 076	
3	0,094 643	0,795 062	2,891 219	16,736 842	
4	0,117 857	0,975 306	3,273 175	20,152 936	
5	0,126 786	1,082 405	3,487 679	22,235 319	
6	0,128 571 $\left.\right\}\dfrac{1}{S_1}$	1,117 216 $\left.\right\}\dfrac{1\lambda^2}{S_1 S_2}$	3,556 937 $\left.\right\}\dfrac{g\lambda^2}{S_1}$	22,934 385 $\left.\right\}\dfrac{g\lambda^4}{S_1 S_2}$	
7	0,130 357	1,087 742	3,895 851	22,925 566	
8	0,196 428	1,661 699	4,995 397	31,815 158	
9	0,25	1,905 896	5,713 801	38,366 382	
10	0,260 714	2,110 307	6,120 603	42,366 255	
11	0,260 714 $\left.\right\}\dfrac{1}{S_1}$	2,175 486 $\left.\right\}\dfrac{1\lambda^2}{S_1 S_2}$	6,252 390 $\left.\right\}\dfrac{g\lambda^2}{S_1}$	43,710 003 $\left.\right\}\dfrac{g\lambda^4}{S_1 S_2}$	
12	0,310 714	2,221 664	6,480 714	44,236 444	
13	0,425	2,736 274	7,466 032	53,417 379	
14	0,405 357	3,016 732	8,028 541	59,032 717	
15	0,392 857 $\left.\right\}\dfrac{1}{S_1}$	3,103 402 $\left.\right\}\dfrac{1\lambda^2}{S_1 S_2}$	8,211 417 $\left.\right\}\dfrac{g\lambda^2}{S_1}$	60,920 717 $\left.\right\}\dfrac{g\lambda^4}{S_1 S_2}$	
16	0,733 928	3,375 803	8,641 071	64,567 972	
17	0,542 857	3,711 583	9,316 111	71,398 016	
18	0,5 $\left.\right\}\dfrac{1}{S_1}$	3,811 798 $\left.\right\}\dfrac{1\lambda^2}{S_1 S_2}$	9,536 198 $\left.\right\}\dfrac{g\lambda^2}{S_1}$	73,696 030 $\left.\right\}\dfrac{g\lambda^4}{S_1 S_2}$	
19	0,532 143	4,099 140	10,058 633	78,979 244	
20	0,521 430 $\left.\right\}\dfrac{1}{S^1}$	4,220 624 $\left.\right\}\dfrac{1\lambda^2}{S_1 S_2}$	10,301 154 $\left.\right\}\dfrac{g\lambda^2}{S_1}$	81,531 174 $\left.\right\}\dfrac{g\lambda^4}{S_1 S_2}$	
21	0,521 430 $\dfrac{1}{S_1}$	4,350 987 $\dfrac{1\lambda^2}{S_1 S_2}$	10,551 154 $\dfrac{g\lambda^2}{S_1}$	84,168 976 $\dfrac{g\lambda^4}{S_1 S_2}$	

Bemerkungen: Gesamtspannweite $L = 12\lambda = 3l$, Feldweite $l = 2a = 4\lambda$, unter Berücksichtigung der Druckfläche erhält man für den Punkt 16 als Lastort die Werte $w'_{16} = 0{,}647 \dfrac{1}{S_1}$, $z'_{16} = 3{,}374\,537 \dfrac{1\lambda^2}{S_1 S_2}$.

Die Untersuchung des Belastungszustandes $Z = -1$ erfordert eine nähere Betrachtung. Die zugehörigen Bestimmungsgleichungen für die w'- und die z'-Ordinaten lauten:

$$
\left.
\begin{aligned}
4\,w'_1 - 2\,w'_2 &= 0\\
- w'_1 + 4\,w'_2 - w'_3 - w'_7 &= 0\\
- w'_2 + 4\,w'_3 - w'_4 - w'_8 &= 0\\
- w'_3 + 4\,w'_4 - w'_5 - w'_9 &= 0\\
- w'_4 + 4\,w'_5 - w'_6 - w'_{10} &= 0\\
- 2\,w'_5 + 4\,w'_6 - w'_{11} &= 0\\
- 2\,w'_2 + 4\,w'_7 - 2\,w'_8 &= 0\\
- w'_3 - w'_7 + 4\,w'_8 - w'_9 - w'_{12} &= 0\\
- w'_4 - w'_8 + 4\,w'_9 - w'_{10} - w'_{13} &= 0\\
- w'_5 - w'_9 + 4\,w'_{10} - w'_{11} - w'_{14} &= 0\\
- w'_6 - 2\,w'_{10} + 4\,w'_{11} - w'_{15} &= 0
\end{aligned}
\right\} \quad \text{(A)}
$$

$$
\begin{aligned}
-2\,w'_8 + 4\,w'_{12} - 2\,w'_{13} &= 0 \\
- w'_9 - w'_{12} + 4\,w'_{13} - w'_{14} - w'_{16} &= 0 \\
- w'_{10} - w'_{13} + 4\,w'_{14} - w'_{15} - w'_{17} &= 0 \\
- w'_{11} - 2\,w'_{14} + 4\,w'_{15} - w'_{18} &= 0 \\
-2\,w'_{13} + 4\,w'_{16} - 2\,w'_{17} &= +\frac{1}{S_1} \\
- w'_{14} - w'_{16} + 4\,w'_{17} - w'_{18} - w'_{19} &= 0 \\
- w'_{15} - 2\,w'_{17} + 4\,w'_{18} - w'_{20} &= 0 \\
-2\,w'_{17} + 4\,w'_{19} - 2\,w'_{20} &= 0 \\
- w'_{18} - 2\,w'_{19} + 4\,w'_{20} - w'_{21} &= 0 \\
-4\,w'_{20} + 4\,w'_{21} &= 0
\end{aligned}
$$

$$
\begin{aligned}
-4\,z'_1 - 2\,z'_2 &= w'_1\,\frac{S_2}{\lambda^2} \\
- z'_1 + 4\,z'_2 - z'_3 - z'_7 &= w'_2\,\frac{S_2}{\lambda^2} \\
- z'_2 + 4\,z'_3 - z'_4 - z'_8 &= w'_3\,\frac{S_2}{\lambda^2} \\
- z'_3 + 4\,z'_4 - z'_5 - z'_9 &= w'_4\,\frac{S_2}{\lambda^2} \\
- z'_4 + 4\,z'_5 - z'_6 - z'_{10} &= w'_5\,\frac{S_2}{\lambda^2} \\
- 2\,z'_5 + 4\,z'_6 - z'_{11} &= w'_6\,\frac{S_2}{\lambda^2} \\
- 2\,z'_2 + 4\,z'_7 - 2\,z'_8 &= w'_7\,\frac{S_2}{\lambda^2} \\
- z'_3 - z'_7 + 4\,z'_8 - z'_9 - z'_{12} &= w'_8\,\frac{S_2}{\lambda^2} \\
- z'_4 - z'_8 + 4\,z'_9 - z'_{10} - z'_{13} &= w'_9\,\frac{S_2}{\lambda^2} \\
- z'_5 - z'_9 + 4\,z'_{10} - z'_{11} - z'_{14} &= w'_{10}\,\frac{S_2}{\lambda^2} \\
- z'_6 - 2\,z'_{10} + 4\,z'_{11} - z'_{15} &= w'_{11}\,\frac{S_2}{\lambda^2} \\
- 2\,z'_8 + 4\,z'_{12} - 2\,z'_{13} &= w'_{12}\,\frac{S_2}{\lambda^2} \\
- z'_9 - z'_{12} + 4\,z'_{13} - z'_{14} - z'_{16} &= w'_{13}\,\frac{S_2}{\lambda^2}
\end{aligned}
$$

$$\text{(B)}$$

$$-\;z'_{10}-\;\;z'_{13}+4\,z'_{14}-\;\;z'_{15}-z'_{17}=w'_{14}\,\frac{S_2}{\lambda^2}$$

$$-\;z'_{11}-2\,z'_{14}+4\,z'_{15}-\;\;z'_{18}\qquad\;\;=w'_{15}\,\frac{S_2}{\lambda^2}$$

$$-\,2\,z'_{13}+4\,z'_{16}-2\,z'_{17}\qquad\;\;=\overline{w}'_{16}\,\frac{S_2}{\lambda^2}$$

$$-\;z'_{14}-\;\;z'_{16}+4\,z'_{17}-\;\;z'_{18}-z'_{19}=w'_{17}\,\frac{S_2}{\lambda^2}$$

$$-\;z'_{15}-2\,z'_{17}+4\,z'_{18}-\;\;z'_{20}\qquad\;\;=w'_{18}\,\frac{S_2}{\lambda^2}$$

$$-\,2\,z'_{17}+4\,z'_{19}-2\,z'_{20}\qquad\;\;=w'_{19}\,\frac{S_2}{\lambda^2}$$

$$-\;z'_{18}-2\,z'_{19}+4\,z'_{20}-\;\;z'_{21}\qquad\;\;=w'_{20}\,\frac{S_2}{\lambda^2}$$

$$-\,4\,z'_{20}+4\,z'_{21}\qquad\qquad\;\;=w'_{21}\,\frac{S_2}{\lambda^2}$$

Die Auflösung der Gleichungsgruppe (A) liefert die in der Tafel 19 eingetragenen w'-Größen.

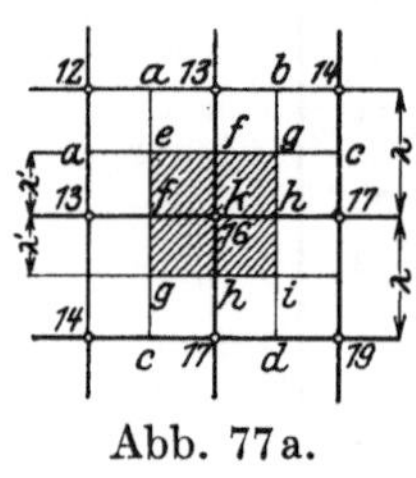

Abb. 77a.

Um den Spannungszustand in der nächsten Umgebung des Lastortes genau zu bestimmen, schalte ich in dem durch die Knotenpunkte 12, 13, 14, 17, 19 begrenzten Bereiche ein engmaschigeres Gewebe mit der Weite $\lambda'=\dfrac{\lambda}{2}=\dfrac{l}{8}$ ein (Abb. 77a). Die Ordinaten der Zwischenpunkte a, b, c, d seiner Umrandung sind durch die Interpolationsformeln

$$w'_a=\frac{1}{8}\,(6\,w'_{13}+3\,w'_{12}-w'_{14})=0{,}3846\,\frac{1}{S_1}\,,$$

$$w'_b=\frac{1}{8}\,(6\,w'_{13}+3\,w'_{14}-w'_{12})=0{,}4319\,\frac{1}{S_1}\,,$$

$$w'_c=\frac{1}{8}\,(6\,w'_{17}+3\,w'_{14}-w'_{19})=0{,}4927\,\frac{1}{S_1}\,,$$

$$w'_d=\frac{1}{8}\,(6\,w'_{17}+3\,w'_{19}-w'_{14})=0{,}5560\,\frac{1}{S_1}\,,$$

gegeben.

Seine innere Gestalt hängt von der Art der Kraftverteilung in der Nähe des Stützpunktes ab. Da durch die pilzartige Erweiterung des Säulenkopfes eine breite Auflagerfläche geschaffen wird, so wird sich der Stützenwiderstand auf einem größeren Bereich verteilen. Entsprechend den üblichen Ausführungsmaßen kann man annehmen, daß die Seitenlänge der Druckfläche sicherlich nicht geringer als die Maschenweite λ ist. Wird also die von den inneren Knotenpunkten e, f, g, h, i des kleinen Gewebes begrenzte Fläche als Druckfläche angesehen und eine gleichmäßige Druckverteilung in diesem Bereiche vorausgesetzt, so müssen den Knotenpunkten e, g, i: je $\frac{1}{16}$, f, h: je $\frac{1}{8}$, dem Mittelpunkt k: $\frac{1}{4}$ des Widerstandes $Z = -1$ zugewiesen werden.

Die Bestimmungsgleichungen des engmaschigen Gewebes lauten mithin:

$$-2\,w'_a \qquad\qquad + 4\,w'_e - 2\,w'_f \qquad = + \frac{1}{16}\,\frac{1}{S_1}\,,$$

$$- \;\; w'_{13} - \;\; w'_e + 4\,w'_f - w'_g - w'_k = + \frac{1}{8}\,\frac{1}{S_1}\,,$$

$$- \;\; w'_b - \;\; w'_f + 4\,w'_g - w'_h - w'_c = + \frac{1}{16}\,\frac{1}{S_1}\,,$$

$$- \;\; w'_{17} - \;\; w'_g + 4\,w'_h - w'_i - w'_k = + \frac{1}{8}\,\frac{1}{S_1}\,,$$

$$-2\,w'_d \qquad\qquad + 4\,w'_i - 2\,w'_k \qquad = + \frac{1}{16}\,\frac{1}{S_1}\,,$$

$$-2\,w'_f - 2\,w'_h + 4\,w'_k \qquad\qquad = + \frac{1}{4}\,\frac{1}{S_1}\,.$$

Sie liefern die Ordinaten

$$w'_e = 0{,}4856\,\frac{1}{S_1}\,, \qquad\qquad w'_h = 0{,}6136\,\frac{1}{S_1}\,,$$

$$w'_f = 0{,}5554\,\frac{1}{S_1}\,, \qquad\qquad w'_i = 0{,}6004\,\frac{1}{S_1}\,,$$

$$w'_g = 0{,}5390\,\frac{1}{S_1}\,, \qquad\qquad w'_k = 0{,}647\,\frac{1}{S_1}\,.$$

Der Mittelwert der w'-Größen im Bereiche e, f, g, h, i ist

$$\overline{w'}_{16} = \frac{4\,w'_k + 2\,(w'_f + w'_h) + \frac{1}{4}\,[(w'_e + w'_i) + 2\,w'_g]}{8} = 0{,}6075\,\frac{1}{S_1}\,.$$

Um nunmehr die Gestalt der elastischen Fläche darzustellen, wird das z'-Gewebe mit den w'-Gewichten belastet. Die zugehörigen Gleichgewichtsgleichungen sind in der Gruppe B geordnet, ihre Lösungen in der Tafel 19 zusammengefaßt.

Will man die Formänderungen in der Umgebung des Stützpunktes mit größerer Schärfe bestimmen, so kann wiederum an die Knotenpunkte 12, 13, 14, 17, 19 das kleine Gewebe mit der engeren Maschenweite $\lambda' = \dfrac{l}{8}$ angeschlossen werden. Seine Randordinaten sind

$$z_a' = \frac{1}{8}\,(6\,z_{13}' + 3\,z_{12}' - z_{14}') = 2{,}508\,23\,\frac{\lambda^2}{S_1 S_2}\,,$$

$$z_b' = \frac{1}{8}\,(6\,z_{13}' + 3\,z_{14}' - z_{12}') = 2{,}905\,77\,\frac{\lambda^2}{S_1 S_2}\,,$$

$$z_c' = \frac{1}{8}\,(6\,z_{17}' + 3\,z_{14}' - z_{19}') = 3{,}402\,57\,\frac{\lambda^2}{S_1 S_2}\,,$$

$$z_d' = \frac{1}{8}\,(6\,z_{17}' + 3\,z_{19}' - z_{14}') = 3{,}943\,77\,\frac{\lambda^2}{S_1 S_2}\,,$$

während die Gleichgewichtsgleichungen des kleinen Gewebes

$$-2\,z_a' \qquad\qquad + 4\,z_e' - 2\,z_f' \qquad = w_e'\,\frac{(\lambda')^2}{S_2} = w_e'\,\frac{\lambda^2}{4\,S_2}\,,$$

$$-\ z_{13}' -\ z_e' + 4\,z_f' - z_g' - z_k' = w_f'\,\frac{(\lambda')^2}{S_2} = w_f'\,\frac{\lambda^2}{4\,S_2}\,,$$

$$-\ z_b' -\ z_f' + 4\,z_g' - z_h' - z_c' = w_g'\,\frac{(\lambda')^2}{S_2} = w_g'\,\frac{\lambda^2}{4\,S_2}\,,$$

$$-\ z_{17}' -\ z_g' + 4\,z_h' - z_i' - z_k' = w_h'\,\frac{(\lambda')^2}{S_2} = w_h'\,\frac{\lambda^2}{4\,S_2}\,,$$

$$-2\,z_d' \qquad\qquad + 4\,z_i' - 2\,z_k' \qquad = w_i'\,\frac{(\lambda')^2}{S_2} = w_i'\,\frac{\lambda^2}{4\,S_2}\,,$$

$$-2\,z_f' - 2\,z_h' + 4\,z_k' \qquad\qquad = w_k'\,\frac{(\lambda')^2}{S_2} = w_k'\,\frac{\lambda^2}{4\,S_2}\,,$$

für die inneren Knotenpunkte die Werte

$$z_e' = 2{,}829\,029\,\frac{\lambda^2}{S_1 S_2}\,, \qquad\qquad z_h' = 3{,}579\,072\,\frac{\lambda^2}{S_1 S_2}\,,$$

$$z_f' = 3{,}089\,128\,\frac{\lambda^2}{S_1 S_2}\,, \qquad\qquad z_i' = 3{,}798\,946\,\frac{\lambda^2}{S_1 S_2}\,,$$

$$z_g' = 3{,}277\,825\,\frac{\lambda^2}{S_1 S_2}\,, \qquad\qquad z_k' = 3{,}374\,537\,5\,\frac{\lambda^2}{S_1 S_2}$$

liefern.

Da der Unterschied zwischen dem genauen Wert

$$z_k' = 3{,}374\,537\,5\,\frac{\lambda^2}{S_1 S_2}$$

und der Ordinate des großen Gewebes

$$z_{16}' = 3{,}375\,803\,\frac{\lambda^2}{S_1 S_2}$$

weniger als $\tfrac{1}{2}\,^0/_{00}$ beträgt, so ist die Zuverlässigkeit der Berechnung erwiesen.

Für den Stützpunkt gelten also die Größen

$$\zeta_{ok} = \zeta_{o(16)} = \frac{S_1 S_2}{N} z_{o(16)} = 64{,}567\,97 \; \frac{g\lambda^4}{N}\,,$$

$$\zeta'_k = \zeta'_{16} = \frac{S_1 S_2}{N} z'_k = 3{,}374\,537\,5 \; \frac{\lambda^2}{N}\,.$$

Es ergibt sich mithin:

$$Z = \frac{64{,}567\,97}{3{,}374\,537\,5}\, g\lambda^2 = 19{,}133\,87\, g\lambda^2 = 1{,}195\,88\, g l^2\,,$$

$$\zeta = \zeta_o - Z\zeta' = \zeta_o - 19{,}133\,87\, g\lambda^2\, \zeta'\,.$$

Die Ordinaten ζ der wirklichen elastischen Fläche sind in der Tafel 20, welche auch die Grenzwerte der Biegungsmomente $\bar{s}_x$ und $\bar{s}_y$ enthält, zusammengestellt.

Tafel 20.

Die Durchbiegungen und Spannungsmomente einer gleichmäßig belasteten trägerlosen Decke mit neun quadratischen Feldern.

Abb. 78.

Punkt	ζ_o	$Z\zeta'$	ζ	Faktor	$\bar{s}_x$	$\bar{s}_y$	Faktor
2	12,0881	−10,6883	1,3998		0,68671	0,37956	
7	22,9256	−20,8127	2,1129		0,70085	0,70085	
8	31,8152	−29,6900	2,1252	$\dfrac{g l^4}{256\,N}$	0,23823	0,99852	$\dfrac{g l^2}{16}$
9	38,3664	−36,4672	1,8992		−0,31471	1,24486	
10	42,3663	−40,3784	1,9879		−0,00788	1,14010	
11	43,7100	−41,6257	2,0843		0,19280	1,07021	
4	−20,1529	−18,6614	1,4915		1,08382	−0,06593	
9	38,3664	−36,4672	1,8992		1,24486	−0,31471	
13	53,4174	−52,3554	1,0620	$\dfrac{g l^4}{256\,N}$	0,22474	−0,91459	$\dfrac{g l^2}{16}$
16	64,5680	−64,5680	0,0		−1,86927	−1,86927	
17	71,3980	−71,0169	0,3811		0,00070	−1,09398	
18	73,6960	−72,9345	0,7615		0,76084	−0,79251	
6	22,9344	−21,3767	1,5577		1,03104	0,06604	
11	43,7100	−41,6257	2,0843		1,07021	0,19280	
15	60,9207	−59,3801	1,5406	$\dfrac{g l^4}{256\,N}$	0,23552	0,45934	$\dfrac{g l^2}{16}$
18	73,6960	−72,9345	0,7615		−0,79251	0,76084	
20	81,5317	−80,7568	0,7749		−0,12937	0,45622	
21	84,1690	−83,2513	0,9177		0,28552	0,28552	

Um die Verbiegung der Platte besser zu veranschaulichen, sind für drei Schnittebenen $J-J$, $K-K$, $L-L$, welche zwecks besserer Unterscheidung als R a n d -, G u r t - und F e l d s c h n i t t bezeichnet werden mögen, die elastischen Linien und die zugehörigen Momente $\bar{s}$ in der

Abb. 78 aufgetragen. Sie zeigen, daß die Platte sich am stärksten im Rand-, am wenigsten im Gurtschnitt durchbiegt, während umgekehrt die größten Biegungsbeanspruchungen im Gurt-, die kleinsten im Rand-

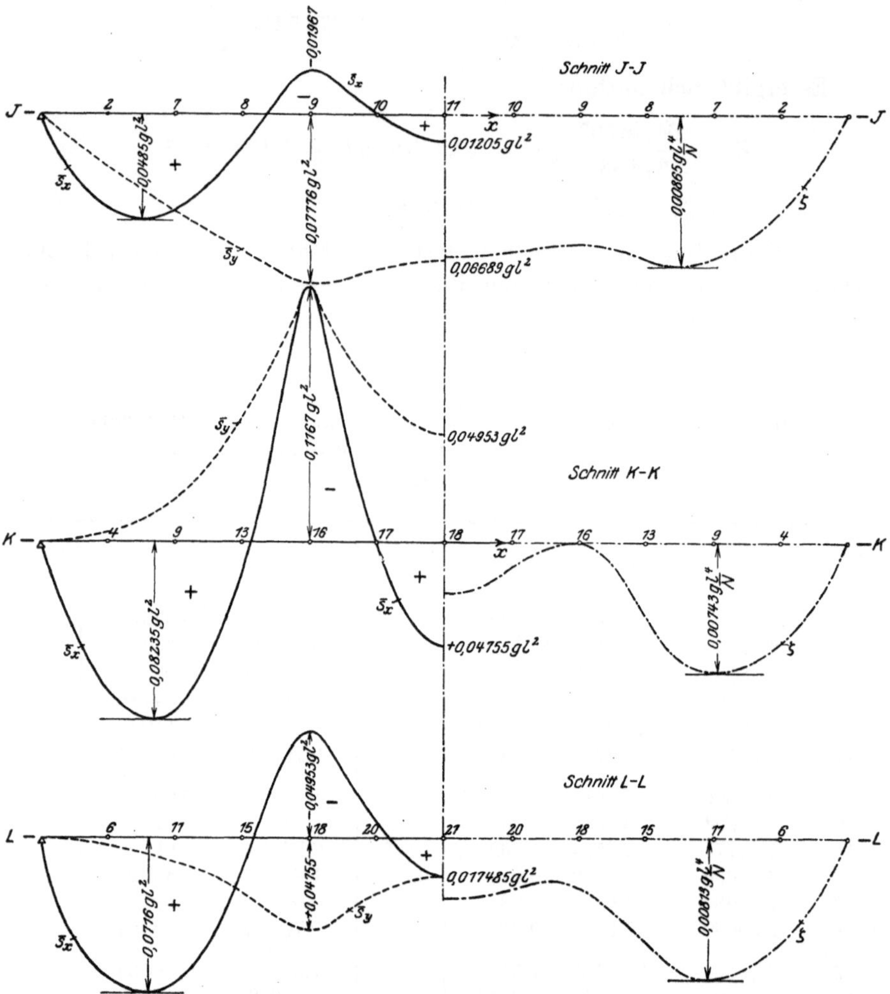

Abb. 78. Spannungsbilder einer gleichmäßig belasteten trägerlosen Decke mit neun quadratischen Feldern.

schnitt entstehen. Dieses Verhältnis ist in dem Steifigkeitsunterschied der fraglichen Schnitte begründet: die Streifen, welche die Stützen kreuzen und von den letzteren unmittelbar getragen werden, verhalten sich nämlich wie durchlaufende Balken mit festen Stützpunkten und können nur verhältnismäßig geringe Verschiebungen erfahren; die

Streifen hingegen, welche die Säulen nicht berühren und nur an den
Außenrändern aufliegen, wirken wie durchgehende Träger mit elastisch
senkbaren Stützpunkten und müssen sich daher stärker durchbiegen.
Infolge der größeren Steifigkeit haben die Gurtstreifen auch den größeren
Teil der Belastung aufzunehmen und werden folgerichtig am meisten
beansprucht. Es entstehen vor allem in der Nähe der Stützpunkte
beträchtliche negative Biegungsmomente[1]), welche allerdings in einer
kurzen Entfernung vom Säulenmittelpunkt rasch abnehmen und daher
für die Anstrengung der Platte nicht unter allen Umständen als ausschlaggebend zu betrachten sind. Bei den Rand- und Feldstreifen sind
die negativen Biegungsmomente kleiner als die positiven und auf einer
größeren Länge als bei den Gurtstreifen verteilt.

Ein Vergleich mit der in § 30 behandelten, neunfeldrigen durchlaufenden Platte zeigt schließlich, daß die Pilzdecken sowohl in den
Eck- wie in den Randfeldern wesentlich stärker als die von Zwischen-
längs- und Querträgern unterstützte Platte beansprucht wurden. Die
Ausschaltung des Trägerrostes hat durchschnittlich eine Verdoppelung
der Spannungen zur Folge.

Betrachtet man hingegen den von den Ebenen $J-J$ und $L-L$ begrenzten Streifen als einen einzigen Balken von der Breite $B = l$, so
erhält man als Mittelwert der größten positiven Biegungsmomente im
Endfeld:

$$M_x^{(e)} = \frac{1}{4}(0{,}700\,85 + 2 \cdot 1{,}244\,86 + 1{,}070\,21)\,\frac{g\,l^2}{16} = 0{,}0697\,g\,l^2\,,$$

im Mittelfeld:

$$M_x^{(m)} = \frac{1}{4}(0{,}192\,80 + 2 \cdot 0{,}760\,84 + 0{,}285\,52)\,\frac{g\,l^2}{16} = 0{,}031\,25\,g\,l^2\,.$$

Die entsprechenden Werte für den durchgehenden Träger mit drei
gleichen Öffnungen sind
$$M^{(e)} = 0{,}08\,g\,l^2\,, \qquad M^{(m)} = 0{,}025\,g\,l^2\,.$$
Die verhältnismäßig geringfügigen Abweichungen beweisen, daß sich
die Pilzdecken hinsichtlich der Größe und der Verteilung der Biegungsspannungen nicht wesentlich von durchlaufenden Balken, welche auf
der vollen Querschnittsbreite unmittelbar von Säulen getragen werden,
unterscheiden. Die Beanspruchungen der Decken und Balken stimmen
um so besser miteinander überein, je mehr Felder in jeder Längs- und
Querreihe der Platte vorhanden sind und je weiter der betrachtete
Deckenstreifen von den gleichlaufenden Deckenrändern liegt.

Die späteren Untersuchungen trägerloser Decken mit unendlich
vielen Feldern werden zeigen, daß, wenn der Biegungswiderstand der

---

[1]) Die in Abb. 78 gezeichneten Momentenlinien sind in der Umgebung des
Stützpunktes mit Hilfe des engmaschigen Gewebes ermittelt worden.

Stützen außer acht gelassen wird, die Pilzdecken im allgemeinen stärkere Durchbiegungen und größere Beanspruchungen als die stellvertretenden durchlaufenden Balken aufweisen. Im vorliegenden Falle sind die Spannungen bei der Pilzdecke aus dem Grunde geringer, weil die von den Ebenen $J-J$ und $L-L$ begrenzten Deckenstreifen ziemlich nahe am Rande liegen und durch die besonders wirksame Querstützung eine merkliche Entlastung erfahren.

2. Der Einfluß einer wechselweisen Belastung einzelner Felder.

Um den Einfluß der ungünstigsten Laststellung zu erkennen, müssen vor allem vier Lastanordnungen in Betracht gezogen werden.

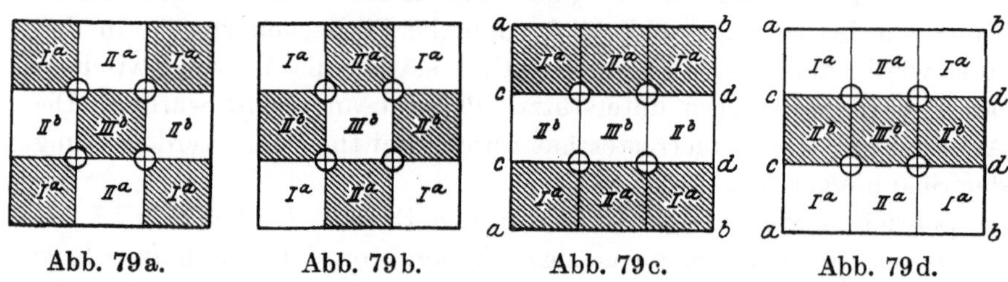

Abb. 79a.   Abb. 79b.   Abb. 79c.   Abb. 79d.

Fall A (Abb. 79a): die Felder Ia und IIIb sind belastet,
                     die Felder IIa und IIb unbelastet;
Fall B (Abb. 79b): die Felder Ia und IIIb sind unbelastet,
                     die Felder IIa und IIb belastet;
Fall C (Abb. 79c): die Felder Ia und IIa sind belastet,
                     die Felder IIb und IIIb unbelastet;
Fall D (Abb. 79d): die Felder Ia und IIa sind unbelastet,
                     die Felder IIb und IIIb belastet.

Jede dieser Lastanordnungen läßt sich auf zwei Stufen aufbauen:

Fall A, Belastungsstufe 1: die Felder Ia u. IIIb sind mit $+\dfrac{p}{2}$ belastet,

                 die Felder IIa u. IIb sind mit $+\dfrac{p}{2}$ belastet;

Fall A, Belastungsstufe 2: die Felder Ia u. IIIb sind mit $+\dfrac{p}{2}$ belastet,

                 die Felder IIa u. IIb sind mit $-\dfrac{p}{2}$ belastet;

Fall B, Belastungsstufe 1: die Felder Ia u. IIIb sind mit $+\dfrac{p}{2}$ belastet,

                 die Felder IIa u. IIb sind mit $+\dfrac{p}{2}$ belastet;

Fall B, Belastungsstufe 2: die Felder Ia u. IIIb sind mit $-\dfrac{p}{2}$ belastet,

die Felder IIa u. IIb sind mit $+\dfrac{p}{2}$ belastet;

Fall C, Belastungsstufe 1: die Felder Ia u. IIa sind mit $+\dfrac{p}{2}$ belastet,

die Felder IIb u. IIIb sind mit $+\dfrac{p}{2}$ belastet;

Fall C, Belastungsstufe 2: die Felder Ia u. IIa sind mit $+\dfrac{p}{2}$ belastet,

die Felder IIb u. IIIb sind mit $-\dfrac{p}{2}$ belastet:

Fall D, Belastungsstufe 1: die Felder Ia u. IIa sind mit $+\dfrac{p}{2}$ belastet,

die Felder IIb u. IIIb sind mit $+\dfrac{p}{2}$ belastet;

Fall D, Belastungsstufe 2: die Felder Ia u. IIa sind mit $-\dfrac{p}{2}$ belastet,

die Felder IIb u. IIIb sind mit $+\dfrac{p}{2}$ belastet.

In der ersten Stufe aller Belastungsfälle sind sämtliche Felder gleichzeitig und gleichmäßig mit $\dfrac{p}{2}$ belastet: man braucht also nur in dem vorhin behandelten Beispiele g mit $\dfrac{p}{2}$ zu vertauschen, um die Verschiebungen und Spannungen der ersten Stufe zu gewinnen.

In der zweiten Stufe der Fälle A und B stimmen die Randbedingungen jedes Feldes aus Gründen der Symmetrie und Gegensymmetrie mit den Randbedingungen der ringsum freiauffliegenden, mit $\pm\dfrac{p}{2}$ belasteten quadratischen Platte von gleicher Seitenlänge l völlig überein. Die für die letztere im § 7 errechneten Werte können, sobald g (oder p) durch $\pm\dfrac{p}{2}$ ersetzt wird, ohne weiteres auf die zweite Belastungsstufe der Pilzdecke übertragen werden.

In den Fällen C und D decken sich ebenso bei der zweiten Stufe die Randbedingungen der Umgrenzung a, b, c, d der äußeren Reihen wie auch diejenigen der Umgrenzung $c\,d\,c\,d$ der inneren Reihe mit den Auflagerbedingungen einer ringsum frei aufliegenden, mit $\pm\dfrac{p}{2}$ belasteten rechteckigen Platte von der Länge $L = 3\,l$ und der Breite $B = l$. Für dieses Seitenverhältnis $B : L = 1 : 3$ sind die Durchbiegungen und die Spannungsmomente in § 9 errechnet und in der Tafel 5 zusammengestellt worden: es genügt also wiederum g (oder p) mit $\pm\dfrac{p}{2}$ zu vertauschen, um die zugehörigen Werte für die zweite Belastungsstufe zu ermitteln.

Bedenkt man nunmehr, daß die Formänderungen und Beanspruchungen in der kürzeren Spannrichtung um so beträchtlicher sind, je kleiner die Breite B der Platte im Vergleich zur Länge L ist, so ist es von vornherein einleuchtend, daß die zweite Belastungsstufe in den Fällen C und D größere Durchbiegungen und Spannungen als in den Fällen A und B hervorbringen muß. Für die Querschnittsbemessung hat daher nicht die schachbrettartige, sondern die wechselweise Reihenbelastung ausschlaggebende Bedeutung. Benützt man einerseits die in der Tafel 20 zusammengefaßten Werte für die gleichmäßig belastete neunfeldrige Decke, andererseits die in der Tafel 5 für die frei aufliegende Platte mit dem Seitenverhältnis $1 : 3$ enthaltenen Zahlen, so gelangt man für die wichtigsten Punkte der Pilzdecke zu den folgenden Ergebnissen:

Schnitt	Punkt	Stufe 1	Stufe 2	Belastungsfall C	Belastungsfall D	Faktor
J—J	7	$\bar{s}_x = \frac{1}{2} \cdot 0{,}70085$	$\pm \frac{1}{2} \cdot 1{,}2084$	$+\,0{,}95462$	$-\,0{,}25378$	
	11	$= \frac{1}{2} \cdot 0{,}19280$	$\mp \frac{1}{2} \cdot 1{,}2084$	$-\,0{,}50780$	$+\,0{,}70060$	
K—K	9	$= \frac{1}{2} \cdot 1{,}24486$	$\pm \frac{1}{2} \cdot 1{,}7289$	$+\,1{,}48688$	$-\,0{,}24202$	$\dfrac{p\,l^2}{16}$
	18	$= \frac{1}{2} \cdot 0{,}76084$	$\mp \frac{1}{2} \cdot 1{,}7289$	$-\,0{,}48403$	$+\,1{,}24487$	
L—L	11	$= \frac{1}{2} \cdot 1{,}07021$	$\pm \frac{1}{2} \cdot 1{,}8543$	$+\,1{,}46226$	$-\,0{,}39204$	
	21	$= \frac{1}{2} \cdot 0{,}28552$	$\mp \frac{1}{2} \cdot 1{,}8543$	$-\,0{,}78439$	$+\,1{,}06991$	

In derselben Weise sind für die übrigen Zwischenpunkte der drei Schnittebenen die Werte der Momente $\bar{s}_x$ errechnet und in Tafel 21 mit den zugehörigen ζ-Werten zusammengestellt worden. Die Gestalt der Momentenlinien ist aus der Abb. 80 zu erkennen.

Eine nähere Betrachtung zeigt wieder, daß die Gurtstreifen stärker als die Feldstreifen und die letzteren stärker als die Randstreifen beansprucht werden: die Spannungsunterschiede sind aber wesentlich kleiner als bei der gleichzeitigen Belastung aller Felder. Die positiven Momente sind bei den Gurt- und Feldstreifen fast gleich, während die negativen Momente eher voneinander abweichen.

Die geringere Beanspruchung der Randstreifen ist leicht zu erklären, wenn man bedenkt, daß die zur Randlinie parallel gerichteten Normalspannungen in der Nähe des Randes rasch abnehmen.

Wird der von den Ebenen $J-J$ und $L-L$ begrenzte Deckenstreifen wie vorhin als einziger Balken von der Breite $B = l$ aufgefaßt, so be-

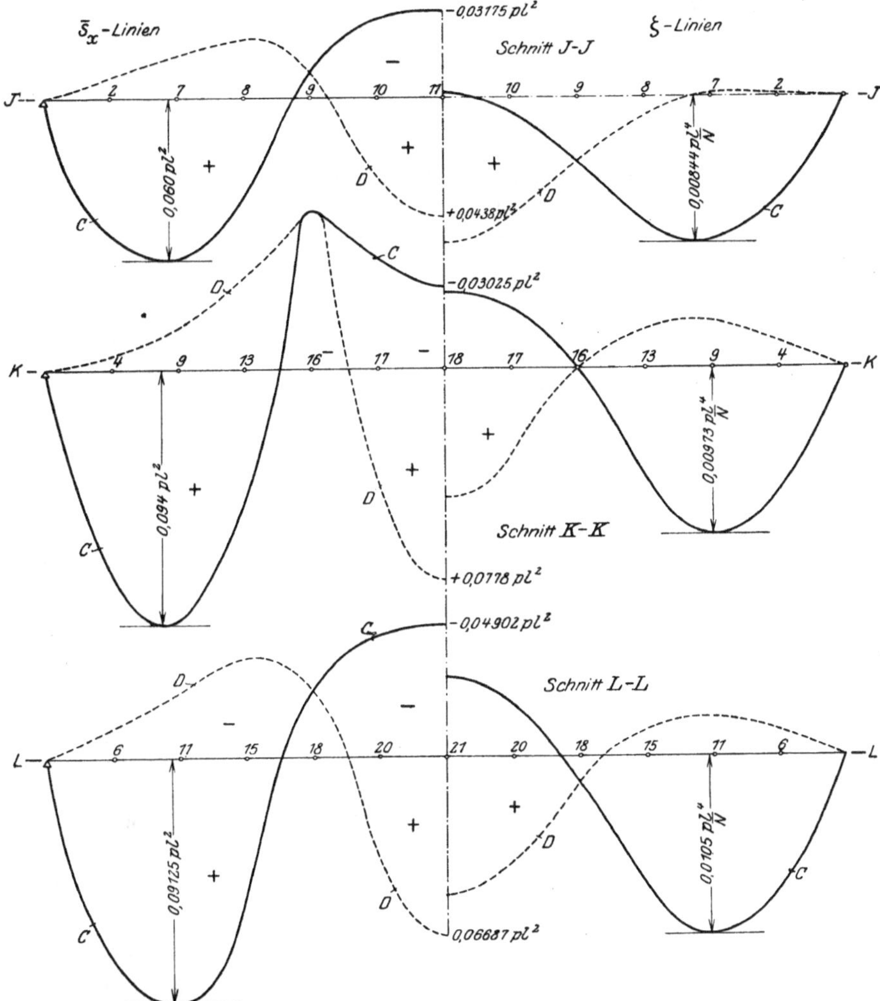

Abb. 80. Spannungsbilder einer trägerlosen Decke mit neun quadratischen Feldern bei wechselweiser Belastung einzelner Felderreihen (Lastzustände C und D).

trägt der Durchschnittswert der größten positiven Momente $\bar{s}_x$ im Endfeld:

$$\frac{1}{4}\left(0{,}95462 + 2 \cdot 1{,}48688 + 1{,}46226\right)\frac{pl^2}{16} = 0{,}08423\,pl^2,$$

im Mittelfeld:

$$\frac{1}{4}\left(0{,}70060 + 2 \cdot 1{,}24487 + 1{,}06991\right)\frac{pl^2}{16} = 0{,}06656\,pl^2,$$

während für den durchgehenden Träger mit drei gleichen Öffnungen die Zahlen

$$M_{\max}^{(e)} = 0{,}100\,p\,l^2 , \qquad M_{\max}^{(m)} = 0{,}075\,p\,l^2$$

gelten.

Tafel 21.

**Die Durchbiegungen und Spannungsmomente
einer trägerlosen Decke mit neun quadratischen Feldern bei wechselweiser
Belastung einzelner Felderreihen.**

Abb. 77 u. 80.

Punkt	Belastungsfall C		Belastungsfall D	
	ζ	$\bar{s}_x$	ζ	$\bar{s}_x$
2	1,4684	0,80975	−0,0686	−0,12305
7	2,1271	0,95462	−0,0142	−0,25378
8	1,8311 $\left.\dfrac{p\,l^4}{256\,N}\right.$	0,58552 $\left.\dfrac{p\,l^2}{16}\right.$	0,2941 $\left.\dfrac{p\,l^4}{256\,N}\right.$	−0,34728 $\left.\dfrac{p\,l^2}{16}\right.$
9	0,9496	−0,15736	0,9496	−0,15736
10	0,2255	−0,47024	1,7625	0,46256
11	−0,0295	−0,50780	2,1127	0,70060
4	1,8319	1,19586	−0,3404	−0,11204
9	2,4680	1,48688	−0,5688	−0,24202
13	1,6172 $\left.\dfrac{p\,l^4}{256\,N}\right.$	0,76632 $\left.\dfrac{p\,l^2}{16}\right.$	−0,5551 $\left.\dfrac{p\,l^4}{256\,N}\right.$	−0,54158 $\left.\dfrac{p\,l^2}{16}\right.$
16	0,0	−0,93464	0,0	−0,93464
17	−0,8956	−0,65360	1,2767	+0,65430
18	−1,1377	−0,48403	1,8992	+1,24487
6	1,9908	1,21392	−0,3832	−0,18288
11	2,6677	1,46226	−0,5834	−0,39204
15	1,9323 $\left.\dfrac{p\,l^4}{256\,N}\right.$	0,81616 $\left.\dfrac{p\,l^2}{16}\right.$	−0,3917 $\left.\dfrac{p\,l^4}{256\,N}\right.$	−0,58064 $\left.\dfrac{p\,l^2}{16}\right.$
18	0,3807	−0,39625	0,3807	−0,39625
20	−0,7745	−0,76308	1,5495	0,63372
21	−1,1667	−0,78439	2,0844	1,06991

Zwischen den entsprechenden Werten ist wieder eine gute Annäherung zu verzeichnen.

Es sei schließlich hervorgehoben, daß der Durchschnittswert der größten negativen Momente der Platte in der Mitte des Mittelfeldes nur

$$-\frac{1}{4}\,(0{,}50780 + 2\cdot 0{,}48403 + 0{,}78439)\,\frac{p\,l^2}{16} = -0{,}03532\,p\,l^2$$

beträgt, während die Momente des durchgehenden Trägers an der gleichen Stelle die Größe

$$M_{\min}^{(m)} = -0{,}050\,p\,l^2$$

erreichen. Diese Abweichung zeigt, daß die negativen Momente nur bei den Gurtstreifen und lediglich in der näheren Umgebung der Stützpunkte verhältnismäßig hoch sind und daher für die Bemessung der Feldquerschnitte im allgemeinen eine untergeordnete Bedeutung haben.

§ 32.
Die in einer Richtung unendlich ausgedehnte Decke.

Das Beispiel der neunfeldrigen Decke ist als Grundlage für die Beurteilung der Eigenschaften der trägerlosen Decken insofern wenig geeignet, als infolge der geringen Anzahl der Felder der günstige Einfluß der stetigen Stützung der Außenränder auch in den mittleren Felderreihen merklich in Erscheinung tritt.

In den meisten Fällen werden wenigstens in einer Richtung eine größere Anzahl von Feldern in einer Reihe angeordnet (Abb. 81). Die Steifigkeit der länglichen Feldstreifen $M-M$, $N-N$ ist in dieser Richtung um so geringer, je mehr die aufliegenden Ränder $M-N$ voneinander entfernt sind; dementsprechend ist auch die Beanspruchung der Querstreifen $P-P$, $Q-Q$ um so beträchtlicher.

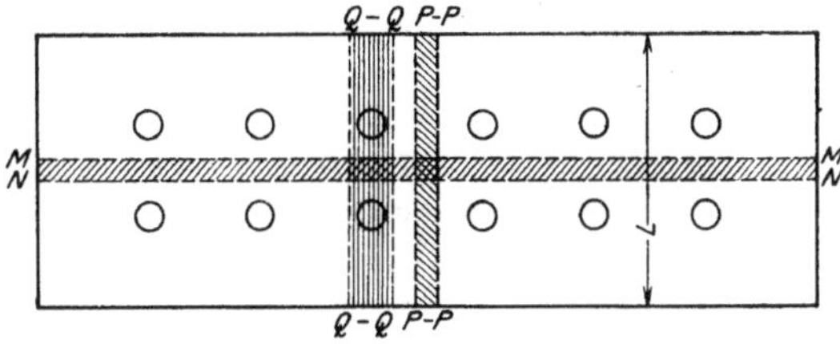

Abb. 81.

Die größten Spannungen und Formänderungen werden überhaupt in diesen Streifen dann entstehen, wenn die Decke in der Längsrichtung unendlich ausgedehnt ist.

Die Behandlung dieses Grenzfalles ist der Gegenstand der nachfolgenden Aufgabe.

Ich betrachte zunächst eine Platte, welche an den Längsrändern frei aufliegt und durch zwei Reihen von Innenstützen, die in gleichen Abständen l_x und l_y angeordnet sind, in drei Gruppen mit je unendlich vielen Feldern unterteilt ist (Abb. 82). Um die Untersuchung zu vereinfachen, setze ich voraus, daß in allen durch die Mittelebenen $Q-Q$ begrenzten Querstreifen die gleiche, zur x- und y-Achse symmetrisch verteilte Belastung P vorhanden ist: in den gemeinsamen Rändebenen $Q-Q$

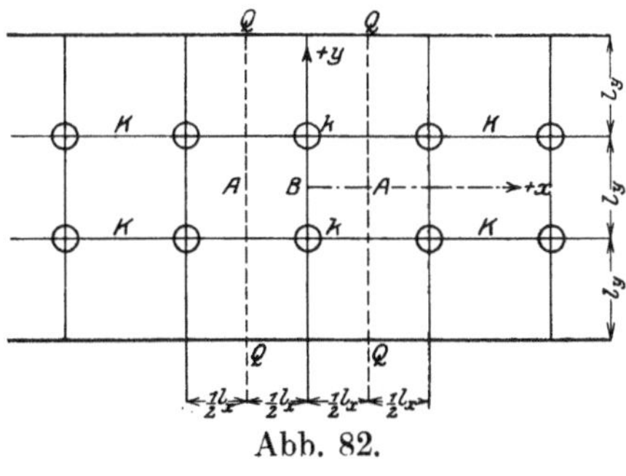

Abb. 82.

zweier Felderreihen A und B treten daher weder lotrechte Scherkräfte noch Drillungsmomente auf. Diese Ränder werden nur durch die senkrechten Kräftepaare s_x beansprucht.

Denkt man sich vorerst den Stützenwiderstand Z beseitigt, so genügen die Gleichgewichtsbedingungen, um, ohne Rücksicht auf die inneren Widerstände s_x, in gleicher Weise wie bei einem einfachen Balken die Größe der gesamten Scherkraft

$$V_y = \int\limits_{-\frac{1}{2}l_x}^{+\frac{1}{2}l_x} v_y \, dx$$

und des gesamten Biegungsmomentes

$$\mathfrak{M}_y = \int\limits_{-\frac{1}{2}l_x}^{\frac{1}{2}l_x} s_y \, dx \, ,$$

welche in jedem Querschnitt eines Querstreifens auftreten, und auch die Resultierende

$$A_y = \int\limits_{-\frac{1}{2}l_x}^{+\frac{1}{2}l_x} a_y \, dx$$

der längs der Randabschnitte $Q-Q$ verteilten Auflagerkräfte zu bestimmen. Die Gleichgewichtsgleichungen liefern für diese Größen V_y, $\mathfrak{M}_y$ und A_y genau den gleichen Wert wie bei einem Balken mit der Breite $B = l_x$. Diese Übereinstimmung ist von der Art der Belastung unabhängig: sie ist im gleichen Maße vorhanden, wenn die wirkliche Belastung ausgeschaltet wird und nur die Stützenwiderstände Z als äußere Kräfte angreifen.

Um die Unterscheidung zu erleichtern, will ich mit $\mathfrak{M}_o$ und V_o diejenigen Biegungsmomente und Scherkräfte, welche lediglich durch die Belastung P hervorgerufen werden, und mit $\mathfrak{M}'$ und V' diejenigen Widerstände, welche unter dem ausschließlichen Einfluß der Kräfte $Z = -1$ entstehen, bezeichnen. Die wirkliche Beanspruchung ist durch die Größen

$$\mathfrak{M} = \mathfrak{M}_o - Z\,\mathfrak{M}' , \qquad V = V_o - Z\,V'$$

bestimmt.

Werden ebenso mit ζ_o, ζ' und ζ bzw. mit δ_o, δ' und δ die Durchbiegungen der Platte bzw. des stellvertretenden Balkens bezeichnet, so läßt sich die wirkliche Formänderung durch die Gleichungen

$$\zeta = \zeta_o - Z\,\zeta' , \qquad \delta = \delta_o - Z\,\delta'$$

beschreiben.

Es ist von vornherein leicht zu erkennen, daß die Übereinstimmung der gesamten Biegungsmomente und Scherkräfte beim Plattenstreifen und beim zugehörigen stellvertretenden Balken eine gleiche Übereinstimmung des Mittelwertes der Durchbiegungen der Platte

$$\frac{1}{l_x} \int\limits_{-\frac{1}{2}l_x}^{+\frac{1}{2}x} \zeta_o \, dx = \delta_o , \qquad \frac{1}{l_x} \int\limits_{-\frac{1}{2}l_x}^{+\frac{1}{2}l_x} \zeta' \, dx = \delta'$$

und der entsprechenden lotrechten Verschiebungen δ_o und δ' des Balkens zur Folge haben muß.

Es muß aber im Auge behalten werden, daß in jedem Querschnitt des Querstreifens die einzelnen Beanspruchungen s_y, v_y und Durchbiegungen ζ längs der Querschnittsbreite veränderlich sind und vom Durchschnittswert $\dfrac{\mathfrak{M}_y}{l_x}$, $\dfrac{V_y}{l_x}$, δ mehr oder weniger abweichen können. Ein merklicher Unterschied ist besonders im Angriffspunkt k der Stützenwiderstände Z zu erwarten, weil bei Einzelkräften in unmittelbarer Nähe des Lastortes eine erhebliche Steigerung der Biegungsmomente eintritt.

Da die Stützpunkte unverschieblich sein sollen, so gilt für die Stelle k die Bedingung

$$\zeta_k = \zeta_{ok} - Z\,\zeta_k' = 0 .$$

Hieraus folgt

$$Z = \frac{\zeta_{ok}}{\zeta_k'} .$$

Würden ζ_{ok} und ζ_k' mit den zugehörigen Verschiebungen δ_{ok} und δ_k' der Querschnitte $K-K$ des stellvertretenden Balkens genau übereinstimmen, so würde auch der Stützenwiderstand Z bei der Platte ebenso groß wie beim entsprechenden durchgehenden Träger sein und im endgültigen Zustand eine völlige Gleichheit hinsichtlich der Biegungsmomente $\mathfrak{M}_y$ und Scherkräfte V_y bei der Pilzdecke und beim durchlaufenden Balken bestehen. Da jedoch in den Querschnitten $K-K$ längs der Stützenflucht die Durchbiegung der Platte gerade im Punkte k ihren Höchstwert erreicht und mithin ζ_k' sicherlich größer als der Durchschnittswert δ_k', also auch größer als die Verschiebung δ_k' des stellvertretenden Balkens ist, so müssen bei der Platte kleinere Stützenwiderstände Z und größere positive Biegungsmomente $\mathfrak{M}_y$ als beim durchgehenden Träger hervorgerufen werden.

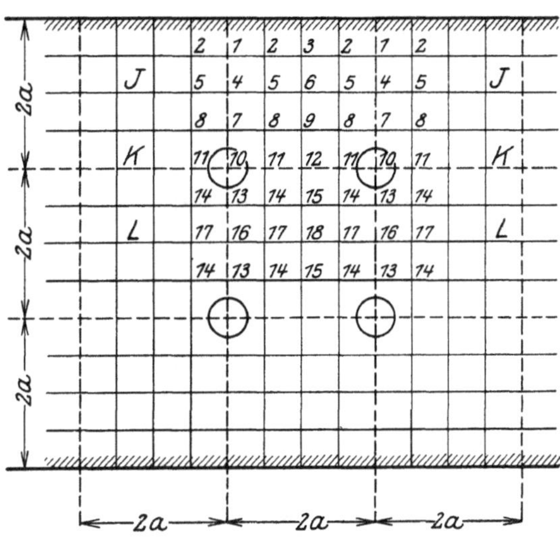

Abb. 83.

Das Verhältnis $\dfrac{\delta_k'}{\zeta_k'}$ zwischen dem Mittel- und dem Höchstwert der Durchbiegungen der Platte längs der Stützenflucht ist das Maß für die Wirksamkeit der Stützung. Es ist um so günstiger, je weniger sich diese beiden Werte voneinander unterscheiden und hängt wesentlich vom Stützenabstand l ab. Um die Beziehungen zwischen Platte und Balken

17*

weiter zu verfolgen, will ich jetzt in zwei Beispielen die Ermittlung der Größen δ'_k und ζ'_k zeigen und den Verlauf der Durchbiegung der Decke im Bereiche der Stützenflucht näher untersuchen.

1. Untersuchung einer dreireihigen Platte mit der Stützenteilung $l_x : l_y = 1 : 1$.

Für die in Abb. 83 dargestellte dreireihige Platte mit der Stützenteilung $l_x : l_y = 1 : 1$ wähle ich ein Gewebe mit der Maschenweite $\lambda_x = \lambda_y = \lambda = \dfrac{l}{4} = \dfrac{a}{2}$ und belaste es in den Punkten k mit den Kräften $P = 1$.

Ich verteile die Ordnungsziffern der Knotenpunkte entsprechend den Symmetriebedingungen und schreibe die Gewebegleichungen

$$
\left.
\begin{aligned}
4\,w'_1 - 2\,w'_2 - w'_4 &= 0, \\
-2\,(w'_1 + w'_3) + 4\,w'_2 - w'_5 &= 0, \\
4\,w'_3 - 2\,w'_2 - w'_6 &= 0, \\[2mm]
- w'_1 + 4\,w'_4 - 2\,w'_5 - w'_7 &= 0, \\
- w'_2 - (w'_4 + w'_6) + 4\,w'_5 - w'_8 &= 0, \\
- w'_3 + 4\,w'_6 - 2\,w'_5 - w'_9 &= 0, \\[2mm]
- w'_4 + 4\,w'_7 - 2\,w'_8 - w'_{10} &= 0, \\
- w'_5 - (w'_7 + w'_9) + 4\,w'_8 - w'_{11} &= 0, \\
- w'_6 + 4\,w'_9 - 2\,w'_8 - w'_{12} &= 0, \\[2mm]
- w'_7 + 4\,w'_{10} - 2\,w'_{11} - w'_{13} &= \frac{P}{S_1} = +\frac{1}{S_1}, \\
- w'_8 - (w'_{10} + w'_{12}) + 4\,w'_{11} - w'_{14} &= 0, \\
- w'_9 + 4\,w'_{12} - 2\,w'_{11} - w'_{15} &= 0, \\[2mm]
- w'_{10} + 4\,w'_{13} - 2\,w'_{14} - w'_{16} &= 0, \\
- w'_{11} - (w'_{13} + w'_{15}) + 4\,w'_{14} - w'_{17} &= 0, \\
- w'_{12} + 4\,w'_{15} - 2\,w'_{14} - w'_{18} &= 0, \\[2mm]
-2\,w'_{13} + 4\,w'_{16} - 2\,w'_{17} &= 0, \\
-2\,w'_{14} - (w'_{16} + w'_{18}) + 4\,w'_{17} &= 0, \\
-2\,w'_{15} + 4\,w'_{18} - 2\,w'_{17} &= 0,
\end{aligned}
\right\} \quad \text{(A)}
$$

$$
\begin{aligned}
4\,z_1' - 2\,z_2' \qquad\qquad - z_4' &= \frac{\lambda^2}{S_2}\,w_1' \,, \\[2mm]
-2\,(z_1' + z_3') + 4\,z_2' \qquad - z_5' &= \frac{\lambda^2}{S_2}\,w_2' \,, \\[2mm]
4\,z_3' - 2\,z_2' \qquad\qquad - z_6' &= \frac{\lambda^2}{S_2}\,w_3' \,, \\[4mm]
- z_1' \qquad + 4\,z_4' \qquad - 2\,z_5' - z_7' &= \frac{\lambda^2}{S_2}\,w_4' \,, \\[2mm]
- z_2' \qquad - (z_4' + z_6') + 4\,z_5' - z_8' &= \frac{\lambda^2}{S_2}\,w_5' \,, \\[2mm]
- z_3' \qquad + 4\,z_6' \qquad - 2\,z_5' - z_9' &= \frac{\lambda^2}{S_2}\,w_6' \,, \\[4mm]
- z_4' \qquad + 4\,z_7' \qquad - 2\,z_8' - z_{10}' &= \frac{\lambda^2}{S_2}\,w_7' \,, \\[2mm]
- z_5' \qquad - (z_7' + z_9') + 4\,z_8' - z_{11}' &= \frac{\lambda^2}{S_2}\,w_8' \,, \\[2mm]
- z_6' \qquad + 4\,z_9' \qquad - 2\,z_8' - z_{12}' &= \frac{\lambda^2}{S_2}\,w_9' \,, \\[4mm]
- z_7' \qquad + 4\,z_{10}' \qquad - 2\,z_{11}' - z_{13}' &= \frac{\lambda^2}{S_2}\,\overline{w}_k' \,, \\[2mm]
- z_8' \qquad - (z_{10}' + z_{12}') + 4\,z_{11}' - z_{14}' &= \frac{\lambda^2}{S_2}\,w_{11}' \,, \\[2mm]
- z_9' \qquad + 4\,z_{12}' \qquad - 2\,z_{11}' - z_{15}' &= \frac{\lambda^2}{S_2}\,w_{12}' \,, \\[4mm]
- z_{10}' \qquad + 4\,z_{13}' \qquad - 2\,z_{14}' - z_{16}' &= \frac{\lambda^2}{S_2}\,w_{13}' \,, \\[2mm]
- z_{11}' \qquad - (z_{13}' + z_{15}') + 4\,z_{14}' - z_{17}' &= \frac{\lambda^2}{S_2}\,w_{14}' \,, \\[2mm]
- z_{12}' \qquad + 4\,z_{15}' \qquad - 2\,z_{14}' - z_{18}' &= \frac{\lambda^2}{S_2}\,w_{15}' \,, \\[4mm]
-2\,z_{13}' \qquad + 4\,z_{16}' \qquad - 2\,z_{17}' \qquad &= \frac{\lambda^2}{S_2}\,w_{16}' \,, \\[2mm]
-2\,z_{14}' \qquad - (z_{16}' + z_{18}') + 4\,z_{17}' \qquad &= \frac{\lambda^2}{S_2}\,w_{17}' \,, \\[2mm]
-2\,z_{15}' \qquad + 4\,z_{18}' \qquad - 2\,z_{17}' \qquad &= \frac{\lambda^2}{S_2}\,w_{18}'
\end{aligned}
\right\} \quad \text{(B)}
$$

auf. Ich setze

$$
\left.\begin{aligned}
w_1' &= R_1 + T_1 + U_1 \,, \\
w_2' &= R_1 - T_1 \,, \\
w_3' &= R_1 + T_1 - U_1 \,, \\[4pt]
w_4' &= R_4 + T_4 + U_4 \,, \\
w_5' &= R_4 - T_4 \,, \\
w_6' &= R_4 + T_4 - U_4 \,, \\[4pt]
w_7' &= R_7 + T_7 + U_7 \,, \\
w_8' &= R_7 - T_7 \,, \\
w_9' &= R_7 + T_7 - U_7 \,, \\[4pt]
w_{10}' &= R_{10} + T_{10} + U_{10} \,, \\
w_{11}' &= R_{10} - T_{10} \,, \\
w_{12}' &= R_{10} + T_{10} - U_{10} \,, \\[4pt]
w_{13}' &= R_{13} + T_{13} + U_{13} \,, \\
w_{14}' &= R_{13} - T_{13} \,, \\
w_{15}' &= R_{13} + T_{13} - U_{13} \,, \\[4pt]
w_{16}' &= R_{16} + T_{16} + U_{16} \,, \\
w_{17}' &= R_{16} - T_{16} \,, \\
w_{18}' &= R_{16} + T_{16} - U_{16} \,,
\end{aligned}\right\} \quad (C)
$$

$$
\left.\begin{aligned}
4 R_1 &= w_1' + 2 w_2' + w_3' \,, \\
4 U_1 &= 2 w_1' - 2 w_3' \,, \\
4 T_1 &= w_1' - 2 w_2' + w_3' \,, \\[4pt]
4 R_4 &= w_4' + 2 w_5' + w_6' \,, \\
4 U_4 &= 2 w_4' - 2 w_6' \,, \\
4 T_4 &= w_4' - 2 w_5' + w_6' \,, \\[4pt]
4 R_7 &= w_7' + 2 w_8' + w_9' \,, \\
4 U_7 &= 2 w_7' - 2 w_9' \,, \\
4 T_7 &= w_7' - 2 w_8' + w_9' \,, \\[4pt]
4 R_{10} &= w_{10}' + 2 w_{11}' + w_{12}' \,, \\
4 U_{10} &= 2 w_{10}' - 2 w_{12}' \,, \\
4 T_{10} &= w_{10}' - 2 w_{11}' + w_{12}' \,, \\[4pt]
4 R_{13} &= w_{13}' + 2 w_{14}' + w_{15}' \,, \\
4 U_{13} &= 2 w_{13}' - 2 w_{15}' \,, \\
4 T_{13} &= w_{13}' - 2 w_{14}' + w_{15}' \,, \\[4pt]
4 R_{16} &= w_{16}' + 2 w_{17}' + w_{18}' \,, \\
4 U_{16} &= 2 w_{16}' - 2 w_{18}' \,, \\
4 T_{16} &= w_{16}' - w_{17}' + w_{18}' \,,
\end{aligned}\right\} \quad (D)
$$

fasse in den einzelnen Gruppen des Gleichungssystems A die Gleichungen paarweise zusammen und erhalte durch wiederholte Addition und Subtraktion die drei folgenden voneinander unabhängigen Gleichungssysteme:

$$
\left.\begin{aligned}
2 R_1 - R_4 &= 0 \\
- R_1 + 2 R_4 - R_7 &= 0 \\
- R_4 + 2 R_7 - R_{10} &= 0 \\
- R_7 + 2 R_{10} - R_{13} &= \frac{1}{4 S_1} \\
- R_{10} + 2 R_{13} - R_{16} &= 0 \\
-2 R_{13} + 2 R_{16} &= 0
\end{aligned}\right\} \quad (E_1)
$$

$$
\left.\begin{aligned}
+ 6 T_1 - T_4 &= 0 \\
- T_1 + 6 T_4 - T_7 &= 0 \\
- T_4 + 6 T_7 - T_{10} &= 0 \\
- T_7 + 6 T_{10} - T_{13} &= \frac{1}{4 S_1} \\
- T_{10} + 6 T_{13} - T_{16} &= 0 \\
-2 T_{13} + 6 T_{16} &= 0
\end{aligned}\right\} \quad (E_2)
$$

$$\left.\begin{array}{rl}
+\,4\,U_1 \;-\; U_4 \;=\;0 \\
-\; U_1 \;+\;4\,U_4 \;-\; U_7 \;=\;0 \\
-\; U_4 \;+\;4\,U_7 \;-\; U_{10} \;=\;0 \\
-\; U_7 \;+\;4\,U_{10} \;-\; U_{13} \;=\;\dfrac{2}{4\,S_1} \\
-\; U_{10} \;+\;4\,U_{13} \;-\; U_{16} \;=\;0 \\
-\,2\,U_{13} \;+\;4\,U_{16} \;\;\;\;=\;0 .
\end{array}\right\} \qquad (\mathrm{E}_3)$$

An Stelle der ursprünglichen partiellen Differenzengleichungen sind hiermit totale Differenzengleichungen gewonnen, welche eine ähnliche einfache Gliederung wie die bekannten Clapeyronschen Dreimomentengleichungen des durchlaufenden Balkens aufweisen. Ihre Auflösung liefert:

$$R_1 = 0{,}25\,\frac{1}{S_1}\,, \qquad T_1 = 0{,}000\,217\,\frac{1}{S_1}\,, \qquad U_1 = 0{,}002\,59\,\frac{1}{S_1}\,,$$

$$R_4 = 0{,}50\,\frac{1}{S_1}\,, \qquad T_4 = 0{,}001\,301\,\frac{1}{S_1}\,, \qquad U_4 = 0{,}010\,36\,\frac{1}{S_1}\,,$$

$$R_7 = 0{,}75\,\frac{1}{S_1}\,, \qquad T_7 = 0{,}007\,589\,\frac{1}{S_1}\,, \qquad U_7 = 0{,}038\,86\,\frac{1}{S_1}\,,$$

$$R_{10} = 1{,}00\,\frac{1}{S_1}\,, \qquad T_{10} = 0{,}004\,423\,2\,\frac{1}{S_1}\,, \qquad U_{10} = 0{,}145\,08\,\frac{1}{S_1}\,,$$

$$R_{13} = 1{,}00\,\frac{1}{S_1}\,, \qquad T_{13} = 0{,}007\,806\,\frac{1}{S_1}\,, \qquad U_{13} = 0{,}041\,45\,\frac{1}{S_1}\,,$$

$$R_{16} = 1{,}00\,\frac{1}{S_1}\,, \qquad T_{16} = 0{,}002\,602\,\frac{1}{S_1}\,, \qquad U_{16} = 0{,}020\,73\,\frac{1}{S_1}\,.$$

$$M'_1 = S_1 w'_1 = 0{,}252\,81\,P\,, \qquad M'_4 = S_1 w'_4 = 0{,}511\,66\,P\,,$$
$$M'_2 = S_1 w'_2 = 0{,}249\,78\,P\,, \qquad M'_5 = S_1 w'_5 = 0{,}498\,70\,P\,,$$
$$M'_3 = S_1 w'_3 = 0{,}247\,63\,P\,, \qquad M'_6 = S_1 w'_6 = 0{,}490\,94\,P\,,$$

$$M'_7 = S_1 w'_7 = 0{,}796\,45\,P\,, \qquad M'_{10} = S_1 w'_{10} = 1{,}189\,31\,P\,,$$
$$M'_8 = S_1 w'_8 = 0{,}742\,41\,P\,, \qquad M'_{11} = S_1 w'_{11} = 0{,}955\,77\,P\,,$$
$$M'_9 = S_1 w'_9 = 0{,}718\,73\,P\,, \qquad M'_{12} = S_1 w'_{12} = 0{,}899\,15\,P\,,$$

$$M'_{13} = S_1 w'_{13} = 1{,}049\,26\,P\,, \qquad M'_{16} = S_1 w'_{16} = 1{,}023\,33\,P\,,$$
$$M'_{14} = S_1 w'_{14} = 0{,}992\,19\,P\,, \qquad M'_{17} = S_1 w'_{17} = 0{,}997\,48\,P\,,$$
$$M'_{15} = S_1 w'_{15} = 0{,}966\,36\,P\,, \qquad M'_{18} = S_1 w'_{18} = 0{,}981\,87\,P\,.$$

Aus diesen Zahlenreihen erkennt man, daß nur in der nächsten Umgebung des Lastortes ein nennenswerter Unterschied zwischen den Momenten M' eines Längsschnittes besteht, während mit wachsendem Abstande vom Lastorte alle Punkte eines Längsschnittes fast die gleiche Biegungsmasse M' aufweisen. Obgleich die Platte nur in einzelnen

Punkten gestützt ist, tritt eine beinahe ebenso gleichmäßige Verteilung des Auflagerwiderstandes ein, als ob die Decken längs der Linien 10, 11, 12 gänzlich aufruhen würden: diese günstige Wirkung ist für die Tragfähigkeit der Pilzdecken von erheblicher Bedeutung.

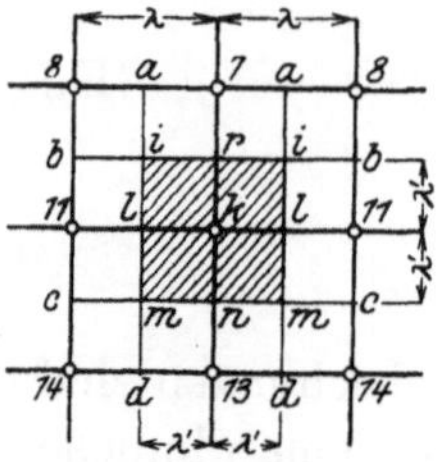

Abb. 83a.

Die Spannungsverteilung in der Nähe des Stützenkopfes verdient noch eine eingehendere Untersuchung. Ich schließe an die Knotenpunkte 7, 8, 11, 13, 14 ein kleinmaschiges Gewebe mit der Weite $\lambda'_x = \lambda'_y = \lambda' = \dfrac{a}{4}$ an (Abb. 83a). Wählt man als Druckfläche ein Quadrat mit der Seitenlänge $2\lambda' = \dfrac{a}{2}$, so entfallen

auf die Knotenpunkte i und m die Lastanteile $\dfrac{P}{16}$,

auf die Knotenpunkte r, l und n die Lastanteile $\dfrac{P}{8}$,

auf den Mittelpunkt k der Anteil $\dfrac{P}{4}$.

Die Gleichgewichtsgleichungen des kleinen Gewebes lauten nunmehr:

$$
\left.
\begin{aligned}
4\,w'_i - w'_l - w'_r - w'_a - w'_b &= \frac{P}{16\,S_1}, \\[2mm]
4\,w'_m - w'_l - w'_n - w'_d - w'_c &= \frac{P}{16\,S_1}, \\[2mm]
4\,w'_r - 2\,w'_i - w'_k - w'_7 &= \frac{P}{8\,S_1}, \\[2mm]
4\,w'_n - 2\,w'_m - w'_k - w'_{13} &= \frac{P}{8\,S_1}, \\[2mm]
4\,w'_l - (w'_i + w'_m) - w'_k - w'_{11} &= \frac{P}{8\,S_1}, \\[2mm]
4\,w'_k - (w'_r + w'_n) - 2\,w'_l &= \frac{P}{4}\,S_1 .
\end{aligned}
\right\} \qquad (\mathrm{F})
$$

Setzt man hierin für w'_7, w'_{11} und w'_{13} die vorhin gefundenen Werte

$$
w'_7 = 0{,}79645\,\frac{P}{S_1}, \qquad w'_{11} = 0{,}95577\,\frac{P}{S_1}, \qquad w'_{13} = 1{,}04926\,\frac{P}{S_1}
$$

und für die übrigen Randknotenpunkte die durch Interpolation ermittelten Größen

$$
w'_a = \frac{3\,w'_7 + w'_8}{4} = 0{,}78294\,\frac{P}{S_1},
$$

$$
w'_d = \frac{3\,w'_{13} + w'_{14}}{4} = 1{,}03499\,\frac{P}{S_1},
$$

$$w_b' = \frac{6\,w_{11}' + 3\,w_8' - w_{14}'}{8} = 0{,}871\,21\,\frac{P}{S_1},$$

$$w_c' = \frac{6\,w_{11}' - w_8' + 3\,w_{14}'}{8} = 0{,}996\,10\,\frac{P}{S_1}$$

ein, so erhält man durch Auflösung der Gleichungsgruppe (F) die neuen Ordinaten

$$w_i' = 0{,}933\,25\,\frac{P}{S_1}, \qquad w_m' = 1{,}059\,00\,\frac{P}{S_1},$$

$$w_r' = 0{,}972\,535\,\frac{P}{S_1}, \qquad w_n' = 1{,}098\,61\,\frac{P}{S_1},$$

$$w_l' = 1{,}043\,80\,\frac{P}{S_1}, \qquad w_k' = 1{,}102\,19\,\frac{P}{S_1}$$

und schließlich als Mittelwert des Momentes über dem Stützpunkt im Bereiche i, r, l, m, n

$$\overline{w}_k = \frac{4\,w_k' + 2\,w_l' + w_r' + w_n' + \tfrac{1}{2}\cdot w_i' + \tfrac{1}{2}\,w_m'}{9} = 1{,}062\,63\,\frac{P}{S_1}.$$

Die günstige Wirkung der Verbreiterung des Stützenkopfes tritt wieder in Erscheinung; unter Berücksichtigung der Druckverteilung ist das größte Moment über dem Stützenmittelpunkt

$$M' = S_1\,w_k' = 1{,}102\,19\,P,$$

während bei Außerachtlassung der wirklichen Stützfläche das Moment

$$M_{10}' = S_1\,w_{10}' = 1{,}189\,31\,P$$

in Rechnung zu stellen sein würde.

Um nunmehr die Ordinaten ζ' der elastischen Fläche zu bestimmen, bringe ich auf das Gewebe mit der Maschenweite $\lambda = \dfrac{a}{2}$ die elastischen Gewichte w'. Die zugehörigen Gleichgewichtsgleichungen sind in der Gruppe (B) vereinigt.

Sie lassen sich genau wie die w'-Gleichungen der Gruppe (A) durch drei voneinander unabhängige Gleichungssysteme mit je sechs dreigliedrigen Gleichungen und je sechs Unbekannten ersetzen und ebenso rasch auflösen. Die Durchführung der Rechnung nach dem Vorbilde der Gleichungsgruppen (C), (D) und (E) ist verhältnismäßig sehr einfach und braucht daher nicht mit allen Einzelheiten erörtert zu werden. Sie liefert die folgenden Werte:

$$\left.\begin{aligned}
&z_1' = 3{,}97113\,\frac{P\lambda^2}{S_1 S_2}, && z_2' = 3{,}96820\,\frac{P\lambda^2}{S_1 S_2}, && z_3' = 3{,}96578\,\frac{P\lambda^2}{S_1 S_2}, \\[2mm]
&z_4' = 7{,}69532\,\frac{P\lambda^2}{S_1 S_2}, && z_5' = 7{,}68612\,\frac{P\lambda^2}{S_1 S_2}, && z_6' = 7{,}67908\,\frac{P\lambda^2}{S_1 S_2}, \\[2mm]
&z_7' = 10{,}92625\,\frac{P\lambda^2}{S_1 S_2}, && z_8' = 10{,}90318\,\frac{P\lambda^2}{S_1 S_2}, && z_9' = 10{,}88734\,\frac{P\lambda^2}{S_1 S_2}, \\[2mm]
&z_{10}' = 13{,}40687\,\frac{P\lambda^2}{S_1 S_2}, && z_{11}' = 13{,}37060\,\frac{P\lambda^2}{S_1 S_2}, && z_{12}' = 13{,}34521\,\frac{P\lambda^2}{S_1 S_2}, \\[2mm]
&z_{13}' = 14{,}89739\,\frac{P\lambda^2}{S_1 S_2}, && z_{14}' = 14{,}87139\,\frac{P\lambda^2}{S_1 S_2}, && z_{15}' = 14{,}85312\,\frac{P\lambda^2}{S_1 S_2}, \\[2mm]
&z_{16}' = 15{,}39065\,\frac{P\lambda^2}{S_1 S_2}, && z_{17}' = 15{,}37224\,\frac{P\lambda^2}{S_1 S_2}, && z_{18}' = 15{,}35815\,\frac{P\lambda^2}{S_1 S_2}.
\end{aligned}\right\} \quad (G)$$

Man erkennt wiederum, daß alle Punkte eines Längsschnittes fast genau die gleichen Durchbiegungen aufweisen und daß sich die Formänderung der Decke außerordentlich gleichmäßig vollzieht.

Da nur im Bereiche des Lastortes nennenswerte Unterschiede in den lotrechten Verschiebungen zu erwarten sind, so möge noch der Krümmungsverlauf in der Nähe des Stützpunktes näher untersucht werden. Ich schließe zu diesem Zwecke wie vorhin an die Knotenpunkte 7, 8, 11, 13, 14 des großmaschigen Gewebes ein kleines Gewebe mit der Maschenweite $\lambda' = \dfrac{\lambda}{2} = \dfrac{a}{4}$ an (Abb. 83 a). Seine Ordinaten müssen den folgenden Bestimmungsgleichungen genügen:

$$4\,z_i' - \quad z_l' - z_r' - z_a' - z_b' = w_i'\,\frac{(\lambda')^2}{S_2} = \frac{1}{4}\cdot w_i'\,\frac{\lambda^2}{S_2} = 0{,}93325\,\frac{P\lambda^2}{4\,S_1 S_2},$$

$$4\,z_m' - \quad z_l' - z_n' - z_d' - z_c' = w_m'\,\frac{(\lambda')^2}{S_2} = \frac{1}{4}\cdot w_m'\,\frac{\lambda^2}{S_2} = 1{,}05900\,\frac{P\lambda^2}{4\,S_1 S_2},$$

$$4\,z_r' - 2\,z_i' - z_k' - z_7' \qquad = w_r'\,\frac{(\lambda')^2}{S_2} = \frac{1}{4}\cdot w_r'\,\frac{\lambda^2}{S_2} = 0{,}972535\,\frac{P\lambda^2}{4\,S_1 S_2},$$

$$4\,z_n' - 2\,z_m' - z_k' - z_{13}' \qquad = w_n'\,\frac{(\lambda')^2}{S_2} = \frac{1}{4}\cdot w_n'\,\frac{\lambda^2}{S_2} = 1{,}09861\,\frac{P\lambda^2}{4\,S_1 S_2},$$

$$4\,z_l' - \quad (z_i' + z_m') - z_k' - z_{11}' = w_l'\cdot\frac{(\lambda')^2}{S_2} = \frac{1}{4}\cdot w_l'\,\frac{\lambda^2}{S_2} = 1{,}0438\,\frac{P\lambda^2}{4\,S_1 S_2},$$

$$4\,z_k' - \quad (z_r' + z_n') - 2\,z_l' \qquad = w_k'\,\frac{(\lambda')^2}{S_2} = \frac{1}{4}\cdot w_k'\,\frac{\lambda^2}{S_2} = 1{,}10219\,\frac{P\lambda^2}{4\,S_1 S_2}.$$

Führt man hierin die bereits ermittelten Größen

$$z_7' = 10{,}92625\,\frac{P\lambda^2}{S_1 S_2}, \qquad z_{11}' = 13{,}37060\,\frac{P\lambda^2}{S_1 S_2}, \qquad z_{13}' = 14{,}89739\,\frac{P\lambda^2}{S_1 S_2}$$

und die durch Interpolation gewonnenen Werte

$$z'_a = \frac{3\,z'_7 + z'_8}{4} = 10{,}920\,48\,\frac{P\,\lambda^2}{S_1\,S_2}\,,$$

$$z'_d = \frac{3\,z'_{13} + z'_{14}}{4} = 14{,}890\,89\,\frac{P\,\lambda^2}{S_1\,S_2}\,,$$

$$z'_b = \frac{6\,z'_{11} + 3\,z'_8 - z'_{14}}{4} = 12{,}257\,72\,\frac{P\,\lambda^2}{S_1\,S_2}\,,$$

$$z'_c = \frac{6\,z'_{11} - z'_8 + 3\,z'_{14}}{4} = 12{,}241\,82\,\frac{P\,\lambda^2}{S_1\,S_2}\,.$$

ein, so ergibt die Auflösung:

$$z'_i = 12{,}271\,10\,\frac{P\,\lambda^2}{S_1\,S_2}\,, \qquad z'_n = 14{,}277\,90\,\frac{P\,\lambda^2}{S_1\,S_2}\,,$$

$$z'_m = 14{,}267\,27\,\frac{P\,\lambda^2}{S_1\,S_2}\,, \qquad z'_k = 13{,}405\,02\,\frac{P\,\lambda^2}{S_1\,S_2}\,,$$

$$z'_r = 12{,}279\,15\,\frac{P\,\lambda^2}{S_1\,S_2}\,, \qquad z'_l = 13{,}393\,74\,\frac{P\,\lambda^2}{S_1\,S_2}\,.$$

Die vorzügliche Übereinstimmung zwischen den beiden Werten

$$z'_{10} = 13{,}406\,87\,\frac{P\,\lambda^2}{S_1\,S_2}$$

und

$$z'_k = 13{,}405\,02\,\frac{P\,\lambda^2}{S_1\,S_2}$$

ist ein erneuter Beweis für die Genauigkeit und Zuverlässigkeit des Rechnungsverfahrens.

Aus der Gleichungsgruppe (G) lassen sich jetzt, indem $P = 1$ gesetzt wird, die Werte

$$\zeta' = \frac{S_1\,S_2}{N}\,z'$$

errechnen. Sie sind mit den zugehörigen Momenten der reduzierten Biegungsspannungen

$$\bar{s}'_y = -\,N \cdot \frac{\partial^2 \zeta'}{\partial y^2}$$

in der nachstehenden Tafel 22 zusammengestellt. Um den Vergleich zu erleichtern, sind die Durchbiegungen δ' und die Momente $\mathfrak{M}'$ des stellvertretenden einfachen Balkens in der gleichen Tafel aufgenommen.

Der Vergleich der zugehörigen Zahlenreihen zeigt bei den Durchbiegungen δ' und ζ' Abweichungen von höchstens 0,6%, während sich die Momente s' und $\dfrac{\mathfrak{M}'}{2\,a}$ um kaum mehr als 1% voneinander unterscheiden; beachtenswert ist hierbei, daß die Gurtstreifen 1—4—7—10 —13—16 die tieferen Senkungen ζ' und die kleineren Momente s', die

Feldstreifen 3—6—9—12—15—18 hingegen die geringeren Verschiebungen ζ' und die größeren Momente s' aufweisen.

Das Verhältnis

$$\frac{\delta'_k}{\zeta'_k} = \frac{3,33333}{3,35125} = 0,99$$

erscheint als Maß der Wirksamkeit der Stützung außerordentlich günstig. Da aber bei statisch unbestimmten Tragwerken geringfügige Veränderungen in der Lage der Stützpunkte einen merklichen Einfluß auf den Spannungszustand ausüben können, ist es notwendig, nicht allein die Wirkung der Auflagerkräfte $Z = -1$, sondern auch diejenige der gesamten wirklichen Belastung in Betracht zu ziehen.

Tafel 22.

Die Durchbiegungen und Hauptspannungsmomente einer dreireihigen Platte mit der Stützenteilung $l_x : l_y = 1 : 1$ unter dem Einfluß der Kräfte $P_{10} = +1$.

Abb. 83.

Punkt	1	4	7	10	13	16	Faktor
ζ'	0,99278	1,92383	2,73156	3,35125	3,7243	3,84766	$\left.\begin{array}{c} \\ \end{array}\right\} 1 \cdot \dfrac{a^2}{N}$
δ'	0,98952	1,91667	2,71875	3,33333	3,70833	3,83333	
s'_y	0,24695	0,49326	0,75031	1,01193	0,99726	0,98652	1
$\dfrac{\mathfrak{M}'}{2\,a}$	0,25	0,50	0,75	1,0	1,0	1,0	1
Punkt	3	6	9	12	15	18	
ζ'	0,99145	1,91977	2,72184	3,33630	3,71328	3,83954	$1 \cdot \dfrac{a^2}{N}$
$\bar{s}'_y$	0,25248	0,50503	0,75041	0,94995	1,00289	1,01006	1

a) Der Einfluß einer gleichmäßigen Belastung aller Felder.

Werden alle Felder gleichmäßig mit g belastet und die Widerstände Z beseitigt, so entstehen in allen Punkten eines Längsschnittes $M-M$ (Abb. 81) die gleichen Verschiebungen ζ_o und die gleichen Biegungsmomente s_{oy}: jeder Streifen $PPQQ$ verhält sich wie ein einfacher, frei aufliegender Balken. Bezeichnet man mit $L = 3\,l = 6\,a$ die Spannweite dieses Balkens, so lassen sich seine Durchbiegungen ζ_o und seine Momente s_{oy} durch die bekannten Formeln

$$\zeta_o = \frac{g\,L^4}{384\,N}\left(5 - 24\,\frac{y^2}{L^4} + 16\,\frac{y^4}{L^4}\right) = \frac{27}{8}\,\frac{g\,a^4}{N}\left(5 - \frac{2}{3}\,\frac{y^2}{a^2} + \frac{1}{81}\cdot\frac{y^4}{a^4}\right),$$

$$s_{oy} = \frac{g\,L^2}{8}\left(1 - \frac{4\,y^2}{L^2}\right) = \frac{9}{2}\,g\,a^2\left(1 - \frac{1}{9}\,\frac{y^2}{a^2}\right)$$

darstellen.

Für die Stützenflucht $y = +a$ ist

$$\zeta_{ok} = \frac{44}{3}\,\frac{g\,a^4}{N}\,.$$

Der Auflagerwiderstand der Pilzdecke hat also die Größe

$$Z = \frac{\zeta_{ok}}{\zeta'_k} = \frac{44}{3}\cdot\frac{g\,a^4}{3{,}351\,25\,a^2}$$
$$= 4{,}376\,47\,g\,a^2\,.$$

Bei dem gewöhnlichen durchlaufenden Balken ist hingegen

$$Z = \frac{\zeta_{ok}}{\delta_k} = \frac{44}{3}\cdot\frac{g\,a^4}{3{,}333\,33\,a^2}$$
$$= 4{,}4\,g\,a^2\,.$$

Diese beiden Werte weichen nur um etwa 0,5% voneinander ab.

Die Gleichungen der endgültigen Verschiebungen ζ und Momente s_y lauten nunmehr

$$\zeta = \zeta_o - 4{,}376\,47\,g\,a^2\,\zeta'\,,$$
$$s_y = s_{oy} - 4{,}376\,47\,g\,a^2\,s'_y\,.$$

Nach diesen Formeln sind die Werte ζ, s_y und auch die Momente $\bar{s}_y$ der reduzierten Biegungsspannungen errechnet und neben den zugehörigen Größen des stellvertretenden durchlaufenden Balkens in die Reihe A der Tafel 23 aufgenommen worden. Um die Unterschiede zwischen der Pilzdecke und dem Balken besser zu veranschaulichen, sind die Momente $\bar{s}_y$ und $\dfrac{\mathfrak{M}}{2\,a}$ in Abb. 84 dargestellt.

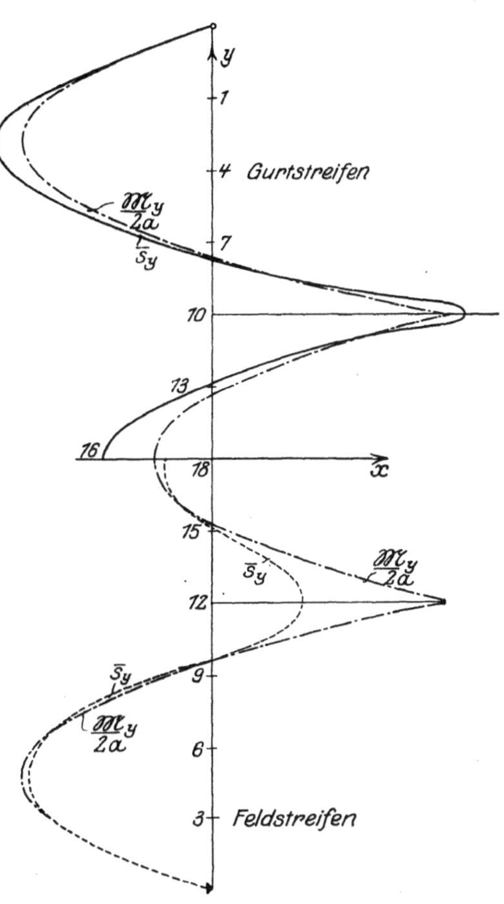

Abb. 84. Spannungsbilder der Querstreifen einer gleichmäßig belasteten trägerlosen Decke mit drei Felderreihen.

Der Vergleich läßt wieder die kleinere Durchbiegung und die stärkere Beanspruchung der Gurtstreifen erkennen: die Feldstreifen, welche im Gegensatz zu den Gurtstreifen in den inneren Drittelpunkten nicht unmittelbar aufgelagert sind, besitzen infolge ihrer nachgiebigen Stützung eine geringere Steifigkeit und haben daher auch die kleineren

Tafel 23.

Die Durchbiegungen und Spannungsmomente einer dreireihigen Platte mit der Stützenteilung $l_x : l_y = 1:1$ bei verschiedenen Belastungsfällen.

Abb. 83, 84 u. 87.

Punkt		1	4	7	10	13	16	Faktor	Abb.
Belastungsfall A	s_y	0,071 64	0,079 28	0,007 68	−0,136 80	−0,014 43	0,033 55		
	$\bar{s}_y$	0,073 56	0,085 32	0,023 82	−0,107 17	0,002 64	0,045 63	$\big\}\, g\,l_y^2$	84
	$\dfrac{\mathfrak{M}_y}{2\,a}$	0,068 75	0,075	0,018 75	−0,1	−0,006 25	0,025		
B	s_y	0,082 69	0,102 14	0,050 71	−0,068 40	−0,054 09	−0,045 70		
	$\bar{s}_y$	0,083 68	0,105 16	0,058 29	−0,053 59	−0,045 56	−0,039 68	$\big\}\, p\,l_y^2$	85a
	$\dfrac{\mathfrak{M}_y}{2\,a}$	0,081 25	0,1	0,056 25	−0,05	−0,05	−0,05		
C	s_y	−0,011 06	−0,022 86	−0,043 04	−0,068 40	0,039 66	0,079 30		
	$\bar{s}_y$	−0,010 09	−0,019 84	−0,035 46	0,053 59	0,048 19	0,085 31	$\big\}\, p\,l_y^2$	85
	$\dfrac{\mathfrak{M}_y}{2\,a}$	−0,0125	−0,025	−0,0375	−0,05	0,043 75	0,075		

Punkt		3	6	9	12	15	18	Faktor	Abb.
Belastungsfall A	s_y	0,069 10	0,077 06	0,033 12	−0,022 68	0,008 47	0,029 13	$\big\}\, g\,l_y^2$	84
	$\bar{s}_y$	0,067 51	0,072 44	0,022 72	−0,039 35	−0,003 52	0,019 88		
B	s_y	0,081 42	0,101 03	0,063 42	−0,011 34	−0,042 64	−0,047 94	$\big\}\, p\,l_y^2$	85a
	$\bar{s}_y$	0,080 63	0,098 72	0,058 23	−0,019 68	−0,048 64	−0,052 56		
C	s_y	−0,012 32	−0,023 97	−0,030 32	−0,011 34	0,051 11	0,077 06	$\big\}\, p\,l_y^2$	85
	$\bar{s}_y$	−0,013 12	0,026 28	−0,035 52	−0,019 68	0,045 11	0,072 44		

Punkt		4	6	10	12	16	18	Faktor	Abb.
Belastungsfall A	s_x	0,005 46	0,037 15	−0,130 90	0,043 77	−0,026 59	0,036 80		
	$\bar{s}_x$	−0,006 41	0,015 42	−0,098 75	0,055 58	−0,040 27	0,030 84	$\big\}\, g\,l_x^2$	
	$\dfrac{\mathfrak{M}_x}{2\,b}$	−0,083 33	0,041 67	−0,083 33	0,041 67	−0,083 33	0,041 667		
D	s_x	—	0,059 44	—	0,077 44	—	0,077 28		
	$\bar{s}_x$	—	0,045 47	—	0,081 82	—	0,073 37	$\big\}\, p\,l_x^2$	86u.87
	$\dfrac{\mathfrak{M}_x}{2\,b}$	—	0,083 33	—	0,083 33	—	0,083 33		
E	s_x	—	−0,022 29	—	−0,033 67	—	−0,040 48		
	$\bar{s}_x$	—	−0,030 05	—	−0,026 24	—	−0,045 52	$\big\}\, p\,l_x^2$	86u.87
	$\dfrac{\mathfrak{M}_x}{2\,b}$	—	−0,041 67	—	−0,041 67	—	−0,041 67		

Biegungsspannungen. Die Unterschiede zwischen den wirklichen Spannungsmomenten s_y der beiden Streifen sind in den Endfeldern unerheblich, in den Mittelfeldern beträchtlicher; in den letzteren sind die Abweichungen zwischen den Momenten $\bar{s}_y$ der reduzierten Spannungen bei den Gurt- und Feldstreifen ganz bedeutend.

Trotz der fast gleichen Widerstände Z bestehen zwischen den Biegungsbeanspruchungen der Pilzdecke und des stellvertretenden durchlaufenden Balkens merkliche Unterschiede, welche vor allem in der Mitte der Innenfelder besonders in Erscheinung treten; die Durchschnittswerte $\bar{s}_y$ der Gurt- und Feldstreifen weichen jedoch nicht erheblich von den Biegungsmomenten des Balkens ab. Da für die Anstrengung und die Querschnittsbemessung der Platte diese Durchschnittswerte und nicht die für die Mittellinien der Streifen gültigen Grenzwerte maßgebend sind, so ist hinsichtlich der gesamten Formänderungen und Spannungen eine fast vollständige Übereinstimmung zwischen Pilzdecke und durchlaufendem Träger zu erkennen.

b) Der Einfluß einer ungleichmäßigen Belastung.

Die ungünstigsten Beanspruchungen sind in den Querstreifen zu erwarten, wenn entweder die mittlere Felderreihe I oder die beiden äußeren Reihen II allein belastet werden (Abb. 85 und 85a). Bei gleich-

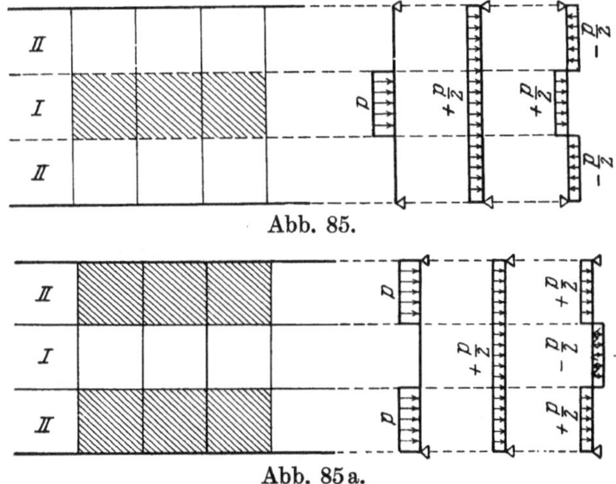

Abb. 85.

Abb. 85a.

mäßiger Verteilung der Kräfte p läßt sich jeder dieser beiden Belastungszustände auf zwei Stufen aufbauen.

Stufe I: Innen- und Außenfelder tragen gleichzeitig die Last $+\dfrac{p}{2}$;

Stufe II: die Innenfelder sind mit $\pm\dfrac{p}{2}$, die Außenfelder mit $\mp\dfrac{p}{2}$ belastet.

Um die Verschiebungen ζ und Momente s_y der ersten Stufe zu ermitteln, braucht man nur in den vorhin errechneten Werten der Gruppe A der Tafel 23 g durch $\dfrac{p}{2}$ zu ersetzen.

Bei der zweiten Belastungsstufe verhält sich jede Längsreihe wie eine unendlich ausgedehnte, an den Außenrändern $A-A$ oder an den Innenrändern $K-K$ frei aufliegende, mit $\pm\dfrac{p}{2}$ gleichmäßig belastete Platte. Jeder Querstreifen wirkt hierbei wie ein einfacher Balken von der Spannweite $l = 2\,a$: für die zugehörigen Größen ζ und s_y gelten die bekannten Formeln

$$\zeta = \pm\frac{p}{2}\cdot\frac{l^4}{384\,N}\left(5 - 24\,\frac{y^2}{l^2} + 16\,\frac{y^4}{l^4}\right) = \pm\frac{1}{2}\cdot\frac{pa^4}{24\,N}\left(5 - 6\,\frac{y^2}{a^2} + \frac{y^4}{a^4}\right),$$

$$s_y = \pm\frac{p}{2}\cdot\frac{l^2}{8}\left(1 - 4\,\frac{y^2}{l^2}\right) = \pm\frac{1}{2}\,pa^2\left(1 - \frac{y^2}{a^2}\right).$$

Der Anfangspunkt der y-Achse ist hierbei in den Mittelpunkt jedes Feldes zu verlegen. Die Überlagerung der Durchbiegungen und Spannungsmomente der beiden Laststufen liefert die in den Spalten B und C der Tafel 23 zusammengestellten Zahlen. Der Vergleich mit den zugehörigen Größen δ und $\dfrac{\mathfrak{M}}{2\,a}$ des durchlaufenden Trägers zeigt von neuem eine recht gute Übereinstimmung sowohl in den Mittel- als in den Endfeldern.

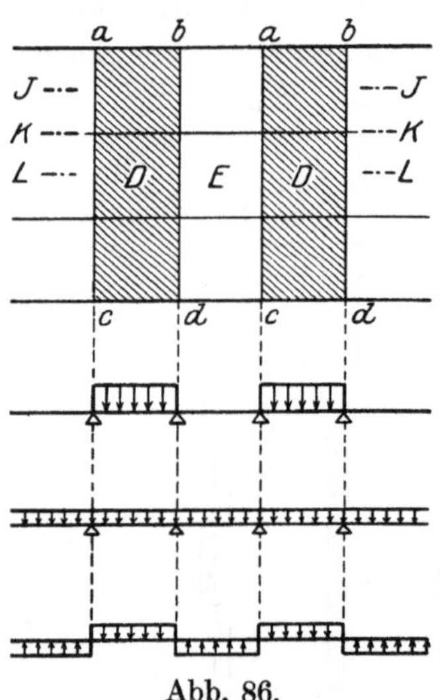

Abb. 86.

Besonders bemerkenswert ist der verschiedene Verlauf der Momentenlinien in den Gurt- und Feldstreifen; während bei den ersteren die negativen Biegungsmomente ihren Größtwert unmittelbar über dem Stützenmittelpunkt erreichen, treten bei den zweiten die höchsten negativen Biegungsmomente außerhalb der Stützenflucht auf, sie sind aber weit kleiner als bei den Gurtstreifen. In dieser Verringerung ist wieder der Einfluß der elastischen Nachgiebigkeit der Auflagerung der Feldstreifen zu erkennen.

Um nunmehr auch die größten Biegungsmomente in der Längsrichtung zu bestimmen, ist der Einfluß einer wechselweisen Belastung der Querreihen, wie sie in Abb. 86 veranschaulicht ist, in Betracht zu ziehen. Dieser Belastungszustand läßt sich auch in zwei Stufen zerlegen, indem zunächst alle Felder mit $\dfrac{p}{2}$ und sodann die Querreihen abwechselnd mit $+\dfrac{p}{2}$ und mit $-\dfrac{p}{2}$ beansprucht werden.

Die Verschiebungen ζ und Momente s_x der ersten Stufe sind bereits bekannt. Bei der zweiten verhält sich jede Querreihe $a\,b\,c\,d$ wie eine an den Außenrändern $a\,b$, $c\,d$ und den Innenrändern $a\,c$, $b\,d$ frei aufliegende, mit $\pm\dfrac{p}{2}$ gleichmäßig belastete Platte von der Länge $L = 6\,b = 6\,a$ und der Breite $B = 2\,a$. Für dieses Seitenverhältnis $B : L = 1 : 3$

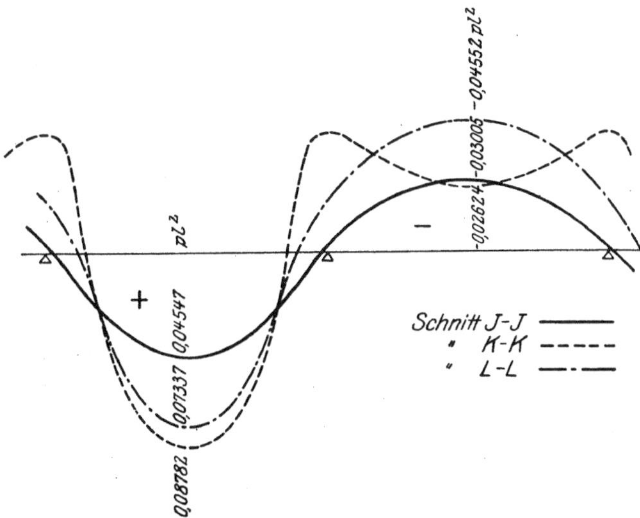

Abb. 87. Spannungsbilder der Längsstreifen einer trägerlosen Decke mit drei Felderreihen bei wechselweiser Belastung.

sind die Spannungen und Durchbiegungen im Abschnitt III, § 9 errechnet und in Tafel 5 zusammengestellt worden; man braucht nur $\pm\dfrac{p}{2}$ an Stelle von p zu setzen, um die Werte für die vorliegende Belastung zu erhalten. Die Zusammensetzung der Werte der beiden Laststufen liefert die in der Tafel 23 eingetragenen Zahlen.

Die $\bar{s}_x$ Linien der drei Längsschnitte $J—J$, $K—K$, $L—L$ sind in Abb. 87 dargestellt. Die größten positiven Biegungsmomente treten im Gurtstreifen $K—K$ auf; der benachbarte Feldstreifen $L—L$ der mittleren Reihe weist fast die gleichen Momente $\bar{s}_x$ auf, während die Feldstreifen $J—J$ der äußeren Reihen, durch die angrenzenden Ränder $a\,b$, $c\,d$ wesentlich entlastet, erheblich geringere Momente aufzunehmen haben. Die Beanspruchungen bleiben aber merklich hinter dem Durch-

<table><tr><td>Marcus, Platten.</td><td>18</td></tr></table>

schnittswert $\dfrac{\mathfrak{M}}{2a} = \dfrac{p\,l^2}{12} = \dfrac{p\,a^2}{3} = 0{,}333\ p\,a^2$ des stellvertretenden durchlaufenden Balkens zurück. Diese Abweichung ist auf den Umstand
zurückzuführen, daß die Ausdehnung der Platte in der Querrichtung
beschränkt, in der Längsrichtung hingegen unbegrenzt ist: die Platte
ist daher in der Querrichtung steifer als in der Längsrichtung, und demgemäß ist auch die Biegungsbeanspruchung in den Längsstreifen beträchtlich geringer als in den Querstreifen. Bei Decken, deren Umfang
in beiden Richtungen begrenzt ist, wird also die Spannungsverteilung
nicht allein durch das Verhältnis der Stützenabstände in jedem Felde,
sondern auch durch das Verhältnis der Felderanzahl in der Längs- und
in der Querrichtung beeinflußt.

Die Bedeutung dieses Einflusses wird noch in § 33 und § 34 untersucht werden. Vorerst ist es aber notwendig, die Frage zu prüfen, ob
die Vergrößerung des Säulenabstandes in einer Richtung eine merkliche Verringerung der Wirksamkeit der Stützung zur Folge haben kann.

2. Untersuchung einer dreireihigen Platte mit der Stützenteilung $l_x : l_y = 3 : 2$.

Ich wähle als zweite Beispiel eine dreireihige Platte mit den Stützen-
abständen $$l_x = 2\,a = 6\,\lambda\,, \qquad l_y = 2\,b = 4\,\lambda\,.$$
Das zugehörige Gewebe ist in Abb. 88 dargestellt. Es sei zunächst nur
in den Knotenpunkten (13) mit den Kräften $Z = -1$ belastet. Die

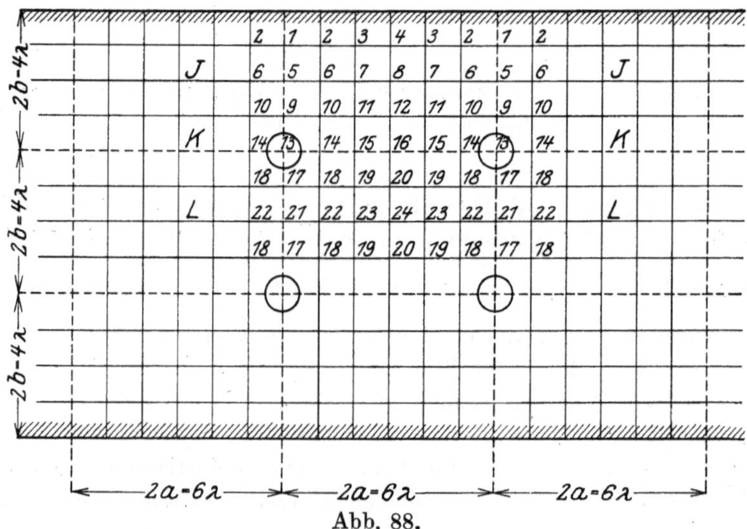

Abb. 88.

Gleichgewichtsgleichungen für diesen Belastungszustand lauten unter
Berücksichtigung der Symmetriebedingungen:

$$\left\{\begin{array}{l} 4\,w_1' - 2\,w_2' - w_5' = 0 \\ 4\,w_4' - 2\,w_3' - w_8' = 0 \\ -w_1' + 4\,w_2' - w_3' - w_6' = 0 \\ -w_4' + 4\,w_3' - w_2' - w_7' = 0 \end{array}\right.$$

$$\left\{\begin{array}{l} -w_1' + 4\,w_5' - 2\,w_6' - w_9' = 0 \\ -w_4' + 4\,w_8' - 2\,w_7' - w_{12}' = 0 \\ -\;w_2' - w_5' + 4\,w_6' - w_7' - w_{10}' = 0 \\ -\;w_3' - w_8' + 4\,w_7' - w_6' - w_{11}' = 0 \end{array}\right.$$

$$\left\{\begin{array}{l} -w_5' + 4\,w_9' - 2\,w_{10}' - w_{13}' = 0 \\ -w_8' + 4\,w_{12}' - 2\,w_{11}' - w_{16}' = 0 \\ -\;w_6' - w_9' + 4\,w_{10}' - w_{11}' - w_{14}' = 0 \\ -\;w_7' - w_{12}' + 4\,w_{11}' - w_{10}' - w_{15}' = 0 \end{array}\right.$$

$$\left\{\begin{array}{l} -w_9' + 4\,w_{13}' - 2\,w_{14}' - w_{17}' = \dfrac{P}{S_1} = +\dfrac{1}{S_1} \\[2mm] -w_{12}' + 4\,w_{16}' - 2\,w_{15}' - w_{20}' = 0 \\ -\;w_{10}' - w_{13}' + 4\,w_{14}' - w_{15}' - w_{18}' = 0 \\ -\;w_{11}' - w_{16}' + 4\,w_{15}' - w_{14}' - w_{19}' = 0 \end{array}\right.$$

$$\left\{\begin{array}{l} -w_{13}' + 4\,w_{17}' - 2\,w_{18}' - w_{21}' = 0 \\ -w_{16}' + 4\,w_{20}' - 2\,w_{19}' - w_{24}' = 0 \\ -\;w_{14}' - w_{17}' + 4\,w_{18}' - w_{19}' - w_{22}' = 0 \\ -\;w_{15}' - w_{20}' + 4\,w_{19}' - w_{18}' - w_{23}' = 0 \end{array}\right.$$

$$\left\{\begin{array}{l} -\,2\,w_{17}' + 4\,w_{21}' - 2\,w_{22}' \phantom{- w_{23}'} = 0 \\ -\,2\,w_{20}' + 4\,w_{24}' - 2\,w_{23}' \phantom{- w_{22}'} = 0 \\ -\,2\,w_{18}' - w_{21}' + 4\,w_{22}' - w_{23}' = 0 \\ -\,2\,w_{19}' - w_{24}' + 4\,w_{23}' - w_{22}' = 0\,. \end{array}\right.$$

$$\left\{\begin{array}{l} 4\,z_1' - 2\,z_2' - z_5' = w_1'\,\dfrac{\lambda^2}{S_2} \\[3mm] 4\,z_4' - 2\,z_3' - z_8' = w_4'\,\dfrac{\lambda^2}{S_2} \\[3mm] -z_1' + 4\,z_2' - z_3' - z_6' = w_2'\,\dfrac{\lambda^2}{S_2} \\[3mm] -z_4' + 4\,z_3' - z_2' - z_7' = w_3'\,\dfrac{\lambda^2}{S_2} \end{array}\right.$$

$$\left\{\begin{aligned}
- z'_1 + 4z'_5 - 2z'_6 - z'_9 &= w'_5 \frac{\lambda^2}{S_2}\\[4pt]
- z'_4 + 4z'_8 - 2z'_7 - z'_{12} &= w'_8 \frac{\lambda^2}{S_2}\\[4pt]
- z'_2 - z'_5 + 4z'_6 - z'_7 - z'_{10} &= w'_6 \frac{\lambda^2}{S_2}\\[4pt]
- z'_3 - z'_8 + 4z'_7 - z'_6 - z'_{11} &= w'_7 \frac{\lambda^2}{S_2}
\end{aligned}\right.$$

$$\left\{\begin{aligned}
- z'_5 + 4z'_9 - 2z'_{10} - z'_{13} &= w'_9 \frac{\lambda^2}{S_2}\\[4pt]
- z'_8 + 4z'_{12} - 2z'_{11} - z'_{16} &= w'_{12} \frac{\lambda^2}{S_2}\\[4pt]
- z'_6 - z'_9 + 4z'_{10} - z'_{11} - z'_{14} &= w'_{10} \frac{\lambda^2}{S_2}\\[4pt]
- z'_7 - z'_{12} + 4z'_{11} - z'_{10} - z'_{15} &= w'_{11} \frac{\lambda^2}{S_2}
\end{aligned}\right.$$

$$\left\{\begin{aligned}
- z'_9 + 4z'_{13} - 2z'_{14} - z'_{17} &= w'_{13} \frac{\lambda^2}{S_2} = \overline{w}'_k \frac{\lambda^2}{S_2}\\[4pt]
- z'_{12} + 4z'_{16} - 2z'_{15} - z'_{20} &= w'_{16} \frac{\lambda^2}{S_2}\\[4pt]
- z'_{10} - z'_{13} + 4z'_{14} - z'_{15} - z'_{18} &= w'_{14} \frac{\lambda^2}{S_2}\\[4pt]
- z'_{11} - z'_{16} + 4z'_{15} - z'_{14} - z'_{19} &= w'_{15} \frac{\lambda^2}{S_2}
\end{aligned}\right.$$

$$\left\{\begin{aligned}
- z'_{13} + 4z'_{17} - 2z'_{18} - z'_{21} &= w'_{17} \frac{\lambda^2}{S_2}\\[4pt]
- z'_{16} + 4z'_{20} - 2z'_{19} - z'_{24} &= w'_{20} \frac{\lambda^2}{S_2}\\[4pt]
- z'_{14} - z'_{17} + 4z'_{18} - z'_{19} - z'_{22} &= w'_{18} \frac{\lambda^2}{S_2}\\[4pt]
- z'_{15} - z'_{20} = 4z'_{19} - z'_{18} - z'_{23} &= w'_{19} \frac{\lambda^2}{S_2}
\end{aligned}\right.$$

$$\left\{\begin{aligned}
- 2z'_{17} + 4z'_{21} - 2z'_{22} \quad &= w'_{21} \frac{\lambda^2}{S_2}\\[4pt]
- 2z'_{20} + 4z'_{24} - 2z'_{23} \quad &= w'_{24} \frac{\lambda^2}{S_2}\\[4pt]
-2z'_{18} - z'_{21} + 4z'_{22} - z'_{23} \quad &= w'_{22} \frac{\lambda^2}{S_2}\\[4pt]
-2z'_{19} - z'_{24} + 4z'_{23} - z'_{22} \quad &= w'_{23} \frac{\lambda^2}{S_2}
\end{aligned}\right.$$

Ich bilde vier Gruppen von Hilfsgrößen U_m, U'_m, V_m, V'_m, welche den folgenden Bestimmungsgleichungen genügen:

$$\left\{\begin{aligned}
U_1 &= \tfrac{1}{6}(w'_1 + 2w'_2 + 2w'_3 + w'_4) \\
U'_1 &= \tfrac{1}{6}(w'_1 - w'_2 - w'_3 + w'_4) \\
V_1 &= \tfrac{1}{6}(w'_1 + w'_2 - w'_3 - w'_4) \\
V'_1 &= \tfrac{1}{6}(w'_1 - 2w'_2 + 2w'_3 - w'_4)
\end{aligned}\right.
\qquad
\left\{\begin{aligned}
w'_1 &= U_1 + 2U'_1 + 2V_1 + V'_1 \\
w'_2 &= U_1 - U'_1 + V_1 - V'_1 \\
w'_3 &= U_1 - U'_1 - V_1 + V'_1 \\
w'_4 &= U_1 + 2U'_1 - 2V_1 - V'_1
\end{aligned}\right.$$

$$\left\{\begin{aligned}
U_5 &= \tfrac{1}{6}(w'_5 + 2w'_6 + 2w'_7 + w'_8) \\
U'_5 &= \tfrac{1}{6}(w'_5 - w'_6 - w'_7 + w'_8) \\
V_5 &= \tfrac{1}{6}(w'_5 + w'_6 - w'_7 - w'_8) \\
V'_5 &= \tfrac{1}{6}(w'_5 - 2w'_6 + 2w'_7 - w'_8)
\end{aligned}\right.
\qquad
\left\{\begin{aligned}
w'_5 &= U_5 + 2U'_5 + 2V_5 + V'_5 \\
w'_6 &= U_5 - U'_5 + V_5 - V'_5 \\
w'_7 &= U_5 - U'_5 - V_5 + V'_5 \\
w'_8 &= U_5 + 2U'_5 - 2V_5 - V'_5
\end{aligned}\right.$$

$$\left\{\begin{aligned}
U_9 &= \tfrac{1}{6}(w'_9 + 2w'_{10} + 2w'_{11} + w'_{12}) \\
U'_9 &= \tfrac{1}{6}(w'_9 - w'_{10} - w'_{11} + w'_{12}) \\
V_9 &= \tfrac{1}{6}(w'_9 + w'_{10} - w'_{11} - w'_{12}) \\
V'_9 &= \tfrac{1}{6}(w'_9 - 2w'_{10} + 2w'_{11} - w'_{12})
\end{aligned}\right.
\qquad
\left\{\begin{aligned}
w'_9 &= U_9 + 2U'_9 + 2V_9 + V'_9 \\
w'_{10} &= U_9 - U'_9 + V_9 - V'_9 \\
w'_{11} &= U_9 - U'_9 - V_9 + V'_9 \\
w'_{12} &= U_9 + 2U'_9 - 2V_9 - V'_9
\end{aligned}\right.$$

$$\left\{\begin{aligned}
U_{13} &= \tfrac{1}{6}(w'_{13} + 2w'_{14} + 2w'_{15} + w'_{16}) \\
U'_{13} &= \tfrac{1}{6}(w'_{13} - w'_{14} - w'_{15} + w'_{16}) \\
V_{13} &= \tfrac{1}{6}(w'_{13} + w'_{14} - w'_{15} - w'_{16}) \\
V'_{13} &= \tfrac{1}{6}(w'_{13} - 2w'_{14} + 2w'_{15} - w'_{16})
\end{aligned}\right.
\qquad
\left\{\begin{aligned}
w'_{13} &= U_{13} + 2U'_{13} + 2V_{13} + V'_{13} \\
w'_{14} &= U_{13} - U'_{13} + V_{13} - V'_{13} \\
w'_{15} &= U_{13} - U'_{13} - V_{13} + V'_{13} \\
w'_{16} &= U_{13} + 2U'_{15} - 2V_{13} - V'_{13}
\end{aligned}\right.$$

$$\left\{\begin{aligned}
U_{17} &= \tfrac{1}{6}(w'_{17} + 2w'_{18} + 2w'_{19} + w'_{20}) \\
U'_{17} &= \tfrac{1}{6}(w'_{17} - w'_{18} - w'_{19} + w'_{20}) \\
V_{17} &= \tfrac{1}{6}(w'_{17} + w'_{18} - w'_{19} - w'_{20}) \\
V'_{17} &= \tfrac{1}{6}(w'_{17} - 2w'_{18} + 2w'_{19} - w'_{20})
\end{aligned}\right.
\qquad
\left\{\begin{aligned}
w_{17} &= U_{17} + 2U'_{17} + 2V_{17} + V'_{17} \\
w_{18} &= U_{17} - U'_{17} + V_{17} - V'_{17} \\
w_{19} &= U_{17} - U'_{17} - V_{17} + V'_{17} \\
w_{20} &= U_{17} + U'_{17} - 2V_{17} - V'_{17}
\end{aligned}\right.$$

$$\left\{\begin{aligned}
U_{21} &= \tfrac{1}{6}(w'_{21} + 2w'_{22} + 2w'_{23} + w'_{24}) \\
U'_{21} &= \tfrac{1}{6}(w'_{21} - w'_{22} - w'_{23} + w'_{24}) \\
V_{21} &= \tfrac{1}{6}(w'_{21} + w'_{22} - w'_{23} - w'_{24}) \\
V'_{21} &= \tfrac{1}{6}(w'_{21} - 2w'_{22} + 2w'_{23} - w'_{24})
\end{aligned}\right.
\qquad
\left\{\begin{aligned}
w'_{21} &= U_{21} + 2U'_{21} + 2V_{21} + V'_{21} \\
w'_{22} &= U_{21} - U'_{21} + V_{21} - V'_{21} \\
w'_{23} &= U_{21} - U'_{21} - V_{21} + V'_{21} \\
w'_{24} &= U_{21} + 2U'_{21} - 2V_{21} - V'_{21}\,.
\end{aligned}\right.$$

Ich führe diese Größen in die Gleichungen des elastischen Gewebes und erhalte nunmehr:

$$\left\{\begin{aligned}
&{+}\,2U_1 - U_5 = 0 \\
&-U_1 + 2U_5 - U_9 = 0 \\
&-U_5 + 2U_9 - U_{13} = 0 \\
&-U_9 + 2U_{13} - U_{17} = +\frac{1}{6\,S_1} \\
&-U_{13} + 2U_{17} - U_{21} = 0 \\
&-2U_{17} + 2U_{21} = 0
\end{aligned}\right.
\qquad
\left\{\begin{aligned}
&{+}\,5U'_1 - U'_5 = 0 \\
&-U'_1 + 5U'_5 - U'_9 = 0 \\
&-U'_5 + 5U'_9 - U'_{13} = 0 \\
&-U'_9 + 5U'_{13} - U'_{17} = +\frac{1}{6\,S_1} \\
&-U'_{13} + 5U'_{17} - U'_{21} = 0 \\
&-2U'_{17} + 5U'_{21} = 0
\end{aligned}\right.$$

$$\left\{\begin{array}{l} +\,3\,V_1 - V_5 = 0 \\ -\ V_1 + 3\,V_5 - V_9 = 0 \\ -\ V_5 + 3\,V_9 - V_{13} = 0 \\ -\ V_9 + 3\,V_{13} - V_{17} = +\,\dfrac{1}{6\,S_1} \\ -\ V_{13} + 3\,V_{17} - V_{21} = 0 \\ -2\,V_{17} + 3\,V_{21} = 0 \end{array}\right. \qquad \left\{\begin{array}{l} +\,6\,V_1' - V_5' = 0 \\ -\ V_1' + 6\,V_5' - V_9' = 0 \\ -\ V_5' + 6\,V_9' - V_{13}' = 0 \\ -\ V_9' + 6\,V_{13}' - V_{17}' = +\,\dfrac{1}{6\,S_1} \\ -\ V_{13}' + 6\,V_{17}' - V_{21}' = 0 \\ -2\,V_{17}' + 6\,V_{21}' = 0\,. \end{array}\right.$$

An Stelle der ursprünglichen partiellen Differenzengleichungen sind wiederum vier voneinander unabhängige Gruppen totaler Differenzengleichungen von einfachster Gesetzmäßigkeit gewonnen worden. Ihre Auflösung liefert die Werte:

$$\left\{\begin{array}{l} U_1 = 0{,}166\,667\,\dfrac{1}{S_1} \\[1ex] U_1' = 0{,}000\,317\,\dfrac{1}{S_1} \\[1ex] V_1 = 0{,}003\,623\,\dfrac{1}{S_1} \\[1ex] V_1' = 0{,}001\,45\,\dfrac{1}{S_1} \end{array}\right. \left.\begin{array}{l} M_1' = S_1\,w_1' = 0{,}174\,692 \\[1ex] M_2' = S_1\,w_2' = 0{,}169\,828 \\[1ex] M_3' = S_1\,w_3' = 0{,}162\,872 \\[1ex] M_4' = S_1\,w_4' = 0{,}159\,910 \end{array}\right\} \dfrac{\mathfrak{M}_1'}{l_x} = 0{,}166\,667,$$

$$\left\{\begin{array}{l} U_5 = 0{,}333\,333\,\dfrac{1}{S_1} \\[1ex] U_5' = 0{,}001\,584\,\dfrac{1}{S_1} \\[1ex] V_5 = 0{,}010\,869\,\dfrac{1}{S_1} \\[1ex] V_5' = 0{,}000\,867\,\dfrac{1}{S_1} \end{array}\right. \left.\begin{array}{l} M_5' = S_1\,w_5' = 0{,}359\,106 \\[1ex] M_6' = S_1\,w_6' = 0{,}341\,751 \\[1ex] M_7' = S_1\,w_7' = 0{,}321\,747 \\[1ex] M_8' = S_1\,w_8' = 0{,}313\,896 \end{array}\right\} \dfrac{\mathfrak{M}_5'}{l_x} = 0{,}333\,333,$$

$$\left\{\begin{array}{l} U_9 = 0{,}500\,000\,\dfrac{1}{S_1} \\[1ex] U_9' = 0{,}007\,605\,\dfrac{1}{S_1} \\[1ex] V_9 = 0{,}028\,985\,\dfrac{1}{S_1} \\[1ex] V_9' = 0{,}005\,059\,\dfrac{1}{S_1} \end{array}\right. \left.\begin{array}{l} M_9' = S_1\,w_9' = 0{,}578\,239 \\[1ex] M_{10}' = S_1\,w_{10}' = 0{,}516\,321 \\[1ex] M_{11}' = S_1\,w_{11}' = 0{,}468\,469 \\[1ex] M_{12}' = S_1\,w_{12}' = 0{,}452\,181 \end{array}\right\} \dfrac{\mathfrak{M}_9'}{l_x} = 0{,}500\,000,$$

$$\left\{\begin{aligned}U_{13} &= 0{,}666\,667\,\frac{1}{S_1}\\[4pt]U_{13}' &= 0{,}036\,439\,\frac{1}{S_1}\\[4pt]V_{13} &= 0{,}076\,087\,\frac{1}{S_1}\\[4pt]V_{13}' &= 0{,}029\,488\,\frac{1}{S_1}\end{aligned}\right.\quad\left.\begin{aligned}M_{13}' &= S_1\,w_{13}' = 0{,}921\,207\\[4pt]M_{14}' &= S_1\,w_{14}' = 0{,}676\,827\\[4pt]M_{15}' &= S_1\,w_{15}' = 0{,}583\,629\\[4pt]M_{16}' &= S_1\,w_{16}' = 0{,}557\,883\end{aligned}\right\}\quad\frac{\mathfrak{M}_{13}'}{l_x} = 0{,}666\,667,$$

$$\left\{\begin{aligned}U_{17} &= 0{,}666\,667\,\frac{1}{S_1}\\[4pt]U_{17}' &= 0{,}007\,921\,\frac{1}{S_1}\\[4pt]V_{17} &= 0{,}032\,609\,\frac{1}{S_1}\\[4pt]V_{17}' &= 0{,}005\,204\,\frac{1}{S_1}\end{aligned}\right.\quad\left.\begin{aligned}M_{17}' &= S_1\,w_{17}' = 0{,}752\,931\\[4pt]M_{18}' &= S_1\,w_{18}' = 0{,}686\,151\\[4pt]M_{19}' &= S_1\,w_{19}' = 0{,}631\,341\\[4pt]M_{20}' &= S_1\,w_{20}' = 0{,}612\,087\end{aligned}\right\}\quad\frac{\mathfrak{M}_{17}'}{l_x} = 0{,}666\,667,$$

$$\left\{\begin{aligned}U_{21} &= 0{,}666\,667\,\frac{1}{S_1}\\[4pt]U_{21}' &= 0{,}003\,169\,\frac{1}{S_1}\\[4pt]V_{21} &= 0{,}021\,739\,\frac{1}{S_1}\\[4pt]V_{21}' &= 0{,}001\,735\,\frac{1}{S_1}\end{aligned}\right.\quad\left.\begin{aligned}M_{21}' &= S_1\,w_{21}' = 0{,}718\,218\\[4pt]M_{22}' &= S_1\,w_{22}' = 0{,}683\,502\\[4pt]M_{23}' &= S_1\,w_{23}' = 0{,}643\,494\\[4pt]M_{24}' &= S_1\,w_{24}' = 0{,}627\,792\end{aligned}\right\}\quad\frac{\mathfrak{M}_{21}'}{l_x} = 0{,}666\,667.$$

In der vorstehenden Aufstellung sind auch die Momente $\dfrac{\mathfrak{M}'}{l_x}$ des stellvertretenden Balkens als Durchschnittswerte für jede Zeile angegeben.

Der Vergleich der zur gleichen Zeile gehörigen Zahlen zeigt, daß die Momente der Mittellinie 1—5—9—13—17—21 des Gurtstreifens größer, die Momente der Mittellinie 4—8—12—16—20—24 des Feldstreifens hingegen kleiner als die Balkenmomente sind: die stärksten Abweichungen treten in der unmittelbaren Nähe des Lastortes (Punkt 13) auf und nehmen mit wachsender Entfernung von diesem Orte merklich ab. Während bei der Platte mit der Stützenteilung $l_x : l_y = 1 : 1$ die Unterschiede kaum mehr als 1% betrugen, schwanken sie bei dem Verhältnis 3 : 2 zwischen 4% und 38%; die Gleichmäßigkeit der Spannungsverteilung ist also nur noch in geringerem Maße vorhanden.

Um die Gestalt der Momentenfläche in der unmittelbaren Umgebung des Lastortes zu bestimmen, schließe ich wie vorhin an die Knotenpunkte 9, 10, 14, 17, 18 des großen Gewebes ein kleineres Gewebe mit der Maschenweite $\lambda' = \dfrac{\lambda}{2}$ an und verteile den Widerstand $Z = -1$ gleichmäßig auf die Knotenpunkte i, k, l, m, n, r. Die Berechnung der Ordinaten dieses zweiten Gewebes liefert für die Momente M' der

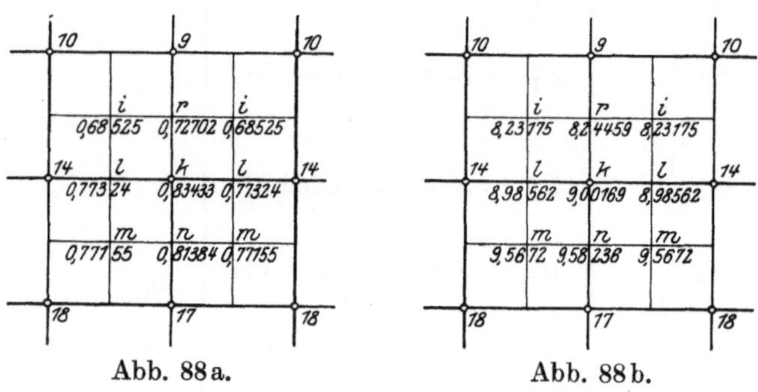

Abb. 88a.   Abb. 88b.

einzelnen Knotenpunkte die in Abb. 88a eingetragenen Zahlen. Als Durchschnittswert im Bereiche des Stützenkopfes erhält man

$$\overline{M}'_{13} = S_1\,\overline{w}'_k = 0{,}794787\,.$$

Führt man die Größen w' in die rechte Seite der eingangs aufgestellten z'-Gleichungen ein und löst man die letzteren in derselben Weise wie die w'-Gleichungen auf, so gewinnt man schließlich die Werte

$$\left.\begin{aligned}
z'_1 &= 2{,}658471\,\frac{1\,\lambda^2}{S_1 S_2}\\[2mm]
z'_2 &= 2{,}651434\,\frac{1\,\lambda^2}{S_1 S_2}\\[2mm]
z'_3 &= 2{,}639286\,\frac{1\,\lambda^2}{S_1 S_2}\\[2mm]
z'_4 &= 2{,}633671\,\frac{1\,\lambda^2}{S_1 S_2}
\end{aligned}\right\} \qquad \delta'_1 = 2{,}645597\,\frac{1\,\lambda^2}{S_1 S_2}\,,$$

$$\left.\begin{aligned}
z'_5 &= 5{,}156326\,\frac{1\,\lambda^2}{S_1 S_2}\\[2mm]
z'_6 &= 5{,}138150\,\frac{1\,\lambda^2}{S_1 S_2}\\[2mm]
z'_7 &= 5{,}109168\,\frac{1\,\lambda^2}{S_1 S_2}\\[2mm]
z'_8 &= 5{,}096202\,\frac{1\,\lambda^2}{S_1 S_2}
\end{aligned}\right\} \qquad \delta'_5 = 5{,}124527\,\frac{1\,\lambda^2}{S_1 S_2}\,,$$

$$\left.\begin{aligned}
z'_9 &= 7{,}331\,424\,\frac{1\,\lambda^2}{S_1 S_2}\\[1ex]
z'_{10} &= 7{,}293\,921\,\frac{1\,\lambda^2}{S_1 S_2}\\[1ex]
z'_{11} &= 7{,}241\,281\,\frac{1\,\lambda^2}{S_1 S_2}\\[1ex]
z'_{12} &= 7{,}218\,906\,\frac{1\,\lambda^2}{S_1 S_2}
\end{aligned}\right\}\quad \delta'_9 = 7{,}270\,124\,\frac{1\,\lambda^2}{S_1 S_2}\,,$$

$$\left.\begin{aligned}
z'_{13} &= 9{,}003\,284\,\frac{1\,\lambda^2}{S_1 S_2}\\[1ex]
z'_{14} &= 8{,}948\,516\,\frac{1\,\lambda^2}{S_1 S_2}\\[1ex]
z'_{15} &= 8{,}874\,668\,\frac{1\,\lambda^2}{S_1 S_2}\\[1ex]
z'_{16} &= 8{,}844\,676\,\frac{1\,\lambda^2}{S_1 S_2}
\end{aligned}\right\}\quad \delta'_{13} = 8{,}915\,721\,\frac{1\,\lambda^2}{S_1 S_2}\,,$$

$$\left.\begin{aligned}
z'_{17} &= 9{,}989\,896\,\frac{1\,\lambda^2}{S_1 S_2}\\[1ex]
z'_{18} &= 9{,}945\,359\,\frac{1\,\lambda^2}{S_1 S_2}\\[1ex]
z'_{19} &= 9{,}880\,569\,\frac{1\,\lambda^2}{S_1 S_2}\\[1ex]
z'_{20} &= 9{,}852\,576\,\frac{1\,\lambda^2}{S_1 S_2}
\end{aligned}\right\}\quad \delta'_{17} = 9{,}915\,721\,\frac{1\,\lambda^2}{S_1 S_2}\,,$$

$$\left.\begin{aligned}
z'_{21} &= 10{,}312\,652\,\frac{1\,\lambda^2}{S_1 S_2}\\[1ex]
z'_{22} &= 10{,}276\,301\,\frac{1\,\lambda^2}{S_1 S_2}\\[1ex]
z'_{23} &= 10{,}218\,333\,\frac{1\,\lambda^2}{S_1 S_2}\\[1ex]
z'_{24} &= 10{,}192\,402\,\frac{1\,\lambda^2}{S_1 S_2}
\end{aligned}\right\}\quad \delta'_{21} = 10{,}249\,054\,\frac{1\,\lambda^2}{S_1 S_2}\,.$$

Die Gegenüberstellung zeigt, daß die zum gleichen Längsschnitt gehörigen Punkte der elastischen Platte die gleichen Durchbiegungen wie der stellvertretende Balken erfahren; die Abweichungen zwischen den Größen z und δ betragen durchweg weniger als 1%. Trotz der merklichen Unterschiede in der Spannungsverteilung und trotz des verhältnismäßig großen Stützenabstandes ist die elastische Fläche beinahe ebenso gleichmäßig gewölbt, als ob statt einer Auflagerung in einzelnen Punkten eine stetige Stützung längs einer Linie vorhanden wäre.

Die genauere Untersuchung der Durchbiegung in nächster Nähe des Lastortes mit Hilfe des engmaschigen Gewebes liefert für die Ordinaten der Knotenpunkte i, k, l, m, n die in Abb. 88b eingetragenen Zahlen. Für den Stützenmittelpunkt ergibt sich insbesondere

$$\zeta'_k = 9{,}001\,693\,\frac{\lambda^2}{N}\,.$$

Das Maß der Wirksamkeit der Stützung

$$\frac{\delta'_{13}}{\zeta'_k} = \frac{8{,}915\,721}{9{,}001\,693} = 0{,}99$$

ist wiederum als sehr günstig zu bezeichnen.

Es möge jetzt der Einfluß einer gleichmäßigen Belastung aller Felder untersucht werden.

Schaltet man zunächst die Stützenwiderstände Z aus, so läßt sich die Gestalt der elastischen Fläche unmittelbar aus der Gleichung

$$\zeta_o = \frac{27}{8}\,\frac{g\,b^4}{N}\left(5 - \frac{2}{3}\cdot\frac{y^2}{b^2} + \frac{1}{81}\cdot\frac{y^4}{b^4}\right)$$

bestimmen. Die in der Stützenflucht liegenden Punkte (13) erfahren hierbei die Verschiebung

$$\zeta_{ok} = \delta_{ok} = \frac{44}{3}\,\frac{g\,b^4}{N} = \frac{704\,g\,\lambda^4}{3\,N}\,.$$

Mithin ist

$$Z = \frac{\zeta_{ok}}{\zeta'_k} = \frac{g\,\lambda^2\cdot 704}{3\cdot 9{,}001\,693} = 26{,}069\,17\,g\,\lambda^2 = 6{,}517\,29\,g\,b^2\,.$$

Der Stützendruck des stellvertretenden Balkens mit der Breite $l_x = 3\,b$ ist bekanntlich

$$Z = \tfrac{11}{10}\,g\,l_x\,l_y = \tfrac{11}{10}\cdot 6\,g\,b^2 = 6{,}6\,g\,b^2\,.$$

Die Auflagerwiderstände der Pilzdecke und des durchlaufenden Trägers unterscheiden sich also um kaum mehr als 1%.

Um festzustellen, ob die Biegungsbeanspruchungen im gleichen Maße übereinstimmen, habe ich für die Mittellinien der Gurt- und Feldstreifen die Momente der wirklichen und der reduzierten Normalspannungen ermittelt und neben den entsprechenden Werten des durchgehenden Balkens in der Gruppe A der Tafel 24 zusammengestellt. In den Gruppen B und C dieser Tafel sind auch für die wechselweise Belastung ganzer Felderreihen die Werte der Momente angegeben.

Die Berechnung ist in derselben Weise wie im letzten Beispiel durchgeführt worden und braucht daher nicht näher erörtert zu werden.

Tafel 24.

Die Durchbiegungen und Spannungsmomente einer dreireihigen Platte mit der Stützenteilung $l_x : l_y = 3 : 2$ bei verschiedenen Belastungsfällen.

Abb. 88.

Punkt		1	5	9	13	17	21	Faktor	Abb.
Belastungsfall A	$\bar{s}_y$	0,081 95	0,099 12	0,023 81	0,149 86	0,012 11	0,073 25	$\} \; g\,l_y^2$	—
	s_y	0,075 17	0,081 36	−0,012 85	−0,212 72	−0,031 43	0,037 71		
	$\dfrac{\mathfrak{M}_y}{2\,a}$	0,068 75	0,075	0,018 75	−0,1	−0,006 25	0,025		
B	$\bar{s}_y$	0,087 85	0,112 06	0,058 78	−0,074 93	−0,040 82	−0,087	$\} \; p\,l_y^2$	85 a
	s_y	0,084 46	0,103 18	0,040 45	−0,106 36	−0,062 59	−0,043 64		
	$\dfrac{\mathfrak{M}_y}{2\,a}$	0,081 25	0,1	0,056 25	−0,05	−0,05	−0,05		
C	$\bar{s}_y$	−0,005 90	−0,012 94	−0,034 97	−0,074 93	0,052 93	0,099 13	$\} \; p\,l_y^2$	85
	s_y	−0,009 29	−0,021 82	−0,053 30	−0,106 36	0,031 16	0,081 36		
	$\dfrac{\mathfrak{M}_y}{2\,a}$	−0,0125	−0,025	−0,0375	−0,1	0,043 75	0,075		

Punkt		4	8	12	16	20	24	Faktor	Abb.
Belastungsfall A	$\bar{s}_y$	0,064 91	0,071 31	0,034 08	−0,0067	0,005 24	0,017 63	$\} \; g\,l_y^2$	—
	s_y	0,070 40	0,083 99	0,055 96	0,022 61	0,032 61	0,042 98		
B	$\bar{s}_y$	0,079 33	0,098 16	0,063 92	−0,003 35	−0,044 25	−0,053 69	$\} \; p\,l_y^2$	85 a
	s_y	0,082 07	0,104 49	0,074 85	0,011 30	−0,030 57	−0,041 01		
C	$\bar{s}_y$	−0,014 42	−0,026 84	−0,029 83	−0,003 35	0,049 50	0,081 31	$\} \; p\,l_y^2$	85
	s_y	−0,011 68	−0,020 51	−0,018 90	0,011 30	0,063 18	0,083 99		

Punkt		5	8	13	16	21	24	Faktor	Abb.
Belastungsfall A	$\bar{s}_x$	−0,026 32	0,018 78	−0,093 13	0,043 44	−0,052 65	0,037 55	$\} \; g\,l_x^2$	—
	s_x	−0,013 11	0,028 29	−0,113 11	0,042 54	−0,042 88	0,039 91		
	$\dfrac{\mathfrak{M}_x}{2\,b}$	−0,1	0,041 67	−0,1	0,041 67	−0,1	0,041 67		
D	$\bar{s}_x$	—	0,0358	—	0,0636	—	0,0657	$\} \; p\,l_x^2$	86
	s_x	—	0,0444	—	0,0669	—	0,0671		
	$\dfrac{\mathfrak{M}_x}{2\,b}$	—	0,0833	—	0,0833	—	0,0833		
E	$\bar{s}_x$	—	−0,0180	—	−0,0201	—	−0,0281	$\} \; p\,l_x^2$	86
	s_x	—	−0,0162	—	−0,0243	—	−0,0272		
	$\dfrac{\mathfrak{M}_x}{2\,b}$	—	−0,0417	—	−0,0417	—	−0,0417		

Der Vergleich zwischen Platte und Balken führt zu folgenden Ergebnissen:

Die Momente s_y der wirklichen Biegungsspannungen der Mittellinien der Gurt- und Feldstreifen unterscheiden sich, wenn man von den Beanspruchungen in der Stützenflucht absieht, bei der wechselweisen Belastung der Längsreihen verhältnismäßig wenig voneinander; ihr Mittelwert stimmt auch gut mit dem zugehörigen Wert $\dfrac{\mathfrak{M}_y}{l_x}$ des stellvertretenden Balkens überein.

Die reduzierten Spannungsmomente $\bar{s}_y$ der Gurt- und Feldstreifen weichen eher voneinander ab, ihr Durchschnittswert deckt sich aber auch nahezu mit der Größe $\dfrac{\mathfrak{M}_y}{l_x}$.

Auf die Gurtstreifen entfallen wieder die höchsten positiven und negativen Werte $\bar{s}_y$ und auch die größten negativen Momente s_y, während die größten positiven s_y von den Feldstreifen aufgenommen werden müssen.

Bei voller Belastung aller Felder treten die Unterschiede zwischen den reduzierten Spannungsmomenten der beiden Streifen wie auch die Abweichungen ihres Durchschnittswertes von dem entsprechenden Moment $\dfrac{\mathfrak{M}_y}{l_x}$, vor allem in den Mittelfeldern stärker in Erscheinung. Da die fraglichen Werte $\bar{s}_y$ verhältnismäßig gering sind und da ohnehin die wechselweise und nicht die ständige Belastung für die Anstrengung der Decken maßgebend ist, so haben diese Abweichungen für die Querschnittsbemessung nur untergeordnete Bedeutung.

Eine Gegenüberstellung der für die Stützenteilung $l_x : l_y = 3 : 2$ errechneten Werte mit den für das Verhältnis $1 : 1$ in Tafel 23 angegebenen Zahlen läßt den Einfluß des Stützenabstandes insofern erkennen, als die Unterschiede zwischen den Beanspruchungen der Gurt- und Feldstreifen mit wachsender Feldbreite zunehmen. Beachtenswert ist insbesondere, daß bei quadratischer Stützenteilung die höchsten positiven und negativen Biegungsmomente in den Gurtstreifen entstehen, während bei dem Teilungsverhältnis $l_x : l_y = 3 : 2$ die größten positiven Werte s_y auf die Feld-, die größten negativen Momente auf die Gurtstreifen entfallen.

Um auch die ungünstigste Beanspruchung der Platte in der Längsrichtung zu verfolgen, habe ich schließlich den Einfluß der wechselweisen Belastung der Querreihen, wie sie durch Abb. 86 veranschaulicht wird, untersucht. Die Zerlegung der Belastung läßt sich in ähnlicher Weise wie bei dem vorhin behandelten Beispiel mit der Stützenteilung $l_x : l_y = 1 : 1$ durchführen; hierbei sind die Ordinaten der elastischen Fläche bei der zweiten Belastungsstufe für jede Querreihe die gleichen wie bei der ringsum frei aufliegenden Platte mit dem Längenverhältnis $B : L = l_x : 3\,l_y = 1 : 2$ und können daher aus der Tafel 4 entnommen werden.

Die Ergebnisse der Berechnung sind in den Gruppen D und E der Tafel 24 zusammengestellt. Es zeigt sich wieder, daß die Beanspruchung der Feldstreifen in den Randfeldern merklich hinter derjenigen der Gurt- und der Feldstreifen der Innenfelder zurückbleibt; beachtenswert ist insbesondere, daß die größten Spannungsmomente s_x und $\bar{s}_x$ nicht unerheblich kleiner als die entsprechenden Werte $\dfrac{\mathfrak{M}_x}{l_y}$ des stellvertretenden Balkens sind. Die Verringerung der Biegungsspannungen tritt noch mehr als bei der Decke mit der Stützenteilung $l_x : l_y = 1 : 1$ in Erscheinung, weil durch die Vergrößerung des Säulenabstandes die Steifigkeit der unendlich ausgedehnten Längsstreifen erst recht kleiner geworden ist als diejenige der Querstreifen, welche in ihrer Ausdehnung begrenzt sind und in kürzeren Entfernungen von Stützen getragen werden. Durch den Vergleich der beiden Grenzwerte

$$s_{x\,\mathrm{max}} = 0{,}0671\ \ p\,l_x^2 = 0{,}15097\,p\,l_y^2\,,$$
$$s_{y\,\mathrm{max}} = 0{,}11206\,p\,l_y^2 = 0{,}0498\ \ p\,l_x^2$$

erkennt man, daß, obgleich die Querstreifen verhältnismäßig stärker beansprucht werden als die Längsstreifen, die in den letzteren auftretenden Spannungen für die Querschnittsbemessung ausschlaggebend sind: da der Unterschied in der absoluten Größe dieser Grenzwerte nicht unbedeutend ist, so läßt sich nicht die Festigkeit des Baustoffes in der Längs- und in der Querrichtung im gleichen Maße ausnutzen. Um eine günstigere Spannungsverteilung zu erzielen, ist es daher notwendig, ungleiche Stützenabstände zu vermeiden und wenn irgendwie möglich die Deckenfläche in quadratische Felder zu teilen.

§ 33. Die in beiden Richtungen unendlich ausgedehnte Decke.

Die in Abb. 89 im Grundriß dargestellte Platte ist sowohl in der Längs- als auch in der Querrichtung unbegrenzt und besteht aus unendlich vielen gleichartigen Feldern.

Die Ermittlung der größten Beanspruchungen eines Feldes ist die Aufgabe der vorliegenden Untersuchung.

1. Der Einfluß einer gleichmäßigen Belastung aller Felder.

Ich setze zunächst voraus, daß alle Felder die gleiche Belastung tragen und daß diese Belastung symmetrisch in bezug auf das x-y-Achsenkreuz verteilt ist.

Betrachtet man vier benachbarte Felder I, II, III, IV, so erscheinen die Randlinien AB, AD der einzelnen Felder als Mittellinien der vierfeldrigen Gruppe und stellen ebenso wie die Mittellinien $J-L$, $M-N$ des einzelnen Feldes Symmetrieachsen dar.

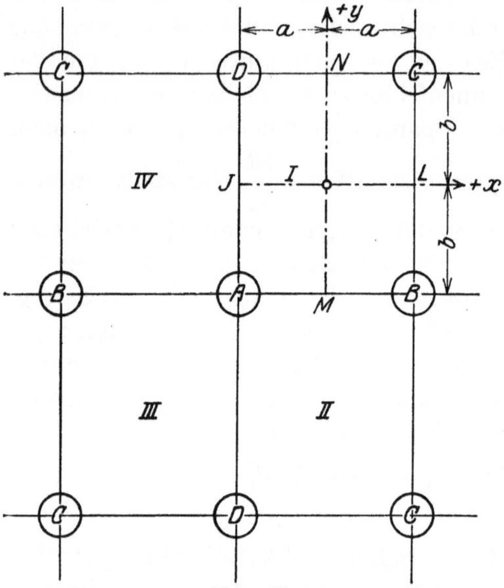

Die Symmetriebedingungen einer Gruppe

$$\frac{\partial \zeta}{\partial x} = 0$$
$$\frac{\partial}{\partial x}\left(\frac{\partial^2 \zeta}{\partial x^2}\right) = 0 \left.\right\} \text{ für } x = \pm a,$$
$$\frac{\partial}{\partial x}\left(\frac{\partial^2 \zeta}{\partial y^2}\right) = 0$$

$$\frac{\partial \zeta}{\partial y} = 0$$
$$\frac{\partial}{\partial y}\left(\frac{\partial^2 \zeta}{\partial x^2}\right) = 0 \left.\right\} \text{ für } y = \pm b$$
$$\frac{\partial}{\partial y}\left(\frac{\partial^2 \zeta}{\partial y^2}\right) = 0$$

Abb. 89.

sind also zugleich die Randbedingungen des Feldes $ABCD$.

Es ist leicht einzusehen, daß, wenn sie erfüllt werden, auch die weiteren Bedingungen

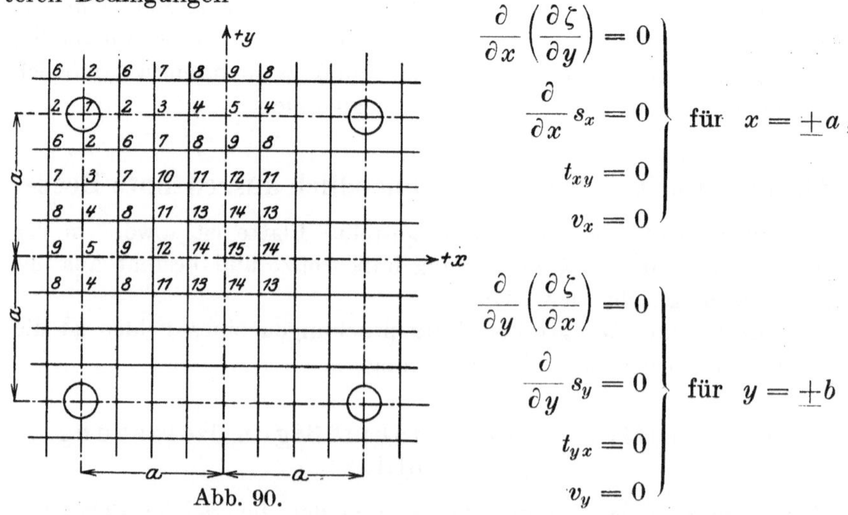

Abb. 90.

$$\frac{\partial}{\partial x}\left(\frac{\partial \zeta}{\partial y}\right) = 0$$
$$\frac{\partial}{\partial x}\,s_x = 0 \left.\right\} \text{ für } x = \pm a,$$
$$t_{xy} = 0$$
$$v_x = 0$$

$$\frac{\partial}{\partial y}\left(\frac{\partial \zeta}{\partial x}\right) = 0$$
$$\frac{\partial}{\partial y}\,s_y = 0 \left.\right\} \text{ für } y = \pm b$$
$$t_{yx} = 0$$
$$v_y = 0$$

befriedigt sein müssen. Es treten daher längs der Randlinien weder wagerechte noch lotrechte Schubspannungen auf.

Überträgt man diese Beziehungen auf das stellvertretende Gewebe, so erkennt man, daß je zwei zu einer Randlinie AB symmetrisch liegende Knotenpunkte die gleichen Werte M und ζ, also auch die gleichen Ordinaten w und z aufweisen müssen.

a) Untersuchung eines quadratischen Mittelfeldes.

Ich wähle als Beispiel ein quadratisches Mittelfeld und überspanne es mit einem Gewebe, dessen Maschenweite $\lambda = \dfrac{a}{4}$ ist. Die Ordnungsziffern seiner Knotenpunkte sind in der Abb. 90 im Einklang mit den vorstehenden Symmetriebedingungen verteilt.

Ist g die Belastung der Flächeneinheit, so haben die Knotenpunkte die Lasten $G = g\,\lambda^2$ aufzunehmen. An den Stützpunkten 1 treten außerdem die aufwärts gerichteten Auflagerkräfte

auf. $$A = -g(2\,a)^2 = -64\,g\,\lambda^2$$

Die Gleichgewichtsgleichungen der Knotenpunkte lauten[1]):

$$\left.
\begin{aligned}
\left\{
\begin{aligned}
4\,w_1 - 4\,w_2 \quad\;\; &= \frac{1}{S_1}(G+A) = -63\,\frac{g\,\lambda^2}{S_1} \\
4\,w_{15} - 4\,w_{14} \quad &= \qquad\qquad\quad +1\,\frac{g\,\lambda^2}{S_1}
\end{aligned}
\right. \\
\left\{
\begin{aligned}
-\,w_1 + 4\,w_2 - w_3 - 2\,w_6 &= \qquad +1\,\frac{g\,\lambda^2}{S_1} \\
-\,w_{15} + 4\,w_{14} - w_{12} - 2\,w_{13} &= \qquad +1\,\frac{g\,\lambda^2}{S_1}
\end{aligned}
\right. \\
\left\{
\begin{aligned}
-\,w_2 + 4\,w_3 - w_4 - 2\,w_7 &= \qquad +1\,\frac{g\,\lambda^2}{S_1} \\
-\,w_{14} + 4\,w_{12} - w_9 - 2\,w_{11} &= \qquad +1\,\frac{g\,\lambda^2}{S_1}
\end{aligned}
\right. \\
\left\{
\begin{aligned}
-\,w_3 + 4\,w_4 - w_5 - 2\,w_8 &= \qquad +1\,\frac{g\,\lambda^2}{S_1} \\
-\,w_{12} + 4\,w_9 - w_5 - 2\,w_8 &= \qquad +1\,\frac{g\,\lambda^2}{S_1}
\end{aligned}
\right.
\end{aligned}
\right\} \quad \text{(I)}$$

---

[1]) Der Aufbau der Gleichungen und die Reihenfolge der Unbekannten lassen sofort erkennen, daß die Größen w_1 und w_{15}, w_2 und w_{14}, w_3 und w_{12}, w_4 und w_9, w_6 und w_{13}, w_7 und w_{11} immer paarweise auftreten und einander zugeordnet sind; führt man die jeweilige Summe oder Differenz dieser Größen als Unbekannte ein, so zerfällt das Gleichungssystem I in zwei voneinander unabhängige Gruppen mit 9 bzw. 6 Unbekannten. Die Spaltung des ursprünglichen und die Auflösung der neuen Gleichungssysteme bieten keine Schwierigkeiten und brauchen daher nicht näher erläutert zu werden.

288 Die Berechnung trägerloser Decken.

$$-2w_4 + 4w_5 - 2w_9 \qquad = +1\,\frac{g\lambda^2}{S_1}$$

$$\left.\begin{array}{l}
-2w_2 + 4w_6 - 2w_7 \qquad = +1\,\dfrac{g\lambda^2}{S_1} \\[2ex]
-2w_{14} + 4w_{13} - 2w_{11} \qquad = +\,\cdot\,\dfrac{g\lambda^2}{S_1}
\end{array}\right.$$

$$\left.\begin{array}{l}
-w_3 - w_6 + 4w_7 - w_8 - w_{10} = +1\,\dfrac{g\lambda^2}{S_1} \\[2ex]
-w_{12} - w_{13} + 4w_{11} - w_8 - w_{10} = +1\,\dfrac{g\lambda^2}{S_1} \\[2ex]
-w_4 - w_7 + 4w_8 - w_9 - w_{11} = +1\,\dfrac{g\lambda^2}{S_1} \\[2ex]
-2w_7 + 4w_{16} - 2w_{11} \qquad = +1\,\dfrac{g\lambda^2}{S_1}
\end{array}\right.$$

Eine eindeutige Lösung dieser Gleichungen ist vorerst insofern nicht möglich, als sie auch dann erfüllt bleiben, wenn alle Unbekannten um den gleichen Betrag w_o vergrößert oder verkleinert werden.

Man kann also eine Unbekannte willkürlich bestimmen, die Werte der übrigen folgen dann zwangläufig aus dem Gleichungssystem. Wird beispielsweise $w_1 = X$ gesetzt, so liefert die Auflösung der Gleichungsgruppe I der Reihe nach:

$$\left.\begin{array}{l}
w_1 = X \\[1.5ex]
w_2 = X + 22\,491\,\dfrac{g\lambda^2}{S_1\,1428} \\[2ex]
w_3 = X + 31\,744\,\dfrac{g\lambda^2}{S_1\,1428} \\[2ex]
w_4 = X + 35\,883\,\dfrac{g\lambda^2}{S_1\,1428} \\[2ex]
w_5 = X + 37\,104\,\dfrac{g\lambda^2}{S_1\,1428}
\end{array}\right.
\qquad
\left.\begin{array}{l}
w_6 = X + 28\,396\,\dfrac{g\lambda^2}{S_1\,1428} \\[2ex]
w_7 = X + 33\,587\,\dfrac{g\lambda^2}{S_1\,1428} \\[2ex]
w_8 = X + 36\,628\,\dfrac{g\lambda^2}{S_1\,1428} \\[2ex]
w_9 = X + 37\,611\,\dfrac{g\lambda^2}{S_1\,1428}
\end{array}\right.$$

$$\left.\begin{array}{l}
w_{10} = X + 36\,152\,\dfrac{g\lambda^2}{S_1\,1428} \\[2ex]
w_{11} = X + 38\,003\,\dfrac{g\lambda^2}{S_1\,1428} \\[2ex]
w_{12} = X + 38\,656\,\dfrac{g\lambda^2}{S_1\,1428}
\end{array}\right.
\qquad
\left.\begin{array}{l}
w_{13} = X + 39\,148\,\dfrac{g\lambda^2}{S_1\,1428} \\[2ex]
w_{14} = X + 39\,579\,\dfrac{g\lambda^2}{S_1\,1428} \\[2ex]
w_{15} = X + 39\,936\,\dfrac{g\lambda^2}{S_1\,1428}
\end{array}\right.$$

Für das zweite Gewebe gelten nunmehr die Bedingungen

$$
\left.
\begin{aligned}
&\left\{
\begin{aligned}
4\,z_1 \;-\; 4\,z_2 &= w_1\,\frac{\lambda^2}{S_2} = X\,\frac{\lambda^2}{S_2}\\[4pt]
4\,z_{15} - 4\,z_{14} &= w_{15}\,\frac{\lambda^2}{S_2} = X\,\frac{\lambda^2}{S_2} + 39\,936\,\frac{g\,\lambda^4}{1428\,S_1 S_2}
\end{aligned}
\right.\\[10pt]
&\left\{
\begin{aligned}
-\,z_1 \;+\; 4\,z_2 \;-\; z_3 \;-\; 2\,z_6 &= w_2\,\frac{\lambda^2}{S_2} = X\,\frac{\lambda^2}{S_2} + 22\,491\,\frac{g\,\lambda^4}{1428\,S_1 S_2}\\[4pt]
-\,z_{15} + 4\,z_{14} \;-\; z_{12} - 2\,z_{13} &= w_{14}\,\frac{\lambda^2}{S_2} = X\,\frac{\lambda^2}{S_2} + 39\,579\,\frac{g\,\lambda^4}{1428\,S_1 S_2}
\end{aligned}
\right.\\[10pt]
&\left\{
\begin{aligned}
-\,z_2 \;+\; 4\,z_3 \;-\; z_4 \;-\; 2\,z_7 &= w_3\,\frac{\lambda^2}{S_2} = X\,\frac{\lambda^2}{S_2} + 31\,744\,\frac{g\,\lambda^4}{1428\,S_1 S_2}\\[4pt]
-\,z_{14} + 4\,z_{12} \;-\; z_9 \;-\; 2\,z_{11} &= w_{12}\,\frac{\lambda^2}{S_2} = X\,\frac{\lambda^2}{S_2} + 38\,656\,\frac{g\,\lambda^4}{1428\,S_1 S_2}
\end{aligned}
\right.\\[10pt]
&\left\{
\begin{aligned}
-\,z_3 \;+\; 4\,z_4 \;-\; z_5 \;-\; 2\,z_8 &= w_4\,\frac{\lambda^2}{S_2} = X\,\frac{\lambda^2}{S_2} + 35\,883\,\frac{g\,\lambda^4}{1428\,S_1 S_2}\\[4pt]
-\,z_{12} + 4\,z_9 \;-\; z_5 \;-\; 2\,z_8 &= w_9\,\frac{\lambda^2}{S_2} = X\,\frac{\lambda^2}{S_2} + 37\,611\,\frac{g\,\lambda^4}{1428\,S_1 S_2}
\end{aligned}
\right.\\[10pt]
&\qquad -\,2\,z_4 \;+\; 4\,z_5 \;-\; 2\,z_9 \;=\; w_5\,\frac{\lambda^2}{S_2} = X\,\frac{\lambda^2}{S_2} + 37\,104\,\frac{g\,\lambda^4}{1428\,S_1 S_2}\\[10pt]
&\left\{
\begin{aligned}
-\,2\,z_2 \;+\; 4\,z_6 \;-\; 2\,z_7 &= w_6\,\frac{\lambda^2}{S_2} = X\,\frac{\lambda^2}{S_2} + 28\,396\,\frac{g\,\lambda^4}{1428\,S_1 S_2}\\[4pt]
-\,2\,z_{14} + 4\,z_{13} - 2\,z_{11} &= w_{13}\,\frac{\lambda^2}{S_2} = X\,\frac{\lambda^2}{S_2} + 39\,148\,\frac{g\,\lambda^4}{1428\,S_1 S_2}
\end{aligned}
\right.\\[10pt]
&\left\{
\begin{aligned}
-z_3 \;-\; z_6 \;+\; 4\,z_7 \;-\; z_8 \;-\; z_{10} &= w_7\,\frac{\lambda^2}{S_2} = X\,\frac{\lambda^2}{S_2} + 33\,587\,\frac{g\,\lambda^4}{1428\,S_1 S_2}\\[4pt]
-z_{12} \;-\; z_{13} + 4\,z_{11} \;-\; z_8 \;-\; z_{10} &= w_{11}\,\frac{\lambda^2}{S_2} = X\,\frac{\lambda^2}{S_2} + 38\,003\,\frac{g\,\lambda^4}{1428\,S_1 S_2}
\end{aligned}
\right.\\[10pt]
&\qquad -z_4 \;-\; z_7 \;+\; 4\,z_8 \;-\; z_9 \;-\; z_{11} \;=\; w_8\,\frac{\lambda^2}{S_2} = X\,\frac{\lambda^2}{S_2} + 36\,228\,\frac{g\,\lambda^4}{1428\,S_1 S_2}\\[10pt]
&\qquad -\,2\,z_7 \;+\; 4\,z_{10} - 2\,z_{11} \;=\; w_{10}\,\frac{\lambda^2}{S_2} = X\,\frac{\lambda^2}{S_2} + 36\,152\,\frac{g\,\lambda^4}{1428\,S_1 S_2}\;\cdot
\end{aligned}
\right\}\;\text{(II)}
$$

In diesen Gleichungen ist einerseits neben den Ordinaten z auch die Größe X unbekannt, andererseits ist für die unverschieblichen Stützpunkte (1) der Wert $z_1 = 0$ von vornherein gegeben. Die fünfzehn Gleichungen reichen also gerade aus, um außer den vierzehn übrigen z-Werten die Unbekannte X eindeutig zu bestimmen.

Das Gleichungssystem II wird durch die Größen

$$X = -34\,614{,}5\,\frac{g\,\lambda^2}{1428\,S_1}$$

$$\zeta_1 = \frac{S_1 S_2}{N}\,z_1 = 0 \qquad \frac{1}{2}\cdot\frac{g\,\lambda^4}{N\cdot(1428)^2} = 0 \qquad \frac{g\,a^4}{N}$$

$$\zeta_2 = \frac{S_1 S_2}{N}\,z_2 = 24\,714\,753 \qquad \frac{1}{2}\cdot\frac{g\,\lambda^4}{N\cdot(1428)^2} = 0{,}02367\,\frac{g\,a^4}{N}$$

$$\zeta_3 = \frac{S_1 S_2}{N}\,z_3 = 54\,697\,712 \qquad \frac{1}{2}\cdot\frac{g\,\lambda^4}{N\cdot(1428)^2} = 0{,}05239\,\frac{g\,a^4}{N}$$

$$\zeta_4 = \frac{S_1 S_2}{N}\,z_4 = 76\,371\,681 \qquad \frac{1}{2}\cdot\frac{g\,\lambda^4}{N\cdot(1428)^2} = 0{,}07315\,\frac{g\,a^4}{N}$$

$$\zeta_5 = \frac{S_1 S_2}{N}\,z_5 = 84\,268\,608 \qquad \frac{1}{2}\cdot\frac{g\,\lambda^4}{N\cdot(1428)^2} = 0{,}08071\,\frac{g\,a^4}{N}$$

$$\zeta_6 = \frac{S_1 S_2}{N}\,z_6 = 39\,393\,008 \qquad \frac{1}{2}\cdot\frac{g\,\lambda^4}{N\cdot(1428)^2} = 0{,}03773\,\frac{g\,a^4}{N}$$

$$\zeta_7 = \frac{S_1 S_2}{N}\,z_7 = 62\,951\,281 \qquad \frac{1}{2}\cdot\frac{g\,\lambda^4}{N\cdot(1428)^2} = 0{,}06029\,\frac{g\,a^4}{N}$$

$$\zeta_8 = \frac{S_1 S_2}{N}\,z_8 = 81\,448\,784 \qquad \frac{1}{2}\cdot\frac{g\,\lambda^4}{N\cdot(1428)^2} = 0{,}07801\,\frac{g\,a^4}{N}$$

$$\zeta_9 = \frac{S_1 S_2}{N}\,z_9 = 88\,610\,529 \qquad \frac{1}{2}\cdot\frac{g\,\lambda^4}{N\cdot(1428)^2} = 0{,}08487\,\frac{g\,a^4}{N}$$

$$\zeta_{10} = \frac{S_1 S_2}{N}\,z_{10} = 79\,200\,160 \qquad \frac{1}{2}\cdot\frac{g\,\lambda^4}{N\cdot(1428)^2} = 0{,}07586\,\frac{g\,a^4}{N}$$

$$\zeta_{11} = \frac{S_1 S_2}{N}\,z_{11} = 93\,253\,489 \qquad \frac{1}{2}\cdot\frac{g\,\lambda^4}{N\cdot(1428)^2} = 0{,}08932\,\frac{g\,a^4}{N}$$

$$\zeta_{12} = \frac{S_1 S_2}{N}\,z_{12} = 98\,717\,936 \qquad \frac{1}{2}\cdot\frac{g\,\lambda^4}{N\cdot(1428)^2} = 0{,}09455\,\frac{g\,a^4}{N}$$

$$\zeta_{13} = \frac{S_1 S_2}{N}\,z_{13} = 103\,969\,520 \qquad \frac{1}{2}\cdot\frac{g\,\lambda^4}{N\cdot(1428)^2} = 0{,}09958\,\frac{g\,a^4}{N}$$

$$\zeta_{14} = \frac{S_1 S_2}{N}\,z_{14} = 108\,211\,713 \qquad \frac{1}{2}\cdot\frac{g\,\lambda^4}{N\cdot(1428)^2} = 0{,}10364\,\frac{g\,a^4}{N}$$

$$\zeta_{15} = \frac{S_1 S_2}{N}\,z_{15} = 112\,011\,264 \qquad \frac{1}{2}\cdot\frac{g\,\lambda^4}{N\cdot(1428)^2} = 0{,}10728\,\frac{g\,a^4}{N}$$

befriedigt.

Mit Hilfe dieser Werte habe ich für die Mittel- und die Randlinien des Feldes die Momente der wirklichen und der reduzierten Biegungsspannungen errechnet und in den Abb. 91 aufgetragen: die zugehörigen Zahlen sind in der Tafel 25, A enthalten.

Die Spannungsverteilung vollzieht sich wieder nach den gleichen Gesetzen wie bei der Platte, welche nur in einer Richtung unendlich ausgedehnt ist; die Gurtstreifen (1, 2, 3, 4, 5) zeigen die kleineren Senkungen ζ und die höheren Spannungen, die Feldstreifen (5, 9, 12, 14, 15) hingegen die größeren Verschiebungen und die geringeren Beanspruchungen.

Die Abweichungen zwischen den Mittel- und Randwerten sind innerhalb einer Mittellinie (5, 9, 12, 14, 15) bei den Dehnungen $(\bar{s}_y)$ infolge

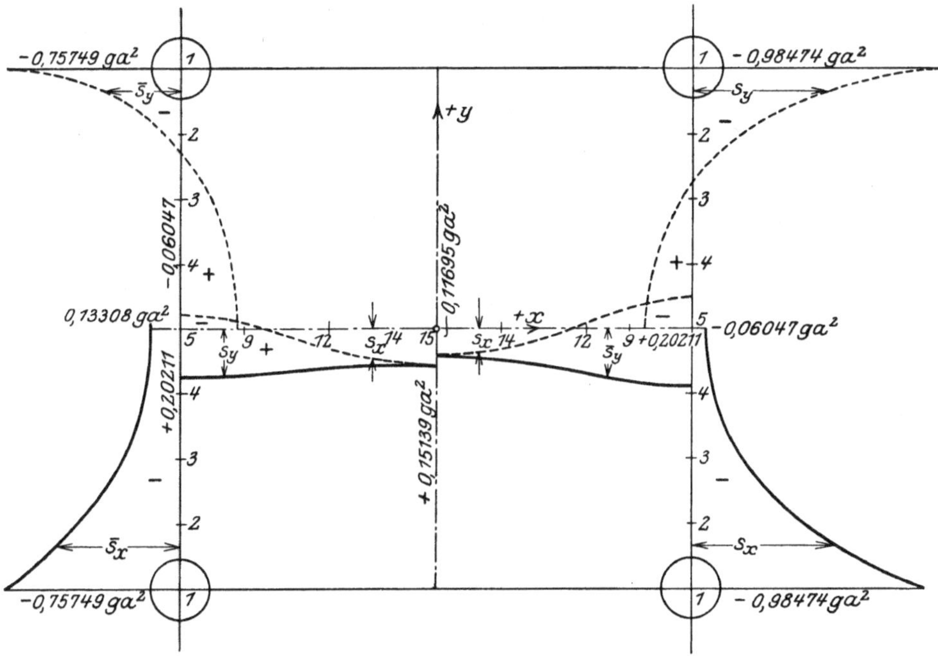

Abb. 91. Spannungsbild des quadratischen Mittelfeldes einer gleichmäßig belasteten trägerlosen Decke mit schmalen Stützköpfen.

der ungleichmäßigen Streitigkeit stärker als bei den wirklichen Spannungen (s_y). In dem Punkt 12, welcher im gleichen Abstand von einer Rand- und einer Mittelachse liegt, erreichen die Beanspruchungen des Querschnittes (5, 9, 12, 14, 15) ihren Durchschnitttswert

$$\bar{s}_y = 0{,}167\,48\,ga^2 = 0{,}041\,87\,gl^2\,,$$
$$s_y = 0{,}170\,31\,ga^2 = 0{,}042\,58\,gl^2\,.$$

Bei einem durchlaufenden Balken mit unendlich vielen, gleichmäßig belasteten Öffnungen ist das größte Feldmoment bekanntlich

$$\frac{\mathfrak{M}}{l} = \frac{gl^2}{24} = 0{,}041\,67\,gl^2\,.$$

19*

Tafel 25.

Die Durchbiegungen und Hauptspannungsmomente des Mittelfeldes einer gleichmäßig belasteten trägerlosen Decke mit unendlich vielen quadratischen Feldern.

A. Decke ohne pilzartige Erweiterung des Stützkopfes.

Abb. 91.

$\dfrac{x}{a} =$		1	$\dfrac{3}{4}$	$\dfrac{2}{4}$	$\dfrac{1}{4}$	0	Faktor
$\dfrac{y}{b} = 1$	ζ	0,0	0,02367	0,05239	0,07315	0,08071	$\dfrac{g\,a^4}{N}$
	$\bar{s}_x$	$-0,75749$	$-0,08073$	0,12733	0,21113	0,24204	$g\,a^2$
	$\bar{s}_y$	$-0,75749$	$-0,44988$	$-0,25297$	$-0,15561$	$-0,13308$	$g\,a^2$
	s_x	$-0,98474$	$-0,21570$	0,05144	0,16445	0,20211	$g\,a^2$
	s_y	$-0,98474$	$-0,47410$	$-0,21477$	$-0,09227$	$-0,06047$	$g\,a^2$
$\dfrac{y}{b} = 0$	ζ	0,08071	0,08487	0,09455	0,10364	0,10728	$\dfrac{g\,a^4}{N}$
	$\bar{s}_x$	$-0,13308$	$-0,08836$	0,00940	0,08726	0,11645	$g\,a^2$
	$\bar{s}_y$	0,24204	0,21950	0,16748	0,13002	0,11645	$g\,a^2$
	s_x	$-0,06047$	$-0,02245$	0,06065	0,12627	0,15139	$g\,a^2$
	s_y	0,20211	0,19400	0,17031	0,15620	0,15139	$g\,a^2$

B. Decke mit pilzartiger Erweiterung des Stützkopfes.

Abb. 93.

$\dfrac{x}{a} =$		1	$\dfrac{3}{4}$	$\dfrac{2}{4}$	$\dfrac{1}{4}$	0	Faktor
$\dfrac{y}{b} = 1$	ζ	0,0	0,0	0,017796	0,033527	0,039353	$\dfrac{g\,a^4}{N}$
	$\bar{s}_x$	$-0,36192$	$-0,28474$	0,03305	0,15847	0,18644	$g\,a^2$
	$\bar{s}_y$	$-0,36192$	$-0,20473$	$-0,16984$	$-0,12561$	$-0,10224$	$g\,a^2$
	s_x	$-0,47049$	$-0,34616$	$-0,01790$	0,12079	0,15577	$g\,a^2$
	s_y	$-0,47049$	$-0,29015$	$-0,15992$	$-0,07807$	$-0,04631$	$g\,a^2$
$\dfrac{y}{b} = 0$	ζ	0,039353	0,042548	0,051173	0,059170	0,062369	$\dfrac{g\,a^4}{N}$
	$\bar{s}_x$	$-0,10224$	$-0,08688$	0,01004	0,07677	0,10237	$g\,a^2$
	$\bar{s}_y$	0,18644	0,17556	0,13889	0,11233	0,10237	$g\,a^2$
	s_x	$-0,04631$	$-0,03421$	0,05171	0,11047	0,13308	$g\,a^2$
	s_y	0,15577	0,14950	0,14190	0,13536	0,13308	$g\,a^2$

Die Beanspruchungen der Platte und des durchgehenden Trägers stimmen also bis auf 2% miteinander überein.

Die Zahlenwerte der Tafel 25, A sind dennoch nicht in allen Fällen für die Querschnittsbemessung der Pilzdecke geeignet. Es ist nämlich bei der Ermittlung der w-Ordinaten und der zugehörigen Momente M stillschweigend vorausgesetzt worden, daß der volle Auflagerwiderstand $A = -g\,l^2$ ausschließlich auf den Stützenmittelpunkt (1) konzentriert ist und daß die Platte an allen Stellen die gleiche Querschnittshöhe und das gleiche Trägheitsmoment besitzt.

Diese Annahme trifft aber nur bei Säulen, deren Seitenlänge oder Durchmesser sehr klein im Vergleich zur Feldweite ist und welche am Kopfe nicht verstärkt sind, zu: der Auflagerwiderstand wirkt dann als Einzellast und erzeugt die hohen Biegungsspannungen, welche in Abb. 91 im Bereiche des Stützkopfes deutlich in Erscheinung treten. Bei den trägerlosen Decken wird aber die Säule an ihrem oberen Ende pilzartig erweitert und die Plattenhöhe vergrößert (Abb. 92): sieht man selbst von der Deckenverstärkung ab, so nimmt bei guten Ausführungen der Umfang des oberen Säulenschaftes in solchem Maße zu, daß in der Mittelebene der Platte die Seitenlänge oder der Durchmesser des Stützkopfes die Größe

$$\overline{m\,n} = d_0 = \infty\, 0{,}2 - 0{,}25\, l$$

erreicht.

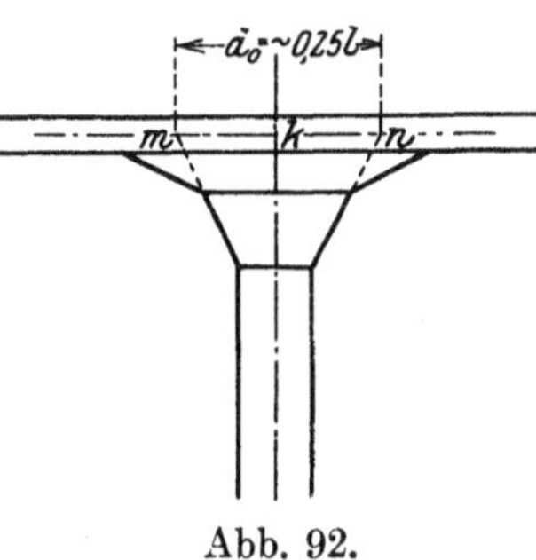

Abb. 92.

Der Auflagerwiderstand ist also nicht auf den Mittelpunkt k vereinigt, sondern auf die Grundfläche $\overline{m\,n}$ des Stützkopfes verteilt. Andererseits wird durch die Erweiterung der Säule die Steifigkeit der Decke in diesem Bereich so beträchtlich erhöht, daß bei gleichmäßiger Belastung aller Felder eine Senkung oder Drehung der Platte innerhalb der Grundfläche überhaupt nicht stattfinden kann. Mit dieser Starrheit der Grundfläche ist eine Verminderung der freien Spannweite der Ränder und der Beanspruchung der Gurtstreifen und somit eine Erhöhung der Tragfähigkeit der Decke verknüpft.

Um eine richtige Grundlage für die Querschnittsbemessung der trägerlosen Decken zu erhalten, muß noch der Einfluß der Erweiterung des Säulenkopfes näher untersucht werden.

Die Art der Verteilung des Stützenwiderstandes auf die Grundfläche ist vorerst unbestimmt: es ist aber aus der Theorie der durchlaufenden Balken, welche auf breiten elastischen Lagerflächen aufruhen[1]), bekannt, daß im allgemeinen die stärkeren Pressungen nicht im Kerne, sondern am Rande der Lagerfläche entstehen. Setzt man bei der Pilzdecke eine gleichmäßige Verteilung des Stützenwiderstandes auf die starre Grundfläche des Säulenkopfes voraus, so wird man eher ungünstige Werte für die Beanspruchung der Gurtstreifen erhalten und die Tragfähigkeit der Platte sicherlich nicht überschätzen.

---

[1]) Der Einfluß einer Flächenlagerung ist in einem Aufsatz des Verfassers über die „Statische Untersuchung von einfachen und durchlaufenden Trägern mit elastischen Stützflächen" in der Zeitschrift „Der Eisenbau", Jg. 1912, H. 1 u. 2, behandelt worden.

Von der Gesamtbelastung eines Feldes übernehmen also die im Bereiche der Grundfläche befindlichen Stützpunkte 1, 2, 6 die folgenden Anteile:

$$\text{der Mittelpunkt (1)} \quad A_1 = -\tfrac{1}{4} \cdot g\,l^2 = -16\,g\,\lambda^2\,,$$
$$\text{die Randpunkte (2)} \quad A_2 = -\tfrac{1}{8}\; g\,l^2 = -\; 8\,g\,\lambda^2\,,$$
$$\text{die Eckpunkte \quad (6)} \quad A_6 = -\tfrac{1}{16}\; g\,l^2 = -\; 4\,g\,\lambda^2\,.$$

Die Gleichgewichtsgleichungen des Gewebes lauten nunmehr:

$$
\left.
\begin{aligned}
\left\{
\begin{aligned}
4\,w_1 \; - 4\,w_2 \qquad\quad &= \frac{1}{S_1}\,(A_1+G) = -15\,\frac{g\,\lambda^2}{S_1}\\[4pt]
4\,w_{15} - 4\,w_{14} \qquad &= \qquad\qquad\qquad + 1\,\frac{g\,\lambda^2}{S_1}
\end{aligned}
\right.\\[10pt]
\left\{
\begin{aligned}
-\,w_1 + 4\,w_2 - w_3 - 2\,w_6 &= \frac{1}{S_1}\,(A_2+G) = -\; 7\,\frac{g\,\lambda^2}{S_1}\\[4pt]
-\,w_{15} + 4\,w_{14} - w_9 - 2\,w_{11} &= \qquad\qquad\qquad + 1\,\frac{g\,\lambda^2}{S_1}
\end{aligned}
\right.\\[10pt]
\left\{
\begin{aligned}
-\,w_2 + 4\,w_3 - w_4 - 2\,w_7 &= \qquad\qquad\qquad + 1\,\frac{g\,\lambda^2}{S_1}\\[4pt]
-\,w_{14} + 4\,w_{12} - w_9 - 2\,w_{11} &= \qquad\qquad\qquad + 1\,\frac{g\,\lambda^2}{S_1}
\end{aligned}
\right.\\[10pt]
\left\{
\begin{aligned}
-\,w_3 + 4\,w_4 - w_5 - 2\,w_8 &= \qquad\qquad\qquad + 1\,\frac{g\,\lambda^2}{S_1}\\[4pt]
-\,w_{12} + 4\,w_9 - w_5 - 2\,w_8 &= \qquad\qquad\qquad + 1\,\frac{g\,\lambda^2}{S_1}
\end{aligned}
\right.\\[10pt]
-2\,w_4 + 4\,w_5 - 2\,w_9 \qquad\quad &= \qquad\qquad\qquad + 1\,\frac{g\,\lambda^2}{S_1}\\[10pt]
\left\{
\begin{aligned}
-2\,w_2 + 4\,w_6 - 2\,w_7 \qquad &= \frac{1}{S_1}\,(A_3+G) = -\; 3\,\frac{g\,\lambda^2}{S_1}\\[4pt]
-2\,w_{14} + 4\,w_{13} - 2\,w_{11} \qquad &= \qquad\qquad\qquad + 1\,\frac{g\,\lambda^2}{S_1}
\end{aligned}
\right.\\[10pt]
\left\{
\begin{aligned}
-w_3 - w_6 + 4\,w_7 - w_8 - w_{10} &= \qquad\qquad\qquad + 1\,\frac{g\,\lambda^2}{S_1}\\[4pt]
-w_{12} - w_{13} + 4\,w_{11} - w_8 - w_{10} &= \qquad\qquad\qquad + 1\,\frac{g\,\lambda^2}{S_1}
\end{aligned}
\right.\\[10pt]
-w_4 - w_7 + 4\,w_8 - w_9 - w_{11} &= \qquad\qquad\qquad + 1\,\frac{g\,\lambda^2}{S_1}\\[10pt]
-2\,w_7 + 4\,w_{10} - 2\,w_{11} \qquad\quad &= \qquad\qquad\qquad + 1\,\frac{g\,\lambda^2}{S_1}
\end{aligned}
\right\} \; \text{(III)}
$$

Ihre Auflösung liefert:

$$\left\{\begin{aligned}
w_1 &= X\\
w_2 &= X + 10\,710\,\frac{g\,\lambda^2}{2\cdot 1428\,S_1}\\
w_3 &= X + 26\,826\,\frac{g\,\lambda^2}{2\cdot 1428\,S_1}\\
w_4 &= X + 34\,578\,\frac{g\,\lambda^2}{2\cdot 1428\,S_1}\\
w_5 &= X + 36\,924\,\frac{g\,\lambda^2}{2\cdot 1428\,S_1}
\end{aligned}\right.$$

$$\left\{\begin{aligned}
w_6 &= X + 18\,003\,\frac{g\,\lambda^2}{2\cdot 1428\,S_1}\\
w_7 &= X + 29\,580\,\frac{g\,\lambda^2}{2\cdot 1428\,S_1}\\
w_8 &= X + 35\,853\,\frac{g\,\lambda^2}{2\cdot 1428\,S_1}\\
w_9 &= X + 36\,558\,\frac{g\,\lambda^2}{2\cdot 1428\,S_1}
\end{aligned}\right.$$

$$\left\{\begin{aligned}
w_{10} &= X + 34\,782\,\frac{g\,\lambda^2}{2\cdot 1428\,S_1}\\
w_{11} &= X + 38\,556\,\frac{g\,\lambda^2}{2\cdot 1428\,S_1}\\
w_{12} &= X + 39\,882\,\frac{g\,\lambda^2}{2\cdot 1428\,S_1}
\end{aligned}\right.$$

$$\left\{\begin{aligned}
w_{13} &= X + 40\,851\,\frac{g\,\lambda^2}{2\cdot 1428\,S_1}\\
w_{14} &= X + 41\,718\,\frac{g\,\lambda^2}{2\cdot 1428\,S_1}
\end{aligned}\right.$$

$$w_{15} = X + 42\,432\,\frac{g\,\lambda^2}{2\cdot 1428\,S_1}\;.$$

Ich ersetze jetzt die Gleichung der elastischen Fläche

$$\nabla^2 \zeta = -\frac{M}{N}$$

durch die Differenzengleichung

$$-\frac{\varDelta^2 \zeta_x}{\lambda_x^2} - \frac{\varDelta^2 \zeta_y}{\lambda_y^2} = \frac{M}{N} = \frac{S_1 w}{N}\,,$$

welche für die einzelnen Knotenpunkte die folgenden Beziehungen ergibt:

$$\begin{aligned}
4\,\zeta_1 - 4\,\zeta_2 &= \frac{\lambda^2}{N_1}\,S_1\,X \\[1ex]
4\,\zeta_{15} - 4\,\zeta_{14} &= \frac{\lambda^2}{N_{15}}\,S_1\,X + \frac{42432}{N_{15}}\,\frac{g\,\lambda^4}{2\cdot1428} \\[1ex]
-\,\zeta_1 + 4\,\zeta_2 - \zeta_3 - 2\,\zeta_6 &= \frac{\lambda^2}{N_2}\,S_1\,X + \frac{10710}{N_2}\,\frac{g\,\lambda^4}{2\cdot1428} \\[1ex]
-\,\zeta_{15} + 4\,\zeta_{14} - \zeta_{12} - 2\,\zeta_{13} &= \frac{\lambda^2}{N_{14}}\,S_1\,X + \frac{41718}{N_{14}}\,\frac{g\,\lambda^4}{2\cdot1428} \\[1ex]
-\,\zeta_2 + 4\,\zeta_3 - \zeta_4 - 2\,\zeta_7 &= \frac{\lambda^2}{N_3}\,S_1\,X + \frac{26826}{N_3}\,\frac{g\,\lambda^4}{2\cdot1428} \\[1ex]
-\,\zeta_{14} + 4\,\zeta_{12} - \zeta_9 - 2\,\zeta_{11} &= \frac{\lambda^2}{N_{12}}\,S_1\,X + \frac{39882}{N_{12}}\,\frac{g\,\lambda^4}{2\cdot1428} \\[1ex]
-\,\zeta_3 + 4\,\zeta_4 - \zeta_5 - 2\,\zeta_8 &= \frac{\lambda^2}{N_4}\,S_1\,X + \frac{34578}{N_4}\,\frac{g\,\lambda^4}{2\cdot1428} \\[1ex]
-\,\zeta_{12} + 4\,\zeta_9 - \zeta_5 - 2\,\zeta_8 &= \frac{\lambda^2}{N_9}\,S_1\,X + \frac{36558}{N_9}\,\frac{g\,\lambda^4}{2\cdot1428} \\[1ex]
-2\,\zeta_4 + 4\,\zeta_5 - 2\,\zeta_9 &= \frac{\lambda^2}{N_5}\,S_1\,X + \frac{36924}{N_5}\,\frac{g\,\lambda^4}{2\cdot1428} \\[1ex]
-2\,\zeta_2 + 4\,\zeta_6 - 2\,\zeta_7 &= \frac{\lambda^2}{N_6}\,S_1\,X + \frac{18003}{N_6}\,\frac{g\,\lambda^4}{2\cdot1428} \\[1ex]
-2\,\zeta_{14} + 4\,\zeta_{13} - 2\,\zeta_{11} &= \frac{\lambda^2}{N_{13}}\,S_1\,X + \frac{40851}{N_{13}}\,\frac{g\,\lambda^4}{2\cdot1428} \\[1ex]
-\zeta_3 - \zeta_6 + 4\,\zeta_7 - \zeta_8 - \zeta_{10} &= \frac{\lambda^2}{N_7}\,S_1\,X + \frac{29580}{N_7}\,\frac{g\,\lambda^4}{2\cdot1428} \\[1ex]
-\zeta_{12} - \zeta_{13} + 4\,\zeta_{11} - \zeta_8 - \zeta_{10} &= \frac{\lambda^2}{N_{11}}\,S_1\,X + \frac{38556}{N_{11}}\,\frac{g\,\lambda^4}{2\cdot1428} \\[1ex]
-\zeta_1 - \zeta_7 + 4\,\zeta_8 - \zeta_9 - \zeta_{11} &= \frac{\lambda^2}{N_8}\,S_1\,X + \frac{35853}{N_8}\,\frac{g\,\lambda^4}{2\cdot1428} \\[1ex]
-2\,\zeta_7 + 4\,\zeta_{10} - 2\,\zeta_{11} &= \frac{\lambda^2}{N_{10}}\,S_1\,X + \frac{34782}{N_{10}}\,\frac{g\,\lambda^4}{2\cdot1428}
\end{aligned} \right\} \quad \text{(IV)}$$

Das Trägheitsmoment des Plattenquerschnittes kann an allen Stellen, mit Ausnahme der nächsten Nähe des Stützenmittelpunktes, als gleichbleibend betrachtet werden; für alle Punkte k außer dem Punkt 1 ist demgemäß $N_k = N$. Wenn die Platte hingegen unmittelbar über dem Stützkopf als starr angesehen werden darf, so kann $N_1 = \infty$ gesetzt werden. Aus der ersten Gleichung der vorstehenden Gruppe folgt dann

$$\zeta_1 - \zeta_2 = 0\,,$$

und da von vornherein $\zeta_1 = 0$ ist, so wird auch $\zeta_2 = 0$.

Der Wert

$$X = w_1 = \frac{4\,(\zeta_1 - \zeta_2)\,N_1}{\lambda^2\,S_1} = \frac{4}{\lambda^2\,S_1}\cdot 0\cdot\infty$$

erscheint zunächst unbestimmt. Es ist aber möglich, aus den vierzehn übrigen Gleichungen der Gruppe IV sowohl die dreizehn Ordinaten $\zeta_3,\ \ldots\ \zeta_{15}$ als auch die Größe X eindeutig zu bestimmen. Durch Auflösung dieser Gleichungen erhält man nämlich die Werte

$$X = -\frac{4}{63}\cdot 520956\,\frac{g\,\lambda^2}{2\cdot 1428\,S_1} = --16538\,\frac{g\,\lambda^2}{1428\,S_1}\,,$$

$$\zeta_1 = 0$$
$$\zeta_2 = 0$$
$$\zeta_3 = 18580337\,\frac{g\,\lambda^4}{2\,N\cdot(1428)^2} = 0{,}017796\,\frac{g\,a^4}{N}$$
$$\zeta_4 = 35003858\,\frac{g\,\lambda^4}{2\,N\cdot(1428)^2} = 0{,}033527\,\frac{g\,a^4}{N}$$
$$\zeta_5 = 41086704\,\frac{g\,\lambda^4}{2\,N\cdot(1428)^2} = 0{,}039353\,\frac{g\,a^4}{N}$$

$$\zeta_6 = 6679561\,\frac{g\,\lambda^4}{2\,N\cdot(1428)^2} = 0{,}006398\,\frac{g\,a^4}{N}$$
$$\zeta_7 = 24121654\,\frac{g\,\lambda^4}{2\,N\cdot(1428)^2} = 0{,}023104\,\frac{g\,a^4}{N}$$
$$\zeta_8 = 39102175\,\frac{g\,\lambda^4}{2\,N\cdot(1428)^2} = 0{,}037452\,\frac{g\,a^4}{N}$$
$$\zeta_9 = 44422486\,\frac{g\,\lambda^4}{2\,N\cdot(1428)^2} = 0{,}042548\,\frac{g\,a^4}{N}$$

$$\zeta_{10} = 37117646\,\frac{g\,\lambda^4}{2\,N\cdot(1428)^2} = 0{,}035551\,\frac{g\,a^4}{N}$$
$$\zeta_{11} = 48895962\,\frac{g\,\lambda^4}{2\,N\cdot(1428)^2} = 0{,}046832\,\frac{g\,a^4}{N}$$
$$\zeta_{12} = 53427411\,\frac{g\,\lambda^4}{2\,N\cdot(1428)^2} = 0{,}051173\,\frac{g\,a^4}{N}$$

$$\zeta_{13} = 58111993\,\frac{g\,\lambda^4}{2\,N\cdot(1428)^2} = 0{,}055659\,\frac{g\,a^4}{N}$$
$$\zeta_{14} = 61777080\,\frac{g\,\lambda^4}{2\,N\cdot(1428)^2} = 0{,}059170\,\frac{g\,a^4}{N}$$

$$\zeta_{15} = 65116972\,\frac{g\,\lambda^4}{2\,N\cdot(1428)^2} = 0{,}062369\,\frac{g\,a^4}{N}\,.$$

Die hieraus errechneten Spannungsmomente der Mittel- und Randlinien sind in Abb. 93 dargestellt. Die zugehörigen Zahlenwerte sind in Tafel 25, B aufgenommen.

Ein Vergleich mit den Ergebnissen der ersten Untersuchung zeigt, daß unter dem Einfluß der Stützenverbreiterung sowohl die positiven

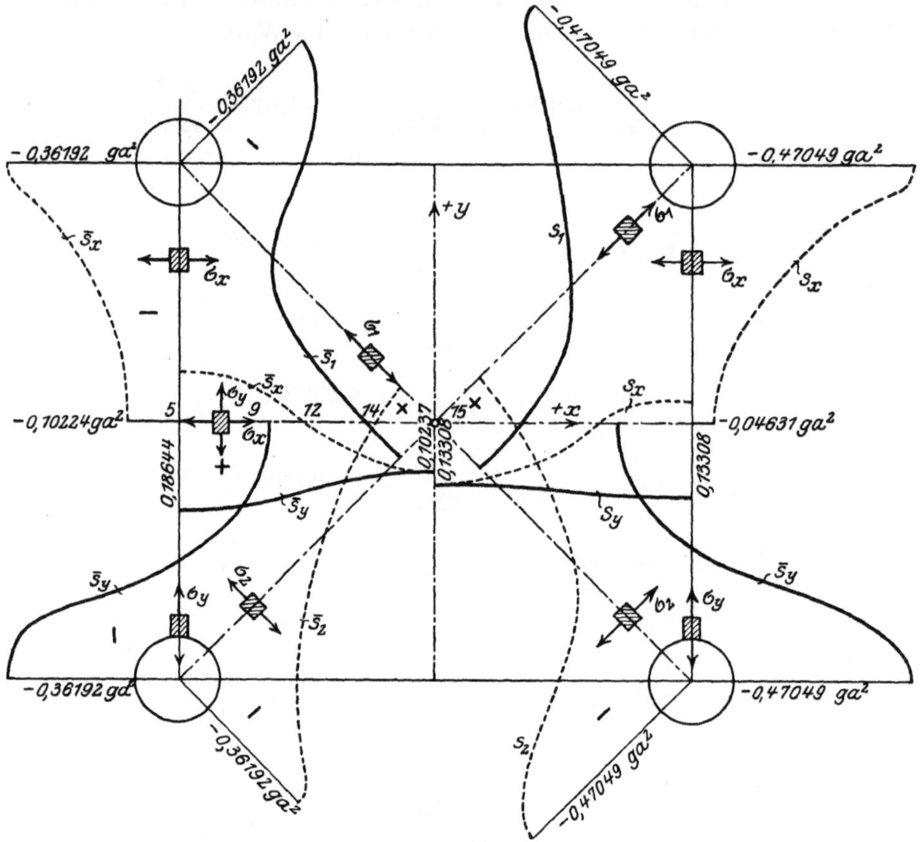

Abb. 93. Spannungsbild des quadratischen Mittelfeldes einer gleichmäßig belasteten trägerlosen Decke mit breiten Stützköpfen.

als auch vor allem die negativen Biegungsmomente wesentlich kleiner geworden sind; die Einsenkungen der Platte sind auch fast durchweg auf die Hälfte des ursprünglichen Maßes zurückgegangen. Als Durchschnittswert der Spannungsmomente für den Mittelquerschnitt (5, 9, 12, 14, 15) findet man im Punkte 12 die Größen

$$\bar{s}_y = 0,138\,89\,g\,a^2 = 0,034\,72\ g\,l^2,$$
$$s_y = 0,141\,90\,g\,a^2 = 0,035\,475\,g\,l^2,$$

während im vorigen Beispiel die Momente

$$\bar{s}_y = 0{,}041\,87\,g\,l^2\,, \qquad s_y = 0{,}042\,58\,g\,l^2$$

ermittelt worden sind; die durchschnittliche Beanspruchung der Platten mit schmalen Stützen ist also um 20% höher als diejenigen der Decken mit breiter Grundfläche.

Der günstige Einfluß der pilzartigen Erweiterung des Stützkopfes läßt sich im übrigen durch ein einfaches Näherungsverfahren feststellen.

Betrachtet man nämlich einen von zwei benachbarten, parallelen Mittellinien begrenzten Streifen (Abb. 94) als einen gewöhnlichen Balken von der Breite $B = l$ und berücksichtigt man, daß die auf der Grundfläche des Stützkopfes aufruhende Belastung unmittelbar von der Säule aufgenommen wird und daher keinen Einfluß auf die Durchbiegung des Balkens ausüben kann, so ist die tatsächliche Belastung des letzteren $Q_b = g\,(l^2 - d_o^2)\,.$

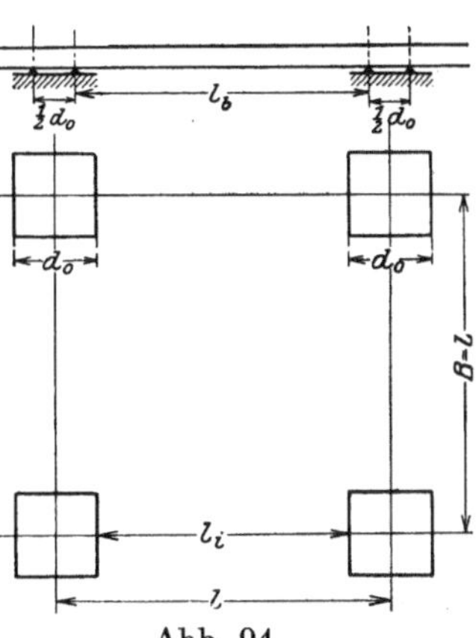

Abb. 94.

Unter d_o ist hierbei die Seitenlänge der Grundfläche zu verstehen.

Wählt man $d_o = 0{,}25\,l$, so wird

$$Q_b = g\,l^2\,(1{,}0 - 0{,}25^2) = 0{,}9375\,g\,l^2\,.$$

Die lichte Spannweite des stellvertretenden Balkens ist

$$l_i = l - d_o = 0{,}75\,l\,,$$

der Stützenabstand hingegen l.

Die wirksame Biegeweite dürfte

$$l_b = \tfrac{1}{2}\,(l + l_i) = 0{,}875\,l$$

sein.

Da der Balken als Mittelfeld eines durchlaufenden Trägers mit unendlich vielen, gleichmäßig belasteten Öffnungen sich ebenso verhält, als ob er an den Enden fest eingespannt wäre, so ist sein größtes positives Biegungsmoment

$$\mathfrak{M} = \frac{Q_b\,l_b}{24} = \frac{0{,}9375 \cdot 0{,}875\,g\,l^3}{24} = 0{,}034\,18\,g\,l^3$$

und mithin

$$\frac{\mathfrak{M}}{l} = 0{,}034\,18\,g\,l^2\,.$$

Die vorhin ermittelten Durchschnittswerte der größten Biegungsmomente der Platte

$$\bar{\mathstrut}_y = 0{,}034\,72\,g\,l^2\,, \qquad s_y = 0{,}035\,475\,g\,l^2$$

unterscheiden sich von dem entsprechenden Werte des stellvertretenden Balkens um höchstens 1,5 bzw. 3,8%. Die Ergebnisse des Näherungsverfahrens stimmen also mit denjenigen der genauen Untersuchung recht gut überein.

Diese Feststellung ist besonders wichtig, weil sie die Grundlage der vereinfachten Berechnung der trägerlosen Decken bildet und auch bei anderen Verhältnissen der Stützenteilung gestattet, die Behandlung der Platte auf diejenige des durchlaufenden Balkens zurückzuführen.

b) Untersuchung eines rechteckigen Mittelfeldes mit dem Längenverhältnis $l_x : l_y = 3 : 4$.

Um den Einfluß des Längenverhältnisses des Feldes auf die Spannungsverteilung zu untersuchen, möge als zweites Beispiel die Platte mit der Stützenteilung $l_x : l_y = 3 : 4$ behandelt werden.

Ich wähle ein Gewebe mit der Maschenweite

$$\lambda_x = \lambda_y = \frac{l_x}{6} = \frac{l_y}{8} = \lambda$$

und gebe den Knotenpunkten entsprechend den Symmetriebedingungen die aus Abb. 95 ersichtlichen Ordnungsziffern.

Bei gleichmäßiger Belastung entfällt auf jeden Knotenpunkt die Last $G = g\,\lambda^2$. Der Auflagerwiderstand ist

$$A = -g\,l_x\,l_y = -48\,g\,\lambda^2 .$$

Ich setze voraus, daß die Stütze schlank ist und daß sich der Stützendruck auf eine quadratische Grundfläche mit der verhältnismäßig kurzen Seitenlänge $d_0 = 0,125\,l_y = \lambda$ verteilt. Wie man aus Abb. 95 a erkennen kann, liegt je ein Viertel $1\,a, b, c$ dieser Grundfläche zwischen den Knotenpunkten 1, 2, 5 und 6; von dem zugehörigen Auflagerdruck $\dfrac{A}{4} = -12\,g\,\lambda^2$ ist auf Grund des im Abschnitt I,

§ 3, A, 4 abgeleiteten, allgemeinen Hebelgesetzes

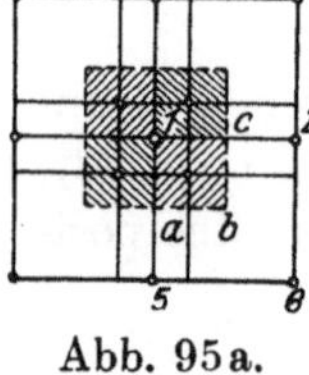

Abb. 95.

Abb. 95 a.

dem Knotenpunkt 1 der Anteil: $-\left(\tfrac{3}{4}\right)^2 12\,g\,\lambda^2 \;=\; -\tfrac{108}{16}\,g\,\lambda^2 ,$

dem Knotenpunkt 2 der Anteil: $-\tfrac{3}{4}\cdot\tfrac{1}{4}\cdot 12\,g\,\lambda^2 = -\tfrac{36}{16}\,g\,\lambda^2 ,$

dem Knotenpunkt 5 der Anteil: $-\tfrac{1}{4}\cdot\tfrac{3}{4}\cdot 12\,g\,\lambda^2 = -\tfrac{36}{16}\,g\,\lambda^2 ,$

dem Knotenpunkt 6 der Anteil: $-\left(\tfrac{1}{4}\right)^2 \cdot 12\,g\,\lambda^2 \;=\; -\tfrac{12}{16}\,g\,\lambda^2$

zuzuweisen.

Werden die Stützenwiderstände der übrigen Viertel der Grundfläche ebenso verteilt, so erhält man insgesamt

$$\text{für den Knotenpunkt 1:}\quad A_1 = -4\cdot\tfrac{108}{16}\,g\,\lambda^2 = -27\,g\,\lambda^2,$$
$$\text{für den Knotenpunkt 2:}\quad A_2 = -2\cdot\tfrac{36}{16}\,g\,\lambda^2 = -4{,}5\,g\,\lambda^2,$$
$$\text{für den Knotenpunkt 5:}\quad A_5 = -2\cdot\tfrac{36}{16}\,g\,\lambda^2 = -4{,}5\,g\,\lambda^2,$$
$$\text{für den Knotenpunkt 6:}\quad A_6 = -1\cdot\tfrac{12}{16}\,g\,\lambda^2 = -0{,}75\,g\,\lambda^2.$$

Berücksichtigt man noch die Belastung $G = g\,\lambda^2$, so wird die Kräfteverteilung im Bereiche des Stützkopfes durch die Größen

$$P_1 = g\,\lambda^2(1-27) = -26\,g\,\lambda^2,$$
$$P_2 = P_5 = g\,\lambda^2(1-4{,}5) = -3{,}5\,g\,\lambda^2,$$
$$P_6 = g\,\lambda^2(1-0{,}75) = +0{,}25\,g\,\lambda^2$$

festgelegt.

Die Gleichgewichtsbedingungen des Gewebes lauten nunmehr:

$$\left\{\begin{aligned}
4\,w_1 - 2\,w_2 - 2\,w_5 &= -26\,\frac{g\,\lambda^2}{S_1}\\[4pt]
-\,w_1 + 4\,w_2 - w_3 - 2\,w_6 &= -3{,}5\,\frac{g\,\lambda^2}{S_1}\\[4pt]
-\,w_4 + 4\,w_3 - w_2 - 2\,w_7 &= +1\,\frac{g\,\lambda^2}{S_1}\\[4pt]
4\,w_4 - 2\,w_3 - 2\,w_8 &= +1\,\frac{g\,\lambda^2}{S_1}
\end{aligned}\right.$$

$$\left\{\begin{aligned}
-\,w_1 + 4\,w_5 - 2\,w_6 - w_9 &= -3{,}5\,\frac{g\,\lambda^2}{S_1}\\[4pt]
-\,w_2 - w_5 + 4\,w_6 - w_7 - w_{10} &= +0{,}25\,\frac{g\,\lambda^2}{S_1}\\[4pt]
-\,w_3 - w_8 + 4\,w_7 - w_6 - w_{11} &= +1\,\frac{g\,\lambda^2}{S_1}\\[4pt]
-\,w_4 + 4\,w_8 - 2\,w_7 - w_{12} &= +1\,\frac{g\,\lambda^2}{S_1}
\end{aligned}\right.$$

$$\left\{\begin{aligned}
-\,w_5 + 4\,w_9 - 2\,w_{10} - w_{13} &= +1\,\frac{g\,\lambda^2}{S_1}\\[4pt]
-\,w_6 - w_9 + 4\,w_{10} - w_{11} - w_{14} &= +1\,\frac{g\,\lambda^2}{S_1}\\[4pt]
-\,w_7 - w_{12} + 4\,w_{11} - w_{10} - w_{15} &= +1\,\frac{g\,\lambda^2}{S_1}\\[4pt]
-\,w_8 + 4\,w_{12} - 2\,w_{11} - w_{16} &= +1\,\frac{g\,\lambda^2}{S_1}
\end{aligned}\right.$$

$$\left\{\begin{aligned}
&& -\; w_9 \;+\; 4\,w_{13} \;-\; 2\,w_{14} \;-\;\;\; w_{17} &= +1 && \frac{g\,\lambda^2}{S_1} \\
-\; w_{10} \;-\;\;\; w_{13} \;+\; 4\,w_{14} \;-\;\;\; w_{15} \;-\;\;\; w_{18} &= +1 && \frac{g\,\lambda^2}{S_1} \\
-\; w_{11} \;-\;\;\; w_{16} \;+\; 4\,w_{i5} \;-\;\;\; w_{14} \;-\;\;\; w_{19} &= +1 && \frac{g\,\lambda^2}{S_1} \\
&& -\; 2\,w_{12} \;+\; 4\,w_{16} \;-\; 2\,w_{15} \;-\;\;\; w_{20} &= +1 && \frac{g\,\lambda^2}{S_1}
\end{aligned}\right.$$

$$\left\{\begin{aligned}
&& -\; 2\,w_{13} \;+\; 4\,w_{17} \;-\; 2\,w_{18} &= +1 && \frac{g\,\lambda^2}{S_1} \\
-2\,w_{14} \;-\;\;\; w_{17} \;+\; 4\,w_{18} \;-\;\;\; w_{19} &= +1 && \frac{g\,\lambda^2}{S_1} \\
-2\,w_{15} \;-\;\;\; w_{20} \;+\; 4\,w_{19} \;-\;\;\; w_{18} &= +1 && \frac{g\,\lambda^2}{S_1} \\
&& -\; 2\,w_{16} \;+\; 4\,w_{20} \;-\; 2\,w_{19} &= +1 && \frac{g\,\lambda^2}{S_1}
\end{aligned}\right.$$

$$\left\{\begin{aligned}
&& 4\,z_1 \;-\; 2\,z_2 \;-\; 2\,z_5 &= w_1 && \frac{\lambda^2}{S_2} \\
&-\; z_1 \;+\; 4\,z_2 \;-\;\;\; z_3 \;-\; 2\,z_6 &= w_2 && \frac{\lambda^2}{S_2} \\
&-\; z_4 \;+\; 4\,z_3 \;-\;\;\; z_2 \;-\; 2\,z_7 &= w_3 && \frac{\lambda^2}{S_2} \\
&& 4\,z_4 \;-\; 2\,z_3 \;-\; 2\,z_8 &= w_4 && \frac{\lambda^2}{S_2}
\end{aligned}\right.$$

$$\left\{\begin{aligned}
&-\; z_1 \;+\; 4\,z_5 \;-\; 2\,z_6 \;-\;\;\; z_9 &= w_5 && \frac{\lambda^2}{S_2} \\
-\; z_2 \;-\;\;\; z_5 \;+\; 4\,z_6 \;-\;\;\; z_7 \;-\;\;\; z_{10} &= w_6 && \frac{\lambda^2}{S_2} \\
-\; z_3 \;-\;\;\; z_8 \;+\; 4\,z_7 \;-\;\;\; z_6 \;-\;\;\; z_{11} &= w_7 && \frac{\lambda^2}{S_2} \\
&-\; z_4 \;+\; 4\,z_8 \;-\; 2\,z_7 \;-\;\;\; z_{12} &= w_8 && \frac{\lambda^2}{S_2}
\end{aligned}\right.$$

$$\left\{\begin{aligned}
&-\; z_5 \;+\; 4\,z_9 \;-\; 2\,z_{10} \;-\;\;\; z_{13} &= w_9 && \frac{\lambda^2}{S_2} \\
-\; z_6 \;-\;\;\; z_9 \;+\; 4\,z_{10} \;-\;\;\; z_{11} \;-\;\;\; z_{14} &= w_{10} && \frac{\lambda^2}{S_2} \\
-\; z_7 \;-\;\;\; z_{12} \;+\; 4\,z_{11} \;-\;\;\; z_{10} \;-\;\;\; z_{15} &= w_{11} && \frac{\lambda^2}{S_2} \\
&-\; z_8 \;+\; 4\,z_{12} \;-\; 2\,z_{11} \;-\;\;\; z_{16} &= w_{12} && \frac{\lambda^2}{S_2}
\end{aligned}\right.$$

$$\begin{cases}
\qquad\quad -\quad z_9 + 4\,z_{13} - 2\,z_{14} - \quad z_{17} = w_{13}\,\dfrac{\lambda^2}{S_2} \\[2mm]
-\,z_{10} - \quad z_{13} + 4\,z_{14} - \quad z_{15} - \quad z_{18} = w_{14}\,\dfrac{\lambda^2}{S_2} \\[2mm]
-\,z_{11} - \quad z_{16} + 4\,z_{15} - \quad z_{14} - \quad z_{19} = w_{15}\,\dfrac{\lambda^2}{S_2} \\[2mm]
\qquad\quad -\quad z_{12} + 4\,z_{16} - 2\,z_{15} - \quad z_{20} = w_{16}\,\dfrac{\lambda^2}{S_2}
\end{cases}$$

$$\begin{cases}
\qquad\quad -\,2\,z_{13} + 4\,z_{17} - 2\,z_{18} \qquad\qquad = w_{17}\,\dfrac{\lambda^2}{S_2} \\[2mm]
-\,2\,z_{14} - \quad z_{17} + 4\,z_{18} - \quad z_{19} \qquad = w_{18}\,\dfrac{\lambda^2}{S_2} \\[2mm]
-\,2\,z_{15} - \quad z_{20} + 4\,z_{19} - \quad z_{18} \qquad = w_{19}\,\dfrac{\lambda^2}{S_2} \\[2mm]
\qquad\quad -\,2\,z_{16} + 4\,z_{20} - 2\,z_{19} \qquad\qquad = w_{20}\,\dfrac{\lambda^2}{S_2}
\end{cases}$$

Diese Gleichungssysteme haben denselben Aufbau wie die im Abschnitt XI, § 32, 2 für die in einer Richtung unendlich ausgedehnte Platte mit der Stützenteilung $l_x : l_y = 3 : 2$ entwickelten Gleichungen und lassen sich ebenso in je vier Gruppen totaler, dreigliedriger Differenzengleichungen mit je fünf Unbekannten spalten. Ihre Auflösung liefert die Werte

$$\begin{aligned}
&z_1 = 0 \qquad\qquad\quad \frac{g\,\lambda^4}{S_1 S_2} &\quad& z_5 = 3{,}374\,843\,\frac{g\,\lambda^4}{S_1 S_2} &\quad& z_9 = \;\;8{,}687\,383\,\frac{g\,\lambda^4}{S_1 S_2} \\[2mm]
&z_2 = 2{,}618\,246\,\frac{g\,\lambda^4}{S_1 S_2} &\quad& z_6 = 5{,}097\,635\,\frac{g\,\lambda^4}{S_1 S_2} &\quad& z_{10} = \;\;9{,}577\,662\,\frac{g\,\lambda^4}{S_1 S_2} \\[2mm]
&z_3 = 5{,}866\,794\,\frac{g\,\lambda^4}{S_1 S_2} &\quad& z_7 = 7{,}549\,655\,\frac{g\,\lambda^4}{S_1 S_2} &\quad& z_{11} = 11{,}042\,350\,\frac{g\,\lambda^4}{S_1 S_2} \\[2mm]
&z_4 = 7{,}160\,024\,\frac{g\,\lambda^4}{S_1 S_2} &\quad& z_8 = 8{,}585\,681\,\frac{g\,\lambda^4}{S_1 S_2} &\quad& z_{12} = 11{,}702\,697\,\frac{g\,\lambda^4}{S_1 S_2}
\end{aligned}$$

$$\begin{aligned}
&z_{13} = 12{,}806\,569\,\frac{g\,\lambda^4}{S_1 S_2} &\qquad& z_{17} = 14{,}324\,767\,\frac{g\,\lambda^4}{S_1 S_2} \\[2mm]
&z_{14} = 13{,}286\,555\,\frac{g\,\lambda^4}{S_1 S_2} &\qquad& z_{18} = 14{,}687\,078\,\frac{g\,\lambda^4}{S_1 S_2} \\[2mm]
&z_{15} = 14{,}155\,159\,\frac{g\,\lambda^4}{S_1 S_2} &\qquad& z_{19} = 15{,}367\,906\,\frac{g\,\lambda^4}{S_1 S_2} \\[2mm]
&z_{16} = 14{,}565\,107\,\frac{g\,\lambda^4}{S_1 S_2} &\qquad& z_{20} = 15{,}695\,369\,\frac{g\,\lambda^4}{S_1 S_2}
\end{aligned}$$

Mit Hilfe dieser Größen habe ich die Momente der wirklichen und der reduzierten Normalspannungen für die Mittel- und die Randlinien bestimmt; die zugehörigen Zahlenwerte sind in der Tafel 26 enthalten.

Tafel 26.

Die Hauptspannungsmomente des Mittelfeldes einer gleichmäßig belasteten, unendlich ausgedehnten, trägerlosen Decke mit der Stützenteilung
$$l_x : l_y = 3 : 4.$$
Abb. 95.

Punkt	$\bar{s}_x$	s_x	$\bar{s}_y$	s_y
1	$-0{,}145\,458\ g\,l_x^2$	$-0{,}201\,706\ g\,l_x^2$	$-0{,}105\,464\ g\,l_y^2$	$-0{,}130\,010\ g\,l_y^2$
2	$-0{,}017\,508\ g\,l_x^2$	$-0{,}058\,827\ g\,l_x^2$	$-0{,}077\,472\ g\,l_y^2$	$-0{,}080\,427\ g\,l_y^2$
3	$+0{,}054\,314\ g\,l_x^2$	$+0{,}026\,267\ g\,l_x^2$	$-0{,}052\,589\ g\,l_y^2$	$-0{,}043\,424\ g\,l_y^2$
4	$+0{,}071\,846\ g\,l_x^2$	$+0{,}048\,085\ g\,l_x^2$	$-0{,}044\,552\ g\,l_y^2$	$-0{,}032\,428\ g\,l_y^2$
17	$-0{,}020\,128\ g\,l_x^2$	$+0{,}005\,175\ g\,l_x^2$	$+0{,}047\,444\ g\,l_y^2$	$+0{,}044\,047\ g\,l_y^2$
18	$-0{,}008\,848\ g\,l_x^2$	$+0{,}014\,494\ g\,l_x^2$	$+0{,}043\,766\ g\,l_y^2$	$+0{,}042\,273\ g\,l_y^2$
19	$+0{,}009\,816\ g\,l_x^2$	$+0{,}030\,028\ g\,l_x^2$	$+0{,}037\,898\ g\,l_y^2$	$+0{,}039\,555\ g\,l_y^2$
20	$+0{,}018\,192\ g\,l_x^2$	$+0{,}037\,031\ g\,l_x^2$	$+0{,}035\,320\ g\,l_y^2$	$+0{,}038\,391\ g\,l_y^2$
1	$-0{,}145\,458\ g\,l_x^2$	$-0{,}201\,706\ g\,l_x^2$	$-0{,}105\,464\ g\,l_y^2$	$-0{,}130\,010\ g\,l_y^2$
5	$-0{,}095\,711\ g\,l_x^2$	$-0{,}111\,858\ g\,l_x^2$	$-0{,}030\,277\ g\,l_y^2$	$-0{,}046\,428\ g\,l_y^2$
9	$-0{,}049\,460\ g\,l_x^2$	$-0{,}039\,515\ g\,l_x^2$	$+0{,}018\,646\ g\,l_y^2$	$+0{,}010\,300\ g\,l_y^2$
13	$-0{,}026\,666\ g\,l_x^2$	$-0{,}004\,999\ g\,l_x^2$	$+0{,}040\,640\ g\,l_y^2$	$+0{,}036\,141\ g\,l_y^2$
17	$-0{,}020\,128\ g\,l_x^2$	$+0{,}005\,175\ g\,l_x^2$	$+0{,}047\,444\ g\,l_y^2$	$+0{,}044\,047\ g\,l_y^2$
4	$+0{,}071\,846\ g\,l_x^2$	$+0{,}048\,085\ g\,l_x^2$	$-0{,}044\,552\ g\,l_y^2$	$-0{,}032\,428\ g\,l_y^2$
8	$+0{,}057\,557\ g\,l_x^2$	$+0{,}043\,462\ g\,l_x^2$	$-0{,}026\,427\ g\,l_y^2$	$-0{,}016\,715\ g\,l_y^2$
12	$+0{,}036\,686\ g\,l_x^2$	$+0{,}038\,808\ g\,l_x^2$	$+0{,}003\,978\ g\,l_y^2$	$+0{,}010\,169\ g\,l_y^2$
16	$+0{,}022\,775\ g\,l_x^2$	$+0{,}037\,209\ g\,l_x^2$	$+0{,}027\,065\ g\,l_y^2$	$+0{,}030\,908\ g\,l_y^2$
20	$+0{,}018\,192\ g\,l_x^2$	$+0{,}037\,031\ g\,l_x^2$	$+0{,}035\,320\ g\,l_y^2$	$+0{,}038\,391\ g\,l_y^2$

Die Ergebnisse der Rechnung zeigen, daß die längeren Randlinien sich stärker durchbiegen und höher beansprucht werden als die kürzeren. Die größeren Spannungsmomente s_y und $\bar{s}_y$ sind auf der schmäleren Querschnittsbreite $l_x = 6\,\lambda$ der Schnittebene $y = 0$ nahezu gleichmäßig verteilt: die Mittel- und Randwerte der kleineren Spannungsmomente s_x und $\bar{s}_x$ weichen hingegen in der Schnittebene $x = 0$ merklich voneinander ab. Der Unterschied zwischen den Formänderungen der Gurt- und Feldstreifen tritt besonders bei den Momenten $\bar{s}_x$ der längeren Querschnittsbreite $l_y = 8\,\lambda$ in Erscheinung.

Als Durchschnittswert der Momente erhält man für die Schnittebene $x = 0$ die Größen:

$$\bar{s}_x = 0{,}040\,3946\ g\,l_x^2\,, \qquad s_x = 0{,}040\,451\ g\,l_x^2\,,$$

für die Schnittebene $y = 0$:

$$\bar{s}_y = 0{,}040\,994\ g\,l_y^2\,, \qquad s_y = 0{,}041\,003\ g\,l_y^2\,.$$

Bringt man die wirksame Belastung eines Feldes

$$Q = g(l_x l_y - d_0^2) = 47\, g\, \lambda^2$$

auf einen beiderseits eingespannten Balken von der Breite $B_x = l_y$ bzw. $B_y = l_x$, so entsteht in der Balkenmitte das Biegungsmoment

$$\mathfrak{M}_x = \frac{Q\, l_x}{24} = \frac{47}{24}\, g\, \lambda^2\, l_x$$

bzw.

$$\mathfrak{M}_y = \frac{Q\, l_y}{24} = \frac{47}{24}\, g\, \lambda^2\, l_y;$$

auf die Längeneinheit der Querschnittsbreite bezogen ist dementsprechend

$$s_x = \frac{\mathfrak{M}_x}{B_x} = \frac{47}{24} \cdot g\, \lambda^2 \cdot \frac{l_x}{l_y} = \frac{47}{32}\, g\, \lambda^2 = 0{,}0408\, g\, l_x^2,$$

$$s_y = \frac{\mathfrak{M}_y}{B_y} = \frac{47}{24} \cdot g\, \lambda^2 \cdot \frac{l_y}{l_x} = \frac{47}{18}\, g\, \lambda^2 = 0{,}0408\, g\, l_y^2.$$

Diese Näherungswerte unterscheiden sich um höchstens 1% von den für die Platte errechneten genauen Größen. Die vorzügliche Übereinstimmung beweist von neuem, daß sich die Pilzdecke in jeder Richtung wie ein einfacher durchgehender Träger verhält. Während bei einer ringsum aufliegenden, durchlaufenden Platte die Spannungsverteilung wesentlich vom Längenverhältnis der Felder beeinflußt wird und die stärkeren Beanspruchungen auf die kürzere Spannweite entfallen, ist hingegen bei den Pilzdecken die Größe des gesamten Biegungsmomentes $\mathfrak{M}_x$ oder $\mathfrak{M}_y$ bei gleichen Auflagerungsbedingungen der äußeren Plattenränder nur von der Spannweite l_x oder l_y abhängig: lediglich die Verteilung von $\mathfrak{M}_x$ oder $\mathfrak{M}_y$ auf die Querschnittsbreite l_y oder l_x wird von der Art der Stützenteilung beeinflußt. Hieraus folgt aber auch, daß die gleichmäßige Anstrengung der Platte in beiden Richtungen nur bei dem Längenverhältnis $l_x : l_y = 1 : 1$ erzielt werden kann und daß die quadratische Stützenteilung vor allen anderen Stützenanordnungen den Vorzug verdient.

2. Der Einfluß einer wechselweisen Belastung einzelner Felder.

Die Pilzdecken werden wie die durchgehenden Träger nicht bei der gleichzeitigen Belastung der ganzen Deckenfläche, sondern bei der Belastung einzelner Felder oder Felderreihen am stärksten beansprucht. Um die Art der ungünstigsten Laststellung und ihren Einfluß auf die Anstrengung der Platte zu bestimmen, will ich zwei verschiedene Belastungsfälle in Betracht ziehen.

Fall I: Schachbrettartige Belastung (Abb. 96). Ich bezeichne mit A das belastete, mit B das unbelastete Feld und setze voraus, daß alle Felder A die gleiche und gleichmäßig verteilte Belastung p tragen.

Der Spannungszustand der Decke bleibt unverändert, wenn man sich an Stelle des vorliegenden Belastungsfalles zuerst sowohl die Felder A

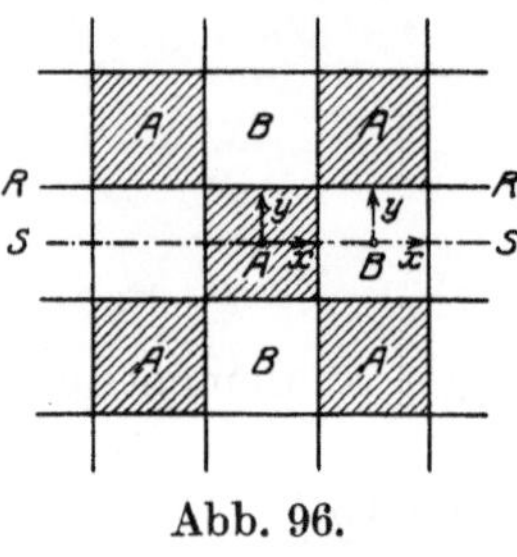

als auch die Felder B mit $+\dfrac{p}{2}$, sodann aber die Felder A mit $+\dfrac{p}{2}$, die Felder B hingegen mit $-\dfrac{p}{2}$ belastet denkt.

Der erste Teilzustand deckt sich, sobald g mit $\dfrac{p}{2}$ vertauscht wird, mit dem zuletzt behandelten

Abb. 96.

Falle der gleichzeitigen und gleichartigen Belastung aller Felder und ist daher als erledigt zu betrachten.

Im zweiten Teilzustande stimmen die Belastung und die Randbedingungen jedes Feldes mit derjenigen einer mit $\pm\dfrac{p}{2}$ belasteten und ringsum auf den Rändern des Feldes frei aufliegenden Platte überein. Die zugehörigen Formänderungen und Beanspruchungen sind im Abschnitt III, § 7 und § 9, untersucht worden und können auch als bekannt erachtet werden.

Die Zusammenfassung der beiden Teilzustände liefert beispielsweise für quadratische Felder die folgenden Ergebnisse:

1. Mitte des Gurtstreifens $R-R$:

$$
\text{Stelle}\ \ \begin{array}{l} x = 0, \\ y = \pm b \end{array}
\left\{
\begin{aligned}
\zeta &= \frac{1}{2}\cdot\frac{pa^4}{N}(0{,}039353 + 0.0) = 0{,}01968\,\frac{pa^4}{N} \\
\bar{s}_x &= \tfrac{1}{2}\cdot pa^2(0{,}18644 + 0{,}0) = 0{,}08322\,pa^2 \\
s_x &= \tfrac{1}{2}\cdot pa^2(0{,}15577 + 0{,}0) = 0{,}07788\,pa^2
\end{aligned}
\right\}
\begin{array}{l} \text{für Feld } A \\ \text{wie für} \\ \text{Feld } B, \end{array}
$$

2. Mitte des Feldstreifens $S-S$:

$$
\text{Stelle}\ \ \begin{array}{l} x = y = 0 \\ \text{im Felde } A \end{array}
\left\{
\begin{aligned}
\zeta &= \frac{1}{2}\frac{pa^4}{N}(0{,}062369 + 0{,}06488) = 0{,}063625\,\frac{pa^4}{N} \\
\bar{s}_x &= \tfrac{1}{2}\,pa^2(0{,}10237 + 0{,}14554) = 0{,}12396\,pa^2 \\
s_x &= \tfrac{1}{2}\,pa^2(0{,}13308 + 0{,}18920) = 0{,}16114\,pa^2,
\end{aligned}
\right.
$$

$$
\text{Stelle}\ \ \begin{array}{l} x = y = 0 \\ \text{im Felde } B \end{array}
\left\{
\begin{aligned}
\zeta &= \frac{1}{2}\frac{pa^4}{N}(0{,}062369 - 0{,}06488) = -0{,}012555\,\frac{pa^4}{N} \\
\bar{s}_x &= \tfrac{1}{2}\,pa^2(0{,}10237 - 0{,}14554) = -0{,}02158\,pa^2 \\
s_x &= \tfrac{1}{2}\,pa^2(0{,}13308 - 0{,}18920) = -0{,}02806\,pa^2\,.
\end{aligned}
\right.
$$

Fall II: Wechselweise Belastung ganzer Felderreihen. Die in Abb. 97 dargestellte Lastanordnung läßt sich wieder in die zwei Teilzustände $\frac{p}{2}$ und $\pm\frac{p}{2}$ zerlegen.

Die erste Belastungsstufe ist dieselbe wie im Falle I. In der zweiten verhalten sich die Felderreihen A und B wie ein mit $\pm\frac{p}{2}$ belasteter Plattenstreifen, der in einer Richtung unendlich ausgedehnt ist und auf den beiden Längsrändern frei aufruht. Dieser Streifen besteht aus unendlich vielen, nebeneinanderliegenden einfachen Balken, deren Formänderung und Beanspruchung den bekannten Gesetzen

$$\zeta = \pm\frac{p}{2}\cdot\frac{a^4}{24\,N}\left(5 - \frac{6\,x^2}{a^2} + \frac{x^4}{a^4}\right),$$

$$s_x = s_x = \pm\frac{p}{2}\cdot\frac{a^2}{2}\left(1 - \frac{x^2}{a^2}\right)$$

folgen.

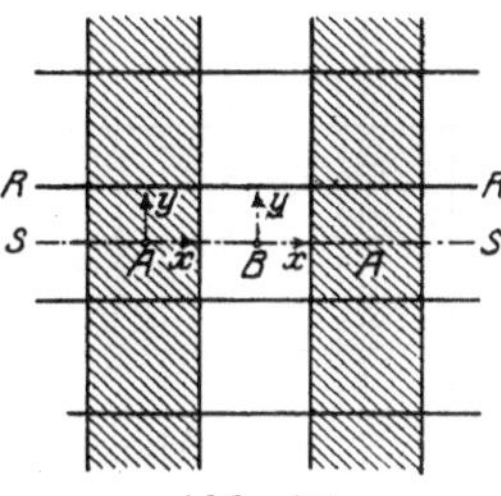

Abb. 97.

Die Überlagerung der beiden Teilzustände liefert nunmehr

1. für die Mitte des Gurtstreifens R—R:

Stelle $x = 0$
$y = \pm b$
im Felde A
$$\begin{cases}\zeta = \frac{1}{2}\frac{pa^4}{N}(0{,}039353 + 0{,}20833) = 0{,}12384\,\frac{pa^4}{N}\\ s_x = \tfrac{1}{2}pa^2(0{,}18644 + 0{,}5) = 0{,}34322\,pa^2\\ s_x = \tfrac{1}{2}pa^2(0{,}15577 + 0{,}5) = 0{,}32788\,pa^2\,,\end{cases}$$

Stelle $x = 0$
$y = \pm b$
im Felde B
$$\begin{cases}\zeta = \frac{1}{2}\frac{pa^4}{N}(0{,}039353 - 0{,}20833) = -0{,}08449\,\frac{pa^4}{N}\\ s_x = \tfrac{1}{2}pa^2(0{,}18644 - 0{,}5) = -0{,}15678\,pa^2\\ s_x = \tfrac{1}{2}p\,1^2(0{,}15577 - 0{,}5) = -0{,}17211\,pa^2\,;\end{cases}$$

2. für die Mitte des Feldstreifens S—S:

Stelle
$x = y = 0$
im Felde A
$$\begin{cases}\zeta = \frac{1}{2}\frac{pa^4}{N}(0{,}062369 + 0{,}20833) = 0{,}13535\,\frac{pa^4}{N}\\ s_x = \tfrac{1}{2}pa^2(0{,}10237 + 0{,}5) = 0{,}30118\,pa^2\\ s_x = \tfrac{1}{2}pa^2(0{,}13308 + 0{,}5) = 0{,}31654\,pa^2\,,\end{cases}$$

Stelle
$x = y = 0$
im Felde B
$$\begin{cases}\zeta = \frac{1}{2}\frac{pa^4}{N}(0{,}062369 - 0{,}20833) = -0{,}07298\,\frac{pa^4}{N}\\ s_x = \tfrac{1}{2}pa^2(0{,}10237 - 0{,}5) = -0{,}19881\,pa^2\\ s_x = \tfrac{1}{2}pa^2(0{,}13308 - 0{,}5) = -0{,}18346\,pa^2\,.\end{cases}$$

Der Vergleich zwischen den Ergebnissen der beiden Untersuchungen zeigt, daß durch die wechselweise Belastung ganzer Felderreihen doppelt so hohe Beanspruchungen als bei der schachbrettartigen Belastung

20*

hervorgerufen werden. Für die Querschnittsbemessung der Platte ist daher die im Falle II behandelte Lastanordnung maßgebend.

Beachtenswert ist insbesondere, daß bei dieser ungünstigsten Laststellung ein beträchtlicher Unterschied zwischen den größten Biegungsmomenten der Gurt- und der Feldstreifen nicht besteht. Diese gleichmäßige Spannungsverteilung ist im Hinblick auf die Anstrengung der Platte als ein wesentlicher Vorteil zu betrachten.

Die in Abb. 97 dargestellte Lastanordnung liefert nur für einen Querschnitt längs der Mittellinien die größten positiven oder negativen Momente. Die in der Stützenflucht liegenden Randquerschnitte werden durch negative Momente am stärksten beansprucht, wenn die beiden

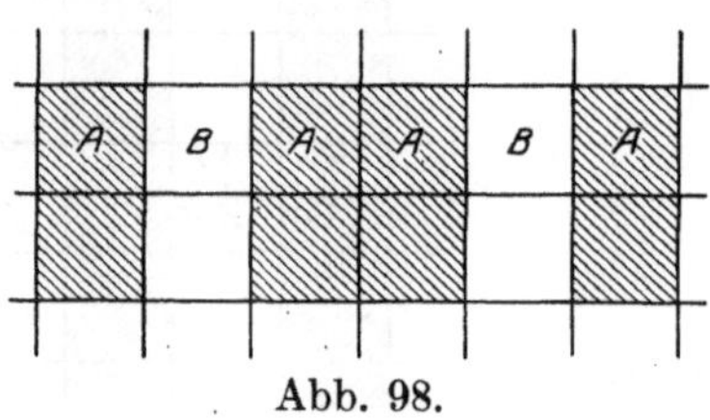

Abb. 98.

an der fraglichen Randlinie anschließenden Felder voll belastet werden (Abb. 98); der Einfluß der übrigen, weiter abstehenden Felder A ist im allgemeinen so geringfügig, daß es zulässig ist, die für den Fall einer gleichzeitigen Belastung aller Felder ermittelten Werte der negativen Biegungsmomente — indem g durch $(g + p)$ ersetzt wird — der Querschnittsbemessung zugrunde zu legen.

Die größten Beanspruchungen in der Diagonalrichtung müssen auch beachtet werden, um so mehr, als es vielfach üblich ist, die Hauptbewehrung der trägerlosen Decken in der Diagonalrichtung anzuordnen.

In den bisher behandelten Fällen I und II ist die Belastung in bezug auf die Mittellinien symmetrisch verteilt und der Mittelpunkt der Platte von Drillungsmomenten t_{xy} frei. Die Hauptspannungen dieses Punktes liegen in den x- und y-Achsen; die in den Diagonalquerschnitten wirkenden Normalspannungen bilden das Kräftepaar

$$s_d = \tfrac{1}{2}(s_x + s_y).$$

Bei der schachbrettartigen Belastung ist

$$s_x = s_y = s_d = +0{,}161\,14\,p\,a^2$$
$$\text{bzw.} \quad s_x = s_y = s_d = -0{,}028\,06\,p\,a^2.$$

Bei der wechselweisen Belastung voller Felderreihen ist hingegen in den Feldern A:

$$s_x = 0{,}316\,54\,p\,a^2, \qquad s_y = 0{,}151\,54\,p\,a^2, \qquad s_d = 0{,}234\,04\,p\,a^2,$$

in den Feldern B:

$$s_x = -0{,}183\,46\,p\,a^2, \qquad s_y = -0{,}008\,46\,p\,a^2, \qquad s_d = -0{,}095\,96\,p\,a^2.$$

Aus beiden Belastungsarten läßt sich die in Abb. 99 dargestellte Lastverteilung III ableiten, indem man zunächst die Streifen 1 mit $+\dfrac{p}{2}$, sodann die Streifen 2 ebenso mit $+\dfrac{p}{2}$ und schließlich die Felder B mit $-\dfrac{p}{2}$ belastet. Im Mittelpunkt des Feldes entstehen der Reihe nach die Diagonalmomente

$$s_{d(1)} = +\tfrac{1}{2} \cdot 0{,}23404\,pa^2\,,$$
$$s_{d(2)} = +\tfrac{1}{2} \cdot 0{,}23404\,pa^2\,,$$
$$s_{d(3)} = +\tfrac{1}{2} \cdot 0{,}02806\,pa^2\,.$$

Im ganzen ergibt sich

$$s_d = +0{,}24807\,pa^2\,.$$

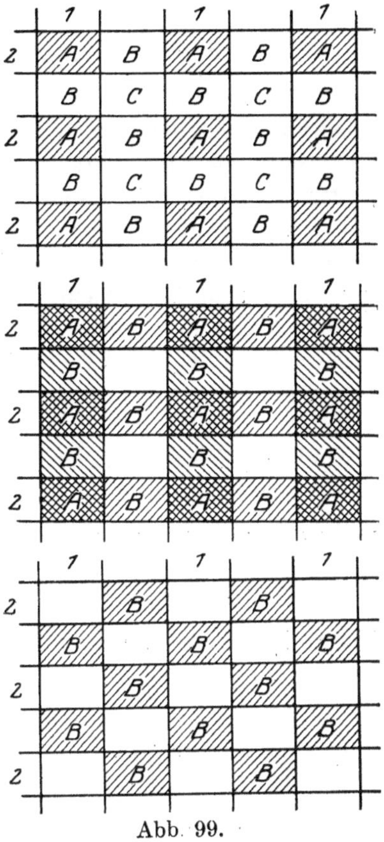

Die größten Diagonalspannungen bleiben also in den beiden Belastungsfällen II und III merklich hinter den Grenzwerten der Spannungen σ_x und σ_y zurück. Die geringere Beanspruchung in der Diagonalrichtung ist darauf zurückzuführen, daß die Diagonalstreifen sowohl durch die Stützenreihen I als auch durch die Stützenreihen II (Abb. 100) getragen werden: ihre Breite ist bei quadratischen Feldern $l\sqrt{2}$, ihre Spannweite in der Diagonalachse $l\sqrt{2}$, an den Rändern $\tfrac{1}{2}\,l\sqrt{2}$, im Durchschnitt $\tfrac{3}{4}\,l\sqrt{2}$, während die Streifen in der x- oder y-Richtung die Breite und die Spannweite l besitzen. Bei gleichartiger Belastung und gleichen Auflagerbedingungen müssen sich die auf die Einheit der Querschnittsbreite bezogenen Spannungsmomente den Diagonal- und orthogonalen Streifen wie

$$\frac{3}{4} \cdot \frac{l\sqrt{2}}{l\sqrt{2}} : \frac{l}{l} = 3 : 4$$

verhalten. Dies ist in der Tat das Verhältnis der vorhin errechneten Grenzwerte s_d und s_x. Aus dieser Feststellung geht hervor, daß es nicht zweckmäßig ist, die Hauptbewehrung in den Diagonalachsen anzubringen; um die Tragfähigkeit der Platte voll ausnützen zu können,

Abb. 99.

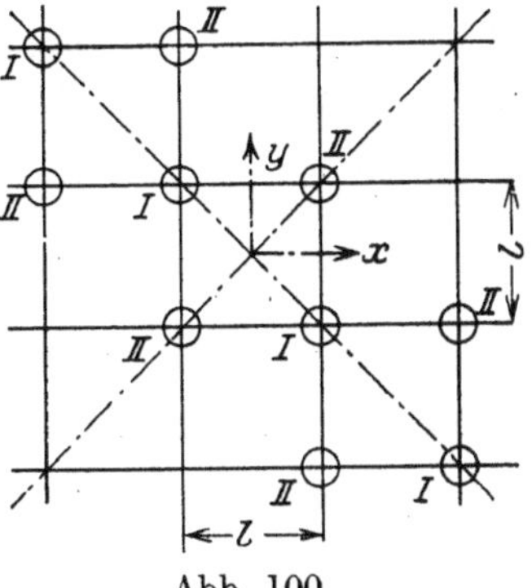

Abb. 100.

empfiehlt es sich vielmehr, die Anordnung der Bewehrung dem Verlauf der Hauptspannungen anzupassen und die Eisenstäbe parallel den Randlinien zu legen.

3. Der Biegungswiderstand der Stützen.

In den bisherigen Untersuchungen ist lediglich der axiale Auflagerwiderstand der Säulen und seine Verteilung auf die Grundfläche des Stützkopfes in Betracht gezogen worden: es ist hierbei vorausgesetzt, daß die Säulen sich nicht verbiegen und nur auf zentrischen Druck beansprucht werden. Diese Annahme trifft zu, wenn die Decke aus gleichartigen Feldern besteht und alle Felder in gleicher Weise belastet sind: die Mittelfläche der Platte und die Mittellinie der Säule behalten dann in nächster Nähe des Stützpunktes ihre ursprüngliche Lage und Gestalt, und die günstige Wirkung der Verbreiterung der Säule tritt nur in der Verringerung der freien Spannweite der Gurtstreifen in Erscheinung.

Sind die Felder ungleich oder wird nur ein Teil der Deckenfläche belastet, so neigt sich die Mittelebene der Platte über dem Stützenmittelpunkt in der X-Z-Ebene um den Winkel

$$\omega_x = \frac{\partial \zeta}{\partial x},$$

in der Y-Z-Ebene um

$$\omega_y = \frac{\partial \zeta}{\partial y}.$$

Infolge der festen Verbindung zwischen Decke und Säulenkopf müssen die Anschlußquerschnitte der Stütze an die Platte die gleichen Drehungen ω_x, ω_y vollziehen, und es tritt eine Verbiegung der Stützenachsen ein. Die Säulen leisten je nach ihrer Steifigkeit einen stärkeren oder geringeren Biegungswiderstand, der wiederum eine Verminderung der Neigung der elastischen Fläche und eine Entlastung der Platte zur Folge hat. Die Größe dieses Widerstandes zu ermitteln, seinen Einfluß auf die Anstrengung der Stützen und Decken zu bestimmen ist das Ziel der vorliegenden Untersuchung.

Ich betrachte wieder eine Decke mit unendlich vielen gleichartigen Feldern und will den ungünstigsten Fall der wechselweisen Lastverteilung behandeln. Wie in Abb. 97 dargestellt, soll also zwischen zwei belasteten Reihen A jeweils eine Reihe B unbelastet bleiben.

Ich ersetze diese Lastanordnung wie früher durch zwei Belastungsstufen. Bei der ersten sind beide Reihen A und B gleichzeitig mit $+\frac{p}{2}$ belastet und der Biegungswiderstand der Stützen ausgeschaltet.

In der zweiten Stufe, welche in Abb. 101 veranschaulicht ist, werden den Feldern A die Lasten $+\dfrac{p}{2}$, den Feldern B die Lasten $-\dfrac{p}{2}$ zugewiesen. Da hierbei jede zur x-Achse parallele Randlinie als Symmetrieachse aufgefaßt werden kann, so sind alle Auflagerkräfte der X-Z-Ebene parallel gerichtet.

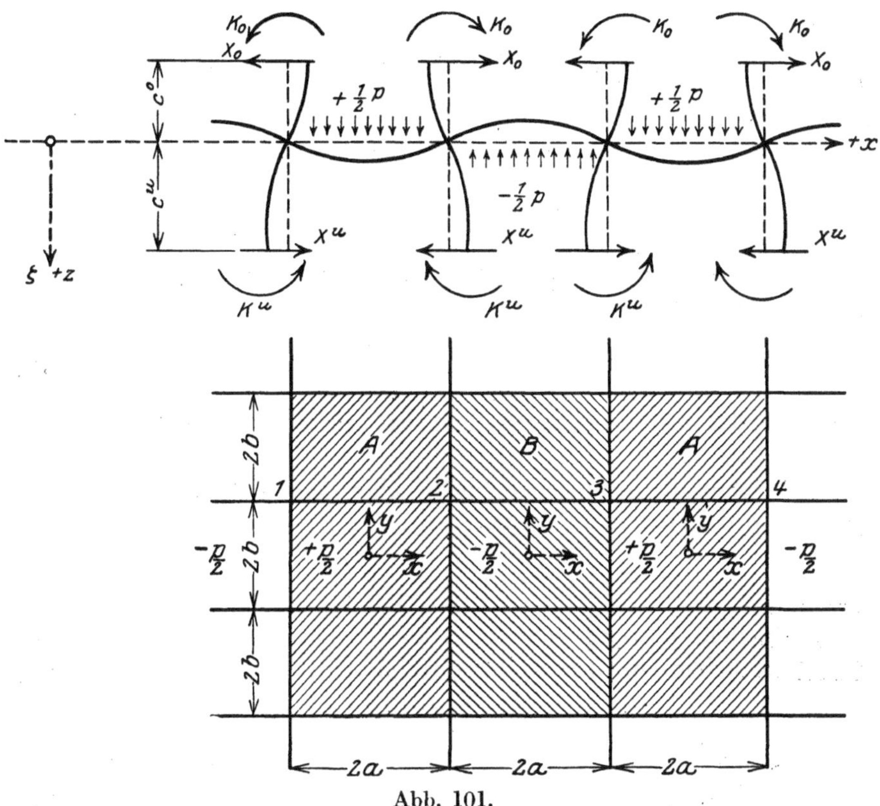

Abb. 101.

Der Widerstand der über der fraglichen Decke stehenden Stützen setzt sich aus dem Horizontalschub X^o und dem Kräftepaar K^o zusammen. Die unteren Stützen übernehmen den Schub X^u und das Moment K^u. Diese Widerstände sind für alle Stützen gleich und wechseln an jedem Stützpunkt ihren Wirkungssinn.

Das gesamte von den Stützen auf jeden Eckpunkt eines Feldes übertragene Moment ist

$$\mathfrak{M}_s = K^o + K^u + X^o\, c_o + X^u\, c_u,\tag{a}$$

wobei c_o und c_u den Abstand der Kräfte X^o und X^u von der Mittelfläche bedeuten.

Es ist ohne weiteres einleuchtend, daß die beiden dem Stützpunkte benachbarten Felderreihen je eine Häfte von $\mathfrak{M}_s$ aufzunehmen haben. Die Felder A und B erhalten überhaupt als Belastung, wie die schematische Darstellung in Abb. 101 erkennen läßt, die gleichen, aber entgegengerichteten Kräfte und Kräftepaare. Die gemeinsamen Ränder sind Achsen der Gegensymmetrie, welche durch die Bedingungen

$$\zeta = \frac{\partial^2 \zeta}{\partial x^2} = \frac{\partial^2 \zeta}{\partial y^2} = 0 \quad \text{für} \quad x = \pm a$$

gekennzeichnet sind, während für die Ränder $y = \pm b$ entsprechend der Vollsymmetrie die Bedingungen

$$\frac{\partial \zeta}{\partial y} = \frac{\partial^2 \zeta}{\partial y \, \partial x} = \frac{\partial^3 \zeta}{\partial x^2 \, \partial y} = \frac{\partial^3 \zeta}{\partial y^3} = 0$$

gelten.

Wird zunächst der alleinige Einfluß der Belastung $\pm \frac{p}{2}$ in Betracht gezogen, so läßt sich die Gestalt der elastischen Fläche wie bei einem einfachen Balken durch den Ansatz

$$\zeta_0 = \pm \frac{p}{2} \frac{a^4}{24 N}\left(5 - \frac{6 x^2}{a^2} + \frac{x^4}{a^4}\right) \tag{b}$$

darstellen; das obere Vorzeichen gilt hierbei für die Felder A, das untere für die Felder B.

Die Neigung der elastischen Fläche über dem Stützpunkt $x = -a$, $y = \pm b$ wird durch den Winkel

$$\omega_x = \left(\frac{\partial \zeta_0}{\partial x}\right)_{x=-a} = \frac{p \, a^3}{6 N} \tag{c}$$

bestimmt.

Durch den Biegungswiderstand der Stützen werden auf einer Strecke e_x beiderseits des Säulenmittelpunktes lotrechte Druck- und

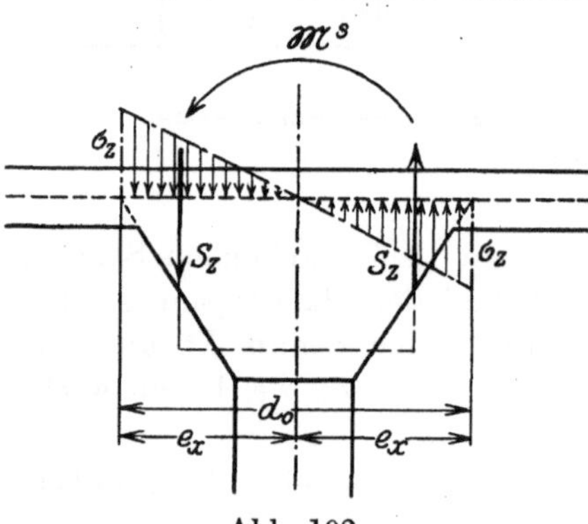

Abb. 102.

Zugspannungen σ_z auf die Platte übertragen (Abb. 102). Zwischen der Mittelkraft S_z dieser Spannungen, welche auf der Länge e_x geradlinig verteilt sein mögen, und dem Biegungsmoment $\mathfrak{M}_s$ besteht die Gleichwertigkeitsbedingung

$$\mathfrak{M}_s = 2\,S_z \cdot \tfrac{2}{3}\,e_x$$

oder

$$S_z = \frac{3}{4}\,\frac{\mathfrak{M}_s}{e_x}.$$

Um die Rechnung zu vereinfachen, setze ich quadratische Felderteilung voraus und verwende als Abbild der Platte ein Gewebe mit der Maschenweite $\lambda_x = \lambda_y = \dfrac{a}{4}$ (Abb. 103).

Die Art der Verteilung der Kräfte S_z auf die Knotenpunkte des Gewebes hängt von den Abmessungen der Grundfläche des Stützkopfes ab. Wird für die Seitenlänge d_o dieser Grundfläche, wie es bei guten Ausführungen üblich ist, das Maß

$$d_o = 2\,e_x = \frac{l}{4} = 2\,\lambda$$

gewählt, so erhalten die vom Stützenmittelpunkt um λ abstehenden Knotenpunkte (1) und (5) insgesamt eine Belastung

$$P_s = +\frac{2}{3}\,S_z = \mp\frac{1}{2}\,\frac{\mathfrak{M}_s}{\lambda}\,.$$

Das obere Vorzeichen gilt hierbei für die Felderreihen A, das untere für die Felderreihen B.

Da auch P_s auf die Breite $d_o = 2\,\lambda$ der Grundfläche gleichmäßig verteilt ist, so entfallen auf die Knotenpunkte (1) die Anteile

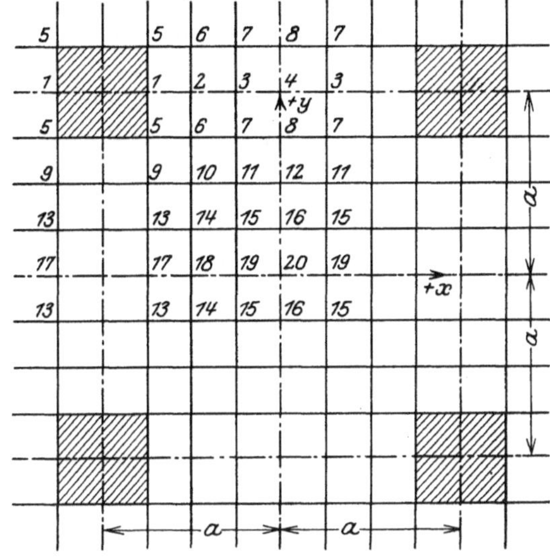

Abb. 103.

$$P_1 = \frac{1}{2}\,P_s = \mp\frac{1}{4}\,\frac{\mathfrak{M}_s}{\lambda}\,,$$

auf die Knotenpunkte (5) die Anteile

$$P_5 = \frac{1}{4}\,P_s = \mp\frac{1}{8}\,\frac{\mathfrak{M}_s}{\lambda}\,.$$

Beachtet man noch, daß am Rande $x = \pm a$ entsprechend der Bedingung

$$\frac{\partial^2\zeta}{\partial x^2} = \frac{\partial^2\zeta}{\partial y^2} = 0$$

auch

$$M = -N\left(\frac{\partial^2\zeta}{\partial x^2} + \frac{\partial^2\zeta}{\partial y^2}\right) = S_1\,w = 0$$

sein muß, so gewinnt man für die Verschiebungen des Gewebes im Felde A unter dem Einfluß der Kräfte P_1 und P_2 die folgenden Bestimmungsgleichungen:

$$\begin{cases} 4\,w_1 - w_2 - 2\,w_5 = +\dfrac{P_1}{S_1} = \mp\dfrac{\mathfrak{M}_s}{S_1\,4\,\lambda} \\[2mm] 4\,w_{17} - w_{18} - 2\,w_{12} = 0 \end{cases}$$

$$\left\{ \begin{aligned} - \ \ w_1 \ + 4\,w_2 \ - w_3 \ - 2\,w_6 &= 0 \\ - \ \ w_{17} + 4\,w_{18} - w_{19} - 2\,w_{14} &= 0 \end{aligned} \right.$$

$$\left\{ \begin{aligned} - \ \ w_2 \ + 4\,w_3 \ - w_4 \ - 2\,w_7 &= 0 \\ - \ \ w_{18} + 4\,w_{19} - w_{20} - 2\,w_{15} &= 0 \end{aligned} \right.$$

$$\left\{ \begin{aligned} - 2\,w_3 \ + 4\,w_4 \ - 2\,w_8 \ \ \ \ \ \ \ \ &= 0 \\ - 2\,w_{19} + 4\,w_{20} - 2\,w_{16} \ \ \ \ \ \ &= 0 \end{aligned} \right.$$

$$\left\{ \begin{aligned} - \ \ w_1 \ + 4\,w_5 \ - w_6 \ - \ \ w_9 &= + \frac{P_5}{S_1} = \mp \frac{\mathfrak{M}_s}{S_1\,8\,\lambda} \\ - \ \ w_{17} + 4\,w_{13} - w_{14} - \ \ w_9 &= 0 \end{aligned} \right.$$

$$\left\{ \begin{aligned} -w_2 \ - \ \ w_5 \ + 4\,w_6 - w_7 \ - \ \ w_{10} &= 0 \\ -w_{18} - \ \ w_{13} + 4\,w_{14} - w_{15} - \ \ w_{10} &= 0 \end{aligned} \right.$$

$$\left\{ \begin{aligned} -w_3 \ - \ \ w_6 \ + 4\,w_7 - w_8 \ - \ \ w_{11} &= 0 \\ -w_{19} - \ \ w_{14} + 4\,w_{15} - w_{16} - \ \ w_{11} &= 0 \end{aligned} \right.$$

$$\left\{ \begin{aligned} -w_4 \ - 2\,w_7 \ + 4\,w_8 - w_{12} \ \ \ \ \ \ &= 0 \\ -w_{20} - 2\,w_{15} + 4\,w_{16} - w_{12} \ \ \ \ \ \ &= 0 \end{aligned} \right.$$

$$\left\{ \begin{aligned} -(w_5 + w_{13}) + 4\,w_9 \ - w_{10} \ \ \ \ \ \ \ \ \ \ \ \ &= 0 \\ -(w_6 + w_{14}) + 4\,w_{10} - w_{11} - \ \ w_9 &= 0 \\ -(w_7 + w_{15}) + 4\,w_{11} - w_{12} - \ \ w_{10} &= 0 \\ -(w_8 + w_{16}) + 4\,w_{12} - 2\,w_{11} \ \ \ \ \ \ \ \ \ &= 0 \end{aligned} \right.$$

Werden die beiden übereinander angeschriebenen Gleichungen der Reihe nach addiert und subtrahiert und aus der Summe und Differenz der paarweise auftretenden Größen w_1 und w_{17}, w_2 und w_{18}, w_3 und w_{19}, w_4 und w_{20}, w_5 und w_{13}, w_6 und w_{14}, w_7 und w_{15}, w_8 und w_{16} die Hauptunbekannten gebildet, so läßt sich das ganze Gleichungssystem in drei voneinander unabhängige Gruppen mit 8, 4 und 8 Unbekannten spalten. Die neuen Gleichungen lassen sich leicht lösen und liefern die Werte

$$w_1 = \mp 0{,}133\,707 \, \frac{\mathfrak{M}_s}{S_1\,\lambda} \qquad\qquad w_9 = \mp 0{,}045\,747 \, \frac{\mathfrak{M}_s}{S_1\,\lambda}$$

$$w_2 = \mp 0{,}092\,73 \, \frac{\mathfrak{M}_s}{S_1\,\lambda} \qquad\qquad w_{10} = \mp 0{,}057\,99 \, \frac{\mathfrak{M}_s}{S_1\,\lambda}$$

$$w_3 = \mp 0{,}077\,743 \, \frac{\mathfrak{M}_s}{S_1\,\lambda} \qquad\qquad w_{11} = \mp 0{,}061\,211 \, \frac{\mathfrak{M}_s}{S_1\,\lambda}$$

$$w_4 = \mp 0{,}073\,883 \, \frac{\mathfrak{M}_s}{S_1\,\lambda} \qquad\qquad w_{12} = \mp 0{,}061\,856 \, \frac{\mathfrak{M}_s}{S_1\,\lambda}$$

$$w_5 = \mp 0,096\,048 \,\frac{\mathfrak{M}_s}{S_1\,\lambda} \qquad\qquad w_{13} = \mp 0,028\,952 \,\frac{\mathfrak{M}_s}{S_1\,\lambda}$$

$$w_6 = \mp 0,079\,737 \,\frac{\mathfrak{M}_s}{S_1\,\lambda} \qquad\qquad w_{14} = \mp 0,045\,263 \,\frac{\mathfrak{M}_s}{S_1\,\lambda}$$

$$w_7 = \mp 0,072\,179 \,\frac{\mathfrak{M}_s}{S_1\,\lambda} \qquad\qquad w_{15} = \mp 0,052\,821 \,\frac{\mathfrak{M}_s}{S_1\,\lambda}$$

$$w_8 = \mp 0,070\,024 \,\frac{\mathfrak{M}_s}{S_1\,\lambda} \qquad\qquad w_{16} = \mp 0,054\,976 \,\frac{\mathfrak{M}_s}{S_1\,\lambda}$$

$$w_{17} = \mp 0,024\,799 \,\frac{\mathfrak{M}_s}{S_1\,\lambda}$$

$$w_{18} = \mp 0,041\,29 \,\frac{\mathfrak{M}_s}{S_1\,\lambda}$$

$$w_{19} = \mp 0,049\,835 \,\frac{\mathfrak{M}_s}{S_1\,\lambda}$$

$$w_{20} = \mp 0,052\,405 \,\frac{\mathfrak{M}_s}{S_1\,\lambda}$$

Ebenso erhält man aus dem zweiten Gleichungssystem

$$\begin{cases} 4\,z_1 - z_2 - 2\,z_5 = w_1 \,\dfrac{\lambda^2}{S_2} \\[2mm] 4\,z_{17} - z_{18} - 2\,z_{13} = w_{17} \,\dfrac{\lambda^2}{S_2} \end{cases}$$

$$\begin{cases} -z_1 + 4\,z_2 - z_3 - 2\,z_6 = w_2 \,\dfrac{\lambda^2}{S_2} \\[2mm] -z_{17} + 4\,z_{18} - z_{19} - 2\,z_{14} = w_{18} \,\dfrac{\lambda^2}{S_2} \end{cases}$$

$$\begin{cases} -z_2 + 4\,z_3 - z_4 - 2\,z_7 = w_3 \,\dfrac{\lambda^2}{S_2} \\[2mm] -z_{18} + 4\,z_{19} - z_{20} - 2\,z_{15} = w_{19} \,\dfrac{\lambda^2}{S_2} \end{cases}$$

$$\begin{cases} -2\,z_3 + 4\,z_4 - 2\,z_8 \phantom{ - z_{20}} = w_4 \,\dfrac{\lambda^2}{S_2} \\[2mm] -2\,z_{19} + 4\,z_{20} - 2\,z_{16} \phantom{ - z_{20}} = w_{20} \,\dfrac{\lambda^2}{S_2} \end{cases}$$

$$\begin{cases} -z_1 + 4\,z_5 - z_6 - z_9 = w_5 \,\dfrac{\lambda^2}{S_2} \\[2mm] -z_{17} + 4\,z_{13} - z_{14} - z_9 = w_{13} \,\dfrac{\lambda^2}{S_2} \end{cases}$$

$$\left\{\begin{aligned}
-z_2 - z_5 + 4z_6 - z_7 - z_{10} &= w_6\,\frac{\lambda^2}{S_2}\\
-z_{18} - z_{13} + 4z_{14} - z_{15} - z_{10} &= w_{14}\,\frac{\lambda^2}{S_2}
\end{aligned}\right.$$

$$\left\{\begin{aligned}
-z_3 - z_6 + 4z_7 - z_8 - z_{11} &= w_7\,\frac{\lambda^2}{S_2}\\
-z_{19} - z_{14} + 4z_{15} - z_{16} - z_{11} &= w_{15}\,\frac{\lambda^2}{S_2}
\end{aligned}\right.$$

$$\left\{\begin{aligned}
-z_4 - 2z_7 + 4z_8 - z_{12} \phantom{- z_{11}} &= w_8\,\frac{\lambda^2}{S_2}\\
-z_{20} - 2z_{15} + 4z_{16} - z_{12} \phantom{- z_{11}} &= w_{16}\,\frac{\lambda^2}{S_2}
\end{aligned}\right.$$

$$\left\{\begin{aligned}
-(z_5 + z_{13}) + 4z_9 - z_{10} &= w_9\,\frac{\lambda^2}{S_2}\\
-(z_6 + z_{14}) + 4z_{10} - z_{11} - z_9 &= w_{10}\,\frac{\lambda^2}{S_2}\\
-(z_7 + z_{15}) + 4z_{11} - z_{12} - z_{10} &= w_{11}\,\frac{\lambda^2}{S_2}\\
-(z_8 + z_{16}) + 4z_{12} - 2z_{11} \phantom{- z_{10}} &= w_{12}\,\frac{\lambda^2}{S_2}
\end{aligned}\right.$$

für die elastische Fläche die Ordinaten

$$\left\{\begin{aligned}
z_1 &= +0{,}256\,828\,\frac{\mathfrak{M}_s\,\lambda}{S_1\,S_2}\\
z_2 &= \mp 0{,}411\,080\,\frac{\mathfrak{M}_s\,\lambda}{S_1\,S_2}\\
z_3 &= +0{,}498\,213\,\frac{\mathfrak{M}_s\,\lambda}{S_1\,S_2}\\
z_4 &= +0{,}526\,741\,\frac{\mathfrak{M}_s\,\lambda}{S_1\,S_2}
\end{aligned}\right.
\qquad
\left\{\begin{aligned}
z_5 &= \mp 0{,}241\,263\,\frac{\mathfrak{M}_s\,\lambda}{S_1\,S_2}\\
z_6 &= \mp 0{,}398\,274\,\frac{\mathfrak{M}_s\,\lambda}{S_1\,S_2}\\
z_7 &= +0{,}488\,644\,\frac{\mathfrak{M}_s\,\lambda}{S_1\,S_2}\\
z_8 &= \mp 0{,}518\,327\,\frac{\mathfrak{M}_s\,\lambda}{S_1\,S_2}
\end{aligned}\right.$$

$$\left\{\begin{aligned}
z_9 &= \mp 0{,}213\,904\,\frac{\mathfrak{M}_s\,\lambda}{S_1\,S_2}\\
z_{10} &= \mp 0{,}372\,369\,\frac{\mathfrak{M}_s\,\lambda}{S_1\,S_2}\\
z_{11} &= \mp 0{,}467\,584\,\frac{\mathfrak{M}_s\,\lambda}{S_1\,S_2}\\
z_{12} &= \mp 0{,}499\,256\,\frac{\mathfrak{M}_s\,\lambda}{S_1\,S_2}
\end{aligned}\right.
\qquad
\left\{\begin{aligned}
z_{13} &= \mp 0{,}196\,237\,\frac{\mathfrak{M}_s\,\lambda}{S_1\,S_2}\\
z_{14} &= \mp 0{,}351\,726\,\frac{\mathfrak{M}_s\,\lambda}{S_1\,S_2}\\
z_{15} &= \mp 0{,}448\,856\,\frac{\mathfrak{M}_s\,\lambda}{S_1\,S_2}\\
z_{16} &= \mp 0{,}481\,673\,\frac{\mathfrak{M}_s\,\lambda}{S_1\,S_2}
\end{aligned}\right.$$

$$\left\{ \begin{aligned} z_{17} &= \mp\, 0{,}190364\, \frac{\mathfrak{M}_s\,\lambda}{S_1\,S_2} \\[1ex] z_{18} &= \mp\, 0{,}344182\, \frac{\mathfrak{M}_s\,\lambda}{S_1\,S_2} \\[1ex] z_{19} &= \mp\, 0{,}441619\, \frac{\mathfrak{M}_s\,\lambda}{S_1\,S_2} \\[1ex] z_{20} &= \mp\, 0{,}474747\, \frac{\mathfrak{M}_s\,\lambda}{S_1\,S_2} \end{aligned} \right.$$

Hieraus gewinnt man für die Spannungsmomente der Mittellinie $x = 0$ die folgenden Werte:

Stelle	$\bar{s}_x$	s_y	s_x	s_y
$y = 0$	$\mp\, 0{,}033128\, \dfrac{2\,\mathfrak{M}_s}{\lambda}$	$\pm\, 0{,}006926\, \dfrac{2\,\mathfrak{M}_s}{\lambda}$	$\mp\, 0{,}0310502\, \dfrac{2\,\mathfrak{M}_s}{\lambda}$	$\mp\, 0{,}0030124\, \dfrac{2\,\mathfrak{M}_s}{\lambda}$
$y = \pm\, \dfrac{a}{4}$	$\mp\, 0{,}032817\, \dfrac{2\,\mathfrak{M}_s}{\lambda}$	$\pm\, 0{,}005328\, \dfrac{2\,\mathfrak{M}_s}{\lambda}$	$\mp\, 0{,}0312186\, \dfrac{2\,\mathfrak{M}_s}{\lambda}$	$\mp\, 0{,}0045171\, \dfrac{2\,\mathfrak{M}_s}{\lambda}$
$y = \pm\, \dfrac{a}{2}$	$\mp\, 0{,}031672\, \dfrac{2\,\mathfrak{M}_s}{\lambda}$	$\pm\, 0{,}000749\, \dfrac{2\,\mathfrak{M}_s}{\lambda}$	$\mp\, 0{,}0314473\, \dfrac{2\,\mathfrak{M}_s}{\lambda}$	$\mp\, 0{,}0088526\, \dfrac{2\,\mathfrak{M}_s}{\lambda}$
$y = \pm\, 3\,\dfrac{a}{4}$	$\mp\, 0{,}029683\, \dfrac{2\,\mathfrak{M}_s}{\lambda}$	$\mp\, 0{,}005328\, \dfrac{2\,\mathfrak{M}_s}{\lambda}$	$\mp\, 0{,}0312814\, \dfrac{2\,\mathfrak{M}_s}{\lambda}$	$\mp\, 0{,}0142329\, \dfrac{2\,\mathfrak{M}_s}{\lambda}$
$y = \pm\, a$	$\mp\, 0{,}028528\, \dfrac{2\,\mathfrak{M}_s}{\lambda}$	$\mp\, 0{,}008414\, \dfrac{2\,\mathfrak{M}_s}{\lambda}$	$\mp\, 0{,}0310522\, \dfrac{2\,\mathfrak{M}_s}{\lambda}$	$\mp\, 0{,}0169724\, \dfrac{2\,\mathfrak{M}_s}{\lambda}$

Die außerordentlich geringfügigen Schwankungen der Größen s_x und $\bar{s}_x$ innerhalb der Querschnittsbreite zeigen, daß trotz des vereinzelten Angriffes des Kräftepaares $\mathfrak{M}_s$ die Spannungsverteilung vollkommen gleichmäßig ist.

Als Durchschnittswert für die Feldbreite $B = 2\,a = 8\,\lambda$ erhält man die Größen

$$s_x = \mp\, \frac{1}{2}\,(0{,}0312186 + 0{,}0312814)\,2\,\frac{\mathfrak{M}_s}{\lambda}$$

$$= \mp\, 0{,}03125 \cdot 2\,\frac{\mathfrak{M}_s}{\lambda} = \mp\, 0{,}25\,\frac{\mathfrak{M}_s}{a}\,.$$

Bei dem einfachen Balken von der gleichen Breite, welcher an beiden Enden durch Kräftepaare $\mp\, \dfrac{\mathfrak{M}_s}{2}$ beansprucht wird, ist aber der Einheitswert des Biegungsmomentes ebenso

$$\mp\, \frac{\mathfrak{M}_s}{2\,B} = \mp\, \frac{\mathfrak{M}_s}{4\,a} = \mp\, 0{,}25\,\frac{\mathfrak{M}_s}{a}\,.$$

Die vollständige Übereinstimmung der Beanspruchungen bei der Pilzdecke und beim stellvertretenden Balken wird hiermit von neuem bestätigt.

Die Formänderungen zeigen auch das gleiche Bild. Die mittlere Neigung der Platte im Bereiche der Grundfläche des Stützenkopfes wird durch den Winkel

$$\omega_x = \frac{\partial \zeta}{\partial x} = \frac{1}{2} \frac{S_1 S_2}{N} \left(\frac{z_1 + z_5}{\lambda} \right) = \mp 0{,}2490455 \frac{\mathfrak{M}_s}{N}$$

gemessen. Beim einfachen stellvertretenden Balken ist andererseits

$$\omega_x = \mp \frac{1}{N} \left(\frac{\mathfrak{M}_s}{2 B} \right) a = \mp \frac{\mathfrak{M}_s}{4 N} = \mp 0{,}25 \frac{\mathfrak{M}_s}{N} \, . \tag{d}$$

Die beiden Zahlen ω_x weichen so wenig voneinander ab, daß sie als gleichwertig zu betrachten sind.

Faßt man den Einfluß der Belastung $\pm \dfrac{p}{2}$ und denjenigen des Biegungswiderstandes $\mathfrak{M}_s$ zusammen, so liefern die Formeln (c) und (d) für die wirkliche Neigung der elastischen Fläche über dem Stützenkopf das Maß

$$\omega_x = \pm \frac{1}{N} \left(\frac{p a^3}{6} - \frac{1}{4} \mathfrak{M}_s \right) . \tag{e}$$

Es muß jetzt noch der Einfluß des Kräftepaares $\mathfrak{M}_s$ auf die Beanspruchung und Formänderung der Säulen untersucht werden.

Ich bezeichne mit

    H^o die Höhe der oberen Stütze,

    J^o das Trägheitsmoment ihres Querschnittes in bezug auf die

        $+ y$-Achse;

und ebenso mit

    H^u die Höhe,

    J^u das Trägheitsmoment der unteren Stütze.

Es sei weiterhin

    $\mathfrak{M}^u$ das Moment am Kopfe der unteren,

    $\mathfrak{M}^o$ das Moment am Fuße der oberen Säule.

Der Verlauf der Biegungsmomente in den Stützen läßt sich durch die Gleichungen

$$M^o = \mathfrak{M}^o \left(1 - \frac{z^o}{f^o} \right) ,$$

$$M^u = \mathfrak{M}^u \left(1 - \frac{z^u}{f^u} \right)$$

darstellen: die Bedeutung der Ordinaten z^o, z^u und der Maße f^o, f^u ist hierbei aus Abb. 104 ersichtlich. Diesen Momenten entspricht eine Drehung der elastischen Linie am Fuße der oberen Säule um den Winkel

$$\omega^o = \frac{\mathfrak{M}^o}{E J^o} \frac{H^o}{6} \left(3 - \frac{H^o}{f^o} \right) \tag{( )}$$

und eine Drehung am Kopfe der unteren Säule um

$$\omega^u = \frac{\mathfrak{M}^u}{E J^u} \cdot \frac{H^u}{6} \left(3 - \frac{H^u}{f^u} \right) . \tag{g}$$

Es ist andererseits

$$\mathfrak{M}^o + \mathfrak{M}^u = \mathfrak{M}_s$$

und da infolge der starren Verbindung zwischen oberen und unteren Säule

$$\omega^o = \omega^u$$

sein muß, so ergibt sich

$$\left.\begin{aligned}
\mathfrak{M}^o &= \mathfrak{M}_s\,\frac{J^o f^o (3\,f^u - H^u)}{J^o f^o (3\,f^u - H^u) + J^u f^u (3\,f^o - H^o)}\,, \\[2mm]
\mathfrak{M}^u &= \mathfrak{M}_s\cdot\frac{J^u f^u (3\,f^o - H^o)}{J^u f^u (3\,f^o - H^o) + J^o f^o (3\,f^u - H^u)}\,.
\end{aligned}\right\} \tag{h}$$

In diesen Formeln sind die Größen f^o und f^u, welche den jeweiligen Abstand des Momentennullpunktes und also auch des Wendepunktes der elastischen Linie von der Mittelebene der Platte festlegen, vorerst unbestimmt. Sie hängen von der Anzahl und der Höhe der Geschosse, von der Steifigkeit und Belastungsart der über und unter der Platte befindlichen Decken ab. Für die Ermittlung der Grenzwerte dieser Größen kommen, je nachdem die belasteten Felder in allen Geschossen übereinanderliegen oder die Lastverteilung von Geschoß zu Geschoß wechselt, die beiden folgenden Fälle hauptsächlich in Betracht. Der erste Grenzfall ist in Abb. 105, der zweite in Abb. 106 dargestellt. Die Mittellinien der Stützen bilden nach der Ausbiegung regelmäßige Wellenlinien; im ersten Falle weist die Stütze in jedem Geschoß eine doppelte, im zweiten eine einfache Welle auf.

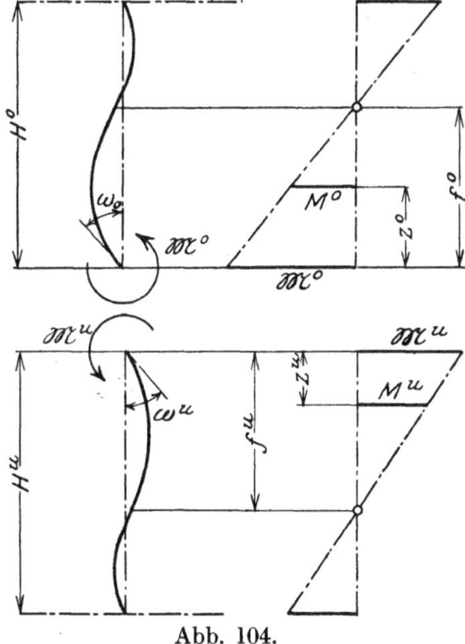

Abb. 104.

Setzt man, um die Untersuchung zu vereinfachen, eine unbegrenzte Anzahl von Geschossen, die die gleiche Geschoßhöhe und den gleichen Säulenquerschnitt in allen Stockwerken haben, voraus, so zeigen alle Geschosse die gleichen Wellen.

Im Falle I (Abb. 105) liegt der Wendepunkt der elastischen Linie in halber Stützenhöhe, und es ist

$$f^o = f^u = \frac{H}{2}$$

und entsprechend der Bedingung

$$J^o = J^u = J_s, \qquad H^o = H^u = H: \qquad \mathfrak{M}^o = \mathfrak{M}^u = \tfrac{1}{2}\mathfrak{M}_s$$

$$\omega^o = \omega^u = \omega_s = \frac{1}{12}\,\frac{\mathfrak{M}_s}{E\,J_s}\,H\,. \tag{i}$$

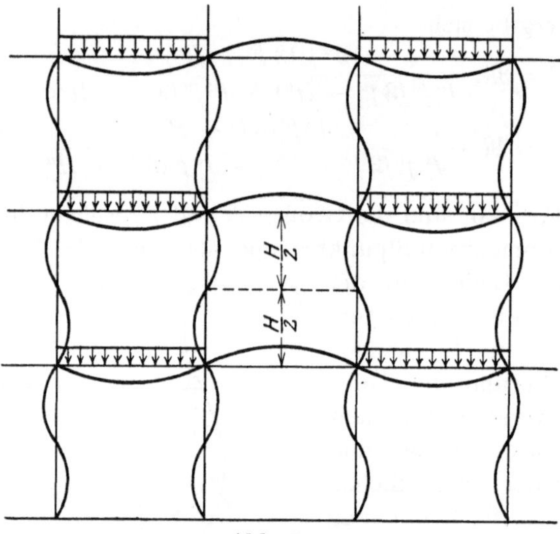

Abb. 105.

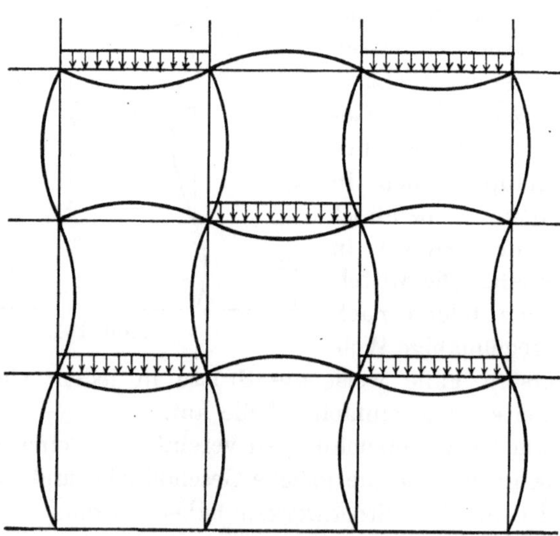

Abb. 106.

Im Falle II (Abb. 106) entsteht überhaupt kein Horizontalschub: die Säule ist frei von Querkräften, und das Biegungsmoment bleibt auf der vollen Stützenhöhe unveränderlich. Es ist dann

$$f^o = f^u = \infty$$

$$\mathfrak{M}^o = \mathfrak{M}^u = \tfrac{1}{2}\,\mathfrak{M}_s$$

$$\omega^o = \omega^u = \omega_s = \frac{1}{4}\,\frac{\mathfrak{M}_s}{E\,J_s}\,H\,. \qquad\qquad (k)$$

Wird nunmehr die Gleichheit der elastischen Drehung der Decke und der Säulen mit Hilfe der Formeln (e), (i) oder (k) ausgedrückt, so erhält man für den Grenzfall I die Beziehung

$$\frac{1}{N}\left(\frac{p\,a^3}{6} - \frac{\mathfrak{M}_s}{4}\right) = \frac{1}{12}\,\frac{\mathfrak{M}_s}{E\,J_s}\,H\,,$$

oder

$$\mathfrak{M}_s = \frac{2\,p\,a^3}{3 + \dfrac{N\,H}{E\,J_s}}\,; \qquad\qquad (142)$$

für den Fall II hingegen

$$\frac{1}{N}\left(\frac{p\,a^3}{6} - \frac{\mathfrak{M}_s}{4}\right) = \frac{1}{4}\,\frac{\mathfrak{M}_s}{E\,J_s}\,H\,,$$

$$\mathfrak{M}_s = \frac{2\,p\,a^3}{3\left(1 + \dfrac{N\,H}{E\,J_s}\right)}\,. \qquad\qquad (143)$$

Die Gleichungen (142) und (143) zeigen beide, daß der Widerstand der Stützen um so beträchtlicher wird, je kleiner die Geschoßhöhe und je steifer die Säule im Vergleich zur Decke ist.

Die Formel (142) liefert den höheren Wert $\mathfrak{M}_s$ und kommt daher in erster Linie für die Querschnittsbemessung der Stütze in Betracht, während der aus der Formel (143) zu entnehmende kleinere Wert $\mathfrak{M}_s$ für die Ermittlung der größten positiven Feldmomente der Platte benutzt wird.

Das Maß der Wirksamkeit der Stütze wird durch das Steifigkeitsverhältnis

$$\mu = \frac{N\,H}{E\,J_s} = \frac{m^2}{m^2 - 1}\cdot\frac{h^3\,H}{12\,J_s}$$

bestimmt. Ist der Stützenquerschnitt ein regelmäßiges Achteck, welches von einem Kreis mit dem Halbmesser R_s umschrieben wird, so gilt für das Trägheitsmoment J_s (ohne Rücksicht auf die Eisenbewehrung) die Formel

$$J_s = 0{,}6381\,R_s^4\,.$$

Setzt man

$$\frac{m^2}{m^2 - 1} = \frac{100}{91}\,,$$

so wird

$$\mu = 0{,}143\,512\,\frac{H\,h^3}{R_s^4}\,.$$

Um das Steifigkeitsverhältnis zahlenmäßig auszuwerten, wähle ich als Beispiel aus einer guten Ausführung die Maße

$$h = \tfrac{1}{15}\, a$$
$$R_s = \tfrac{1}{8}\, a$$
$$H = \tfrac{4}{3}\, a$$
$$\frac{H\,h^3}{R_s^4} = 3{,}197$$

und ermittle

$$\mu = 0{,}459\;.$$

Die zugehörigen Werte $\mathfrak{M}_s$ sind im Falle I

$$\mathfrak{M}_s = \frac{2\,pa^3}{3 + 0{,}459} = 0{,}5792\,pa^3\,,$$

im Falle II

$$\mathfrak{M}_s = \frac{2}{3}\,\frac{pa^3}{1 + 0{,}459} = 0{,}4568\,pa^3\,.$$

Der erhebliche Unterschied zwischen diesen beiden Werten beweist, daß die Anstrengung einer Decke und der zugehörigen Stützen auch durch die Belastung der oberen und unteren Geschosse wesentlich beeinflußt wird.

In dem vorliegenden Beispiele werden die auf S. 307 ohne Rücksicht auf den Biegungswiderstand der Säulen errechneten größten positiven Momente der belasteten Felder

$$s_x = 0{,}343\,22\,pa^2$$

bei der Lastanordnung II um das Maß

$$s_x = -\frac{1}{4}\,\frac{\mathfrak{M}_s}{a} = -0{,}1142\,pa^2$$

auf den Wert

$$s_x = 0{,}229\,02\,pa^2$$

herabgemindert. Ebenso werden die vorhin ermittelten größten negativen Feldmomente der unbelasteten Felder

$$s_x = -0{,}183\,46\,pa^2$$

bei der gleichen Lastanordnung auf den Wert

$$s_x = -(0{,}183\,46 - 0{,}1142) = -0{,}069\,26\,pa^2$$

zurückgeführt. Bei der Lastanordnung I genügen die durch den Säulenwiderstand hervorgerufenen Zusatzmomente

$$s_x = \frac{1}{4}\,\frac{\mathfrak{M}_s}{a} = 0{,}1498\,pa^2\,,$$

um die ursprünglichen negativen Biegungsmomente auf das geringfügige Maß

$$s_x = -pa^2\,(0,18346 - 0,1498) = -0,03366\,pa^2$$

herabzudrücken.

Die außerordentlich günstige Wirkung des Widerstandes $\mathfrak{M}_s$ für die Platte hat aber auch eine verhältnismäßig hohe Beanspruchung der Stützen selbst zur Folge. Die Tragfähigkeit der Pilzdecken hängt wesentlich von der Ausgestaltung und Querschnittsbemessung der Säulen ab, und es ist daher notwendig, auf die Anstrengung der Säulen mindestens in gleichem Maße wie auf diejenige der Platte zu achten.

Da es bei schlanken Stützen, vor allem in den oberen Geschossen, kaum möglich ist, ohne eine Querschnittsverbreiterung das Moment $\mathfrak{M}^o$ am Säulenfuß aufzunehmen, so wird man häufig gezwungen sein, die obere Säule an die untere Platte gelenkartig anzuschließen. In diesem Falle wird

$$\mathfrak{M}^o = 0, \qquad \mathfrak{M}^u = \mathfrak{M}_s, \qquad f^u = H^u, \qquad \omega^u = \frac{1}{3}\,\frac{\mathfrak{M}_s\,H}{E\,J^u}\,.$$

Die Bedingung $\omega^u = \omega_x$ liefert dann

$$\mathfrak{M}_s = \mathfrak{M}^u = \frac{2\,pa^3}{3 + \dfrac{4\,N\,H^u}{E\,J^u}}\,. \tag{144}$$

Für das Steifigkeitsverhältnis $\mu = 0,459$ erhält man beispielsweise

$$\mathfrak{M}_s = \mathfrak{M}^u = 0,414\,pa^2,$$

während im Belastungsfall I der Höchstwert

$$\mathfrak{M}^u = \tfrac{1}{2}\,\mathfrak{M}_s = 0,2896\,pa^2$$

war.

Durch die Anordnung von Fußgelenken werden also die Biegungsmomente der Stützen in der unteren Hälfte vermindert, in der oberen wesentlich vergrößert; bei schlanken Säulen wird man daher auf eine starke Erweiterung des Stützenkopfes nicht verzichten dürfen.

§ 34. Die Näherungsmethoden zur Berechnung der trägerlosen Decken.

Um die Untersuchung der trägerlosen Decken zum Abschluß zu bringen, ist es noch notwendig zu zeigen, wie die bei der Berechnung von Platten mit unendlich vielen Feldern bisher erzielten Ergebnisse benutzt werden können, um auch bei Decken mit beschränkter Felderanzahl auf möglichst einfachem Wege die Durchschnitts- und Grenzwerte der Biegungsbeanspruchungen zu ermitteln.

Ich wähle als Beispiel eine Decke mit sieben Feldern in der Längs-
und fünf Feldern in der Querrichtung (Abb. 107) und bezeichne mit
$\mathfrak{M}_{xI}$, $\mathfrak{M}_{xII}$, $\mathfrak{M}_{xIII}$ den Gesamtwert der Spannungsmomente s_x für die
volle Feldbreite der Längsreihen *I*, *II* und *III*. Setzt man zunächst
gleichmäßige Belastung der ganzen Deckenfläche voraus, so ist aus den

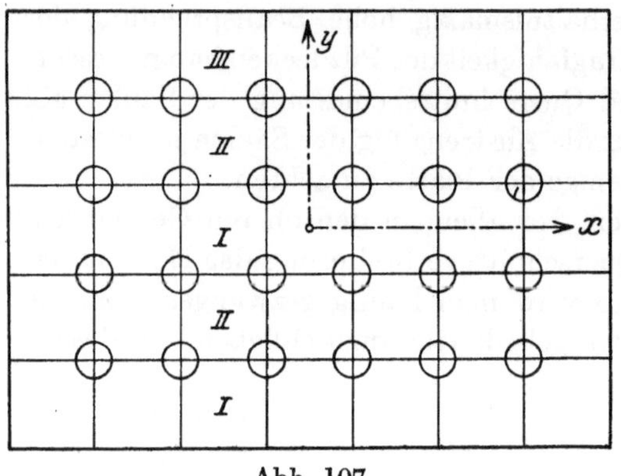

Abb. 107.

früheren Untersuchungen
bekannt, daß

$$\mathfrak{M}_{xI} > \mathfrak{M}_{xII} > \mathfrak{M}_{xIII}$$

sein muß.

Würde die Decke in der
Querrichtung bei sonst
gleichartiger Stützenteilung
unendlich ausgedehnt sein,
so würde in allen Längs-
reihen das gleiche Moment
$\mathfrak{M}_x$ entstehen. Wir wissen,
daß

$$\mathfrak{M}_x > \mathfrak{M}_{xI}$$

ist; da sich jedoch der ideelle Grenzwert $\mathfrak{M}_x$ und der tatsächliche Höchstwert $\mathfrak{M}_{xI}$ nur unwesentlich voneinander unterscheiden, so darf in erster
Annäherung $\mathfrak{M}_{xI} = \mathfrak{M}_x$ gesetzt werden.

Dieser Grenzwert $\mathfrak{M}_x$ ist aber, wie vorhin nachgewiesen, nichts anderes
als das Biegungsmoment eines stellvertretenden Balkens, dessen Querschnittsbreite der Feldbreite l_y gleich ist. Die statische Eigenart dieses
Balkens ist besonders dadurch gekennzeichnet, daß er biegungsfest
sowohl mit den ober- als auch mit den unterhalb der Decke befindlichen
Stützen verbunden ist und daß seine tatsächliche Belastung und seine
freie Spannweite durch die Ausladung des Säulenkopfes vermindert
sind. Die Berechnung dieses mehrstöckigen Rahmengebildes ist der
Gegenstand der nachfolgenden Untersuchungen.

1. Die Grundgleichungen des stellvertretenden Rahmens.

Ich gebe den in einer Flucht liegenden Stützen die Ordnungsziffern
0, 1, 2, 3 ... m ... $n-1$, n und bezeichne mit

l_m den (in der x-Richtung) gemessenen Abstand der Stützenmittelpunkte im m^{ten} Felde,

g_m die Belastung der Flächeneinheit der Decke im m^{ten} Felde.

Es bedeute wieder

d_o die Seitenlänge der Grundfläche des Säulenkopfes (Abb. 108
und 109).

Auf die Durchbiegung der Platte hat allein die außerhalb dieser Grundfläche aufruhende Belastung

$$Q_m = g_m (l_m l_y - d_o^2) \qquad (145)$$

Einfluß; um sie von der gesamten Auflast des Feldes besser zu unterscheiden, möge sie als **wirksame Belastung** bezeichnet werden.

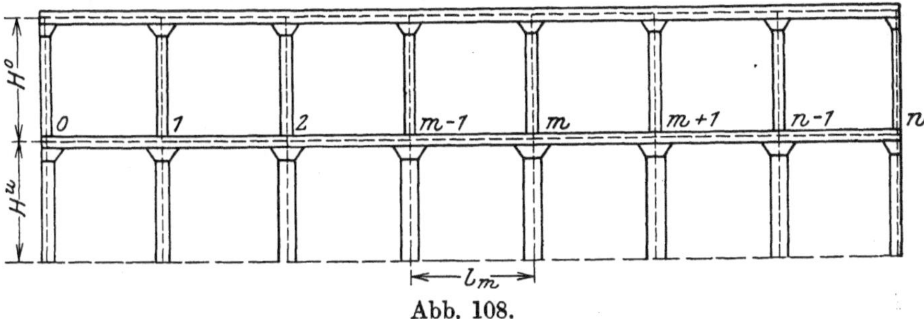

Abb. 108.

Neben dem eigentlichen Stützenabstand l_m kommt für die Pilzdecke die **freie Spannweite** l'_m, nämlich diejenige Feldlänge, innerhalb welcher eine Verbiegung der Platte eintreten kann, in Betracht. Nimmt man an, daß die eigentlichen Stützpunkte k mit dem jeweiligen Schwer-

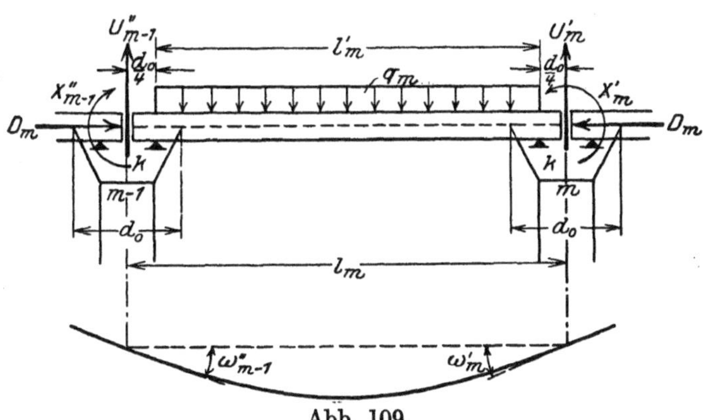

Abb. 109.

punkt des halben Stützenkopfes zusammenfallen, so erhält man beispielsweise bei einer quadratischen Grundfläche für die freie Länge im Einklang mit Abb. 109 das Maß

$$l'_m = l_m - \frac{1}{2} d_o = l_m \left(1 - \frac{1}{2} \frac{d_o}{l_m} \right) = l_m \psi_m . \qquad (146)$$

Auf dieser Strecke möge die wirksame Belastung gleichmäßig verteilt werden. Die spezifische Belastung q_m des stellvertretenden Rahmens ist demgemäß

$$q_m = \frac{Q_m}{l'_m} = \frac{g_m (l_y l_m - d_o^2)}{l_m \psi_m} = \frac{g_m l_y}{\psi_m} \left(1 - \frac{d_o^2}{l_y l_m} \right) . \qquad (147)$$

Beim Anschluß des Balkens an die Säulen treten als innere Widerstände am rechten Ende des m^{ten} Feldes das Stützmoment X'_m und die
lotrechte Scherkraft U'_m, am linken das Stützmoment X''_{m-1} und die
Scherkraft U''_{m-1} auf; der Balken wird außerdem durch die wagerechte
Axialkraft D_m beansprucht.

Zwischen den Größen X'_m, U'_m, X''_{m-1}, U''_{m-1} und Q_m bestehen die
Gleichgewichtsbedingungen

$$U''_{m-1} = \frac{1}{2} Q_m + \frac{X'_m - X''_{m-1}}{l_m}, \qquad U'_m = \frac{1}{2} Q_m - \frac{X'_m - X''_{m-1}}{l_m}.$$

Die Biegungsmomente des Balkens folgen innerhalb der Grenzen
$x = \pm \frac{1}{2} l'_m$ der Gleichung

$$\mathfrak{M}_x = \frac{q_m}{2} \left[\frac{l'_m}{4} (2 l_m - l'_m) - x^2 \right] + \frac{1}{2} (X''_{m-1} + X'_m) + \frac{x}{l_m} (X'_m - X''_{m-1}). \quad (148)$$

In diesem Bereich ist die Steifigkeit des Balkens

$$\frac{E m^2}{m^2 - 1} \frac{h^3}{12} l_y = N l_y.$$

Außerhalb dieses Gebietes kann der Balken, da er völlig von den Stützen
gefaßt ist und sich nicht verbiegen kann, als starr angesehen werden.

Beachtet man noch, daß die Stützenmittelpunkte keine lotrechte
Verschiebung erfahren, so erhält man für die Neigung der elastischen
Linie am linken Ende den Wert

$$\left. \begin{aligned}
\omega''_{m-1} = -\frac{1}{l_m} \int_{-\frac{1}{2} l'_m}^{+\frac{1}{2} l'_m} \frac{\mathfrak{M}_x}{N l_y} \left(\frac{l_m}{2} - x \right) dx = -\frac{1}{N l_y} \Bigg\{ \frac{q_m}{24} l'^{2}_m (3 l_m - 2 l'_m) \\
+ \frac{l'_m}{12} [X'_m (3 - \psi^2_m) + X''_{m-1} (3 + \psi^2_m)] \Bigg\}
\end{aligned} \right\} \quad (149)$$

und am rechten ebenso

$$\omega'_m = \frac{1}{l_m} \int_{-\frac{1}{2} l'_m}^{+\frac{1}{2} l'_m} \frac{\mathfrak{M}_x}{N l_y} \left(\frac{l_m}{2} + x \right) dx = \frac{1}{N l_y} \Bigg\{ q_m \frac{l'^{2}_m}{24} (3 l_m - 2 l'_m)$$
$$+ \frac{l'_m}{12} [X'_m (3 + \psi^2_m) + X''_{m-1} (3 - \psi^2_m)] \Bigg\}.$$

Der Verlauf der Biegungsmomente längs der m^{ten} Stütze und ihre
Formänderungen lassen sich in ähnlicher Weise darstellen.

Werden wie im letzten Abschnitt mit $\mathfrak{M}^o$ und $\mathfrak{M}^u$ die Biegungsmomente der Säule unmittelbar ober- und unterhalb der Balkenachse
bezeichnet und für die Momentenlinien die Ansätze

$$M^o = \mathfrak{M}^o_m \left(1 - \frac{z^o}{f^o} \right), \qquad M^u = \mathfrak{M}^u_m \left(1 - \frac{z^u}{f^u} \right) \quad (150)$$

benutzt, so wird wieder durch die Winkel

$$\omega_m^o = \frac{\mathfrak{M}_m^o}{6\,E\,J^o}\,H^o\left(3 - \frac{H^o}{f^o}\right), \qquad \omega_m^u = \frac{\mathfrak{M}_m^u}{6\,E\,J^u}\,H^u\left(3 - \frac{H^u}{f^u}\right) \quad (151)$$

die Neigung der elastischen Linie ober- und unterhalb des m^{ten} Knotenpunktes festgelegt [1] (Abb. 110).

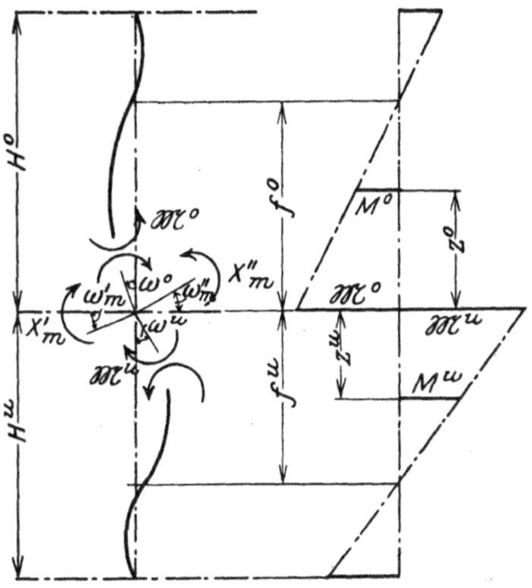

Die vier Kräftepaare X_m', X_m'', $\mathfrak{M}_m^o$, $\mathfrak{M}_m^u$, welche an diesem Knotenpunkte angreifen, müssen der Gleichgewichtsbedingung

$$(X_m' - X_m'') + (\mathfrak{M}_m^o + \mathfrak{M}_m^u) = 0 \quad (152)$$

genügen.

Zwischen den Winkeln ω_m', ω_m'', ω_m^o, ω_m^u besteht andererseits infolge der starren Verbindung zwischen Balken und Säule die Beziehung

$$\left.\begin{aligned}\omega_m' = \omega_m'' &= \omega_m^o \\ = \omega_m^u &= \omega_m\,.\end{aligned}\right\} \quad (153)$$

Hieraus folgt im Einklang mit den Gleichungen (149) und (151):

Abb. 110.

$$\left.\begin{aligned}
X_{m-1}'' &= -\frac{N\,l_y}{l_m'\cdot\psi_m^2}\left[\omega_{m-1}(3+\psi_m^2)+\omega_m(3-\psi_m^2)\right] - \frac{Q_m}{12}(3\,l_m - 2\,l_m')\,, \\[2mm]
X_m' &= +\frac{N\,l_y}{l_m'\cdot\psi_m^2}\left[\omega_{m-1}(3-\psi_m^2)+\omega_m(3+\psi_m^2)\right] - \frac{Q_m}{12}(3\,l_m - 2\,l_m')\,, \\[2mm]
\mathfrak{M}_m^o &= \frac{6\,E\,J^o\,\omega_m}{H^o\left(3 - \dfrac{H^o}{f^o}\right)}\,, \\[3mm]
\mathfrak{M}_m^u &= \frac{6\,E\,J^u\,\omega_m}{H^u\left(3 - \dfrac{H^u}{f^u}\right)}\,.
\end{aligned}\right\} \quad (154)$$

Ich führe diese Werte in die Gleichgewichtsgleichung (152) ein und erhalte nunmehr die einfache Beziehung

---

[1] Diese Formeln sind unter der Voraussetzung abgeleitet, daß die Knotenpunkte in wagerechter Richtung unverrückbar sind; eine Annahme, welche für die hier in Betracht kommenden symmetrischen Tragwerke mit symmetrischer Belastung genau zutrifft und auch in den meisten übrigen Fällen als zulässig angesehen werden darf.

$$N l_y [\omega_{m-1} \cdot \alpha_m + \omega_m \beta_m + \omega_{m+1} \alpha_{m+1}]$$

wobei
$$= \tfrac{1}{12} [Q_m (l_m + d_o) - Q_{m+1}(l_{m+1} + d_o)],$$

$$\alpha_m = \frac{3 - \psi_m^2}{\psi_m^2} \frac{1}{l'_m},$$

$$\left. \beta_m = \frac{3 + \psi_m^2}{\psi_m^2} \frac{1}{l'_m} + \frac{3 + \psi_{m+1}^2}{\psi_{m+1}^2} \cdot \frac{1}{l'_{m+1}} + \frac{6 E J^o}{N l_y} \frac{f^o}{H^o} \frac{1}{3 f^o - H^o} \right\} \quad (155)$$

$$+ \frac{6 E J^u}{N l_y} \cdot \frac{f^u}{H^u} \cdot \frac{1}{3 f^u - H^u}.$$

Sind aus dieser Gleichung die Winkel ω ermittelt worden, so lassen sich mit Hilfe der Formeln (154) die Stützenmomente errechnen, und hiermit ist die Aufgabe gelöst.

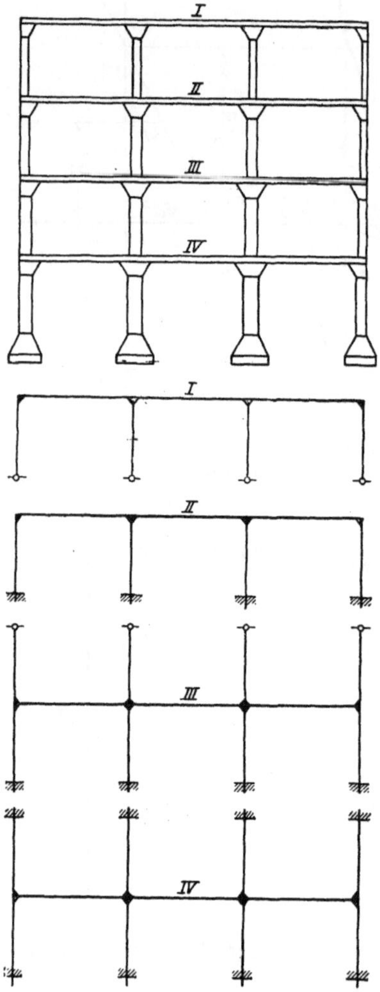

Die Verwertung der Gleichungsgruppe (155) setzt allerdings die Kenntnis der Maße f^o und f^u voraus. Diese Größen sind im allgemeinen bei jeder Stütze und bei jedem Geschoß verschieden und hängen nicht allein von den Längen- und Steifigkeitsverhältnissen der Balken und Säulen, sondern auch von der jeweiligen Belastungsart ab.

Es ist jedoch möglich, für f^o und f^u Näherungswerte mit einer praktisch völlig ausreichenden Genauigkeit von vornherein anzugeben. Um die Richtlinien für die Schätzung an einem Beispiel zu erläutern, will ich jetzt die für ein mehrgeschossiges Gebäude in Frage kommenden Fälle näher beleuchten.

Fall I. Die oberen Säulen fehlen, die unteren sind sehr schlank und mit Rücksicht auf ihre geringe Biegungsfestigkeit mit Fußgelenken versehen.

Die oberste Decke I in Abb. 111 entspricht diesen Bedingungen. Ihr Zustand ist durch die Größen

Abb. 111.

$$J^o = 0, \qquad f^u = H^u,$$

$$\left. \beta_m = \frac{3 + \psi_m^2}{\psi_m^2} \cdot \frac{1}{l'_m} + \frac{3 + \psi_{m+1}^2}{\psi_{m+1}^2} \frac{1}{l'_{m+1}} + \frac{3 E J^u}{N l_y H^u} \right\} \quad (156)$$

gekennzeichnet.

Fall II. Die oberen Säulen sind so schlank, daß ihr Biegungswiderstand außer acht gelassen werden darf, die unteren Säulen sind eingespannt.

Dieser Fall kommt für die zweitoberste Decke (II) in Betracht; da die unteren Stützen durch mehrere Geschosse geführt und in jedem Geschosse verstärkt werden, ist die Annahme einer festen Einspannung genügend gerechtfertigt.

Die zugehörigen Steifigkeitszahlen sind

$$\left.\begin{aligned}
J^o &= 0\,, \\
f^u &= \tfrac{2}{3} H^u\,, \\
\beta_m &= \frac{3 + \psi_m^2}{\psi_m^2}\,\frac{1}{l'_m} + \frac{3 + \psi_{m+1}^2}{\psi_{m+1}^2}\,\frac{1}{l'_{m+1}} + \frac{4\,E\,J^u}{N\,l_y\,H^u}\,.
\end{aligned}\right\} \quad (157)$$

Fall III. Die oberen Säulen sind an die obere Decke gelenkartig angeschlossen, die unteren in der unteren Decke fest eingeklemmt.

Diese Bedingungen dürfen am ehesten für das Rahmenwerk der Decke III zutreffen: die Voraussetzung der gelenkartigen Ausbildung der oberen Stützenköpfe ist zwar nicht erfüllt, sie darf aber, da sie eine ungünstigere Beanspruchung der mittleren Decke zur Folge hat, wohl zugelassen werden.

Den vorstehenden Annahmen entsprechen die Werte

$$\left.\begin{aligned}
f^o &= H^o\,, \\
f^u &= \tfrac{2}{3} H^u\,, \\
\beta_m &= \frac{3 + \psi_m^2}{\psi_m^2}\,\frac{1}{l'_m} + \frac{3 + \psi_{m+1}^2}{\psi_{m+1}^2}\,\frac{1}{l'_{m+1}} + \frac{3\,E\,J^o}{N\,l_y\,H^o} + \frac{4\,E\,J^u}{N\,l_y\,H^u}\,.
\end{aligned}\right\} \quad (158)$$

Fall IV: Die oberen und die unteren Ständer sind am Kopfe bzw. am Fuße eingespannt.

Diese Voraussetzungen gelten am besten für die unteren Decken, vor allem für die Kellerdecke mit ihren kräftigen Stützen und Fundamenten. Die entsprechenden Maße sind

$$\left.\begin{aligned}
f^o &= \tfrac{2}{3} H^o\,, \\
f^u &= \tfrac{2}{3} H^u\,, \\
\beta_m &= \frac{3 + \psi_m^2}{\psi_m^2}\,\frac{1}{l'_m} + \frac{3 + \psi_{m+1}^2}{\psi_{m+1}^2}\,\frac{1}{l'_{m+1}} + \frac{4\,E\,J^o}{N\,l_y\,H^o} + \frac{4\,E\,J^u}{N\,l_y\,H^u}\,.
\end{aligned}\right\} \quad (159)$$

Um die Brauchbarkeit der verschiedenen Voraussetzungen zu prüfen, werde ich in dem nachfolgenden Zahlenbeispiel die Größen ω für die vier vorstehenden Fälle errechnen.

2. Beispiel. Der siebenfeldrige Rahmen.

Der stellvertretende Rahmen für die Längsreihen der in Abb. 112 dargestellten Decke besteht aus sieben Feldern mit der gleichen Spannweite $l_x = l$. Es sei:

$$l_y = l,$$
$$d_o = 0,2\,l,$$
$$l' = 0,9\,l,$$
$$H^o = H^u = \tfrac{2}{3}\,l',$$
$$\psi = 0,9.$$

Die Felder 1, 3, 5, 7 mögen mit g_1, die Felder 2, 4, 6 mit g_2 belastet sein.

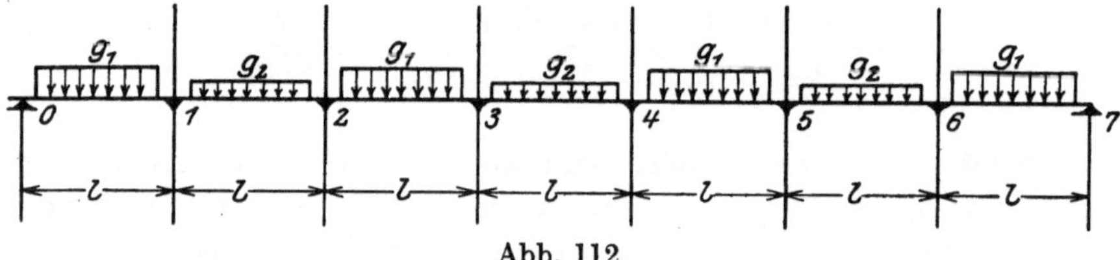

Abb. 112.

Es ist also

$$Q_1 = Q_3 = Q_5 = Q_7 = g_1\,l^2\,\frac{(1 - 0,2^2)}{2 - 0,9} = 0,872\,72\,g_1\,l^2,$$

$$Q_2 = Q_4 = Q_6 = g_2\,l^2\,\frac{(1 - 0,2^2)}{2 - 0,9} = 0,872\,72\,g_2\,l^2 = \frac{g_2}{g_1}\,Q_1,$$

$$\frac{3 - \psi^2}{\psi^2} = 2,7037,$$

$$\frac{3 + \psi^2}{\psi^2} = 4,7037.$$

a) Die Ermittlung der Stützenmomente.

Fall I: Ich wähle als Steifigkeitsverhältnis die Zahl

$$\frac{E\,J^u}{N\,l_y} = \frac{1}{6}.$$

Die zugehörigen Beizahlen der ω-Werte in den Elastizitätsgleichungen sind

$$\alpha_1 = \alpha_2 = \alpha_3 = \alpha_4 = \alpha_5 = \alpha_6 = \alpha_7 = \frac{2,7037}{l'},$$

$$\beta_1 = \beta_2 = \beta_3 = \beta_4 = \beta_5 = \beta_6 = \frac{1}{l'}\left[2\cdot 4,7037 + \frac{3\,E\,J^u}{N\,l_y}\,\frac{l'}{H^u}\right] = \frac{10,1574}{l'}.$$

Für die Außenständer kommen infolge ihrer geringeren Belastung andere Querschnittsverhältnisse als für die Innenständer in Betracht. Um eine übermäßige Biegungsbeanspruchung zu vermeiden, empfiehlt es sich, die Außenstützen als Pendelgelenke auszubilden. Setzt man demgemäß für die Säule (0) und (7) $J^u = 0$ und im Hinblick auf die links bzw. rechts fehlenden Felder $l_0' = l_8' = \infty$, so ergibt sich

$$\beta_0 = \beta_7 = \frac{4{,}7037}{l'}\,.$$

Die Elastizitätsgleichungen lauten nunmehr:

$$4{,}7037\,\omega_0 + 2{,}7037\,\omega_1 = -\frac{1{,}2\cdot Q_1\,ll'}{12\,N\,l_y}\,,$$

$$2{,}7037\,\omega_0 + 10{,}1574\,\omega_1 + 2{,}7037\,\omega_2 = -\frac{1{,}2\,ll'}{12\,N\,l_y}(Q_2 - Q_1)\,,$$

$$2{,}7037\,\omega_1 + 10{,}1574\,\omega_2 + 2{,}7037\,\omega_3 = -\frac{12\,ll'}{N\,l_y}(Q_1 - Q_2)\,,$$

$$2{,}7037\,\omega_2 + 10{,}1574\,\omega_3 + 2{,}7037\,\omega_4 = -\frac{12\,ll'}{N\,l_y}(Q_2 - Q_1)\,,$$

$$2{,}7037\,\omega_3 + 10{,}1574\,\omega_4 + 2{,}7037\,\omega_5 = -\frac{12\,ll'}{N\,l_y}(Q_1 - Q_2)\,,$$

$$2{,}7037\,\omega_4 + 10{,}1574\,\omega_5 + 2{,}7037\,\omega_6 = -\frac{12\,ll'}{N\,l_y}(Q_2 - Q_1)\,,$$

$$2{,}7037\,\omega_5 + 10{,}1574\,\omega_6 + 2{,}7037\,\omega_7 = -\frac{12\,ll'}{N\,l_y}(Q_1 - Q_2)\,,$$

$$2{,}7037\,\omega_6 + \ \ 4{,}7037\,\omega_7 \qquad\quad = -\frac{12\,ll'}{N\,l_y}(\ \ - Q_1)\,.$$

Es ist leicht zu erkennen, daß aus Symmetriegründen

$$\omega_0 = -\omega_7\,,\qquad \omega_1 = -\omega_6\,,\qquad \omega_2 = -\omega_5\,,\qquad \omega_3 = -\omega_4$$

sein muß.

Ist beispielsweise $\qquad g_2 = \tfrac{1}{2}g_1 = g$

und schreibt man zur Abkürzung

$$0{,}87272\,g\,l^2 = Q\,,$$

so erhält man die folgenden Bestimmungsgleichungen:

$$4{,}7037\,\omega_0 + 2{,}7037\,\omega_1 = -2\cdot\frac{Q\,l'(l + d_o)}{12\,N\,l_y}\,,$$

$$2{,}7037\,\omega_0 + 10{,}1574\,\omega_1 + 2{,}7037\,\omega_2 = +1\cdot\frac{Q\,l'(l + d_o)}{12\,N\,l_y}\,,$$

$$2{,}7037\,\omega_1 + 10{,}1574\,\omega_2 + 2{,}7037\,\omega_3 = -1\cdot\frac{Q\,l'(l + d_o)}{12\,N\,l_y}\,,$$

$$2{,}7037\,\omega_2 + \ \ 7{,}4537\,\omega_3 \qquad\quad = +1\cdot\frac{Q\,l'(l + d_o)}{12\,N\,l_y}\,.$$

Ihre Auflösung liefert:

$$\omega_0 = -0{,}613\,033 \frac{Q\,l'(l + d_o)}{12\,N\,l_y}\,,$$

$$\omega_1 = +0{,}326\,783 \frac{Q\,l'(l + d_o)}{12\,N\,l_y}\,,$$

$$\omega_2 = -0{,}244\,779 \frac{Q\,l'(l + d_o)}{12\,N\,l_y}\,,$$

$$\omega_3 = +0{,}222\,951 \frac{Q\,l'(l + d_o)}{12\,N\,l_y}\,.$$

Für die Stützenmomente ergeben sich entsprechend den Formeln (154) die Werte

$$X_1' = -\frac{Q(l + d_o)}{12}\,2{,}120\,37$$
$$X_1'' = -\frac{Q(l + d_o)}{12}\,1{,}875\,28$$
$$\left. \right\} \quad \frac{1}{2}(X_1' + X_1'') = -\frac{Q(l + d_o)}{12}\cdot 1{,}997\,82\,,$$

$$X_2' = -\frac{Q(l + d_o)}{12}\,1{,}267\,84$$
$$X_2'' = -\frac{Q(l + d_o)}{12}\,1{,}451\,43$$
$$\left. \right\} \quad \frac{1}{2}(X_2' + X_2'') = -\frac{Q(l + d_o)}{12}\cdot 1{,}359\,63\,,$$

$$X_3' = -\frac{Q(l + d_o)}{12}\,1{,}613\,11$$
$$X_3'' = -\frac{Q(l + d_o)}{12}\,1{,}554\,100$$
$$\left. \right\} \quad \frac{1}{2}(X_3' + X_3'') = -\frac{Q(l + d_o)}{12}\cdot 1{,}583\,60\,.$$

Zum Vergleich will ich auch für den Grenzfall $J^u = 0$, d. h. für einen auf Pendelstützen freibeweglich gelagerten durchgehenden Balken die Stützenmomente bestimmen.

In diesem Fall ist $X_m' = X_m'' = X_m$.

Die Elastizitätsbedingung $\omega_m' = \omega_m''$ wird im Einklang mit den Formeln (d) durch die Beziehung

$$X_{m-1}(3 - \psi^2) + 2X_m(3 + \psi^2) + X_{m+1}(3 - \psi^2) = -\tfrac{1}{2}(l + d_o)(Q_m + Q_{m+1})$$

ausgedrückt.

Für das vorliegende Beispiel mit den Beizahlen

$$3 - \psi^2 = 2{,}19\,, \qquad 3 + \psi^2 = 3{,}81$$

gelten demgemäß die Gleichungen

$$7{,}62\,X_1 + 2{,}19\,X_2 = -(2 + 1)\frac{Q}{2}(l + d_o)\,,$$

$$2{,}19\,X_1 + 7{,}62\,X_2 + 2{,}19\,X_3 = -(1 + 2)\frac{Q}{2}(l + d_o)\,,$$

$$2{,}19\,X_2 + 7{,}62\,X_3 + 2{,}19\,X_4 = -(2 + 1)\frac{Q}{2}(l + d_o)\,.$$

Hierbei ist aus Symmetriegründen $X_3 = X_4$.

Diesen Gleichungen genügen die Größen

$$X_1 = -1{,}972\,836\,\frac{Q(l + d_o)}{12},$$

$$X_2 = -1{,}354\,789\,\frac{Q(l + d_o)}{12},$$

$$X_3 = -1{,}532\,416\,\frac{Q(l + d_o)}{12}.$$

Der Unterschied zwischen diesen Werten X_m und den zuletzt ermittelten Durchschnittswerten $\dfrac{X_m' + X_m''}{2}$ ist, wie man sieht, äußerst geringfügig.

Fall II. Es sei wieder

$$\frac{E J^u}{N l_y} = \frac{1}{6},$$

mithin

$$\frac{4 E J^u}{N l_y}\,\frac{l'}{H^u} = 4 \cdot \frac{1}{6} \cdot \frac{3}{2} = 1.$$

Die Beizahlen der ω-Werte sind

$$\alpha = \frac{2{,}7037}{l'},$$

$$\beta = \frac{1}{l'}\,[2 \cdot 4{,}7037 + 1] = \frac{10{,}4074}{l'}.$$

Die Elastizitätsgleichungen lauten also:

$$4{,}7037\,\omega_0 + 2{,}7037\,\omega_1 = -2\,\frac{Q l'(l + d_0)}{12},$$

$$2{,}7037\,\omega_0 + 10{,}4074\,\omega_1 + 2{,}7037\,\omega_2 = +1\,\frac{Q l'(l + d_0)}{12},$$

$$2{,}7037\,\omega_1 + 10{,}4074\,\omega_2 + 2{,}7037\,\omega_3 = -1\,\frac{Q l'(l + d_0)}{12},$$

$$2{,}7037\,\omega_2 + (10{,}4074 - 2{,}7037)\,\omega_3 = +1\,\frac{Q l'(l + d_0)}{12}.$$

Sie liefern

$$\omega_0 = -0{,}605\,578\,\frac{Q l'(l + d_0)}{12\,N l_y},$$

$$\omega_1 = +0{,}313\,813\,\frac{Q l'(l + d_0)}{12\,N l_y},$$

$$\omega_2 = -0{,}232\,534\,\frac{Q l'(l + d_0)}{12\,N l_y},$$

$$\omega_3 = +0{,}211\,418\,\frac{Q l'(l + d_0)}{12\,N l_y}$$

und weiterhin im Einklang mit den Formeln (154):

$$X_1' = -2{,}161\,22\,\frac{Q(l+d_0)}{12}$$
$$X_1'' = -1{,}847\,38\,\frac{Q(l+d_0)}{12}$$
$$\tfrac{1}{2}(X_1' + X_1'') = -2{,}004\,30\,\frac{Q(l+d_0)}{12},$$

$$X_2' = -1{,}245\,31\,\frac{Q(l+d_0)}{12}$$
$$X_2'' = -1{,}477\,84\,\frac{Q(l+d_0)}{12}$$
$$\tfrac{1}{2}(X_2' + X_2'') = -1{,}361\,57\,\frac{Q(l+d_0)}{12},$$

$$X_3' = -1{,}634\,25\,\frac{Q(l+d_0)}{12}$$
$$X_3'' = -1{,}577\,16\,\frac{Q(l+d_0)}{12}$$
$$\tfrac{1}{2}(X_3' + X_3'') = -1{,}605\,72\,\frac{Q(l+d_0)}{12}.$$

Der Vergleich zwischen diesen Werten und den für den Fall I errechneten Stützenmomenten zeigt, daß bei gleichem Steifigkeitsverhältnis $\frac{E\,J^u}{N\,l_y}$ trotz der abweichenden Maße f^u die entsprechenden Größen X_m' und X_m'' in beiden Beispielen recht gut miteinander übereinstimmen. Die Feststellung des genauen Wertes f^u ist also für die Beurteilung der Biegungsbeanspruchung des Balkens nicht unbedingt erforderlich.

Das Steifigkeitsverhältnis ist hingegen für die Spannungsverteilung eher von Bedeutung.

Fall III. Um die Wirkung der größeren Steifigkeit der Stützen zu beleuchten, sei jetzt

$$\frac{E\,J^u}{N\,l_y} = \frac{1}{2}, \qquad \frac{E\,J^o}{N\,l_y} = \frac{1}{6}$$

gewählt.

Entsprechend den Annahmen

$$f^o = H^o, \qquad f^u = \tfrac{2}{3} H^u$$

wird

$$\beta = \frac{1}{l'}\left[2\,\frac{(3+\psi^2)}{\psi^2} + \frac{3\,E\,J^o}{N\,l_y}\cdot\frac{l'}{H^o} + \frac{4\,E\,J^u}{N\,l_y}\,\frac{l'}{H^u}\right] = \frac{13{,}1574}{l'}.$$

Im übrigen ist wie vorhin

$$\alpha = \frac{2{,}7037}{l'}.$$

Aus den Elastizitätsgleichungen

$$4{,}7037\,\omega_0 + 2{,}7037\,\omega_1 = -2\,\frac{Q\,l'(l+d_0)}{12\,N\,l_y},$$

$$2{,}7037\,\omega_0 + 13{,}1574\,\omega_1 + 2{,}7037\,\omega_2 = +1\,\frac{Q\,l'(l+d_0)}{12\,N\,l_y},$$

$$2{,}7037\,\omega_1 + 13{,}1574\,\omega_2 + 2{,}7037\,\omega_3 = -1\,\frac{Q\,l'\,(l+d_o)}{12\,N\,l_y}\,,$$

$$2{,}7037\,\omega_2 + (13{,}1574 - 2{,}7037)\,\omega_3 = +1\,\frac{Q\,l'\,(l+d_o)}{12\,N\,l_y}$$

erhält man nunmehr

$$\omega_0 = -0{,}551\,608\,\frac{Q\,l'\,(l+d_o)}{12\,N\,l_y}\,,$$

$$\omega_1 = +0{,}219\,920\,\frac{Q\,l'\,(l+d)_o}{12\,N\,l_y}\,,$$

$$\omega_2 = -0{,}148\,757\,\frac{Q\,l'\,(l+d_o)}{12\,N\,l_y}\,,$$

$$\omega_3 = +0{,}134\,134\,\frac{Q\,l'\,(l+d_o)}{12\,N\,l_y}\,.$$

Die zugehörigen Stützenmomente sind:

$$X_1' = -2{,}456\,94\,\frac{Q\,(l+d_o)}{12}$$
$$X_1'' = -1{,}632\,24\,\frac{Q\,(l+d_o)}{12}$$
$$\tfrac{1}{2}(X_1' + X_1'') = -2{,}044\,59\,\frac{Q\,(l+d_o)}{12}\,,$$

$$X_2' = -1{,}105\,11\,\frac{Q\,(l+d_o)}{12}$$
$$X_2'' = -1{,}662\,95\,\frac{Q\,(l+d_o)}{12}$$
$$\tfrac{1}{2}(X_2' + X_2'') = -1{,}384\,03\,\frac{Q\,(l+d_o)}{12}\,,$$

$$X_3' = -1{,}771\,27\,\frac{Q\,(l+d_o)}{12}$$
$$X_3'' = -1{,}731\,73\,\frac{Q\,(l+d_o)}{12}$$
$$\tfrac{1}{2}(X_3' + X_3'') = -1{,}751\,50\,\frac{Q\,(l+d_o)}{12}\,.$$

Fall IV: Nimmt man hingegen bei sonst gleichen Steifigkeitsverhältnissen
$$f^o = \tfrac{2}{3}\,H^o\,, \qquad f^u = \tfrac{2}{3}\,H^u$$
an und demgemäß

$$\beta = \frac{1}{l'}\left[2\,\frac{(3+\psi^2)}{\psi^2} + \frac{4\,E\,J^o}{N\,l_y}\,\frac{l'}{H^o} + \frac{4\,E\,J^u}{N\,l_y}\,\frac{l'}{H^u}\right] = \frac{13{,}4074}{l'}\,,$$

so liefern die Elastizitätsgleichungen die Werte

$$\omega_0 = -0{,}548\,311\,\frac{Q\,l'\,(l+d_o)}{12\,N\,l_y}\,,$$

$$\omega_1 = +0{,}214\,185\,\frac{Q\,l'\,(l+d_o)}{12\,N\,l_y}\,,$$

$$\omega_2 = -0{,}143\,950\,\frac{Q\,l'\,(l+d_o)}{12\,N\,l_y}\,,$$

$$\omega_3 = +0{,}129\,787\,\frac{Q\,l'\,(l+d_o)}{12\,N\,l_y}\,,$$

$$\left\{\begin{array}{l} X_1' = -2{,}47501\,\dfrac{Q(l+d_o)}{12} \\[2ex] X_1'' = -1{,}61826\,\dfrac{Q(l+d_o)}{12} \end{array}\right\} \quad \tfrac{1}{2}(X_1'+X_1'') = -2{,}04663\,\dfrac{Q(l+d_o)}{12}\,,$$

$$\left\{\begin{array}{l} X_2' = -1{,}09801\,\dfrac{Q(l+d_o)}{12} \\[2ex] X_2'' = -1{,}67381\,\dfrac{Q(l+d_o)}{12} \end{array}\right\} \quad \tfrac{1}{2}(X_2'+X_2'') = -1{,}38591\,\dfrac{Q(l+d_o)}{12}\,,$$

$$\left\{\begin{array}{l} X_3' = -1{,}77872\,\dfrac{Q(l+d_o)}{12} \\[2ex] X_3'' = -1{,}74043\,\dfrac{Q(l+d_o)}{12} \end{array}\right\} \quad \tfrac{1}{2}(X_3'+X_3'') = -1{,}75957\,\dfrac{Q(l+d_o)}{12}\,.$$

Der Vergleich zwischen den Stützenmomenten der beiden Fälle III und IV bestätigt von neuem, daß die Wahl der Maße $\dfrac{f^o}{H^o}$, $\dfrac{f^u}{H^u}$ für die Beurteilung der Anstrengung des Balkens von untergeordneter Bedeutung ist.

Indessen zeigt die Gegenüberstellung der Ergebnisse für die Fälle I, II einerseits und die Fälle III, IV andererseits, daß die Verstärkung der Steifigkeit der Säulen eine entsprechende Vergrößerung der Stützenmomente zur Folge hat. Während aber das Maß für die Steifigkeit der Säulen

$$\frac{EJ^o}{Nl_y}\;\frac{l'f^o}{H^o(3f^o-H^o)} + \frac{EJ^u}{Nl_y}\;\frac{l'f^u}{H^u(3f^u-H^u)}$$

in den Fällen II und IV von 1,0 auf 4,0 gestiegen ist, sind beispielsweise die größten Stützenmomente X_1' nur

$$\text{von} \quad -2{,}16122 \quad \text{auf} \quad -2{,}47501\,Q\,\frac{(l+d_o)}{12}\,,$$

also nur um etwa 15% gewachsen; die verhältnismäßige Erhöhung ist bei fast allen anderen Momenten noch kleiner.

Wichtiger sind die Unterschiede zwischen den eigentlichen Säulenmomenten

$$\mathfrak{M}_m^o + \mathfrak{M}_m^u = X_m'' - X_m'\,.$$

Es ist nämlich

$$\text{im Falle \quad I:} \quad X_1'' - X_1' = +0{,}24509\,\frac{Q(l+d_o)}{12}\,,$$

$$\text{im Falle \quad II:} \quad X_1'' - X_1' = +0{,}31384\,\frac{Q(l+d_o)}{12}\,,$$

$$\text{im Falle \quad III:} \quad X_1'' - X_1' = +0{,}82470\,\frac{Q(l+d_o)}{12}\,,$$

$$\text{im Falle \quad IV:} \quad X_1'' - X_1' = +0{,}85675\,\frac{Q(l+d_o)}{12}\,.$$

Der Biegungswiderstand der Säulen hat also fast im gleichen Maße wie ihre Steifigkeit zugenommen.

Aus den vorstehenden Feststellungen wird man schließen dürfen, daß, um die Tragfähigkeit des Rahmens sicher zu schätzen, es in erster Linie notwendig ist, die richtigen Steifigkeitszahlen $\dfrac{E J^o}{N l_y}$ und $\dfrac{E J^u}{N l_y}$ in Rechnung zu setzen, und daß es im übrigen für die Brauchbarkeit der Untersuchung völlig unbedenklich ist, bei den schlanken Stützen der oberen Decken die Voraussetzungen der Fälle I und II und bei den starken Stützen der unteren Decken diejenigen der Fälle III und IV gelten zu lassen.

b) Die Verteilung der Momente $\mathfrak{M}_x$ in der X—Z-Ebene.

Der Verlauf der Momentenlinie innerhalb des m^{ten} Feldes läßt sich auf Grund der Gleichung (c) wie folgt darstellen.

Ich trage in Abb. 113 die Strecken

$$\overline{AA}_1 = X''_{m-1}, \qquad \overline{BB}_1 = X'_m$$

und von der Mitte C der Verbindungslinie $A_1 B_1$ aus die Strecke

$$\overline{CD} = \frac{q_m \, l'_m \, l_m}{4} = \frac{Q_m \, l_m}{4}$$

auf.

Die Geraden $\overline{DA}_1$ und $\overline{DB}_1$ kreuzen in den Punkten E_1 und F_1 die im Abstande $\dfrac{d_o}{4}$ vom jeweiligen Säulenmittelpunkt stehenden Lotrechten $\overline{EE}_1$ und $\overline{FF}_1$. Die Verbindungslinie $\overline{E_1 F_1}$ schneidet die Gerade $\overline{CD}$ im Punkte K_1. Durch Halbierung der Strecke $\overline{K_1 D}$ wird der Punkt K_2 bestimmt. Man kann sich leicht überzeugen, daß

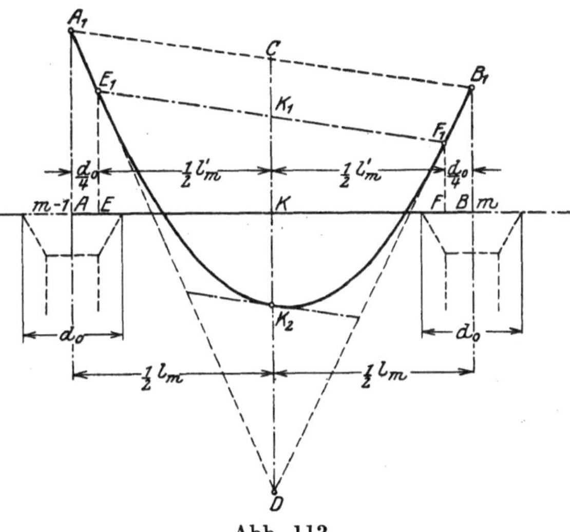

Abb. 113.

$$\overline{CK}_2 = \frac{Q_m}{8}\left(l_m + \frac{d_o}{2}\right)$$

ist und daß daher K_2 ein Punkt der gesuchten Kurve sein muß.

Innerhalb der freien Länge $l'_m = \overline{EF}$ ist die Momentenlinie eine Parabel: von der letzteren sind die Punkte E_1, K_2, F_1 und die beiden

Tangenten $\overline{E_1 D}$, $\overline{F_1 D}$ bereits ermittelt. Die Kurve E_1, K_2, F_1 läßt sich also leicht aufzeichnen. Die Strecken $\overline{KK_2}$, $\overline{EE_1}$, $\overline{FF_1}$ stellen die endgültigen Werte der Biegungsmomente in der Mitte des Feldes und an den Rändern E, F der eigentlichen Stützfläche dar.

Entsprechend der Formel (148) kann man im übrigen auch die Werte

$$\overline{EE_1} = (\mathfrak{M}_x)_{x = -\frac{1}{2}l_m'} = Q_m \frac{d_o}{8} + \frac{1}{2}\left[X_{m-1}''(1 + \psi) + X_m'(1 - \psi)\right],$$

$$\overline{FF_1} = (\mathfrak{M}_x)_{x = +\frac{1}{2}l_m'} = Q_m \frac{d_o}{8} + \frac{1}{2}\left[X_m'(1 + \psi) + X_{m-1}''(1 - \psi)\right]$$

unmittelbar errechnen.

Da der Auflagerwiderstand der Säule in der Wirklichkeit nicht in dem Mittelpunkt S vereinigt, sondern stetig über die Stützfläche EF

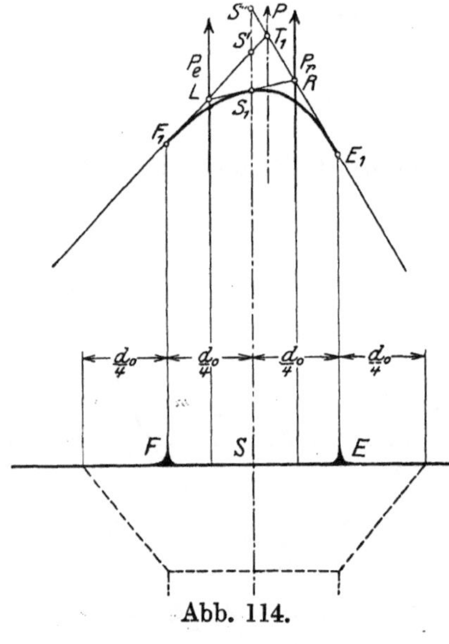

Abb. 114.

verteilt ist, so muß auch in diesem Bereiche die Momentenlinie stetig gekrümmt und nicht durch Geraden begrenzt sein. Um die Gestalt dieser Kurve zu bestimmen, ersetze ich die auf die Hälften FS und SE der Stützfläche entfallenden Auflagerwiderstände durch die beiden lotrechten Einzelkräfte P_l und P_r (Abb. 114). Ist

$$\overline{SS'} = X_m', \qquad \overline{SS''} = X_m'',$$

so bilden die drei Geraden $\overline{F_1 S'}$, $\overline{S'' E_1}$, $\overline{LR}$ das zu den Kräften P_l und P_r gehörige Seileck und stellen zugleich die Tangenten der Kurve $F_1 S_1 E_1$, welche die drei Berührungspunkte verbindet, dar. Der Verlauf der Momentenlinie ist hiermit hinreichend festgelegt.

Durch den Schnittpunkt T_1 der äußeren Tangenten $\overline{F_1 S'}$, $\overline{S'' E_1}$ wird auch die Lage der Mittelkraft P der lotrechten Auflagerwiderstände bestimmt.

Nach diesem Verfahren habe ich für den Fall III die Momentenlinien der linken Hälfte des Rahmens ermittelt und in Abb. 115 aufgetragen.

Da die größten Momente in der Nähe eines Stützpunktes dann entstehen, wenn die beiden angrenzenden Felder voll belastet werden, habe ich unter den gleichen Voraussetzungen hinsichtlich der Steifigkeitsverhältnisse auch den in Abb. 115 rechts dargestellten Belastungsfall

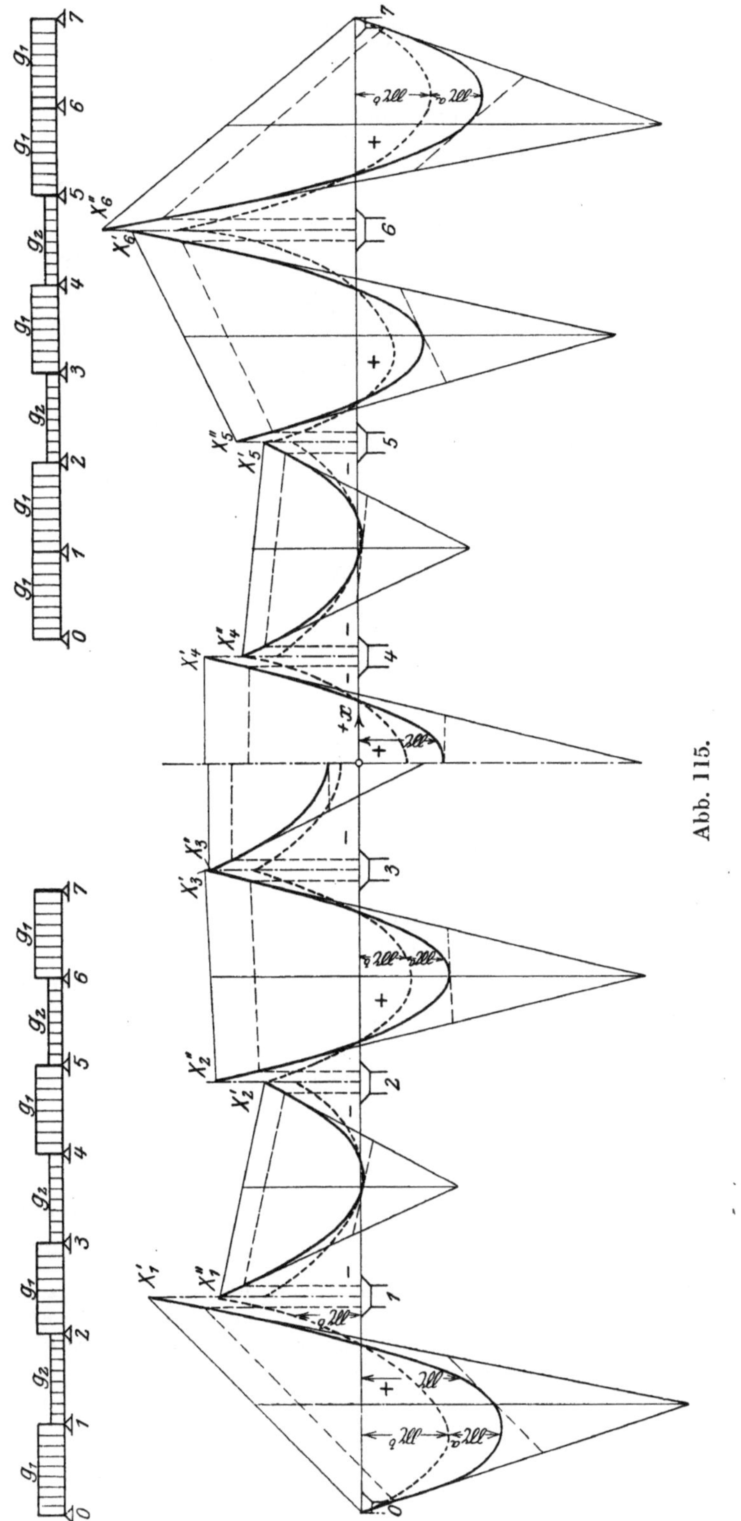

Abb. 115.

$$Q_1 = Q_2 = Q_4 = Q_6 = Q_7 = 2\,Q$$
$$Q_3 = Q_5 = Q$$

untersucht [1]).

Die zugehörigen Stützenmomente sind:

$$X_1' = -2{,}89903\,\frac{Q\,(l + d_o)}{12}\,, \qquad X_2' = -1{,}39090\,\frac{Q\,(l + d_o)}{12}\,,$$

$$X_1'' = -2{,}60069\,\frac{Q\,(l + d_o)}{12}\,, \qquad X_2'' = -1{,}07679\,\frac{Q\,(l + d_o)}{12}\,,$$

$$X_3' = -1{,}32539\,\frac{Q\,(l + d_o)}{12}\,,$$

$$X_3'' = -1{,}76535\,\frac{Q\,(l + d_o)}{12}\,.$$

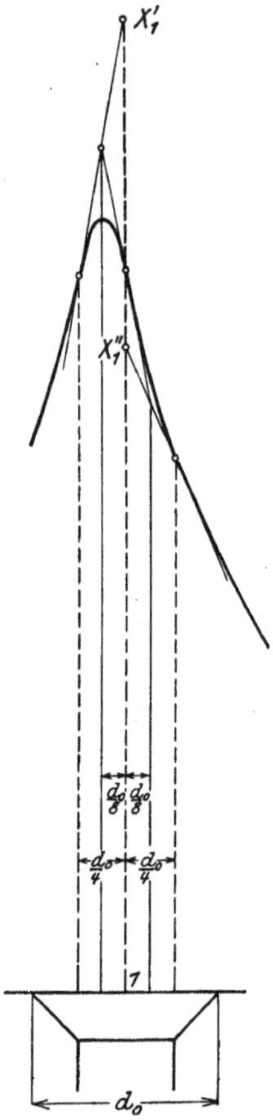

Der Verlauf der Momentenlinie wird in der rechten Hälfte der Abb. 115 veranschaulicht. Die Kurve für das Bereich des Stützpunktes (1) ist in größerem Maßstabe in Abb. 115a eingezeichnet. Die letztere zeigt, daß die wirklichen Biegungsmomente den Höchstwert X_m' oder X_m'' nicht erreichen und daß das größte Stützenmoment auch außerhalb des Säulenmittelpunktes auftreten kann.

c) Die Verteilung der Momente $\mathfrak{M}_x$ in der Y—Z-Ebene.

Die Momente $\mathfrak{M}_x$ des stellvertretenden Rahmens sind als Grenzwerte zu betrachten, die sich von den wirklichen Spannungsmomenten eines Feldes um so mehr unterscheiden, je näher sich dieses Feld den zur x-Richtung parallelen Rändern befindet.

Bei den inneren Längsreihen I und II der Abb. 107 ist die Abweichung zwischen den Werten $\mathfrak{M}_{xI}$, $\mathfrak{M}_{xII}$ und $\mathfrak{M}_x$ so geringfügig, daß sie nicht beachtet zu werden braucht. Um die Rechnung zu vereinfachen und im Hinblick auf die größte Sicherheit empfiehlt es sich

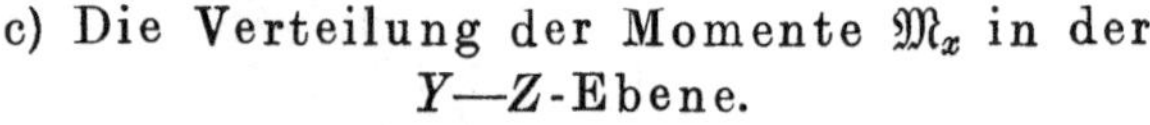

$$\mathfrak{M}_{xI} = \mathfrak{M}_{xII} = \mathfrak{M}_x$$

Abb. 115a.   zu setzen.

Die Abnahme der Momente $\mathfrak{M}_x$ in den Randfeldern III wird mit ausreichender Genauigkeit berücksichtigt, wenn $\mathfrak{M}_{xIII} = \tfrac{2}{3}\,\mathfrak{M}_x$ genommen wird.

---

[1]) Um das größte Stützenmoment unmittelbar über der Säule (1) zu erhalten, müßte auch das Feld VII nur mit Q belastet werden. Da jedoch der Einfluß der Belastung dieses Feldes auf die Biegungsmomente des weit entfernten Feldes I äußerst geringfügig ist, habe ich, um die Symmetrie der Belastung aufrechtzuerhalten und die Voraussetzung der wagerechten Unverrückbarkeit der Stützpunkte streng zu erfüllen, $Q_7 = 2\,Q$ gewählt.

Die Verteilung der Kräftepaare $\mathfrak{M}_x$ innerhalb der Querschnittsbreite jedes Feldes wird einerseits durch die Lage des jeweiligen Querschnittes und durch das Steifigkeitsverhältnis der Gurt- und Feldstreifen, andererseits durch die Art der Belastung beeinflußt.

Die in § 32 und § 33 durchgeführten Untersuchungen haben gezeigt, daß ein merklicher Unterschied zwischen den Spannungsmomenten $(s_x)_{\substack{x=0 \\ y=0}}$ im Mittelpunkt und $(s_x)_{\substack{x=0 \\ y=\pm b}}$ in der Randmitte des Feldes nur bei gleichmäßiger Belastung der ganzen Deckenfläche besteht, während bei der wechselweisen Belastung, welche die ungünstigsten Beanspruchungen erzeugt, die Momente s_x längs der Mittellinie ($x = 0$) nahezu gleichmäßig verteilt sind.

Vergegenwärtigt man sich, daß für die Anstrengung der Platte in der Wirklichkeit nicht allein das an einer einzelnen Stelle auftretende größte Kräftepaar $(s_x)_{\text{max}}$, sondern vielmehr der Durchschnittswert der Momente s_x in dem ganzen angrenzenden Bereich ausschlaggebend ist, so wird man erkennen, daß eine genaue Aufteilung der Momente $\mathfrak{M}_x$ kaum erforderlich ist.

Sieht man von einer Belastung der Decke durch Einzelkräfte ab, so wird es in den meisten Fällen für die Zwecke der Querschnittsbemessung völlig genügen, $\qquad (s_x)_{\substack{x=0 \\ y=0}} = \tfrac{2}{3} (s_x)_{\substack{x=0 \\ y=\pm b}}$

anzunehmen; dieser Ansatz entspricht insofern den tatsächlichen Steifigkeitsverhältnissen, als bei guten Ausführungen die Gurtstreifen stärker als die Feldstreifen bewehrt sind und infolge ihres größeren Trägheitsmomentes auch höhere Biegungsmomente aufnehmen müssen.

Der Verlauf der Spannungsmomente s_x zwischen Platten- und Randmitte kann im übrigen im Einklang mit Abb. 116 durch die Gleichung

$$(s_x)_{x=0} = \frac{\mathfrak{M}_x}{2\,b}\left(1 - \frac{1}{5}\cdot\cos\pi\,\frac{y}{b}\right)$$

dargestellt werden. Sie liefert für das Biegungsmoment der Feldstreifen (A) den Wert

$$\left.\begin{aligned}
\mathfrak{M}_x^{(a)} &= \int\limits_{-\frac{b}{2}}^{+\frac{b}{2}} s_x\,dy = \frac{\mathfrak{M}_x}{2}\left(1 - \frac{1}{5\,\pi}\right) \\[2em]
\text{und für dasjenige der beiden Gurtstreifen } (B) & \\[2em]
\mathfrak{M}_x^{(b)} &= 2\int\limits_{+\frac{b}{2}}^{+b} s_x\,dy = \frac{\mathfrak{M}_x}{2}\left(1 + \frac{1}{5\,\pi}\right)
\end{aligned}\right\} \qquad (160)$$

Für die Querschnitte $(x = \pm a)$ längs einer Stützenflucht kommt eine andere Verteilung der Kräftepaare s_x in Frage, weil die größten in dieser Flucht auftretenden negativen Biegungsmomente bei gleichzeitiger Belastung der beiden angrenzenden Felderreihen entstehen und hierbei die unmittelbar von den Stützen getragenen Streifen B weit höher als die außerhalb der Säulenköpfe gelegenen Streifen A beansprucht werden. Man kann auf Grund der Ergebnisse der genauen

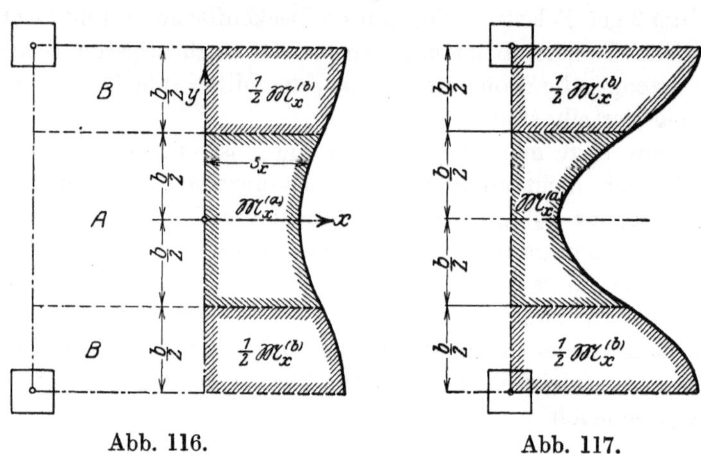

Abb. 116.   Abb. 117.

Untersuchungen den Spannungsverlauf mit ausreichender Genauigkeit durch die in Abb. 117 gezeichnete Kurve

$$(s_x)_{x=\pm a} = \frac{\mathfrak{M}_x}{2\,b}\left(1 - \frac{3}{5}\cos\pi\frac{y}{b}\right)$$

veranschaulichen. Die zugehörigen Werte der Biegungsmomente sind für die Feldstreifen A

$$\mathfrak{M}_x^{(a)} = \int\limits_{-\frac{b}{2}}^{+\frac{b}{2}} s_x \cdot dy = \frac{\mathfrak{M}_x}{2}\left(1 - \frac{3}{5\,\pi}\right),$$

und für die beiden Gurtstreifen B

$$\mathfrak{M}_x^{(b)} = 2\int\limits_{+\frac{b}{2}}^{+b} s_x\,dy = \frac{\mathfrak{M}_x}{2}\left(1 + \frac{3}{5\,\pi}\right). \qquad (161)$$

Um schließlich auch die Verteilung für die übrigen Querschnitte zwischen den Stellen $x = 0$ und $x = \pm a$ festzulegen, kann man aus den Formeln (160) und (161) den allgemeinen Ansatz

$$\left.\begin{aligned}
\mathfrak{M}_x^{(a)} &= \frac{1}{2}\,\mathfrak{M}_x\left[1 - \frac{1}{5\,\pi}\left(2 - \cos\pi\,\frac{x}{a}\right)\right], \\
\mathfrak{M}_x^{(b)} &= \frac{1}{2}\,\mathfrak{M}_x\left[1 + \frac{1}{5\,\pi}\left(2 - \cos\pi\,\frac{x}{a}\right)\right]
\end{aligned}\right\} \tag{162}$$

ableiten.

Mit Hilfe dieser Gleichungen habe ich für das vorliegende Beispiel die Gurt- und Feldmomente errechnet und in Abb. 115 durch die gestrichelten Kurven die Verteilung der Momente $\mathfrak{M}^{(a)}$ und $\mathfrak{M}^{(b)}$ dargestellt. Hiermit sind für die Querschnittsbemessung die erforderlichen Grundwerte bestimmt.

Nach dem gleichen Verfahren können selbstverständlich auch die Momente $\mathfrak{M}_y^{(a)}$ und $\mathfrak{M}_y^{(b)}$ für die Querreihen ermittelt werden.

Die vorstehenden Untersuchungen zeigen, daß die auf die Theorie des stellvertretenden Rahmens aufgebaute Näherungsberechnung in sehr einfacher und übersichtlicher Weise gestattet, mit einer praktisch völlig ausreichenden Genauigkeit das ganze Spannungsbild der trägerlosen Decke in allen Einzelheiten zu erfassen und ohne großen Arbeitsaufwand eine sichere Grundlage für die Querschnittsbemessung zu schaffen.

3. Die Näherungsformeln für die überschlägige Querschnittsbemessung der trägerlosen Decken.

Die Werte der Biegungsmomente des stellvertretenden Rahmens lassen sich in zwei wichtigen Grenzfällen sehr leicht bestimmen.

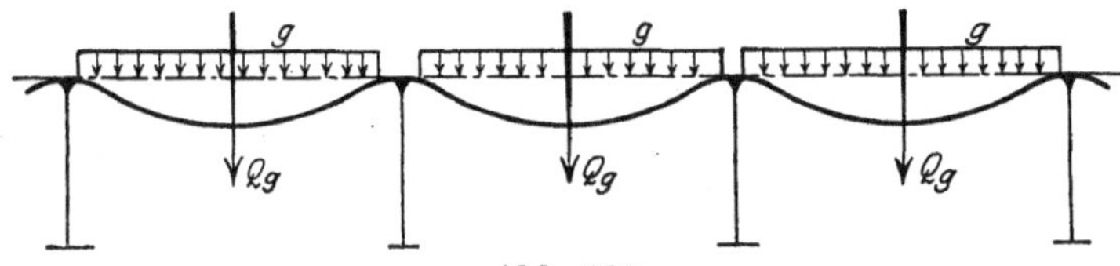

Abb. 118.

Handelt es sich beispielsweise um einen gleichmäßig belasteten Rahmen mit unendlich vielen, gleichartigen Feldern (Abb. 118), so wird in jedem Knotenpunkt

$$\omega' = \omega'' = 0, \qquad X' = X'' = X$$

sein. Die Gleichungen (149) liefern für diesen Fall, wenn mit Q_g die wirksame ständige Belastung bezeichnet wird, den Wert:

$$\left.\begin{aligned}
X &= -Q_g\,\frac{(l + d_0)}{12}\,. \\[2mm]
\mathfrak{M}_x &= \frac{Q}{8}\left(l + \frac{d_0}{2}\right) + X = Q_g\,\frac{l'}{24}\,.
\end{aligned}\right\} \tag{163}$$

In der Feldmitte ist dann

Wenn nun jedes zweite Feld entsprechend der schematischen Darstellung in Abb. 118a mit Q_p belastet wird, so ist leicht einzusehen, daß

$$\omega_{m-1} = -\omega_m = \omega_{m+1},$$

$$X''_{m-1} = X'_m$$

sein muß. Diesem Zustand entspricht die aus der Gleichung (155) abgeleitete Elastizitätsbedingung

$$\omega_m(\beta - 2\,\alpha) = \frac{1}{12} Q_p \frac{(l + d_o)}{N l_y}$$

Hierbei ist

$$\beta - 2\,\alpha = \frac{1}{l'}\left[4 + \frac{E J^o}{N l_y}\, \frac{l'}{H^o}\, \frac{f^o}{3 f^o - H^o} \right.$$

$$\left. + \frac{E J^u}{N l_y}\, \frac{l'}{H^u} \cdot \frac{f^u}{3 f^u - H^u}\right].$$

Für

$$\frac{f^o}{H^o} = \frac{f^u}{H^u} = 1$$

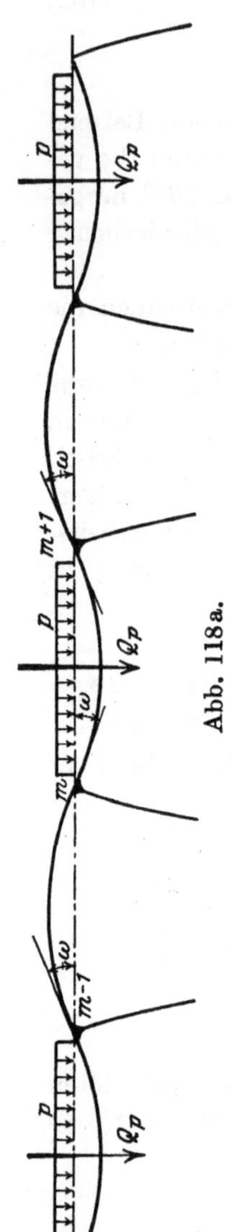

Abb. 118a.

ergibt sich beispielsweise

$$\omega_m = \frac{1}{12} Q_p \frac{(l + d_o)\, l'}{N l_y} \cdot \frac{1}{4 + \dfrac{l'}{2 H^o}\, \dfrac{E J^o}{N l_y} + \dfrac{l'}{2 H^u}\, \dfrac{E J^u}{N l_y}}$$

und weiterhin auf Grund der Gleichung (154):

$$X''_{m-1} = X'_m = -Q_p \frac{(l + d_o)}{12}\, \nu_1,$$

wobei

$$\nu_1 = \frac{1 + \dfrac{l'}{4 H^o}\, \dfrac{E J^o}{N l_y} + \dfrac{l'}{4 H^u}\, \dfrac{E J^u}{N l_y}}{2 + \dfrac{l'}{4 H^o}\, \dfrac{E J^o}{N l_y} + \dfrac{l'}{4 H^u} \cdot \dfrac{E J^u}{N l_y}} . \qquad (164)$$

In der Mitte eines belasteten Feldes entsteht das Moment

$$\mathfrak{M}_x = Q_p \frac{(l + d_o)}{12}\left[\frac{3}{2}\, \frac{l + \dfrac{d_o}{2}}{l + d_o} - \nu_1\right].$$

Für das unbelastete $(m + 1)$ Feld ist

$$\omega_{m+1} = -\omega_m,$$
$$X_m'' = X_{m+1}' = -2\,N\,l_y\,\frac{\omega_m}{l'} = -Q_p\,\frac{(l + d_o)}{12}\cdot\nu_1',$$
$$\nu_1' = \frac{1}{2 + \dfrac{l'}{4\,H^o}\dfrac{E\,J^o}{N\,l_y} + \dfrac{l'}{4\,H^u}\dfrac{E\,J^u}{N\,l_y}}\,.$$

Insgesamt erhält man für die Querschnittsbemessung eines Mittelfeldes die Werte

$$\left.\begin{aligned}
\mathfrak{M}_{x\,(\text{max})} &= Q_g\,\frac{l'}{24} + Q_p\,\frac{(l + d_o)}{12}\left[\frac{3}{2}\,\frac{l + \dfrac{d_o}{2}}{l + d_o} - \nu_1\right],\\
\mathfrak{M}_{x\,(\text{min})} &= Q_g\,\frac{l'}{24} - Q_p\,\frac{(l + d_o)}{12}\cdot\nu_1'\,.
\end{aligned}\right\} \qquad (165)$$

Auf Grund ähnlicher Überlegungen können auch für die Endfelder die Grenzwerte der Biegungsmomente bestimmt werden.

Setzt man wieder voraus, daß die Außenstützen als Pendelsäulen ausgebildet sind, so lauten die Elastizitätsgleichungen für den in Abb. 119 dargestellten Zustand

$$\omega_0\,\beta_0 + \omega_1\,\alpha = -Q_g\,\frac{(l + d_o)}{12\,N\,l_y},$$
$$\omega_0\,\alpha + \omega_1\,\beta + \omega_2\,\alpha = 0\,.$$

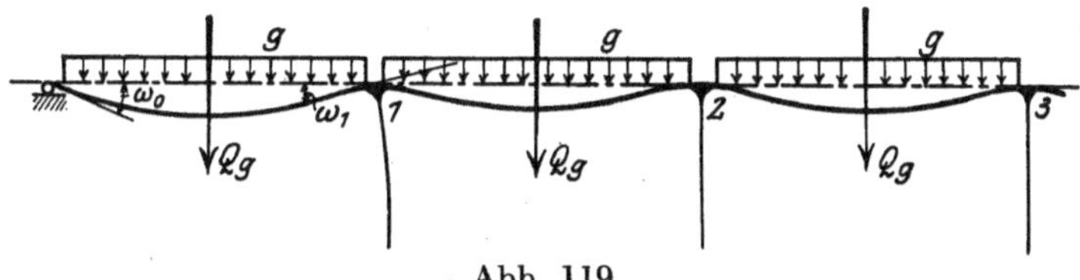

Abb. 119.

Da infolge der gleichzeitigen Belastung aller Felder ω_2 sehr klein im Vergleich zu ω_0 und ω_1 sein muß, so kann

$$\omega_2 = 0$$

gesetzt werden. Es ergibt sich dann

$$\omega_0 = -\frac{\beta}{\beta_0\,\beta - \alpha^2}\cdot Q_g\,\frac{(l + d_o)}{12\,N\,l_y},$$
$$\omega_1 = +\frac{\alpha}{\beta_0\,\beta - \alpha^2}\,Q_g\,\frac{(l + d_o)}{12\,N\,l_y},$$
$$X_0'' = 0\,,$$
$$X_1' = -Q_g\,\frac{(l + d_o)}{12} + N\,l_y(\omega_0\,\alpha + \beta_0\,\omega_1) = -Q_g\,\frac{(l + d_o)}{12}\cdot\frac{(\beta_0 + \alpha)(\beta - \alpha)}{\beta_0\,\beta - \alpha^2}$$

oder mit der Abkürzung

$$\frac{(\beta_0 + \alpha)(\beta - \alpha)}{\beta_0\beta - \alpha^2} = \nu_2:$$

$$X_1' = -Q_g\frac{(l + d_o)}{12}\,\nu_2\,. \qquad (166)$$

Die in ν_2 vorkommenden Beizahlen sind wie früher

$$l'\alpha \; = \frac{3 - \psi^2}{\psi^2}\,,$$

$$l'\beta_0 = \frac{3 + \psi^2}{\psi^2}\,,$$

$$l'\beta \; = 2\frac{(3 + \psi^2)}{\psi^2} + \frac{l'}{2H^o}\frac{EJ^o}{Nl_y} + \frac{l'}{2H^u}\cdot\frac{EJ^u}{Nl_y}\,.$$

Man kann sich von der Richtigkeit der Formel (166) leicht überzeugen, indem man sie beispielsweise auf den gewöhnlichen durchlaufenden Träger mit freibeweglichen Stützen anwendet. Für

$$d_o = 0\,, \qquad \psi = 1\,, \qquad J^o = J^u = 0$$

erhält man in der Tat

$$\nu_2 = \tfrac{9}{7}\,,$$

$$X_1' = -Q_g\frac{l}{12}\cdot\frac{9}{7} = -0{,}107\,14\,Q_g\,l\,,$$

einen Wert, der sich von den genauen Werten

$$X_1' = -0{,}107\,14\,Q_g\,l \quad \text{für den vierfeldrigen und}$$
$$X_1' = -0{,}105\,27\,Q_g\,l \quad \text{für den fünffeldrigen}$$

Balken so gut wie nicht unterscheidet.

Um nunmehr auch den Einfluß der ungünstigsten Laststellung zu

Abb. 119a.

berücksichtigen, verwende ich für die in Abb. 119a angegebene Lastanordnung die Elastizitätsgleichungen

$$\omega_0\beta_0 + \omega_1\alpha = -Q_p\frac{(l + d_o)}{12\,Nl_y}\,,$$

$$\omega_0\alpha + \omega_1\beta + \omega_2\alpha = +Q_p\frac{(l + d_o)}{12\,Nl_y}\,.$$

Ihre Auflösung liefert

$$\omega_0 = -\frac{\beta + \alpha}{\beta_0\,\beta - \alpha^2} \cdot \frac{Q_p(l + d_o)}{12\,N\,l_y} + \alpha\,\omega_2 \cdot \frac{\alpha}{\beta_0\,\beta - \alpha^2}\,,$$

$$\omega_1 = \frac{\beta_0 + \alpha}{\beta_0\,\beta - \alpha^2}\,\frac{Q_p(l + d_o)}{12\,N\,l_y} - \alpha\,\omega_2\,\frac{\beta_0}{\beta_0\,\beta - \alpha^2}\,.$$

Das zugehörige Stützenmoment ist

$$X_1' = -Q_p\,\frac{(l + d_o)}{12} \cdot \frac{(\beta_0 + \alpha)(\beta - \beta_0)}{\beta_0\,\beta - \alpha^2} + \alpha\,\omega_2 \cdot N\,l_y\,\frac{(\alpha^2 - \beta_0^2)}{\beta_0\,\beta - \alpha^2}\,.$$

In diesem Ausdruck kann für ω_2 der vorhin für das Mittelfeld abgeleitete Wert

$$\omega_{m-1} = -\omega_m = -\frac{Q_p(l + d_o)}{12\,N\,l_y}\,\frac{1}{\beta - 2\,\alpha} = \omega_2$$

eingeführt werden.

Es ergibt sich sodann

$$\left.\begin{array}{l} X_1' = -Q_p\,\dfrac{(l + d_o)}{12}\,\nu_3\,, \\[2em] \nu_3 = \dfrac{\beta_0 + \alpha}{\beta_0\,\beta - \alpha^2}\left[(\beta - \beta_o) - \dfrac{\alpha\,(\beta_0 - \alpha)}{\beta - 2\,\alpha}\right]. \end{array}\right\} \qquad (167)$$

wobei

Hat man X_1' errechnet, so kann man aus der Gleichung

$$x = \frac{X_1'}{q\,l}$$

die Stelle im Endfeld bestimmen, in welcher das größte positive Biegungsmoment entsteht.

Wendet man diese Formel auf den gewöhnlichen durchlaufenden Balken mit freibeweglichen Stützen an, so erhält man

$$X_1' = -\tfrac{3}{56}\,Q_p\,l = -0{,}05357\,Q_p\,l\,,$$

während die genaue Berechnung für den fünffeldrigen Träger

$$X_1' = -\tfrac{1}{19}\,Q_p\,l = -0{,}05263\,Q_p\,l$$

liefert.

Die Abweichung ist so gering, daß man die für den stellvertretenden Rahmen mit unendlich vielen Feldern abgeleiteten Formeln sehr gut auch für die Querschnittsbemessung von Trägern mit beschränkter Felderanzahl benutzen kann.

Mit Hilfe der Gleichungen (163), (165), (166) und (167) habe ich für die meistens in Betracht kommenden Werte

$$\frac{d_o}{l} = 0{,}2 \quad \text{und} \quad \frac{d_o}{l} = 0{,}3$$

unter Zugrundelegung eines durchschnittlichen Steifigkeitsverhältnisses

$$\varphi = \frac{l'}{H^o}\,\frac{EJ^o}{Nl_y} + \frac{l'}{H^u}\,\frac{EJ^u}{Nl_y} = 2,0$$

für Decken mit schlanken und

$$\varphi = \frac{l'}{H_o}\,\frac{EJ^o}{Nl_y} + \frac{l'}{H^u}\cdot\frac{EJ^u}{Nl_y} = 4,0$$

für Decken mit kräftigen Stützen die größten Biegungsmomente in den End- und Mittelfeldern errechnet und ihre Werte in Tafel 27 zusammengestellt.

Tafel 27.

Die Näherungsformeln für die Biegungsmomente der trägerlosen Decken.

Auflagerbreite	Steifigkeitsverhältnis	Endfeld	Mittelfeld
$\dfrac{d_o}{l} = 0,2$ $\psi = 0,9$	$\varphi = 2$	$X_1' = -0,131\,55\,g\,l_x^2 l_y$ $\mathfrak{M}_{x\,\mathrm{max}} = (0,074\,338\,g + 0,095\,456\,p)\,l_x^2 l_y$	$\mathfrak{M}_{x\,\mathrm{max}} = (0,036\,g + 0,0744\,p)\,l_x^2 l_y$ $\mathfrak{M}_{x\,\mathrm{min}} = (0,036\,g - 0,0384\,p)\,l_x^2 l_y$
	$\varphi = 4$	$X_1' = -0,133\,542\,g\,l_x^2 l_y$ $\mathfrak{M}_{x\,\mathrm{max}} = (0,073\,588\,g + 0,091\,201\,p)\,l_x^2 l_y$	$\mathfrak{M}_{x\,\mathrm{max}} = (0,036\,g + 0,068\,p)\,l_x^2 l_y$ $\mathfrak{M}_{x\,\mathrm{min}} = (0,036\,g - 0,032\,p)\,l_x^2 l_y$
$\dfrac{d_o}{l} = 0,3$ $\psi = 0,85$	$\varphi = 2$	$X_1' = -0,138\,16\,g\,l_x^2 l_y$ $\mathfrak{M}_{x\,\mathrm{max}} = (0,070\,648\,g + 0,092\,574\,p)\,l_x^2 l_y$	$\mathfrak{M}_{x\,\mathrm{max}} = (0,032\,229\,g + 0,071\,662\,p)\,l_x^2 l_y$ $\mathfrak{M}_{x\,\mathrm{min}} = (0,032\,229\,g - 0,039\,433\,p)\,l_x^2 l_y$
	$\varphi = 4$	$X_1' = -0,140\,159\,g\,l_x^2 l_y$ $\mathfrak{M}_{x\,\mathrm{max}} = (0,069\,907\,g + 0,088\,170\,p)\,l_x^2 l_y$	$\mathfrak{M}_{x\,\mathrm{max}} = (0,032\,229\,g + 0,065\,09\,p)\,l_x^2 l_y$ $\mathfrak{M}_{x\,\mathrm{min}} = (0,032\,229\,g - 0,032\,86\,p)\,l_x^2 l_y$

Der Vergleich zwischen den Ergebnissen der verschiedenen Untersuchungen läßt von neuem den vorteilhaften Einfluß einer erheblichen Widerstandsfähigkeit der Stützen und einer weiten Ausladung des Säulenkopfes erkennen.

Um diese günstige Wirkung durch eine tunlichste Vergrößerung der Grundfläche zu erzielen, ist es notwendig, nicht allein den eigentlichen Stützenschaft zu verbreitern, sondern auch die Decke selbst beim Anschluß an die Säule zu verstärken oder eine Grundplatte unter der Decke anzuordnen. Die in den amerikanischen Ausführungen üblichen Abmessungen der Grundplatte und des Stützkopfes sind in Abb. 120 angegeben. Diese Ausgestaltung der Pilzdecke bietet den Vorteil der einfachen Einschalung und des geringsten Baustoffbedarfes. Sie ist jedoch für die Tragfähigkeit insofern nicht besonders günstig, als ein allmählicher Übergang der Spannungen aus der Platte in die Säule bei einseitiger Belastung kaum gewährleistet wird und weil die Erweiterung der Stützen nicht tief genug unter der Decke beginnt, um die erheblichen Biegungsmomente, welche im oberen Drittel der Säule entstehen, mit ausreichender Sicherheit aufnehmen zu können.

Um diesen Nachteil zu vermeiden, empfiehlt es sich, vor allem bei schlanken Stützen, den Ansatz für die pilzartige Erweiterung tiefer zu legen und die Verbreiterung des Säulenkopfes unmittelbar an die Verstärkung der Decke anzuschließen. Die Abb. 120a zeigt ein

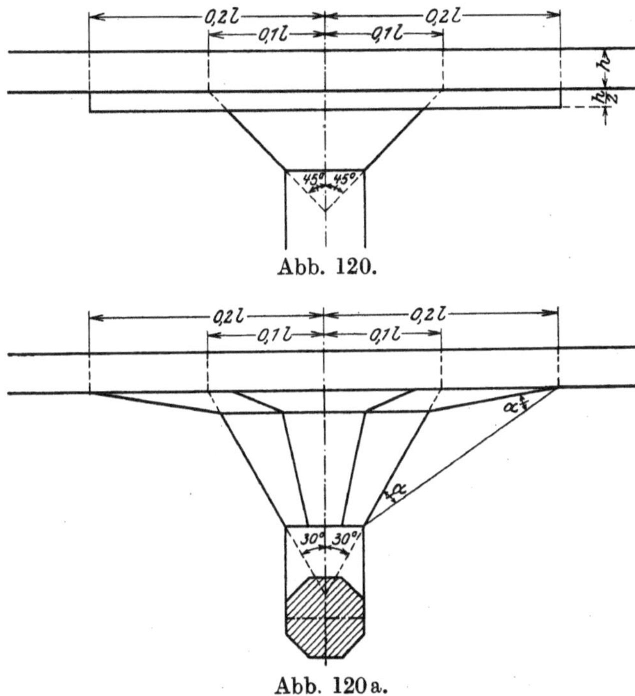

Abb. 120.

Abb. 120a.

Beispiel für diese Anordnung. Die Grundmaße sind aus den Ausführungen der Huta-Aktiengesellschaft entnommen.

Die starre Grundfläche des Stützenkopfes wird durch diese Deckenverstärkung merklich erweitert, und es ist daher zulässig, ihre Seitenlänge mit dem Maße $d_o = 0,3\,l$ in Rechnung zu stellen. Hierdurch wird eine erhebliche Abminderung der wirksamen Belastung und der freien Spannweite erzielt. Auch hinsichtlich der Raumwirkung ist diese Lösung als besonders günstig zu bezeichnen.

XII. Die mathematischen Aufgaben der Gewebetheorie.

Die Gleichgewichtsbedingungen des orthogonalen Gewebes sind durch fünfgliedrige lineare Gleichungen ausgedrückt, die sich durch fortschreitende Elimination der Unbekannten verhältnismäßig rasch lösen lassen, wenn der Umfang der Platte beschränkt und die Anzahl der

Knotenpunkte nicht allzu groß ist. Die Ausnützung der Symmetriebedingungen gestattet dann das Gleichungssystem in Gruppen zu zerlegen, die nur noch ein Viertel der ursprünglichen Anzahl der Unbekannten enthalten und sich daher rechnerisch ohne erhebliche Schwierigkeiten bewältigen lassen. Die für die Zerlegung der Belastung, die Verteilung der Unbekannten und die Auflösung der Gleichungen in Betracht kommenden Gesetzmäßigkeiten sind bereits im Abschnitt III erörtert und in allen behandelten Aufgaben ausgenützt worden.

Bei engmaschigen Geweben und bei Platten, die sich über mehrere Felder erstrecken, ist die Auflösung der Gleichungen mit Hilfe der bisher üblichen Verfahren weniger einfach. Die rechnerische Arbeit nimmt bei der großen Anzahl von Knotenpunkten einen derartigen Umfang an, daß es außerordentlich schwer und mühsam ist, den Wert der Unbekannten mit ausreichender Schärfe zu bestimmen.

Um diese Schwierigkeiten zu überwinden, liegt es nahe, eine allgemeine Lösung zu suchen, in welcher ohne Rücksicht auf die Anzahl der Unbekannten der gesetzmäßige, einfache Aufbau der Gewebegleichungen in Erscheinung tritt. Eine derartige Lösung würde sich unmittelbar aufschreiben lassen, wenn nicht partielle, sondern totale Differenzengleichungen in Frage kommen würden. Es muß daher untersucht werden, ob es nicht möglich ist, die Gewebegleichungen in totale Differenzengleichungen umzuwandeln.

Bei der Berechnung der trägerlosen Decken, die in einer Richtung unendlich ausgedehnt sind, habe ich bereits gezeigt, wie die ursprünglichen partiellen Differenzengleichungen durch mehrere voneinander unabhängige Gruppen totaler Differenzengleichungen ersetzt werden können.

Die nachfolgenden Betrachtungen werden beweisen, daß diese Umwandlung der Differenzengleichungen bei jeder Art von Belastung und Auflagerung durchgeführt werden kann und daß sie die Möglichkeit bietet, die Gewebegleichungen rechnerisch wie auch zeichnerisch ebenso rasch als genau zu lösen.

§ 35. Die Umwandlung der partiellen Differenzengleichungen.

Ich greife aus dem Gewebe ein Geviert mit $(r + 1)$ lotrechten und $(q + 1)$ wagerechten Drähten und bezeichne mit (m, n) den Knotenpunkt, in dem sich der m^{te} wagerechte und der n^{te} lotrechte Draht kreuzen (Abb. 121). Die Gleichgewichtsgleichung dieses Knotenpunktes mit der Belastung $p_{m,n}$ lautet:

$$4\,w_{m,n} - [w_{m,n-1} + w_{m,n+1} + w_{m-1,n} + w_{m+1,n}] = \frac{\lambda^2}{S_1}\,p_{m,n}$$

oder, wenn zur Abkürzung

$$\frac{\lambda^2}{S_1}\,p_{m,n} = \pi_{m,n}$$

geschrieben wird:

$$4\,w_{m,n} - [w_{m,n-1} + w_{m,n+1}] = \pi_{m,n} + [w_{m-1,n} + w_{m+1,n}]\,.$$

Ich setze voraus, daß bei der Verteilung der Belastung die Symmetriebedingungen bereits berücksichtigt
worden sind und daß die inneren
Ränder $X-X$, $Y-Y$ des Gevierts
mit den Symmetrieachsen zusammenfallen. Die Ordinaten w der äußeren
Ränder mögen ferner bekannt sein.

Handelt es sich beispielsweise um
den statisch bestimmten Grundfall
mit den Randwerten

$$w_{o,1} = w_{o,2} = w_{o,3} = \ldots = w_{o,r} = 0\,,$$
$$w_{1,o} = w_{2,o} = w_{3,o} = \ldots = w_{q,o} = 0\,,$$

so gilt für die m^{te} Zeile die Gleichungsgruppe:

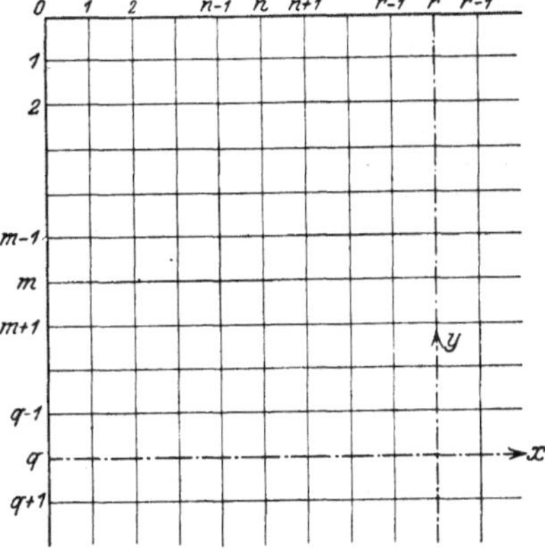

Abb. 121.

$$\left.\begin{aligned}
4\,w_{m,1} - w_{m,2} &= \pi_{m,1} + w_{m-1,1} + w_{m+1,1}\,, \\
-\,w_{m,1} + 4\,w_{m,2} - w_{m,3} &= \pi_{m,2} + w_{m-1,2} + w_{m+1,2}\,, \\
-\,w_{m,2} + 4\,w_{m,3} - w_{m,4} &= \pi_{m,3} + w_{m-1,3} + w_{m+1,3} \\
\cdots\cdots\cdots\cdots\cdots\cdots\cdots & \cdots\cdots\cdots\cdots\cdots\cdots\cdots \\
-\,w_{m,n-1} + 4\,w_{m,n} - w_{m,n+1} &= \pi_{m,n} + w_{m-1,n} + w_{m+1,n} \\
\cdots\cdots\cdots\cdots\cdots\cdots\cdots & \cdots\cdots\cdots\cdots\cdots\cdots\cdots \\
-2\,w_{m,r-1} + 4\,w_{m,r} &= \pi_{m,r} + w_{m-1,r} + w_{m+1,r}\,.
\end{aligned}\right\} \quad (A)$$

Ich multipliziere der Reihe nach die erste Gleichung mit α_1, die
zweite mit α_2, die dritte mit $\alpha_3 \ldots$, die n^{te} mit $\alpha_n \ldots$ usf., die letzte
jedoch mit $\frac{1}{2}\alpha_r$, fasse sodann alle Gleichungen zusammen und erhalte:

$$\left.\begin{aligned}
&(4\alpha_1 - \alpha_2)\,w_{m,1} \\
+&\,(4\alpha_2 - \alpha_1 - \alpha_3)\,w_{m,2} \\
+&\,(4\alpha_3 - \alpha_2 - \alpha_4)\,w_{m,3} \\
\cdots&\cdots\cdots\cdots\cdots\cdots\cdots \\
+&\,(4\alpha_n - \alpha_{n-1} - \alpha_{n+1})\,w_{m,n} \\
\cdots&\cdots\cdots\cdots\cdots\cdots\cdots \\
+&\,(4\alpha_{r-1} - \alpha_{r-2} - \alpha_r)\,w_{m,r-1} \\
+&\,(2\alpha_r - \alpha_{r-1})\,w_{m,r}
\end{aligned}\right\}
=
\left\{\begin{aligned}
&[\alpha_1\pi_{m,1} + \alpha_2\pi_{m,2} + \alpha_3\pi_{m,3} + \cdots \\
&+ \alpha_n\pi_{m,n} + \cdots + \alpha_{r-1}\pi_{m,r-1} \\
&+ \tfrac{1}{2}\alpha_r\pi_{m,r}] \\
&+ [\alpha_1 w_{m-1,1} + \alpha_2 w_{m-1,2} + \alpha_3 w_{m-1,3} \\
&+ \cdots + \alpha_n w_{m-1,n} + \cdots \\
&+ \alpha_{r-1} w_{m-1,r-1} + \tfrac{1}{2}\alpha_r w_{m-1,r}] \\
&+ [\alpha_1 w_{m+1,1} + \alpha_2 w_{m+1,2} + \alpha_3 w_{m+1,3} \\
&+ \cdots + \alpha_n w_{m+1,n} + \cdots \\
&+ \alpha_{r-1} w_{m+1,r-1} + \tfrac{1}{2}\alpha_r w_{m+1,r}]\,.
\end{aligned}\right\} \quad (B)$$

Unter α sind vorläufig willkürlich gewählte Konstanten zu verstehen. Ich setze nunmehr

$$\alpha_1\,\pi_{m,1} + \alpha_2\,\pi_{m,2} + \alpha_3\,\pi_{m,3} + \ldots + \alpha_n\,\pi_{m,n} + \ldots$$
$$+ \alpha_{r-1}\,\pi_{m,r-1} + \tfrac{1}{2}\,\alpha_r\,\pi_{m,r} = \Pi_m\,,$$
$$\alpha_1\,w_{m,1} + \alpha_2\,w_{m,2} + \alpha_3\,w_{m,3} + \ldots + \alpha_n\,w_{m,n} + \ldots$$
$$+ \alpha_{r-1}\,w_{m,r-1} + \tfrac{1}{2}\,\alpha_r\,w_{m,r} = U_m$$

und schreibe zur Bestimmung der Konstanten α die Bedingungen

$$\left.\begin{aligned}
\frac{4\,\alpha_1 - \alpha_2}{\alpha_1} &= \frac{4\,\alpha_2 - \alpha_1 - \alpha_3}{\alpha_2} = \frac{4\,\alpha_3 - \alpha_2 - \alpha_4}{\alpha_3} = \ldots \\
&= \frac{4\,\alpha_n - \alpha_{n-1} - \alpha_{n+1}}{\alpha_n} = \ldots = \frac{4\,\alpha_{r-1} - \alpha_{r-2} - \alpha_r}{\alpha_{r-1}} \\
&= \frac{2\,\alpha_r - \alpha_{r-1}}{\tfrac{1}{2}\,\alpha_r} = \mu
\end{aligned}\right\} \quad \text{(C)}$$

vor. Hierbei stellt μ eine vorerst unbestimmte Größe dar.

Sind diese Bedingungen erfüllt, so geht die Gleichung (B) in die übersichtliche Beziehung

$$-U_{m-1} + \mu\,U_m - U_{m+1} = \Pi_m \qquad\qquad\text{(D)}$$

über.

Hiermit ist eine einfache **totale** Differenzengleichung gewonnen. Sie zeigt dieselbe rekursive Form wie die Dreimomentengleichung des durchlaufenden Balkens und eine ähnliche Gliederung wie die Differenzengleichung des Seileckes. Die zugehörige Gleichungsgruppe umfaßt im ganzen q Unbekannten U, die sich, wie groß auch die Zahl q sein mag, in sehr einfacher Weise bestimmen lassen.

Die Auflösung der neuen Differenzengleichung ist allerdings erst dann möglich, wenn die Beizahl μ bereits bekannt ist. Die letztere tritt mit den r Werten α_n in den r Gleichungen der Gruppe (C) auf; da diese Gleichungen nicht ausreichen, um zugleich mit μ alle Werte α_n zu ermitteln, so darf eine der Beizahlen α, beispielsweise α_1 oder α_r, willkürlich gewählt werden; dann lassen sich μ und die übrigen $(r-1)$ Größen α zwangläufig bestimmen.

Es muß hierbei beachtet werden, daß diese Größen α selbst algebraische Funktionen von μ sind und daß sich r im allgemeinen voneinander verschiedene Werte μ finden lassen, welche die Bedingungen der Gruppe C erfüllen. Bezeichnet man die Wurzeln der fraglichen Gleichungen der Reihe nach mit μ_1, μ_2, $\mu_3 \ldots \mu_r$, so entsprechen jedem Wert μ_i eine Gruppe von r Beizahlen α_{ni} und demgemäß eine bestimmte Funktion U_{mi} und eine bestimmte Belastung Π_{mi}.

Werden die zugehörigen Werte zusammengeordnet, so ergeben sich schließlich die folgenden Gleichungssysteme:

$$\left.\begin{aligned}
&\alpha_{1,1}\,\pi_{m,1} + \alpha_{2,1}\,\pi_{m,2} + \alpha_{3,1}\,\pi_{m,3} + \cdots + \alpha_{n,1}\,\pi_{m,n} + \cdots \\
&\qquad + \alpha_{r-1,1}\,\pi_{m,r-1} + \tfrac{1}{2}\alpha_{r,1}\,\pi_{m,r} = \Pi_{m,1}, \\
&\alpha_{1,2}\,\pi_{m,1} + \alpha_{2,2}\,\pi_{m,2} + \alpha_{3,2}\,\pi_{m,3} + \cdots + \alpha_{n,2}\,\pi_{m,n} + \cdots \\
&\qquad + \alpha_{r-1,2}\,\pi_{m,r-1} + \tfrac{1}{2}\alpha_{r,2}\,\pi_{m,r} = \Pi_{m,2}, \\
&\alpha_{1,3}\,\pi_{m,1} + \alpha_{2,3}\,\pi_{m,2} + \alpha_{3,3}\,\pi_{m,3} + \cdots + \alpha_{n,3}\,\pi_{m,n} + \cdots \\
&\qquad + \alpha_{r-1,3}\,\pi_{m,r-1} + \tfrac{1}{2}\alpha_{r,3}\,\pi_{m,r} = \Pi_{m,3}, \\
&\cdots\cdots\cdots\cdots\cdots\cdots\cdots\cdots\cdots\cdots\cdots\cdots\cdots \\
&\alpha_{1,r}\,\pi_{m,1} + \alpha_{2,r}\,\pi_{m,r} + \alpha_{3,r}\,\pi_{m,r} + \cdots + \alpha_{n,r}\,\pi_{m,n} + \cdots \\
&\qquad + \alpha_{r-1,r}\,\pi_{m,r-1} + \tfrac{1}{2}\alpha_{r,r}\,\pi_{m,r} = \Pi_{m,r}.
\end{aligned}\right\} \quad \text{(E)}$$

$$\left.\begin{aligned}
&\alpha_{1,1}\,w_{m,1} + \alpha_{2,1}\,w_{m,2} + \alpha_{3,1}\,w_{m,3} + \cdots + \alpha_{n,1}\,w_{m,n} + \cdots \\
&\qquad + \alpha_{r-1,1}\,w_{m,r-1} + \tfrac{1}{2}\alpha_{r,1}\,w_{m,r} = U_{m,1}, \\
&\alpha_{1,2}\,w_{m,1} + \alpha_{2,2}\,w_{m,2} + \alpha_{3,2}\,w_{m,3} + \cdots + \alpha_{n,2}\,w_{m,n} + \cdots \\
&\qquad + \alpha_{r-1,2}\,w_{m,r-1} + \tfrac{1}{2}\alpha_{r,2}\,w_{m,r} = U_{m,2}, \\
&\alpha_{1,3}\,w_{m,1} + \alpha_{2,3}\,w_{m,2} + \alpha_{3,3}\,w_{m,3} + \cdots + \alpha_{n,3}\,w_{m,n} + \cdots \\
&\qquad + \alpha_{r-1,3}\,w_{m,r-1} + \tfrac{1}{2}\alpha_{r,3}\,w_{m,r} = U_{m,3}, \\
&\cdots\cdots\cdots\cdots\cdots\cdots\cdots\cdots\cdots\cdots\cdots\cdots\cdots \\
&\alpha_{1,r}\,w_{m,1} + \alpha_{2,r}\,w_{m,2} + \alpha_{3,r}\,w_{m,3} + \cdots + \alpha_{n,r}\,w_{m,n} + \cdots \\
&\qquad + \alpha_{r-1,r}\,w_{m,r-1} + \tfrac{1}{2}\alpha_{r,r}\,w_{m,r} = U_{m,r}.
\end{aligned}\right\} \quad \text{(F)}$$

$$\left.\begin{aligned}
&-U_{m-1,1} + \mu_1 U_{m,1} - U_{m+1,1} = \Pi_{m,1}, \\
&-U_{m-1,2} + \mu_2 U_{m,2} - U_{m+1,2} = \Pi_{m,2}, \\
&-U_{m-1,3} + \mu_3 U_{m,3} - U_{m+1,3} = \Pi_{m,3}, \\
&\cdots\cdots\cdots\cdots\cdots\cdots\cdots\cdots\cdots\cdots \\
&-U_{m-1,r} + \mu_r U_{m,r} - U_{m+1,r} = \Pi_{m,r}.
\end{aligned}\right\} \quad \text{(G)}$$

Es treten also im ganzen an Stelle der $q \cdot r$ voneinander abhängigen
partiellen Differenzengleichungen r Gruppen voneinander unabhängiger
totaler Differenzengleichungen mit je q Unbekannten U auf. Hat man
aus den letzteren die Größen U ermittelt, so kann man aus den Gleichungsgruppen F die einzelnen Werte $w_{m,n}$ errechnen.

Zuvor müssen jedoch die r Werte μ und die r^2 Beizahlen α ermittelt
werden. Die folgenden Entwicklungen werden zeigen, daß auch diese
Aufgabe nicht schwer zu lösen ist.

Die Bedingungsgleichungen (C) liefern nämlich nach einer einfachen
Umwandlung die Beziehungen

$$\frac{\alpha_2}{\alpha_1} = \frac{\alpha_3 + \alpha_1}{\alpha_2} = \frac{\alpha_4 + \alpha_2}{\alpha_3} = \cdots = \frac{\alpha_{n+1} + \alpha_{n-1}}{\alpha_n} = \cdots$$

$$= \frac{\alpha_r + \alpha_{r-2}}{\alpha_{r-1}} = \frac{2\,\alpha_{r-1}}{\alpha_r} = 4 - \mu,$$

oder auch wenn

$$4 - \mu = \varepsilon$$

gesetzt wird:

$$\alpha_{n+1} - \varepsilon\alpha_n + \alpha_{n-1} = 0.$$

Die Lösung dieser neuen Differenzengleichung läßt sich in der Form

$$\alpha_n = C_1\varrho_1^n + C_2\varrho_2^n$$

darstellen. Hierbei sind

$$\varrho_1 = \frac{\varepsilon}{2} + \sqrt[2]{\frac{\varepsilon^2}{4} - 1},$$

$$\varrho_2 = \frac{\varepsilon}{2} - \sqrt[2]{\frac{\varepsilon^2}{4} - 1}$$

die Wurzeln der Gleichung

$$\varrho^2 - \varepsilon\varrho + 1 = 0,$$

während C_1 und C_2 die beiden Integrationskonstanten sind.

Führt man die Werte

$$\alpha_1 = C_1\varrho_1 + C_2\varrho_2, \qquad \alpha_2 = C_1\varrho_1^2 + C_2\varrho_2^2,$$
$$\alpha_r = C_1\varrho_1^r + C_2\varrho_2^r, \qquad \alpha_{r-1} = C_1\varrho_1^{r-1} + C_2\varrho_2^{r-1}$$

in die Bedingungsgleichungen

$$\alpha_2 = \alpha_1\varepsilon, \qquad 2\alpha_{r-1} = \alpha_r\varepsilon$$

ein, so ergibt sich:

$$C_1\varrho_1^2 + C_2\varrho_2^2 = \varepsilon(C_1\varrho_1 + C_2\varrho_2),$$
$$2C_1\varrho_1^{r-1} + 2C_2\varrho_2^{r-1} = \varepsilon(C_1\varrho_1^r + C_2\varrho_2^r),$$

und weiterhin:

$$C_1\varrho_1(\varrho_1 - \varepsilon) + C_2\varrho_2(\varrho_2 - \varepsilon) = 0,$$
$$C_1\varrho_1^{r-1}(2 - \varepsilon\varrho_1) + C_2\varrho_2^{r-1}(2 - \varepsilon\varrho_2) = 0.$$

Diese Gleichungen sind nur dann miteinander verträglich, wenn die Bedingung

$$\frac{\varrho_1^{r-1}(2 - \varepsilon\varrho_1)}{\varrho_1(\varrho_1 - \varepsilon)} = \frac{\varrho_2^{r-1}(2 - \varepsilon\varrho_2)}{\varrho_2(\varrho_2 - \varepsilon)}$$

erfüllt ist. Es muß also

$$2\varrho_1\varrho_2(\varrho_1^{r-3} - \varrho_2^{r-3}) - \varepsilon(\varrho_1^{r-2} - \varrho_2^{r-2})(2 + \varrho_1\varrho_2) + \varepsilon^2(\varrho_1^{r-1} - \varrho_2^{r-1}) = 0$$

sein. Da $\varrho_1\varrho_2 = 1$ ist, so erhält man auch

$$2(\varrho_1^{r-3} - \varrho_2^{r-3}) - 3\varepsilon(\varrho_1^{r-2} - \varrho_2^{r-2}) + \varepsilon^2(\varrho_1^{r-1} - \varrho_2^{r-1}) = 0.$$

Ersetzt man in dieser Gleichung die Größen ϱ durch die zugehörigen Funktionen von ε, so gewinnt man schließlich für ε eine algebraische Gleichung r^{ten} Grades, aus welcher r-Wurzeln ε und sodann r-Werte μ ermittelt werden können [1]).

---

[1]) Man kann auch für irgendeine Gruppe (k) die Beizahlen $\alpha_{n,k}$ in der Form

$$\alpha_{n,k} = \frac{\sin(n\lambda_k)}{\sin\lambda_k}$$

darstellen. Hierbei ist

$$\lambda_k = \frac{\pi}{2} \cdot \frac{(2k-1)}{r},$$

$$\varepsilon_k = 2 \cdot \cos\lambda_k.$$

Es ergibt sich beispielsweise für $r = 4$:

$$2(\varrho_1 - \varrho_2) - 3\,\varepsilon(\varrho_1^2 - \varrho_2^2) + \varepsilon^2(\varrho_1^3 - \varrho_2^3) = 0\,,$$

oder
$$2 - 3\,\varepsilon(\varrho_1 + \varrho_2) + \varepsilon^2(\varrho_1^2 + \varrho_1\varrho_2 + \varrho_2^2) = 0\,.$$

Hierbei ist
$$\varrho_1 + \varrho_2 = \varepsilon\,, \qquad \varrho_1^2 + \varrho_1\varrho_2 + \varrho_2^2 = \varepsilon^2 - 1\,.$$

Es ist daher auch

$$2 - 3\,\varepsilon^2 + \varepsilon^2(\varepsilon^2 - 1) = \varepsilon^4 - 4\,\varepsilon^2 + 2 = 0\,.$$

Die vier Wurzeln dieser Gleichung sind

$$\varepsilon_1 = -\varepsilon_3 = \sqrt[2]{2 + \sqrt[2]{2}} = 1{,}848\,64\,,$$

$$\varepsilon_2 = -\varepsilon_4 = \sqrt[2]{2 - \sqrt[2]{2}} = 0{,}763\,24\,.$$

Es sind ihnen die Beizahlen

$$\mu_1 = 4 - \varepsilon_1 = 2{,}151\,36\,,$$
$$\mu_2 = 4 - \varepsilon_2 = 3{,}236\,76\,,$$
$$\mu_3 = 4 - \varepsilon_3 = 5{,}848\,64\,,$$
$$\mu_4 = 4 - \varepsilon_4 = 4{,}763\,24$$

zugeordnet.

Als zweites Beispiel sei $r = 5$ gewählt. Die Hauptgleichung lautet jetzt
$$2(\varrho_1^2 - \varrho_2^2) - 3\,\varepsilon(\varrho_1^3 - \varrho_2^3) + \varepsilon^2(\varrho_1^4 - \varrho_2^4) = 0\,,$$

oder in anderer Form

$$2(\varrho_1 + \varrho_2) - 3\,\varepsilon(\varrho_1^2 + \varrho_1\varrho_2 + \varrho_2^2) + \varepsilon^2(\varrho_1 + \varrho_2)(\varrho_1^2 + \varrho_2^2) = 0\,.$$

Hieraus folgt
$$2\,\varepsilon - 3\,\varepsilon(\varepsilon^2 - 1) + \varepsilon^3(\varepsilon^2 - 2) = 0\,.$$

Diese Gleichung wird durch die Größen

$$\varepsilon_1 = -\varepsilon_3 = \sqrt[2]{\tfrac{5}{2}\big(1 + \sqrt[2]{\tfrac{1}{5}}\big)} = 1{,}902\,11\,,$$

$$\varepsilon_2 = -\varepsilon_4 = \sqrt[2]{\tfrac{5}{2}\big(1 - \sqrt[2]{\tfrac{1}{5}}\big)} = 1{,}175\,56\,,$$

$$\varepsilon_5 = 0$$

befriedigt. Die entsprechenden Beizahlen sind

$$\mu_1 = 2{,}197\,89\,,$$
$$\mu_2 = 2{,}824\,44\,,$$
$$\mu_3 = 5{,}902\,11\,,$$
$$\mu_4 = 5{,}175\,56\,,$$
$$\mu_5 = 4{,}0\,.$$

Nimmt man der Reihe nach $k = 1$, $k = 2$, $k = 3 \ldots$, $k = r$, so erhält man die r-verschiedenen Werte λ_k und ε_k. Der allgemeine Ausdruck für die r-Gleichungen (G) lautet sodann:

$$-U_{m-1,\,k} + 2\,U_{m,\,k}(2 - \cos\lambda_k) - U_{m+1,\,k} = \Pi_{m,\,k}$$
$$= \frac{1}{\sin\lambda_k}\{\pi_{m,\,1}\cdot\sin 1\,\lambda_k + \pi_{m,\,2}\cdot\sin 2\,\lambda_k + \pi_{m,\,3}\cdot\sin 3\,\lambda_k + \ldots + \pi_{m,\,r-1}\sin(r-1)\lambda_k$$
$$+ \tfrac{1}{2}\cdot\pi_{m,\,r}\cdot\sin r\,\lambda_k\}\,.$$

Sind für alle Gruppen der m^{ten} Zeile die Größen $U_{m,\,i}$ ermittelt, so liefert die Auflösung des Gleichungssystemes (F) die gesuchten Werte

$$w_{m,\,n} = \frac{2}{r}\sum_{i=1}^{i=r} U_{m,\,i}\,\sin(\lambda_i)\,\sin(n\,\lambda_i)\,.$$

Für $\varepsilon = 0$, $\mu = 4$ erhält man aus der Gleichungsgruppe (C) die besonders einfache Lösung

$$\alpha_1 = -\alpha_3 = \alpha_5 = -\alpha_7 = \ldots = \alpha_r(-1)^{\frac{r-1}{2}} = 1,$$
$$\alpha_2 = \alpha_4 = \alpha_6 = \ldots = \alpha_{r-1} = 0.$$

In den übrigen Fällen, wenn also $\varepsilon \lessgtr 0$ und $\mu \gtrless 4$ ist, braucht man nur zwei aufeinanderfolgende Werte α_{n-1}, α_n zu kennen, um mit Hilfe der Rekursionsformel

$$\alpha_{n+1} = \varepsilon\,\alpha_n - \alpha_{n-1}$$

den nächsten Wert α_{n+1} ermitteln zu können. Wählt man beispielsweise $\alpha_1 = +1$, so liefert die Bedingung $\dfrac{\alpha_2}{\alpha_1} = \varepsilon$, die Größe $\alpha_2 = \varepsilon$. Es ist andererseits

$$\alpha_1 = C_1\,\varrho_1 + C_2\,\varrho_2 = +1,$$
$$\alpha_2 = C_1\,\varrho_1^2 + C_2\,\varrho_2^2 = +\varepsilon.$$

Hieraus folgt

$$C_1 = \frac{\varrho_2(\varrho_2 - \varepsilon)}{\varrho_1\,\varrho_2(\varrho_2 - \varrho_1)} = \frac{1}{\varrho_1 - \varrho_2},$$

$$C_2 = \frac{\varrho_1(\varrho_1 - \varepsilon)}{\varrho_1\,\varrho_2(\varrho_1 - \varrho_2)} = \frac{1}{\varrho_2 - \varrho_1},$$

$$\alpha_n = C_1\,\varrho_1^n + C_2\,\varrho_2^n = \frac{\varrho_1^n - \varrho_2^n}{\varrho_1 - \varrho_2}.$$

Die Anwendung dieser Formel liefert der Reihe nach

$$\alpha_1 = +1,$$
$$\alpha_2 = \varrho_1 + \varrho_2 = +\varepsilon,$$
$$\alpha_3 = (\varrho_1^2 + \varrho_1\varrho_2 + \varrho_2^2) = \varepsilon^2 - 1,$$
$$\alpha_4 = (\varrho_1^3 + \varrho_2^3) + \varrho_1\varrho_2(\varrho_1 + \varrho_2) = (\varrho_1 + \varrho_2)(\varrho_1^2 + \varrho_2^2 + 1 - \varrho_1\varrho_2) = \varepsilon(\varepsilon^2 - 2).$$

$\cdots\cdots\cdots\cdots\cdots\cdots\cdots\cdots\cdots\cdots\cdots\cdots\cdots$

Aus diesen Gleichungen erkennt man, daß, obgleich ϱ_1 und ϱ_2 imaginäre Größen enthalten, die aus ihnen hervorgegangenen α vollständig reelle Zahlen sind, die sich in sehr einfacher Weise bestimmen lassen.

§ 36. Die rechnerische Auflösung der totalen Differenzengleichungen.

Sind die Beizahlen α und μ ermittelt, so kann nunmehr die Auflösung der Gleichungsgruppen (G) in Angriff genommen werden.

Um die Entwicklung der Rechnung besser zu veranschaulichen, will ich die Anwendung des Verfahrens an einem Zahlenbeispiel erläutern. Ich greife auf die vorhin für $r = 4$ ermittelten Werte

$$\varepsilon_1 = 1{,}84864, \qquad \varepsilon_2 = 0{,}76324, \qquad \varepsilon_3 = -1{,}84864, \qquad \varepsilon_4 = -0{,}76324,$$
$$\mu_1 = 2{,}15136, \qquad \mu_2 = 3{,}23676, \qquad \mu_3 = 5{,}84864, \qquad \mu_4 = 4{,}76324$$

zurück. Die zugehörigen α sind

$$\text{für}\quad \mu_1 = 2,15136: \quad \alpha_{1,1} = +1\,, \qquad \alpha_{2,1} = 1,84864\,,$$
$$\alpha_{3,1} = 2,41747\,, \qquad \alpha_{4,1} = 2,62039\,,$$
$$\text{für}\quad \mu_2 = 3,23676: \quad \alpha_{1,2} = +1\,, \qquad \alpha_{2,2} = 0,76324\,,$$
$$\alpha_{3,2} = -0,41747\,, \qquad \alpha_{4,2} = -1,08187\,,$$
$$\text{für}\quad \mu_3 = 5,84864: \quad \alpha_{1,3} = +1\,, \qquad \alpha_{2,3} = -1,84864\,,$$
$$\alpha_{3,3} = 2,41747\,, \qquad \alpha_{4,3} = -2,62039\,,$$
$$\text{für}\quad \mu_4 = 4,76324: \quad \alpha_{1,4} = +1\,, \qquad \alpha_{2,4} = -0,76324\,,$$
$$\alpha_{4,3} = -0,41747\,, \qquad \alpha_{4,4} = +1,08187\,.$$

Die vier totalen Differenzengleichungen zwischen den U-Werten lauten also:

$$-U_{m-1,1} + 2,15136\,U_{m,1} - U_{m+1,1} = \Pi_{m,1} = 1,0\,\pi_{m,1}$$
$$+ 1,84864\,\pi_{m,2} + 2,41747\,\pi_{m,3} + \tfrac{1}{2}\cdot 2,62039\,\pi_{m,4}\,,$$
$$-U_{m-1,2} + 3,23676\,U_{m,2} - U_{m+1,2} = \Pi_{m,2} = 1,0\,\pi_{m,1}$$
$$+ 0,76324\,\pi_{m,2} - 0,41747\,\pi_{m,3} - \tfrac{1}{2}\cdot 1,08187\,\pi_{m,4}\,,$$
$$-U_{m-1,3} + 5,84864\,U_{m,3} - U_{m+1,3} = \Pi_{m,3} = 1,0\,\pi_{m,1}$$
$$- 1,84864\,\pi_{m,2} + 2,41747\,\pi_{m,3} - \tfrac{1}{2}\cdot 2,62039\,\pi_{m,4}\,,$$
$$-U_{m-1,4} + 4,76324\,U_{m,4} - U_{m+1,4} = \Pi_{m,4} = 1,0\,\pi_{m,1}$$
$$- 0,76324\,\pi_{m,2} - 0,41747\,\pi_{m,3} + \tfrac{1}{2}\cdot 1,08187\,\pi_{m,4}\,.$$

Für das gesamte von den X- und Y-Achsen begrenzte Geviert (Abb. 121) erhält man, wenn die durch die Symmetrie bedingten Beziehungen

$$\Pi_{q-1,1} = \Pi_{q+1,1}\,, \qquad U_{q-1,1} = U_{q+1,1}\,,$$
$$\Pi_{q-1,2} = \Pi_{q+1,2}\,, \qquad U_{q-1,2} = U_{q+1,2}\,,$$
$$\Pi_{q-1,3} = \Pi_{q+1,3}\,, \qquad U_{q-1,3} = U_{q+1,3}\,,$$
$$\Pi_{q-1,4} = \Pi_{q+1,4}\,, \qquad U_{q-1,4} = U_{q+1,4}$$

berücksichtigt werden, die vier folgenden Gleichungsgruppen:

$$\left\{ \begin{aligned}
&\phantom{-U_{1,1}} + 2,15136\,U_{1,1} - U_{2,1} = \Pi_{1,1} \\
&- U_{1,1} + 2,15136\,U_{2,1} - U_{3,1} = \Pi_{2,1} \\
&- U_{2,1} + 2,15136\,U_{3,1} - U_{4,1} = \Pi_{3,1} \\
&\cdots\cdots\cdots\cdots\cdots\cdots\cdots\cdots \\
&- U_{q-2,1} + 2,15136\,U_{q-1,1} - U_{q,1} = \Pi_{q-1,1} \\
&-2\,U_{q-1,1} + 2,15136\,U_{q,1} \phantom{- U_{4,1}} = \Pi_{q,1}
\end{aligned} \right.$$

$$\left\{ \begin{aligned}
&\phantom{-U_{1,2}} + 3,23676\,U_{1,2} - U_{2,2} = \Pi_{1,2} \\
&- U_{1,2} + 3,23676\,U_{2,2} - U_{3,2} = \Pi_{2,2} \\
&- U_{2,2} + 3,23676\,U_{3,2} - U_{4,2} = \Pi_{3,2} \\
&\cdots\cdots\cdots\cdots\cdots\cdots\cdots\cdots \\
&- U_{q-2,2} + 3,23676\,U_{q-1,2} - U_{q,2} = \Pi_{q-1,2} \\
&-2\,U_{q-1,2} + 3,23676\,U_{q,2} \phantom{- U_{4,2}} = \Pi_{q,2}
\end{aligned} \right.$$

$$\left\{ \begin{aligned}
&\phantom{-\ U_{1,3}\ } + 5{,}848\,64\, U_{1,3} \phantom{{}+5{,}848} - U_{2,3} = \Pi_{1,3} \\
&-\ U_{1,3} \phantom{{}+5} + 5{,}848\,64\, U_{2,3} \phantom{{}+5} - U_{3,3} = \Pi_{2,3} \\
&-\ U_{2,3} \phantom{{}+5} + 5{,}848\,64\, U_{3,3} \phantom{{}+5} - U_{4,3} = \Pi_{3,3} \\
&\cdots\cdots\cdots\cdots\cdots\cdots\cdots\cdots\cdots \\
&-\ U_{q-2,3} + 5{,}848\,64\, U_{q-1,3} - U_{q,3} = \Pi_{q-1,3} \\
&-2\, U_{q-1,3} + 5{,}848\,64\, U_{q,3} \phantom{{}+5{,}848\,64} = \Pi_{q,3}
\end{aligned}\right.$$

$$\left\{ \begin{aligned}
&\phantom{-\ U_{1,4}\ } + 4{,}763\,24\, U_{1,4} \phantom{{}+4{,}763} - U_{2,4} = \Pi_{1,4} \\
&-\ U_{1,4} \phantom{{}+4} + 4{,}763\,24\, U_{2,4} \phantom{{}+4} - U_{3,4} = \Pi_{2,4} \\
&-\ U_{2,4} \phantom{{}+4} + 4{,}763\,24\, U_{3,4} \phantom{{}+4} - U_{4,4} = \Pi_{3,4} \\
&\cdots\cdots\cdots\cdots\cdots\cdots\cdots\cdots\cdots \\
&-\ U_{q-2,4} + 4{,}763\,24\, U_{q-1,4} - U_{q,4} = \Pi_{q-1,4} \\
&-2\, U_{q\ 1,4} + 4{,}763\,24\, U_{q,4} \phantom{{}+4{,}763\,24} = \Pi_{q,4}
\end{aligned}\right.$$

Ist beispielsweise das Gewebe gleichmäßig mit p belastet, so sind die Größen

$$\pi_{1,n} = \pi_{2,n} = \pi_{3,n} = \ldots = \pi_{q,n} = \frac{p\lambda^2}{S_1},$$
$$\Pi_{1,1} = \Pi_{2,1} = \Pi_{3,1} = \ldots = \Pi_{q,1}$$
$$= \frac{p\lambda^2}{S_1}\left(\alpha_{1,1} + \alpha_{2,1} + \alpha_{3,1} + \frac{1}{2}\,\alpha_{4,1}\right) = \frac{p\lambda^2}{S_1}\,\beta_1,$$
$$\Pi_{1,2} = \Pi_{2,2} = \Pi_{3,2} = \ldots = \Pi_{q,2}$$
$$= \frac{p\lambda^2}{S_1}\left(\alpha_{1,2} + \alpha_{2,2} + \alpha_{3,2} + \frac{1}{2}\,\alpha_{4,2}\right) = \frac{p\lambda^2}{S_1}\,\beta_2,$$
$$\Pi_{1,3} = \Pi_{2,3} = \Pi_{3,3} = \ldots = \Pi_{q,3}$$
$$= \frac{p\lambda^2}{S_1}\left(\alpha_{1,3} + \alpha_{2,3} + \alpha_{3,3} + \frac{1}{2}\,\alpha_{4,3}\right) = \frac{p\lambda^2}{S_1}\,\beta_3,$$
$$\Pi_{1,4} = \Pi_{2,4} = \Pi_{3,4} = \ldots = \Pi_{q,4}$$
$$= \frac{p\lambda^2}{S_1}\left(\alpha_{1,4} + \alpha_{2,4} + \alpha_{3,4} + \frac{1}{2}\,\alpha_{4,4}\right) = \frac{p\lambda^2}{S_1}\,\beta_4$$

in Rechnung zu führen. Die kennzeichnende Gleichung der vier verschiedenen Gleichungsgruppen kann in der allgemeinen Fassung

$$-U_{m-1,i} + \mu_i U_{m,i} - U_{m+1,i} = \frac{p\lambda^2}{S_1}\,\beta_i$$

geschrieben werden: hierbei ist der Reihe nach $i = 1, 2, 3, 4$ zu setzen.

Die Lösung dieser Differenzengleichung wird durch den Ansatz

$$U_{m,i} = A_i \varkappa_1^m + B_i \varkappa_2^m + \frac{p\lambda^2}{S_1}\,\frac{\beta_i}{\mu_i - 2}$$

dargestellt: unter A_i und B_i sind die beiden Integrationskonstanten, unter $\varkappa_1$ und $\varkappa_2$ die durch die Gleichungen

$$\varkappa_1 = \tfrac{1}{2}\left(\mu_i + \sqrt[2]{\mu_i^2 - 4}\right),$$
$$\varkappa_2 = \tfrac{1}{2}\left(\mu_i - \sqrt[2]{\mu_i^2 - 4}\right)$$

definierten Zahlen zu verstehen.

Beachtet man, daß entsprechend der ersten und der letzten der Gleichungen einer Gruppe

$$\mu_i U_{1,i} - U_{2,i} = A_i \varkappa_1 (\mu_i - \varkappa_1) + B_i \varkappa_2 (\mu_i - \varkappa_2)$$
$$+ \frac{p\lambda^2}{S_1} \beta_i \frac{(\mu_i - 1)}{\mu_i - 2} = \frac{p\lambda^2}{S_1} \beta_i,$$
$$\mu_i U_{q,i} - 2 U_{q-1,i} = A_i \varkappa_1^{q-1} (\mu_i \varkappa_1 - 2)$$
$$+ B_i \varkappa_2^{q-1} (\mu_i \varkappa_2 - 2) + \frac{p\lambda^2}{S_1} \beta_i \frac{(\mu_i - 2)}{\mu_i - 2} = \frac{p\lambda^2}{S_1} \beta_i$$

sein müssen, so ist leicht zu erkennen, daß die Größen

$$A_i = \frac{p\lambda^2}{S_i} \frac{\beta_i}{\mu_i - 2} \frac{1}{\left(\dfrac{\varkappa_1}{\varkappa_2}\right)^{q-1} \dfrac{\varkappa_1^2 - 1}{\varkappa_2^2 - 1} - 1},$$

$$B_i = \frac{p\lambda^2}{S_1} \frac{\beta_i}{\mu_i - 2} \frac{1}{\left(\dfrac{\varkappa_2}{\varkappa_1}\right)^{q-1} \dfrac{\varkappa_2^2 - 1}{\varkappa_1^2 - 1} - 1}$$

die gesuchten Konstanten sind.

Die vorstehenden Formeln liefern der Reihe nach

$$\text{für} \quad \mu_1 = 2{,}15136 : \varkappa_1 = 1{,}47202, \qquad \varkappa_2 = 0{,}67933, \qquad \beta_1 = 6{,}57630,$$
$$A_1 = -1{,}88529 \frac{p\lambda^2}{S_1}, \qquad B_1 = -41{,}56278 \frac{p\lambda^2}{S_1},$$

$$\text{für} \quad \mu_2 = 3{,}23676 : \varkappa_1 = 2{,}89084, \qquad \varkappa_2 = 0{,}34592, \qquad \beta_2 = 0{,}80484,$$
$$A_2 = -\frac{73{,}7577}{10^6} \frac{p\lambda^2}{S_1}, \qquad B_2 = -0{,}3597502 \frac{p\lambda^2}{S_1},$$

$$\text{für} \quad \mu_3 = 5{,}84864 : \varkappa_1 = 5{,}67235, \qquad \varkappa_2 = 0{,}17629, \qquad \beta_3 = 0{,}25864,$$
$$A_3 = -\frac{0{,}62698}{10^7} \frac{p\lambda^2}{S_1}, \qquad B_3 = -0{,}067203 \frac{p\lambda^2}{S_1},$$

$$\text{für} \quad \mu_4 = 4{,}76324 : \varkappa_1 = 4{,}54313, \qquad \varkappa_2 = 0{,}22011, \qquad \beta_4 = 0{,}36022,$$
$$A_4 = -\frac{0{,}714235}{10^6} \frac{p\lambda^2}{S_1}, \qquad B_4 = -0{,}130361 \frac{p\lambda^2}{S_1}.$$

Handelt es sich beispielsweise um ein quadratisches Gewebe mit $q = r = 4$, so erhält man für die Knotenpunkte der wagerechten Mittellinie die Werte

$$U_{4,1} = 25{,}74472 \frac{p\lambda^2}{S_1}, \qquad U_{4,2} = 0{,}632133 \frac{p\lambda^2}{S_1},$$

$$U_{4,3} = 0{,}067073 \frac{p\lambda^2}{S_1}, \qquad U_{4,4} = 0{,}129751 \frac{p\lambda^2}{S_1}.$$

Entsprechend der Gleichungsgruppe (F) müssen andererseits auch die Gleichungen

$$\alpha_{1,1}\,w_{4,1} + \alpha_{2,1}\,w_{4,2} + \alpha_{3,1}\,w_{4,3} + \tfrac{1}{2}\alpha_{4,1}\,w_{4,4} = U_{4,1},$$
$$\alpha_{1,2}\,w_{4,1} + \alpha_{2,2}\,w_{4,2} + \alpha_{3,2}\,w_{4,3} + \tfrac{1}{2}\alpha_{4,2}\,w_{4,4} = U_{4,2},$$
$$\alpha_{1,3}\,w_{4,1} + \alpha_{2,3}\,w_{4,2} + \alpha_{3,3}\,w_{4,3} + \tfrac{1}{2}\alpha_{4,3}\,w_{4,4} = U_{4,3},$$
$$\alpha_{1,4}\,w_{4,1} + \alpha_{2,4}\,w_{4,2} + \alpha_{3,4}\,w_{4,3} + \tfrac{1}{2}\alpha_{4,4}\,w_{4,4} = U_{4,4}$$

befriedigt sein. Hieraus folgt:

$$w_{4,1} = 2{,}225\,35\,\frac{p\lambda^2}{S_1}, \qquad w_{4,2} = 3{,}637\,005\,\frac{p\lambda^2}{S_1},$$
$$w_{4,3} = 4{,}418\,066\,\frac{p\lambda^2}{S_1}, \qquad w_{4,4} = 4{,}667\,37\,\frac{p\lambda^2}{S_1}.$$

Diese Werte stimmen mit denjenigen, welche für die Knotenpunkte 4, 7, 9, 10 der Mittellinien (Abb. 25) in Abschnitt III, § 7, S. 52, errechnet worden sind, genau überein.

Dieses Beispiel zeigt, wie leicht es möglich ist, die Lösung der neuen totalen Differenzengleichungen durch eine geschlossene Formel darzustellen und die Ordinaten einzelner Knotenpunkte des Gewebes unmittelbar zu bestimmen. Durch die Umwandlung der ursprünglichen Gewebegleichungen wird die Behandlung der Aufgabe, besonders wenn r oder q eine hohe Zahl ist, außerordentlich vereinfacht.

Diese Vorteile treten bei der Auflösung der Gleichgewichtsgleichungen des z-Gewebes noch stärker in Erscheinung. Werden nämlich die für die m^{te} Zeile gültigen Gleichungen

$$\left.\begin{aligned}
+\,4\,z_{m,1} - z_{m,2} \qquad\quad &= w_{m,1}\frac{\lambda^2}{S_2} + z_{m-1,1} + z_{m+1,1}\\[4pt]
-\,z_{m,1} + 4\,z_{m,2} - z_{m,3} \quad &= w_{m,2}\frac{\lambda^2}{S_2} + z_{m-1,2} + z_{m+1,2}\\[4pt]
-\,z_{m,2} + 4\,z_{m,3} - z_{m,4} \quad &= w_{m,3}\frac{\lambda^2}{S_2} + z_{m-1,3} + z_{m+1,3}\\[4pt]
\cdots\cdots\cdots\cdots\cdots\cdots\cdots\cdots\cdots\cdots\cdots & \\[4pt]
-\,z_{m,n-1} + 4\,z_{m,n} - z_{m,n+1} &= w_{m,n}\frac{\lambda^2}{S_2} + z_{m-1,n} + z_{m+1,n}\\[4pt]
\cdots\cdots\cdots\cdots\cdots\cdots\cdots\cdots\cdots\cdots\cdots & \\[4pt]
-2\,z_{m,r-1} + 4\,z_{m,r} \qquad\quad &= w_{m,r}\frac{\lambda^2}{S_2} + z_{m-1,r} + z_{m+1,r}
\end{aligned}\right\} \quad \text{(H)}$$

der Reihe nach mit

$$\alpha_1,\ \alpha_2,\ \alpha_3\,\ldots,\ \alpha_n\,\ldots,\ \tfrac{1}{2}\alpha_r$$

vervielfacht und die Größen

$$\left.\begin{aligned}
\alpha_1 z_{m,1} + \alpha_2 z_{m,2} + \alpha_3 z_{m,3} + \cdots + \alpha_n z_{m,n} + \cdots & \\
+\ \alpha_{r-1} z_{m,r-1} + \tfrac{1}{2}\alpha_r z_{m,r} = V_m &
\end{aligned}\right\} \quad \text{(J)}$$

gebildet, so erhält man an Stelle der Gruppe (H) die neue totale Differenzengleichung

$$-V_{m-1} + \mu V_m - V_{m+1} = \frac{\lambda^2}{S_2} U_m. \qquad \text{(K)}$$

Die Beizahlen α und μ müssen hierbei den gleichen Bedingungen (C) wie bei dem w-Gewebe genügen.

Den r-Werten $\mu = \mu_1, \mu_2, \mu_3 \ldots \mu_r$ entsprechen wiederum r totale Differenzengleichungen

$$\left. \begin{aligned} -V_{m-1,1} + \mu_1 V_{m,1} - V_{m+1,1} &= U_{m,1} \frac{\lambda^2}{S_2}, \\[2mm] -V_{m-1,2} + \mu_2 V_{m,2} - V_{m+1,2} &= U_{m,2} \frac{\lambda^2}{S_2}, \\[2mm] -V_{m-1,3} + \mu_3 V_{m,3} - V_{m+1,3} &= U_{m,3} \frac{\lambda^2}{S_2}, \\[2mm] \cdots\cdots\cdots\cdots\cdots\cdots\cdots & \cdots \\[2mm] -V_{m-1,r} + \mu_r V_{m,r} - V_{m+1,r} &= U_{m,r} \frac{\lambda^2}{S_2}. \end{aligned} \right\} \qquad \text{(L)}$$

Es ist also jeder Gruppe $U_{m,i}$ des w-Gewebes eine Gruppe $V_{m,i}$ des z-Gewebes zugeordnet.

Da die rechten Seiten der neuen Differenzengleichungen die Lösung $U_{m,i}$ einer totalen Differenzengleichung darstellen, so bietet es keine Schwierigkeiten, auch für die Größen $V_{m,i}$ eine geschlossene Lösung zu finden[1].

Für den vorhin behandelten Fall erhält man beispielsweise

$$-V_{m-1,i} + \mu_i V_{m,i} - V_{m+1,i} = \frac{\lambda^2}{S_2} U_{m,i} = \frac{\lambda^2}{S_2}\left[A_i \varkappa_1^m + B_i \varkappa_2^m + \frac{p\lambda^2}{S_1}\frac{\beta_i}{\mu_i - 2} \right].$$

Die zugehörige Lösung ist

$$V_{m,i} = \frac{p\lambda^4}{S_1 S_2}\frac{\beta_i}{(\mu_i - 2)^2} + \frac{\lambda^2}{S_2} m\left(\frac{A_i \varkappa_1^{m+1}}{1 - \varkappa_1^2} + \frac{B_i \varkappa_2^{m+1}}{1 - \varkappa_2^2} \right) + C_i \varkappa_1^m + D_i \varkappa_2^m.$$

Die Wurzeln $\varkappa_1$ und $\varkappa_2$ haben hierbei dieselbe Größe wie zuvor.

Zur Bestimmung der neuen Integrationskonstanten C_i und D_i stehen jetzt die Randbedingungen

$$\left\{ \begin{aligned} \mu_i V_{1,i} - V_{2,i} \quad &= \frac{p\lambda^4}{S_1 S_2}\frac{\beta_i(\mu_i - 1)}{(\mu_i - 2)^2} + \frac{\lambda^2}{S_2}\left[\frac{A_i \varkappa_1^2}{1 - \varkappa_1^2}(\mu_i - 2\varkappa_1) \right. \\[2mm] &\quad + \left. \frac{B_i \varkappa_2^2}{1 - \varkappa_2^2}(\mu_i - 2\varkappa_2) \right] + C_i \varkappa_1(\mu_i - \varkappa_1) + D_i \varkappa_2(\mu_i - \varkappa_2) \\[2mm] &= \frac{p\lambda^4}{S_1 S_2}\frac{\beta_i}{\mu_i - 2} + \frac{\lambda^2}{S_2}(A_i \varkappa_1 + B_i \varkappa_2), \end{aligned} \right.$$

----

[1] Hat man alle Größen $V_{m,i}$ der m^{ten} Zeile bestimmt, so liefert die Auflösung der Gleichungsgruppe (J) die Endwerte

$$z_{m,n} = \frac{2}{r} \sum_{i=1}^{i=r} V_{m,i} \sin(\lambda_i) \sin(n\lambda_i).$$

$$\left\{ \begin{aligned}
\mu_i V_{q,i} - 2 V_{q-1,i} &= \frac{p\lambda^4}{S_1 S_2} \cdot \beta_i \frac{(\mu_i - 2)}{(\mu_i - 2)^2} + \frac{\lambda^2}{S_2}\left[\frac{A_i \varkappa_1^q}{1 - \varkappa_1^2}(\mu_i \varkappa_1 \cdot q + 2 - 2q) \right. \\
&\quad \left. + \frac{B_i \varkappa_2^q}{1 - \varkappa_2^2}(\mu_i \varkappa_2 q + 2 - 2q) \right] + C_i \varkappa_1^{q-1}(\mu_i \cdot \varkappa_1 - 2) \\
&\quad + D_i \varkappa_2^{q-1}(\mu_i \varkappa_2 - 2) = \frac{p\lambda^4}{S_1 S_2}\frac{\beta_i}{\mu_i - 2} + \frac{\lambda^2}{S_2}(A_i \varkappa_1^q + B_i \varkappa_2^q)
\end{aligned} \right.$$

zur Verfügung. Die Auflösung dieser Gleichungen ergibt

$$C_i = \frac{\lambda^2}{S_2}\left[\frac{A_i}{\mu_i - 2} - (A_i \nu_1 + B_i \nu_2) \right],$$

$$D_i = \frac{\lambda^2}{S_2}\left[\frac{B_i}{\mu_i - 2} + (A_i \nu_1 + B_i \nu_2) \right],$$

wobei

$$\nu_1 = \frac{\varkappa_1^q\left[q - \dfrac{\varkappa_1 \mu_i}{1 - \varkappa_1^2} \right]}{\varkappa_1^{q-1}(1 - \varkappa_1^2) - \varkappa_2^{q-1}(1 - \varkappa_2^2)}, \qquad \nu_2 = \frac{\varkappa_2^q\left[q - \dfrac{\varkappa_2 \mu_i}{1 - \varkappa_2^2} \right]}{\varkappa_1^{q-1}(1 - \varkappa_1^2) - \varkappa_2^{q-1}(1 - \varkappa_2^2)},$$

und weiterhin

$$V_{m,i} = \frac{\lambda^2}{S_2}\left[\frac{U_{m,i}}{\mu_i - 2} + m\left(\frac{A_i \varkappa_1^{m+1}}{1 - \varkappa_1^2} + \frac{B_i \varkappa_2^{m+1}}{1 - \varkappa_2^2} \right) - (\varkappa_1^m - \varkappa_2^m)(\nu_1 A_i + \nu_2 B_i) \right].$$

Auf Grund dieser Formeln erhält man

für $\mu_1 = 2{,}15136 : \nu_1 = -5{,}154727 \qquad \nu_2 = -0{,}204105$,

für $\mu_2 = 3{,}23676 : \nu_1 = -2{,}07109 \qquad \nu_2 = -0{,}00021974$,

für $\mu_3 = 5{,}84864 : \nu_1 = -9{,}21405 \qquad \nu_2 = -\dfrac{1}{10^6} \cdot 4{,}9836$,

für $\mu_4 = 4{,}76324 : \nu_1 = -1{,}18014 \qquad \nu_2 = -\dfrac{1}{10^6} \cdot 3{,}69383$

und insbesondere für $q = r = 4$

$$V_{4,1} = 88{,}506794 \frac{p\lambda^4}{S_1 S_2}, \qquad V_{4,2} = 0{,}494934 \frac{p\lambda^4}{S_1 S_2},$$

$$V_{4,3} = 0{,}0164777 \frac{p\lambda^4}{S_1 S_2}, \qquad V_{4,4} = 0{,}046392 \frac{p\lambda^4}{S_1 S_2}.$$

Die nach der Gleichung (J) gebildete Gruppe

$$\alpha_{1,1} z_{4,1} + \alpha_{2,1} z_{4,2} + \alpha_{3,1} z_{4,3} + \tfrac{1}{2}\alpha_{4,1} z_{4,4} = V_{4,1},$$
$$\alpha_{1,2} z_{4,1} + \alpha_{2,2} z_{4,2} + \alpha_{3,2} z_{4,3} + \tfrac{1}{2}\alpha_{4,2} z_{4,4} = V_{4,2},$$
$$\alpha_{1,3} z_{4,1} + \alpha_{2,3} z_{4,2} + \alpha_{3,3} z_{4,3} + \tfrac{1}{2}\alpha_{4,3} z_{4,4} = V_{4,3},$$
$$\alpha_{1,4} z_{4,1} + \alpha_{2,4} z_{4,2} + \alpha_{3,4} z_{4,3} + \tfrac{1}{2}\alpha_{4,4} z_{4,4} = V_{4,4}$$

liefert nunmehr die Ordinaten

$$z_{4,1} = 6{,}7487 \frac{p\lambda^4}{S_1 S_2}, \qquad z_{4,2} = 12{,}1137 \frac{p\lambda^4}{S_1 S_2},$$

$$z_{4,3} = 15{,}5174 \frac{p\lambda^4}{S_1 S_2}, \qquad z_{4,4} = 16{,}6775 \frac{p\lambda^4}{S_1 S_2}.$$

Diese Werte stimmen wieder mit den Ergebnissen der in Abschnitt III, § 7, S. 53, durchgeführten Berechnung genau überein. Hiermit ist die Richtigkeit der Lösung der totalen Differenzengleichungen der elastischen Fläche und die Zuverlässigkeit des neuen Verfahrens erwiesen. Es sei schließlich bemerkt, daß auch die partielle Differentialgleichung

$$V^4\,\zeta = \frac{p}{N}$$

durch eine totale Differenzengleichung vierter Ordnung unmittelbar ersetzt werden kann.

Führt man nämlich die Größen

$$U_{m-1} = \frac{S_2}{\lambda^2}\left[\mu\,V_{m-1} - (V_{m-2} + V_m)\right],$$

$$U_m = \frac{S_2}{\lambda^2}\left[\mu\,V_m - (V_{m-1} + V_{m+1})\right],$$

$$U_{m+1} = \frac{S_2}{\lambda^2}\left[\mu\,V_{m+1} - (V_m + V_{m+2})\right]$$

in die Grundgleichung

$$-U_{m-1} + \mu\,U_m - U_{m+1} = \Pi_m$$

ein, so entsteht die neue totale Differenzengleichung:

$$(V_{m-2} + V_{m+2}) - 2\,\mu(V_{m-1} + V_{m+1}) + V_m(\mu^2 + 2) = \frac{\lambda^2}{S_2}\,\Pi_m. \qquad \text{(M)}$$

Ihre Anwendung ist besonders bei statisch unbestimmten Fällen zu empfehlen, weil sie eine leichtere Anpassung der Integrationskonstanten an die jeweiligen Randbedingungen ermöglicht.

§ 37. Die zeichnerische Auflösung der Differenzengleichungen.

Der bisher eingeschlagene Weg wird immer rasch zum Ziele führen, wenn es möglich ist, das partikuläre Integral der U-Gleichungen sofort aufzuschreiben.

Bei Belastungen, die nicht stetig über der ganzen Oberfläche der Platte verteilt sind oder deren Veränderlichkeit nicht durch eine einfache Funktion ausgedrückt werden kann, ist die Bestimmung des partikulären Integrals weniger leicht; es ist dann unter Umständen vorteilhaft, sei es auch nur zur Prüfung der Rechnungsergebnisse, die Differenzengleichungen zeichnerisch zu integrieren. Da ein allgemeines zeichnerisches Verfahren für die Auflösung der in der Gewebetheorie vorkommenden Gleichungen meines Wissens noch nicht entwickelt worden ist, so wird die Behandlung dieser Aufgabe vielleicht für den Leser von Nutzen sein.

Ich knüpfe an die Gleichung

$$-U_{m-1} + \mu U_m - U_{m+1} = \Pi_m$$

an und ersetze sie durch die Beziehung

$$\left(\frac{\mu}{2} U_m - U_{m-1}\right) + \left(\frac{\mu}{2} U_m - U_{m+1}\right) = \Pi_m .$$

In der Abb. 122 sind im Abstande λ die Strecken

$$\overline{E_0 E_1} = U_{m-1} , \qquad \overline{F_0 F_1} = U_m$$

von einer Grundlinie $\overline{E_0 F_0}$ aus aufgetragen. Gesucht ist die nächstfolgende Ordinate $\overline{G_0 G_1} = U_{m+1}$. Ich verlängere $\overline{E_0 E_1}$ um die Strecke $\overline{E_1 E_2} = \Pi_m$, $\overline{F_0 F_1}$ um die Strecke $\overline{F_1 F_2} = U_m\left(\frac{\mu}{2} - 1\right)$: die Verbindungslinie $\overline{E_2 F_2}$ liefert den Punkt G_1.

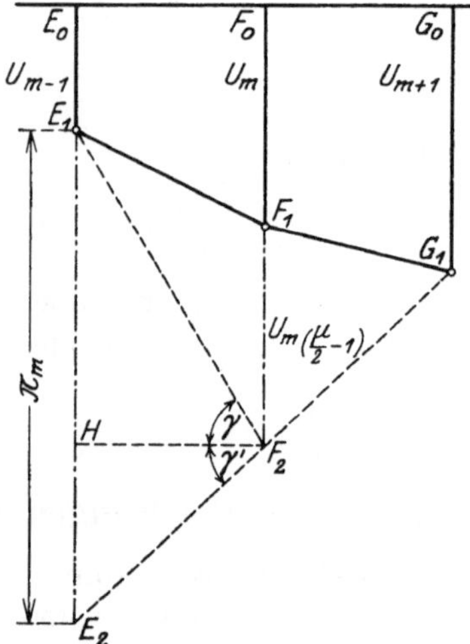

Abb. 122.

Es ist in der Tat

$$\overline{E_1 H} = \lambda \, \text{tang} \, \gamma = \overline{F_0 F_2} - \overline{E_0 E_1}$$
$$= U_m \frac{\mu}{2} - U_{m-1} ,$$

$$\overline{H E_2} = \lambda \, \text{tang} \, \gamma' = \overline{F_0 F_2} - \overline{G_0 G_1}$$
$$= U_m \frac{\mu}{2} - U_{m+1} ,$$

also

$$\overline{E_1 H} + \overline{H E_2} = \overline{E_1 E_2} = \left(U_m \frac{\mu}{2} - U_{m-1}\right)$$
$$+ \left(U_m \frac{\mu}{2} - U_{m+1}\right) = \Pi_m .$$

Der Linienzug $E_1 E_2 F_2$ stellt den Kräfteplan für eine im Punkte m angreifende Last Π_m dar; das zugehörige Seileck mit der Polweite λ ist durch die Strahlen $\overline{E_1 F_2}$, $\overline{F_2 G_1}$ umgrenzt. Ist $\frac{\mu_i}{2} = 1$, so fallen die Punkte F_1 und F_2 zusammen, das Seileck $E_1 F_2 G_1$ deckt sich mit dem Linienzug $E_1 F_1 G_1$, und es ist dann möglich, die U-Linie unmittelbar durch ein einziges Seileck abzubilden.

Um die Anwendung des neuen Verfahrens besser zu erklären, wähle ich als Beispiel ein Gleichungssystem mit der Beizahl $\mu_i = 4$. Da $\frac{\mu_i}{2} - 1 = 1$ ist, so wird in diesem Falle $\overline{F_1 F_2} = U_m$, $\overline{F_0 F_2} = 2 U_m$.

Um ein partikuläres Integral der Gleichungen

$$-U_0 \quad + 4\,U_1 \quad - U_2 = \Pi_1\,,$$
$$-U_1 \quad + 4\,U_2 \quad - U_3 = \Pi_2\,,$$
$$-U_2 \quad + 4\,U_3 \quad - U_4 = \Pi_3\,,$$
$$\cdots\cdots\cdots\cdots\cdots\cdots\cdots\cdots\cdots$$
$$-U_{q-2} + 4\,U_{q-1} - U_q = \Pi_{q-1}\,,$$
$$-2\,U_{q-1} + 4\,U_q \qquad = \Pi_q$$

zu finden, setze ich zunächst $U_0 = 0$ und nehme für U_1 einen beliebigen Wert $U_1 = U_{1,a}$ an. In der Abb. 123 sind der Reihe nach für die

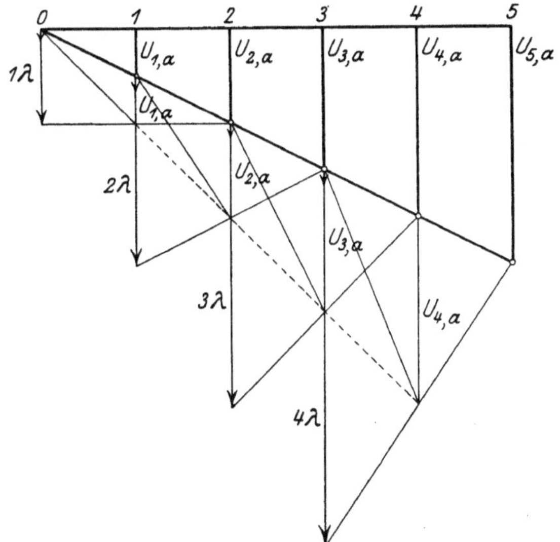

Abb. 123. Die Gleichgewichtsfiguren für den Zustand $U_1 = U_{1,a} = \tfrac{1}{2}\lambda$.

Knotenpunkte $1, 2, 3 \ldots q - 1$ die zu den Kräften $\Pi_1, \Pi_2, \Pi_3 \ldots \Pi_{q-1}$ gehörigen Kräftepläne und Seilecke, die zur Abkürzung die **Gleichgewichtsfiguren** dieser Kräfte genannt werden mögen, gezeichnet. Sie liefern die Werte

$$U_2 = U_{2,a}\,, \qquad U_3 = U_{3,a}\,, \quad \ldots \quad U_{q-1} = U_{q-1,a}\,, \qquad U_q = U_{q,a}\,.$$

Ich gebe jetzt U_1 den Wert $U_1 = U_{1,b}$ und bestimme in derselben Weise mit Hilfe der in Abb. 123a dargestellten Gleichgewichtsfiguren der Kräfte $\Pi_1, \Pi_2, \Pi_3 \ldots \Pi_{q-1}$ die Größen

$$U_2 = U_{2,b}\,, \qquad U_3 = U_{3,b}\,, \quad \ldots \quad U_{q-1} = U_{q-1,b}\,, \qquad U_q = U_{q,b}\,.$$

Aus den beiden partikulären Integralen $U_{m,a}$, $U_{m,b}$ läßt sich mit Hilfe der Formel $\qquad U_m = C_a U_{m,a} + C_b U_{m,b}$

das allgemeine Integral ableiten: hierbei stellen C_a und C_b die beiden Integrationskonstanten dar.

Dieser Ansatz steht mit den bisher benützten ersten $q-1$ U-Gleichungen im Einklang, wenn die Bedingung

$$C_a + C_b = 1$$

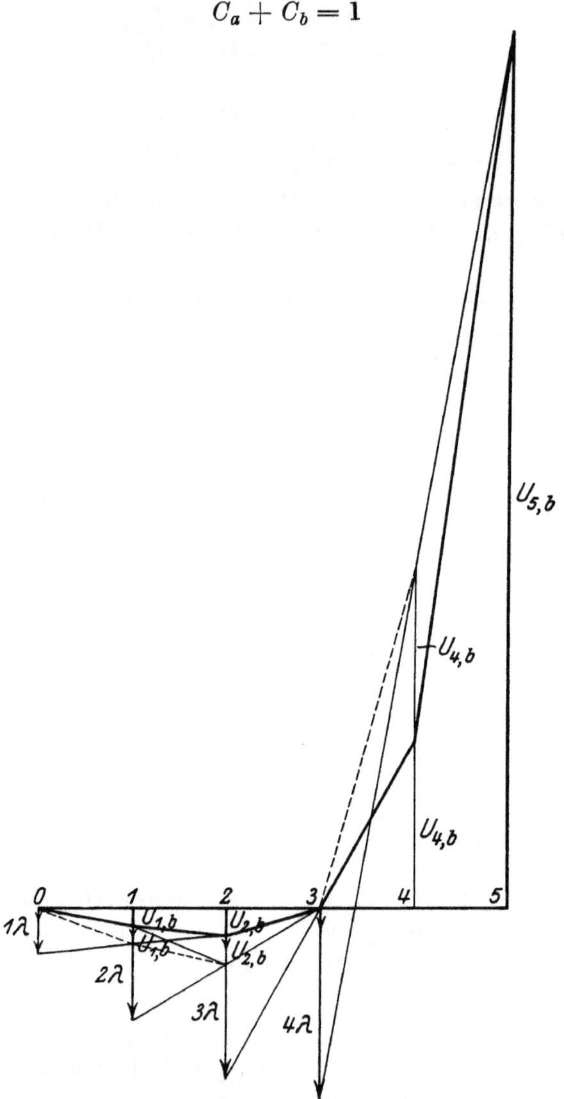

Abb. 123a. Die Gleichgewichtsfiguren für den Zustand $U_1 = U_{1,b} = \tfrac{2}{5}\lambda$.

erfüllt ist. Führt man die Werte

$$U_{q-1} = C_a U_{q-1,a} + C_b U_{q-1,b},$$
$$U_q \quad = C_a U_{q,a} \quad + C_b U_{q,b}$$

in die letzte Differenzengleichung

$$4\,U_q - 2\,U_{q-1} = \Pi_q$$

ein, so erhält man als zweite Bedingungsgleichung

$$C_a(4\,U_{q,a} - 2\,U_{q-1,a}) + C_b(4\,U_{q,b} - 2\,U_{q-1,b}) = \Pi_q\,,$$

und somit schließlich

$$C_a = \frac{(4\,U_{q,b} - 2\,U_{q-1,b}) - \Pi_q}{(4\,U_{q,b} - 2\,U_{q-1,b}) - (4\,U_{q,a} - 2\,U_{q-1,a})}\,,$$

$$C_b = \frac{(4\,U_{q,a} - 2\,U_{q-1,a}) - \Pi_q}{(4\,U_{q,b} - 2\,U_{q-1,b}) - (4\,U_{q,a} - 2\,U_{q-1,a})}\,.$$

Mit Hilfe dieser Formeln läßt sich der richtige Wert

$$U_1 = C_a U_{a,1} + C_b U_{b,1}$$

errechnen und der endgültige Verlauf der U-Linie bestimmen.

Die in Abb. 123 und 123a eingetragenen Gleichgewichtsfiguren sind aus der Gleichungsgruppe

$$\begin{aligned}
4\,U_1 - U_2 &= \Pi_1 = 1\,\lambda\,,\\
-\ U_1 + 4\,U_2 - U_3 &= \Pi_2 = 2\,\lambda\,,\\
-\ U_2 + 4\,U_3 - U_4 &= \Pi_3 = 3\,\lambda\,,\\
-\ U_3 + 4\,U_4 - U_5 &= \Pi_4 = 4\,\lambda\,,\\
-2\,U_4 + 4\,U_5 &= \Pi_5 = 5\,\lambda
\end{aligned}$$

entstanden. Ich habe zuerst $U_{1,a} = \tfrac{1}{2}\lambda$ genommen und mit Hilfe der Zeichnung die zugehörigen Werte

$$U_{2,a} = 2\,\frac{\lambda}{2}\,, \qquad U_{3,a} = 3\,\frac{\lambda}{2}\,, \qquad U_{4,a} = 4\,\frac{\lambda}{2}\,, \qquad U_{5,a} = 5\,\frac{\lambda}{2}$$

ermittelt.

Ich habe sodann $U_{1,b} = \tfrac{2}{5}\lambda$ gewählt und ebenso die Größen

$$U_{2,b} = \tfrac{3}{5}\lambda\,, \qquad U_{3,b} = 0\,, \qquad U_{4,b} = -\,\tfrac{18}{5}\lambda\,, \qquad U_{5,b} = -\,\tfrac{92}{5}\lambda$$

bestimmt.

Es ist also

$$\begin{aligned}
4\,U_{5,a} - 2\,U_{4,a} &= 6\,\lambda\,,\\
4\,U_{5,b} - 2\,U_{4,b} &= -\,\tfrac{332}{5}\lambda\,.
\end{aligned}$$

$$C_a = \frac{\tfrac{332}{5} + 5}{\tfrac{332}{5} + 6} = \frac{357}{362}\,,$$

$$C_b = \frac{6 - 5}{\tfrac{332}{5} + 6} = \frac{5}{362}\,,$$

mithin

$$U_1 = \lambda\,\frac{357 + 2\cdot 1}{2\cdot 362} = \frac{361}{724}\lambda\,.$$

Ich habe diesen Wert in Abb. 123b aufgetragen und durch Zeichnung der Gleichgewichtsfiguren die übrigen endgültigen Werte

$$U_2 = \tfrac{720}{724}\lambda\,, \qquad U_3 = \tfrac{1071}{724}\lambda\,, \qquad U_4 = \tfrac{1392}{724}\lambda\,, \qquad U_5 = \tfrac{1601}{724}\lambda$$

festgelegt.

Das vorstehende Beispiel zeigt, daß das zeichnerische Verfahren im Grunde sehr einfach ist und sehr rasch zum Ziele führt.

Die zur Darstellung und zur Lösung der Differenzengleichungen
benutzten Gleichgewichtsfiguren sind aus einer Gruppe von Seilecken
und Kräfteplänen zusammengesetzt. Sie sind aus einer Erweiterung
und Verallgemeinerung der Theorie des einfachen Seilecks entstanden.
Die Verwandtschaft zwischen den neuen Gebilden und den letzteren
ist auch darin zu erkennen, daß in gleicher Weise, wie eine dreifache
Aufzeichnung eines Seilecks notwendig ist, um dasjenige zu finden,
welches durch drei vorgeschriebene Punkte hindurchgeht, ebenso eine

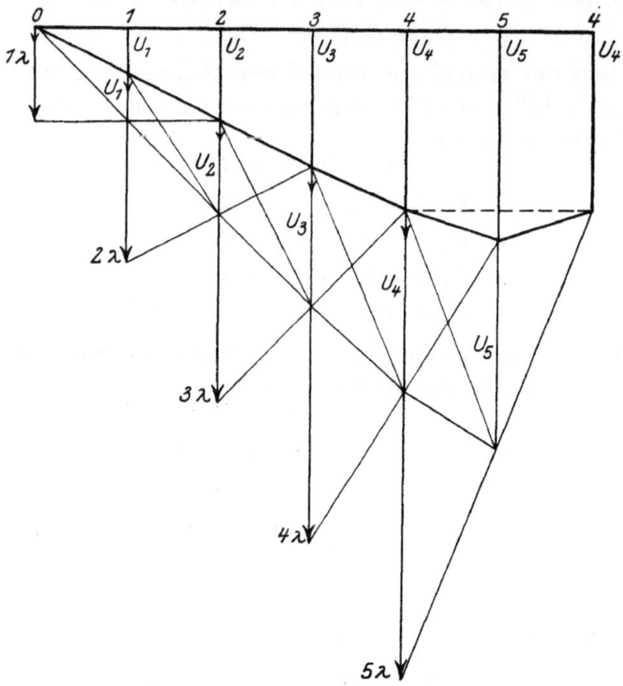

Abb. 123 b. Die Gleichgewichtsfiguren für den Endzustand.

dreifache Anwendung der Gleichgewichtsfiguren erforderlich ist, um
diejenige Lösung der Differenzengleichungen zu gewinnen, die allen
vorgeschriebenen Randbedingungen genügt.

Da sowohl die U- als die V-Gleichungen in derselben Art behandelt
werden können, so ist es mit Hilfe dieser neuen Art von Seilecken möglich, die Spannungsmomente M und die Verschiebungen ζ für alle
Punkte der Platte zu bestimmen. Die Anwendung der Gleichgewichtsfiguren gestattet also, die Untersuchung der Platte in allen Einzelheiten
mit den gleichen zeichnerischen Hilfsmitteln durchzuführen und eine
besonders anschauliche Lösung der Aufgabe zu gewinnen.

Druck der Spamerschen Buchdruckerei in Leipzig.

Studien über strebenlose Raumfachwerke und verwandte Gebilde.
Von Dr.-Ing. **Henri Marcus.** Mit 48 Textabbildungen. 1914.
5.60 Goldmark / 1.35 Dollar

Die Einflußlinien mehrfach gestützter Rahmenträger. Von Dr.-Ing.
Henri Marcus. Mit 52 Textfiguren. (Sonderabdruck aus „Armierter Beton",
1915, Heft 6—10.) 1915. 1.20 Goldmark / 0.30 Dollar

**Tabellen zur Berechnung von einfach und doppelt armierten Balken
und Platten aus Eisenbeton, mit Hilfstafel für Plattenbalken.**
Aufgestellt von Ingenieur **Ernst Geyer.** Mit 4 Textfiguren. 1921.
1.10 Goldmark / 0.25 Dollar

**Berechnung von Rahmenkonstruktionen und statisch unbestimmten
Systemen des Eisen- und Eisenbetonbaues.** Von Ingenieur **P. Ernst
Glaser.** Mit 112 Textabbildungen. 1919. 3.60 Goldmark / 0.90 Dollar

Die Grundzüge des Eisenbetonbaues. Von Geh. Hofrat Professor Dr.-
Ing. e. h. **M. Foerster** in Dresden. Zweite, verbesserte und vermehrte
Auflage. Mit 170 Textabbildungen. 1921.
Gebunden 9 Goldmark / Gebunden 2.15 Dollar

Ausgeführte Eisenbetonkonstruktionen. Neunundzwanzig Beispiele aus
der Praxis. Von Dipl.-Ing. **Otto Hausen.** Mit 125 Textfiguren. 1919.
3.20 Goldmark; gebunden 5 Goldmark / 0.80 Dollar; gebunden 1.20 Dollar

Vorlesungen über Eisenbeton. Von Dr.-Ing. **E. Probst,** ord. Professor an
der Technischen Hochschule in Karlsruhe.
Erster Band: **Allgemeine Grundlagen — Theorie und Versuchsforschung
— Grundlagen für die statische Berechnung — Statisch unbestimmte
Träger im Lichte der Versuche.** Zweite, umgearbeitete Auflage. Mit
70 Textabbildungen. 1923.
Gebunden 24 Goldmark / Gebunden 5.75 Dollar
Zweiter Band: **Anwendung der Theorie auf Beispiele im Hochbau,
Brückenbau und Wasserbau — Grundlagen für die Berechnung und
das Entwerfen von Eisenbetonbauten — Allgemeines über Vorbereitung
und Verarbeitung von Eisenbeton — Richtlinien für Kostenermittlungen
— Architektur im Eisenbeton — Amtliche Vorschriften.** Mit 71 Text-
figuren. 1922. Gebunden 20 Goldmark / Gebunden 4.75 Dollar

Die Lehren der Explosionskatastrophe in Oppau für das Bauwesen
besprochen von Dipl.-Ing. **H. Goebel,** Oberingenieur der Bad. Anilin- und
Sodafabrik in Ludwigshafen a. Rhein, und Dr.-Ing. **E. Probst,** Professor an
der Technischen Hochschule Karlsruhe in Baden. Mit 24 Abbildungen im
Text und auf einer farbigen Tafel. 1923. 6 Goldmark / 1.45 Dollar

Die Berechnung des symmetrischen Stockwerkrahmens mit geneigten und lotrechten Ständern mit Hilfe von Differenzengleichungen. Von Dr. techn. Ingenieur **Josef Fritsche** in Prag. 1923.

3 Goldmark / 0.75 Dollar

Die linearen Differenzengleichungen und ihre Anwendung in der Theorie der Baukonstruktionen. Von Dr. **Paul Funk,** Privatdozent an der Deutschen Universität und an der Technischen Hochschule in Prag. Mit 24 Textabbildungen. 1920.

2.50 Goldmark / 0.75 Dollar

Die Berechnung statisch unbestimmter Tragwerke nach der Methode des Viermomentensatzes. Von Ing. **Friedrich Bleich** in Wien. Mit 108 Textfiguren. 1918.

10 Goldmark / 2.40 Dollar

Theorie und Berechnung der statisch unbestimmten Tragwerke. Elementares Lehrbuch. Von **H. Buchholz.** Mit 303 Textabbildungen. 1921.

8 Goldmark / 2 Dollar

Theorie des Trägers auf elastischer Unterlage und ihre Anwendung auf den Tiefbau nebst einer Tafel der Kreis- und Hyperbelfunktionen. Von japanisch. Dr.-Ing. **Keiichi Hayashi,** Professor an der Kaiserlichen Kyushu-Universität Fukuoka-Hakosaki, Japan. Mit 150 Textfiguren. 1921.
7.50 Goldmark; gebunden 9.40 Goldmark / 1.80 Dollar; gebunden 2.25 Dollar

Zur Berechnung des beiderseits eingemauerten Trägers unter besonderer Berücksichtigung der Längskraft. Von **Fukuhei Takabeya,** japanischer a. o. Professor und Dr.-Ing. an der Kaiserlichen Kyushu-Universität in Japan. Mit 28 Textabbildungen und 2 Formeltafeln.

Erscheint Ende Januar 1924

Bau und Berechnung gewölbter Brücken und ihrer Lehrgerüste. Drei Beispiele von der Badischen Murgtalbahn. Von Bauinspektor Dr.-Ing. **Ernst Gaber.** Mit 56 Textabbildungen. 1914.

6 Goldmark; gebunden 8 Goldmark / 1.45 Dollar: gebunden 1.95 Dollar

Mehrteilige Rahmen. Verfahren zur einfachen Berechnung von mehrstieligen, mehrstöckigen und mehrteiligen geschlossenen Rahmen (Rahmenbalkenträgern). Von Ingenieur **Gustav Spiegel.** Mit 107 Textabbildungen. 1920.

5 Goldmark / 1.25 Dollar

Die Methode der Festpunkte zur Berechnung der statisch unbestimmten Konstruktionen mit zahlreichen Beispielen aus der Praxis insbesondere ausgeführten Eisenbetontragwerken. Von Dr.-Ing. **Ernst Suter.** Mit 591 Figuren im Text und auf 15 Tafeln. 1923.
19 Goldmark; gebunden 21 Goldmark / 4.55 Dollar; gebunden 5.05 Dollar

Die Knickfestigkeit. Von Dr.-Ing. **Rudolf Mayer,** Privatdozent an der Technischen Hochschule in Karlsruhe. Mit 280 Textabbildungen und 87 Tabellen. 1921.
16 Goldmark / 4.30 Dollar

Kompendium der Statik der Baukonstruktionen. Von Privatdozent Dr.-Ing. **J. Pirlet,** Aachen. In zwei Bänden.

Erster Band: **Die statisch bestimmten Systeme.** Vollwandige Systeme und Fachwerke.
In Vorbereitung.
Zweiter Band: **Die statisch unbestimmten Systeme.** In vier Teilen.
Zweiter Band, 1. Teil: Die allgemeinen Grundlagen zur Berechnung statisch unbestimmter Systeme: Die Untersuchung elastischer Formänderungen. Die Elastizitätsgleichungen und deren Auflösung. Mit 136 Textfiguren. 1921.
6.50 Goldmark; gebunden 8.50 Goldmark / 1.55 Dollar; gebunden 2 Dollar
Zweiter Band, 2. Teil: Berechnung der einfacheren statisch unbestimmten Systeme: Grade Balken mit Endeinspannungen und mehr als zwei Stützen. — Einfache Rahmengebilde. Zweigelenkbogen. — Gewölbe. — Armierte Balken. Mit 298 Textfiguren. 1923.
7.50 Goldmark; gebunden 9 Goldmark / 1.80 Dollar; gebunden 2.15 Dollar
Zweiter Band, 3. Teil: Die hochgradig statisch unbestimmten Systeme: Durchlaufende Träger auf starren und elastischen Stützen. Fachwerke mit starren Knotenpunktsverbindungen. — Stockwerkrahmen. — Vierendeelträger und verwandte Rahmengebilde.
In Vorbereitung.
Zweiter Band, 4. Teil: Das statisch unbestimmte Fachwerk: Aufgaben des Brücken- und Eisenhochbaues.
In Vorbereitung.

Statik der Vierendeelträger. Von Dr.-Ing. **Karl Kriso.** Mit 185 Textfiguren und 11 Tabellen. 1922.
11 Goldmark; gebunden 13 Goldmark / 2.55 Dollar; gebunden 3.10 Dollar

Statik. Von Dr.-Ing. **Walther Kaufmann,** o. Professor an der Technischen Hochschule zu Hannover. (Handbibliothek für Bauingenieure. Herausgegeben von Geh. Reg.-Rat Professor Robert Otzen, Hannover. IV. Teil. Brücken- und Ingenieurhochbau, 1. Band.) Mit 385 Textabbildungen. 1923.
Gebunden 8.40 Goldmark / Gebunden 2 Dollar

Die Eisenkonstruktionen. Ein Lehrbuch für Schule und Zeichentisch nebst einem Anhang mit Zahlentafeln zum Gebrauch beim Berechnen und Entwerfen eiserner Bauwerke. Von Dipl.-Ing. Professor **L. Geusen,** Studienrat in Dortmund. Dritte, verbesserte Auflage. Mit 522 Figuren im Text und auf 2 farbigen Tafeln. 1921.
Gebunden 12 Goldmark / Gebunden 2.90 Dollar

Leitfaden für den Unterricht in Stein-, Holz- und Eisenkonstruktionen an maschinentechnischen Fachschulen. Von Professor Dipl.-Ing. **L. Geusen,** Studienrat in Dortmund. Zweite, vermehrte und verbesserte Auflage. Mit 173 Textabbildungen. 1923.
Kart. 2.40 Goldmark / Kart. 0.60 Dollar

Repetitorium für den Hochbau. Für den Gebrauch an Technischen Hochschulen und in der Praxis. Von Geheimem Hofrat Professor Dr.-Ing. E. h. **Max Foerster** in Dresden.

1. Heft: **Graphostatik und Festigkeitslehre.** Mit 146 Textfiguren. 1919.
3 Goldmark / 0.90 Dollar
2. Heft: **Abriß der Statik der Hochbaukonstruktionen.** Mit 157 Textfiguren. 1920.
3 Goldmark / 0.90 Dollar
3. Heft: **Grundzüge der Eisenkonstruktionen des Hochbaues.** Mit 283 Textfiguren. 1920.
3.80 Goldmark / 0.95 Dollar

Taschenbuch für Bauingenieure. Unter Mitwirkung von Fachleuten herausgegeben von Geh. Hofrat Professor Dr.-Ing. E. h. **M. Foerster** in Dresden. Vierte, verbesserte und erweiterte Auflage. Mit 3193 Textfiguren. In zwei Teilen. 1921. Gebunden 24 Goldmark / Gebunden 5.75 Dollar

Betriebskosten und Organisation im Baumaschinenwesen. Ein Beitrag zur Erleichterung der Kostenanschläge für Bauingenieure mit zahlreichen Tabellen der Hauptabmessungen der gangbarsten Großgeräte. Von Dipl.-Ing. Dr. **Georg Garbotz,** Privatdozent an der Technischen Hochschule Darmstadt. Mit 23 Textabbildungen. 1922. 3.60 Goldmark / 1.15 Dollar

Kalkulation und Zwischenkalkulation im Großbaubetriebe. Gedanken über die Erfassung des Wertes kalkulativer Arbeit und deren Zusammenhänge. Von **Rudolf Kundigraber.** Mit 4 Abbildungen. 1920. 2.40 Goldmark / 0.60 Dollar

Kostenberechnung im Ingenieurbau. Von Dr.-Ing. **Hugo Ritter.** 1922. 3.40 Goldmark / 0.85 Dollar

Organisation und Betriebsführung der Betontiefbaustellen. Von Dr.-Ing. **A. Agatz,** Baurat in Bremen. Mit 29 Abbildungen und Musterformularen. 1923. 3.60 Goldmark / 0.85 Dollar

Untersuchungen über das Wärmeisolierungsvermögen von Baukonstruktionen. Von **H. Kreüger,** Professor an der Technischen Hochschule zu Stockholm und **A. Eriksson,** Architekt. Aus dem Schwedischen übersetzt von Herbert Frhr. Grote. Mit 55 Abbildungen. 1923. 1.40 Goldmark / 0.35 Dollar

Festigkeitseigenschaften und Gefügebilder der Konstruktionsmaterialien. Von Dr.-Ing. **C. Bach** und **R. Baumann,** Professoren an der Technischen Hochschule Stuttgart. Zweite, stark vermehrte Auflage. Mit 936 Figuren. 1921. Gebunden 15 Goldmark / Gebunden 3.60 Dollar

Der Aufbau des Mörtels im Beton. Beitrag zur Vorausbestimmung der Festigkeitseigenschaften des Betons auf der Baustelle. Untersuchungen über die zweckmäßige Zusammensetzung des Zementmörtels im Beton, namentlich über den Einfluß der Korngröße des Sandes auf die Druckfestigkeit und das Raumgewicht des Zementmörtels. Versuchsergebnisse und Erfahrungen aus der Materialprüfungsanstalt der Technischen Hochschule Stuttgart. Von **Otto Graf.** Mit 41 Textabbildungen. 1923. 3 Goldmark / 0.75 Dollar

Der Bauingenieur. Zeitschrift für das gesamte Bauwesen. Organ des Deutschen Eisenbau-Verbandes und des Deutschen Beton-Vereins. Organ der Deutschen Gesellschaft für Bauingenieurwesen mit Beiblatt: Die Baunormung. Mitteilung des NDI. Herausgegeben von Professor Dr.-Ing. E. h. **M. Foerster** in Dresden, Professor Dr.-Ing. **W. Gehler** in Dresden, Professor Dr.-Ing. **E. Probst** in Karlsruhe, Dr.-Ing. **H. Fischmann** in Berlin und Dr.-Ing. **W. Petry** in Oberkassel. Erscheint zweimal monatlich